高等院校“十三五”应用型艺术设计教育系列规划教材

Illustrator CS6 全面教程

主编　李瑞林　黄隆意　周　静
参编　陈　希　汤池明

图书在版编目（CIP）数据

Illustrator CS6全面教程/李瑞林等主编. —合肥：合肥工业大学出版社，2016.7
ISBN 978-7-5650-2863-2

Ⅰ.①I… Ⅱ.①李… Ⅲ.①图形软件—教材 Ⅳ.①TP391.41

中国版本图书馆CIP数据核字（2016）第159779号

Illustrator CS6 全面教程

李瑞林 黄隆意 周 静 主编　　　　责任编辑 石金桃

出 版	合肥工业大学出版社	版 次	2016年7月第1版
地 址	合肥市屯溪路193号	印 次	2017年7月第1次印刷
邮 编	230009	开 本	889毫米×1194毫米 1/16
电 话	艺术编辑部：0551-62903120	印 张	25.75
	市场营销部：0551-62903198	字 数	726千字
网 址	www.hfutpress.com.cn	印 刷	安徽昶颉包装印务有限责任公司
E-mail	hfutpress@163.com	发 行	全国新华书店

ISBN 978-7-5650-2863-2　　　　定价：58.00元

前言

Illustrator CS6是Adobe公司旗下一款优秀的矢量图形处理软件，并且同时具备很强的位图处理功能。它提供了与Adobe的其他应用软件协调一致的工作环境，如Adobe Photoshop和Adobe PageMaker等。集图形绘制和编辑、插画设计、广告创意、艺术效果创意于一体的图像处理软件，深受广大平面设计人员和电脑美术爱好者的喜爱。由于具有强大的功能和友好的操作界面，Illustrator CS6已经成为出版、多媒体和在线图像的开放性工业标准插画软件。

本书从实际应用的角度出发，本着易学易用的特点，采用零起点学习软件基本操作，应用实例提升设计水平的写作结构，全面、系统地介绍了Illustrator CS6的基本操作与应用技巧。其主要内容包括Illustrator CS6的基础知识和基本操作，几何图形的绘制方法，绘图工具的应用和编辑，填充颜色和图案，管理对象，特殊编辑和混合效果，文字效果，图层、蒙版和图稿链接应用，效果、样式和滤镜应用，符号和图表应用等。本书注重实际应用和绘图能力的训练，实用性强，起点比较低，内容丰富。

在整本教材编写的过程中，在突出其使用性的同时，坚持“观念新、案例新”的理念，一方面在写作上突破死板和教条的语言，将各个学习点从基础到不断深化的过程体现得活泼而生动，另一方面；突出最新的案例来指导教学，拉近知识与生活的距离，让学生在最新的资讯中以最简单的方式获得知识。

由于作者水平有限，加之时间仓促，错误和疏漏之处在所难免，恳请广大读者批评指正。

编　者

2017年7月

第 1 章 初识 Illustrator CS6

Illustrator CS6 是 Adobe 公司旗下一款优秀的矢量图形处理软件，并且同时具备很强的位图处理功能。它提供了与 Adobe 的其他应用软件协调一致的工作环境，如 Adobe Photoshop 和 Adobe PageMaker 等。它是集图形绘制和编辑、插画设计、广告创意、艺术效果创意于一体的图像处理软件，深受广大平面设计人员和电脑美术爱好者的喜爱。由于具有强大的功能和友好的操作界面，Illustrator CS6 已经成为出版、多媒体和在线图像的开放性工业标准插画软件，被广泛应用于图形和图像设计领域。无论是用它来制作平面广告、出版印刷物、VI 和 CI，还是绘制漫画和插图，其完善和强大的软件功能、自由便捷的操作界面以及亮丽丰富的色彩，都为设计者提供了广阔的创意空间，如图 1－1 所示。

图 1－1

1.1 Illustrator CS6 软件介绍

了解并掌握 Illustrator CS6 对硬件和软件的推荐配置，熟练掌握 Illustrator CS6 的安装与启动。

1. Illustrator CS6 对硬件和软件的推荐配置

（1）Windows

① Intel Pentium4 或 AMD Athlon64 处理器。

② Microsoft Windows XP（带有 Service Pack 3）；Windows Vista、Home Premium、Business、

Ultimate 或 Enterprise（带有 Service Pack 1）；Windows 7、Windows 8、Windows 10。

③ 1GB 内存；2GB 可用硬盘空间用于安装；安装过程中需要额外的可用空间（无法安装在基于闪存的可移动存储设备上）；1024×768 屏幕（推荐 1280×800），16 位显卡；DVD－ROM 驱动器；在线服务需要宽带 Internet 连接。

（2）Mac OS

① Intel 处理器；Mac OS X10.5.7 或 10.6 版；1GB 内存；2GB 可用硬盘空间用于安装；安装过程中需要额外的可用空间（无法安装在使用区分大小写的文件系统的卷或基于闪存的可移动存储设备上）；1024×768 屏幕（推荐 1280×800），16 位显卡；DVD－ROM 驱动器；在线服务需要宽带 Internet 连接。

② 语言版本：巴西葡萄牙语、简体中文、繁体中文、捷克语、荷兰语、丹麦语、英语、法语、德语、匈牙利语、意大利语、朝鲜语、波兰语、俄语、西班牙语、瑞典语、土耳其语和乌克兰语等。

在确认要安装 Illustrator CS6 的计算机性能不低于上述的推荐配置后，即可开始安装 Illustrator CS6。

2. Illustrator CS6 的安装及启动

这里我们以 Windows 7 为例，为大家简述其安装过程。

为防止安装过程中出现意外情况，如果当前系统有 Adobe 公司的程序正在运行，请先将其关闭，之后将 Illustrator CS6 的安装光盘插入光驱。

① 打开 Illustrator CS6 安装程序的文件夹，双“Set－up. exe”文件，此时将会出现如图 1－2 所示的“初始化安装程序”进度指示。

“初始化安装程序”结束以后，此时弹出“欢迎使用 Illustrator CS6 安装程序”对话，单击“安装”按钮，如图 1－2 所示。

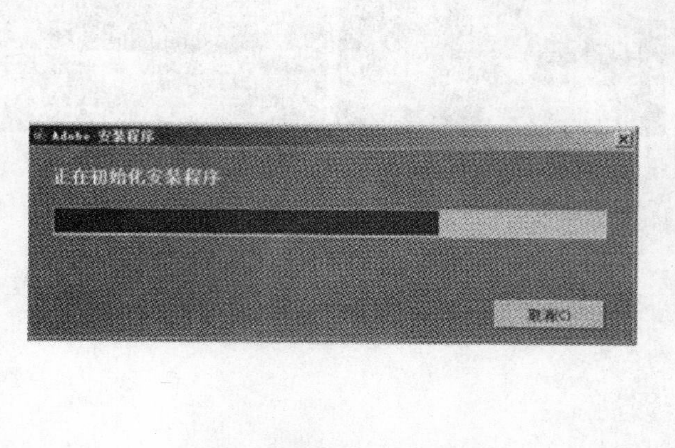

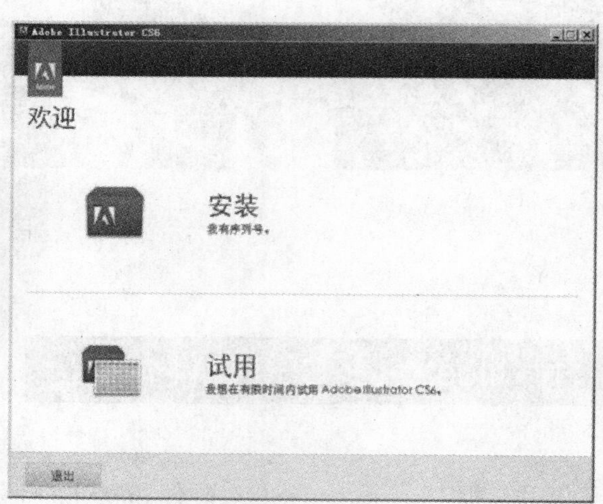

图 1－2

② 当出现“Adobe 软件许可协议”对话框以后，单击“接受”按钮，此时出现“请输入序列号”对话框，输入正确的序列号，单击“下一步”按钮，如图 1－3 所示。

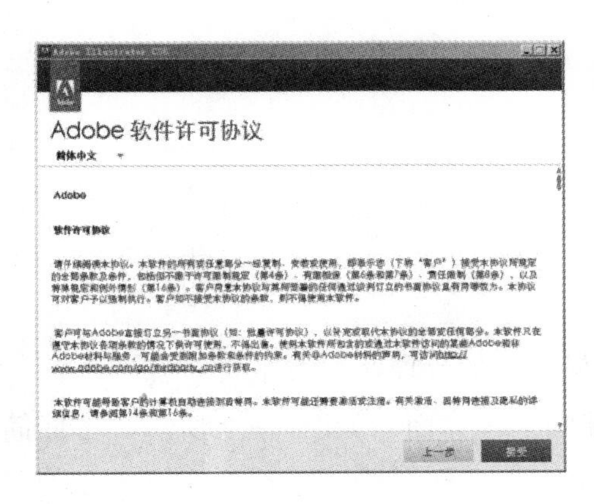

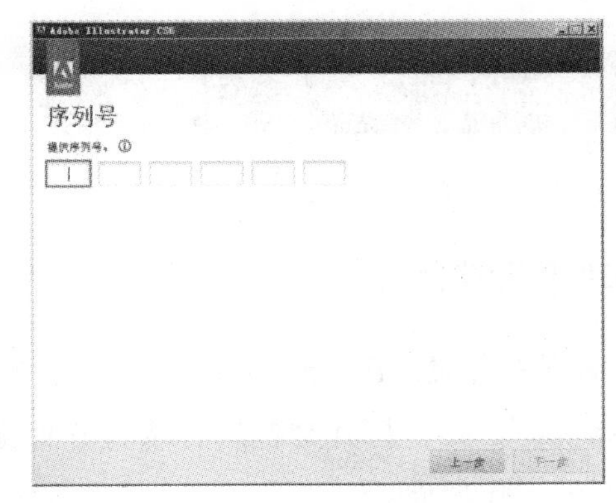

图 1－3

③ 当正确输入序列号以后，此时出现“安装选项”对话框，可以选择 Illustrator CS6 的安装路径。单击“下一步”按钮以后，弹出“安装进度”界面，此时进入软件复制阶段，如图 1－4 所示。

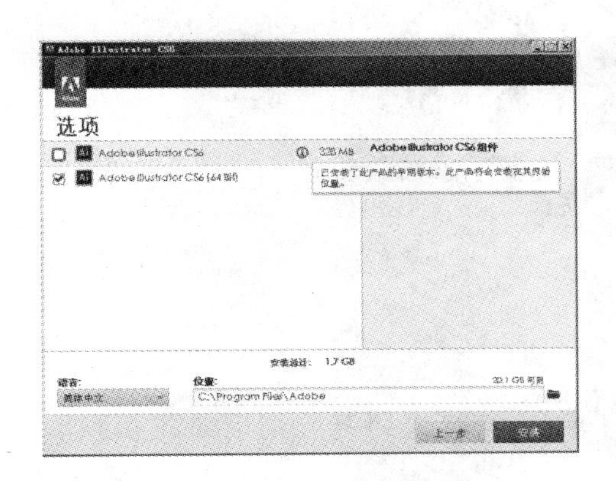

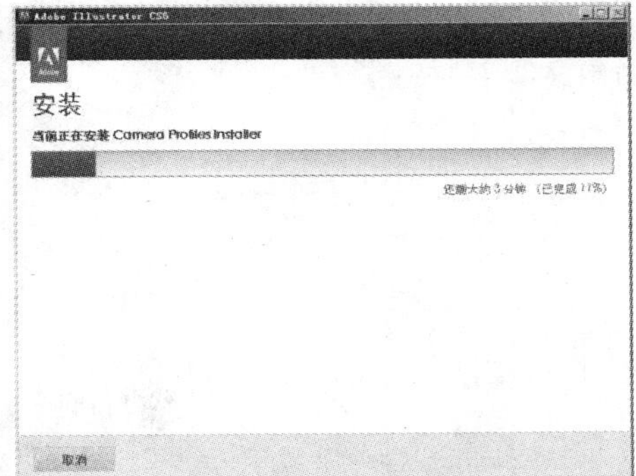

图 1－4

④ 复制完成后，此时弹出“安装已完成”对话框，单击“完成”按钮，如图 1－5 所示。

⑤ 用户在重新启动计算机以后，可单击“开始”→“程序”→“Illustrator CS6”，即可启动该程序，如图 1–6 所示。

图 1－5

图 1－6

1.2 Illustrator CS6 工作界面

1.2.1 工作界面简介

随着版本的不断升级，Illustrator 的工作界面布局也更加合理、人性化。

启动 Illustrator CS6，打开文档后，将打开标准的工作界面，如图 1－7 所示。下面简单介绍一下 Illustrator CS6 的工作界面。

图 1－7

（1）菜单栏：几乎包含了 Illustrator CS6 的所有操作命令，共有 9 个菜单项。

（2）属性栏：用来控制所选对象的属性，选择对象后通过修改控制栏中的参数进行设置。

（3）标题栏：显示当前文档的名称、显示比例和颜色模式。

（4）标尺：分为水平标尺和垂直标尺，可以确定图形的大小，也可以设定图形精确的位置。

（5）工具箱：包含了绘图时需要的所有工具。

（6）绘图页面：绘图页面是工作界面中的实线框选区域，默认情况下绘图页面与页面尺寸相同，也就是创作作品的大小。

（7）草稿区域：打印区域以外的空白页面。草稿区域也可以进行图形的绘制、编辑和存储，但该区域的内容不能被打印出来。

（8）状态栏：用来显示当前文档的视图缩放比例和状态信息。

（9）面板：提供了各种快速执行某种操作的工具。

1.2.2　菜单的作用及其操作方法

Illustrator CS6 中的所有命令被分类放置在不同的菜单中。当要执行某个命令时，只需选择对应的菜单项，在打开的下拉菜单中选择需要的命令即可。命令右侧的键盘代号是该命令的快捷键，使用快捷键可以有效地提高工作效率。

下面简单介绍一下 Illustrator CS6 中各菜单的主要功能，详细内容将在第 2～10 章中介绍。

(1)“文件”菜单：主要功能是管理文档。例如，文档的打开、保存、置入和导出等，以及设置文档的属性、颜色模式和打印参数等。

(2)“编辑”菜单：主要功能是处理复制、选取及定义图案、颜色编辑、颜色设置、操作环境配置、打印预设和 Adobe PDF 预设等事项。

(3)“对象”菜单：“对象”菜单较为复杂，大部分命令针对图形对象的管理、造型和运算，一些特殊的绘图命令也在这里，是 Illustrator CS6 中比较重要的一个菜单。

(4)“文字”菜单：集中了所有与文字处理相关的命令，配合文字面板使用，可以实现强大的文字处理和排版功能。

(5)“选择”菜单：主要功能是处理与选取相关的对象，通过选择适合的命令可以快速而准确地选择希望选取的对象。例如，选择具有相同填充颜色和描边或者相同样式的对象等。

(6)“效果”菜单：可以对矢量图形和位图图像进行各种效果处理，还可以定义图形效果重复应用，并且可以在“外观”面板中直接修改，从而使图形效果在原有的基础上更加丰富且多样化。

(7)“视图”菜单：主要功能是控制工作界面的显示方式，对所编辑的对象本身不会产生影响。根据不同的要求，可以设置符合个人习惯的工作环境，进而提高工作效率。

(8)“窗口”菜单：主要功能是控制工作界面中工具和面板的显示。该菜单可以用来快速打开 Illustrator CS6 中自带的各种资料库，并且可以执行多个文档窗口之间的切换。

(9)“帮助”菜单：提供软件各功能的使用方法及注册和激活等产品信息。

技巧提示

菜单中有些命令显示灰色，表示这些命令当前不能使用，必须执行其他操作后才能使用。另外，有些命令后面有黑色的三角形，表示该命令下还有子菜单，将鼠标指针指向该命令时可以打开子菜单。有些命令后面有省略号标记，表示选择该命令后将弹出对话框，在对话框中可以进一步设置相关选项。

1.2.3　工具箱介绍

Illustrator CS6 的工具箱中包含了所有绘图时使用的工具。选择“窗口”→“工具”命令，即可显示或隐藏工具箱。根据使用功能的不同，Illustrator CS6 的工具箱可以分为选择工具组，绘图和修剪工具组，变形工具组，网格、渐变、混合和吸管工具组，符号与图表工具组，切割工具组，填充及笔触控制工具组，屏幕模式工具组，如图 1－8 所示。

A（选择工具组）：用来选取对象，是使用频率最高的工具组。

B（绘图和修剪工具组）：提供了基本几何图形、线条、各种类型文本以及自由和精确的曲线绘制工具，在 Illustrator CS6 版本中新增加了一种绘图工具，并将修剪工具归为此类。

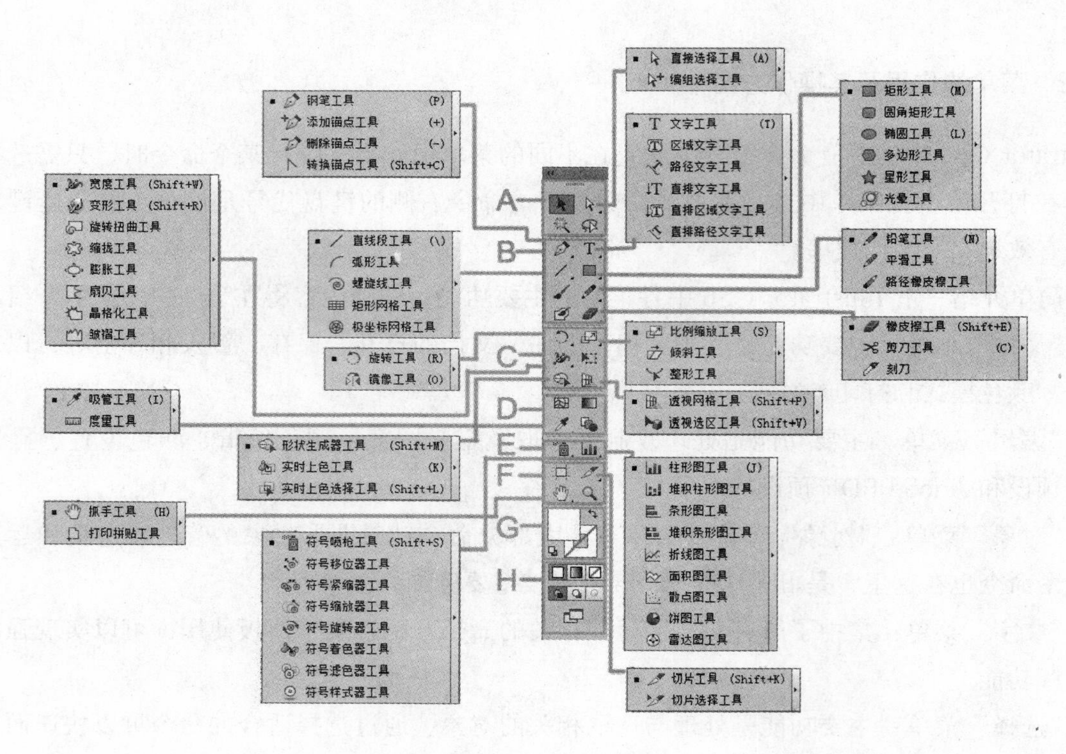

图 1-8

C（变形工具组）：用于对图形做各种变形处理。

D（网格、渐变、混合和吸管工具组）：使用网格工具和渐变工具可以灵活地为对象填充各种颜色；混合工具用于对多个对象之间的颜色和形状进行混合变化。

E（符号与图表工具组）：包含用于创建和编辑符号的各种工具，配合“符号”面板可以创作丰富的符号实例效果。“图表”工具组提供了 9 种类型的图表工具，用户只要根据需求单击相应的图表工具按钮，然后在页面上直接拖动即可创建相应的图表。

F（切割工具组）：主要针对网络图像，将较大的图像内容分割成多个较小的图片，以便网上传输。

G（填充及笔触控制工具组）：用来控制图形对象的填充及描边内容。

H（屏幕模式工具组）：单击工具按钮可以在正常屏幕模式、带有菜单栏的全屏模式及全屏模式之间进行切换。

将鼠标指针移动到工具箱中所需的工具按钮上，单击即可激活该工具，激活的工具按钮呈白色按下状态。某些工具按钮的右下角有一个小的黑色三角形，表示该按钮有隐藏的展开式工具组，单击该按钮即可显示该工具组中的其他工具。

将鼠标指针移动到工具箱中所需的工具按钮上，停留一会儿，即出现对应的工具名称和快捷键，在实际应用中使用快捷键会有效地提高工作效率。在按住“Alt”键的同时单击工具按钮，可以循环选择当前工具组中的工具。

1.2.4 浮动面板介绍

浮动面板是指放置在工作界面上的各种面板。在 Illustrator CS6 中，默认情况下“色板”“画笔”

和“符号”面板会停放在工作界面的右侧，可以直接展开或折叠。其他浮动面板也可以根据需要显示、隐藏或最小化，并可以随意移动到工作界面上的任何位置。所有的浮动面板都可以在“窗口”菜单中找到，选择相关的命令或使用对应的快捷键，即可显示或隐藏相应的浮动面板。例如，选择“窗口”→“图形样式”命令，即可打开“图形样式”面板，如图 1－9 所示。

用户可以根据自己的习惯重新组合面板。只要直接拖动面板组中需要分离的面板标签，即可将该面板从面板组中分离出来，成为一个独立的浮动面板；也可以拖动任意独立的浮动面板到浮动面板组中，将其重新组合。

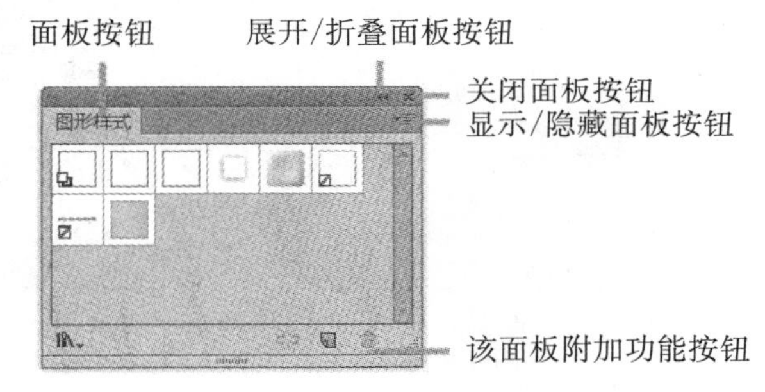

图 1－9

在 Illustrator CS6 中共有 20 多个面板，为了方便用户使用，下面按照“窗口”菜单中的排列顺序分别介绍各个面板的功能。

（1）“SVG 交互”面板

“SVG 交互”面板主要用于输出 SVG 格式的网页，可以升级矢量图形，创建出高品质的交互式网页，并控制 SVG 对象的交互特性，如图 1－10 所示。

（2）“信息”面板

“信息”面板用来显示当前对象的坐标数值、宽度、高度以及颜色等信息，如图 1–11 所示。

（3）“动作”面板

所谓“动作”，即将多个命令定义成一个命令的集合。在该面板中可以使用 Illustrator CS6 自带的各种动作，也可自定义动作，还可以用快捷键来定义动作，在使用时只要按快捷键就可以完成多个命令的操作，极大地提高了工作效率，如图 1－12 所示。

图 1－10

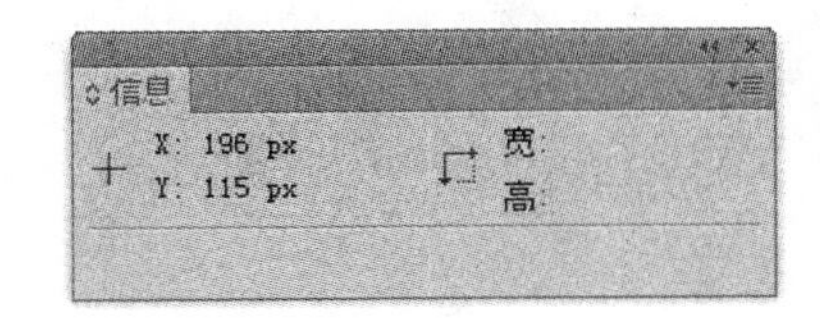

图 1－11

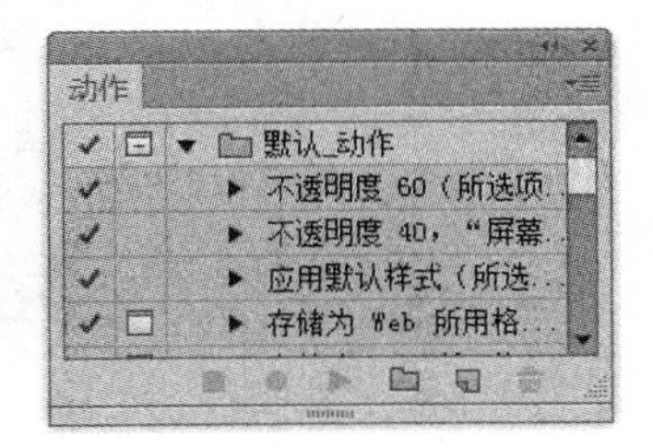

图 1－12

（4）“变换”面板

“变换”面板可以用来进行对象的移动、缩放、旋转或倾斜等操作，某些情况下使用“变换”面板比使用“自由变换”工具更方便，如图 1–13 所示。

（5）“变量”面板

“变量”面板用来管理文件中的变量和数据组，如图 1–14 所示。当用户要使用程序来控制 Illustrator 的图像时，可以将某一个对象设置为可以替换的变量，通过程序控制可以直接将资料库中的一系列的资料用在替换的这个对象上。

（6）“图层”面板

“图层”面板用来管理和安排图形对象，为绘制复杂图形带来了方便，如图 1－15 所示。用户可以通过“图层”面板来管理当前文件的所有图层，并完成对图层的新建、移动、删除、选择等操作。

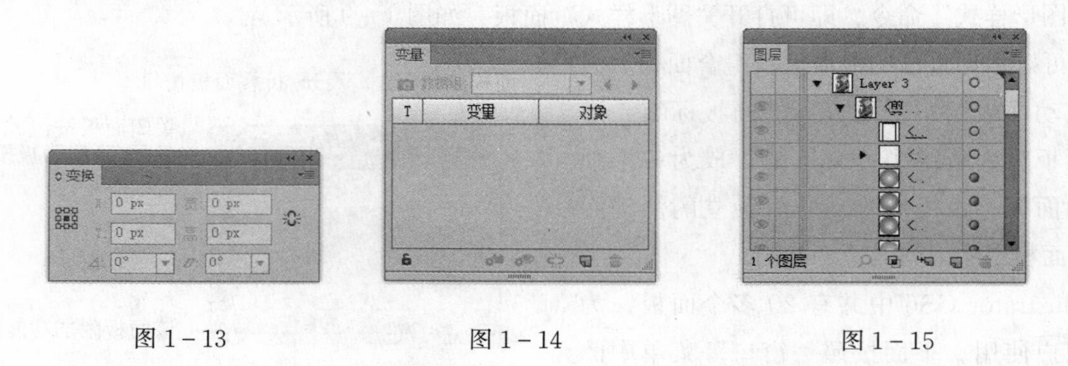

图 1－13　　图 1－14　　图 1－15

（7）“图形样式”面板

所谓“图形样式”，即将多个对象属性定义成一个命令集合，如图 1－16 所示。该面板可以用来定义和管理图形样式，并且快速地给不同的图形对象应用图形样式，从而达到快速而统一的外观效果。图形样式可以包括混合模式、不透明度、外观效果等，非常适用于设计网页元素。

（8）“外观”面板

“外观”面板可以管理当前对象的外观属性，包括“描边”“填色”“不透明度”和“变换效果”等，如图 1－17 所示。

（9）“对齐”面板

“对齐”面板可以使所选择的对象按照指定的方式进行对齐或分布，并可以精确地设置分布的间距，如图 1－18 所示。

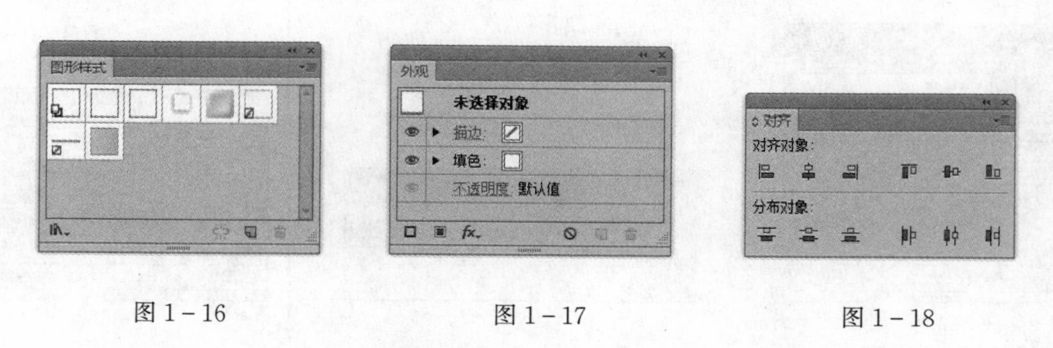

图 1－16　　图 1－17　　图 1－18

（10）“导航器”面板

“导航器”面板可以帮助用户方便地查看图形对象的位置，调整画面显示的大小，并且可以按各种缩放比例观察当前的工作页面，如图 1－19 所示。

（11）“属性”面板

“属性”面板可以控制是否显示对象的中心点等属性，如图 1－20 所示。

（12）“拼合器预览”面板

“拼合器预览”面板可以让用户直接预览文件中哪些部分需要在输出过程中进行拼合，以此作为打印输出时正确输出的依据，如图 1－21 所示。

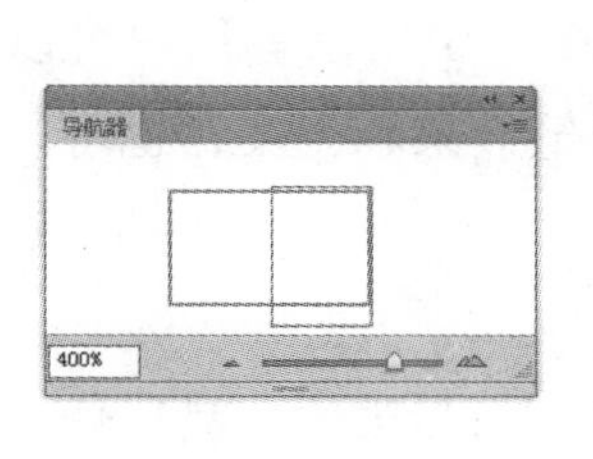

图 1－19

图 1－20

图 1－21

（13）“描边”面板

“描边”面板可以对路径进行填充后的边线粗细、转角形状、结点形状、是否改为虚线及配置文件等设置，如图 1－22 所示。

（14）“文字”类面板

“文字”类面板中包括“字符”“字形”“字符样式”“段落”“段落样式”和“制表符”等面板。利用该类面板可以对文字的字体、字号、字距、行距、段落对齐方式和制表位等进行设置。选择“窗口”→“文字”命令，可以打开“文字”子菜单，如图 1－23 所示。“字符”面板如图 1－24 所示。

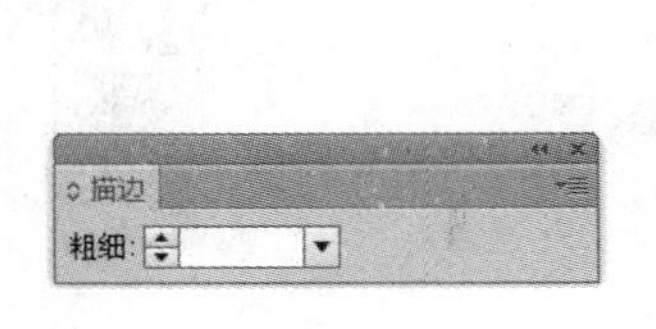

图 1－22

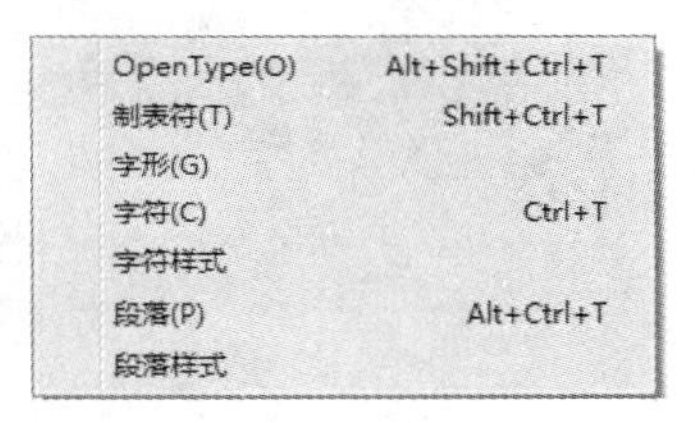

图 1－23

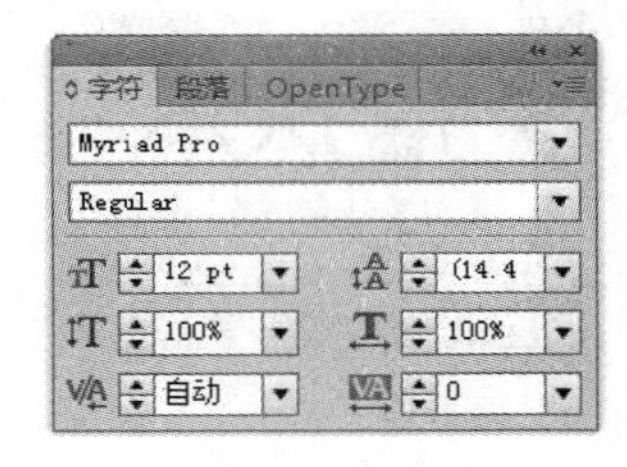

图 1－24

（15）“文档信息”面板

“文档信息”面板用来显示当前文档的相关信息。用户可以通过面板菜单选择要查看的项目信息，如查看当前文件的“文档”信息，如图 1－25 所示。

（16）“渐变”面板

“渐变”面板可以控制选定对象的渐变填充类型、渐变角度、渐变颜色及分布等，如图 1－26 所示。

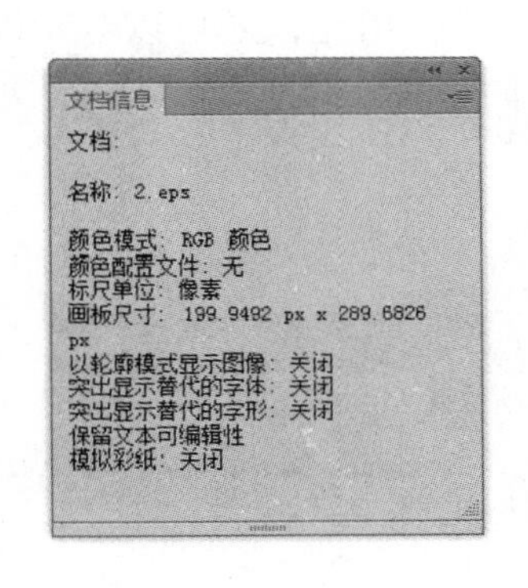

图 1－25

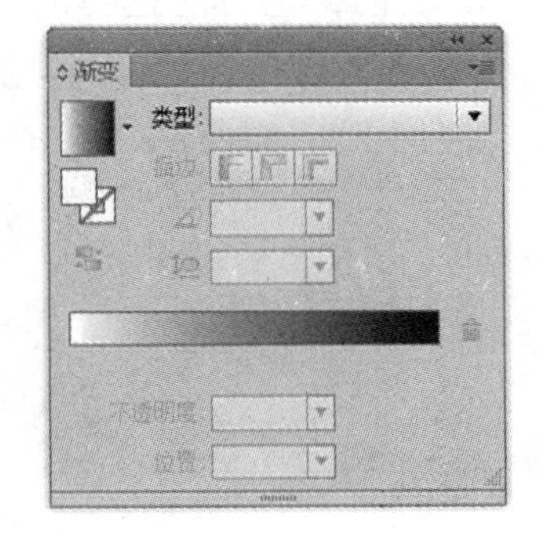

图 1－26

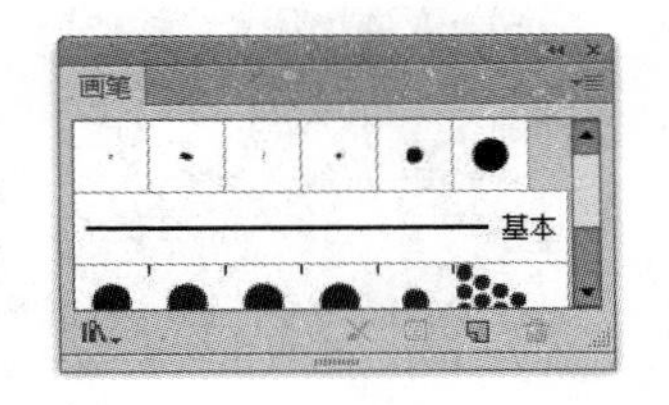

图 1－27

(17)“画笔”面板

“画笔”面板可以很方便地管理画笔效果并绘制各种图案，如图 1 - 27 所示。用户可以通过选择“窗口”→“画笔库”子菜单中的命令来使用 Illustrator 提供的各种画笔效果和图案，也可以修改或自定义画笔效果和图案。

(18)“符号”面板

“符号”面板提供了各种样式的符号，如图 1 - 28 所示，需要配合“符号喷枪工具”使用。用户可以通过选择“窗口”→“符号库”子菜单中的命令使用 Illustrator 提供的各种符号样式，也可以使用“符号”面板对已有的符号进行编辑，还可以自定义符号。

(19)“色板”面板

“色板”面板可以保存实色、渐变色、图案和灰阶，并可以将之应用于对象的内部或轮廓填充上，如图 1 - 29 所示。用户可以通过选择“窗口”→“色板库”子菜单中的命令使用 Illustrator 提供的各种色板。

(20)“路径查找器”面板

“路径查找器”面板上有多个路径运算操作按钮，可以完成路径的组合、分离、拆分、裁剪等操作，如图 1 - 30 所示。

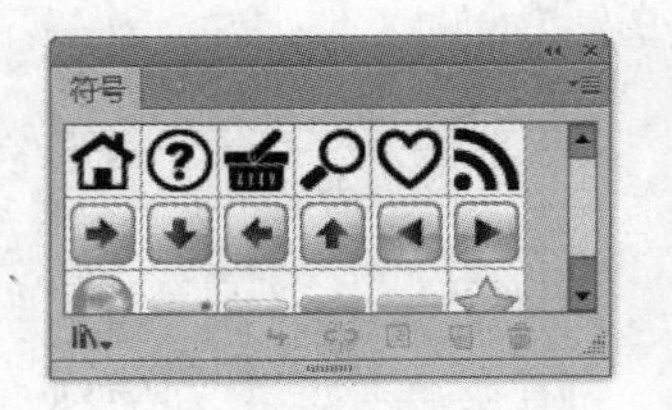

图 1 - 28

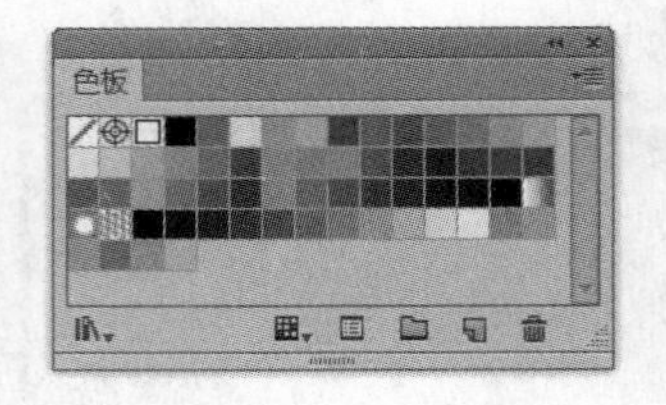

图 1 - 29

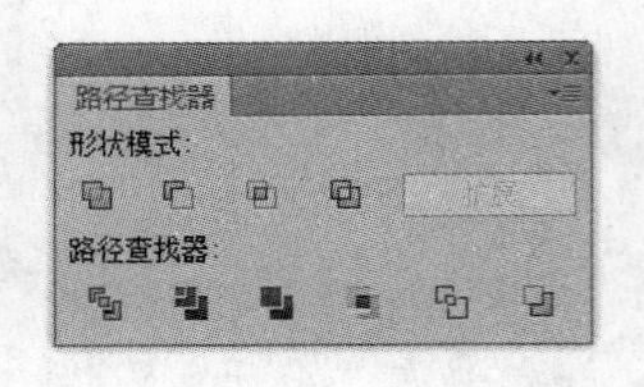

图 1 - 30

(21)“透明度”面板

“透明度”面板可以对位图和矢量图形进行“透明度”和“混合色模式”等设置，还可以在其中创建不透明的蒙版，如图 1 - 31 所示。

(22)“链接”面板

“链接”面板可以显示当前文件中所有链接或嵌入的图像，它会以不同的标志显示当前图像的状态，并且可以将链接的图像转换为嵌入的图像，如图 1 - 32 所示。

(23)“颜色”面板

“颜色”面板用来选择或设置所需要的颜色，它可对选择的对象进行填充，还可以对轮廓线进行填充。用户可以使用不同的颜色模式来精确地设置颜色，如图 1 - 33 所示。

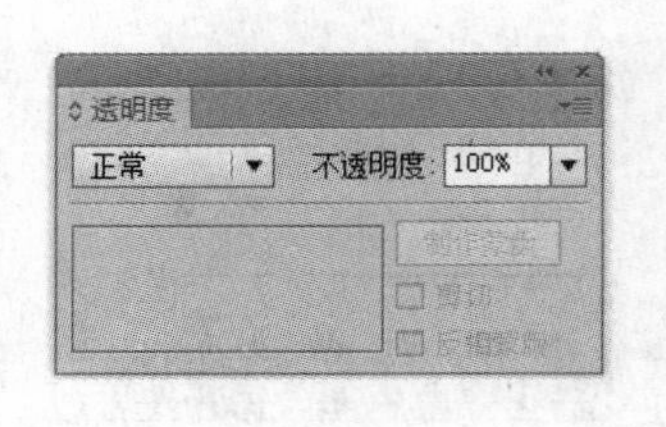

图 1 - 31

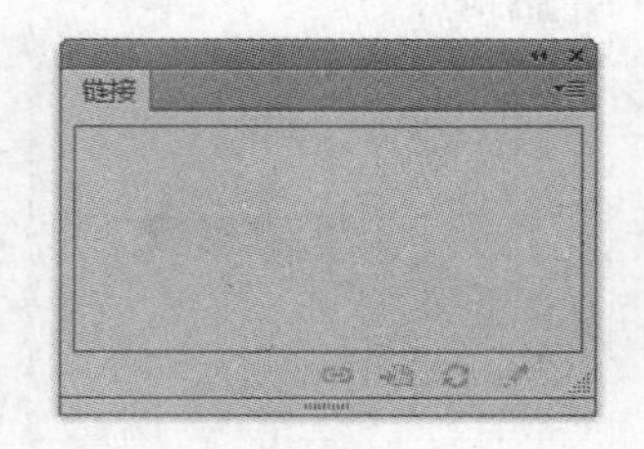

图 1 - 32

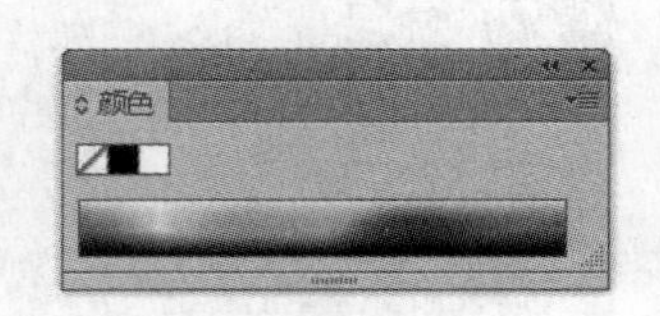

图 1 - 33

（24）“颜色参考”面板

“颜色参考”面板中提供了色板库中的色彩对比关系和协调规则等信息，如图 1－34 所示。

（25）“魔棒”面板

“魔棒”面板必须配合“魔棒工具”使用，它可以选取属性相似的对象。根据设置的“容差”值，可以快速地选取具有相同的“填充颜色”“描边颜色”“不透明度”等属性的对象，在修改图形时是一个很方便的功能，如图 1－35 所示。

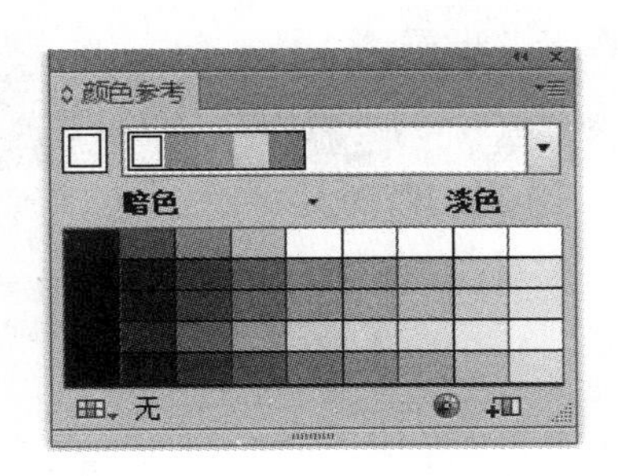

图 1－34

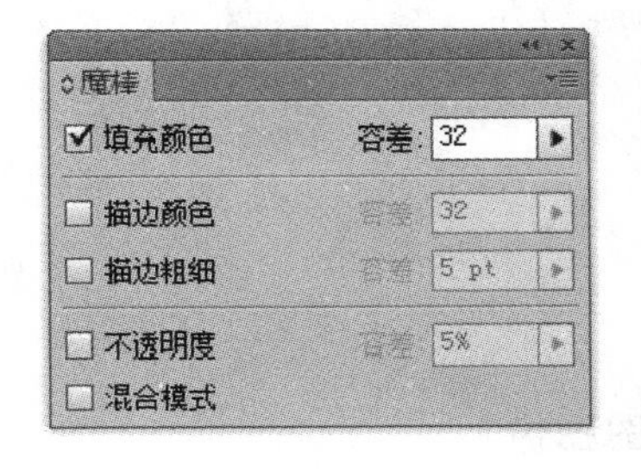

图 1－35

在 Illustrator　CS6 的工作界面中按“Tab”键可以隐藏工具箱和所有的面板，再次按下“Tab”键即可显示。按快捷键“Shift＋Tab”，将隐藏所有面板，但不隐藏工具箱。

1.3　基本概念——矢量图形和位图

在图形图像设计领域，根据图形表示方式的不同，可将图形分为两类，一类是矢量图形，另一类是位图图像。初学者经常混淆两者的概念和两者之间的区别，为了便于区分和使用，在这里进行详细的叙述。

1.3.1　关于矢量图形

矢量图形（vector graphics）又称向量图形或面向目标的图形（object－oriented graphics），是计算机按矢量的数字模式描述的图形。Illustrator CS6 是一款矢量绘图软件，因此它所绘制的图形属于矢量图形。

由于矢量图形是计算机利用点和线的属性方式表达的，因此矢量图形的大小与分辨率无关，无论将矢量图形放大或缩小多少，它都不会失真。这就意味着矢量图形可以按图形输出要求，高分辨率地显示到输出设备上而不会增加计算机的负荷。

矢量图形的主要优点是能够平滑地输出，尤其是在输出文字路径时，文字边缘可以保持整齐光滑的曲线效果。基于矢量图形的这一特性，其被广泛应用于线条明显、大面积色块的图案及各种设计元素中。

图 1－36 所示为矢量图全图效果及局部放大效果。

图 1－36

1.3.2 关于位图图像

位图（bit map）图像又称光栅图形（raster graphics）或点阵图，是用点（像素）的横竖排列表示的图形，每个点的值占据一个或多个数据位存储空间，这也是这种图形被称为位图的原因。

由于位图图像是由无数个细小的像素组成的，组成图像的每一个像素都有自己特定的数值，因此位图图像的大小与分辨率有关。分辨率表示单位面积内包含的像素数量，分辨率越高，单位面积内的像素数量就越多，图像细节就越丰富，图像越清晰；反之，分辨率越低，单位面积内的像素数量就越少，图像细节少，图像质量就越差。将位图图像放大后会出现锯齿，缩小则可能发生扭曲现象。

如果想输出高品质的位图图像，那么在进行图像设计之前应该设置高分辨率的图像文件。图 1－37 所示为位图图像 100%显示效果以及位图图像放大为 500%的局部显示效果。

图 1－37

1.3.3 矢量图形与位图图像的关系

通过对矢量图形和位图图像的对比可以看出矢量图形具有可以任意缩放和平滑输出等特点；位图图像则由于其本身由多个像素点构成，具有更为丰富的色彩表现层次，但放大或缩小会失真。在使用这两种类型的图形时，要根据需要对应选择，在设计作品时经常结合起来使用，从而达到最佳的设计效果。

同时，矢量图形可以通过多种方式方便且快捷地转换为位图图像，但位图图像不能转换成矢量图形，在使用过程中要注意这个问题，以免影响工作效率和输出效果。

1.4　文件的基本操作

本章主要介绍在 Illustrator CS6 中如何操作和管理文件，主要包括新建、打开、保存文件以及文件的置入和输出、设置页面、设置页面查看方式和一些绘图基本操作等。如果用户对文件管理方面的基本操作已经很熟练，可以跳过本章，学习后面的内容。

1.4.1　新建文件

开始设计一幅作品时，通常需要先创建一个新的空白文件。在 Illustrator CS6 中创建一个新文件非常简单，当启动 Illustrator CS6 时，会出现欢迎屏幕，在该屏幕右侧可根据不同的设计需要选择 Illustrator CS6 提供的各类模板类型，从而快速制作出符合行业标准的设计作品。

除了这种方法，也可以选择“文件”→“新建”命令，弹出“新建文档”对话框，如图 1－38 所示。在对话框中可以设置文件的名称、大小、宽度、高度以及单位和文档的取向；也可以选择“配置文件”下拉列表中的预置文件，Illustrator CS6 会根据所选配置文件对各项参数进行调整。

单击“高级”前面的▼按钮，可以打开“高级”选项组，如图 1－39 所示。在“高级”选项组中可以设置文档的颜色模式、栅格效果和预览模式。这些参数也可以在操作过程中选择其他菜单进行重新设置。

单击对话框下方的按钮，弹出“从模板新建”对话框，在对话框中选择需要的模板类型创建新文档。

除了单击“新建文档”对话框中的“模板”按钮可以弹出“从模板新建”对话框外，选择欢迎屏幕中的“从模板”选项或选择“文件”→“从模板新建”命令也可以弹出“从模板新建”对话框。

使用模板创建的文档，在生成文档的同时带有所选模板的基本框和效果，而用其他方式直接创建的文档都是空白的文档。例如，图 1－40 所示为使用不同模板创建的文档效果。

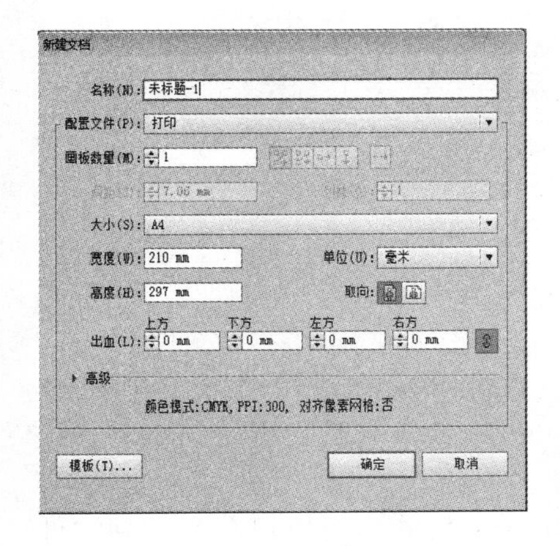

图 1－38

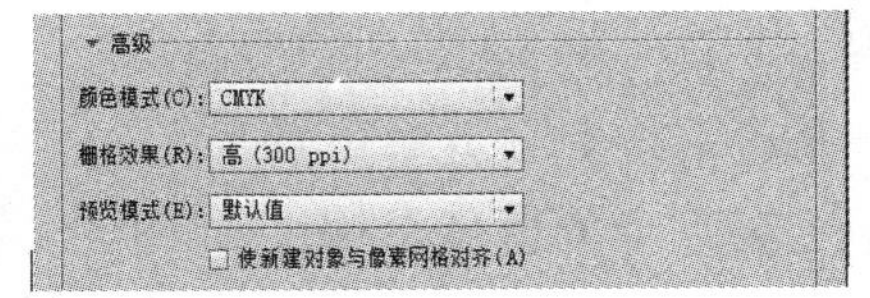

图 1－39

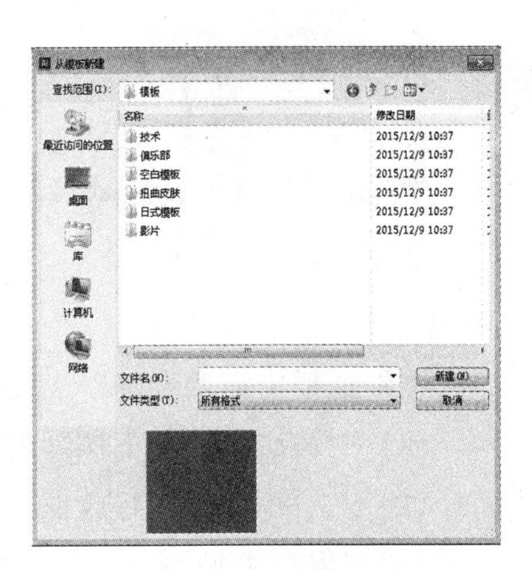

图 1－40

“新建文档”对话框中的“取向”有两种，分别为纵向和横向。在指定颜色模式时要注意，可以选择用在平面印刷场合下的 CMYK 模式或选择用于显示和设计网页中的 RGB 模式。在 CMYK 模式下使用某些滤镜时可能会受到影响。

1.4.2 打开文件

在 Illustrator CS6 中打开已有的绘图文件有两种方法。

方法一：在欢迎屏幕的“打开最近使用的项目”选项组中选择最近使用过的文档，单击对应文件名，打开文件；或者选择“文件”→“最近打开过文件”命令打开文件。

方法二：在欢迎屏幕“打开最近使用的项目”选项组中选择“打开”选项，或者选择“文件”→“打开”命令，则弹出“打开”对话框，如图 1－41 所示。选择要打开的绘图文件后单击“打开”按钮或直接双击该文件名将其打开。

1.4.3 保存文件

在 Illustrator CS6 中修改或编辑完文件后，一定要进行保存，便于以后的使用。选择“文件”→“存储”命令即可保存文件。

如果是第一次保存文件，将会弹出“存储为”对话框，如图 1－42 所示。

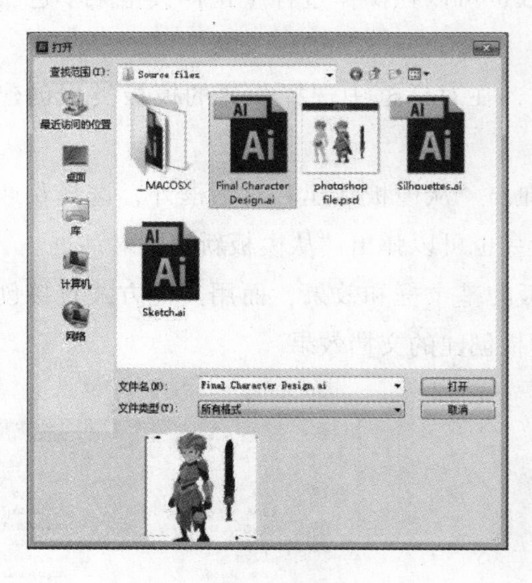

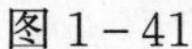
图 1－41

图 1－42

在对话框中需要设置以下几项。

（1）“保存在”：在下拉列表中选择文件要存放的位置。

（2）“文件名”：在组合框中输入要保存的文件名称。

（3）“保存类型”：在下拉列表中选择文件的保存格式。在 Illustrator CS6 中可以保存为 7 种文件格式，如图 1－43 所示。

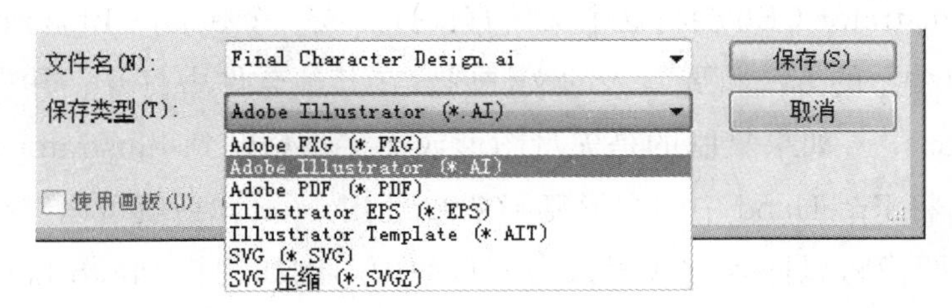

图 1－43

（4）Adobe PDF：一种便携式文档格式，适用于网络传输，且具有很高的安全性和兼容性。

（5）Illustrator EPS：用于存储矢量和位图信息的文件格式，主要适用于存储要置入排版软件中的图像。

（6）Illustrator Template：将文件保存为模板，可以在创建新文件时使用这个模板。

（7）SVG 和 SVG 压缩：矢量网页文件格式。

（8）Adobe FXG：基于 MXML（由 FLEX 框架使用的基于 XML 的编程语言）子集的图形文件格式。

在保存文件之前一定要确定对现有的文件是否满意，因为 Illustrator CS6 每保存一次文件都会取代前一次的保存。如果既要保持原有的文件不被更改，又希望把更改后的文件保存起来，那么可以选择“文件”→“存储为”命令。保存后原文件被关闭，当前操作文件为更改后的文件。如果选择“文件”→“存储副本”命令，则以复制的方式产生当前文件的副本，操作中的原文件不会被关闭。

当直接关闭一个修改过且未被保存过的文件时，会弹出一个对话框，询问是否保存文件。若打开文件且进行编辑修改后，还想恢复到之前保存的文件状态，可选择“文件”→“恢复”命令，从而恢复到上一次保存的状态。

如果想输出为低版本的 Illustrator 文件，则要在 Illustrator“选项”对话框的“版本”下拉列表中选取相应的版本，如图 1－44 所示。

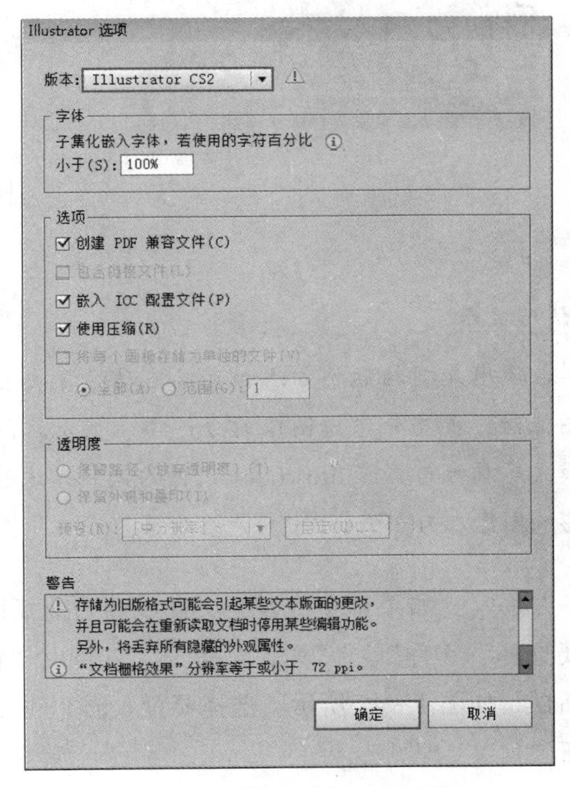

图 1－44

1.4.4　置入文件

在使用 Illustrator 进行稿件创作时，有时需要其他软件产生的文件协助完成设计效果。Illustrator 充分考虑到用户的需要，支持多种类型文件的置入，包括 AutoCAD、CorelDRAW、FreeHand、BMP、TIF、JPEG 和 PSD 等文件。具体的操作方法如下。

方法一：选择“文件”→“打开”命令打开文

件。使用这种方式时 Illustrator CS6 会将这个文件直接打开成一个独立的 Illustrator 文件。

方法二：使用复制粘贴的方法将要置入的文件内容在其他软件中打开，并在其他软件中复制，然后直接粘贴到 Illustrator 中。如果复制的是矢量图形或文字，粘贴到 Illustrator 中后保留其矢量特性，可以继续编辑。例如，将 FreeHand 中的图形复制粘贴到 Illustrator 后就可以继续编辑。如果复制位图图像到 Illustrator 中，图像将以嵌入方式置入当前页面中。例如，将 Photoshop 中的图形复制粘贴到 Illustrator 文件中，如图 1－45 所示。

方法三：与复制粘贴的方法相似，可以将其他应用程序中的文件内容直接拖动到当前 Illustrator 文件中。图 1－46 所示为将在 Photoshop 中打开的图片直接拖动到当前 Illustrator 文件中的过程。

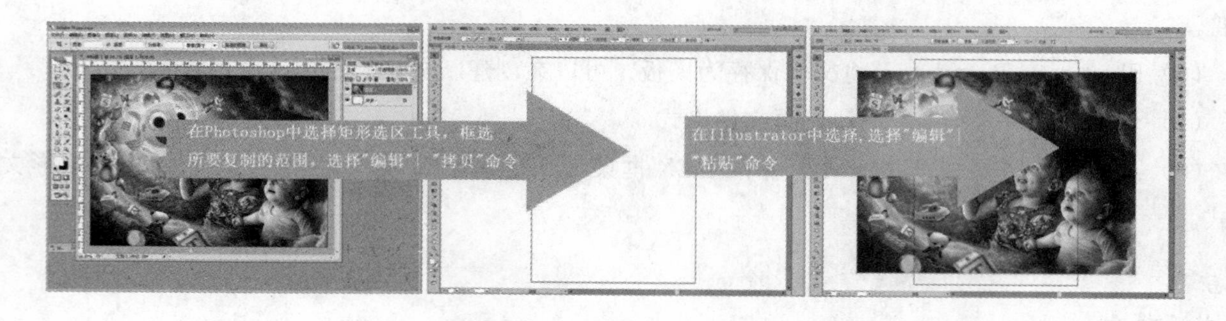

图 1－45

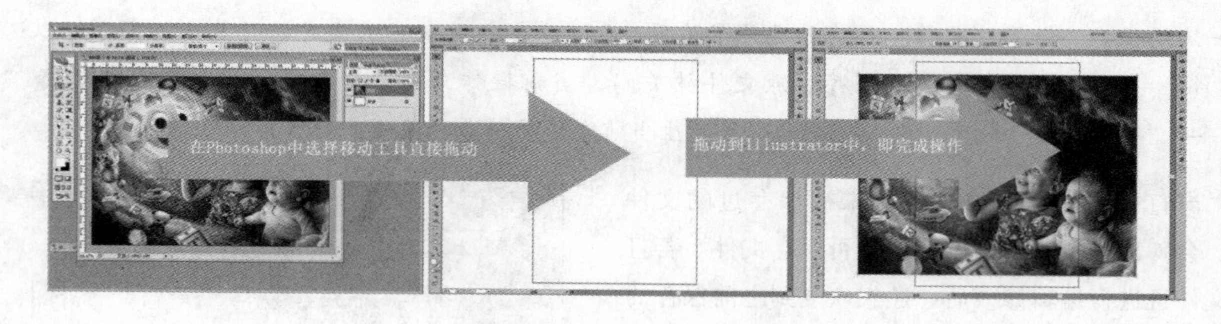

图 1－46

技巧提示

在使用复制粘贴的方法和直接拖动的方法置入位图图像时，要充分考虑图像的分辨率、显示比例和颜色模式等属性与当前 Illustrator 文件的差异，这些因素会影响图像在 Illustrator 中的最终效果。

方法四：如果希望将整个文件放到当前页面中，则要选择"文件"→"置入"命令，将弹出"置入"对话框，如图 1－47 所示。选择要置入的文件，单击按钮"置入"即可。

图 1－47

在置入文件时，可以在"置入"对话框中选择不同的参数选项，每个选项的功能不同，下面进行简单介绍。

（1）“链接”：选中该复选框时，置入的文件与 Illustrator 文件之间为链接关系。如果取消选择该复选框，则置入的文件会复制一份嵌入 Illustrator 中。图像是链接还是嵌入，在使用时有各自的特点，具体内容将在 2.1.5 节中介绍。

（2）“模板”：选中该复选框时，Illustrator 会将置入的文件转换为模板图层中的文件。

（3）“替换”：在置入文件前先选取一个已经置入的对象，并且在置入文件时若选中该复选框，则置入的文件会替换之前选择的对象。

1.4.5　文件的链接与嵌入

在使用不同的方法将文件放入到 Illustrator 中时，Illustrator 会根据其方法的不同分别进行处理，具体情况如下：

第一种情况是将置入的矢量图形转换成可以处理的路径，如置入 CorelDRAW 文件或 FreeHand 文件，这些文件将变成原文件的一部分，并且与原来的文件间没有任何联系。不过 EPS 文件比较特殊，它可用链接的方式处理。

第二种情况是将位图或 EPS 文件嵌入 Illustrator 文件中。所谓嵌入，就是将置入的文件复制一份到 Illustrator 文件中，因此文件会变大，也就需要更多的内存来维持文件的操作，操作速度会随文件的变大而变慢。嵌入的优点是不用担心文件会丢失，可以保证正确打印。选择“文件”→“打开”命令，使用复制粘贴的方法和直接拖动的方法，或选择“文件”→“置入”命令后，取消选中“链接”复选框，都会将位图或 EPS 文件嵌入到 Illustrator 文件中。

第三种情况是在选择“文件”→“置入”命令后，选中链接复选框，文件会以链接方式置入 Illustrator 文件中。所谓链接，就是 Illustrator 文件不将外部文件真正放入到文件内部，而是以一个低分辨率的屏幕显示模式来预览图像。来源文件依旧在原来的地方与 Illustrator 中的低分辨率文件维持着一种链接关系。这样在 Illustrator 中处理的是低分辨率图像，直到最后打印输出时，输出设备才会依照链接所指示的位置去查找原来高分辨率的文件并进行打印输出。这种方式的优点是文件会比较小，处理速度比较快，可以随时在其他应用程序中修改文件内容，在 Illustrator 中通过更新获得最新的修改效果。但在使用这种方式时必须保证 Illustrator 文件与原始文件链接关系正确，一旦原始文件的位置发生了改变，文件名被修改或者被删除等，必须及时更新链接的文件，否则无法正确打印输出。

1.4.6　置入 Photoshop PSD 格式文件

在设计过程中，设计者还经常需要配合其他设计软件进行工作。在众多设计软件中，Photoshop 与 Illustrator 配合的频率较高，因此在此单独介绍一下置入 PSD 格式文件的具体方法。

使用 Illustrator 的早期版本置入 PSD 格式文件是一件很麻烦的事情，需要转换文件格式及设置各项参数等，而在 Illustrator CS6 中可以直接置入 PSD 格式的文件，具体操作步骤如下：

① 准备一个带透明背景的 Photoshop 图像文件，如图 1－48 所示。

② 在 Illustrator 的模板中选择一个模板创建新文档，如图 1－49 所示。

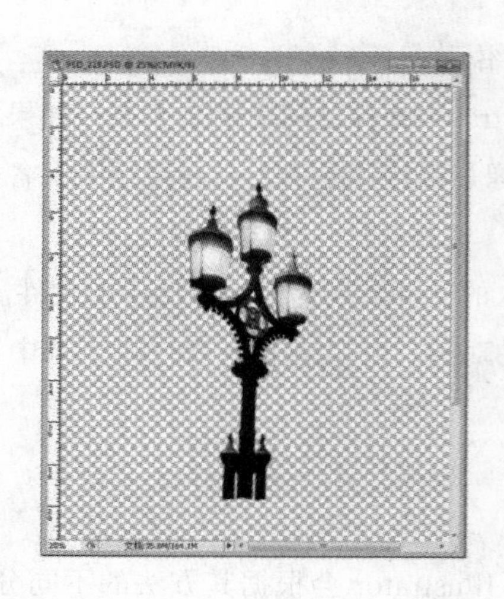

图 1－48

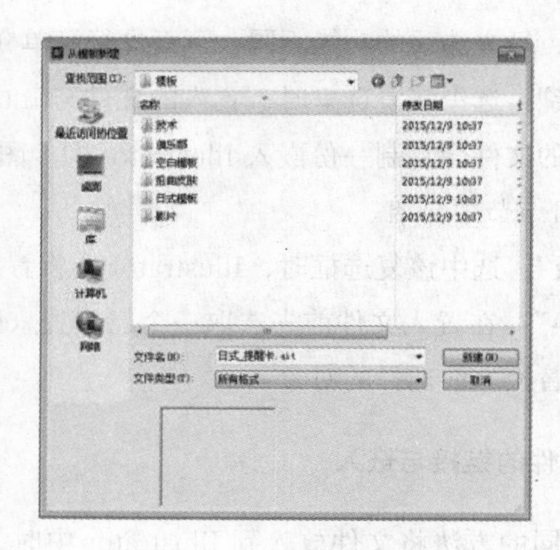

图 1－49

③ 选择“文件”→“置入”命令，在弹出的话框中选择事先准备好的文件，选中“链接”复选框，如图 1－50 所示。

④ 最终效果如图 1－51 所示。

图 1－50

图 1－51

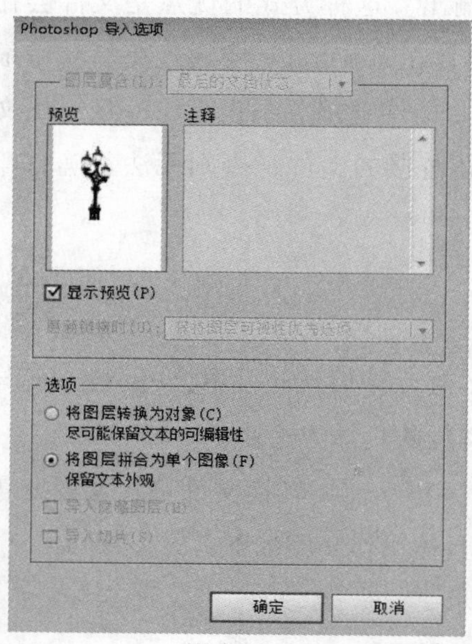

图 1－52

如果置入 Photoshop 文件时未选中“链接”复选框，则文件将以嵌入的方式置入，会弹出“Photoshop 导入选项”对话框，如图 1－52 所示。

在“Photoshop 导入选项”对话框的“选项”组中有 4 个选项供用户选择。

（1）将图层转换为对象，尽可能保留文本的可编辑性：选择此种方式置入，会将 Photoshop 文件中对应的图层内容转换为 Illustrator 中的子路径，且处于编组状态，同时保留原来文本的可编辑性。

（2）将图层拼合为单个图像，保留文本外观：选择此种方式置入，会将 Photoshop 文件中的所有可见图层合并成一个对象，置入到 Illustrator 中后，文本与图层合并不可编辑。

（3）导入隐藏图层：当选择第一个选项时，如果

Photoshop 文件中有隐藏图层，则此项可选，可以将隐藏图层导入 Illustrator 中。

（4）导入切片：选择此项时，可以将 Photoshop 文件中的切片导入 Illustrator 中，并以路径的方式存在。

1.4.7　置入图像的管理

不管文件是以链接的方法处理，还是以嵌入的方式处理，都不是绝对的，可以将原有链接的文件嵌入到文件中，也可以将嵌入的文件转换为链接的文件。选择“窗口”→“链接”命令，会打开“链接”面板，如图 1－53 所示。所有置入的图像都会在“链接”面板中显示，同时还会显示出文件是以链接方法处理的，还是以嵌入方式处理的，以及文件的各种信息。

主要有以下一些操作。例如，新建一个空白文档，选择“文件”→“置入”命令，分别选择链接方式和嵌入方式置入多个文件。

① 双击“链接”面板中的链接文件或在面板菜单中选择“链接信息”命令，都会弹出“链接信息”对话框，显示文件信息，如图 1－54 所示。

② 当处理复杂文件时，可以利用“链接”面板来显示置入文件在窗口中的位置。先在面板中选取要查看的文件，然后单击“转至链接”按钮 或在面板菜单中选择“转到链接”命令。

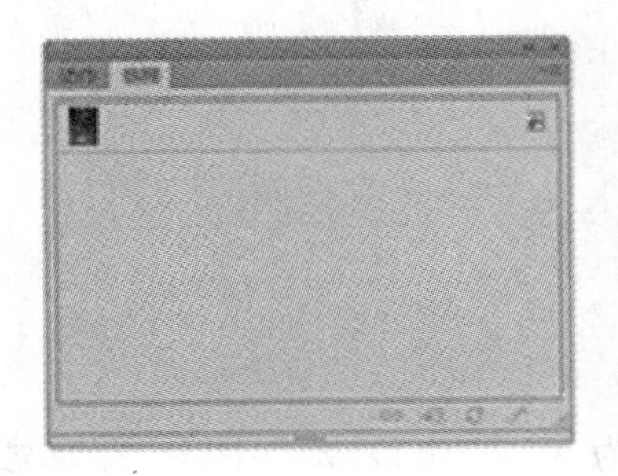

图 1－53

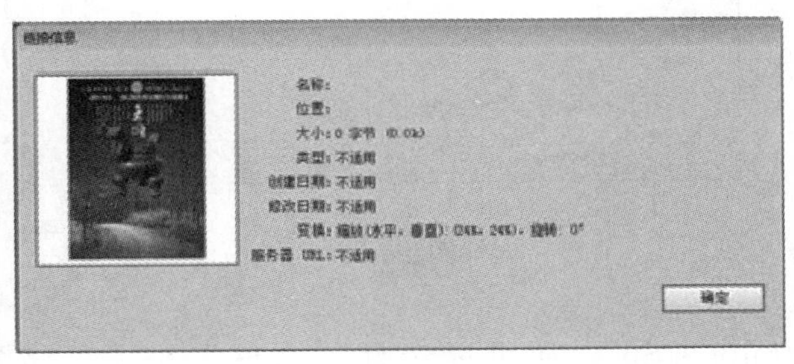

图 1－54

③ 选择通过链接方式置入的文件，然后单击面板底部的“编辑原稿”按钮 或在面板菜单中选择“编辑原稿”命令，就可以回到产生这个文件的程序并可以对文件进行重新编辑。编辑完并将文件保存后，再回到 Illustrator 中，就可以看到该文件的内容已经被编辑过。

例如：在 Illustrator 中以链接方式置入一个 Photoshop 文件，如图 1－55 所示。在选择该文件并单击“编辑原稿”按钮后，会自动在 Photoshop 应用程序中打开该文件，如图 1－56 所示。

图 1－55

图 1－56

1.4.8 输出文件

在 Illustrator CS6 中可以将 Illustrator 文件以不同的格式导出，导出的文件可以通过相应的应用程序打开并编辑使用，具体操作步骤如下：

选中要输出的文件，选择“文件”→“导出”命令，即可弹出“导出”对话框，如图 1－57 所示。

在对话框中设置保存文件的位置、文件名称和保存类型，单击“保存”按钮会弹出对应格式的保存选项对话框。例如，将 Illustrator 文件导出成 PNG 格式，会弹出“PNG 选项”对话框，如图 1－58 所示，设置完成后单击“确定”按钮即可。

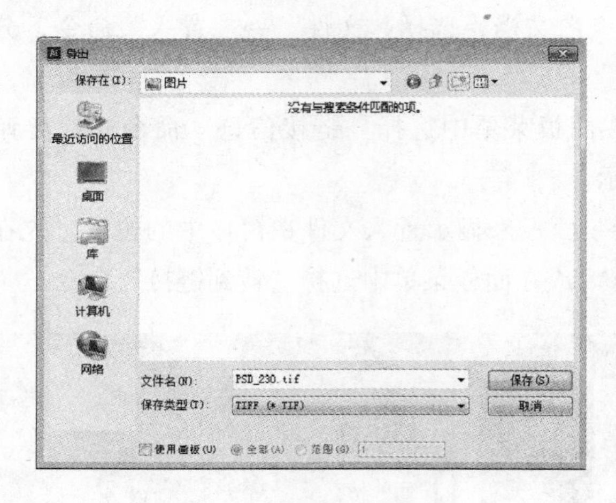

图 1－57

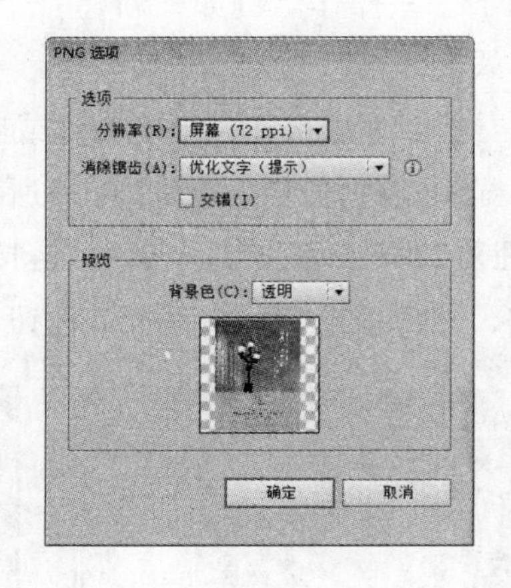

图 1－58

在 Illustrator CS6 中还可以选择“文件”→“存储为 Web 和设备所用格式”或“存储为 Microsoft Office 所用格式”命令，将文件输出成特定的文件格式类型，这里不再赘述。

1.4.9 选择输出文件格式

Illustrator CS6 可以输出的文件格式很多，应该依照用途来选择输出格式，主要有以下几种应用情况：

① 用于印前排版。可直接选择“文件”→“存储”命令将文件存成 EPS 或 PDF 格式，这种格式适用于印前排版软件。使用时要注意将置入的位图转换为 CMYK 模式。

② 用于 PostScript 打印机打印。PostScript 是一种页面描述语言，内建于许多桌面、打印机和全部高终端的打印系统中。大部分的打印机都由 PostScript 支持，因此没有格式限制，但一般情况 EPS 和 TIFF 格式文件的打印效果最好。

③ 用于非 PostScript 打印机打印。最好使用点阵图方式输出，如 TIFF、PSD 或 WMF 等格式。

④ 用于网页。可以选择 JPEG、PNG、GIF、SVG 和 SWF 格式。

⑤ 用于多媒体。可以将文件输出成点阵图的格式，如 PICT、BMP 或 TIFF 等格式。

1.4.10 输出文件供 Photoshop 使用

很多时候在 Illustrator 中完成的作品需要在 Photoshop 中继续编辑处理，这就需要用户很好地掌握具体的导出方法。

首先，在 Illustrator CS6 中打开要导出的文件，然后选择“文件”→“导出”命令，在弹出的对话框中选择 PSD 格式，设置保存位置和文件名后，单击“保存”按钮，弹出“Photoshop 导出选项”对话框，如图 1－59 所示。

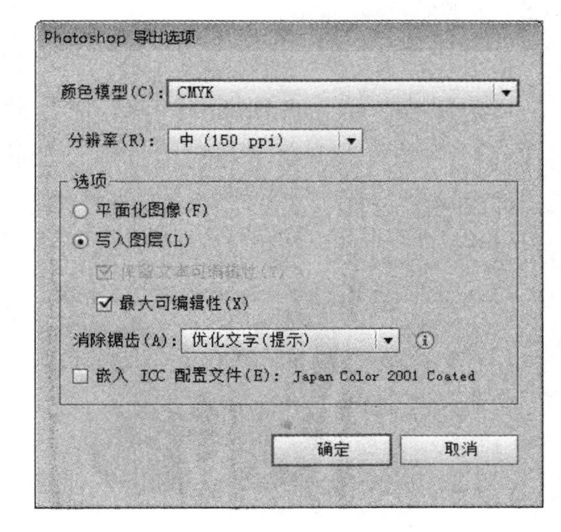

图 1－59

在“Photoshop 导出选项”对话框中可以进行以下设置。

（1）“颜色模型”：设置输出文件的颜色模式，有 CMYK、RGB 和灰度模式。

（2）“分辨率”：设置输出图形的分辨率，可以选择“屏幕”“中”和“高”3 种方式，也可以选中“其他”并输入自定义的分辨率数值。分辨率越高，输出的文件越大。

（3）“平面化图像”：表示输出图形合并为单一背景层。

（4）“写入图层”：如果选择此项，那么输出后将 Illustrator 中的原有图层对应转换成 Photoshop 中的图层。

（5）“保留文本可编辑性”：选择此项后，可将文字输出至 Photoshop 中，文字内容依旧可修改。

（6）“最大可编辑性”：选择此项后，将尽可能使 Illustrator 文件与 Photoshop 文件相同的属性保留下来。

（7）“消除锯齿”：选择此项后，在输出文件时可以防止图像边缘出现锯齿形状。

（8）“嵌入 ICC 配置文件”：选择此项后，可以选择自己设置的色彩描述或默认的色彩描述文件。

1.5　图像的显示

由于计算机屏幕的大小有限，用户所制作的图形可能会比屏幕大得多，不能与实际尺寸相匹配。而且，在处理图形的细微部分时，需要将文件放大来查看；反之，也经常需要将文件缩小以便于查看完整的版面设计效果。这就要求用户必须熟练地使用各种文件显示的操作和设置，从而达到快速而准确的操作效果。

1.5.1　图像显示模式

Illustrator CS6 提供了“预览”“轮廓”“叠印预览”和“像素预览”4 种图像显示模式，用户可以在绘图的过程中根据不同的要求选择不同的图像显示模式，可在“视图”菜单中设置图像显示模式。

下面介绍每种显示模式的特点和应用。

①“预览”显示模式

在“预览”显示模式下，可以直接看到对象的各种属性，包括颜色、变形、图案和透明度等。在这种显示模式下可以直接编辑对象，是一种常用的显示模式，如图 1－60 所示。

②“轮廓”显示模式

相对于“预览”显示模式，“轮廓”显示模式只显示对象的路径，不包含任何填充属性，可以见到完整的对象轮廓。选择“视图”→“轮廓”命令，可将画面“预览”显示模式更改成“轮廓”显示模式。在此显示模式下可以更容易地选取复杂的图形，且能加快复杂图像的画面刷新速度，如图 1－61 所示。如果再次选择“视图”→“预览”命令，则可切换到“预览”显示模式。

图 1－60

图 1－61

③“叠印预览”显示模式

选用“叠印预览”显示模式，可以在绘图窗口上看到图像设置的叠印印刷效果，如图 1－62 所示。选择“视图”→“叠印预览”命令，就可以切换到“叠印预览”显示模式。

④“像素预览”显示模式

用“像素预览”模式来显示文件，可以在绘图窗口看到矢量图形被栅格化后的效果，如图 1－63 所示。选择“视图”→“像素预览”命令，即可以“像素预览”显示模式来预览图形。此种显示模式适合制作网页上的图片。

图 1－62

图 1－63

1.5.2 显示比例

为了方便用户使用各种比例来观看窗口中的文件与插图，Illustrator CS6 提供了多种方法来改变画面显示比例。这样，用户就可以清楚地看到画面的细节部分，并进行细节的修改，同时可以缩小画面以查看整体的画面效果，以此来进行整体的版面布局设计。具体操作方法如下。

(1) 用缩放工具调整显示比例

选择“缩放工具” 后，鼠标指针会变成 符号，在画面上单击或者拖动出一个矩形范围，就可以放大图像显示比例，如图 1－64 所示。若想缩小画面显示比例，可以按住“Alt”键，当鼠标指针变成 符号后再单击画面，即可缩小图像的显示比例。

图 1－64

（2）用菜单命令来调整画面的显示比例

选择“视图”→“放大”命令，可以将画面的显示比例放大。选择“视图”→“缩小”命令，可以将画面的显示比例缩小。

将画面恢复为 100%显示时，可以选择“视图”→“实际大小”命令或在工具箱中双击“缩放工具”按钮，该命令常用于查看网页图形在浏览器中的实际大小。

若要把整个画面缩放至符合绘图窗口的大小，可选择“视图”→“全部适合窗口大小”命令，或者双击工具箱中的“抓手工具”按钮。

（3）使用“导航器”面板调整画面的显示比例

选择“窗口”→“导航器”命令，可以打开“导航器”面板，如图 1－65 所示。

导航器　信息
300%
当前窗口显示范围
显示比例　缩小按钮　滑块　放大按钮

图 1－65

单击下方的“放大”按钮或“缩小”按钮，可以按比例改变画面的显示大小。若拖动滑块则可动态调整画面的显示比例。向左拖动滑块缩小画面显示比例，向右拖动滑块放大画面显示比例。

在对画面缩放时，经常使用键盘来进行快速操作。常用的快捷键有放大视图快捷键“Ctrl”＋“＋”，缩小视图快捷键“Ctrl”＋“－”，实际大小快捷键“Ctrl”＋“1”，适合窗口大小快捷键“Ctrl”＋“0”。画面最大可放大至 6400%，最小可缩小至 3.13%。

1.5.3　画面的滚动

将画面放大显示后，由于窗口大小限制，只能看到部分图像。在既不想改变图像的显示比例，又想看到图像的其他部分时，可以直接滚动页面来移动画面。除了利用窗口上的滚动条来移动画面外，也可以利用“抓手工具”和“导航器”面板来移动画面。

① 利用抓手工具

使用“抓手工具”是移动画面比较好的方法。直接在工具箱中选择“抓手工具”，或在选择其他工具的状态下按住空格键将工具暂时切换到选择“抓手工具”的状态，然后拖动鼠标即可移动画面。

② 利用“导航器”面板

将鼠标指针放到如图 1－65 所示的“导航器”面板中的红色方框内，鼠标指针会变成手形接着拖动，即可移动画面。

1.5.4 窗口显示模式

Illustrator CS6 有 4 种窗口显示模式，单击工具箱最下方的“更改屏幕模式”按钮，在打开的列表中选择相应的模式即可改变屏幕窗口的显示模式。具体包括“正常屏幕模式”“带有菜单栏的全屏模式”和“全屏模式”3 种，可以适应不同的需要。

如果希望下次还以同样的方式显示文件，可以选择“视图”→“新建视图”命令，将显示的条件保存起来，当下一次需要相同的显示方法时，只需在“视图”菜单中选择相应的视图名称即可快速切换到该显示视图。用户可以选择“视图”→“编辑视图”命令，对视图进行管理。

1.5.5 使用测量工具

对于页面上的图形，如果想知道正确的尺寸、坐标与角度等信息，可以利用测量工具来帮助测量，测量的结果可以在“信息”面板中查看。

技巧提示

选择“窗口”→“信息”命令，打开“信息”面板。选择“度量工具”然后在图形上单击欲测量距离的起点位置，再单击终点位置，“信息”面板上就会先后显示出选取点的 X 坐标值、Y 坐标值、两点之间的宽度和高度、两点距离以及角度信息等。使用“度量工具”从欲测量位置的起点拖动到终点，也可以得到同样的测量结果，如图 1－66 所示。

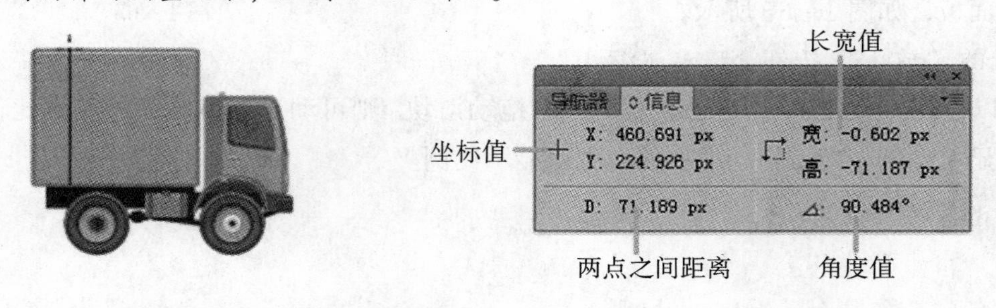

图 1－66

1.6 首选项

（1）关于首选项

Illustrator 的预置是关于您希望 Illustrator 如何工作的选项，包括显示、工具、标尺单位和导出信息。您的首选项存储在名为“AIPrefs”（Windows）的文件中，每次您启动 Illustrator 时它也随之启动。

（2）打开首选项对话框

“首选项”如图 1—67 所示，对话框执行下列操作之一：

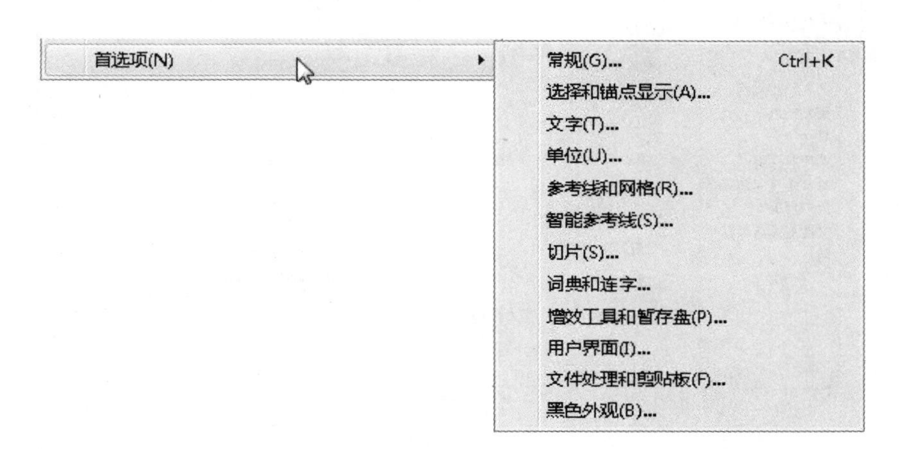

图 1－67

①（Windows）选择“编辑”→“首选项”→“［首选项组名称］”。

② 没有选中任何东西时，请单击控制面板上的“首选项”按钮。

如果要在不同的首选项组之间切换，请执行下列操作之一：

① 在“首选项”对话框左上方菜单中，选择一个选项。

② 单击“下一项”以显示下一选项，或者单击“上一项”以显示上一选项。

（3）将所有首选项都重置为默认设置

如果此应用程序出现问题，那么重置首选项会很有帮助。

执行下列操作之一：

① 启动 Illustrator 时按住“Alt”＋“Ctrl”＋“Shift”（Windows），当前设置已删除。

② 删除或重命名 AIPrefs 文件（Windows））。下次启动 Illustrator 时，将会创建新的首选项文件。

注： 可以安全地删除整个 AdobeIllustrator CS6 Settings 文件夹。该文件夹包含可以重新生成的各种首选项。

（4）设置 Illustrator 首选项

Illustrator 首选项文件管理着 Illustrator 中的命令和面板设置。打开 Illustrator 时，面板和命令的位置存储在 Illustrator 首选项文件中。如果您要恢复 Illustrator 的默认设置或更改当前设置，请删除 Illustrator 首选项。重新启动 Illustrator 并保存某个文件时，Illustrator 会自动创建一个首选项文件。

1.6.1　常规

常规选项可以对一些常用参数进行设置，如图 1－68 所示。

（1）键盘增量

在该文本框中可以更改轻移的距离。当更改默认增量时，按住 Shift 键进行移动，可移动指定距离的 10 倍。

（2）约束角度

该文本框用于设置在按住 Shift 键进行移动、旋转或其他操作时，约束角度的数值。

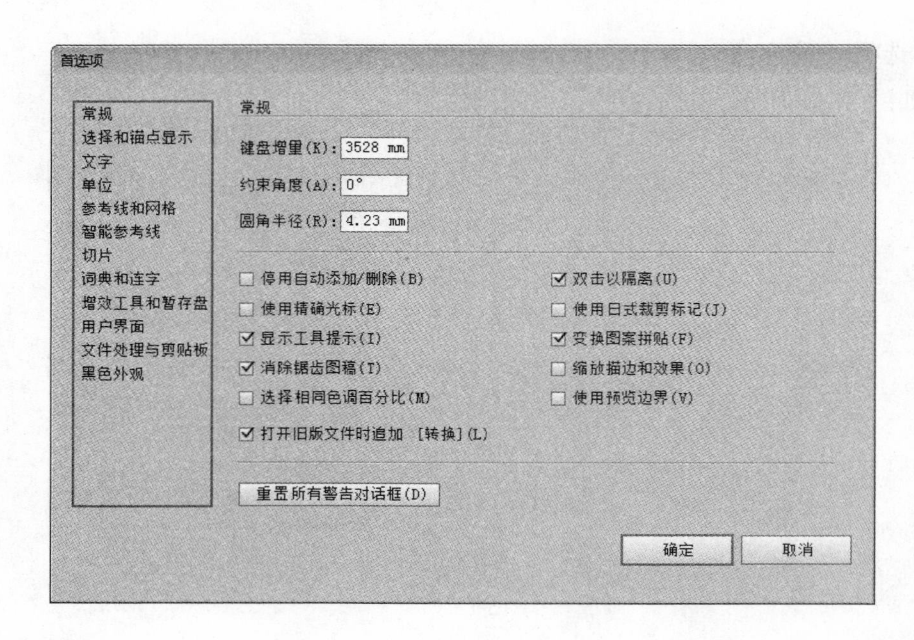

图 1－68

(3) 圆角半径

该文本框用于设置在默认情况下绘制圆角矩形对象时的圆角半径尺寸。

(4) 其他选项

用于设置 Illustrator 的一些常用功能。

1.6.2 选择和锚点显示

在"首选项"对话框左上角下拉列表框中选择"选择和锚点显示"选项，"首选项"对话框则如图 1－69 所示。

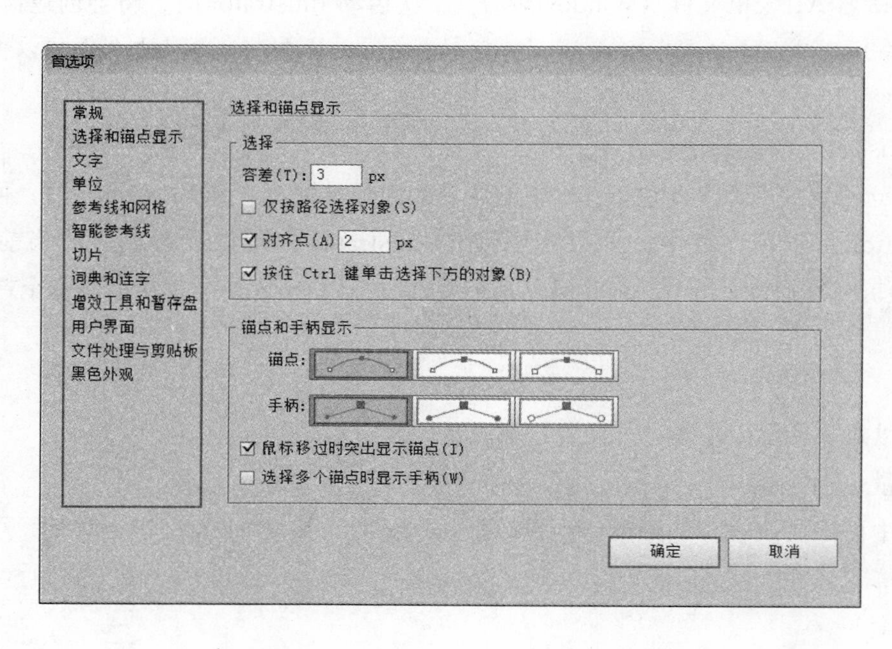

图 1－69

(1) 容差

指定用于选择锚点的像素范围。较大的值会增加锚点周围区域（可通过单击将其选定）的宽度。

(2) 仅按路径选择对象

指定是否可以通过单击对象中的任意位置来选择填充对象，或者是否必须单击路径。

(3) 对齐点

选中该复选框，可将对象对齐到锚点和参考线；其后的文本框用于指定在对齐时对象与锚点或参考线之间的距离。

(4) 锚点

指定锚点的显示状态。

① 将选定和未选定的锚点显示为较小的点。

② 将选定的锚点显示为较大的点，而将未选定的锚点显示为较小的点。

③ 将选定和未选定的锚点显示为较大的点。

(5) 手柄

指定手柄终点（方向点）的显示状态。

① 将方向点显示为一个小的实心圆圈。

② 将方向点显示为一个大的实心圆圈。

③ 将方向点显示为一个开口十字线。

(6) 鼠标移过时突出显示锚点

突出显示位于鼠标指针（或称光标）正下方的锚点。

(7) 选择多个锚点时显示手柄

当使用直接选择工具或编组选择工具选择对象时，在所有选定的锚点上显示方向线。

1.6.3　文字

在“首选项”对话框最上角的下拉列表框中选择“文字”选项，“首选项”对话框则如图 1－70 所示。

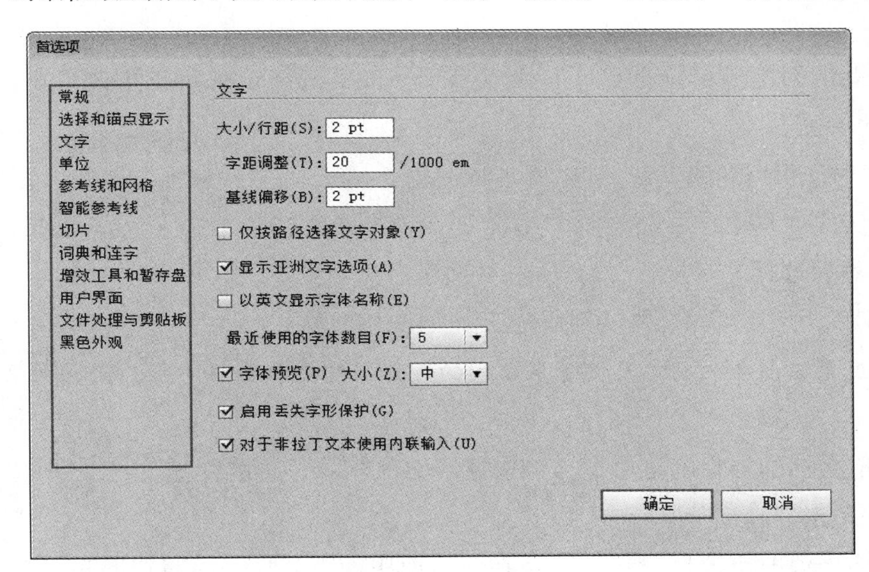

图 1－70

（1）大小 / 行距

以文本的行距值作为文本首行基线和文字对象顶部之间的距离。

（2）字距调整

该文本框用于设置特定字符之间的间距。

（3）基线偏移

该文本框用于设置所选字符相对于周围文本的基线上下移动的距离。

1.6.4 单位

在“首选项”对话框左上角的下拉列表框中选择“单位”选项，“首选项”对话框则如图 1－71 所示。

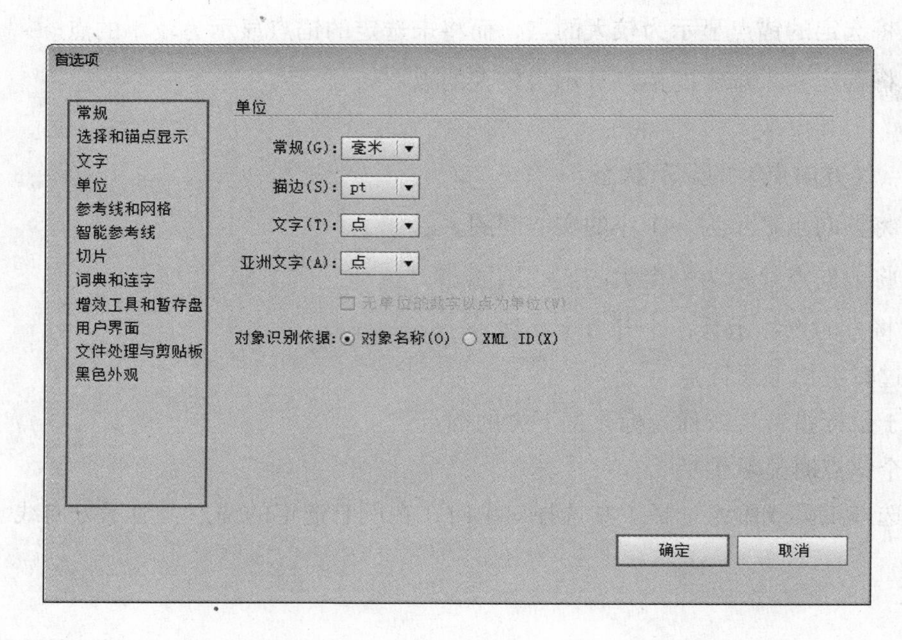

图 1－71

Illustrator 中默认的度量单位是点（一个点等于 0.3528mm）。您可以更改 Illustrator 用于常规度量、描边和文字的单位。

在框中输入值时您可以忽略默认的单位。

① 要更改默认的度量单位，请选择“编辑”→“首选项”→“单位”或“Illustrator”→“首选项”→“单位”，然后选择“常规”“描边”和“文字”选项的单位。如果在“文字”首选项中选择了“显示亚洲文字选项”，您还可以选择特别适合亚洲文字的单位。

注：“常规”度量选项会影响标尺度量点之间的距离、移动和变换对象、设置网格和参考线间距以及创建形状。

② 要设置当前文档的常规度量单位，请选择“文件”→“文档设置”，从“单位”菜单选择要使用的度量单位，并单击“确定”。

③ 要在框中输入值时更改度量单位，请在值后面跟随下列任一缩写：inch、inches、in（英寸），millimeters、millimetres、mm（毫米），Q（1 个 Q 等于 0.25 毫米），centimeters、centimetres、cm

（厘米），points、p、pt（点），picas、pc（派卡），pixel、pixels 和 px（像素）。

（1）常规

在该下拉列表框中选择不同的选项，可以影响标尺度量点之间的距离、移动和变换对象设置网格和参考以及创建形状等。

（2）描边

在该下拉列表框中选择不同的选项，可以更改描边的度量单位。

（3）文字

在该下拉列表框中选择不同的选项，可以定义调整文字字号的单位。

（4）亚洲文字

在该下拉列表框中选择不同的选项，可以定义调整文字单位。

1.6.5　参考线与网格

在设计过程中经常需要对设计版式、内容进行精确的定位，在 Illustrator CS6 中可以使用标尺、参考线等辅助功能进行操作，如图 1–72 所示。

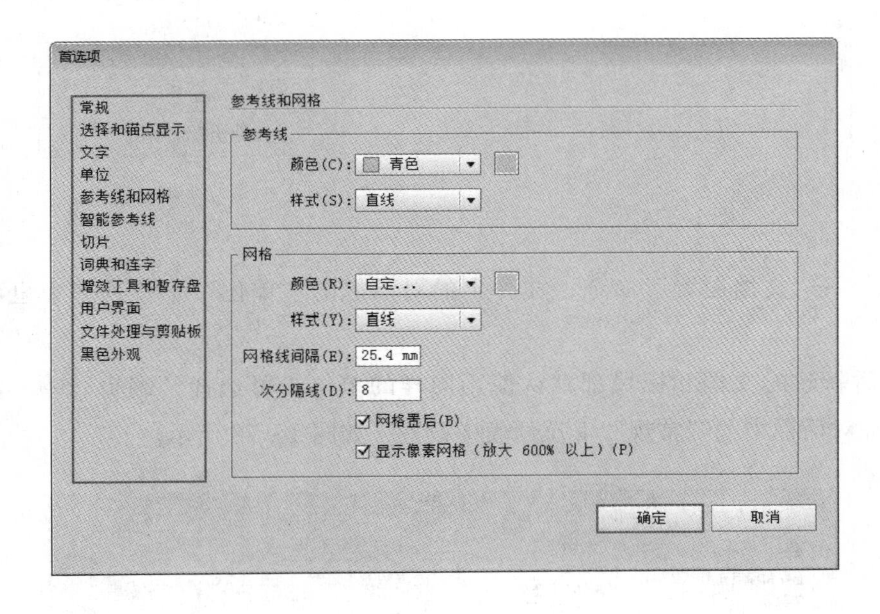

图 1 – 72

1. 使用标尺

（1）标尺的显示和隐藏

默认状态下，Illustrator CS6 中不显示标尺。选择“视图”→“标尺”→“显示标尺”命令（图 1–73），将显示出水平标尺和垂直标尺。在标尺显示的状态下，该菜单中的同样位置处则显示“隐藏标尺”命令，选择该命令后可将标尺隐藏。

（2）标尺原点的更改

Illustrator CS6 默认的标尺原点位于窗口的左下角。在绘制图形的过程中如果需要调整原点，可以拖动默认的标尺原点，窗口中将显示两条相交的直线，在所需的位置释放鼠标，直线相交处即调整后的标尺原点位置，如图 1 – 74 所示。

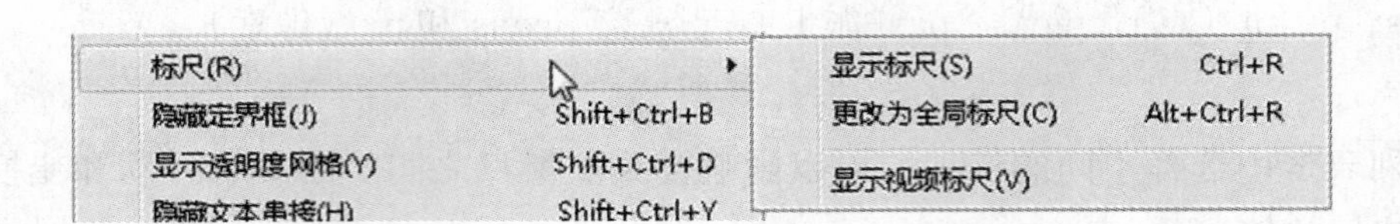

图 1－73

双击左上角水平标尺和垂直标尺交叉的位置，可以将标尺原点恢复到默认位置。

（3）更改标尺的单位

默认情况下，标尺的单位与文档设置单位相同。需要更改标尺单位时，可以在标尺上右击，在弹出的快捷菜单中选择需要的单位，如图 1－75 所示。

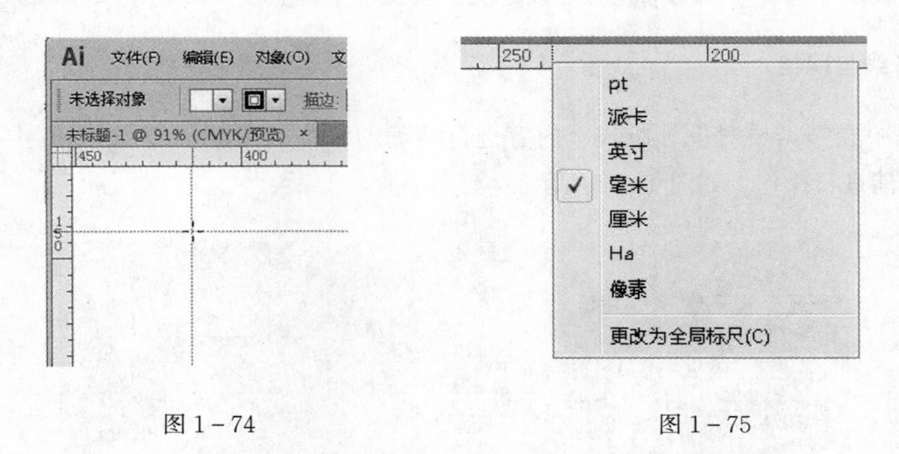

图 1－74　　图 1－75

选择“文件”→“文档设置”命令，在弹出的对话框的“单位”下拉列表中也可以设置标尺的单位。

如果希望以后新建的文档和标尺都默认使用同样的单位，可选择“编辑”→“首选项”→“单位”命令，然后在对话框中的“常规”下拉列表中设置，如图 1－76 所示。

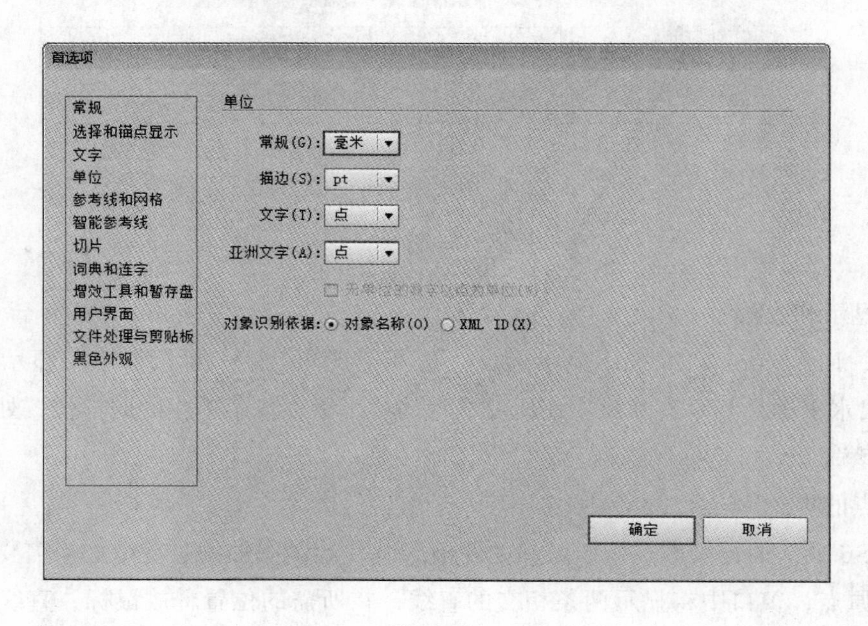

图 1－76

画板标尺的原点和坐标现在以左上方为导向，使用以前坐标系的脚本也与此增强功能兼容。用户可以选择使用全局标尺（提供跨越所有画板的坐标）或使用针对特定画板的本地标尺。

标尺可帮助用户准确定位和度量绘图窗口或画板中的对象。每个标尺上显示 0 的位置称为标尺原点。

Illustrator CS6 中的标尺类似于其他 Creative Suite 应用程序（如 InDesign 和 Photoshop）中的标尺。Illustrator 分别为文档和画板提供了单独的标尺，用户可以在一个点上只选择这些标尺中的其中一个。

① 全局标尺：显示在绘图窗口的顶部和左侧。默认标尺原点位于插图窗口的左上角，如图 1－77 所示。

② 画板标尺：显示在现用画板的顶部和左侧。默认画板标尺原点位于画板的左上角，如图 1－78 所示。

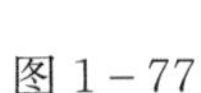

图 1－77

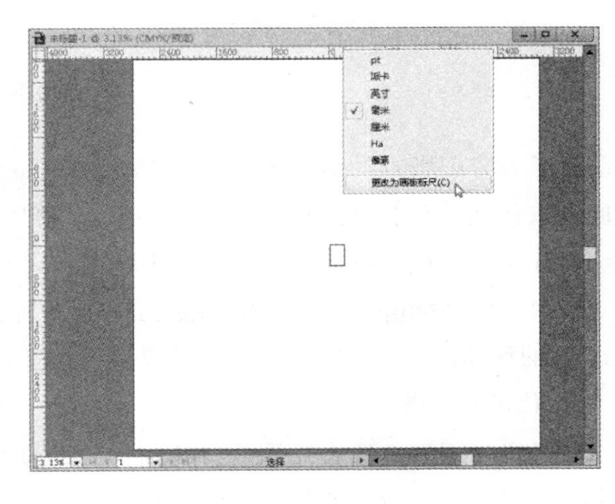

图 1－78

画板标尺与全局标尺的区别在于，如果选择画板标尺，原点将根据活动的画板而变化。此外，不同的画板标尺可以有不同的原点。如果更改画板标尺的原点，填充于画板对象上的图案将不受影响。

若要在画板标尺和全局标尺之间切换，可选择“视图”→“标尺”→“更改为全局标尺”命令或“视图”→“标尺”→“更改为画板标尺”命令。默认情况下显示画板标尺，因此“标尺”子菜单中默认显示“更改为全局标尺”命令。

要显示或隐藏视频标尺，可选择“视图”→“标尺”→“显示视频标尺”命令或“视图”→“标尺”→“隐藏视频标尺”命令。显示视频标尺的效果如图 1－79 所示。

要更改标尺原点，可将鼠标指针移到窗口左上角（标尺在此处相交），然后拖动原点到所需的新标尺原点处即可。

当用户进行拖动时，窗口和标尺中的“十字”线会指示不断变化的全局标尺的原点。

注： *更改全局标尺原点会影响图案拼贴。*

要恢复默认标尺原点，双击窗口左上角（标尺在此处相交）即可。

新版本的 Illustrator 中的坐标系已切换为第四象限，之前版本的 Illustrator 中的坐标系为第一象限。在 Illustrator CS6 中，如果用户向下移动垂直滚动条，则 Y 坐标值将增加；如果向右移动水平滚动条，则 X 坐标值将增加。

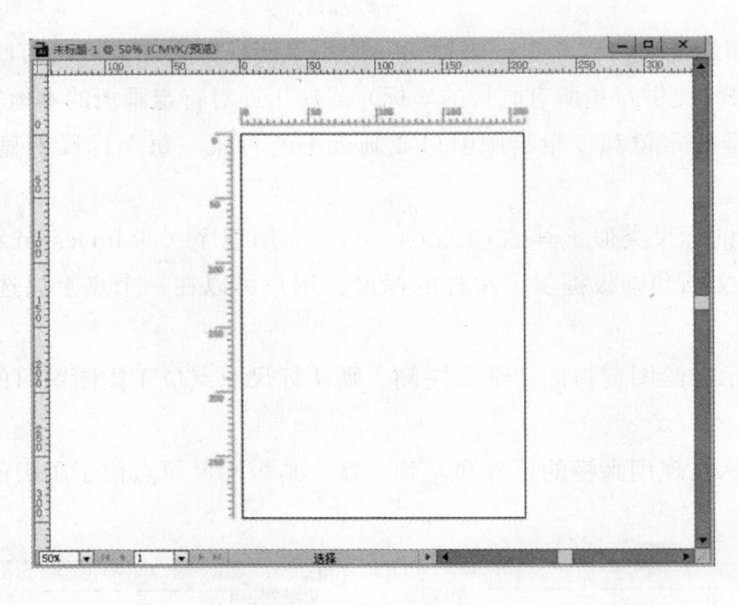

图 1－79

为了兼容旧版本的 Illustrator，新版本的 Illustrator 中的全局标尺保留了旧文档中设置的位置。尽管原点未移动到左上角，但坐标系仍将更改为第四象限。

坐标系和标尺原点的更改不适用于脚本，因此，用户无法保留旧脚本。不过，当用户使用脚本变换对象时，Y 坐标值会与用户在 Illustrator 用户界面中设置的值不同。例如，如果用户应用了一个 X = +10 点的移动操作，然后使用脚本模拟相同的移动，应用 Y = －10 点的变换。

2. 使用参考线

参考线是可以放置在绘图窗口任何位置的直线。参考线分为两种，即普通参考线和智能参考线。其中普通参考线分为水平参考线和垂直参考线。默认情况下，Illustrator 会显示添加到绘图窗口的参考线，但是用户可以随时将它们隐藏起来，此外还可以在需要添加参考线的任何位置添加参考线。

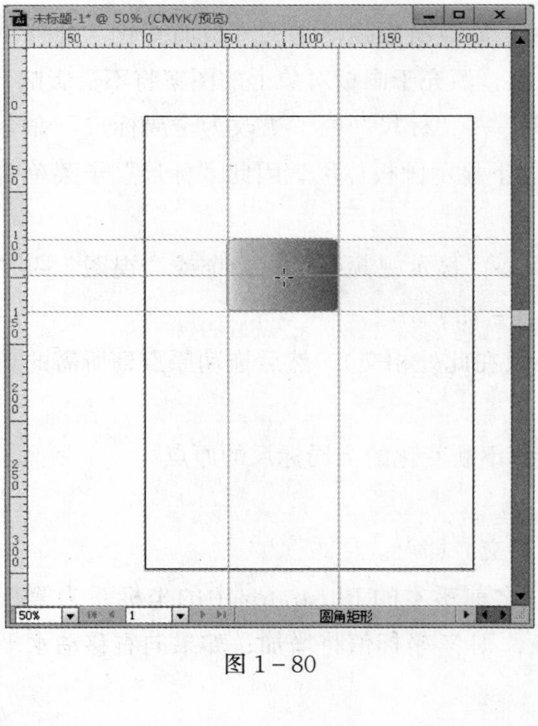

图 1－80

(1) 创建参考线

设置好原点后，可以在绘图窗口中设置参考线。使用参考线可以帮助用户精确地定位和捕捉对象。在确定标尺为显示状态的情况下，将鼠标指针放置在水平标尺或者垂直标尺上方并拖动，即可将水平或者垂直参考线拖动到绘图窗口中，如图 1－80 所示。

(2) 参考线的锁定与解除锁定

在制作的过程中，为了防止参考线被误操作，需要将参考线锁定。参考线的锁定需要选择“视图”→“参考线”→“锁定参考线”命令。如果要将参考线解除锁定，只需要再次选择该命令即可。在绘图窗口中右击，在弹出的快捷菜单中选择“锁定参考线”命令也可以锁定参考线。默认情况下，创建的参考线都处于锁定状态。

(3) 移动参考线

选择要移动的参考线，在视图范围内拖动即可；如果参考线处于锁定状态，解除锁定后才能操作。

(4) 参考线的显示和隐藏

有时候参考线会妨碍用户查看图像效果，这时可以将参考线隐藏起来。选择“视图”→“参考线”→“隐藏参考线”命令，隐藏参考线。在参考线被隐藏之后，该菜单中的同样位置则会显示“显示参考线”命令，选择该命令后参考线就会被显示出来。在绘图窗口中右击，在弹出的快捷菜单中选择“隐藏参考线”命令也可以隐藏参考线，如图 1－81 所示。

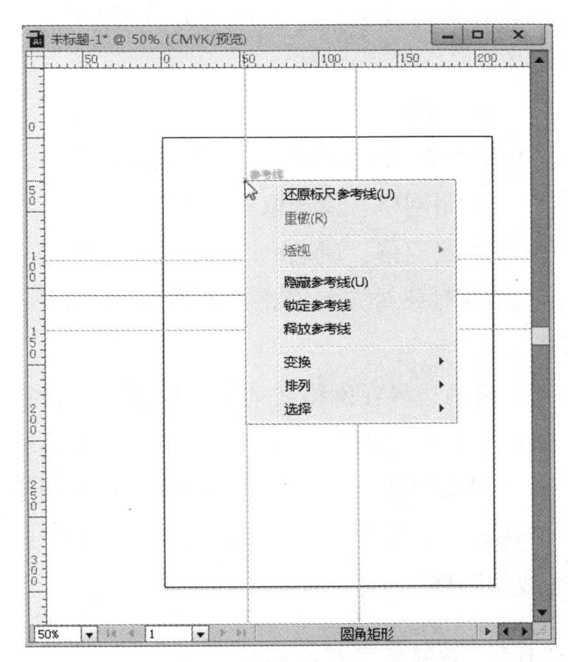

图 1－81

(5) 清除参考线

要清除一条或者多条参考线，首先要查看一下它们是否处于锁定状态。如果没有处于锁定状态，就可以选择要删除的参考线，然后按“Delete”键即可。如果处于锁定状态，需要先解除锁定再删除，或者选择“视图”→“参考线”清除参考线命令，一次性将所有参考线删除。

(6) 参考线的制作

通过标尺创建的参考线都是直线，在 Illustrator 中可以将对象转换成参考线来获得多种类型的参考线，具体操作步骤如下：

① 新建一个文件。

② 在工具箱中选择“椭圆工具”，然后绘制如图 1－82 所示的图形。

③ 使用“选择工具”选中椭圆，选择“视图”→“参考线”→“建立参考线”命令，或者在绘制窗口中右击，在弹出的快捷菜单中选择“建立参考线”命令，图形就转换成了参考线，如图 1－83 所示。

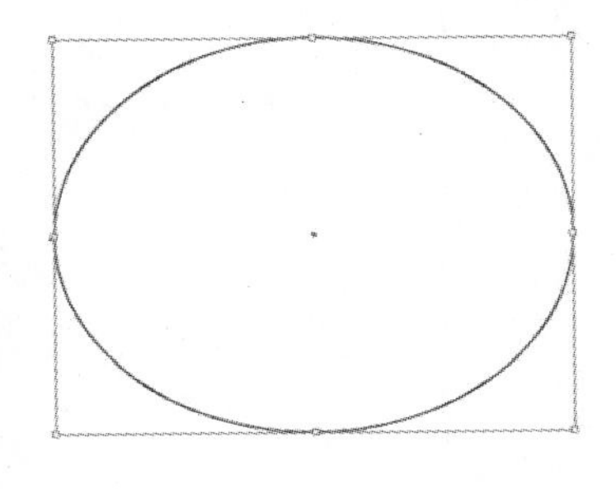

图 1－82

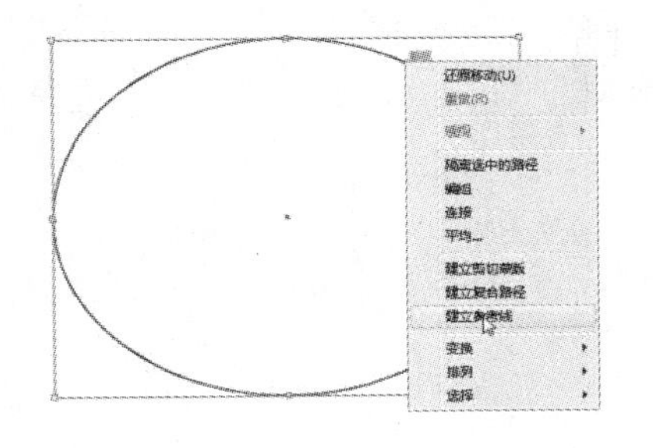

图 1－83

(7) 释放参考线

释放参考线的操作可以将任意一种参考线转换成可以编辑的对象。在参考线未锁定的状态下，使用“选择工具”选择要成为可编辑对象的参考线，选择“视图”→“参考线”→“释放参考线”命令，或者在参考线上右击，在弹出的快捷菜单中选择“释放参考线”命令，参考线就会转换为普通的路径对象。

3. 使用网格

网格显示在插图窗口中的图稿后面，它是打印不出来的。

① 要使用网格，请选取“视图”→“显示网格”。

② 要隐藏网格，请选取“视图”→“隐藏网格”。

③ 要将对象对齐到网格线，请选取“视图”→“对齐网格”，选择要移动的对象，并拖移到所需位置。

当对象的边界在网格线的两个像素之内，它会对齐到点。

注： 当选中“视图”→“像素预览”选项时，“对齐网格”会变为“对齐像素”。

④ 要指定网格线间距、网格样式（线或点）、网格颜色，或指定网格是出现在图稿前面还是后面，请选择“编辑”→“首选项”→“参考线与网格”（Windows）或“Illustrator”→“首选项”→“参考线与网格”。

1.6.6 智能参考线与切片

“智能参考线”是创建或操作对象或画板时显示的临时对齐参考线。通过对齐和显示 X、Y 位置和偏移值，这些参考线可帮助我们参照其他对象和／或画板来对齐、编辑和变换对象或画板。我们可以通过设置“智能参考线”首选项来指定显示的智能参考线和反馈的类型（如度量标签、对象突出显示或标签）。

在“首选项”对话框左上角的下拉列表框中选择“智能参考线”选项，“首选项”对话框则如图 1－84 所示。

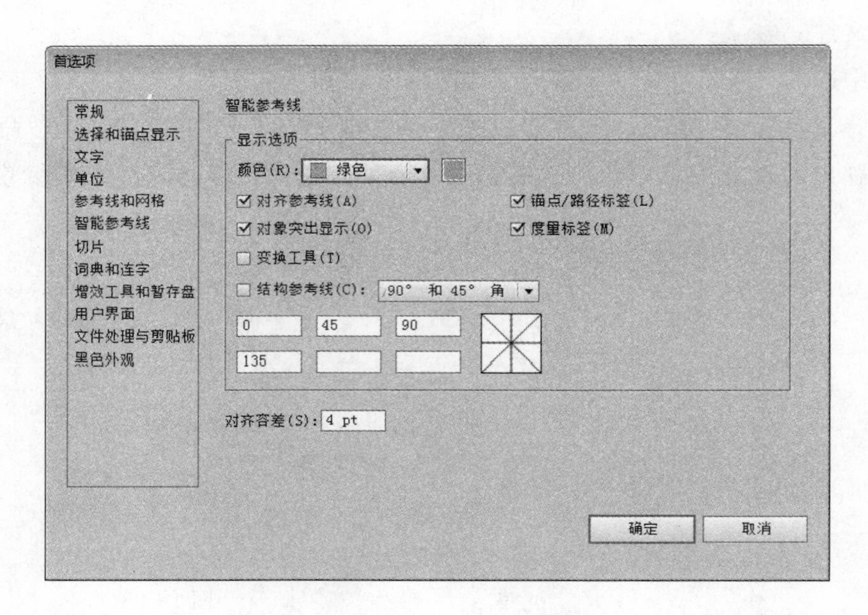

图 1－84

（1）颜色

指定参考线的颜色。

（2）对齐参考线

选中该复选框，可显示沿着几何对象、画板、出血的中心和边缘生成的参考线。当移动对象、绘制基本形状、使用钢笔工具以及变换对象等时，将生成这些参考线。

（3）链点／路径标签

选中该复选框，可在路径相交或路径居中对齐锚点时显示信息。

（4）对象突出显示

选中该复选框，可在对象周围拖移时突出显示指针下的对象。突出显示颜色与对象的图层颜色匹配。

（5）度量标签

选中该复选框后，将光标置于某个锚点上时，可为许多工具（如绘图工具和文本工具）显示有关光标当前位置的信息。创建、选择、移动或变换对象时，可显示相对于对象原始位置的 X 轴和 Y 轴偏移量。如果在使用绘图工具时按住 Shift 键，则将显示起始位置。

（6）变换工具

选中该复选框，可在比例缩放、旋转和倾斜对象时显示信息。

（7）结构参考线

选中该复选框，可在绘制新对象时显示参考线。此时可以指定从附近对象的锚点绘制参考线的角度，最多可以设置 6 个角度。在选中的角度文本框中输入一个角度，从“结构参考线”复选框右侧的下拉列表框中选择一组角度或者从下拉列表框中选择一组角度并更改文本框中的一个值以自定一组角度。

（8）对齐容差

指定使“智能参考线”生效的指针与对象之间的距离。

（9）使用智能参考线

默认情况下，智能参考线是打开的。

选择“视图”→“智能参考线”以打开或关闭智能参考线。

可以采用下列方式使用“智能参考线”：

① 使用钢笔或形状工具创建对象时，使用“智能参考线”相对于现有对象来放置新对象的锚点。或者，创建新画板时，使用“智能参考线”相对于其他画板或对象来放置该画板。

② 使用钢笔或形状工具创建对象时，或在变换对象时，使用智能参考线的结构参考线可将锚点放置于特定的预设角度，如 45°或 90°。在“智能参考线”首选项中设置这些角度。

③ 移动对象或画板时，使用“智能参考线”可将选定的对象或画板与其他对象或画板对齐。“对齐”操作是基于对象和画板的几何形状来进行的。当对象接近其他对象的边缘或中心点时会显示参考线。

注：按住 Ctrl 键（Windows）或 Command 键（MacOS）可使用 Illustrator CS3 的对齐方法，即使用一个对象或画板的中心点或边缘。

变换对象时，“智能参考线”会自动显示以帮助变换。

您可以通过设置“智能参考线”首选项来更改“智能参考线”显示的时间和方式。

注：“对齐网格”或“像素预览”选项打开时，您无法使用“智能参考线”（即使已选择菜单命令）。

（10）切片

在“首选项”对话框左上角的下拉列表框中选择“切片”选项，“首选项”对话框则如图 1－85 所示。

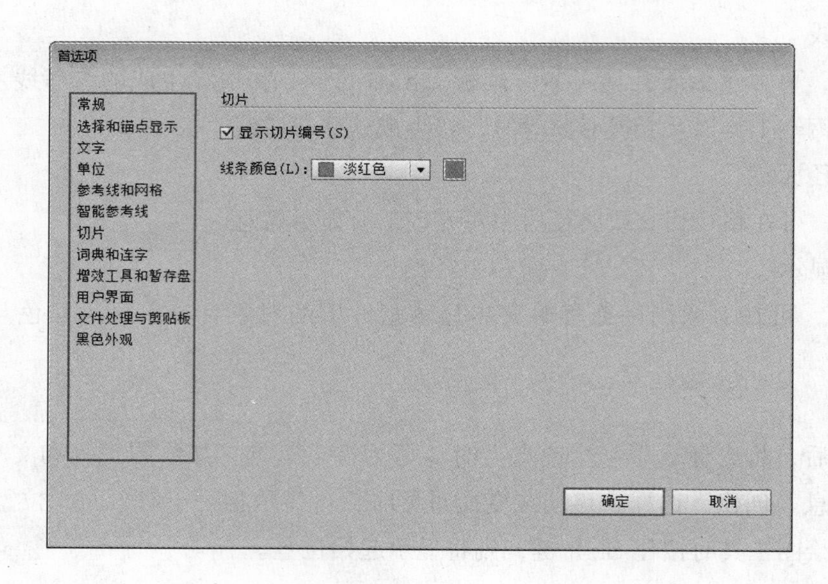

图 1-85

(11) 显示切片编号

选中该复选框，可以将隐藏的切片编号显示出来。

(12) 线条颜色

用于设置切片线条颜色。

1.6.7 连字选项

在“首选项”对话框左上角的下拉列表框中选择“连字”选项，“首选项”对话框则如图 1-86 所示。

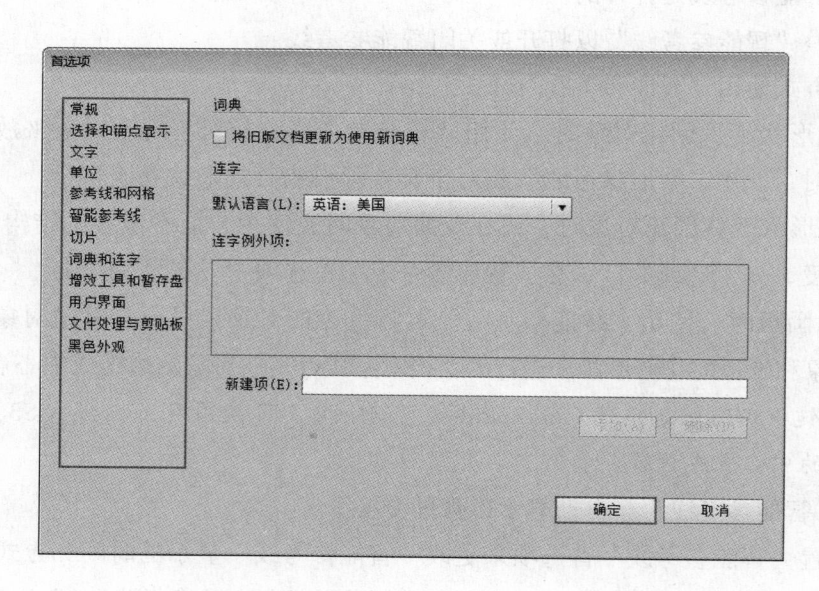

图 1-86

(1) 默认语言

要使用连字词典，可在该下拉列表框中选择一种默认语言。

（2）新建项

要向“连字例外项”列表框中添加单词，可在“新建项”文本框中输入单词，然后单击“添加”按钮。

（3）删除

要从“连字例外项”列表框中删除单词，可选择该单词，然后单击“删除”按钮。

1.6.8　增效工具与暂存盘

在“首选项”对话框左上角的下拉列表框中选择“增效工具和暂存盘”选项，“首选项”对话框则如图 1－87 所示。

（1）其他增效工具文件夹

选中该复选框，单击“选取”按钮，可以选取其他增效工具文件夹中的特殊效果。

（2）暂存盘

设置作为暂存盘的计算机驱动器。

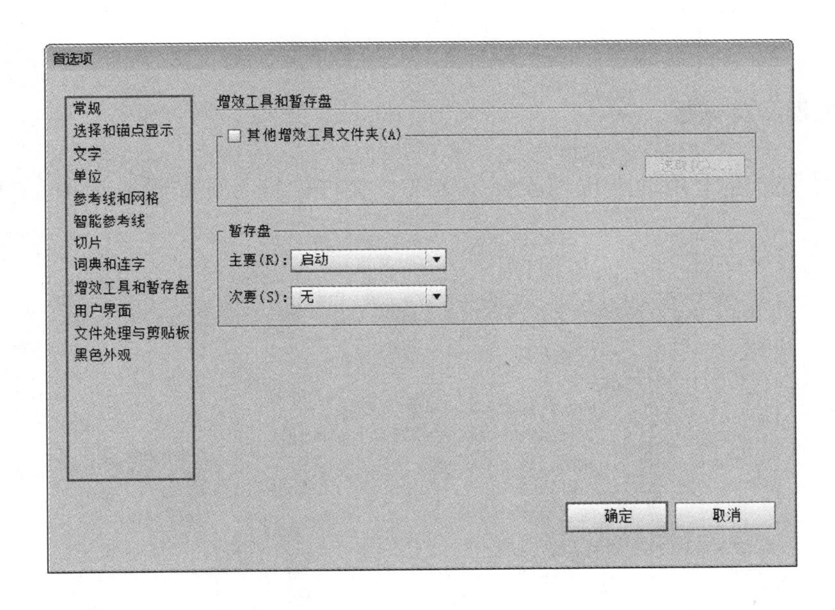

图 1－87

1.6.9　用户界面

在“首选项”对话框左上角的下拉列表框中选择“用户界面”选项，“首选项”对话框则如图 1－88 所示。

（1）亮度

拖动此滑块，可以调整界面元素的亮度深浅。此控件影响所有面板，其中包括“控制”面板。

（2）自动折叠标面板

选中该复选选框，在远离面板的位置单击时，自动折叠展开的面板图标。

（3）以选项卡方式打开文档

选中该复选框后，图形文档将以选项卡的形式显示；反之，则以浮动的形式显示打开的图形文档。

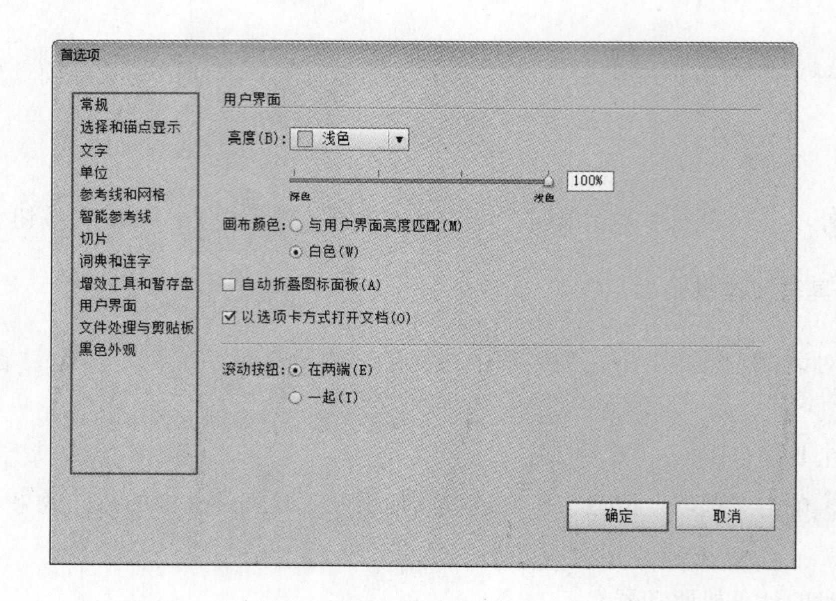

图 1－88

1.6.10　文件处理和剪贴板

在“首选项”对话框左上角的下拉列表框中选择“文件处理与剪贴板”选项，“首选项”对话框则如图 1－89 所示。

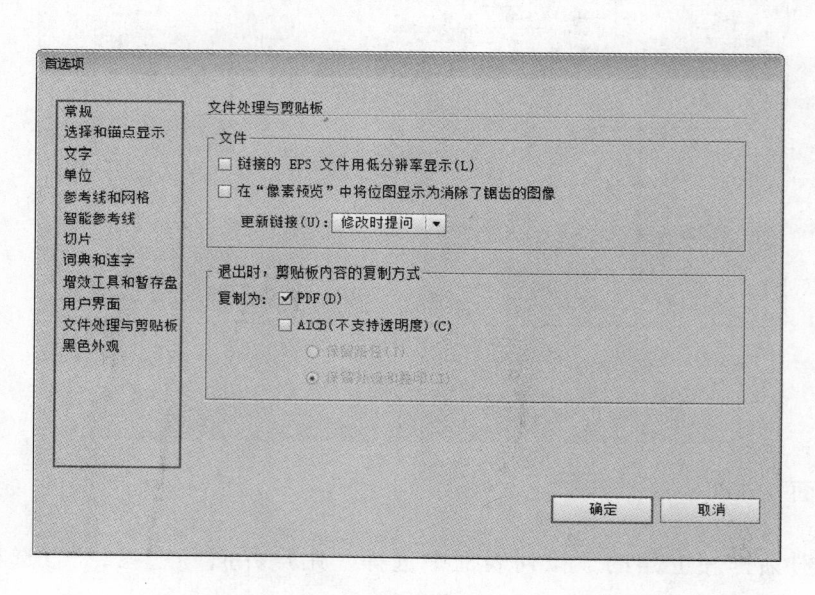

图 1－89

（1）链接的 EPS 文件用低分辨率显示

如果在放置 EPS 时性能受到负面影响，则需要降低预览分辨率。

（2）更新链接

默认情况下，Illustrator 在源文件更改时将提示更新链接。在该下拉列表框中可以选择更新链接的方式。

（3）PDF 和 AICB（不支持透明度）

选中 PDF 复选框，可以将文件复制为 PDF 格式；选中 AICB“不支持透明度”复选框可以将文件复制为 AICB 格式。在选择 AICB“不支持透明度”复选框的前提下，选中“保留路径”单选按钮，可以放弃复制图稿中的透明度；选中“保留外观和叠印”单选按钮，则可以拼合透明度、保持复制图稿的外观并保留叠印对象。

1.6.11　黑色外观

在“首选项”对话框左上角的下拉列表框中选择“黑色外观”选项，“首选项”对话框则如图 1－90 所示。

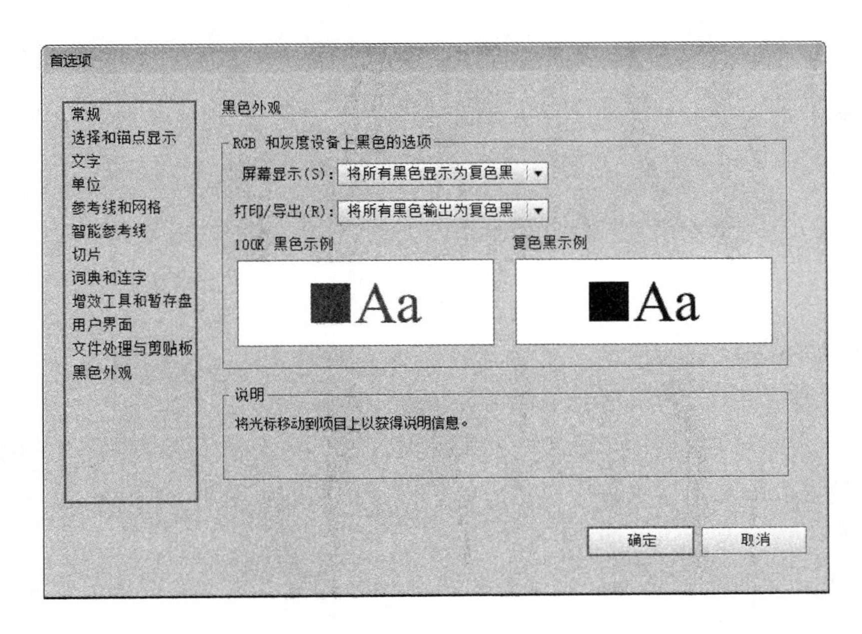

图 1－90

（1）屏幕显示

在该下拉列表框中选择不同的选项，可以定义屏幕显示的方式。选择“精确显示所有黑色”选项时，纯 CMYK 黑将显示为深灰（用户可以查看单色黑和多色黑之间的差异）；选择“将所有黑色显示复色黑”选项时，纯 CMYK 黑将显示为墨黑（此时纯黑和复色黑在屏幕上的显示效果一样）。

（2）打印 / 导出

在该下拉列表框中选择不同的选项，可以定义打印输出黑色时的处理方式。

1.6.12　页面设置

下面介绍关于 Illustrator 文件的各项页面设置，包括如何设置页面尺寸、测量工具、标尺以及参考线和网格的使用方法。

在创建文件的时候就已经对文档进行了最初设置，当对设置参数不满意时，可以重新进行设置。对文档进行设置的方法如下：

① 选择“文件”→“新建”命令，在如图 1－91 所示的“新建文档”对话框中进行页面设置。单击“确定”按钮完成设置，illustrator 会按照当前的设置创建一个新文档。

② 如果希望改变目前的页面设置，可选择“文件”→“文档设置”命令，弹出“文档设置”对话框，然后依据个人的需要来进行设置，如图 1－92 所示。

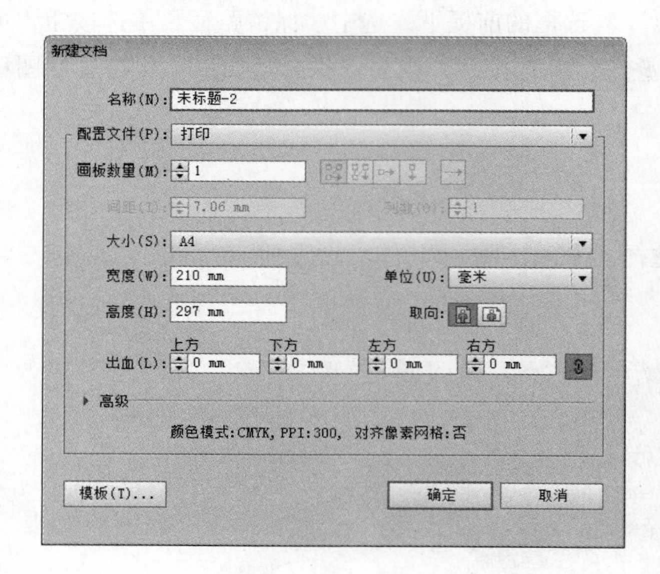

图 1－91

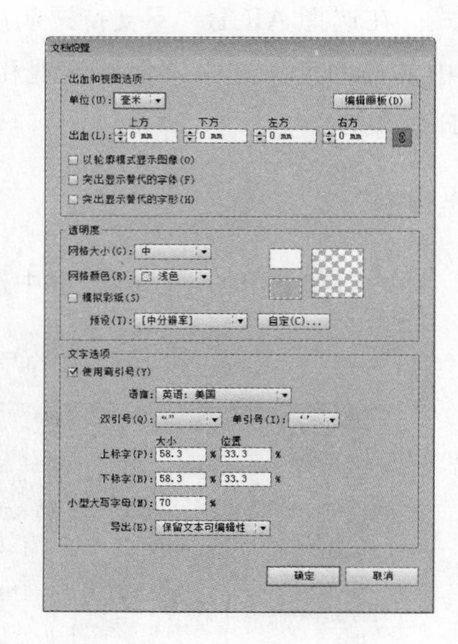

图 1－92

各常用项的功能介绍如下。

①“大小”下拉列表用来设置一些标准的纸张大小。

②“宽度”和“高度”文本框用来设置一些特殊的尺寸，只需输入英文状态下的数字即可。

③“单位”下拉列表用来设置文件中所使用的单位，常用的有毫米、厘米、像素和英寸等。

④“取向”用来设置纸张为纵向或横向。

⑤“以轮廓模式显示图像”复选框，选中时，在轮廓视图下置入的图像会显示出黑白图像轮廓；取消选中该复选框时，置入的图像会以外框方式显示。

第 2 章　插画设计：绘图工具的使用

在日常的图形设计工作中，用户经常会使用各种几何形状来进行设计。Illustrator CS6 提供了各种基本几何图形绘制工具和钢笔工具等，这些工具的使用极大地满足了用户在平面设计中对各种图形进行绘制的需求（图 2–1），本章主要介绍这些工具的使用方法与技巧。

图 2 – 1

2.1 路　径

Illustrator 主要是通过矢量图形完成各种设计内容的，而用于表达矢量线条的曲线叫作贝塞尔曲线，基于贝塞尔曲线创建的矢量线条就叫作路径。也就是说 Illustrator 的主要操作对象是各种路径，在本节中将介绍路径的基本概念、组成和填充等内容。

2.1.1　路径的基本构成

路径是由两个或多个锚点（或节点）组成的矢量线条。每两个锚点组成一条线段，在一条路径中包含多条线段，线段可以是直线也可以是曲线，通过控制锚点上的方向线可以控制路径的外形（直线的路径只有锚点和直线段），如图 2－2 所示。

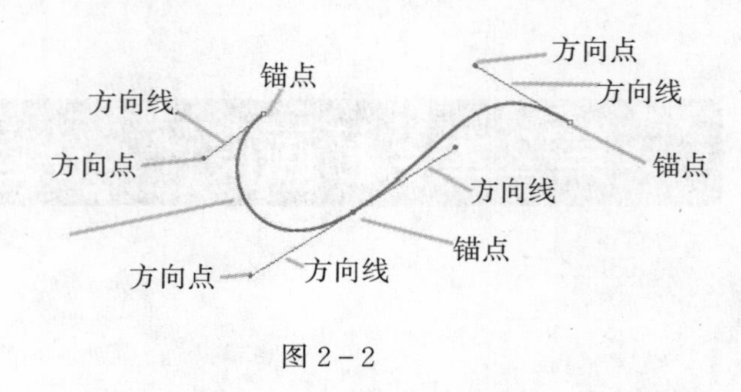

图 2－2

路径有两种类型，一种是开放式的路径，路径的起点与终点不重合，如各种直线或曲线线条；另一种是闭合式的路径，它没有起点和终点，如矩形和椭圆形等，如图 2－3 所示。

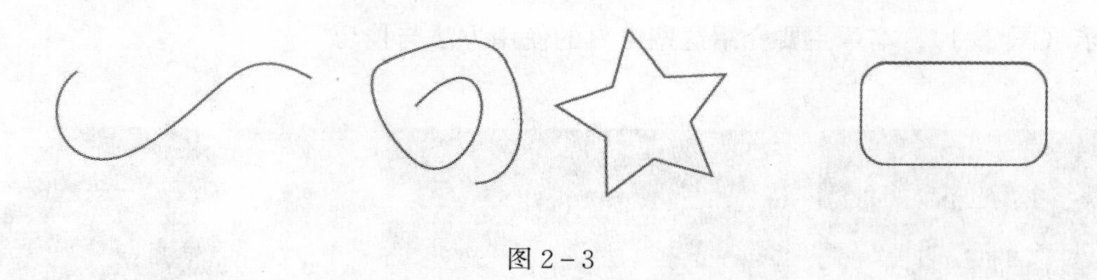

图 2－3

锚点（或节点）是路径的基本组成元素。在绘制路径的过程中，锚点的位置和属性决定了它们之间线段的形状和位置，也就是整个路径的造型效果，因此通过调整锚点的位置和属性，可以快速地调整路径的位置和形状。锚点在窗口中显示时都是以小方格的形态出现，按连接线段属性的不同，可以将锚点分为以下几类。

（1）直线锚点

该锚点是用来连接直线线段的，锚点上没有方向线。直线锚点的画法很简单，只要使用“钢笔工具”绘制即可（“钢笔工具”的具体操作见 3.4 节的内容），如图 2－4 所示。

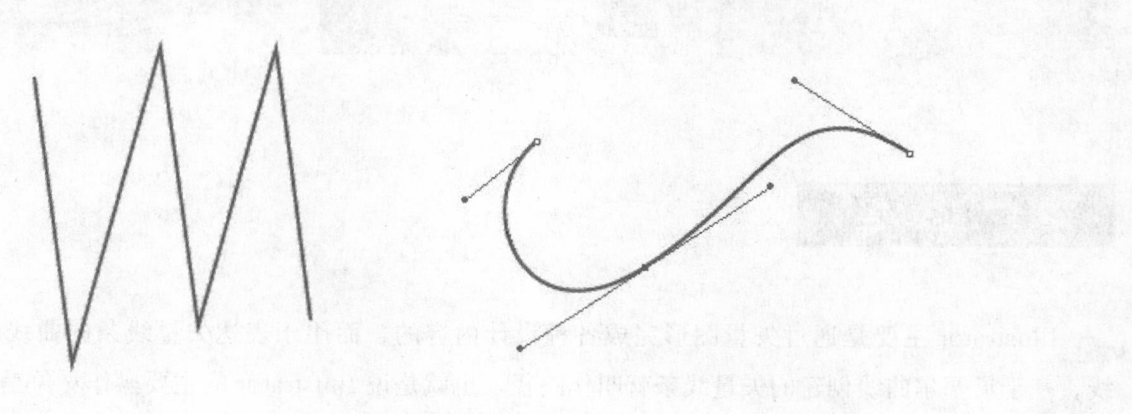

图 2－4

（2）对称曲线锚点

该锚点两端分别连接了等长呈180°且附着于锚点两边的方向线，方向线的角度和长度会影响曲线的形状。一般而言，方向线越长则曲线越长，方向线的角度越大则曲线的斜率也越大。当使用“钢笔工具”绘制时，直接拖动就可以产生对称曲线锚点。

（3）平滑曲线锚点

绘制出对称曲线锚点后，调整其中一侧方向线的角度，另外一侧的方向线也会随之改变，但保持外切线状态，此时就产生了平滑曲线锚点。

（4）转角锚点

转角锚点是由“转换锚点工具”绘制而成的。当使用“钢笔工具”绘制出对称曲线锚点后，按住“Alt”键，可以将“钢笔工具”转换成“转换锚点工具”。此时，直接拖动方向线上的方向点，就可以改变方向线的角度和位置。这时方向线的角度及长度均各自独立，不受另一个的影响，因此，可以连接出任何角度及斜率的曲线，是一种比较实用的锚点类型。

（5）半曲线锚点

当连接曲线和直线时，由于曲线有方向线，而直线线段没有方向线，因此产生了一种只有一边有方向线的锚点，这就是半曲线锚点。如果是曲线连接直线，使用“钢笔工具”绘制锚点并拉出方向线，然后将鼠标指针移动到锚点上单击，即可将另一端的方向线去掉。如果是直线连接曲线，则先使用“钢笔工具”绘制锚点，注意此时不要拉出方向线，然后释放鼠标并将鼠标指针移到锚点上，之后再拖动出一端的方向线即可，如图2-5所示。

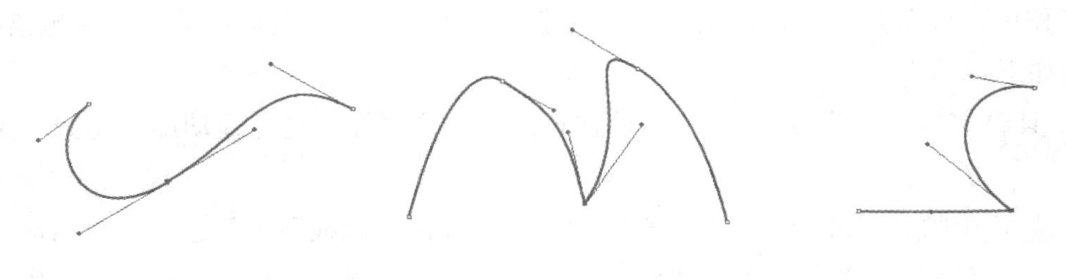

图2-5

2.1.2　路径填充

路径是没有线宽属性的非打印轮廓线，当路径处在编辑状态或者位于“视图/轮廓”状态时才可见，“填色”和“描边”是路径存在的基本外在表现。

（1）填色

“填色”是填充路径的内部实体，可以使用单一颜色、渐变颜色和图案填充，还可以选择无色来填充，即没有填充。当填充的区域是开放路径时，填充存在于将首尾两个锚点用直线连接的假想的闭合路径中，如图2-6所示。

图2-6

（2）描边

“描边”是路径的可见轮廓，它可以使用边线来装扮路径，使之呈现不同的外观，如图 2－7 所示。

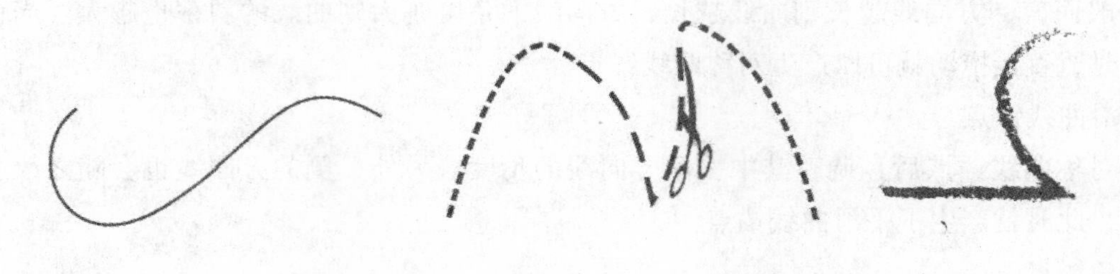

图 2－7

2.2 绘制线段和网格

Illustrator CS6 为用户提供了两种几何图形绘制方法：一种是使用绘图工具直接拖动操作，根据拖动范围及位置创建图形；另一种是使用绘图工具单击鼠标左键操作，会弹出相应工具的创建对话框，通过设置对话框中的参数可以精确地创建图形。

2.2.1 绘制直线

在绘图工作中，线条是被经常使用的设计元素。使用直线段工具可以非常方便地绘制各种直线，具体操作方法如下：

① 选择工具箱中的“直线段工具”，然后在页面中按住鼠标左键并拖动即可得到一条直线，如图 2－8 所示。

② 选择工具箱中的“直线段工具”在页面中单击，弹出“直线段工具选项”对话框。在对话框中输入“长度”和“角度”的数值，单击“确定”按钮，即可绘制一条精确的直线。例如，创建一条长度为 60mm、角度为 30°的直线，其对话框中的参数设置如图 2－9 所示。

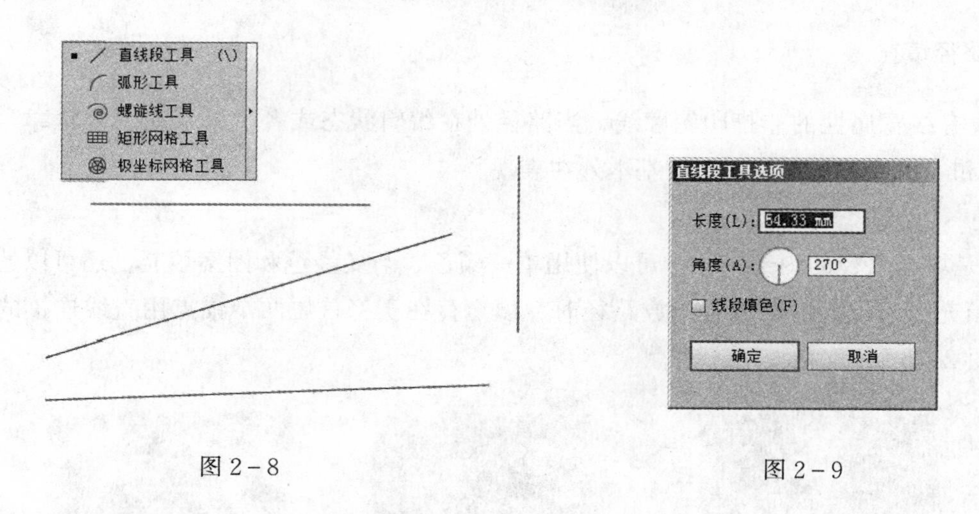

图 2－8　　图 2－9

“直线段工具选项”对话框中各选项的功能如下。

①“长度”：在此文本框中输入数值，单击“确定”按钮后可以精确控制所绘制的直线长度。

②“角度”：在此文本框中设置不同的角度，可以按照设置的角度在页面中绘制直线。

③“线段填色”：选中此复选框时，当绘制的线段改为折线或曲线后，绘制的线段将以设置的填充色填充；取消选中此复选框时，当绘制的线段改为折线或曲线后，绘制的线段将会是无填充色状态。

在使用“直线段工具”绘制直线时，在拖动的同时按住“Shift”键可以限制直线以 45°为倍数的增量绘制，如图 2－10a 所示。按住“Alt”键可以单击点为中心向两端延长绘制直线，如图 2－10b 所示。按住空格键可以使直线随拖动而移动。按住“~”键并拖动可以绘制出具有放射效果的图形。按住“~”键拖动复制的方法也适用于矩形工具组（光晕工具除外）和直线段工具组中的其他工具，如图 2－10c 所示。

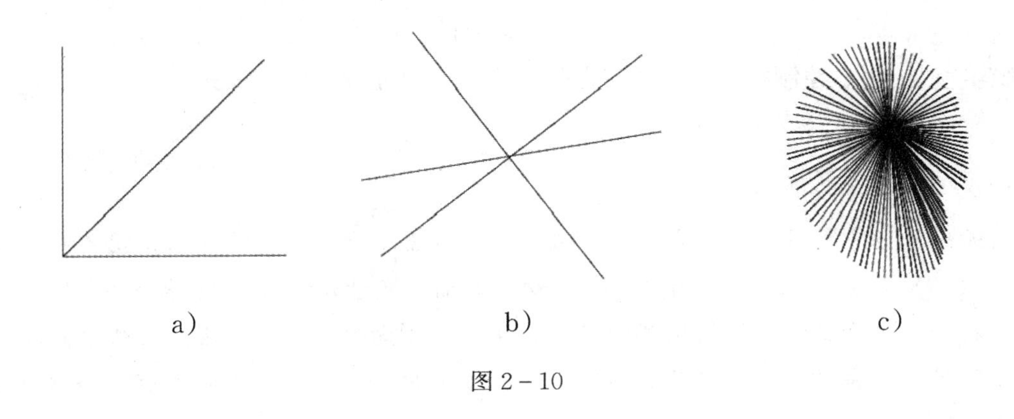

图 2－10

2.2.2　绘制弧线

在 Illustrator CS6 中使用弧形工具可以快速地绘制出各种形状的开放式弧线和闭合式弧线。绘制方法与绘制直线的方法类似，具体操作方法如下：

① 选择工具箱中的“弧形工具”在页面中按住鼠标左键并拖动就可以绘制开放式或者闭合式的圆弧，如图 2－11 所示。

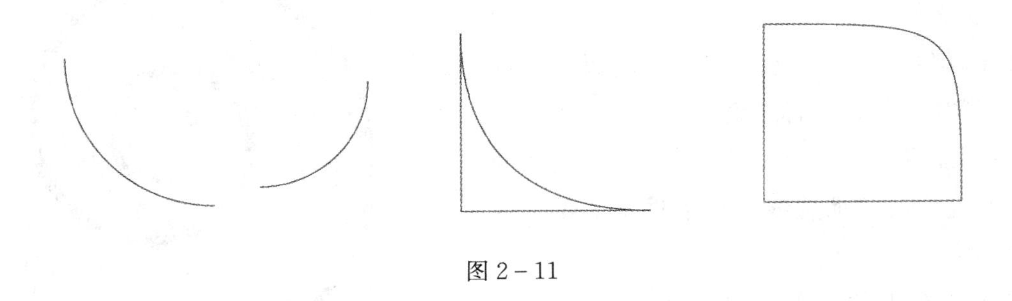

图 2－11

② 选择工具箱中的弧形工具“0”，在页面中单击，弹出“弧线段工具选项”对话框。在对话框中输入轴长度“Y 轴长度”和“斜率”的数值，并设置“类型”和“基线轴”，然后单击“确定”按钮，即可绘制一条精确的弧线。例如，创建一个 X 轴长度为 80mm、Y 轴长度为 80mm、类型为闭合、基线轴为 X 轴、斜率为 50 的弧形，其对话框中的参数设置及图形效果如图 2－12 所示。

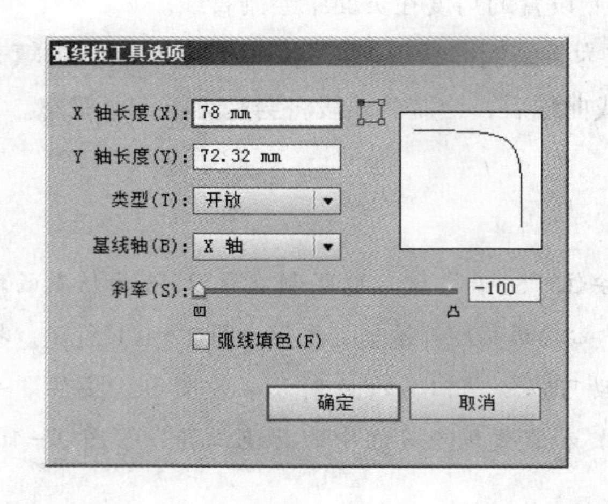

图 2－12

“弧线段工具选项”对话框中各选项的功能如下。

①“X 轴长度”：用来确定弧线在 X 轴上的长度。

②“Y 轴长度”：用来确定弧线在 Z 轴上的长度。

③“类型”：在该下拉列表中可以选择弧线的类型，其中包括开放式曲线和闭合式曲线。

④“基线轴”：用来控制绘制的弧线是沿着 X 轴还是 Y 轴方向。

⑤“斜率”：可以选择“凹”和“凸”两种方向，弯曲程度根据倾斜度的数值而改变。如果滑块向“凹”的方向移动，则绘制出来的弧线的“凹”陷的程度就越大；反之，向“凸”的方向移动，则绘制的弧线“凸”出的程度就大。

⑥“弧线填色”：用于控制绘制的弧线图形是否用当前填充颜色进行填充。

技巧提示

在绘制圆弧的过程中按住“Shift”键即可绘制正圆圆弧；按“C”键可以在闭合和开放的弧线之间进行切换；按“X”键限制绘制的闭合圆弧内切（凹陷）或外切（凸起）；按“F”键可以翻转正在绘制的圆弧；按向上方向键可以增大圆弧的弧度；按向下方向键可以减小圆弧的弧度。在使用“弧形工具”绘制弧线时，单击“弧线段工具选项”对话框中形状上的每一个小白色块，绘制出来的弧线或闭合弧形的方向将有所不同。

双击工具箱中的“弧形工具”按钮，也可以打开“弧线段工具选项”对话框，此种操作通常用于设置拖动绘制之前的某些参数。

2.2.3 绘制螺旋线

螺旋线工具用来绘制像漩涡一样的螺旋对象。绘制螺旋线的方法与绘制圆弧的方法相同，具体操作方法如下：

① 选择工具箱中的“螺旋线工具”将鼠标指针移动到绘图页面中，按住鼠标左键并拖动即可绘制螺旋线，如图 2－13 所示。绘制出的螺旋线效果是按照上一次绘制螺旋线时“螺旋线”对话框中的设置生成的。

图 2－13

② 选择工具箱中的“螺旋线工具”，在绘图页面中单击，弹出“螺旋线”对话框。在对话框中设置螺旋线的“半径”“衰减”“段数”和“样式”选项，单击“确定”按钮，即可绘制一条精确的螺旋线。例如，创建一个半径为 40mm、衰减为 80%、

逆时针的螺旋线，其对话框中的参数设置如图 2－14 所示。

“螺旋线”对话框中各选项的功能如下。

① “半径”：可以定义螺旋线中最外侧点到中心点的距离。

② “衰减”：可以定义每个螺旋圈相对于前面的圈的减少比例。

③ “段数”：可以定义段数。

④ “样式”：用于指定螺旋线旋转的方向，可以选择逆时针或顺时针。

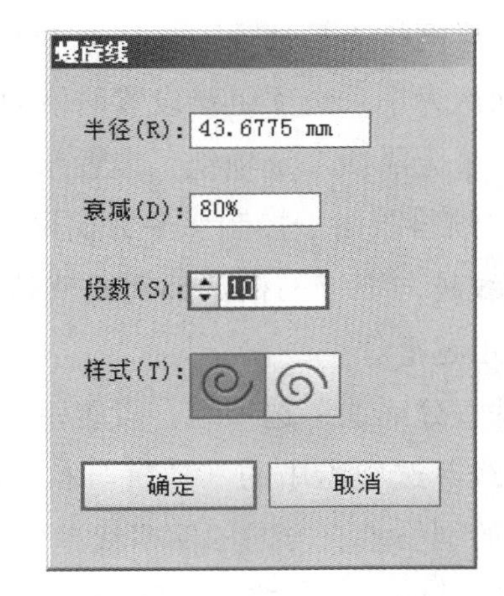

图 2－14

在使用“螺旋线工具”绘制螺旋线的过程中，按住“Ctrl”键可以调整螺旋线的紧密程度；按住“Shift”键可以限制绘制的螺旋线的旋转角度以 45°增量变化；按住“R”键可以改变螺旋线的旋转方向；按向上方向键可以增加螺旋线的圈数；按向下方向键可以减少螺旋线的圈数。

2.2.4　绘制矩形网格

使用矩形网格工具可以绘制所需的各种网格图形，其绘制方法和绘制螺旋线的方法相同，具体操作方法如下：

① 选择工具箱中的“矩形网格工具”，将鼠标指针移动到绘图页面中，按住鼠标左键并拖动即可绘制矩形网格，如图 2－15 所示。绘制出的矩形网格是按照上一次绘制矩形网格时“矩形网格工具选项”对话框中的设置生成的。

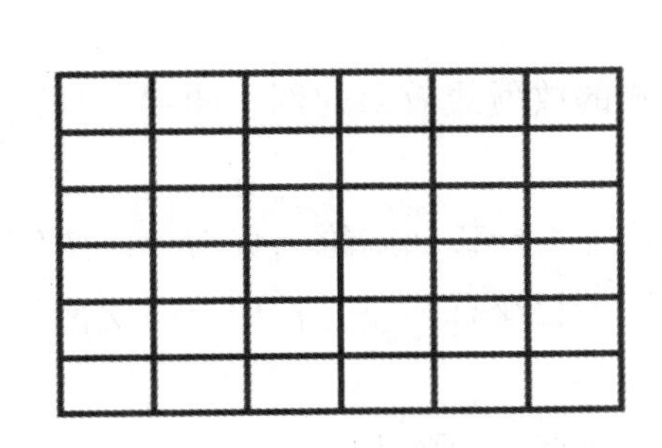

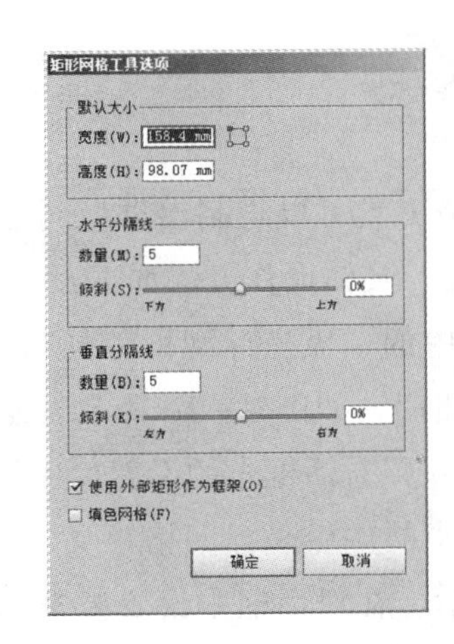

图 2－15

② 选择工具箱中的“矩形网格工具”，在绘图页面中单击，弹出“矩形网格工具选项”对话框。在对话框中设置矩形网格的各项参数，单击“确定”按钮，即可绘制一个精确的矩形网格，如图 2－15 所示。

“矩形网格工具选项”对话框中各选项的功能如下。

“默认大小”选项组：设置网格的宽度和高度。

“水平分隔线”选项组：设置水平方向的网格数量和大小。其中“数量”用于设置水平方向的网格数量，“倾斜”用于控制水平方向网格线间距的增减度。滑块越接近“上方”，所绘制的网格水平方向的网格线越向下，网格下部间距就越窄；相反，滑块越接近“下方”水平方向的网格线越向上，网格上部间距越窄。

“垂直分隔线”选项组：设置垂直方向的网格数量和大小。其中“数量”和“倾斜”的含义与“水平分隔线”选项组中的“数量”和“倾斜”的含义相同，只是变成了垂直方向。滑块越接近“左方”，所绘制的网格垂直方向的网格线越向左，网格左部间距就越窄；相反，滑块越接近“右方”，垂直方向的网格线越向右，网格右部间距越窄。

“使用外部矩形作为框架”：选中此复选框，然后选择“对象”→“取消编组”命令，矩形网格将被解组；取消选中此复选框，那么取消编组后，没有矩形框架图形。

“填色网格”：选中此复选框，绘制出来的网格将以设置的颜色进行填充。

在使用“矩形网格工具”绘制网格时，按住“Alt”键可以单击点为中心向外绘制网格；按住“Shift”键可以绘制正方形的网格；按“F”键将使水平网格线的间距由下向上以10%为增量递增，按“V”键将以10%为增量递减；按“X”键将使垂直网格线的间距由左向右以10%为增量递增，按“C”键将以10%为增量递减；按向上或向下方向键可以增加或减少垂直方向上的网格线；按向左或向右方向键可以增加或减少水平方向上的网格线。

在使用“矩形网格工具”绘制网格时，单击“矩形网格工具选项”对话框中形状上的每一个小白色块，绘制的图形将以单击的那个小白色块为基点。

2.2.5 绘制极坐标网格

使用极坐标网格工具可以绘制出类似同心圆式的放射线效果的网格图形，其操作方法和矩形网格工具的操作方法相同，具体操作方法如下：

① 选择工具箱中的“极坐标网格工具”，将鼠标指针移动到绘图页面中，按住鼠标左键并拖动即可绘制极坐标网格图形，如图2－16所示。绘制出的极坐标网格是按照上一次使用极坐标网格工具时“极坐标网格工具选项”对话框中的设置生成的。

② 选择工具箱中的“极坐标网格工具”，在绘图页面中单击，弹出“极坐标网格工具选项”对话框，如图2－16所示。在对话框中设置极坐标网格的各项参数，单击“确定”按钮，即可绘制一个精确的极坐标网格。

“极坐标网格工具选项”对话框中各选项的功能如下。

①“默认大小”选项组：设置整个极坐标网格的宽度和高度。

②“同心圆分隔线”选项组：设置同心圆的数量和分布。其中“数量”选项用于设置极坐标网格图形分隔的数量。滑块向“内”，则“倾斜”的数值为负；滑块向“外”，则“倾斜”的数值为正。

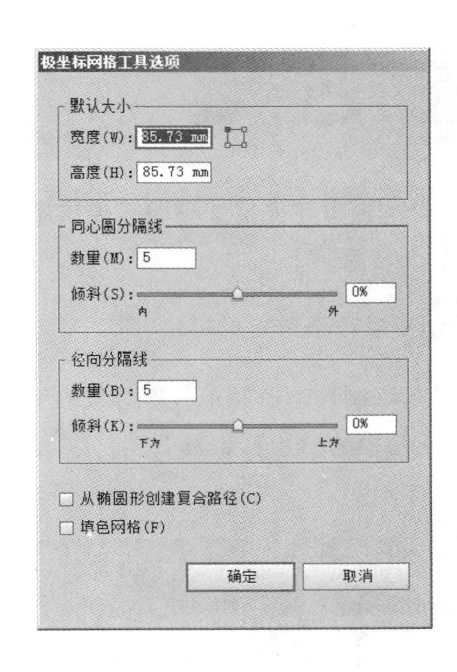

图 2－16

③“径向分隔线”选项组：设置放射线的数量。其中“数量”选项用于设置同心圆网格中的射线分隔的数量。向“下方”移动滑块，“倾斜”的数值为负，并且极坐标网格按照逆时针的方向进行递减倾斜的射线分隔；反之，向“上方”移动滑块，“倾斜”的数值为正。

④“从椭圆形创建复合路径”：选中此复选框，则网格将以复合路径填充。

⑤“填色网格”：选中此复选框，绘制时将以当前填充色填充网格。

例如，在选中“填色网格”复选框的前提下，图 2－17a 所示为选中“从椭圆形创建复合路径”复选框的效果，图 2－17b 所示为取消选中“从椭圆形创建复合路径”复选框的效果。

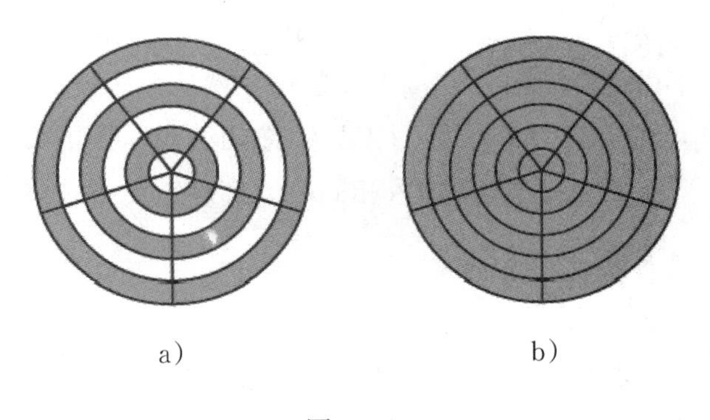

a)　　b)

图 2－17

在使用“极坐标网格工具”绘制极坐标网格时，按住“Alt”键可以单击点为中心向外伸展绘制网格；按住“Shift”键可以绘制正圆形的网格；按“F”键或“V”键可以调整射线在网格图形中的排列；按“X”键或“C”键可以调整同心圆的排列位置；按向左或向右方向键可增加或减少图形中的射线数量；按向上或向下方向键可增加或减少同心圆的数量。

2.3 绘制基本图形

Illustrator CS6为用户提供了矩形、圆角矩形、椭圆、多边形、星形和光晕等基本形状绘制工具，以及各种线条和网格绘制工具。

2.3.1 绘制矩形和圆角矩形

矩形工具是用来制作矩形和正方形对象的工具，具体使用方法如下：

① 选择工具箱中的“矩形工具”，将鼠标指针移动到绘图页面中，按住鼠标左键并拖动即可绘制矩形，如图2－18所示。

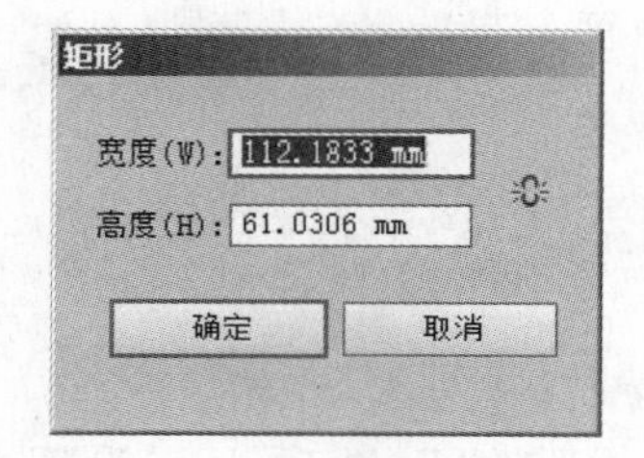

图2－18

② 选择工具箱中的“矩形工具”，在绘图页面中单击，弹出“矩形”对话框。在对话框中输入矩形的“宽度”和“高度”数值，然后单击“确定”按钮，即可绘制一个精确的矩形图形。

③ 在使用“矩形工具”拖动绘制矩形的过程中，按住“Shift”键可以强制绘制正方形。在弹出的“矩形”对话框中输入相同的“高度”和“宽度”值，可以绘制大小精确的正方形。

在使用“矩形工具”拖动绘制矩形的过程中，按住“Alt”键可以绘制出以鼠标按下点为中心向两边延伸的矩形；按住“Shift”＋“Alt”组合键，可以绘制出以鼠标按下点为中心向四周延伸的正方形。

圆角矩形和矩形的绘制方法基本相同，区别在于圆角矩形的4个角呈圆角，其具体操作方法如下：

① 选择工具箱中的“圆角矩形工具”，将鼠标指针移动到绘图页面中，按住鼠标左键并拖动即可绘制圆角矩形，如图2－19所示。

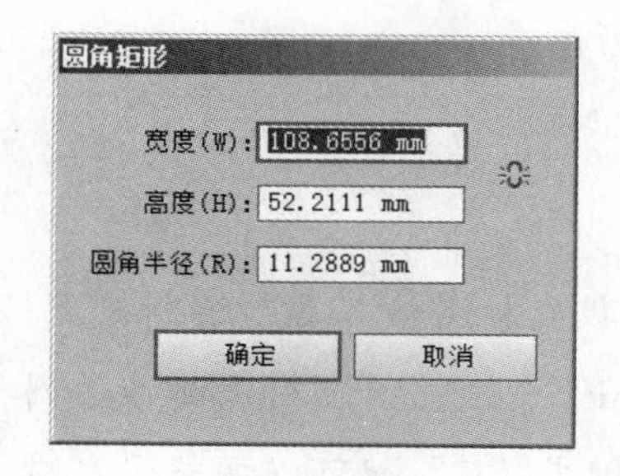

图2－19

② 选择工具箱中的“圆角矩形工具”，在绘图页面中单击，弹出“圆角矩形”对话框，如图 2－19 所示。在对话框中输入圆角矩形的“宽度”“高度”和“圆角半径”数值，单击“确定”按钮，即可绘制一个精确的圆角矩形。这里需要注意的是，不同的圆角半径值会产生不同的圆角矩形效果，如图 2－20 所示。

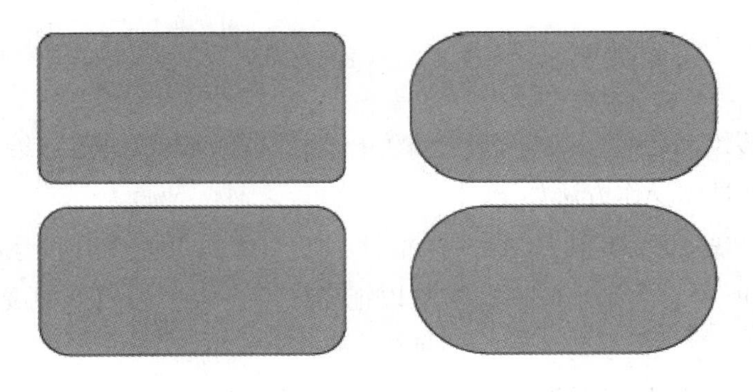

图 2－20

在使用“圆角矩形工具”拖动绘制圆角矩形的过程中，可以按向上和向下方向键增大或减小圆角半径值；按左方向键可以使圆角变成最小半径值；按右方向键可以使圆角变成最大半径值。按住“Shift”键可以绘制正圆角矩形，按住“Alt”键可以绘制以鼠标按下点为中心向两边延伸的圆角矩形，按住“Shift”＋“Alt”组合键可以绘制以鼠标按下点为中心向四周延伸的正圆角矩形。

2.3.2　绘制椭圆形和圆形

在 Illustrator CS6 中使用“椭圆工具”可以绘制椭圆形和正圆形，具体操作方法如下：

① 选择工具箱中的“椭圆工具”，将鼠标指针移动到绘图页面中，按住鼠标左键并拖动即可绘制椭圆形，如图 2－21 所示。

② 选择工具箱中的“椭圆工具”后，在绘图页面中单击，弹出“椭圆”对话框。在对话框中输入椭圆的“宽度”和“高度”数值，单击“确定”按钮，即可绘制一个精确的椭圆形，如图 2－21 所示。

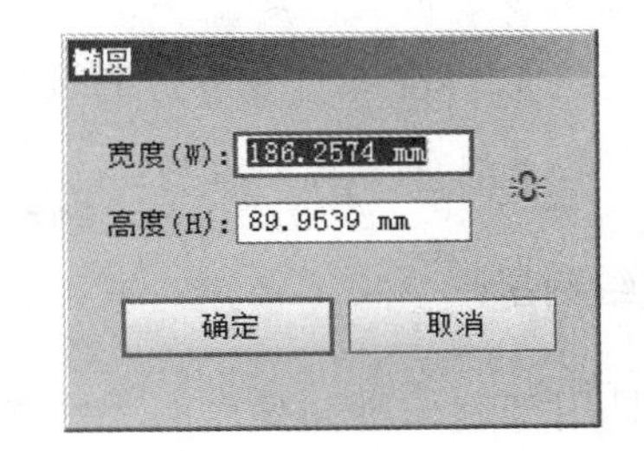

图 2－21

③ 在使用“椭圆工具”拖动绘制椭圆的过程中，按住“Shift”键可以强制绘制正圆。在弹出的“椭圆”对话框中输入相同的“高度”和“宽度”值，可以绘制大小精确的圆形。

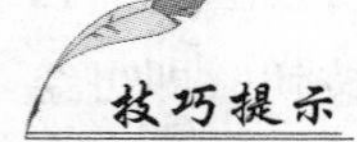

在使用“椭圆工具”拖动绘制椭圆形的过程中，按住“Alt”键可以绘制出以鼠标按下点为中心向两边延伸的椭圆形；按住快捷键“Shift”+“Alt”，可以绘制出以鼠标按下点为中心向四周延伸的圆形。

2.3.3 绘制多边形

使用多边形工具能够绘制各种多边形，具体的外形由设置的边数决定。绘制方法与绘制矩形、圆角矩形的方法基本相似，具体操作方法如下：

① 选择工具箱中的“多边形工具”，将鼠标指针移动到绘图页面中，按住鼠标左键并拖动即可绘制多边形，如图 2－22a 所示。绘制出的多边形是以拖动的起点为中心向外伸展形成的，多边形半径的大小由拖动的距离决定。

② 选择工具箱中的“多边形工具”，在绘图页面中单击，弹出“多边形”对话框。在对话框中输入多边形的“半径”和“边数”数值，单击“确定”按钮，即可绘制一个精确的多边形，如图 2－22b 所示。

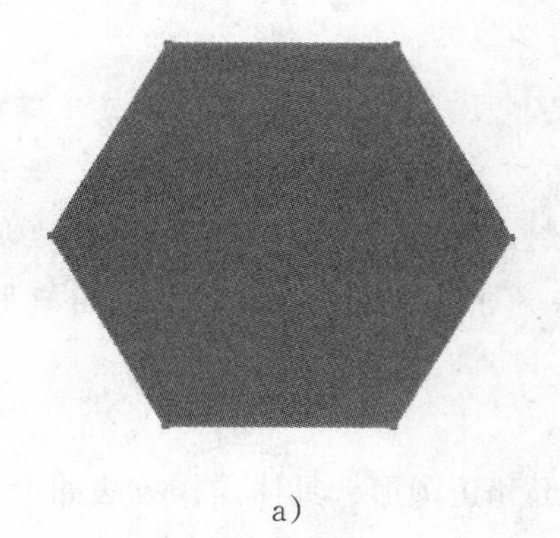

a)

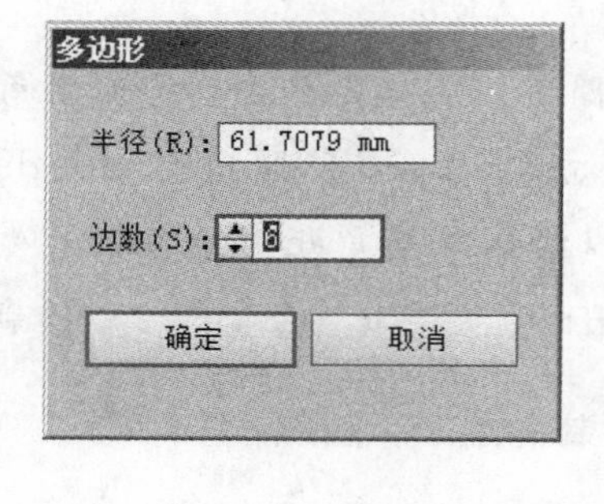

b)

图 2－22

技巧提示

在使用“多边形工具”拖动绘制多边形的过程中，按向上方向键可以增加多边形的边数，按向下方向键可以减少多边形的边数。多边形“边数”的数值最小为 3，“边数”的数值越大，绘制出来的多边形就越接近圆形。在绘制多边形的过程中按住“Shift”键可以使绘制出的多边形的底边与水平面对齐，且绘制出的多边形为正多边形。

2.3.4 绘制星形

星形工具用来制作不同角度和大小的星形，调整“角点数”“半径 1”和“半径 2”的数值可以精确地控制星形的外形。星形工具的使用方法和多边形工具的使用方法相似，具体操作方法如下：

① 选择工具箱中的“星形工具”，将鼠标指针移动到绘图页面中，按住鼠标左键并拖动即可绘制星形，如图 2－23a 所示。绘制出的星形是以拖动的起始点为中心向外伸展形成的，默认情况下绘制的是五角星形。

② 选择工具箱中的“星形工具”，在绘图页面中单击，弹出“星形”对话框。在对话框中输入星形的“半径 1”“半径 2”和“角点数”数值，单击“确定”按钮，即可绘制一个精确的星形，如图 2－23b 所示。

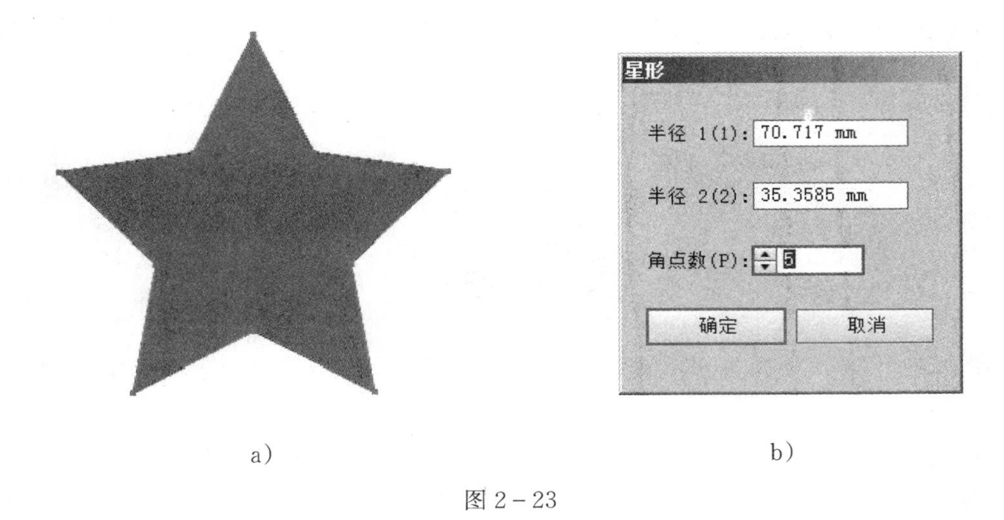

a)　　b)

图 2－23

技巧提示

在使用“星形工具”拖动绘制星形的过程中，按向上方向键可以增加星形的角点数，按向下方向键可以减少星形的角点数。在绘制过程中按住“Alt”键可以使星形的边为直线，按住“Shift”键可以绘制正星形图形，按住空格键可以随意移动星形，按住“Ctrl”键可以使星形的内侧点到星形中心的距离不变，如图 2－24 所示。

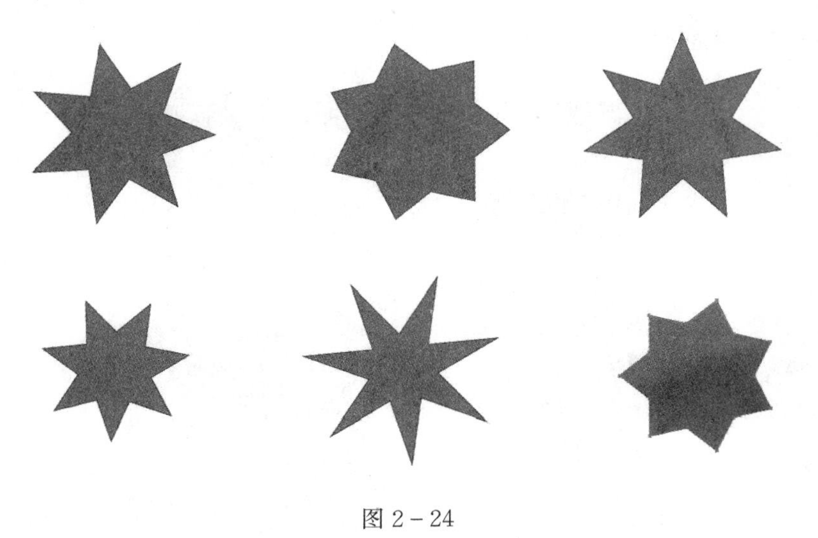

图 2－24

2.3.5　绘制闪烁形

光晕工具是 Illustrator CS6 提供的一种具有眩光特效功能的绘图工具。它所绘制的图形类似于镜头光晕效果，可以用来制作镜头闪耀、阳光闪烁的效果，并且可为画面增添光线效果等。光晕工具的使用方法较为简单，为用户节省了大量的设计时间。

1. 绘制光晕效果

（1）拖动绘制

① 选择工具箱中的“光晕工具”，在绘图页面中拖动以确定光晕图形的中心点，以及光线与光晕的大小（拖动过程中能够看到光晕的假想线），如图 2－25 所示。

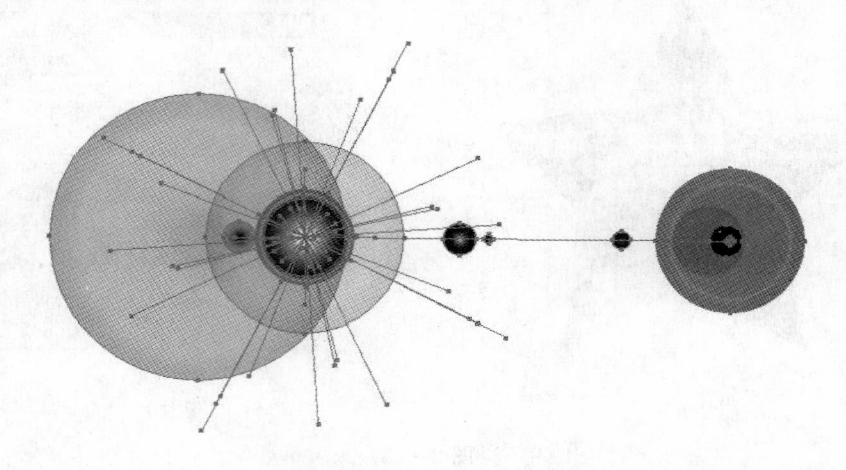

图 2－25

② 将鼠标指针移动到绘图页面的空白处并单击，确定末端控制点的位置（若在绘图页面中拖动，可旋转并拖动末端的控制手柄，使光晕图形符合用户的要求）。光晕图形的完成效果及构成如图 2－25 所示。

（2）精确绘制

选择工具箱中的“光晕工具”在绘图页面中单击，弹出“光晕工具选项”对话框，如图 2－26 所示。根据需要设置好各项参数后，单击“确定”按钮即可。

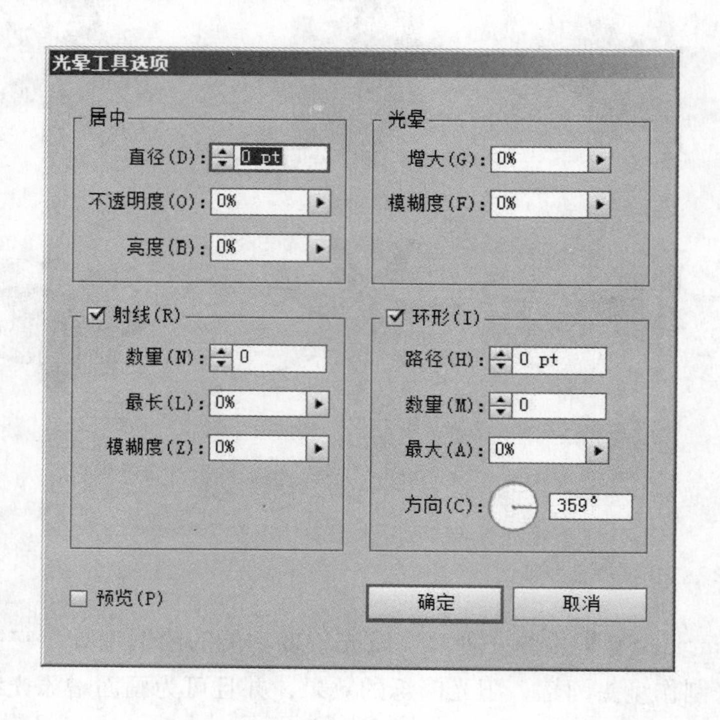

图 2－26

“光晕工具选项”对话框中各项参数的功能如下。

①“居中”选项组：用于设置光晕的中心光环部分。其中，“直径”选项用来控制光晕中心的光环大小；“不透明度”选项用来控制光晕中心光环的透明程度；“亮度”选项用来控制光晕中心光环的亮度。

②“光晕”选项组：用来设置光晕的外缘光环部分。其中，“增大”选项用来控制光晕外缘光环的放大比例；“模糊度”选项用来控制光晕外缘光环放大的变动程度。

③“射线”选项组：用来设置光晕中放射线的具体效果。其中，“数量”选项用来控制光晕效果中放射线的数量；“最长”选项用来控制光晕效果中放射线的最大长度；“模糊度”选项用来控制光晕效果中放射线的长度变化范围。

④“环形”选项组：用来设置光环的数量、大小、方向等。其中，“路径”选项用来控制光晕效果的中心与末端的距离；“数量”选项用来控制光晕效果中光环的数量；“最大”选项用来控制光晕效果中光环大小变化的范围；“方向”选项用来控制光晕效果的发射角度。

2. 编辑光晕效果

如果对已经绘制的光晕效果不满意，可以对其进行编辑修改。首先选中要修改的光晕图形，然后双击工具箱中的“光晕工具”按钮，在弹出的“光晕工具选项”对话框中修改相应的参数即可。

如果需要修改光晕的中心至末端的旋转方向，可先在绘图页面中将需要修改的光晕选中，然后选择工具箱中的“光晕工具”，再将鼠标指针移动到光晕效果的中心控制点或末端控制点上，当鼠标指针显示为 + 形状时拖动即可。

技巧提示

按住“Alt”键的同时在页面中单击，可一步完成光晕效果的绘制。在绘制过程中按住“Shift”键可以约束放射线的角度；按住“Ctrl”键可以改变闪耀效果的中心点与光环之间的距离；按向上方向键可以增加放射线的数量；按向下方向键则可减少放射线的数量。

2.4 手绘图形

除了用基本几何绘图工具来绘图之外，还可以选择手绘的方式来绘制对象。Illustrator CS6 提供了“铅笔工具”“平滑工具”“路径橡皮擦工具”和“画笔工具”，使用户可以自由灵活地绘制想要的线条效果，非常适合具有手绘能力的设计者使用。这些工具的使用方法将在本节中介绍，其中“画笔工具”的使用方法与“铅笔工具”的使用方法类似，将在第 7 章中介绍。

2.4.1 使用铅笔工具

方法很简单，就像在画纸上任意绘图一样，是一种非常方便、快捷的绘图工具。

在使用“铅笔工具”绘制路径前，可以先根据需要设置合适的参数，然后再进行绘制，这样可以尽量避免绘制结果超出用户预想，从而提高使用效率。双击工具箱中的“铅笔工具”按钮，弹出“铅笔工具选项”对话框，该对话框中包括“容差”选项组和“选项”选项组，如图 2－27 所示。

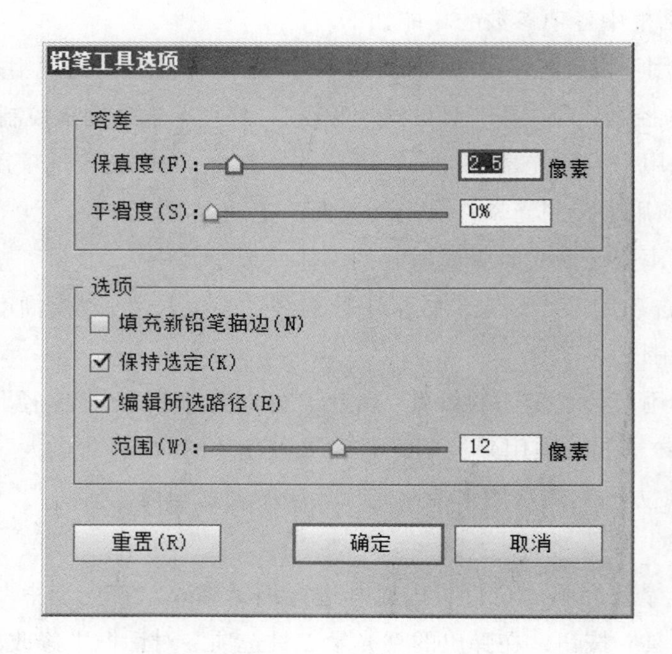

图 2－27

“铅笔工具选项”对话框中各选项的功能如下。

（1）“容差”选项组

①“保真度”：用来设置所绘制的路径上各锚点的精确度，从而决定曲线的曲率。用户可以直接在文本框中输入数值，也可以拖动下方的滑块来进行调整。该项以像素为单位，它的调整范围为 0.5～20 像素。输入的数值越大，所绘制的曲线上锚点数量越少，曲线显得越平滑；反之，数值越小，曲线上锚点的数量越多。图 2－28 所示为“平滑度”均为 0%，设定不同“保真度”值时的绘制效果。

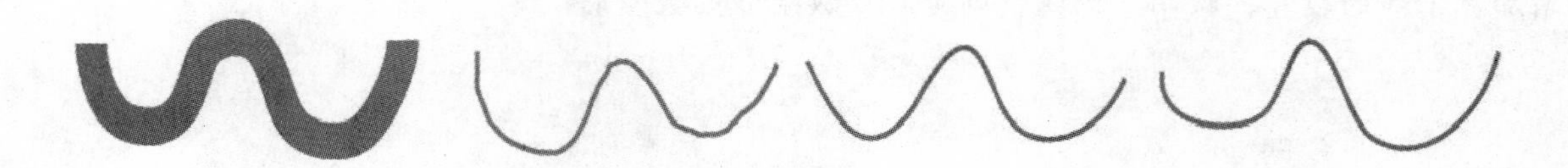

图 2－28

②“平滑度”：用来控制所绘制的路径的平滑程度，它以百分比为单位，调整范围为 0～100%。用户可以通过在文本框中输入数值或拖动滑块来调整。输入的数值越小，所绘制的曲线越粗糙；输入的数值越大，所绘制的曲线越光滑。图 2－29 所示为“保真度”均为 2.5 像素，设定不同“平滑度”值时的绘制效果。

图 2－29

（2）“选项”选项组

① “填充新铅笔描边”：选中此复选框，则所绘制的路径被填充当前的“填充”颜色。

② “保持选定”：选中此复选框，绘制完的路径将自动保持在选中状态。

③ “编辑所选路径”：选中此复选框，则可以在路径被选取的状态下使用“铅笔工具”对其进行编辑和修改。

④ “范围”：当选中“编辑所选路径”复选框后可用。用户设置使用“铅笔工具”在多远的范围内才能对选择的路径进行编辑。它的调整范围是 2～20 像素。可以直接在文本框中输入数值，也可以通过拖动下方的滑块进行调整。

⑤ “重置”：单击此按钮可以使对话框中的参数恢复到系统默认的状态。

设置好各项参数后，即可使用“铅笔工具”自由地绘制和编辑路径。使用“铅笔工具”的具体方法如下。

绘制新路径的方法如下。

（1）使用“铅笔工具”绘制开放路径

选择工具箱中的“铅笔工具”然后在页面中拖动即可自由绘制路径，如图 2－30 所示。

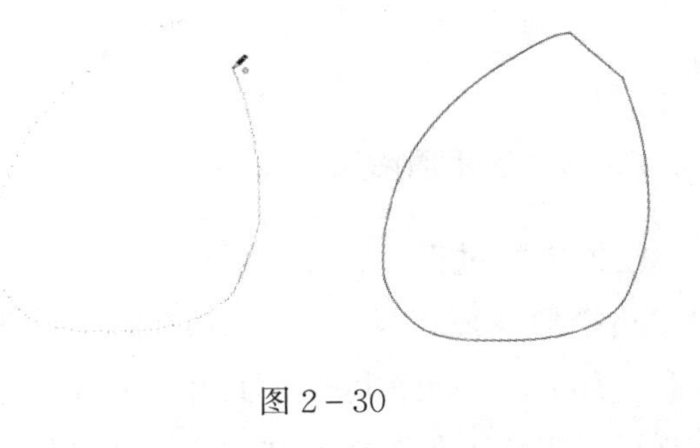

图 2－30

（2）使用“铅笔工具”绘制闭合路径

选择工具箱中的“铅笔工具”，在页面中拖动的同时按住“Alt”键，此时鼠标指针变为形状，表示正在绘制一条封闭的路径。释放鼠标后，再释放“Alt”键，则路径的起点和终点将自动以一条直线连接，形成一条闭合的路径，如图 2－30 所示。

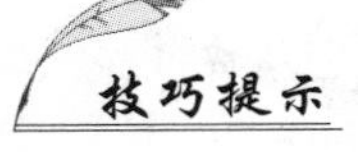

在使用“铅笔工具”绘制一段闭合曲线时，一定要先在页面中拖动再按住“Alt”键。如果先按“Alt”键再拖动，则系统会自动切换到“平滑工具”。

2.4.2　使用平滑工具

如果希望快速地使路径变得平滑，可以使用“平滑工具”，它可以将原本锐利的路径修饰得平滑、柔和。

在使用“平滑工具”前，可以双击工具箱中的“平滑工具”按钮，在弹出的“平滑工具选项”对话框中根据需要进行设置，如图 2－31 所示。

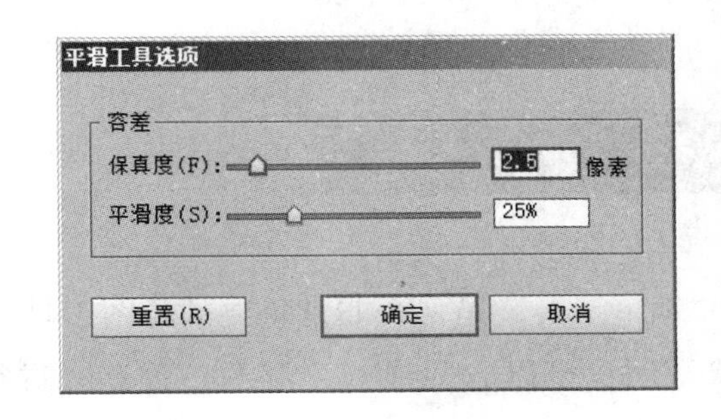

图 2－31

“平滑工具选项”对话框中各选项的功能如下。

① “保真度”：用于设置平滑时的精确度，它以像素为单位，调整范围为 0.5～20 像素。输入的数值越大，所产生的锚点越少，路径的平滑效果越明显；

数值越小，所产生的锚点越多，路径的平滑效果越不明显。

②“平滑度”：用于设置路径的平滑程度。设置的数值越大，“平滑工具”应用效果越明显；设置的数值越小，对路径的平滑作用越小。它的调整范围为0~100%。

③“重置”：单击此按钮可以使对话框中的参数恢复到系统默认的状态。

设置好“平滑工具”的各项参数后，选中要进行平滑处理的路径，再选择工具箱中的“平滑工具”，然后在路径的外侧拖动，释放鼠标后会发现路径参照拖动的轨迹进行了平滑处理，如图2-32所示。

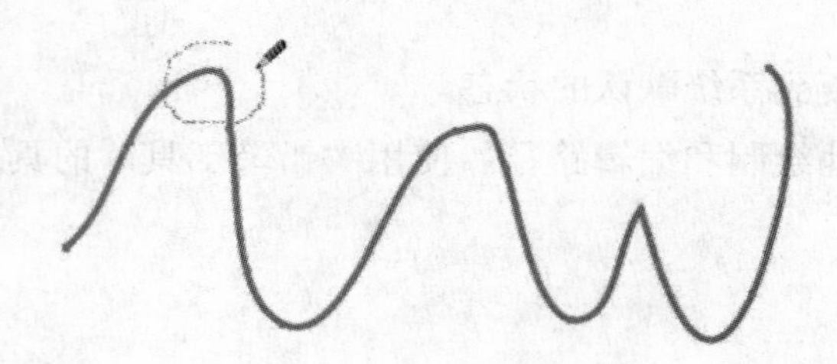
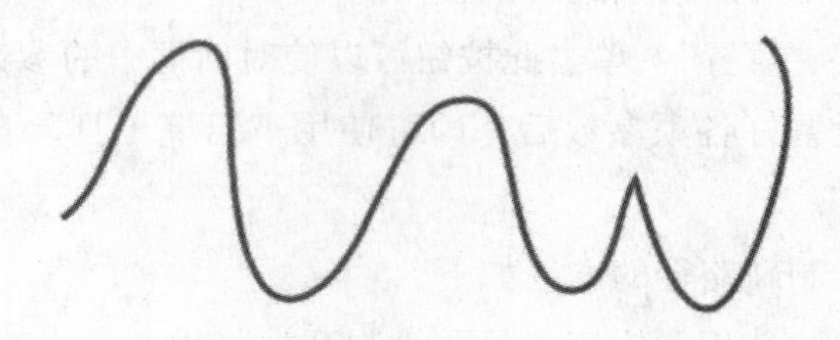

图2-32

2.4.3 使用清除工具

在绘制的过程中，如果需要擦去某部分，可以使用“路径橡皮擦工具”。该工具允许擦除现有路径的任意一部分，甚至擦除全部路径，包括开放路径和闭合路径，但该工具不能在文本和渐变网格上使用。

“路径橡皮擦工具”的使用方法比较简单：选择工具箱中的“路径橡皮擦工具”，沿着要擦除的路径拖动即可将路径擦除。路径被擦除后，系统会自动在路径的末端生成一个新的锚点。需要注意的是，路径必须在被选中的状态下才能被擦除。图2-33所示为擦除路径后的效果对比。

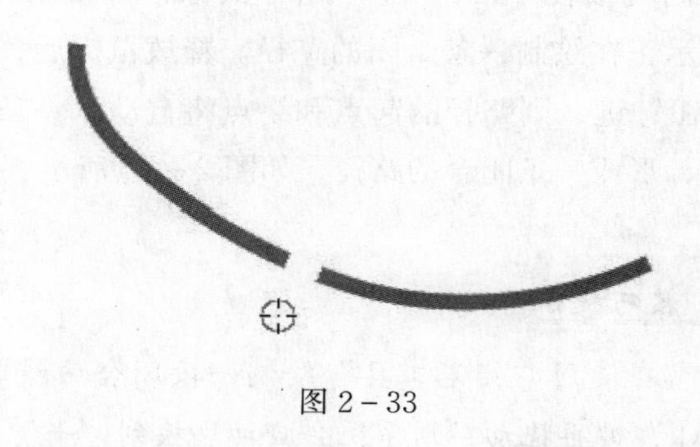

图2-33

在使用“路径橡皮擦工具”时，按住“Alt”键可以临时切换为“平滑工具”。

2.5 钢笔工具

“钢笔工具”是一个非常重要的绘图工具，它可以绘制直线和平滑曲线，甚至可以绘制任何想要的形状，而且可以方便地对绘制的各种路径进行精确控制和修改，是设计过程中使用比较频繁的工具之一。

选择工具箱中的“钢笔工具”，可以查看钢笔工具组中具体包括的工具，依次为“钢笔工具”“添加锚点工具”“删除锚点工具”和“转换锚点工具”，如图2-34所示。

2.5.1　使用钢笔工具绘制直线

使用“钢笔工具”在绘图页面中的不同位置单击，即可方便地绘制出直线、折线，其操作方法如下：

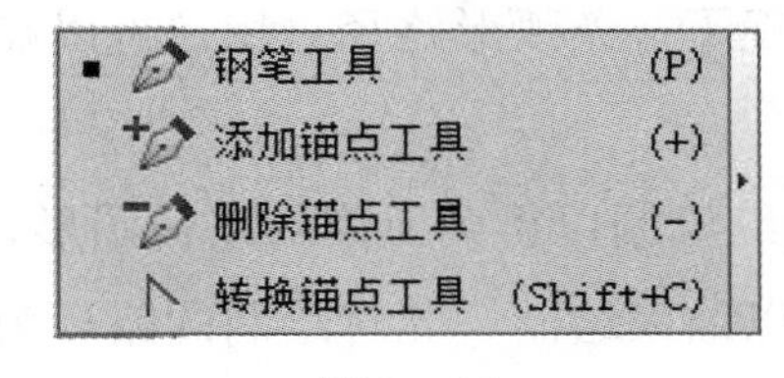

图 2 - 34

① 选择工具箱中的“钢笔工具”，将鼠标指针移动到绘图页面中，使用“钢笔工具”绘制新路径。

② 在需要绘制路径的起点位置单击，然后按照需要的形状再次单击，则两点之间会自动相连，成为一条直线。

③ 连续单击以得到所需的路径图形，然后在终点位置按住“Ctrl”键的同时单击或切换到其他工具，则可以结束绘制，此时绘制的路径为开放路径。在绘制过程中将鼠标指针移到起点附近，此时单击起点即可绘制出一条封闭路径。绘制过程如图 2 - 35 所示。

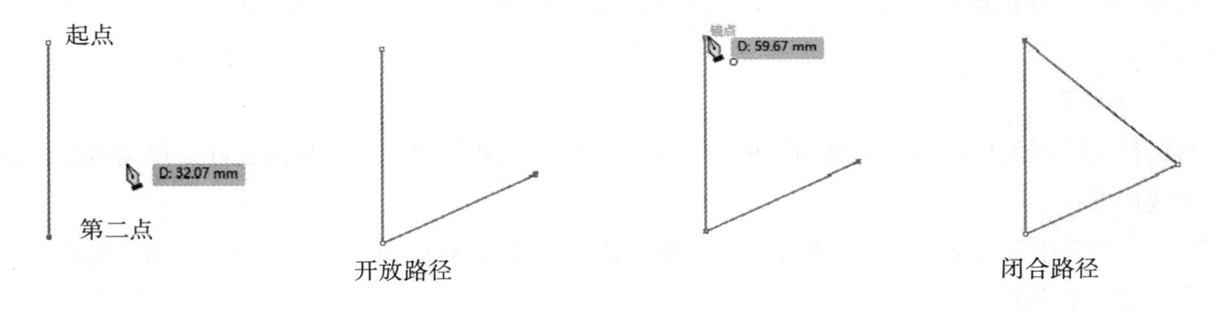

图 2 - 35

使用“钢笔工具”绘制直线时，同时按住“Shift”键可以限制绘制的直线以 45°增量变化。如果对绘制的线条不满意，可以按快捷键“Ctrl” + “Z”撤销操作。

2.5.2　使用钢笔工具绘制曲线

在曲线上任意一个选定的锚点处都显示一条或者两条带有方向点的方向线，方向线和方向点的位置决定了曲线的形状。其中，方向线的倾斜度决定了曲线的倾斜度，而长度则决定了曲线的高度和深度。通过拖动方向点可以改变方向线的倾斜度和长度，进而调整出不同弧度的曲线，如图 2 - 36 所示。

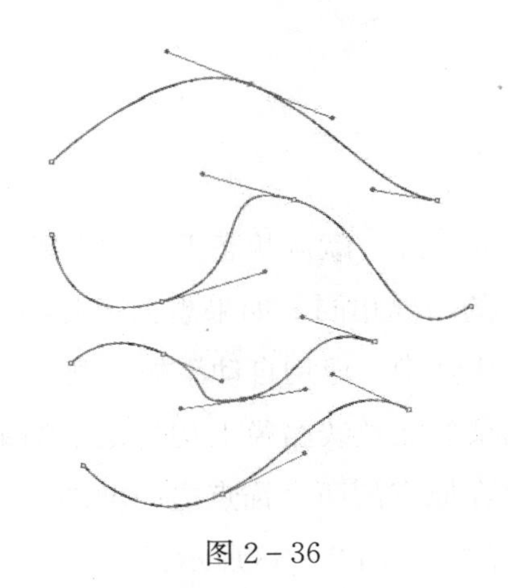
图 2 - 36

使用“钢笔工具”绘制曲线的操作方法如下：

① 选择工具箱中的“钢笔工具”，将鼠标指针移动到绘图页面中。

② 在页面上拖动并在出现控制柄时释放鼠标即可绘制出曲线的起点。

③ 然后按照需要的形状将鼠标指针移至下一个锚点位置，单击并将其向左拖动，即可看到两个锚点之间出现了一条弧形路径。用户可以在此时调整控制柄的长度和方向，从而绘制出不同弧度和形状的曲线。

④ 继续绘制以得到所需的路径图形，然后在终点位置按住“Ctrl”键的同时单击或切换到其他工具，则可以结束绘制，此时绘制的路径为开放路径。在绘制过程中将鼠标指针移到起点附近，此时单击起点即可绘制出一条封闭路径。

2.5.3 锚点编辑

在日常的绘图工作中使用基本绘图工具、铅笔工具或钢笔工具绘制路径后，经常需要反复修改来达到最终的设计效果，因此对已有路径进行一定的调整或编辑显得非常重要。路径是由锚点和直线或曲线段组成的。通过调整路径上的锚点，可以方便、准确地控制路径的外形。本节将介绍编辑锚点的操作，包括增加锚点、删除锚点、转换锚点属性、平均锚点、简化锚点、拆分锚点和延伸锚点，以及怎样改变锚点的属性和关于锚点操作命令的使用方法等（在文中涉及的选取操作请参阅第 4 章的内容）。

1. 添加锚点

当路径上锚点的数量不能满足用户的需要时，可以适当地增加锚点，从而更好地控制曲线。具体操作方法如下：

在路径被选中状态下，选择工具箱中的“添加锚点工具”，然后在选中的路径上每两个锚点之间单击就能添加一个新的锚点。

如果是直线路径，添加的锚点是直线锚点；如果是曲线路径，添加的锚点则是曲线锚点，如图 2 - 37 所示。

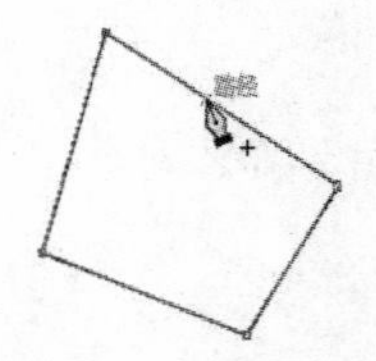

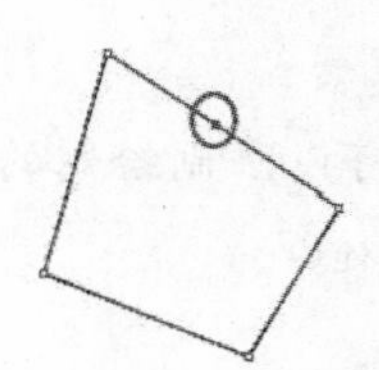
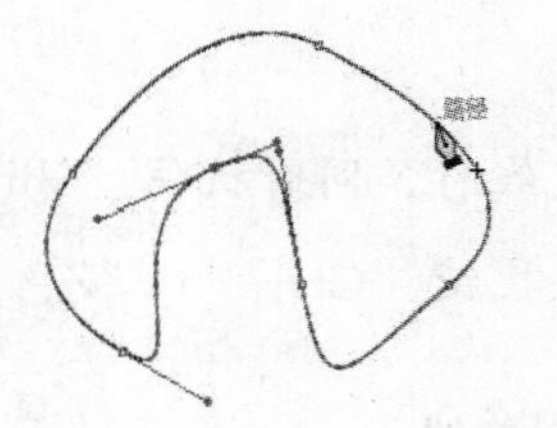

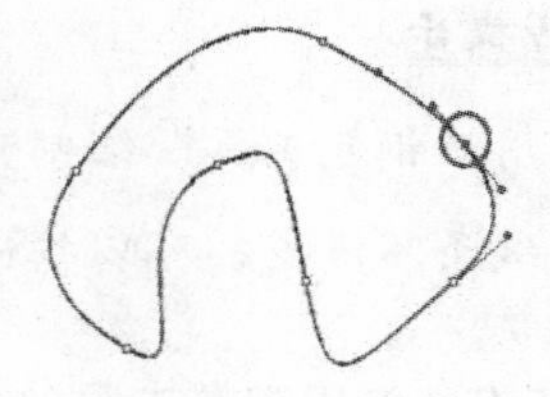

图 2 - 37

除此之外，默认状态下将“钢笔工具”移动到线段上时，会自动转换为添加锚点状态，“添加锚点工具”的功能相同。如果想去掉此功能，可以选择“编辑”→“首选项”→“常规”命令，在弹出的对话框中选中“停用自动添加 / 删除”复选框。

如果要在直线路径上均匀地增加锚点，可以选择“对象”→“路径”→“添加锚点”命令，则该路径会在原有的两个锚点之间增加一个新锚点。如果路径是曲线，则添加的锚点是按曲线的曲率来设定位置的，如图 2 - 38 所示。

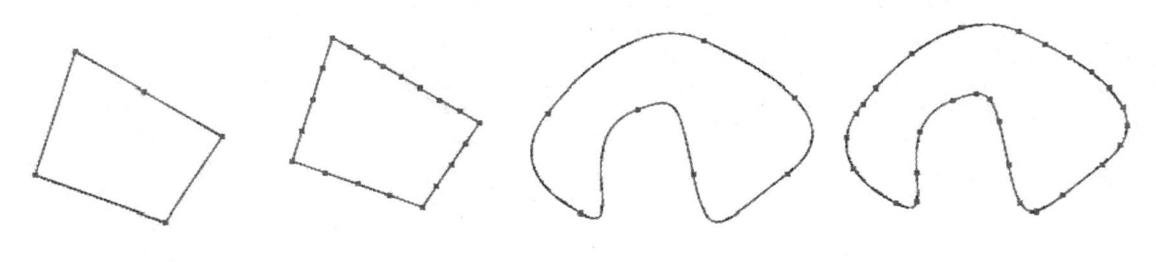

图 2－38

技巧提示

若想快速选择“钢笔工具”可以直接按“P”键（英文输入法状态），选择“添加锚点工具”按“＋”键，选择“删除锚点工具”按“－”键，选择“转换锚点工具”按快捷键“Shift＋C”。

在选择“钢笔工具”的情况下，按住“Alt”键可以临时切换到“转换锚点工具”。在“添加锚点工具”和“删除锚点工具”之间也可以按住“Alt”键进行切换。

2. 删除锚点

尽管适当增加锚点可以更好地控制曲线，但当曲线上包含多余的锚点时，路径的复杂程度将增大，会延长输出的时间。在路径被选中的状态下，选择工具箱中的“删除锚点工具”。然后在需要删除的锚点上单击即可删除多余的锚点。锚点被删除后，系统会自动调整曲线的形状，如图 2－39 所示。

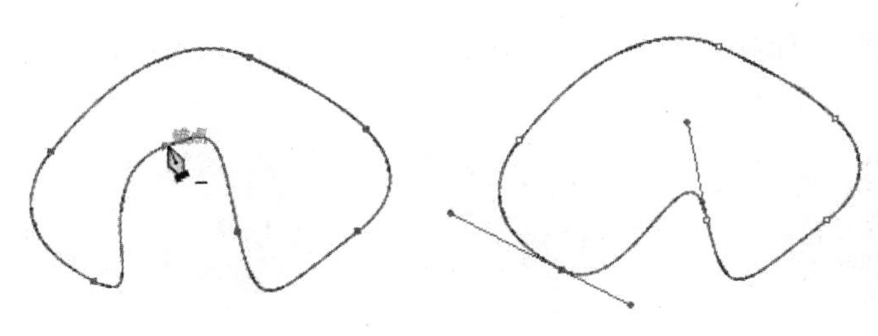

图 2－39

除此之外，默认状态下将“钢笔工具”移动到锚点上时，会自动转换为“删除锚点”状态，与“删除锚点工具”的功能相同。

选择“对象”→“路径”→“移去锚点”命令，也可以将路径中被选中的锚点删除，两侧的锚点会自动连接，产生新的路径形状。这种方法比较适合一次删除多个锚点。

技巧提示

按“Delete”键也可以删除选中的锚点，但产生的效果和使用“删除锚点工具”不同。使用“删除锚点工具”删除锚点后，锚点两侧的锚点会自动按照当前曲线状态连接在一起。按“Delete”键删除锚点后，则锚点两侧的线段会与锚点一起被删除，如图 2－40 所示。

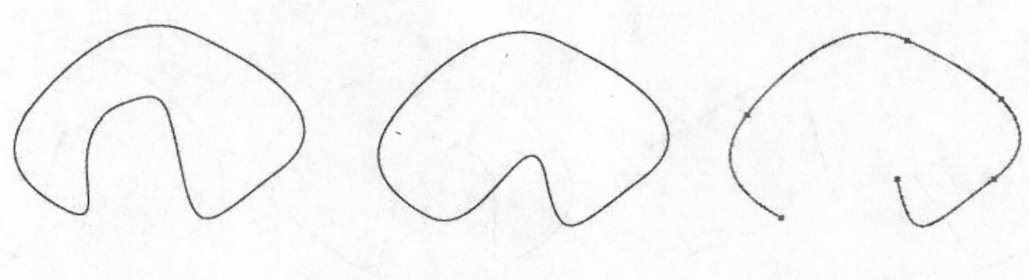

图 2－40

3. 转换锚点

当用户对当前路径中某个锚点的属性（曲线形状）不满意时，可以使用“转换锚点”工具对锚点的类型进行修改，具体操作方法如下：

选择工具箱中的“转换锚点工具”，当鼠标指针移动到选中的锚点上时，会变成形状，单击该锚点即可将曲线型锚点转换成直线型锚点，如图 2－41 所示。

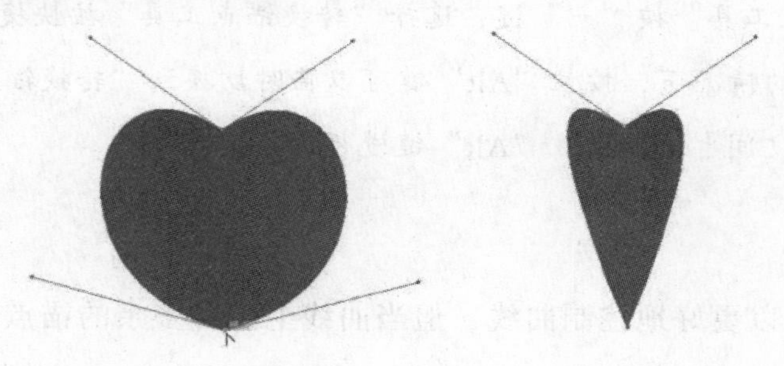

图 2－41

如果在直线型锚点上单击后拖动即可将直线型锚点转换成对称曲线型锚点，如图 2－42 所示。如果在锚点的方向点上单击并拖动，可以将方向线断开，将锚点变成转角锚点，如图 2－42 所示。

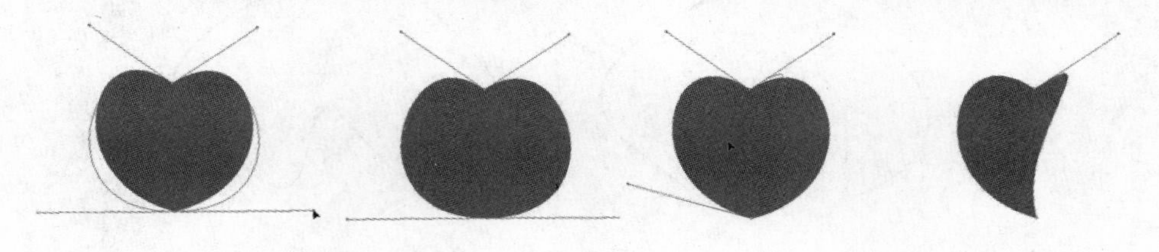

图 2－42

4. 断开路径

对于已经绘制好的路径，可以使用工具箱中的“剪刀工具”将其断开。操作方法很简单，选择“剪刀工具”后在需要断开的路径上单击即可。被断开的路径在断开处形成两个互相重叠的锚点，拖动其中一个锚点，将看到路径已经被断开，如图 2－43 所示。

图 2－43

5. 延伸路径

如果想继续绘制已经绘制完成的开放路径，可以使用“钢笔工具”进行编辑。方法是：选中要编辑的路径后选择“钢笔工具”，然后将鼠标指针移至路径的端点上，单击即可继续对路径进行绘制，也可以将开放路径闭合，如图 2－44 所示。

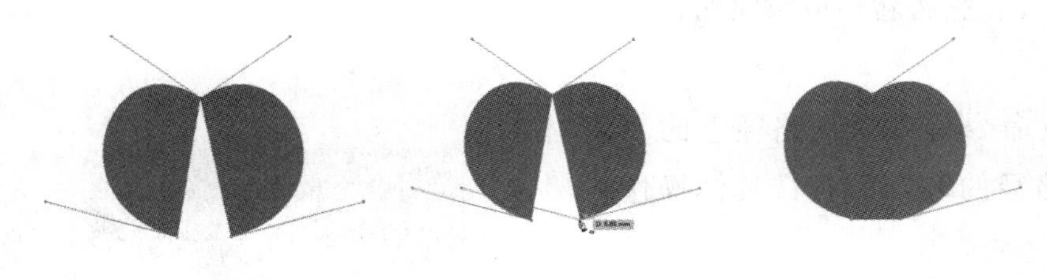

图 2－44

6. 连接路径

在对路径的编辑操作中，除了以上操作外，还可以将两条或多条开放的路径连接到一起。具体操作方法如下：

选择需要连接的路径上的两个锚点，选择锚点之间将以一条直线相连，如图 2－45 所示。

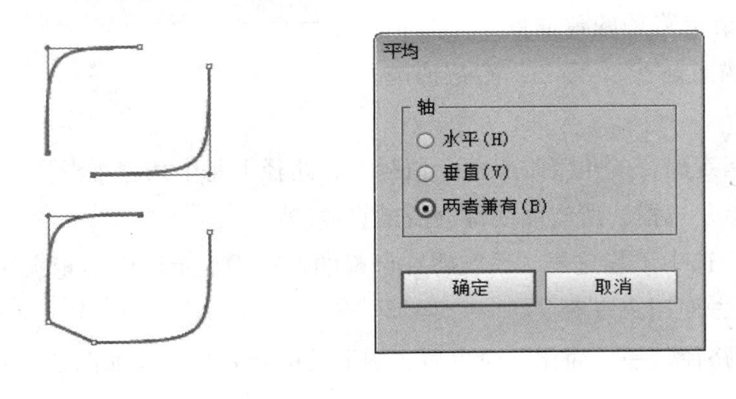

图 2－45

如果不希望简单地用直线将两条路径连接在一起，可以选择“对象”→“路径”→“平均”命令将选中路径上的锚点的位置重新排列，之后再进行连接。

选中需要重新排列的锚点，选择“对象”→“路径”→“平均”命令，弹出“平均”对话框，如图 3－72 所示。

选中“水平”单选按钮，表示所选锚点将按水平轴分布；选中“垂直”单选按钮，表示所选锚点将按垂直轴分布；选中“两者兼有”单选按钮，表示所选锚点将同时按水平轴和垂直轴分布。

选中“两者兼有”单选按钮后，单击“确定”按钮，然后选择“对象”→“路径”→“连接”命令，这时弹出“连接”对话框。选中“边角”或“平滑”单选按钮，单击“确定”按钮即可连接锚点。

选中“边角”单选按钮表示生成的锚点为角点状态，如果有方向线，则两条方向线断开，相互独立；选中“平滑”单选按钮，则表示生成的锚点为平滑点状态，方向线可以同时调整。

7. 连接两条或更多条路径

Illustrator CS6 提供了连接两条或更多条开放路径的选项。要连接两条或多条开放路径，可使用

“选择工具”选择开放路径，然后选择“对象”→“路径”→“连接”命令。还可以使用快捷键“Ctrl”+“J”来实现连接锚点的操作。

当锚点未重合时，Illustrator 将添加一条直线段来连接要连接的路径。当连接两条以上路径时，Illustrator 首先查找并连接彼此之间端点最近的路径，此过程将重复进行，直至连接完所有路径。如果只选择连接一条路径，它将转换成封闭路径。

8. 简化锚点

使用简化锚点命令可以简化路径上的多余锚点，且不改变原路径的基本形状，具体操作步骤如下：

① 选中需要简化锚点的路径，选择“对象”→“路径”→“简化”命令，弹出“简化”对话框，如图 2-46 所示。

② 设置好需要的参数后，单击“确定”按钮即可。

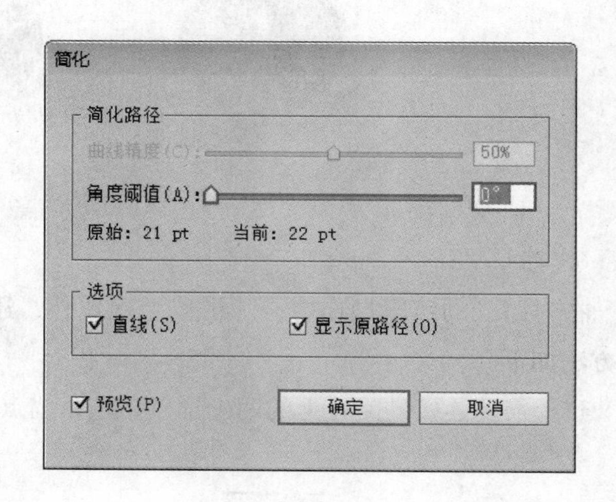

图 2-46

“简化”对话框中各选项的功能如下。

①“曲线精度”：指定路径的弯曲度，参数值越小，路径越平滑，锚点越少；反之，参数值越大，锚点越多。

②“角度阈值”：指定路径的角度临界值，值越大，路径上每个角越平滑。

③“直线”：选中该复选框，所有曲线都会变成直线。

④“显示原路径”：选中该复选框，系统将在调整的过程中显示原图的轮廓线，同时修改过程中会以红线显示变化过程，方便用户查看。

选择“对象”→“路径”→“简化”命令后，图形的前后效果比较如图 2-47 所示。

图 2-47

2.6　路径查找器的运用

在绘制复杂的图形时，经常需要对多个对象进行切割或合并等操作或利用图形的重叠部分创建出新的图形，从而快速地绘制出各种复杂图形。

选择“窗口”→“路径查找器”命令或按快捷键“Ctrl”＋“Shift”＋“F9”，打开“路径查找器”面板，如图 2－48 所示。

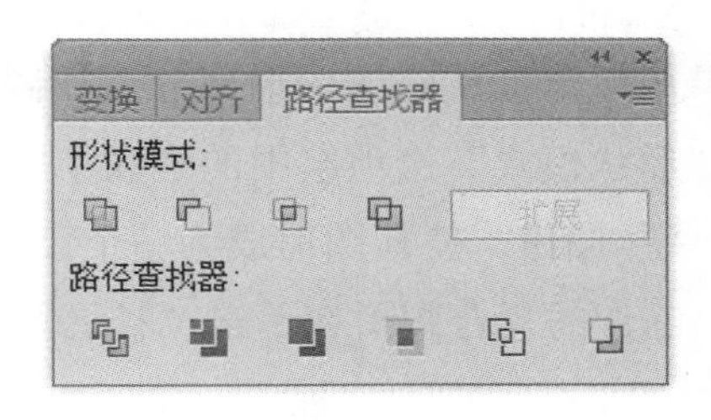

图 2－48

在使用“路径查找器”面板时，必须先选择两个或两个以上的对象作为操作对象，然后根据需要单击面板上各个相应的按钮。在“路径查找器”面板上有“形状模式”和“路径查找器”两个选项组。

2.6.1　形状模式

该选项组中的按钮可用于组合两个或多个路径对象，这样可以使一些简单的圆形组合成新的复杂的图形。

①“联集”按钮：单击该按钮可以将两个或两个以上的对象进行合并，从而生成一个新的图形，原来对象之间的重叠部分融合为一体。生成的新图形的填充颜色和描边颜色与原来选择的对象中位于最上面的对象的填充颜色和描边颜色相同，如图 2－49a 所示。

②“减去顶层”按钮：选择重叠的对象后，单击该按钮可以将下面的对象依照上面对象的形状来剪裁，相交的部分将会被删除，只留下下面对象与上面对象不重叠的部分。生成的新图形的填充颜色和描边颜色与选择的对象中位于最底部的对象的填充颜色和描边颜色相同，如图 2－49b 所示。

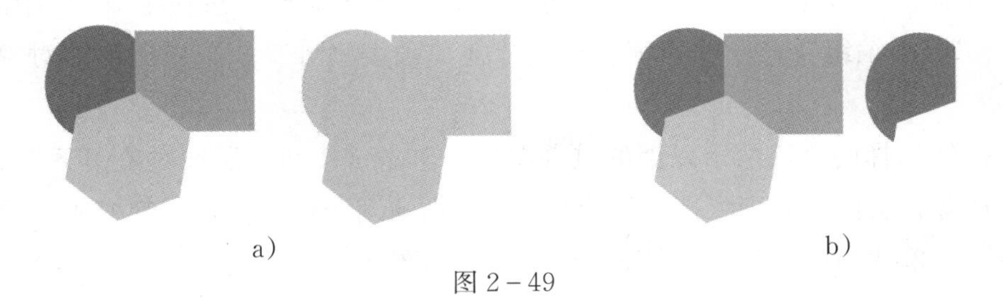
a)　　b)

图 2－49

③“交集”按钮：选择重叠的对象后，单击该按钮将只留下对象之间相重叠的部分，所有对象未重叠的区域将被删除。生成的新图形的填充颜色和描边颜色与原来选择的对象中位于最上面的对象的填充颜色和描边颜色相同，如图 2－50a 所示。

④“差集”按钮：选择重叠的对象后，单击该按钮可将原来选择的对象的重叠区域变为透明，而未重叠的区域将被保留。生成的新图形的填充颜色和描边颜色与原来选择的对象中位于最上面的对象的填充颜色和描边颜色相同，如图 2－50b 所示。

⑤“扩展”按钮：升级之后的 Illustrator CS6 在“路径查找器”面板中对其名称进行了调整，在功能制作上与之前版本有了较大的区别。当选择重叠图形并单击“形状模式”选项组中的“联集”“减去顶层”“交集”“差集”按钮时，图形将直接转变为单独整个图形，而无法使用“扩展”按钮；反之，

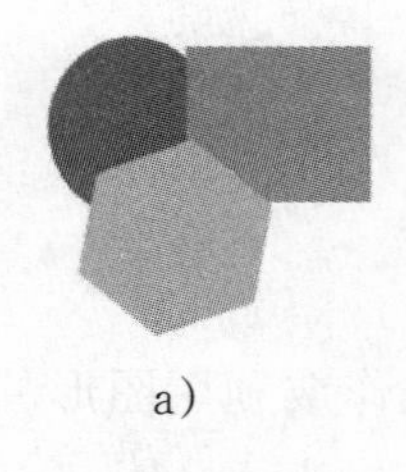
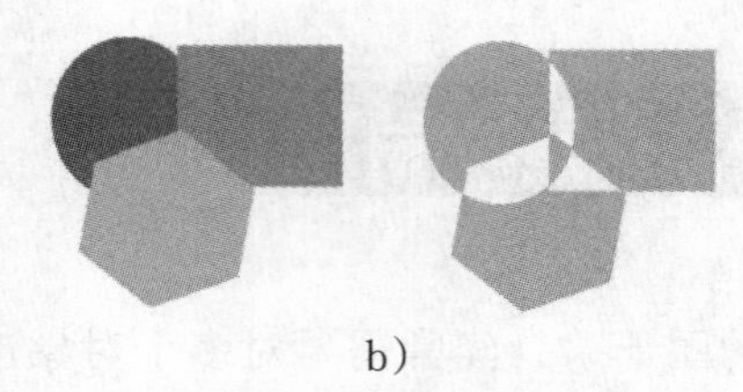

a）　　　　　　　　　　　　b）

图 2－50

如果想保留被删除的图形部分，即制作复合图形路径，则需要在选择多个图形之后按住“Alt”键并单击“形状模式”选项组中的“联集”“减去顶层”“交集”“差集”按钮，图形处于被隐藏的状态，单击“扩展”按钮，使新图形成为一个独立的图形。

制作的复合图形在单击“扩展”按钮前后的对比效果如图 2－51 所示。

图 2－51

2.6.2　路径查找器

①“分割”按钮：选择两个或两个以上的重叠图形，单击该按钮会把所有选择对象以相交线为分界线分割成多个不同的闭合图形。另外需要注意的是，单击“分割”按钮生成的新图形将自动编组。选择“对象”→“取消编组”命令取消编组后，才能单独编辑分割成独立图形的对象，如图 2－52a 所示。

②“修边”按钮选择两个或两个以上的重叠图形，单击该按钮，所选对象中下面对象与上面对象重叠的部分将被删除，上面对象则保持完好形状。同时所有对象的“描边”都变成“无”，图形自动编组，取消编组后才能单独编辑分割成独立图形的对象，如图 2－52b 所示。

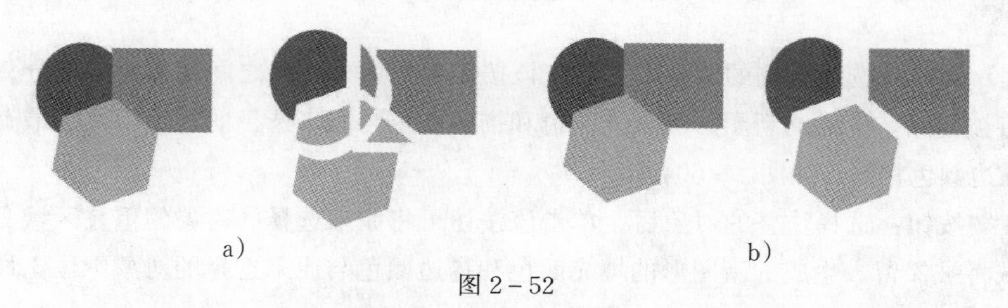

a）　　　　　　　　　　　　b）

图 2－52

③“合并”按钮：选择两个或两个以上的重叠图形，单击该按钮，所选对象中颜色相同的重叠部分将会合并为一个整体，同时位于上层的对象会将下层对象被覆盖的部分修剪掉。另外所有对象的“描边”都变成“无”，图形自动编组，取消编组后才能单独编辑分割成独立图形的对象，如图 2－53a

所示。需要注意的是，如果选择的重叠图形中没有相同填充颜色的对象，则最终结果与“修边”效果相同。

④“裁剪”按钮：单击该按钮产生的效果类似于蒙版。选择两个或两个以上的重叠图形，单击该按钮，将以最上面的对象为容器删除所有容器之外的对象部分。当对象被裁剪后，所有被覆盖的区域以外的部分都将被删除，所有对象的“描边”都变成“无”，且图形自动编组，如图 2－53b 所示。

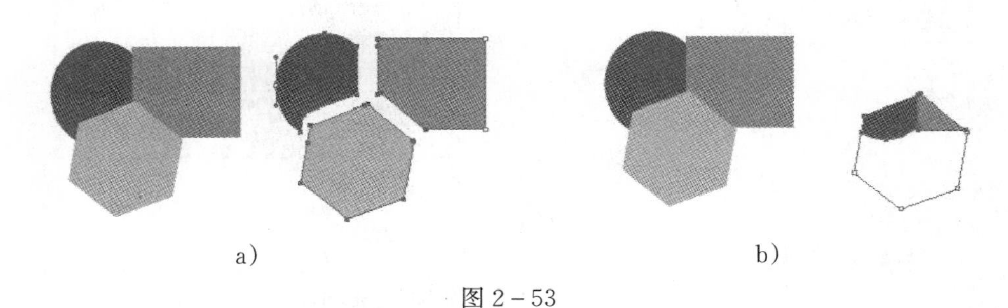

a）　　　　　　b）

图 2－53

⑤“轮廓”按钮选择一个对象或者两个及两个以上的重叠对象时，单击该按钮，所选对象将会按照对象轮廓的相交点，把所有对象切分为一个个独立的小线段。转换后的路径线段的颜色与原图形的填充颜色相同，且图形自动编组，取消编组后才能单独编辑分割成独立图形的对象，如图 2－54a 所示。

⑥“减去后方对象”按钮选择两个或两个以上的重叠图形，单击该按钮，将从最前面的对象中减去最后面的对象，可用于删除对象中不需要的部分，如图 2－54b 所示。

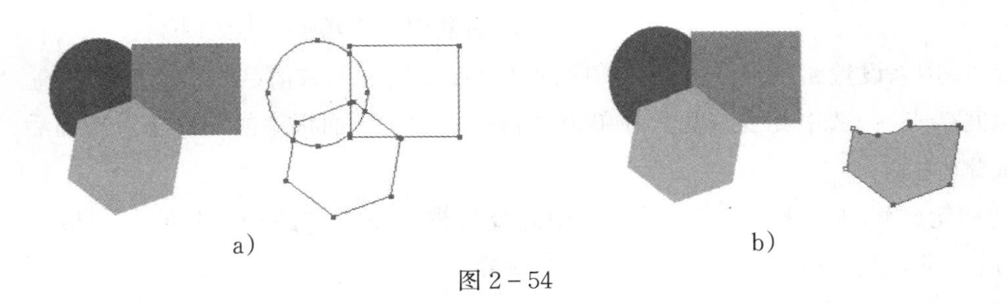

a）　　　　　　b）

图 2－54

2.6.3　“路径查找器”面板菜单

单击“路径查找器”面板右上方的显示／隐藏面板菜单按钮可以打开面板菜单。

(1)“陷印”选项：可以弥补印刷机存在的缺陷。选择好需要陷印的对象，然后在“路径查找器”面板菜单中选择“陷印”选项，弹出“路径查找器陷印”对话框，该对话框包括“设置”选项组和“选项”选项组，如图 2－55 所示。

对话框中各选项的功能如下。

1）“设置”选项组。

①“粗细”：用来设置描边的厚度，取值范围为 0.001～5000pt。

②“高度／宽度”：用来设置陷印色块水平和垂直陷印的比例，设置范围为 25%～400%。

③“色调减淡”：可以改变陷印的色调，该数值将会减少被陷印的较亮颜色的值，较暗颜色的值将保持为 100%，设置范围为 0～100%。

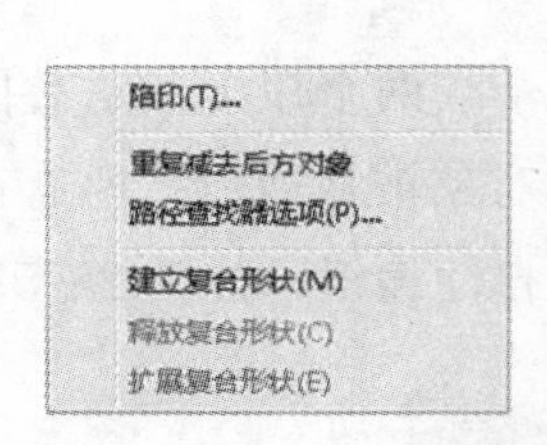

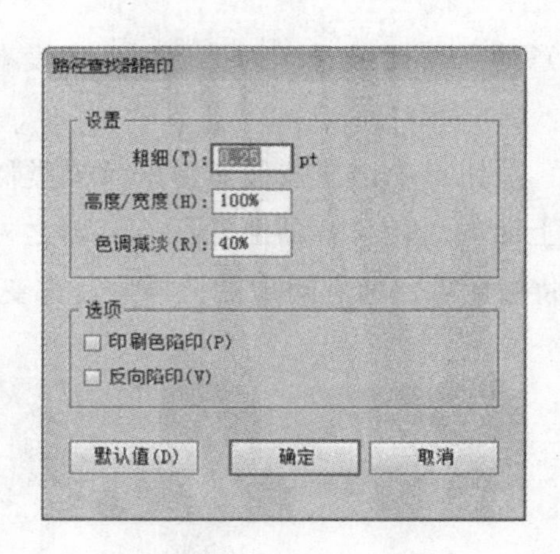

图 2－55

2）“选项”选项组。

①“印刷色陷印”：选中此复选框，则所选对象无论为印刷色还是特别色陷印，所产生的颜色都将转换为等值的印刷色（CMYK 模式）。

②“反向陷印”：选中此复选框可以把较暗的颜色陷印到较亮的颜色中。

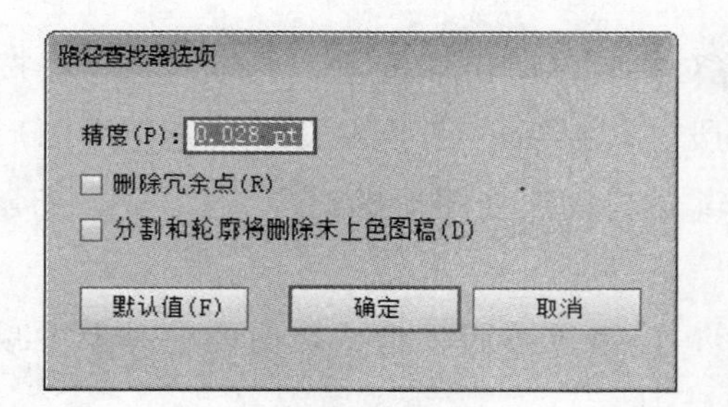

图 2－56

（2）“路径查找器选项”选项：选择该选项弹出“路径查找器选项”对话框，如图 2－56 所示。

对话框中各选项的功能如下。

①“精度”：用来设置路径被分割和裁剪时的精确度，输入的数值越小，精确度越高。

②“删除冗余点”：选中此复选框，在单击“路径查找器”面板中的“修边”按钮后，所选对象多余的描点将被删除。

③“分割和轮廓将删除未上色图稿”：选中此复选框，单击“路径查找器”面板中的“分割”和“轮廓”按钮后，没有颜色填充的对象将会自动被删除。

在利用“路径查找器”面板对路径进行编辑处理时，由于图形状态的不同可能会产生“复合路径”状态的图形对象，在这里介绍一下有关复合路径的操作。

（1）建立复合路径

选择两个或两个以上的重叠对象，选择“对象”→“复合路径”→“建立”命令，可以在两个或两个以上的对象之间建立复合路径，所选对象间重叠的地方变成透明，出现镂空效果。选择该命令后生成新图形的填充颜色和描边颜色与所选对象中最下面对象的填充颜色和描边颜色相同，如图 2－57b 所示。

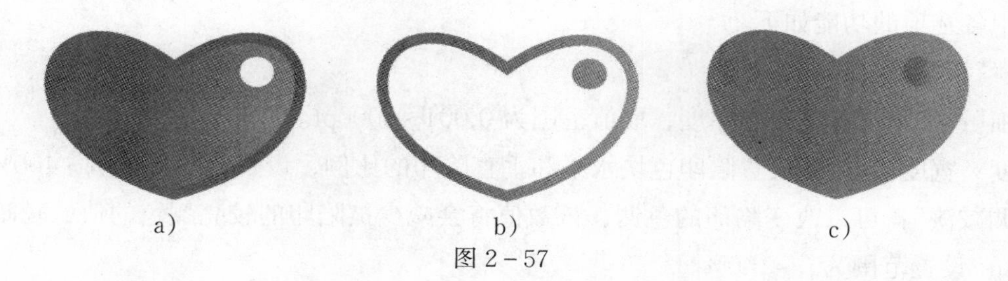

图 2－57

（2）释放复合路径

当想要打开复合路径对象时，可选择“对象”→“复合路径”→“释放”命令，即可将选择的复合路径对象释放成独立的路径。但是，释放后的对象不能恢复原来的颜色。释放的过程如图2－57c所示。

2.7　使用路径菜单命令

Illustrator CS6提供了很多具有特色的路径命令，选择“对象”→“路径”命令可以查看这些命令，如图2－58所示。通过这些命令可以更容易地对路径进行操作。

在“路径”子菜单中有部分与锚点操作相关的命令，在上一章中已经介绍过了，可以参阅第3章的内容进行复习，这里不再赘述。下面介绍一下“路径”子菜单中的其他命令。

图2－58

2.7.1　使用“偏移路径”命令

“偏移路径”命令可以在原来路径的内部或外部新增路径轮廓，具体操作方法如下：

选择需要偏移的路径，选择“对象”→“路径”→“偏移路径”命令，弹出“偏移路径”对话框，如图2－59所示。在对话框中设置好各项参数后，单击“确定”按钮即可。对话框中各选项的功能如下。

①“位移”：在该文本框中输入数值可以用来设置路径的位移数量，它可以是正值也可以是负值。当所选择的路径是开放式路径时，则在该路径的周围形成闭合式路径，如图2－60a所示。如果所选择的路径是闭合式路径，在“位移”文本框中输入的是正值时，将在所选路径的外部产生新的路径轮廓；当输入的是负值时，将会在所选路径的内部产生新的路径轮廓，如图2－60b所示。

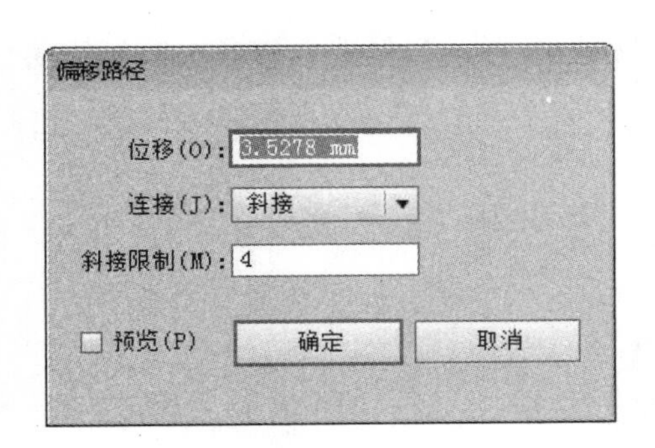

图2－59

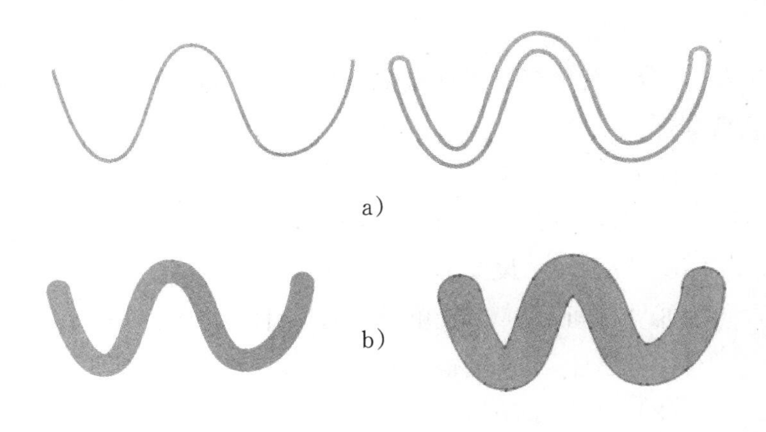

图2－60

②“连接”：该下拉列表用来设置路径位移后所产生的新路径在拐角处的连接方式，包括“斜接”“圆角”和“斜角”3种连接方式。选择的连接方式不同，效果也会不同，如图2-61所示。

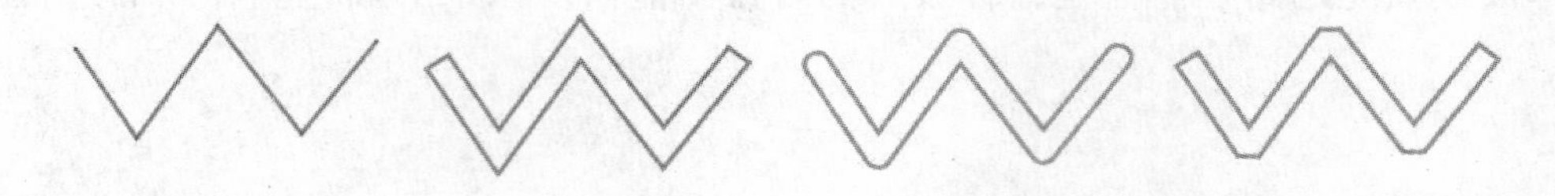

图2-61

③“斜接限制”：此文本框中的数值用来控制偏移转角处的转角程度。

2.7.2 使用“分割为网格”命令

“分割为网格”命令可以将选中的任何形状的图形对象分割为类似网格的图形，具体操作方法如下：

首先选择要用来生成网格的图形对象，然后选择“对象”→“路径”→“分割为网格”命令，弹出“分割为网格”对话框，如图2-62所示。在对话框中设置参数后，单击“确定”按钮即可。产生的网格图形如图2-62所示。

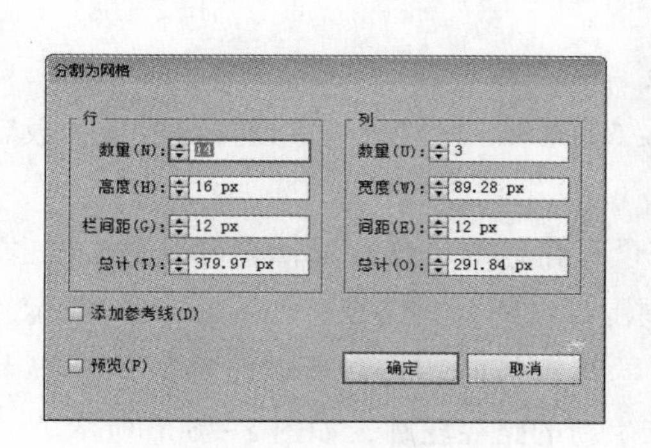

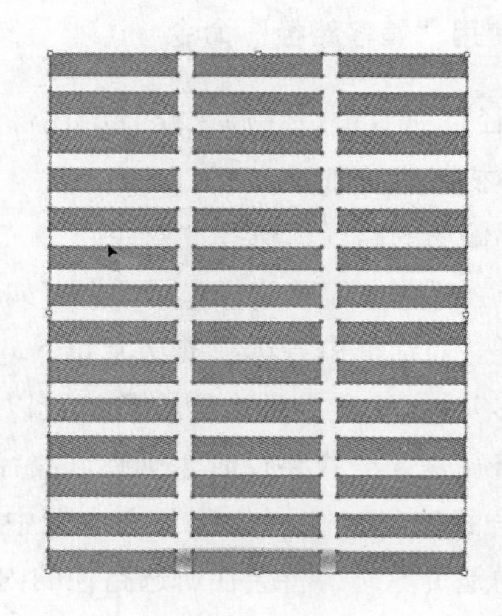

图2-62

“分割为网格”对话框中包含“行”和“列”两个选项组和“添加参考线”复选框，各选项具体功能如下。

(1)“行”选项组。

①“数量”：设置网格的横向数目。

②“高度”：设置单元格的高度。

③“栏间距”：设置单元格的垂直间距。

④“总计”：设置整个网格的高度。

(2)“列”选项组。

①“数量”：设置网格的列数。

②“宽度”：设置单元格的宽度。

③“间距”：设置单元格的水平间距。

④“总计”：设置整个网格的宽度。

(3)“添加参考线”复选框：设置是否在网格边缘显示参考线。

2.7.3　使用“笔画”轮廓命令

“轮廓化描边”命令可以将所选路径中的描边效果转换成闭合图形，并且以原来描边的颜色填充。

例如，绘制路径并设置好描边效果，如图 2-63 所示。选择“对象”→“路径”→“轮廓化描边”命令后的效果如图 2-63 所示。

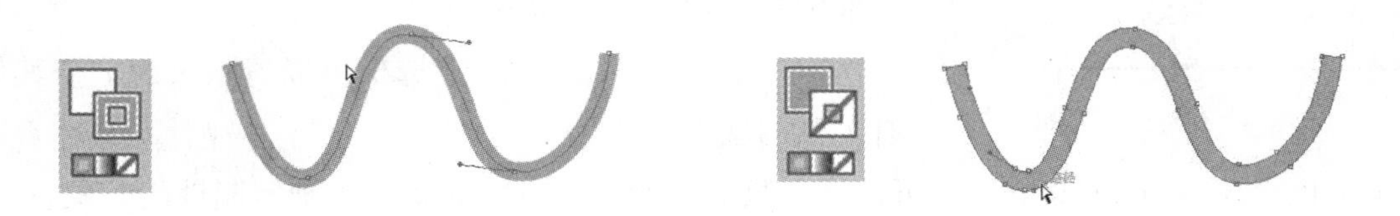

图 2-63

2.7.4　使用“分割对象之下”命令

“分割下方对象”命令可以选择一个对象路径作为分割器或者作为模板来分割其下方的对象，具体操作方法如下：

首先绘制好要被分割和要作为分割形状的图形对象，并且将作为分割形状的图形对象移动到要被分割的图形最上面，如图 2-64 所示。然后选择“对象”→“路径”→“分割下方对象”命令，下面的图形按最上面的形状分割成多个闭合图形，使用“选择工具”移动后的效果如图 2-64 所示。

图 2-64

使用“分割下方对象”命令分割对象时，作为分割形状的图形可以是开放式路径也可以是闭合式路径。闭合式路径的分割效果如图 2-64 所示。

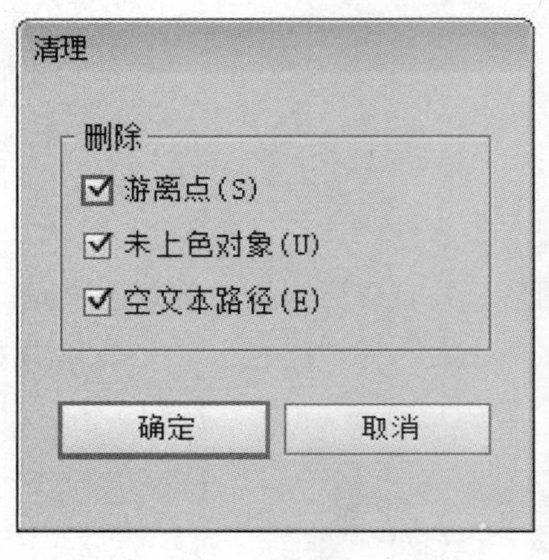

图 2－65

2.7.5 使用“清理”命令

“清理”命令用来清除页面中删除后剩余的独立锚点、没有填充属性和画笔属性的对象以及空白文本路径等多余的对象，具体操作方法如下：

选择“对象”→“路径”→“清理”命令，弹出“清理”对话框，如图 2－65 所示。

选择需要清理的内容，单击“确定”按钮即可。“清理”对话框中各选项的功能如下。

①“游离点”：选中此复选框可以清除页面上与其他锚点没有关系的独立描点。

②“未上色对象”：选中此复选框可以删除页面中所有没有填充属性和画笔属性的对象。

③“空文本路径”：选中此复选框可以删除页面中的空白文本路径。

在“预览”视图中，页面中的独立锚点、没有填充属性和画笔属性的对象以及空白文本路径等内容是无法看到的，只有在对象被选中或在“轮廓”视图状态才可见，因此很容易被忽略掉。这些没有实际设计效果的内容，在文档最终打印输出时可能会影响文件的正常输出和输出速度，因此通常在设计完后，打印输出前要对文件进行一下“清理”操作。

2.8 其他绘图工具

2.8.1 剪刀工具

使用“剪刀工具”可以对图形对象进行切割操作，这里简单介绍一下操作方法。

使用“剪刀工具”在路径上需要切割的位置单击。如果是在一条路径线段上单击，则切割后所产生的两个锚点将相互重合，并且其中一个锚点处于被选中状态，路径线段从单击处断开：如果是在一个锚点上单击，则在原来的锚点上会出现一个新的锚点，并且一个锚点处于被选中状态，路径从单击的描点处断开。

使用“剪刀工具”在一条路径上单击可以将一条开放式路径分成两条开放式路径，也可以将一条闭合式路径分成一条或者多条开放式路径。

2.8.2 美工刀工具

“美工刀工具”的使用方法与用刀切物品的方法很相似。用“美工刀工具”在一个或者多个对象上拖动，系统会沿着拖动痕迹对对象进行切割，使切割后的对象成为两个或者多个对象，具体操作方法如下：

首先选择需要进行切割的图形对象，然后选择工具箱中的“美工刀工具”，在要切割的路径上拖动出路径痕迹，图形对象就会依据路径痕迹被切割开。如果拖动痕迹穿过整条路径，则切割后的对象会成为两个或者多个对象，如图 2－66 所示。如果拖动痕迹未穿过整条路径，则切割后不会产生新对象，只会修改原始图形，如图 2－66 所示。

图 2－66

要进行切割的图形对象的路径可以是闭合式路径，也可以是开放式路径。如果是开放式路径，则路径必须具有填充色，才能使用“美工刀工具”进行切割。

如果希望切割的痕迹是直线，可以在按住“Alt”键的同时拖动“美工刀工具”。

2.8.3　橡皮擦工具

“橡皮擦工具”的使用方法与“美工刀工具”的使用方法相似，只需在一个或者多个对象上进行拖动，系统会沿着拖动痕迹对对象进行擦除，使擦除后的对象成为两个或者多个对象，具体操作方法如下：

首先选择需要进行擦除的图形对象，然后选择工具箱中的“橡皮擦工具”，在要擦除的路径上拖动出路径痕迹，系统会擦除掉路径痕迹部分，图形被切割开。如果拖动痕迹穿过整条路径，则擦除后的对象会成为两个或者多个对象，如图 2－67 所示。如果拖动痕迹未穿过整条路径，则擦除后不会产生新对象，只会修改原始图形，如图 2－67 所示。

图 2－67

如果对“橡皮擦工具”的笔触大小不满意，可以双击工具箱中的“橡皮擦工具”按钮，弹出“橡皮擦工具选项”对话框，如图 2－68 所示。

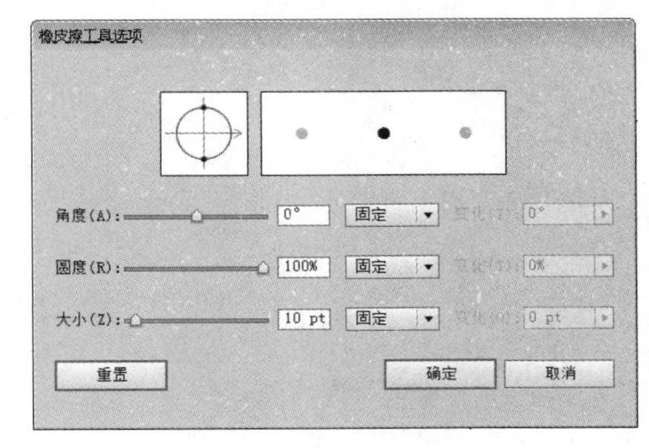

图 2－68

在对话框中可以设置“角度”“圆度”和“大小”等选项来控制“橡皮擦工具”的笔触效果，各选项的功能如下。

①“角度”：用来设置“橡皮擦工具”拖动时与页面所成的角度，可以选择“固定”或“随机”等方式。选择“随机”时，可使“角度”按照“变

化”的数值动态变化。

②“圆度”：用来设置“橡皮擦工具”笔触的宽度和高度比例，可以选择“固定”或“随机”等方式。选择“随机”时，可使“圆度”按照“变化”的数值动态变化。

③“大小”：用来设置“橡皮擦工具”笔触的大小，可以选择“固定”或“随机”等方式。选择“随机”时，可使“直径”按照“变化”的数值动态变化。

被擦除的图形对象的路径可以是闭合式路径，也可以是开放式路径。如果希望擦除的痕迹是直线，可以在按住“Alt”键的同时拖动“橡皮擦工具”。

第 3 章　版式设计：图形对象的编辑和管理

在 Illustrator CS6 中基本的操作就是选择对象，只有在对象被选择的状态下才能对对象进行编辑。选择对象可以使用“选择工具”“直接选择工具”“编组选择工具”“魔棒工具”“套索工具”和“选择”菜单，下面逐一详细地进行介绍。(图 3–1)

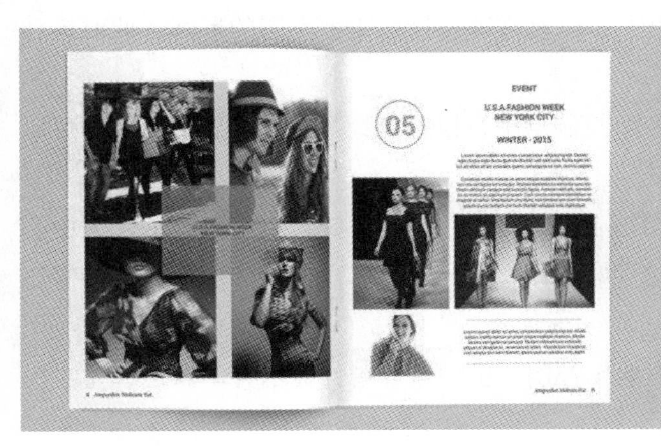

图 3 – 1

3.1 选择对象

3.1.1 选择工具的应用

使用“选择工具”可以选择整个对象、编组对象和路径，具体操作方法如下：

选择工具箱中的“选择工具”在图形或路径上的任意一点处单击，即可选择整个图形或者路径，如图 3－2 所示。

图 3－2

如果要选择多个对象，可以在按住“Shift”键的同时使用“选择工具”逐一单击要选择的对象，从而将它们选中。如果按住“Shift”键再次单击已经选中的对象，就可以取消对该对象的选择。在绘图页面上按住鼠标左键并拖动，此时会出现一个矩形的虚线框，释放鼠标后，矩形虚线框内的所有对象均被选中，如图 3－2 所示。

当对象被选择后，在对象的四周会出现一个矩形的定界框，定界框上有 8 个控制点。在选择“选择工具”的状态下，将鼠标指针放置到不同的控制点上，鼠标指针将显示 4 种不同的形态，此时拖动即可将对象进行放大、缩小或旋转等操作。

① 将鼠标指针移动到对象定界框 4 个角的任意一个控制点中，鼠标指针显示为↗状态，拖动可以水平及垂直方向放大或缩小对象，如图 3－3 所示。

在缩放的过程按住“Shift”键可以使对象保持等比例缩放；按住“Alt”键可以以对象的几何中心点为中心进行缩放；也可以将“Shift”键和“Alt”键同时使用，这样会既以中心点为中心又保持等比例进行缩放。

② 将鼠标指针移动到对象垂直定界框中间的任意两个控制点上，鼠标指针显示为↔状态，左右拖动可以沿水平方向放大或缩小对象，如图 3－3 所示。

③ 将鼠标指针移动到对象水平定界框中间的任意两个控制点上，鼠标指针显示为↕状态，上下拖动可以沿垂直方向放大或缩小对象，如图 3－4 所示。

图 3－3

④ 将鼠标指针移动到对象定界框 4 个角的任意一个控制点附近，鼠标指针显示为状态，拖动可以旋转对象，如图 3－4 所示。

图 3－4

3.1.2　直接选择工具的应用

“直接选择工具”也是用来选择对象的，但它的作用与“选择工具”不同。“直接选择工具”是用来选择对象图形中的锚点、方向线或对象的路径的，通过调整所选锚点的方向线以调整路径的形状，进而调整所选对象的整体形状。“直接选择工具”的具体操作方法如下：

选择工具箱中的“直接选择工具”，在所要选择的对象上单击即可。如果单击对象的填充区域，则对象中所有的锚点和路径都会被选中；如果单击路径对象上的锚点或路径线段，则该锚点或路径会被选中，如图 3－5 所示。

如果要选择路径对象上的多个锚点或线段，按住“Shift”键的同时使用“直接选择工具”逐一单击要选择的锚点或线段即可；如果按住“Shift”键再次单击已经选中的锚点或线段，就可以取消选中状态。在页面上按住鼠标左键并拖动，释放鼠标后，矩形虚线框内的所有锚点和路径均被选中，如图 3－6 所示。

图 3－5

图 3－6

当锚点被选中时，该锚点显示为实心的正方形，而没有被选中的锚点则以空心的正方形显示。当锚点和路径线段被选中时，将会显示上面所有的锚点以及曲线锚点的方向线和方向点，以便于用户对曲线进行调整。

3.1.3 编组选择工具的应用

“编组选择工具”可以用来选择编组对象中的一个或几个对象。“编组选择工具”的具体操作方法如下：

选择工具箱中的“编组选择工具”，在所要选择的对象上单击即可。若要选择编组对象中的多个对象，只需在按住“Shift”键的同时逐一单击对象即可。

使用“编组选择工具”选择编组对象的效果与使用“选择工具”和“直接选择工具”选择编组对象的效果不同。使用“编组选择工具”可以选择编组对象中的一个或几个对象，使用“选择工具”会将整个编组对象选中，对比效果如图 3－7 所示。

而使用“直接选择工具”可以选择编组对象中的某一个对象、路径线段或锚点，并可以对曲线形状进行调整，对比效果如图 3－8 所示。

图 3－7

图 3－8

3.1.4　魔棒工具的应用

在 Illustrator CS6 中使用“魔棒工具”选择对象的方法与在 Photoshop 中使用“魔棒工具”选择对象的方法相似，“魔棒工具”可以用来选择具有相近或相同属性的矢量图形，包括填充、笔触与透明度等属性，使选择图形对象更为方便、灵活。“魔棒工具”的具体操作方法如下：

选择工具箱中的“魔棒工具”，在所要选择的对象上单击即可根据设置选择相应的图形对象，如图 3－9 所示。

双击工具箱中“魔棒工具”按钮或选择“窗口”→“魔棒”命令，打开“魔棒”面板，如图 3－9 所示。在该面板中可以设置具体的参数来控制选择对象的属性和范围，各选项的功能如下。

“容差”：“魔棒”面板中的每个选项后面都有容差值设置，用来控制相似程度，容差值越小，选择对象的相似程度越高。

“填充颜色”：选中此复选框可以选择与当前所选对象具有相同或相似填充颜色的对象，它右侧的“容差”选项可以设置要选择的对象与已经选择好的对象填充颜色的相似程度，范围为 0～255 像素。

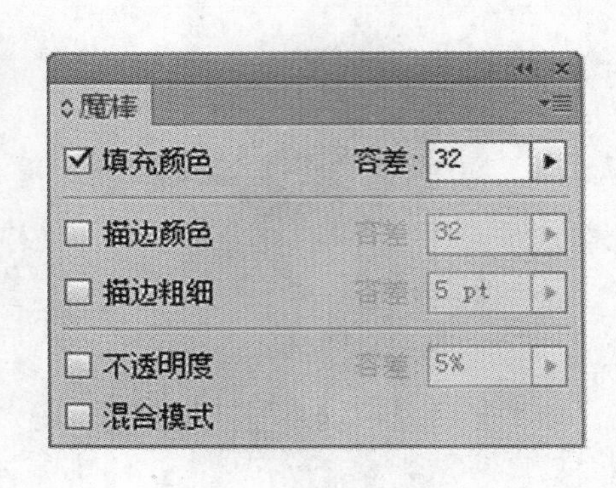

图 3-9

“描边颜色”：选中此复选框可以选择与当前所选对象具有相同或相似描边颜色的对象，它右侧的“容差”选项的作用与“填充颜色”的“容差”选项的作用相同。

“描边粗细”：选中此复选框可以选择与当前所选对象具有相同或相似描边宽度的对象，它的“容差”范围为 0～352.78mm。

3.1.5 套索工具的应用

“套索工具”与“直接选择工具”作用相同，都是用来选择对象上的锚点或路径线段的。但因为用“直接选择工具”选择多个对象时，使用拖动的方法只能选择矩形范围内的对象，需要按住“Shift”键进行加选，当要选择的锚点比较分散时选择起来会比较麻烦。而使用“套索工具”可以按照用户的需要来框选范围，使用起来更为方便。“套索工具”的具体操作方法如下：

选择工具箱中的“套索工具”，然后在需要选择的对象上拖动出选择的范围，则所有在“套索工具”拖动范围内的锚点或线段都被选中。使用“套索工具”与“直接选择工具”选择对象的效果对比如图 3-10 所示。

图 3-10

3.1.6 使用“选择”菜单选择对象

在 Illustrator CS6 中除了可以使用选择工具选择对象外，还可以使用“选择”菜单提供的命令选择对象。使用“选择”菜单可以全选、反选和当对象重叠时选择相邻对象上方或下方的对象等，“选择”菜单如图 3－11 所示。

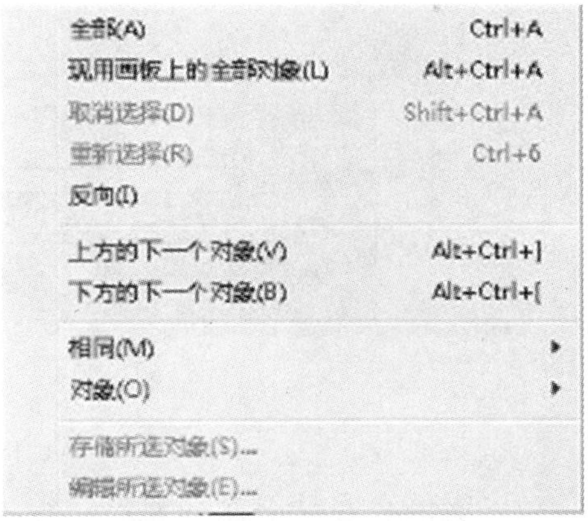

全部(A)　Ctrl+A
现用画板上的全部对象(L)　Alt+Ctrl+A
取消选择(D)　Shift+Ctrl+A
重新选择(R)　Ctrl+6
反向(I)
上方的下一个对象(V)　Alt+Ctrl+]
下方的下一个对象(B)　Alt+Ctrl+[
相同(M)
对象(O)
存储所选对象(S)...
编辑所选对象(E)...

图 3－11

“选择”菜单中各命令的功能如下。

（1）“全部”：选择此命令可以将页面中的所有对象全部选中。

（2）“取消选择”：选择此命令可以取消选中页面中所有的对象。

（3）“重新选择”：选择此命令可以重新选择上次取消选择的对象。

（4）“反向”：选择此命令可以选择页面中所有未被选择的对象，同时取消已选择的对象。

（5）“上方的下一个对象”：选择此命令可以选择页面中位于当前选择对象上层的对象。

（6）“下方的下一个对象”：选择此命令可以选择页面中位于当前选择对象下层的对象。

（7）“相同”：选择“相同”子菜单中的命令可以选择具有相同属性的对象。包括具有相同的“外观”“外观属性”“混合模式”“填色和描边”“填充颜色”“不透明度”“描边颜色”“描边粗细”“图形样式”“符号实例”以及“链接块系列”属性，如图 3－12a 所示。

（8）“对象”：“对象”子菜单中的命令如图 3－12b 所示。

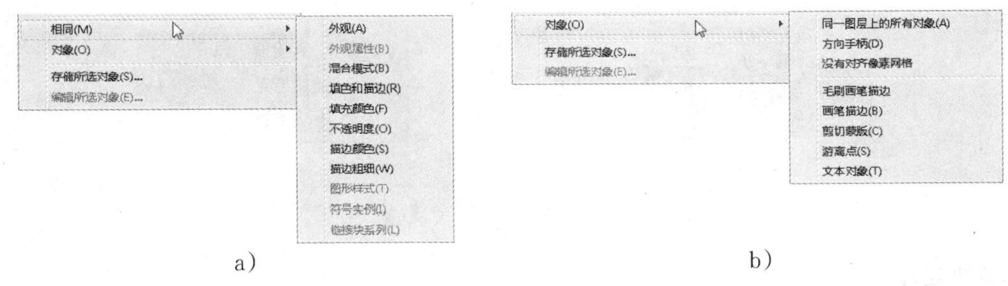

a）　　　　b）

图 3－12

①“同一图层上的所有对象”：选择此命令可以选择页面中同一图层上的所有对象。

②“方向手柄”：选择此命令可以选择页面中当前选中对象上的所有方向手柄。

③“画笔描边”：选择此命令可以选择页面中所有运用“画笔工具”绘制的对象。

④“剪切蒙版”：选择此命令可以选择页面中所有用作蒙版的路径。

⑤“游离点”：选择此命令可以选择页面中所有的游离点。

⑥“文本对象”：选择此命令可以选择页面中所有的文本对象。

（9）“存储所选对象”：选中需要存储的对象，选择此命令可以弹出“存储所选对象”对话框，如图 3－13a 所示。在“名称”文本框中设置所选对象的名称，然后单击“确定”按钮即可将选中的对象以指定的名称存储起来。在需要编辑该对象时，只要在“选择”菜单的最底部选择该对象的名称即可。

（10）“编辑所选对象”：选择此命令可以在“编辑所选对象”对话框中进行删除或更改所选对象的名称，如图 3－13b 所示。

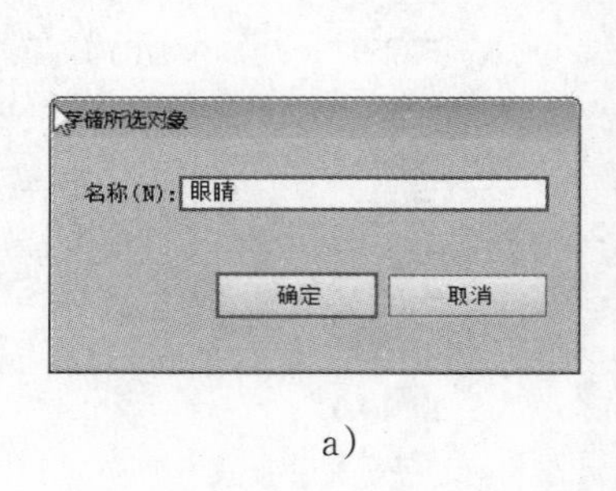

a)

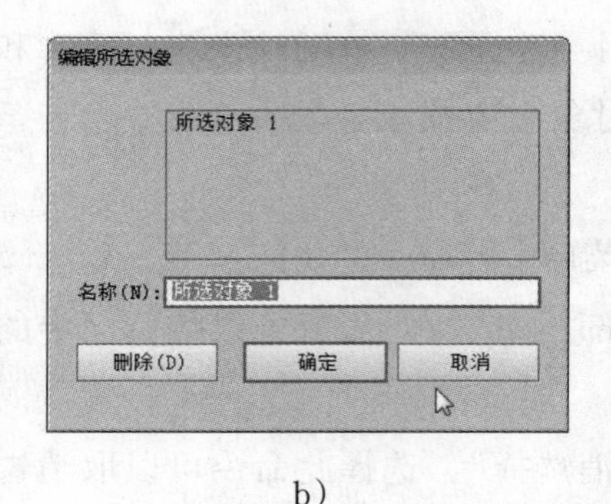

b)

图 3－13

如果要删除存储的所选对象，那么在名称列表中选中该项，然后单击右侧的“删除”按钮即可。如果要更改存储的所选对象的名称，同样先选中该项，然后在“名称”文本框中输入新名称即可。

3.2 对象的变形

对象的变形除了使用工具箱中的液化变形工具组外，还可以应用其他变形工具和选择工具对对象进行各种精确的变形操作。这里的对象变形主要是以对象为单位，进行移动、旋转、缩放、倾斜、镜像、扭曲变形和透视等操作。在 Illustrator CS6 中可以使用工具箱中的旋转工具组中的工具、比例缩放工具组中的工具和自由变换工具来实现这些变形操作，如图 3－14 所示。

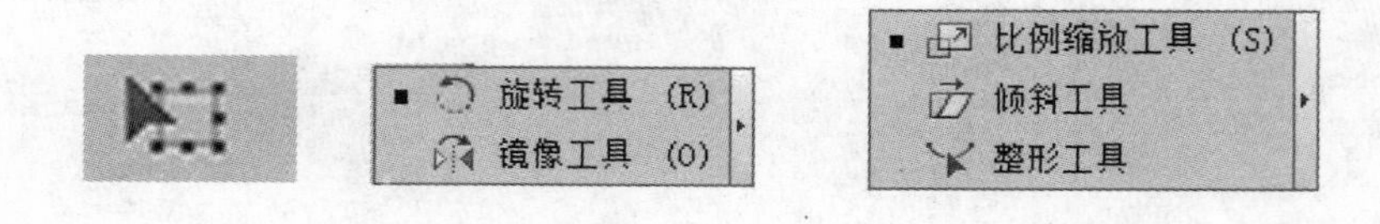

图 3－14

3.2.1 移动对象

在 Illustrator CS6 中移动对象的方式很多，可以拖动、使用方向键以及“移动”对话框对对象进行移动操作，具体操作方法如下：

（1）如果不需要精确移动，可以直接选择工具箱中的“选择工具”或者“自由变形工具”，然后按住鼠标左键并拖动，从而将需要移动的对象拖动到合适的位置。用鼠标移动对象是比较简单也是比较常用的方法。

在拖动的过程中如果按住“Shift”键，则移动的对象将被约束在 45°的范围内。也就是说所选对象移动后始终与原位置保持在 45°或 45°倍数的范围内。

（2）如果想对对象做细微的移动，可以按上、下、左、右方向键来沿着不同的方向移动对象，每按一次方向键，对象移动 1 像素的距离。按住“Shift”键的同时按上、下、左、右方向键，可以使所选对象以每次移动 10 像素的距离沿着不同的方向移动。

（3）在各种移动对象的方法中，使用移动命令移动对象的方法是最精确的一种。当所绘制的图形对精确度要求非常高时，可使用此方法，具体操作步骤如下：

1）选择工具箱中的“选择工具”选中需要移动的对象。

2）选择“对象”→“变换”→“移动”命令，弹出“移动”对话框，如图 3－15 所示。在对话框中设置好参数后，单击“确定”按钮即可实现精确移动。

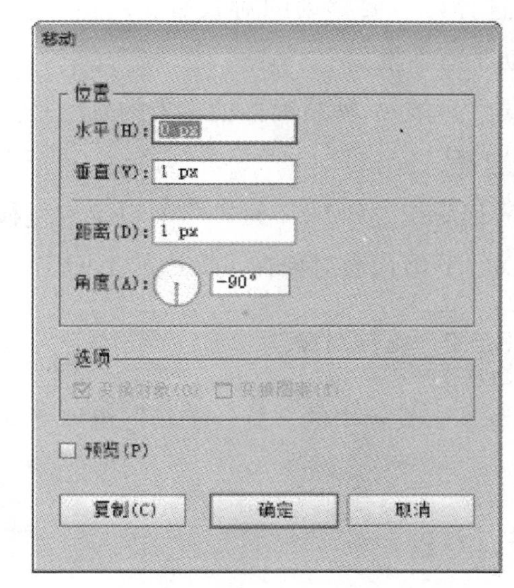

图 3－15

“移动”对话框中各选项的功能如下。

①“位置”选项组。

②“水平”：用来设置所选对象水平移动的距离。当输入的数值为正值时，选择的对象将向右移动；当输入的数值为负值时，对象向左移动。该项的数值范围为－5779.5586～5779.5586mm。

③“垂直”：用来设置所选对象垂直移动的距离。当输入的数值为正值时，选择的对象将向上移动；当输入的数值为负值时，对象向下移动。该项的数值范围也是－5779.5586～5779.5586mm。

④“距离”：用来设置所选对象移动后与原来位置之间的距离。该项的数值范围为－4310.5913～4310.5913mm。

⑤“角度”：用来设置所选对象移动后与原来位置之间的角度。当输入的数值为正值时，所选对象按逆时针方向移动；当输入的数值为负值时，所选对象按顺时针方向移动。该项的数值范围为－360°～360°。

⑥“选项”：当所选对象有填充图案时，才能激活该选项组中的两个选项，且两个选项必须有一个被选中。

⑦“变换对象”：选中此复选框，在移动带有图案填充的对象时，只移动选择的对象，而不移动填充的图案；否则将只移动图案而不移动对象。

⑧“变换图案”：选中此复选框，在移动带有图案填充的对象时，填充图案会被移动；否则，只移动选择的对象，不移动对象中的填充图案。如果同时选中这两个复选框，则在移动过程中对象和其填充图案一起移动。

⑨“复制”按钮：当需要复制移动的对象时，单击该按钮，所选对象会在移动的过程中同时被复制。

⑩“预览”：选中此复选框可以让用户直接观察到操作完成时的对象效果。

选中不同复选框后的移动效果对比如图 3－16 所示。

图 3－16

选择好需要移动的对象后，双击工具箱中的“选择工具”按钮或者按“Enter”键，也可以弹出“移动”对话框。

（4）另外一种精确移动对象的方法是使用“变换”面板对对象进行移动。

选择“窗口”→“变换”命令，打开“变换”面板选中要移动的对象，在“变换”面板中输入X、Y值后按“Enter”键即可对对象进行移动操作。

X、Y值代表对象在页面中的坐标位置、坐标原点与标尺的原点重合。

3.2.2 旋转对象

利用工具箱中的“旋转工具”可以对图形对象进行精确的旋转变形，具体操作方法如下。

图 3－17

（1）拖动的方式

选择需要旋转的对象、路径或锚点，选择工具箱中的“旋转工具”，在要作为旋转基准点（旋转中心点）的位置上单击，然后拖动即可围绕基准点旋转对象，默认的基准点位置为对象的几何中心。操作过程及效果如图 3－18 所示。

图 3－18

在拖动旋转对象的过程中，可以按住“Alt”键进行复制，操作结束后原对象不变，在旋转操作结束的位置会复制出一个新的对象，如图 3－19 所示。

图 3－19

在使用“旋转工具”旋转一个对象时，如果在拖动的同时按住“Shift”键可以限制旋转角度以 45°增量变化。如果要在拖动对象旋转时减少旋转的角度增量，可以在距离对象较远处拖动。

（2）精确的旋转方式

如果想将对象旋转一个精确的角度，在选择对象后，双击工具箱中的“旋转工具”按钮弹出“旋转”对话框，如图 3－20 所示。

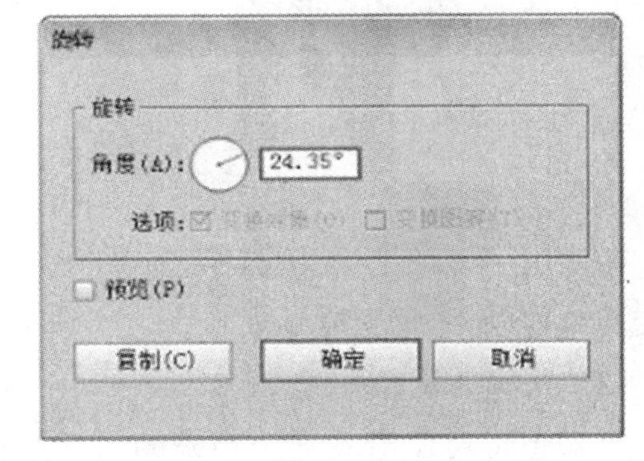

图 3－20

设置好参数后，单击“确定”按钮即可精确旋转对象。“旋转”对话框中各选项的功能如下。

①“角度”：在文本框中输入旋转的角度值，正值为逆时针旋转，负值为顺时针旋转。

②“变换对象”和“变换图案”：这两个复选框的功能与“移动”对话框中的“变换对象”和“变换图案”复选框的功能相同。

③“复制”：单击此按钮可以在旋转的同时复制对象。

④“预览”：选中此复选框可以直接观察到操作完成时的对象效果。

使用这种方式时旋转的基准点固定为对象的几何中心。如果想在使用“旋转”对话框旋转对象的同时重新设置基准点，则可选择“旋转工具”后，按住“Alt”键的同时在作为基准点的位置单击，单击处即旋转的基准点，同时也会弹出“旋转”对话框进行设置。

3.2.3　镜像对象

所谓镜像是指物体沿某个镜面进行映射的效果。利用工具箱中的“镜像工具”可以对图形对象进行镜像操作，操作方法与使用“旋转工具”的方法相似，具体操作方法如下。

（1）拖动的方式

选择需要镜像的对象、路径或锚点，选择工具箱中的“镜像工具”，在要作为镜像轴的基准点（镜面经过该点）的位置上单击，然后拖动即可围绕基准点镜像对象，默认的基准点为对象的几何中心。操作过程及效果如图 3－21 所示。

图 3－21

在拖动镜像对象的过程中可以按住“Alt”键进行复制，操作结束后原对象不变，镜像操作结束的位置会复制出一个新的对象，如图 3－22 所示。

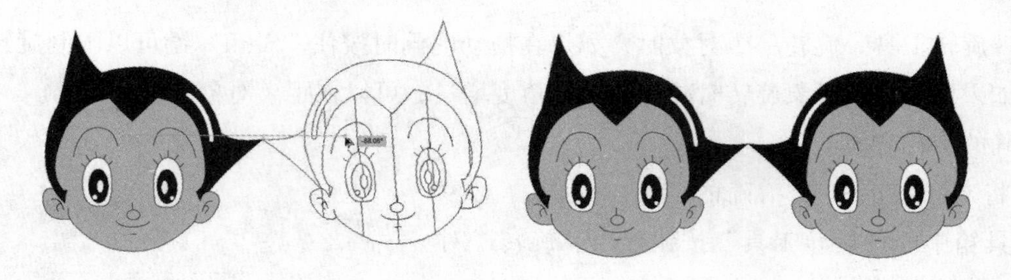

图 3－22

在使用“镜像工具”对一个对象进行镜像操作时，如果在拖动的同时按住“Shift”键可以限制镜像旋转角度以 45°增量变化。

（2）精确的镜像方式

如果想将对象沿着某个精确的角度进行镜像，则在选择对象后，双击工具箱中的“镜像工具”按钮，弹出“镜像”对话框，如图 3－23 所示。

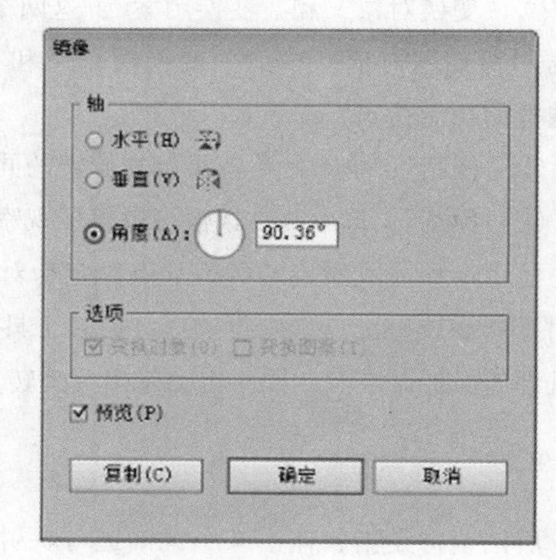

图 3－23

设置好参数后，单击“确定”按钮即可精确镜像对象。“镜像”对话框中各选项的功能如下。

①“水平”：选中此复选框，则对象沿水平轴镜像。

②“垂直”：选中此复选框，则对象沿垂直轴镜像。

③“角度”：在文本框输入镜像轴的角度值。

④“变换对象”和“图案”：这两个复选框的功能与“移动”对话框中的“变换对象”和“变换图案”复选框的功能相同。

⑤“复制”：单击此按钮可以在进行镜像操作的同时复制对象。

⑥“预览”：选中此复选框可以直接观察到操作完成时的对象效果。

使用这种方式时，镜像基准点为默认的基准点。如果想在使用“镜像”对话框对对象进行镜像设置的同时重新设置基准点，则在选择“镜像工具”后，按住“Alt”键的同时在作为基准点的位置单击，单击处即镜像的基准点，同时也会弹出“镜像”对话框进行设置。

3.2.4　缩放对象

要对图形对象进行缩放操作，可以利用工具箱中的“选择工具”和“比例缩放工具”来实现。使用“选择工具”操作的方法已经介绍过了，这里介绍一下使用“比例缩放工具”进行缩放的操作方法。

（1）拖动的方式

选择需要缩放的对象，选择工具箱中的“比例缩放工具”，在要作为缩放基准点的位置上单击，然后拖动即可围绕基准点缩放对象，操作过程及效果如图 3－24 所示。

在拖动缩放对象的过程中可以按住“Alt”键进行复制，操作结束后原对象不变，缩放操作结束的位置会复制出一个新的对象，如图 3－24 所示。

图 3－24

（2）精确的缩放设置

如果想将对象进行精确的比例缩放，则在选择对象后，双击工具箱中的“比例缩放工具”按钮，弹出“比例缩放”对话框，如图 3－25 所示。

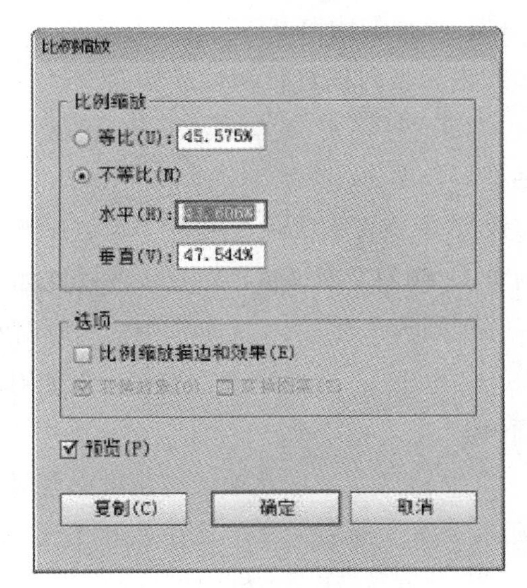

图 3－25

设置好参数后，单击“确定”按钮即可精确缩放对象。“比例缩放”对话框中各选项的功能如下。

①“比例缩放”：此文本框用来设置等比缩放时的缩放比例。

②“水平”：此文本框用来设置非等比缩放时对象水平方向的缩放比例。

③“垂直”：此文本框用来设置非等比缩放时对象垂直方向的缩放比例。

④“变换对象”和“变换图案”：这两个复选框的功能与“移动”对话框中的“变换对象”和“变换图案”复选框的功能相同。

⑤“复制”：单击此按钮可以在进行缩放操作的同时复制对象。

⑥“预览”：选中此复选框可以直接观察到操作完成时的对象效果。

使用这种方式时，对象缩放基准点为默认的基准点。如果想在使用“比例缩放”对话框对对象进行缩放设置的同时重新设置基准点，则在选择“旋转工具”后，按住“Alt”键的同时在作为基准点的位置单击，单击处即缩放的基准点，同时也会弹出“比例缩放”对话框进行设置。

3.2.5 倾斜对象

利用工具箱中的“倾斜工具”可以对对象进行倾斜操作，具体操作方法如下。

（1）拖动的方式

选择需要倾斜的对象，选择工具箱中的“倾斜工具”在要作为倾斜基准点的位置上单击，然后拖动即可围绕基准点倾斜对象，操作过程及效果如图 3－26 所示。

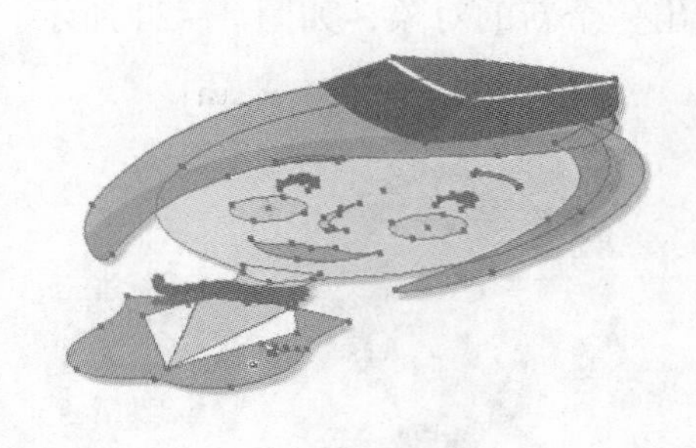

图 3－26

在拖动倾斜对象的过程中可以按住“Alt”键进行复制，操作结束后原对象不变，倾斜操作结束的位置会复制出一个新的对象。

（2）精确的倾斜方法

如果想将对象进行精确的倾斜变换，则在选择对象后，双击工具箱中的“倾斜工具”按钮，弹出“倾斜”对话框，如图 3－27 所示。

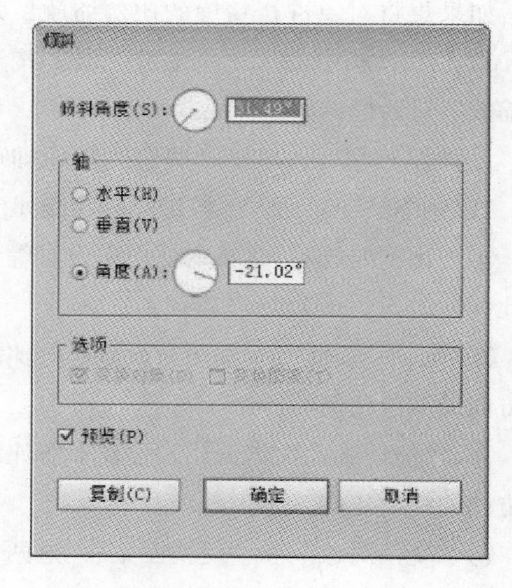

图 3－27

设置好参数选项后，单击“确定”按钮即可精确倾斜对象。“倾斜”对话框中各选项的功能如下。

①“倾斜角度”：在文本框中输入倾斜的角度。

②“水平”：选中此单选按钮可以使对象在水平方向上倾斜。

③“垂直”：选中此单选按钮可以使对象在垂直方向上倾斜。

④“角度”：在文本框中可设置倾斜的角度值。

⑤“变换对象”和“变换图案”：这两个复选框的功能与“移动”对话框中的“变换对象”和“变换图案”复选框的功能相同。

⑥“复制”：单击此按钮可以在进行倾斜操作的同时复制对象。

⑦“预览”：选中此复选框可以直接观察到操作完成时的对象效果。

使用这种方式时，对象倾斜基准点为默认的基准点。如果想在使用“倾斜”对话框对对象进行倾斜设置的同时重新设置基准点，则在选择“倾斜工具”后，按住“Alt”键的同时在作为基准点的位置单击，单击处即倾斜的基准点，同时也会弹出“倾斜”对话框进行设置。

3.2.6　“变换”面板应用

在 Illustrator CS6 中利用“变换”面板可以很方便地对对象进行移动、缩放、旋转和倾斜等操作。与前面使用的变形工具组中的工具相比，“变换”面板具有可以一次设置多个变换效果的特点。选择“窗口”→“变换”命令，打开“变换”面板，如图 3－28 所示。

参考点　X、Y 坐标　宽度和高度

角度　倾斜　约束高度和宽度

图 3－28

面板中各选项的功能如下。

① “参考点”：用于确定对象变换的基准点，选中位置以黑色实心状态显示。

② “X 和 Y”：用于确认对象在页面中的坐标位置、坐标原点与标尺的原点重合。

③ “宽和高”：用于确认对象的宽度和高度。

单击“约束宽度和高度比例”图标，该图标变成锁定状态时，对象的宽度和高度按比例缩放；图标为解锁状态时，对象的宽度和高度可以分别缩放，互不影响。

④ “旋转”：可以在数值框中设置对象的旋转角度或在下拉列表中选择固定的旋转角度。

⑤ “倾斜”：可以在数值框中设置对象的倾斜角度或在下拉列表中选择固定的倾斜角度。

打开“变换”面板的面板菜单，在面板菜单中选择“水平翻转”和“垂直翻转”等选项同样可以对对象进行水平翻转和垂直翻转等操作，效果如图 3－29 所示

图 3－29

3.2.7　扭曲变形对象

在 Illustrator CS6 中除了上述针对对象的变形操作外，还需要对对象进行各种扭曲变形处理。为了能快速而准确地制作出想要的扭曲变形效果，Illustrator CS6 提供了用于透视变形和扭曲变形的工具和命令，包括“自由变换工具”和“整形工具”等。

（1）透视变形对象

利用“自由变换工具”可以对图形对象进行扭曲透视变形处理，具体操作方法如下：

选择需要进行透视变形的对象，选择工具箱中的“自由变换工具”，将鼠标指针移动到对象定界框

的 4 个角的“控制点”中的其中之一。

此时，如果直接拖动，则只能缩放对象；如果按住“Ctrl”键，当鼠标指针变成▶形状时拖动就可以对所选对象进行扭曲操作，拖动过程中可以看到蓝色的预览框，释放鼠标后就可以得到变形效果，如图 3－30 所示。

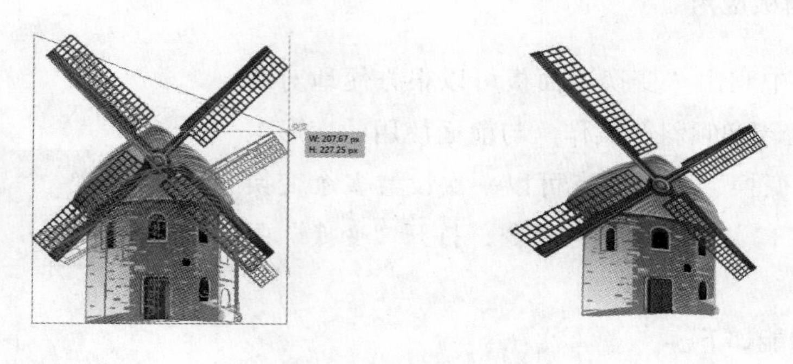

图 3－30

如果按住快捷键“Ctrl” ＋ “Alt”，则可以以所选对象的几何中心点为原点进行倾斜操作，如图 3－31 所示。

如果按住快捷键“Ctrl” ＋ “Shift” ＋ “Alt”，当鼠标指针变成▶形状时拖动就可以对所选对象进行透视变形操作，如图 3－31 所示。

图 3－31

当不使用上述快捷键控制时，使用“自由变换工具”也可以对对象进行移动、缩放或旋转操作，使用方法与“选择工具”的使用方法完全相同，这里不再介绍。

（2）自由变换

用户也可以利用“自由扭曲”命令对图形对象进行扭曲透视变形处理，具体操作方法如下：

选择需要进行自由变换的对象，选择“效果”→“扭曲和变换”→“自由扭曲”命令，弹出“自由扭曲”对话框，如图 3－32a 所示。

在“自由扭曲”对话框中的预览区域可以看对象的定界框，拖动定界框上的其中一个控制点即可对图形进行自由变形操作。释放鼠标后原始的定界框以虚线方式显示，变形后的效果以实心黑线显示，如图 3－32b 所示。单击“确定”按钮即可完成对象的变形操作，效果如图 3－32c 所示。

在对对象进行自由变形操作的过程中，可以单击“重置”按钮将定界框恢复到初始的状态。

利用“整形工具”可以在选择的路径上对锚点进行调整，也可以在选择的路径上添加具有调节控制柄的锚点。具体操作方法如下：

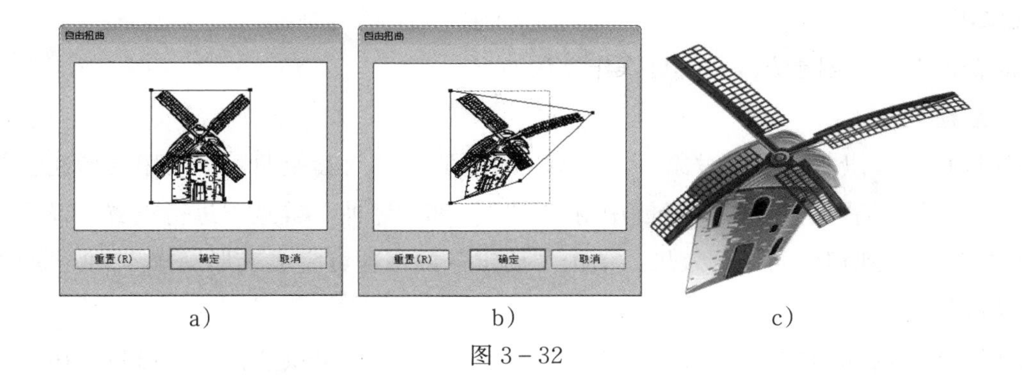

a)　　b)　　c)

图 3－32

① 使用“直接选择工具”或“套索工具”选择要调整的对象的锚点或路径。

② 选择工具箱中的“整形工具”，然后将鼠标指针移动到路径对象上，在路径上添加锚点，如图 3－33a 所示。拖动锚点为需要的形状后释放鼠标，即可对路径进行形状调整，如图 3－33b 所示。

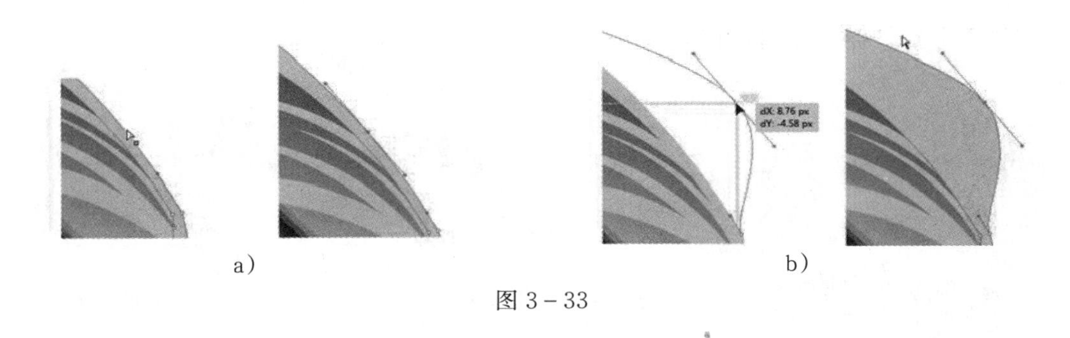

a)　　b)

图 3－33

使用“整形工具”移动锚点时，按住“Alt”键可以复制原图形。

3.2.8　封套扭曲变形

封套扭曲变形是指将选择的图形放置到某一个形状中或者使用系统提供的各种扭曲变形效果，然后依照这个形状或设定的扭曲效果进行变形。这是使用普通变形工具很难得到的，因此封套扭曲变形是相对独特又非常重要的一种变形方式。封套扭曲变形可以应用至 Illustrator CS6 中大部分对象上，包括符号、渐变网格、文字和以嵌入方式置入的图像等。

选择“对象”→“封套扭曲”命令，将弹出“封套扭曲”子菜单，如图 3－34a 所示。

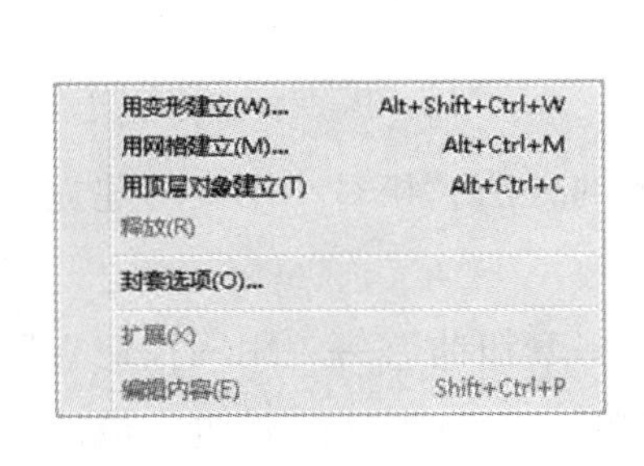

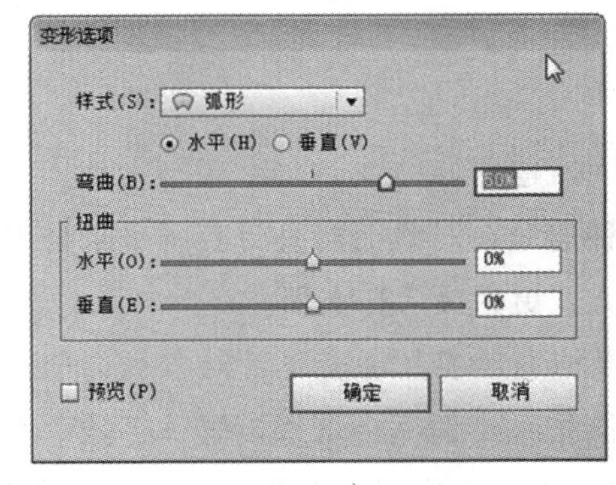

a)　　b)

图 3－34

1. 创建方法

封套扭曲变形有 3 种创建方式，具体操作方法如下。

(1) 用变形建立

选择需要进行封套扭曲变形的对象后，选择“对象”→“封套扭曲”→“用变形建立”命令，在弹出的“变形选项”对话框（图 3-34b）中对“样式”和“弯曲”等选项进行设置。设置完成后选中“预览”复选框就能看到相应的变形效果，单击“确定”按钮即可完成变形操作。“变形选项”对话框中各选项的功能如下。

①“样式”：单击右侧的下三角按钮，在下拉列表中有 15 种可供选择的图形封套扭曲样式，每种样式生成的效果不同，但是下面的选项都是相同的。

②“弯曲”：当数值为正数时，所选对象的左边变形的程度很明显；反之，数值为负值时，所选对象的右边变形的程度很明显。

③“水平”和“垂直”：可以设置对象是沿水平方向进行变形还是沿垂直方向进行变形。

默认参数状态下各种样式效果对比如图 3-35 所示。

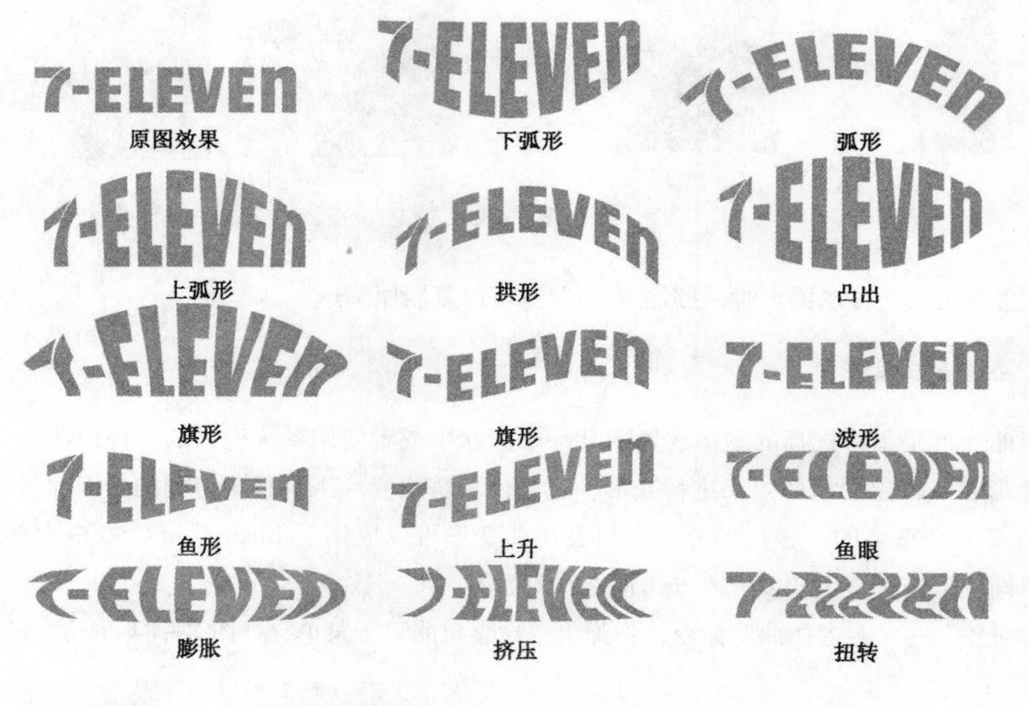

图 3-35

(2) 用网格建立

这是一种通过在对象上建立封套网格来自由调整封套外形的方法，相对于用变形建立的方式，用网格建立的方式更为灵活和实用。

选择需要进行封套扭曲变形的对象后，选择“对象”→“封套扭曲”→“用网格建立”命令在弹出的“封套网格”对话框中可以设置“行数”和“列数”，如图 3-36a 所示。设置完成后，可以选择“直接选择工具”对变形网格上的锚点或方向线以及路径线段进行调整，调整方法与普通的路径对象调整方法相同，调整后被封套的对象会随网格的改变而改变。

例如，用网格建立方式对对象进行封套变形，设置网格数为 3 行 2 列，并调整封套网格，操作过程和效果如图 3－36b 所示。

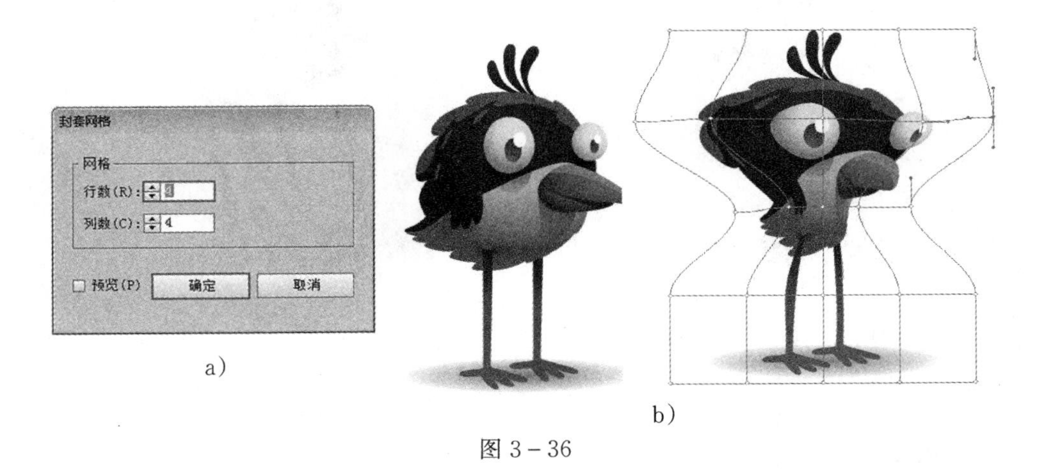

a)

b)

图 3－36

（3）用面层对象建立

除了以上两种变形方式外，Illustrator CS6 还提供了一种结合上述两种方法特点的封套扭曲变形方式，即用顶层对象建立方式。使用这种方式用户可以充分发挥自己的想象力自行创建封套变形效果，然后再将其应用到选择的对象上。具体操作方法如下：

在需要进行封套变形的对象上层使用任意工具绘制出一个路径形状来作为变形封套，如图 3－37 所示。

图 3－37

然后选中封套外形和要被封套变形的对象，选择“对象”→“封套扭曲”→“用顶层对象建立”命令，这样要被封套变形的对象就会按照绘制的路径形状进行变形，如图 3－37 所示。

2. 编辑方法

当完成对对象的封套扭曲变形后，封套的外形和被封套的对象仍然可以进行编辑，从而改变封套的形状和效果。

（1）编辑封套外形

对于封套的外形可以使用“直接选择工具”来进行编辑，编辑完成后整个封套效果也会随之改变，如图 3－38 所示。具体的编辑方法与编辑普通路径的方法相同，这里不再赘述。

图 3 - 38

（2）编辑封套内容

Illustrator CS6 会将完成封套变形后的对象与封套外形组合。直接选择封套变形后的对象时，只能看到封套外形路径，而被封套的对象的路径处于隐藏状态。如果希望对被封套的对象进行编辑，可以选择“对象”→“封套扭曲”→“编辑内容”命令，系统会将被封套的对象的路径变成可见，而封套外形被隐藏。此时可以对被封套变形的对象进行各种编辑处理，编辑完成后，可选择“对象”→“封套扭曲”→“编辑封套”命令，回到显示封套外形的状态。图 3 - 39 所示为编辑封套和编辑内容时不同状态效果的对比。

图 3 - 39

（3）释放封套变形

若要删除封套，可选择“对象”→“封套扭曲”→“释放”命令，被封套的对象将恢复到封套变形前的效果，而封套外形将会以灰色的路径或网格形态显示，如图 3 - 40 所示。

（4）封套变形的扩展

如果希望删除封套，但保留封套变形的效果，可以选择“对象”→“封套扭曲”→“扩展”命令，封套变形的效果将会应用到对象上，而封套外形将会被删除，如图 3 - 40 所示。

由于应用一种封套变形后就无法再叠加使用其他类型的封套效果，因此可以对封套变形的效果进行“扩展”，从而去掉封套扭曲的属性，然后再对对象进行其他封套变形效果的应用。

图 3－40

(5) 封套选项

选择“对象”→“封套扭曲”→“扩展”命令，弹出“封套选项”对话框，如图 3－41 所示。

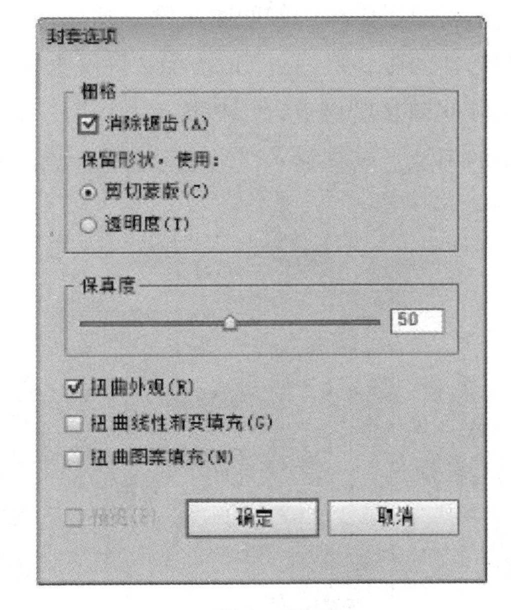

图 3－41

在该对话框中可以对封套变形的属性进行编辑。“封套选项”对话框中各选项的功能如下。

①“消除锯齿”：在栅格化图形后，选中此复选框可以得到比较平滑的图形变形效果。

②“保留形状，使用”：在栅格化图形后保留封套形状有两种选择，一种是剪切蒙版的效果，一种是以栅格化的透明度来保留封套状。

③“保真度”：设置封套与以封套进行变形的对象间相近似的程度，数值越大，封套的节点就越多，封套内的对象也就更加接近封套的形状。

④“扭曲外观”：封套内的对象如果对应了外观属性，那么选中此复选框后，外观属性也会随封套而变形。

⑤“扭曲线性渐变填充”：如果封套内的对象填充了线性渐变，那么选中此复选框后，填充的线性渐变也会随封套而变形。

⑥“扭曲图案填充”：如果封套内的对象填充了图案，那么选中此复选框后，填充的图案也会随封套而变形。

3.2.9　形状生成器工具

“形状生成器工具”是一个通过合并或抹除简单形状从而创建复杂形状的交互式工具。它可用于简单的复合路径，并会自动高亮显示所选对象中可合并成新图形的边缘和区域。例如，用户可以从圆形中间画一条线从而快速创建两个半圆，而无须打开任何面板或选择其他工具。“形状生成器工具”还可分离重叠的形状以创建不同对象，并可在对象合并时轻松采用图稿样式。用户还可以启用“颜色”面板为图稿选择颜色。

（1）关于“形状生成器工具”

边缘是指一条路径中的一部分，该部分与所选对象的其他路径都没有交集。

选区是指一个边缘闭合的有界区域。

默认情况下，该工具处于合并模式，允许用户合并路径或选区。用户也可以按住“Alt”键切换至抹除模式，以删除任何不想要的边缘或选区。

（2）设置形状生成器工具选项

用户可以设置并自定义多种选项，如间隙检测、拾色来源和高亮显示，以获取所需的合并功能和更好的视觉效果。

双击工具箱中的“形状生成器工具”按钮，在弹出的“形状生成器工具选项”对话框中可设置这些选项，如图 3-42 所示。

使用“间隙长度”下拉列表可设置间隙长度，可用值为小（3 点）、中（6 点）和大（12 点）。

如果想提供精确的间隙长度，则在“间隙长度”下拉列表中选择“自定”选项，可自定参数。

选择间隙长度后，Illustrator 将仅查找接近指定间隙长度值的间隙。为确保间隙长度值与所选对象的实际间隙长度接近（大概接近），用户可以对所选对象包含的间隙长度进行检测，直到检测到所选对象中的间隙。高亮显示区域表示已检测到间隙并将其视为一个选区，如图 3-43 所示。

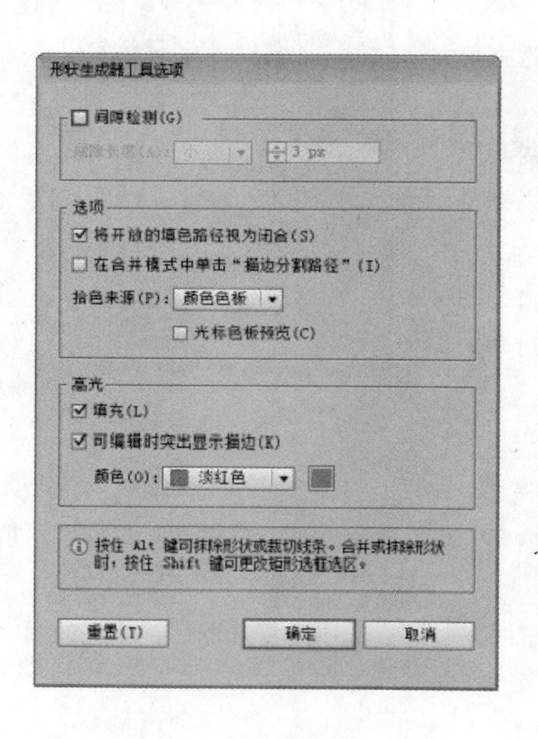

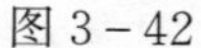

图 3-42

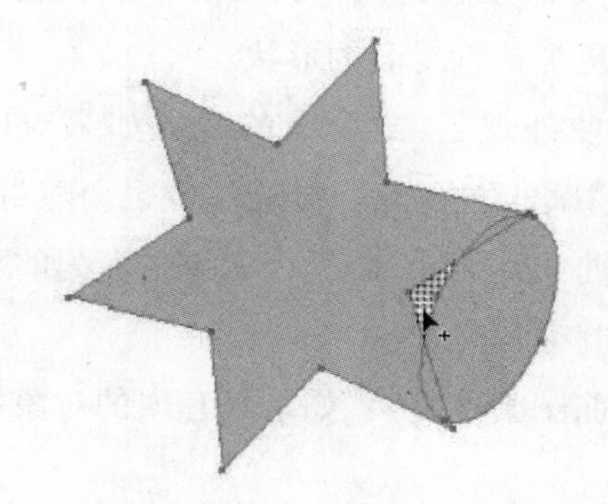

图 3-43

例如，如果用户设置间隙长度为 12 点，然而用户要合并的形状包含了 3 点的间隙，那么 Illustrator 可能就无法检测此间隙。

如果选中“将开放的填色路径视为闭合”复选框，则会为开放路径创建一段不可见的边缘以生成一个选区。单击选区内部时，会创建一个图形。

选中“在合并模式中单击‘描边分割路径’”复选框后，在合并模式中单击描边即可分割路径。此选项允许用户将原始路径拆分为两条路径。第一条路径将从单击的边缘创建，第二条路径是原始路径中除第一条路径外剩余的部分。

用户可以从颜色板中选择颜色或从现有图稿所用的颜色中选择颜色来给对象上色。从“拾色来源”下拉列表中选择“颜色色板”或“图稿”选项即可。

如果选择“颜色色板”选项，则可使用“光标色板预览”选项。可以选中“光标色板预览”复选框来预览和选择颜色。选择“颜色色板”选项时，Illustrator 会提供实时上色风格光标色板，它允许使用方向键循环选择色板中的颜色。

注：即使禁用了“光标色板预览”选项，也可以使用方向键循环选择。

如果选择“图稿”选项，Illustrator 将对合并对象使用与其他艺术风格相同的规则。

“填充”复选框默认为选中状态。如果选中此复选框，那么当鼠标指针滑过所选路径时，可以合并的路径或选区将以灰色突出显示；如果没有选中此复选框，则所选选区或路径的外观将是正常状态。

如果选中“可编辑时突出显示描边”复选框，Illustrator 将突出显示可编辑的笔触。可编辑的笔触将以用户从“颜色”下拉列表中选择的颜色显示。

3.3 液化变形工具

在 Illustrator CS6 中提供了液化变形工具组，它的功能与 photoshop 中的“液化”滤镜非常相似。使用液化变形工具组中的工具可以灵活、自由地对图形对象进行各种变形操作，使绘图过程变得更加方便快捷而充满创意。

液化变形工具组包括“宽度工具”“变形工具”“旋转扭曲工具”“缩拢工具”“膨胀工具”“扇贝工具”“晶格化工具”和“褶皱工具”，如图 3－44 所示。

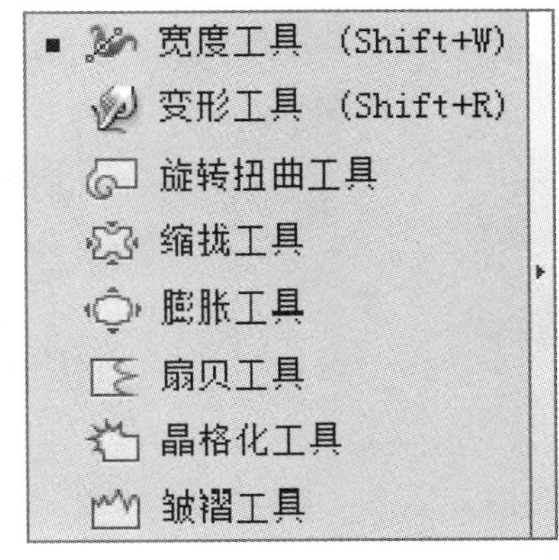

图 3－44

每一个工具可以创建一种类型的变形效果。需要注意的是，液化变形工具组中的工具不能对文本、符号和图表对象变形，必须将这些对象转换成普通图形对象后才能编辑。

液化变形工具组的使用方法比较简单，只需在液化变形工具组中选择相应的工具，然后在对象上单击或拖动即可。操作时鼠标指针显示为一个空心圆，圆圈的范围即变形工具的作用区域。双击液化变形工具组中的各个工具按钮，即可弹出相应的参数对话框设置参数。

3.3.1　宽度工具

通过宽度工具的可变宽度来绘制笔触，用户可以快速轻松地在任何点对称的地方或沿任意一边进行调整。还可以创建并保存自定义宽度的配置文件，可将该文件重新应用于任何笔触。

（1）关于“宽度工具”

工具箱中提供了“宽度工具”，它允许用户创建可变宽度笔触并将宽度变量保存为可应用到其他笔触的配置文件。

“宽度工具”的具体操作步骤如下：

① 选择工具箱中的“铅笔工具”，在页面中随意绘制一条曲线，如图 3－45 所示。

② 选择工具箱中的“宽度工具”，当鼠标指针滑过这个笔触时，带句柄的中空钻石形图案将出现在路径上，如图 3－45 所示。

图 3－45

③ 笔触上出现中空钻石形图案后，就可以进行调整笔触宽度、移动宽度点数、复制宽度点数和删除宽度点数等操作。向外拖动时的笔触状态如图 3－46 所示。拖动到合适的位置后释放鼠标，得到如图 3－46 所示的效果。

图 3－46

（2）使用“宽度工具”

可以使用“宽度点数编辑”对话框创建或修改宽度点数。

使用“宽度工具”在笔触上双击，会弹出“宽度点数编辑”对话框，如图 3－47a 所示。

在其中可以编辑宽度点数的值。如果选中“调整邻近的宽度点数”复选框，对已选宽度点数的更改将会影响临近的宽度点数。

如果按住“Shift”键双击该宽度点数，将自动选中“调整邻近的宽度点数”复选框，如图 3－47b 所示。

使用“宽度工具”调整宽度变量时将区别连续点和非连续点。

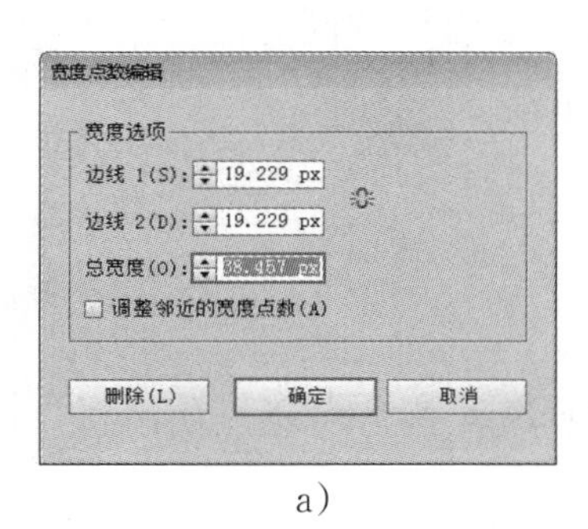

a)

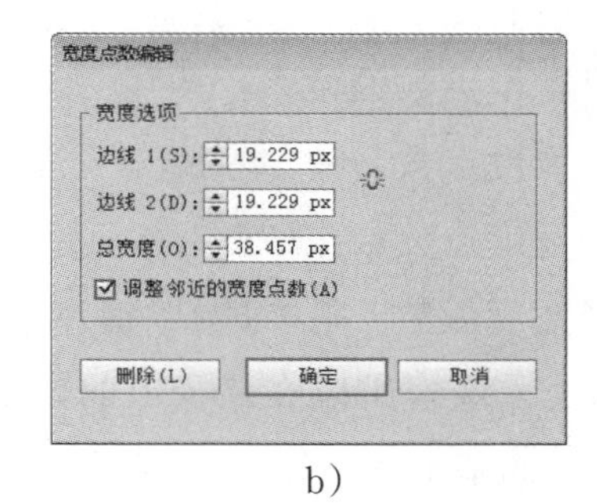

b)

图 3 - 47

若要创建非连续宽度点，需进行下列操作：

① 使用不同的笔触宽度在一个笔触上创建两个宽度点数，如图 3 - 48a 所示。

a)

b)

图 3 - 48

② 将一个宽度点数拖动到另一个宽度点数上，从而为该笔触创建一个非连续宽度点数，如图 3 - 48b 所示。对于非连续宽度点数，“宽度点数编辑”对话框将显示两种边宽集，如图 3 - 49 所示。

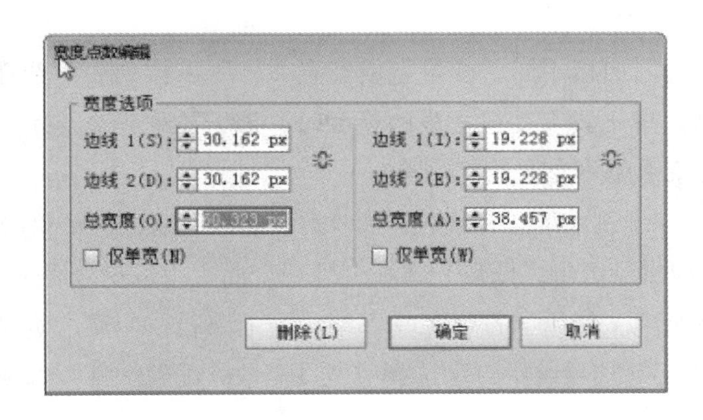

图 3 - 49

若选中“仅单宽”复选框则允许使用入口或出口宽度来产生单个连续宽度点数。

下面列出了使用“宽度工具”时的快捷方式，以便在使用“宽度工具”时提高操作效率。

① 创建非统一宽度：在按住“Alt”键的同时拖动。

② 创建宽度点数的副本：按住“Alt”键的同时拖动该宽度点数。

③ 复制并将所有点沿路径移动：按住“Alt” + “Shift”组合键的同时拖动。

④ 更改多个宽度点数的位置：按住“Shift”键的同时拖动。

⑤ 选择多个宽度点数：按住“Shift”键的同时单击。

⑥ 删除所选宽度点数：按“Delete”键。

⑦ 取消选择宽度点数：按“Esc”键。

可以将句柄拖入或拖出以在路径上的该位置调整笔触宽度。宽度点数将在角或直接选择锚点处创建，并且会在路径的基本编辑期间附着于该锚点。

若要更改宽度点数的位置，可沿路径拖动该点。

若要选择多个宽度点数，则在按住“Shift”键的同时单击宽度点数，此时将打开“宽度点数编辑”对话框，可以在此为多点的边线 1 和边线 2 指定值。对宽度点数的任何调整都会影响所有已选宽度点数。

还可以通过在工具属性栏的“描边”组合框中指定笔触粗细来为所有宽度点数进行全局调整。

（3）保存宽度配置文件

定义笔触宽度后，可以通过“描边”面板或属性栏保存带有变量的配置文件，如图 3－50 所示。

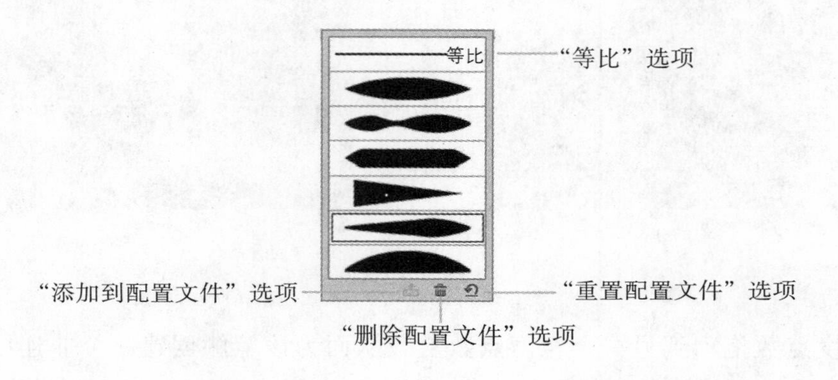

图 3－50

通过从属性栏或“描边”面板中的“变量宽度配置文件”下拉列表中选择宽度配置，可以将宽度配置应用到所选路径。当选择不具有变量宽度的笔触时，该下拉列表将显示“等比”选项。还可以通过选择“等比”选项从对象中删除变量宽度配置。

若要还原默认宽度配置集，则在“变量宽度配置文件”下拉列表的底部单击“重置配置文件”按钮。

如果将变量宽度配置应用到笔触，随后它将在“外观”面板中以星号表示出来。

对于艺术画笔和图案画笔，使用“宽度工具”编辑画笔路径或应用“宽度配置”预设之后，将在“描边选项”对话框的“大小”选项组中自动选择“宽度点数／配置文件”选项。

3.3.2　变形工具

“变形工具”采用手指涂抹的方式对对象进行变形处理，其具体操作方法如下：

选择工具箱中的“变形工具”，在页面中的图形上按住鼠标左键并拖动。拖动时会出现蓝色的预览框，通过预览框可以看到变形之后的效果。当对变形效果满意时，即可释放鼠标完成变形操作，如图 3－51 所示。

图 3－51

双击工具箱中的“变形工具”按钮，弹出“变形工具选项”对话框，如图 3－52 所示。

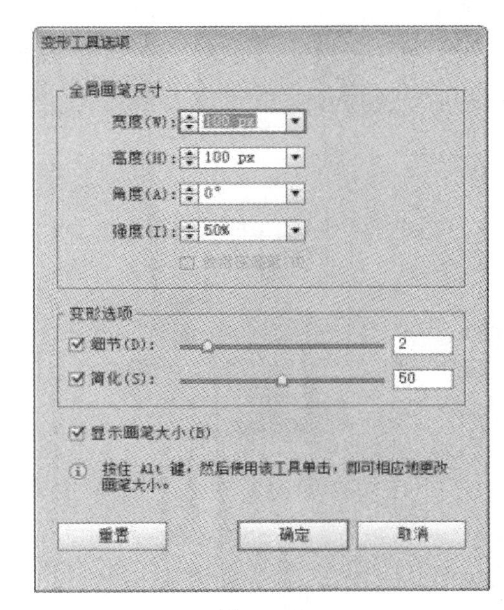

图 3－52

在该对话框中可以设置“全局画笔尺寸”和“变形选项”选项组中的各个参数值，从而控制“变形工具”的各个细节。“变形工具选项”对话框中各选项的功能如下。

①“全局画笔尺寸”选项组：在该选项组中可以设置变形画笔的“宽度”“高度”“角度”和画笔作用时的“强度”，其中画笔“强度”的数值越大，对象变形就越明显。当使用数位板时，选中“使用压感笔”复选框，可以让变形功能配合数位板的感压特性对所选对象进行变形操作。

②“变形选项”工具组：“细节”选项用来控制变形对象的细节，参数值越大，变形对象的锚点也就越多，而画笔的细节表现就越明显。在对所选对象进行变形时会产生很多的锚点，“简化”的数值越大，所选对象的变形就越平滑，也就是对锚点进行了简化，减少了对象的复杂度。

3.3.3　旋转扭曲工具

“旋转扭曲工具”可以使对象产生旋转扭曲变形，其具体操作方法如下：

选择工具箱中的“旋转扭曲工具”，在页面中的图形上单击或按住鼠标左键并拖动。拖动时会出现蓝色的预览框，通过预览框可以看到变形之后的效果。当对变形效果满意时，即可释放鼠标完成变形操作，如图 3－53 所示。

双击工具箱中的“旋转扭曲工具”按钮，弹出“旋转扭曲工具选项”对话框。该对话框中的参数设置与“变形工具选项”对话框中的相同，可以参照“变形工具选项”对话框中各选项的功能进行设置，这里不再重复叙述。

图 3－53

3.3.4 缩拢工具

“缩拢工具”主要针对所选对象进行向内收缩挤压变形的操作，其具体操作方法如下：

选择工具箱中的“缩拢工具”，在页面中的图形上单击或按住鼠标左键并拖动。拖动时会出现蓝色的预览框，通过预览框可以看到变形之后的效果。当对变形效果满意时，即可释放鼠标完成变形操作，如图 3－54 所示。

图 3－54

双击工具箱中的“缩拢工具”按钮，弹出“缩拢工具选项”对话框。该对话框中的参数设置与“变形工具选项”对话框中的相近，这里不再重复叙述。

3.3.5 膨胀工具

“膨胀工具”的作用与“缩拢工具”的作用恰好相反。“膨胀工具”主要是针对所选对象进行向外扩张膨胀变形的操作，操作效果如图 3－55 所示。其操作方法及对话框参数设置与“缩拢工具”相同，这里不再重复叙述。

3.3.6 扇贝工具

“扇贝工具”用来对图形进行扇形扭曲的细小皱褶状的曲线变形操作，使图形的效果向某一原点聚集。当用“扇贝工具”拖动所选对象时，所选对象上会产生像扇子或者贝壳形状的变形效果。其具体操作方法如下：

图 3 - 55

选择工具箱中的“扇贝工具”，在页面中的图形上单击或按住鼠标左键并拖动。拖动时会出现蓝色的预览框，通过预览框可以看到变形之后的效果。当对变形效果满意时，即可释放鼠标完成变形操作，如图 3 - 56 所示。

图 3 - 56

双击工具箱中的“扇贝工具”按钮，弹出“扇贝工具选项”对话框，如图 3 - 57 所示。

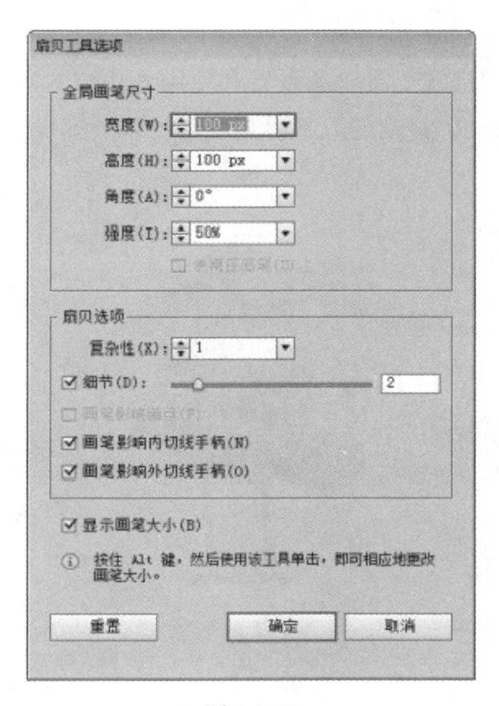

图 3 - 57

该对话框中扇贝选项组的功能与其他变形工具有所不同，介绍如下。

①“复杂性”：用来设置扇形扭曲产生的弯曲路径的数值。

②“细节”：用来设置变形对象的细节，数值越大，变形对象产生的锚点就越多，而变形对象的细节效果也就越明显。

③“画笔影响锚点”：选中该复选框，所选对象的变形锚点的每一转角均产生相对应的转角锚点。

④“画笔影响内切线手柄”：所选对象变形时每一个变形都会有一个三角形的变形牵引框。选中该复选框，所选对象将沿三角形的正切方向变形。

⑤“画笔影响外切线手柄”：选中该复选框，所

选对象将沿三角形的反正切方向变形。

在进行扇贝变形时，至少要选中“画笔影响锚点”“画笔影响内切线手柄”和“画笔影响外切线手柄”中的一个复选框，最多只能选择两个。

3.3.7 晶格化工具

“晶格化工具”的设置和使用方法与“扇贝工具”相同，产生的效果也与“扇贝工具”相似，都是类似于锯齿形状的变形效果。只是“晶格化工具”是根据结晶形状而使图形产生放射式的变形效果，而“扇贝工具”则是根据三角形而使图形产生扇形扭曲的变形效果，如图 3－58 所示。

图 3－58

双击工具箱中的“晶格化工具”按钮，弹出“晶格化工具选项”对话框，对话框中的参数设置与“扇贝工具选项”对话框中的相同，这里不再重复叙述。

3.3.8 褶皱工具

“褶皱工具”的设置和使用方法与“扇贝工具”相同，可以用于产生类似皱纹或者折叠纹，从而使对象产生抖动的局部碎化变形效果。其操作效果如图 3－59 所示。

图 3－59

双击“褶皱工具”按钮，弹出“褶皱工具选项”对话框，如图 3－60 所示。

对话框中的“褶皱选项”选项组中部分选项的功能与工具组中的其他变形工具不同，现介绍如下。

①“水平”：用来设置水平方向的褶皱数，数值越大，褶皱的效果就越明显，当设置参数为 0 时，则水平方向不产生褶皱效果。

②“垂直”：用来设置垂直方向的褶皱数，同样数值越大，褶皱的效果就越明显，当设置参数为 0 时，垂直方向不产生褶皱效果。

③“复杂性”：用来设置褶皱产生的弯曲路径的数值。

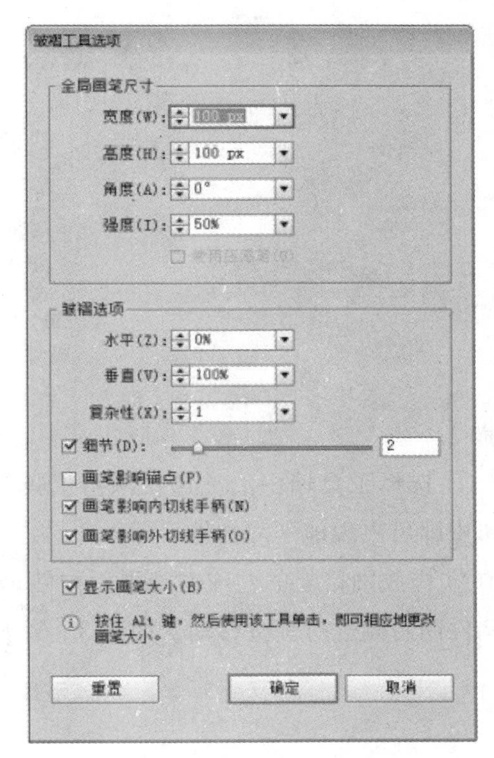

图 3－60

使用液化变形工具组中的工具时，鼠标指针在默认情况下为空心圆形状，其半径越大，在操作时影响的区域就会越大。半径的大小对最终的变形效果会有很大影响。按住“Alt”键的同时拖动可以改变鼠标指针的大小和形态。

在这个工具组中，除了使用“变形工具”在对象上单击不能产生相应的效果外，使用其他工具在对象上单击均产生相应的效果。

3.4　透视网格工具

在 Illustrator CS6 中，用户可以使用依照有透视绘图规则的网格进行绘图，在透视模式中轻松绘制或呈现图稿。透视网格工具组包括“透视网格工具”和“透视选区工具”。

Illustrator CS6 为用户提供了两种绘制几何图形的方法：一种是使用绘图工具进行拖动操作，根据用户拖动的范围创建图形；另一种是使用绘图工具进行单击操作，会弹出相应工具的创建对话框，通过设置对话框中的参数可以精确地创建图形。

3.4.1　了解透视网格工具

选择工具箱中的“透视网格工具”或按快捷键“Shift”＋“P”，会出现如图 3－61 所示的透视网格平面。

1. “透视网格工具”的使用方法

（1）移动透视网格

在工具箱中选择“透视网格工具”后，即可使用地平面构件在画板上移动网格，以将其放在所需位置。

移动透视网格的具体操作步骤如下：

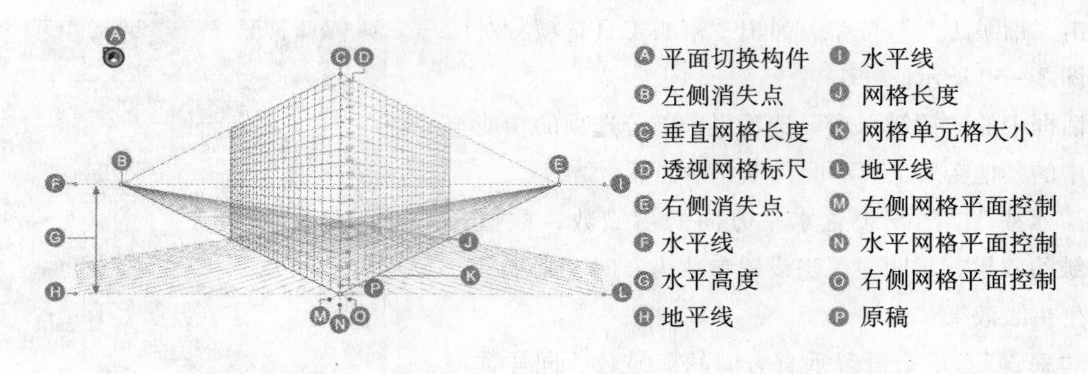

图 3－61

① 选择工具箱中的“透视网格工具”或按快捷键“Shift” ＋ “P”，即可选择“透视网格工具”，画布中即可出现地平面构件。

② 拖放网格上的左或右地平面构件。将鼠标指针移动到地平面点上拖动右边的地平面点，把地平面构件向右侧进行轻微移动，如图 3－62 所示。

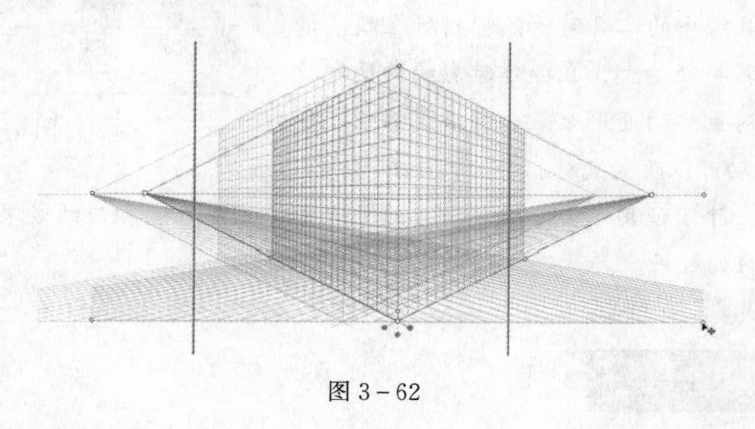

图 3－62

（2）调整消失点

可以使用各个构件手动调整消失点、网格平面构件、水平高度和单元格大小。但是，仅在选择了“透视网格工具”时这些构件才可见。

使用左侧和右侧消失点构件调整各自的消失点。请注意，当鼠标指针移动到消失点上方时，鼠标指针会变为双向箭头形状，这时就可以调整消失点的位置了。图 3－63 所示为拖动右侧的消失点来调整其位置的效果。

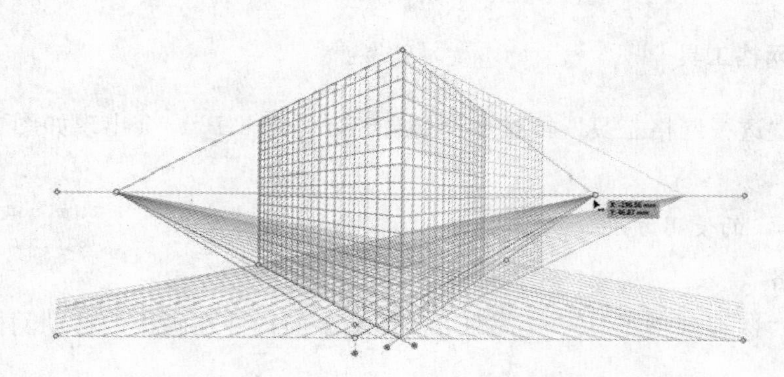

图 3－63

在三点透视中调节第三个消失点时，按住“Shift”键会限制为只能在纵轴上进行移动。在两点透视网格中移动右侧消失点时，如果选择“视图”→“透视网格”→“锁定站点”命令锁定站点，则两个消失点将一起移动。

（3）调整网格平面

调整网格平面可以改变网格平面的大小以及方向，调整观测者的可视范围的大小。

用户可使用各个网格平面控制构件调整左、右和水平网格平面。当鼠标指针移动到网格平面控件上方时，鼠标指针将变为双向箭头形状，此时便可以对网格平面进行调整了。图 3－64 所示为拖动右侧网络平面控制点调整右侧网格平面的效果。

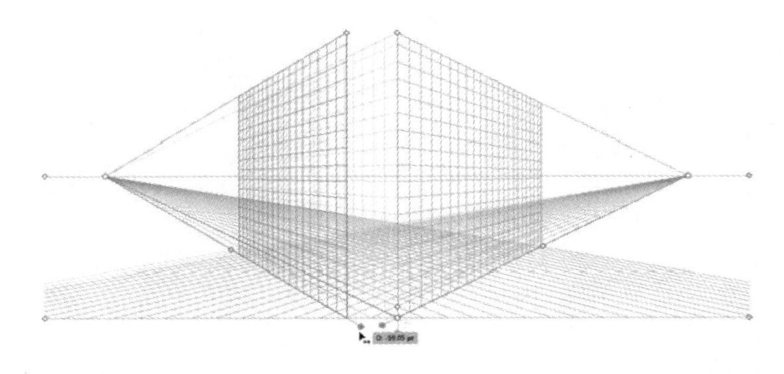

图 3－64

在移动网格平面时按住“Shift”键会使运动限制在单元格大小的范围。

（4）调整水平高度、网格单元格大小和网格范围

调整水平高度可以更改观测者的视线高度。

当鼠标指针移动到水平线控制点上方时，鼠标指针变为垂直双向箭头，这时就可以对透视网格的水平高度进行调整。图 3－65 所示为向下拖动右侧水平线控制点调低水平高度的效果。

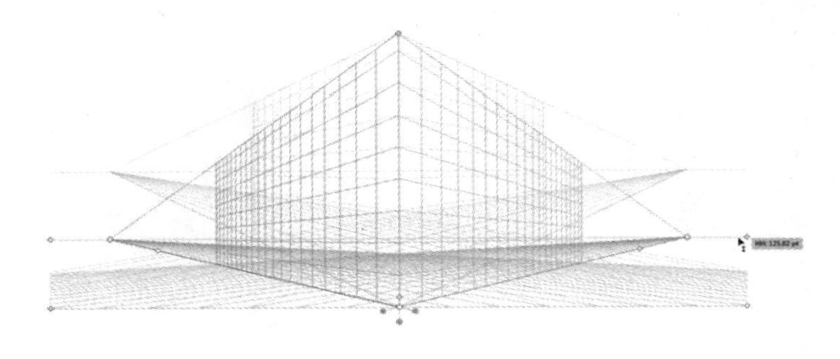

图 3－65

将鼠标指针移动到网格范围控制点上时，这时就可以对网格范围进行调整。图 3－66 所示为拖动右侧网格范围控制点，将右侧网格向远离右侧消失点方向移动的效果。

当网格线之间存在 1 像素的间隙时，网格线会设置为在屏幕上显示。渐进放大可以看到，越接近消失点，网格线越多。

用户还可调整网格范围来增大或减小垂直网格范围。将鼠标指针移动到垂直网格范围控制点上时，这时就可以对垂直网格范围进行调整。图 3－67 所示为拖动垂直网络范围控制点，调整网格范围以减小垂直网格范围的效果。

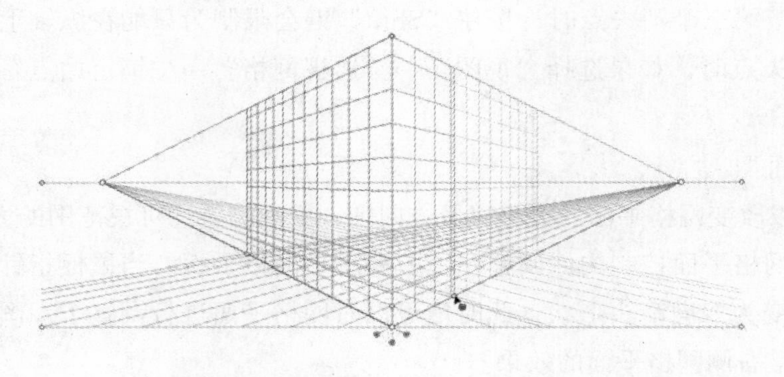

图 3 - 66

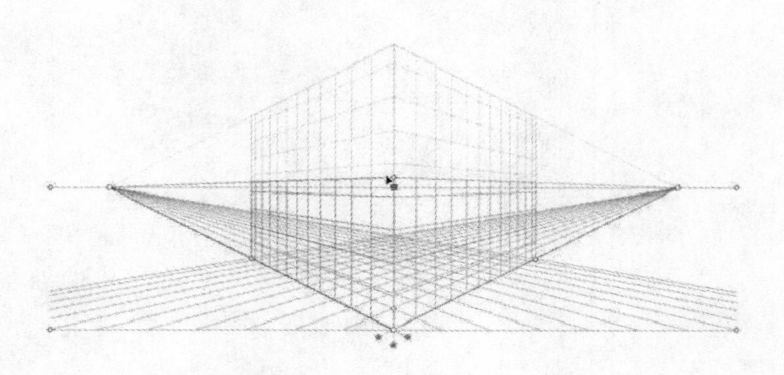

图 3 - 67

要增大或减小网格单元格大小，可以使用网格单元格大小控制点。当鼠标指针移动到网格单元格大小控制点上时，这时就可以对网格单元格大小进行调整。图 3 - 68 所示为拖动网格单元格大小控制点来增大网格单元格的效果。但要注意的是，当增大网格单元格大小时，网格单元格数量将减少。

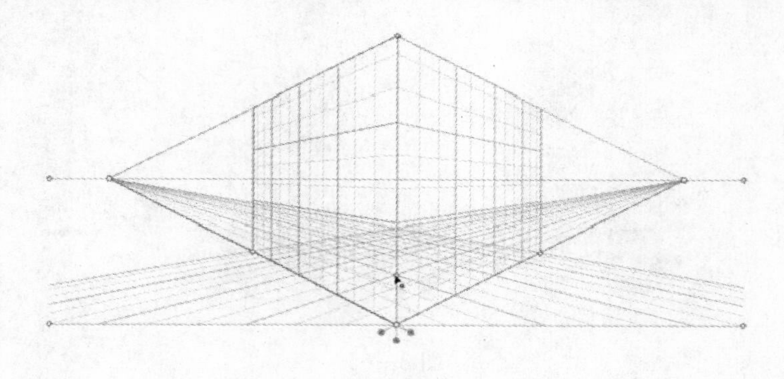

图 3 - 68

2. 平面切换构件的使用方法

在选择“透视网格”时，还将出现平面切换构件，如图 3 - 69 所示，用户可使用此构件选择活动网格平面。在透视网格中，活动平面是指用户在其上绘制对象的平面，以投射观测者对于场景中该部分的视野。

用户可以设置选项，将构件放在屏幕 4 个角中的任意一角，并选择当“透视网格”可见时是否显示构件。要设置这些选项，可以双击工具箱中的“透视网格工具”按钮，弹出“透视网格选项”对话框，如图 3 - 70 所示，在其中可选择以下选项。

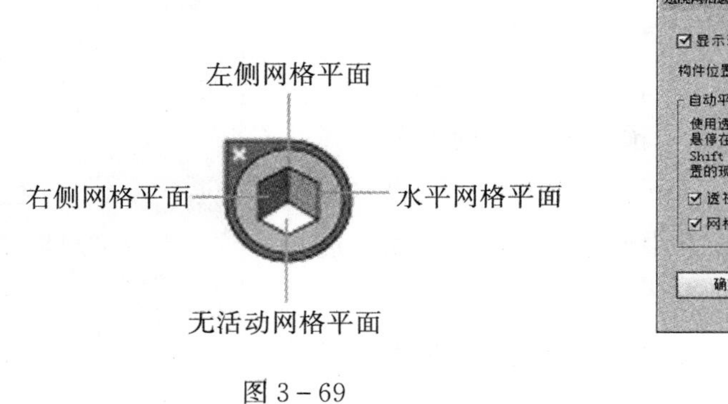

图 3 - 69　　　　图 3 - 70

① “显示现用平面构件”复选框默认为选中。如果取消选中此复选框，则构件将不会与“透视网格”一起显示出来。

② 构件位置可以选择在文档窗口的左上方、右上方、左下方或右下方。

3. 透视选区工具

在选择“透视选区工具”时，将显示左、右和水平网格控件。可以通过按快捷键“Shift” + “V”切换到“透视选区工具”，或从工具箱中选择“透视选区工具”。当选择了“透视选区工具”后可以进行以下操作：

① 在透视中加入对象、文本和符号。

② 使用快捷键切换活动平面。

③ 在透视空间中移动、缩放和复制对象。

④ 在透视平面中沿着对象的当前位置垂直移动和复制对象。

使用“透视选区工具”时，透视网格中的活动平面在使用时有 3 种鼠标指针形态，分别是左侧网格平面指针、右侧网格平面指针和水平网格平面指针。

在移动、缩放、复制和将对象置入透视时，透视选区工具将使对象与活动平面网格对齐，对象将与单元格 1 / 4 距离内的网格线对齐。可以选择“视图” → “透视网格” → “对齐网格”命令启用或禁用对齐，默认为启用该选项。

4. 透视网格预设

在 Illustrator CS6 中，系统为一点透视、两点透视和三点透视提供了预设。

要选择其中一个默认的透视网格预设，可以选择“视图” → “透视网格”命令，然后从必需的预设中选择。图 3 - 71 所示为透视网格预设的 3 种状态。

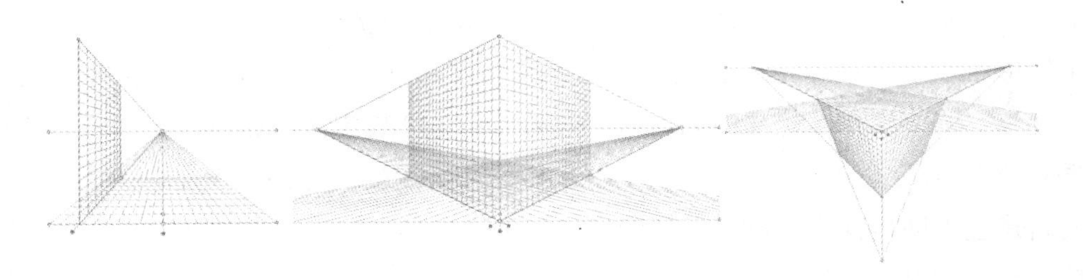

图 3 - 71

5. 定义网格预设

要定义网格预设，可以选择“视图”→“透视网格”→“定义网格”命令，然后在弹出的“定义透视网格”对话框（图 3－72）中为预设设置以下属性。

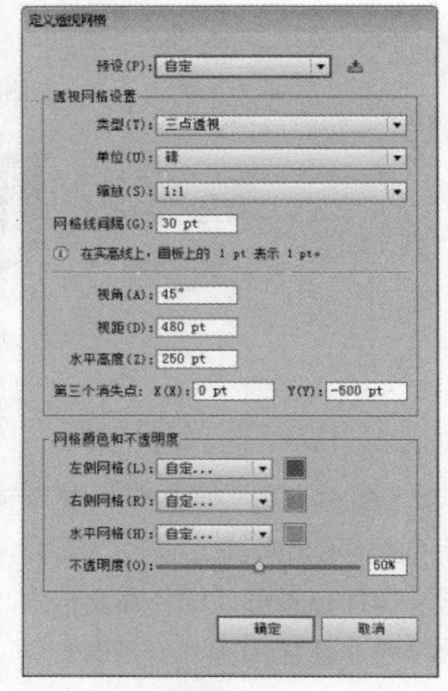

图 3－72

① 预设：可以存储新预设，在“预设”下拉列表中选择“自定”选项。

② 类型：可以选择预设类型，其中包括一点透视、两点透视和三点透视。

③ 单位：选择测量网格大小的单位，其中包括厘米、英寸、像素和磅。

④ 缩放：选择查看的网格比例，也可自己设置“画板”与“真实世界”之间的度量比例。如果要自定义比例，则选择“自定”选项，然后在“自定缩放”对话框中指定“画板”与“真实世界”之间的比例。

⑤ 网格线间隔：该属性确定了网格单元格大小。

⑥ 视角：想象有一个立方体，该立方体没有任何一面与图片平面（此处指计算机屏幕）平行，此时“视角”是指该虚构立方体的右侧面与图片平面形成的角度。因此，视角决定了观察者的左侧消失点和右侧消失点的位置。45°视角意味着两个消失点与观察者视线的距离相等。如果视角大于 45°，则右侧消失点离视线近，左侧消失点离视线远，反之亦然。

⑦ 视距：观察者与场景之间的距离。

⑧ 水平高度：为预设指定水平高度（观察者的视线高度、水平线离地平线的高度将会在智能引导读出器中显示。

⑨ 第三个消失点：在选择“三点透视”时将启用该选项。用户可以在 X 和 Y 文本框中为预设指定 X、Y 坐标。

⑩ 要更改左侧网格、右侧网格和水平网格的颜色，可以在“左侧网格”→“右侧网格”和“水平网格”下拉列表中选择颜色，还可以使用“拾色器”自定义颜色。

⑪ 不透明度：使用“不透明度”滑块可以更改网格的不透明度。

6. 编辑、删除、导入和导出网格预设

要对网格预设进行编辑，可以选择“编辑”→“透视网格预设”命令，然后在弹出的“透视网格预设”对话框中对想要进行编辑的网格预设进行设置，如图 3－73 所示。

选择要编辑的预设，然后单击“新建”按钮，弹出“透视网格预设选项（新建）”对话框。对其中的参数进行调整，调整到自己想要的网络预设效果后单击“确定”按钮。

新建的透视网格预设会出现在“透视网格预设”对话框的“预设”列表框中，单击“确定”按钮，即可完成新建透视网格预设的操作，如图 3–74 所示。

想要使用新建的透视网格预设，需要选择“视图”→“透视网格”→“两点透视”命令，然后在子菜单中找到新建的透视网格预设。

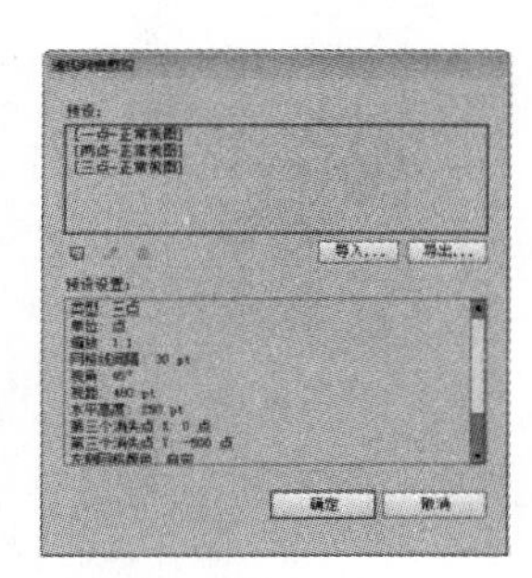

图 3－73

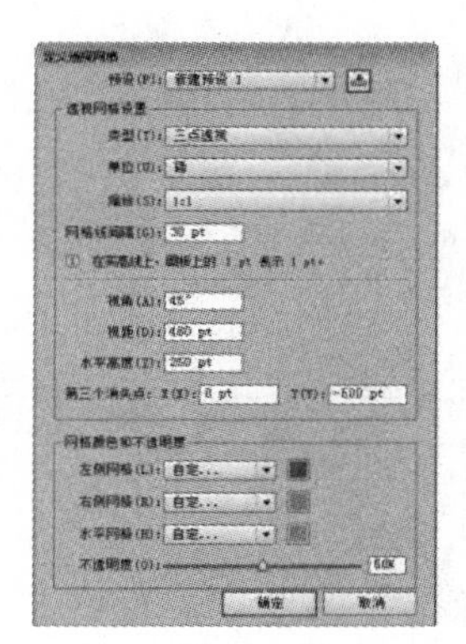

图 3－74

选择“［两点－正常视图］副本”命令，便在画布中出现新建的透视网格，如图 3－75 所示。

如果对新建的透视网格预设不满意，还可以对其进行编辑。选择“编辑”→“透视网格预设”命令，在弹出的“透视网格预设”对话框（图 3－75a）中选择新建的透视网格预设，然后单击“编辑”按钮，在弹出的“透视网格预设选项（编辑）”对话框（图 3－75b）中对其中的参数进行调整，然后单击“确定”按钮保存新的网格设置。

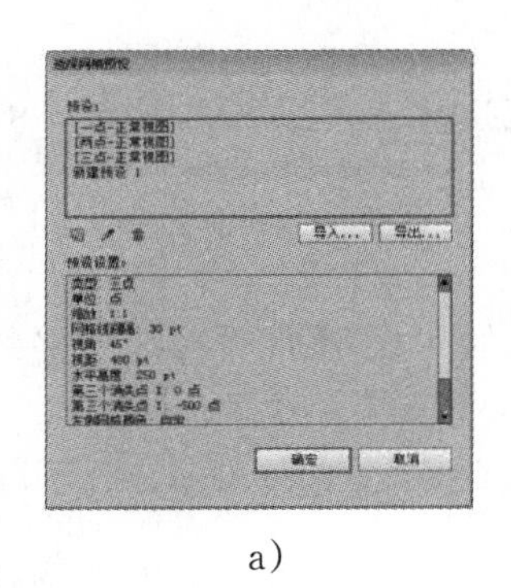

a）

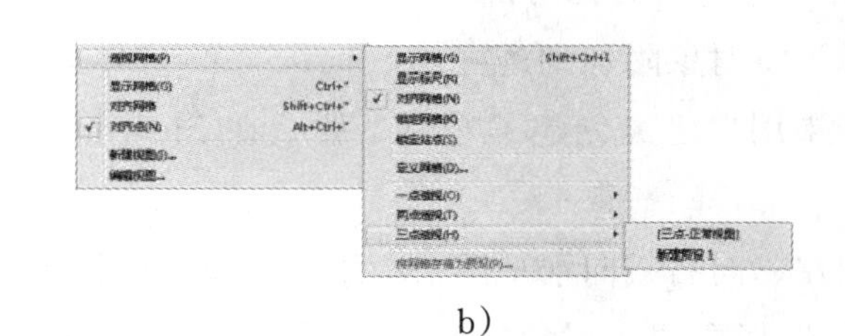

b）

图 3－75

用户无法删除默认的预设。要想删除用户定义的预设，可以在“透视网格预设”对话框中单击“删除”按钮。

在 Illustrator CS6 中还允许用户导入和导出自定义的预设。要想导出某个预设，可以单击“透视网格预设”对话框中的“导出”按钮；要想导入一个预设，可以单击“导入”按钮。

3.4.2　透视网格工具的应用

（1）在透视网格中绘制新对象

用户可以在透视网格中绘制新对象，绘制对象时需在网格可见的情况下使用线段组工具或矩形组工具进行绘制。下面在透视网格中绘制一个立方体。

选择工具箱中的“透视网格工具”，在画布中创建透视网格；然后选择工具箱中的“矩形工具”，在画面中拖动鼠标绘制出一个带有透视效果的矩形，如图 3－76 所示。

可以使用快捷键“1”（左平面）、“2”（水平面）和“3”（右平面）来切换活动平面。这里需要绘制右平面，所以在使用“矩形工具”拖动鼠标进行绘制时，按快捷键“3”切换到右平面，得到右面的一个带有透视效果的矩形，如图 3－76 所示。

图 3－76

在使用矩形组工具或线段组工具时，可以通过按“Ctrl”键切换到“透视选区工具”。

注：“透视网格工具”不支持“光晕工具”。

在透视网格中绘制对象时，可以使用“智能参考线”使对象与其他对象对齐，对齐方式基于对象的透视几何形状。当对象接近其他对象的边缘或锚点时会显示参考线。

用户可以为任何矩形组工具或线段组工具设置参数（“光晕工具”除外）。用户可以像在常规模式中绘制对象一样为对象指定高度值和宽度值，只不过此时绘制的对象是在透视模式中，而且这些值表示对象在真实世界中的大小。

注：在透视网格中进行绘制时，仍可使用适用于绘制对象的常规快捷方式，如在按住“Shift”键或“Alt”键的同时拖动鼠标。

（2）将对象附加到透视

如果用户已经创建了对象，那么在 Illustrator CS6 中可以将创建的对象附加到透视网格的活动平面上。

向左、向右或向水平网格中添加对象的操作步骤如下：

① 选择要置入对象的活动平面。用户可以使用快捷键“1”、“2”、“3”或通过单击“透视网格构件”中立方体的一个面来选择活动平面。

② 选择“对象”→“透视”→“附加到现用平面”命令。

注：使用“附加到现用平面”命令不会影响对象外观。

使用透视释放对象的操作步骤如下：

选择“对象”→“透视”→“通过透视释放”命令，则所选对象从相关的透视平面中释放，并可作为正常图稿使用，效果如图 3–77 所示。

图 3－77

注： 使用“通过透视释放”命令不会影响对象外观。

（3）在透视中引进对象

向透视中加入现有对象或图稿时，所选对象的外观和大小将发生更改。若要将常规对象加入透视，可以执行下列操作：

① 打开一个花朵素材文件，如图 3－78 所示。

② 单击工具箱中的“透视网格工具”，在画布中创建透视网格，如图 3－78 所示。

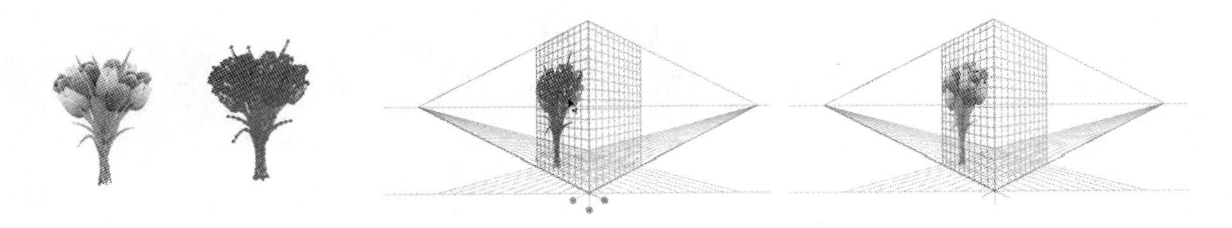

图 3－78

③ 使用工具箱中的“透视选区工具”选择花朵素材对象，然后将其向右移动，花朵便产生了透视效果，如图 3－78 所示。

（4）在透视中选择对象

使用“透视选区工具”可以在透视中选择对象。“透视选区工具”提供了一个使用活动平面设置选择对象的选框。

使用透视选区工具进行拖动后，用户可以在正常选框和透视选框之间进行选择，然后使用快捷键“1”、“2”、“3”或“4”在网格的不同平面间进行切换。

（5）移动对象

要在透视中移动对象，可以切换到“透视选区工具”，然后使用方向键或鼠标拖动对象。

注： 拖动对象时，使用各个快捷键更改平面会更改对象的平面。

用户还可以沿着与当前对象位置垂直的方向来移动对象。这个技巧在创建平行对象时很有用，如创建房间的墙壁。下面介绍一下具体的操作方法：

① 选择工具箱中的“透视网格工具”，在画布中创建透视网格。然后选择工具箱中的“矩形工具”，在画面中拖动鼠标绘制出一个带有透视效果的矩形，如图 3－79a 所示。

② 选择“透视选区工具”，然后按住“5”键不放，将矩形向右拖动，此操作将使矩形沿其当前位置平行移动。

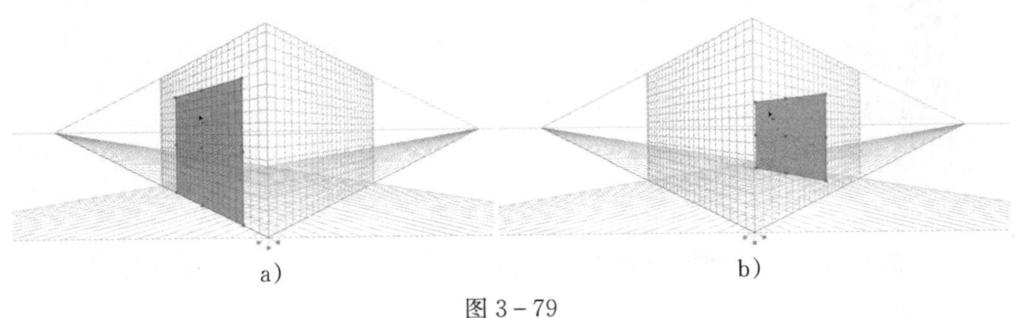

a）　　b）

图 3－79

③ 移动好后释放鼠标，可以看到平行移动过的矩形，如图 3－79b 所示。

④ 要想复制对象到新的位置而不改变原始对象，则在移动的过程中使用“Alt”键及数字键“5”，这样就可以得到新的复制对象，如图 3－80 所示。

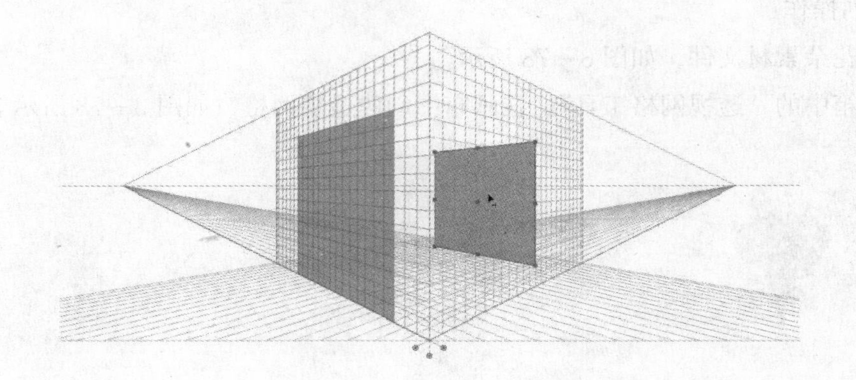

图 3－80

按住“Alt”键的同时拖动鼠标可复制对象。若要限制在透视中的移动，可以在拖动的过程中按住“Shift”键。在垂直移动的过程中若要为对象移动指定精确的位置，可以在“背面绘图”模式下在原对象背面创建对象。

用户还可以使用“再次变换”命令（选择“对象”→“变换”→“再次变换”命令）或快捷键“Ctrl”＋“D”移动透视中的对象。此选项还适用于垂直移动对象。

注：绘制或移动对象时，快捷键“5”表示垂直移动，快捷键“1”“2”和“3”表示平面切换，且仅使用主键盘有效，而非扩展的数字小键盘。

（6）精确地垂直移动

要精确地垂直移动对象，可以选择“透视选区工具”，然后双击所需的平面构件。例如，双击右侧平面构件可设置“右侧消失平面”对话框中的选项，如图 3－81a 所示。

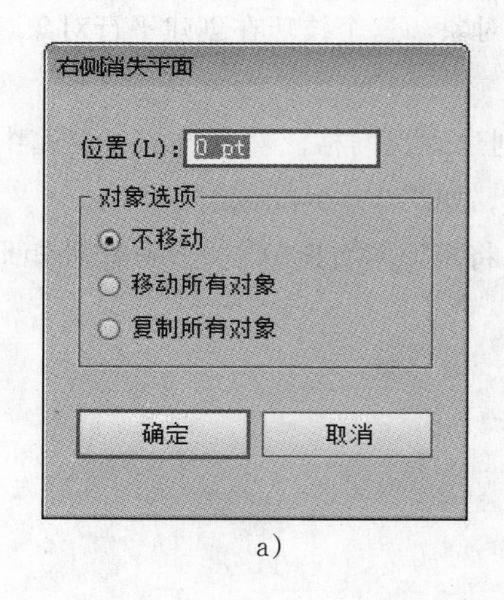

a)

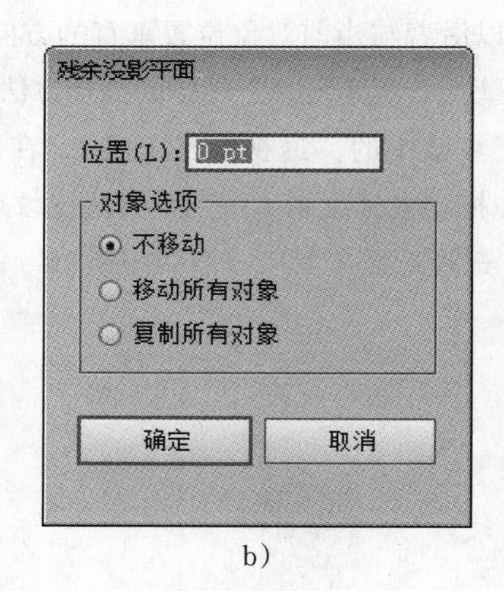

b)

图 3－81

① 位置：在此文本框中指定需要移动对象的位置。默认情况下，对象的当前位置显示在此文本框中。

② 不移动：如果选中此单选按钮，则在网格改变位置时对象不移动。

③ 移动所有对象：如果选中此单选按钮，则平面上所有对象都将随网格一起移动。

④ 复制所有对象：如果选中此单选按钮，则平面上所有对象都将被复制。

要在精确地垂直移动过程中移动选中的对象，可以先选择对象，然后双击所需的平面构件，将弹出如图 3－81b 所示的对话框，然后在其中设置参数。

3.5　对象的管理

对于 Illustrator 中的各种对象，用户除了绘制和编辑这些内容外，还需要对其进行管理，包括多个对象之间的对齐、分布以及前后顺序调整、编组和隐藏等。通过这些操作可以实现各种图形效果的制作，从而提高工作效率，是使用 Illustrator 设计创作时必不可少的操作。

3.5.1　复制对象

在使用 Illustrator 设计作品的过程中，经常需要对已有的对象进行复制。一方面，通过复制可以快速地在原有图形的基础上进行编辑修改，从而提高操作速度；另一方面，在很多设计创意内容中也会经常使用一些重复或相对有变化规律的内容，这时都需要使用针对对象的复制操作。在本小节中将详细介绍与对象复制操作相关的内容。

对对象进行复制的方法有很多种，这里归纳为两类。不同的操作方法，操作过程和结果会有些不同。

1. 使用工具复制对象

比较常用的一种使用工具复制对象的方法是使用“选择工具”。在使用“选择工具”拖动对象的过程中按住“Alt”键即可在移动的同时复制对象；也可以按住快捷键“Shift” ＋ “Alt”在移动复制的同时使复制出来的新对象与原对象保持 45°增量的限制。

2. 使用菜单命令和快捷键复制对象

Illustrator 的“编辑”菜单中为用户提供了几种不同的复制对象命令和快捷键，如图 3－82 所示。下面对各命令逐一介绍。

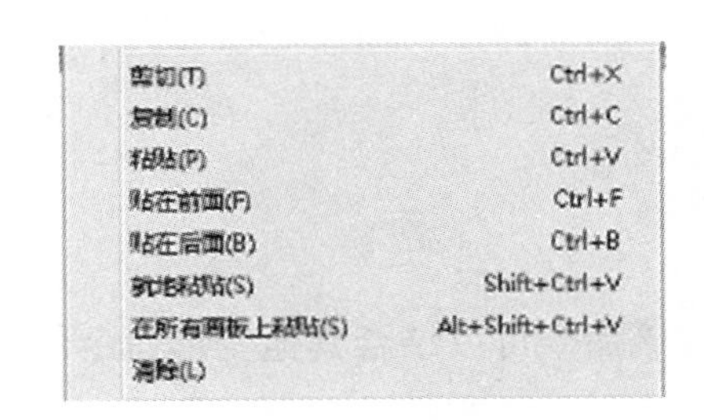

图 3－82

(1)“剪切”命令

选择工具箱中的“选择工具”，在页面中选择对象后，选择“编辑”→“剪切”命令，则当前选择的对象被剪切，该对象会在页面中消失并被保存在计算机内存的剪贴板中。

(2)“复制”命令

选择对象后，选择“编辑”→“复制”命令，当前选择的对象被复制，被复制的对象不会消失，仍被保留在页面中，Illustrator 会将该对象的副本保存在剪贴板中。

(3)“粘贴”命令

选择“编辑”→“粘贴”命令，可以将前面复制或剪切的对象粘贴到当前窗口的中心位置。

(4)“贴在前面”命令

可以将复制的对象粘贴到页面中被复制对象的上面，且原对象与粘贴后的对象完全重合，需移动对象后才能看到复制的效果。

(5)“贴在后面”命令

可以将复制的对象粘贴到页面中被复制对象的下面，且原对象与粘贴后的对象完全重合，需移动对象后才能看到复制的效果。

(6)“清除”命令

当需要删除页面中某些没有用的对象时，可使用“选择工具”选中对象，然后选择“编辑”→“清除”命令，则选中的对象会被删除。

也可以选择对象后选择“编辑”→“剪切”命令，对象本身被保存到剪切板中，且会在页面中消失，因此在一定程度上也起到了删除的作用。

3.5.2 复制变形对象

在 3.2 节中介绍的几种变形工具，在变形对象的过程中按住“Alt”键都可以对对象进行复制，在变形过程中使用相应对话框中的“复制”按钮也可以在变形的同时实现复制功能，具体的操作方法这里不再重复，读者可以翻阅前面章节的内容进行复习。

3.5.3 重复变形对象

当对一个对象执行变形操作后，在没有执行其他操作或命令时，选择“对象”→“变换”→“再次变换”命令（或按快捷键“Ctrl” + “D”）可重复上一步所做的变形操作。对所选图形进行重复旋转操作的效果如图 3 - 83 所示。

图 3 - 83

该命令可以结合其他变形命令使用，是日常绘图工作中非常实用的一个命令。

3.5.4 重复复制变形对象

在重复变形对象的基础上，还可以在重复变形的同时复制对象，从而设计各种有规律的图表效果。

选择一个对象执行变形操作，在变形的同时使用“Alt”键或单击相应对话框中的“复制”按钮复制对象，然后选择“对象”→“变换”→“再次变换”命令（或按快捷键“Ctrl” + “D”），重复上一步所做的变形操作，则对象在被重复变形的同时也被复制了。对所选图形进行重复旋转复制的效果如图 3 - 84 所示。

图 3－84

3.5.5　变形所有对象

当选择多个对象进行旋转、倾斜和缩放等变形操作时，如果这些对象没有编成一组对象，则在使用上述工具变形时会做整体操作。

如果希望每个对象单独变形，需选择“对象”→“变换”→“分别变换”命令，弹出“分别变换”对话框，如图 3－85 所示。

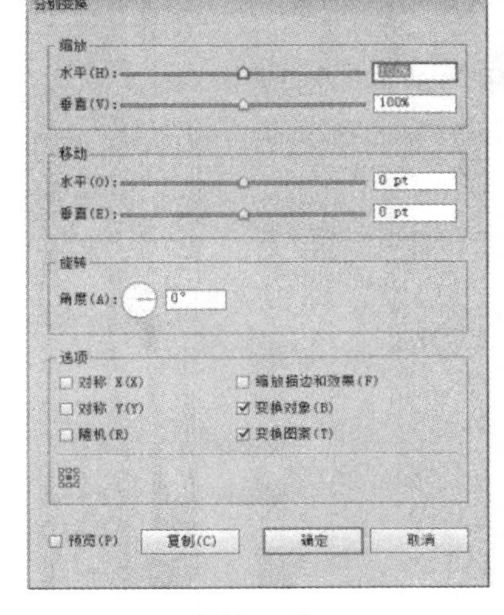

图 3－85

在该对话框中设置“缩放”“旋转”“移动”选项组中的参数后，单击“确定”按钮即可对选择的多个对象进行相应的变形操作。单击“复制”按钮可在对选择的多个对象进行变形操作的同时复制对象。

例如，对多个对象进行旋转变形操作，使用“旋转工具”和“分别变换”命令的对比效果如图 3－86～图 3—88 所示。

图 3－86

图 3－87

图 3－88

3.5.6 使用“对齐”面板

利用 Illustrator 中的“对齐”面板可以方便精确地对选择的对象进行排列对齐、控制分布和分布的间距等操作。选择“窗口”→“对齐”命令，打开“对齐”面板，它有“对齐对象”“分布对象”和“分布间距”3 个选项组，如图 3－89 所示。

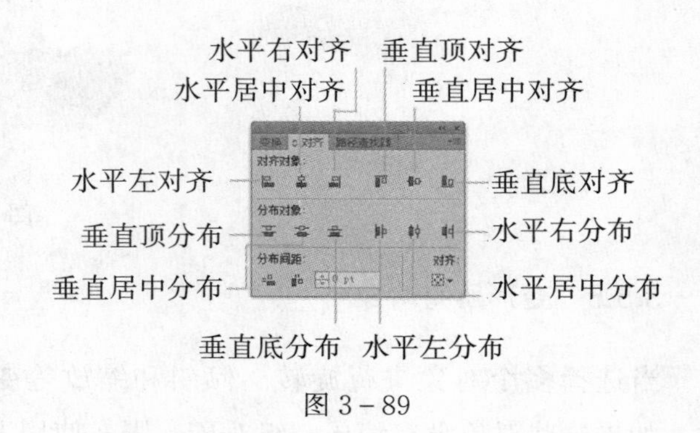

图 3－89

3.5.7 对齐对象

使用“对齐”面板中“对齐对象”选项组中的按钮，可以对对象进行“水平左对齐”“水平居中对齐”“水平右对齐”“垂直顶对齐”“垂直居中对齐”和“垂直底对齐”等操作，从而使对象排列得整齐美观，具体操作方法如下：

图 3－90

选择需要进行排列的对象，然后指定其中一个对象作为对齐的标准，将鼠标指针移到要作为对齐标准的对象上，如图 3－90 所示，然后单击需要的排列方式按钮即可。每个按钮的功能和操作效果如下。

①“水平左对齐”按钮：单击此按钮可以使选择的对象沿对齐标准的左边缘对齐，如图 3－91a 所示。

②“水平居中对齐”按钮：单击此按钮可以使选择的对象沿对齐标准的水平中心对齐，如图 3－91b 所示。

③“水平右对齐”按钮：单击此按钮可以使选择的对象沿对齐标准的右边缘对齐，如图 3－91c 所示。

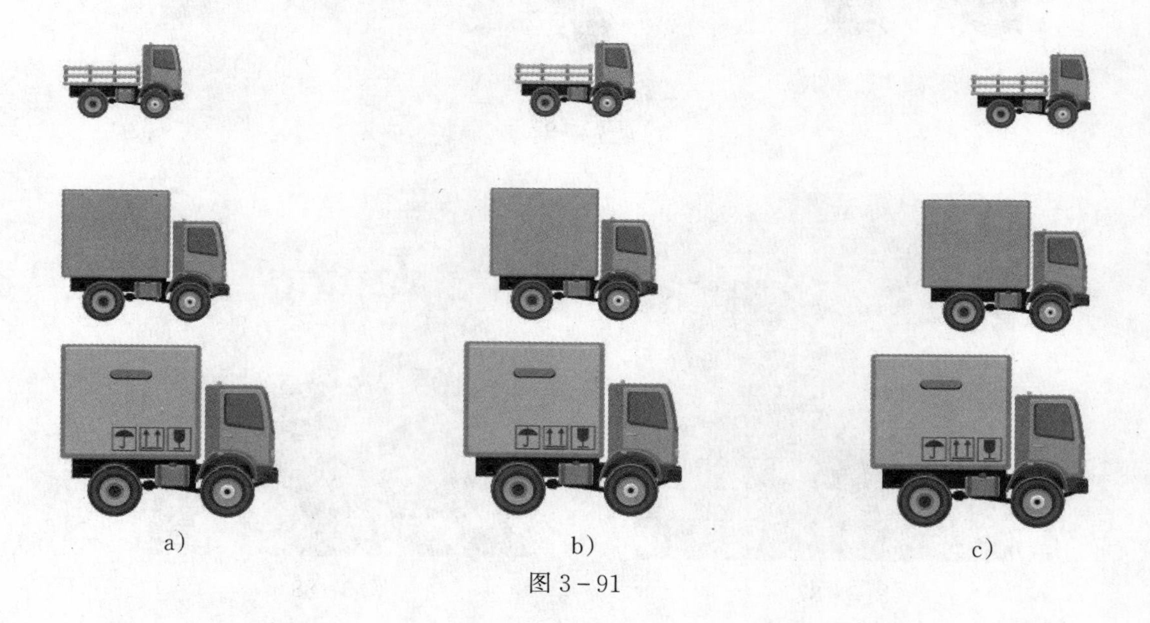

a)　b)　c)

图 3－91

④“垂直顶对齐”按钮：单击此按钮可以使选择的对象沿对齐标准的上边缘对齐，如图 3－92b 所示。

⑤“垂直居中对齐”按钮：单击此按钮可以使选择的对象沿对齐标准的垂直中心对齐，如图 3－92c 所示。

⑥“垂直底对齐”按钮：单击此按钮可以使选择的对象沿对齐标准的下边缘对齐，如图 3－92d 所示。

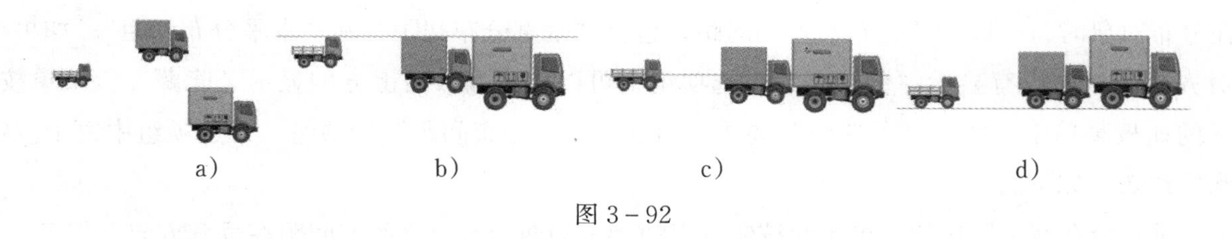

a)　b)　c)　d)

图 3－92

3.5.8　分布对象

分布对象是指按照某种方式对选择的对象执行等距离分布排列的操作。在“对齐”面板中的分布功能包括“垂直顶分布”“垂直居中分布”“垂直底分布”“水平左分布”“水平居中分布”和“水平右分布”，具体操作方法如下：

选择需要分布的对象，然后在“对齐”面板中单击所需的分布方式按钮即可将对象沿水平轴或垂直轴分布。同时需要注意的是，必须选择 3 个或 3 个以上对象时才能进行分布操作。每个按钮的功能和操作效果如下。

①“垂直顶分布”按钮：单击此按钮可以使选择的对象在垂直方向上沿对齐标准的顶端平均分布，如图 3－93b 所示。

②“垂直居中分布”按钮：单击此按钮可以使选择的对象沿对齐标准的中心平均分布，如图 3－93c 所示。

③“垂直底分布”按钮：单击此按钮可以使选择的对象在垂直方向上沿对齐标准的底端平均分布，如图 3－93d 所示。

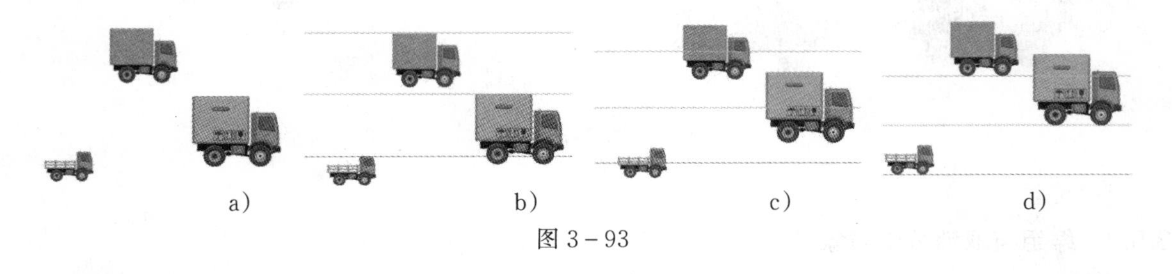

a)　b)　c)　d)

图 3－93

④“水平左分布”按钮：单击此按钮可以使选择的对象沿对齐标准的左边缘对齐，如图 3－94b 所示。

⑤“水平居中分布”按钮：单击此按钮可以使选择的对象沿对齐标准的水平中心对齐，如图 3－94c 所示。

⑥“水平右分布”按钮：单击此按钮可以使选择的对象沿对齐标准的右边缘对齐，如图 3－94d 所示。

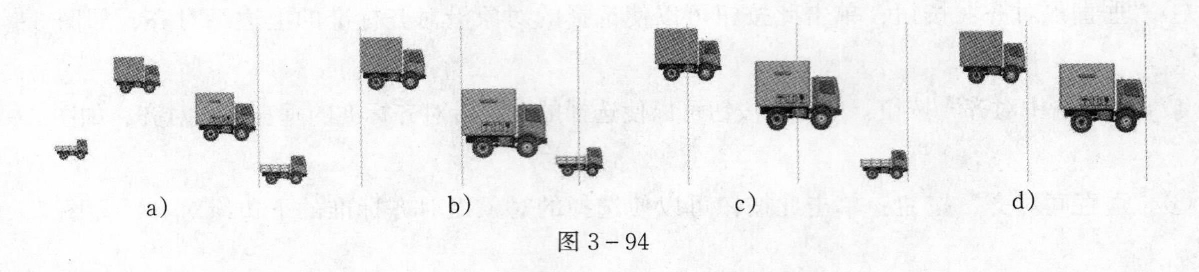

图 3－94

在分布对象时，可以设置分布对象的间距，包括“垂直分布间距”和“水平分布间距”。如果在当前“对齐”面板中没有显示“分布间距”选项组，可以单击面板右上方的显示／隐藏面板菜单按钮，在打开的面板菜单中选择“显示选项”选项，则会出现“分布间距”选项组。该选项组中每个按钮的功能和操作效果如下。

①“垂直分布间距”按钮：单击此按钮可以使相邻的两个对象之间的间距在垂直方向上相等。

②“水平分布间距”按钮：单击此按钮可以使相邻的两个对象之间的间距在水平方向上相等。

默认情况下，对象之间的间距是以“自动”方式分布的，即直接以目前所选对象之间的间距作为分布间隔。如果希望控制对象之间间距的具体数值，可以在“分布间距”选项组的数值框中输入数值，选择的对象就会按照输入的数值作为分布间隔进行排列，它的数值范围为－5779.91～5779.91mm。例如，选择分布标准对象后，设置分布间距为 5mm 的垂直分布效果如图 3－95 所示。

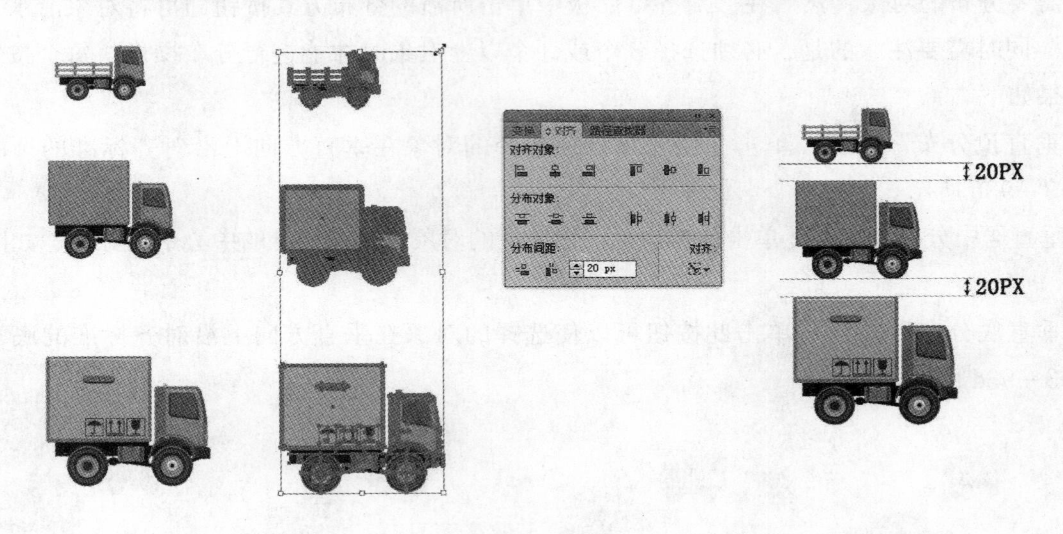

图 3－95

3.5.9 编组与取消编组对象

在 Illustrator CS6 中一个复杂的图形可能是由很多个对象组成的，在创作绘制的过程中经常要对其进行整体的编辑修改，而零散的单个对象无论在选择或编辑时都很不方便。在这种情况下，通常是将这些零散的单个对象编成一组，然后再进行整体的编辑修改操作，这样会非常方便。形象地讲，编组对象就是将多个独立的对象捆绑在一起，然后将它们作为一个整体进行编辑，当需要对其中某个对象单独编辑时，还可以取消编组，操作起来十分灵活，是 Illustrator 中非常实用的一个功能。关于编组和取消编组的具体操作方法如下。

（1）编组对象

使用工具箱中的“选择工具”在页面中选择需要编组的对象，然后选择“对象”→“编组”命令（也可以在选择的对象上右击，在弹出的快捷菜单中选择“编组”命令），选择的对象就会被编组为一个整体，如图 3－96 所示。

（2）取消编组

使用工具箱中的“选择工具”选择需要取消编组的对象，然后选择“对象”→“取消编组”命令，则所选的编组对象就被取消，其中的各个对象恢复成独立的状态，如图 3－96 所示。

图 3－96

在对编组对象进行编辑时，使用工具箱中“选择工具”选中的是编组中的所有对象；当需要对编组中的某个对象进行单独编辑时，不需要取消编组，使用工具箱中的“直接选择工具”或“编组选择工具”就可以选择需要编辑的单个对象，而不会影响到其他对象。图 3－97 所示为分别使用“选择工具”与“直接选择工具”对编组对象进行选择的效果对比。

图 3－97

3.5.10　锁定与解除锁定对象

当对复杂的图形进行操作时，可能有多个对象互相重叠，这样在选择时会很容易选错对象，从而造成误操作。如果不希望某个对象在操作过程中被选中，可以通过锁定对象的方式将其保护起来。一旦对象被锁定后，就不会被选中，也就不会被编辑修改了。关于锁定和解除锁定的具体操作方法如下。

(1) 锁定对象

首先选择需要锁定的对象，然后选择“对象”→“锁定”命令，打开“锁定”子菜单，如图 3-98 所示。

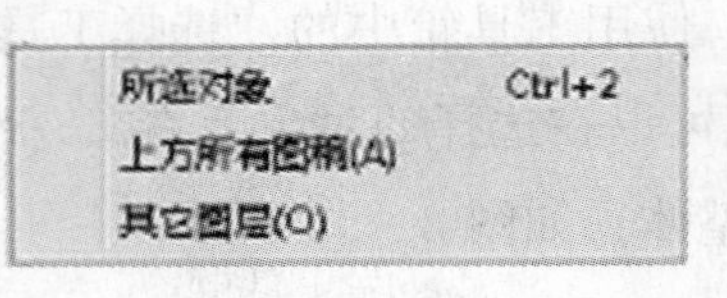

图 3-98

子菜单中各命令的功能如下。

①“所选对象”命令：选择此命令可以使所选对象被锁定，而被锁定的对象将无法被移动或选择。

②“上方所有图稿”命令：在编辑对象的时候，有时要编辑的对象在很多图形的下面，如果直接用锁定“所选对象”命令，需要选择上面多个图形，可能会漏选或多选。此时可以选择要编辑的对象，然后选择“对象”→“锁定”→“上方所有图稿”命令，覆盖在要编辑对象上方的所有对象就会被锁定，与锁定所选对象的功能相同，但更为快速。

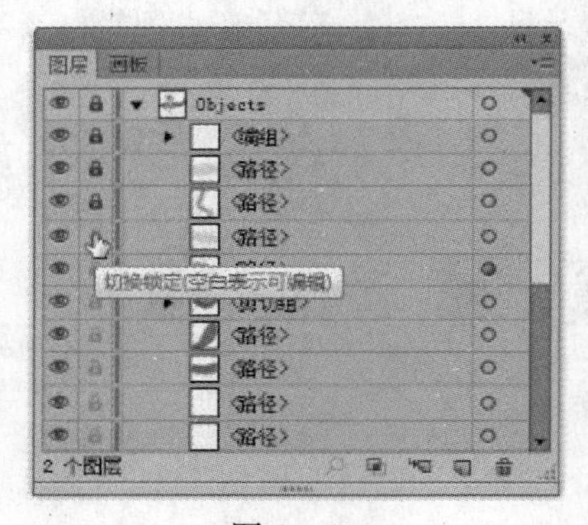

图 3-99

③“其他图层”命令：如果覆盖住要编辑对象的其他对象与要编辑对象不在一个图层内，这时可以先选择要编辑的对象，然后选择“对象”→“锁定”→“其他图层”命令。这样，其他图层上不想被编辑和移动的对象将会被锁定，在“图层”面板上会有锁定的图标来显示，单击该图标，可以切换锁定与解除锁定状态，如图 3-99 所示。

(2) 解锁对象

选择“对象”→“全部解锁”命令即可将锁定的对象全部解除锁定。

3.5.11 隐藏与显示对象

当对复杂的图形进行操作时，经常会有多个对象相互重叠、相互干扰，在观察和编辑的过程中会容易选错对象而造成误操作。除了使用“锁定”子菜单中的命令外，还可以使用隐藏命令，将暂时不需要操作和观察的内容隐藏起来，从而减少不必要的干扰和误操作。隐藏和显示对象的具体操作方法如下。

(1) 隐藏对象

首先选择需要隐藏的对象，然后选择“对象”→“隐藏”命令，打开“隐藏”子菜单，如图 3-100 所示。

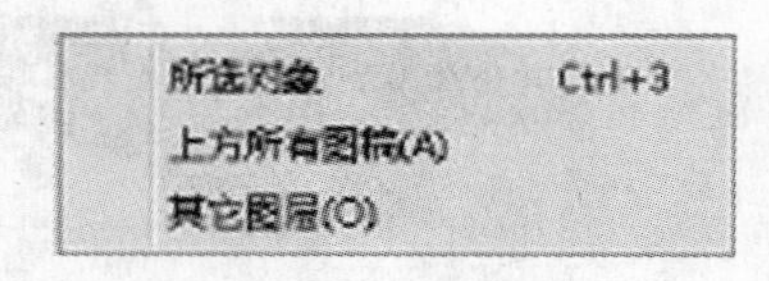

图 3-100

子菜单中各命令的功能如下。

①“所选对象”命令：选择此命令可以使所选对象被隐藏，即暂时在页面上消失。

②“上方所有图稿”命令：选择不想被隐藏的对象，然后选择“对象”→“隐藏”→“上方所有图稿”命令，这时，覆盖在选择对象上方的所有对象就会被隐藏。

③“其他图层”命令：选择不想被隐藏的图层上的对象，然后选择“对象”→“隐藏”→“其他图层”命令，这样，其他图层上的对象将会被隐藏，“图层”面板上的可视性图标会消失，如图 3-101 所示。

(2) 显示对象

如果要将已经隐藏的对象显示出来，可以选择“对象”→“显示全部”命令。

需要注意的是，被隐藏的对象只是被隐藏了起来，虽然在页面中没有显示，但它没有被删除，在打印时仍会被打印出来。

“对象”→“隐藏”→“所选对象”命令的快捷键为“Ctrl”+“3”，“对象”→“显示全部”命令的快捷键为“Ctrl”+“Alt”+“3”。

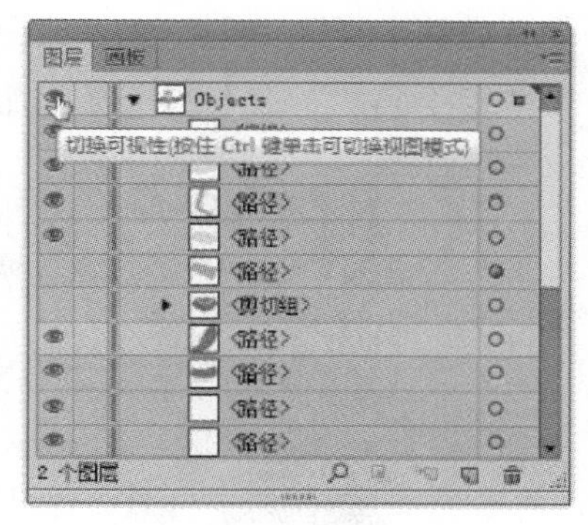

图 3－101

3.5.12　对象的排列顺序

Illustrator 中的各个对象之间具有前后顺序关系，先绘制的图形对象位于后绘制的图形对象下面，如图 3－102 所示。这个前后顺序关系不论图形对象之间是否重叠总是存在的，在同一图层中这个关系不会随着图形的移动而改变。在实际工作过程中经常需要调整对象之间的前后顺序关系，以达到各种视觉效果。Illustrator 提供的“排列”子菜单中的命令和“图层”面板可以使用户很方便地控制对象之间的前后顺序关系。本小节主要介绍使用“排列”子菜单中的命令来调整顺序的方法，关于利用“图层”面板调整对象前后顺序的操作将在后面章节中介绍。

选择需要调整的对象，然后选择“对象”→“排列”命令（也可以在选择的对象上右击，在弹出的快捷菜单中选择“排列”命令）。打开“排列”子菜单，如图 3－102 所示。“排列”子菜单中各命令的功能如下。

置于顶层(F)	Shift+Ctrl+]
前移一层(O)	Ctrl+]
后移一层(B)	Ctrl+[
置于底层(A)	Shift+Ctrl+[
发送至当前图层(L)	

图 3－102

①“置于顶层”命令：当绘制了多个对象时，选择此命令可以将选择的对象置于所有对象的最上层，如图 3－103a 所示。

②“前移一层”命令：选择此命令可以将选择的对象向前移动一层，如图 3－103b 所示。

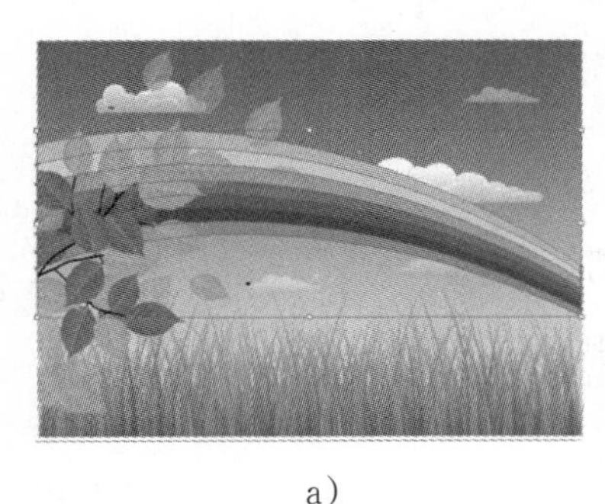

a）

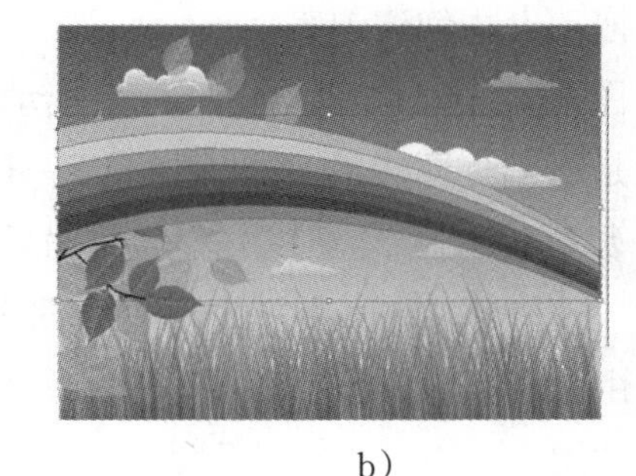

b）

图 3－103

③“后移一层”命令：选择此命令可以将选择的对象向后移动一层，如图 3－104a 所示。

④“置于底层”命令：选择此命令可以将选择的对象置于所有对象的最底层，如图 3－104b 所示。

a）

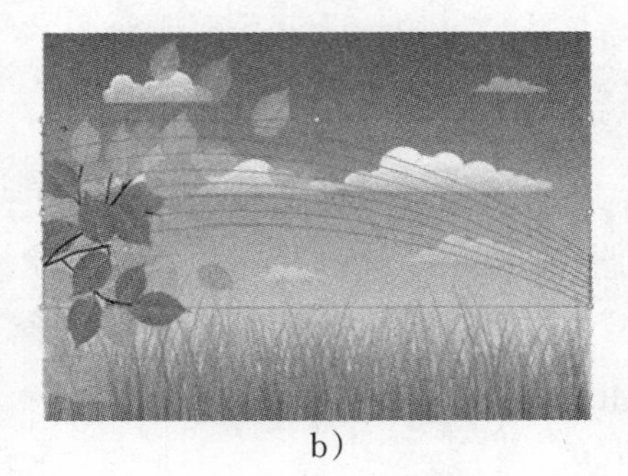
b）

图 3－104

3.6 图表的编辑

在日常的工作中，在统计和比较各种数据时，为了更为直观地观察和统计数据的变化趋势及对比关系等内容，通常会使用图表来形象地表达出数据的变化情况。Illustrator CS6 提供了丰富的图表类型和强大的图表功能，用户可以方便、快捷地创建各种美观、精确的图表对象。在 Illustrator CS6 中共有 9 种图表工具，如图 3－105 所示。

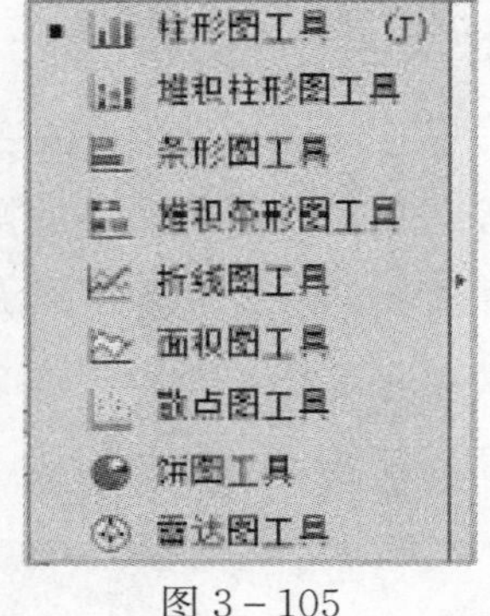

图 3－105

技巧提示

在拖动创建图表的过程中，按住“Shift”键的同时拖动创建的图表矩形框为正方形；按住“Alt”键，图表矩形框将以拖动的起始点为图表的中心向外扩张。另外，设置的图表大小只是图表的主要部分，并不包括图表的数值轴、标签和图例部分。

3.6.1 创建图表

图表的创建包括设置图表的类型、大小以及设定用来进行数据比较的图表数据等。创建图表的方式有两种，一种是使用拖动方式创建图表，另一种是使用图表对话框创建图表。

（1）使用拖动方式创建图表

选择这种图表类型工具后，在页面上拖动出一个矩形框，矩形框的大小就是所创建图表的大小，如图 3－106 所示。释放鼠标后会弹出图表数据输入框，在其中输入数据后单击“应用”按钮就可以得到一个图表。用这种方式创建的图表大小是不确定的，但相对比较自由。

图 3－106

（2）使用“图表”对话框创建图表

选择一种图表类型工具后，在页面上单击会弹出“图表”对话框，如图 3－107a 所示。在该对话框中可以精确地设置图表的长度和宽度，设置完成后单击“确定”按钮会弹出图表数据输入框，在其中输入数据后单击“应用”按钮即可得到设置好大小的图表，如图 3－107b 所示。

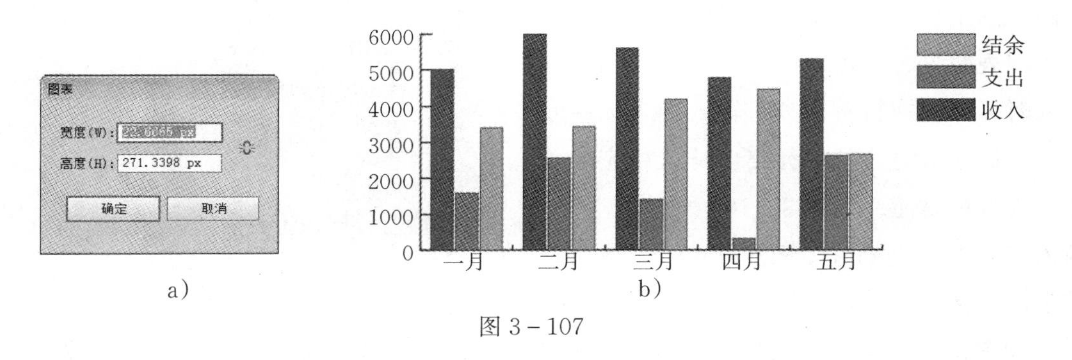

a)　　b)

图 3－107

设置好图表的大小后，系统会自动弹出图表数据输入框，如图 3－107 所示，在其中可以为创建的图表输入数据。

3.6.2　编辑图表数据

设置好图表的大小后，系统会自动弹出图表数据输入框，如图 3－108 所示，在其中可以为创建的图表输入数据。

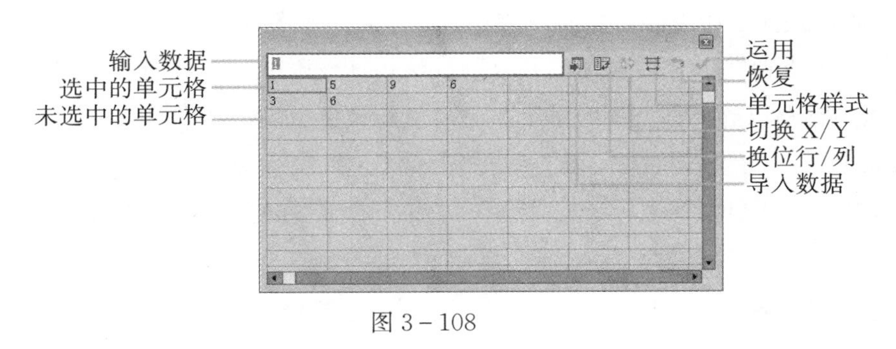

图 3－108

在单元格中输入数据后，按“Enter”键光标会自动跳到同一列的下一个单元格，按“Tab”键光标会跳到同一行的下一个单元格。利用鼠标或按方向键也可以使光标在图表数据输入框中向任意方向移动。

技巧提示

需要注意的是，如果想按“Enter”键时将光标跳转到下一个单元格，此时的“Enter”键不能为数字区中的“Enter”键。因为数字区中的“Enter”键是用来确认整个图表数据的输入的，按数字区的“Enter”键后系统会根据图表数据输入框中的数据自动在页面生成或修改图表，与单击“应用”按钮的功能相同，但是使用“Enter”键确认时不会关闭图表数据输入框。

1．输入图表数据

在 Illustrator CS6 中有 3 种输入图表数据的方法。

（1）直接输入

在图表数据输入框中，最上方靠左的文本框是数据输入框，用于输入图表相应的数据。图表数据输入框中的每一个方格是一个单元格，在单元格中既可以输入图表数据，也可以输入图表标签和图例名称。输入时可以先在行首或列首输入图表标签或图例名称，然后在其对应的单元格中输入相应的数据，这样比较直观易懂，如图 3-109 所示。

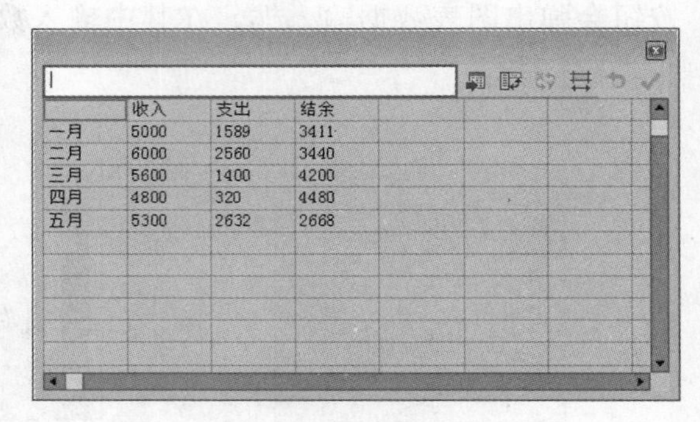

	收入	支出	结余
一月	5000	1589	3411
二月	6000	2560	3440
三月	5600	1400	4200
四月	4800	320	4480
五月	5300	2632	2668

图 3-109

在输入图表数据过程中，Illustrator 会自动识别输入的字母、文字和数据。但是在输入标签和图例名称时，如果标签和图例的名称是由数字组成的，那么直接输入时系统会默认其为数值。例如，输入年份而没有输入单位时，就需要为数据添加引号，让系统将其作为字符处理。

（2）导入图表数据

图表中的数据除了直接输入外，还可以从别的文件中导入。只要单击“导入数据”按钮，即可弹出“导入图表数据”对话框，选择需要导入数据的文件，单击“打开”按钮即可。需要注意的是，要导入数据的文件格式必须是文本格式，并且在导入文件中的数据之间必须用“Tab”键加以分隔，而且行与行之间也要用“Enter”键分隔，否则导入到图表数据输入框中会很乱。

（3）从别的程序或图表中复制数据到图表中

在某些电子表格或者文本文件中选中并复制（按快捷键“Ctrl” + “C”）图表数据内容，然后在图表数据输入框中粘贴（按快捷键“Ctrl” + “V”）数据，就可以将需要的图表数据粘贴到单元格中。数据输入完成后，如果直接关闭图表数据输入框，系统会弹出“提示”对话框。单击“否”按钮，将不保存数据而直接显示图表；单击“是”按钮，则会根据当前图表数据创建或修改图表。

2. 修改图表数据

图表数据的内容在输入后可以在图表数据输入框中反复修改，还可以使用数据输入框右侧的一排按钮对图表数据进行设置。

3.6.3 图表图形的选取

图表是以编组的方式存在的，默认情况下使用“选择工具”选择的是图表整体。如果要选取图表内部的某个图形、图例或标识等，可使用“编组选择工具”进行选取。使用“直接选择工具”可以选取图表中某个图形上的路径线段或锚点，如图 3-110 所示。

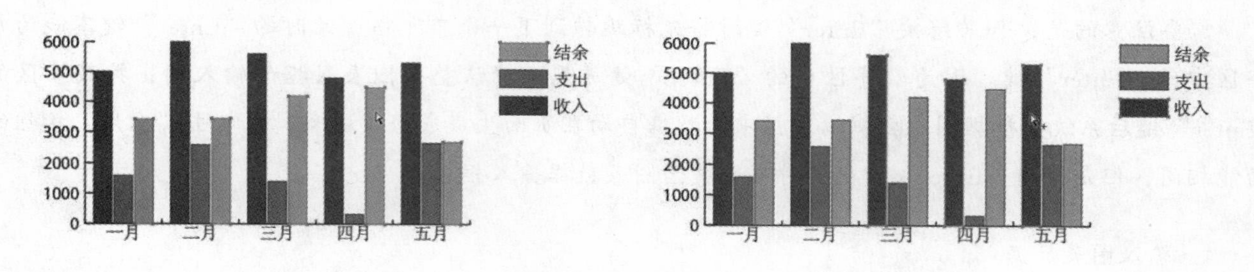

图 3-110

在利用“编组选择工具”选取图表内部的图形时，单击图形可以选中该图形；双击该图形，则会选中与该图形编组的所有图形；若单击 3 次该图形，则会连同图例和标识一同选中。

3.6.4　“图表类型”对话框

在选择图表中的某个图形后，可以对选择的对象进行设置颜色、添加效果或控制外形等编辑处理。如果将图表取消编组，则图表的属性也会随之消失，变成普通图形，将不能再更改图表的类型和数据。

双击图表工具组中的任何一种工具或者选择“对象”→“图表”→“类型”命令，都会弹出“图表类型”对话框，如图 3－111 所示。

在该对话框中可以设置图表的类型、为图表添加阴影效果、改变图例的位置及设置坐标轴刻度等。

在 Illustrator CS6 中有 9 种图表类型，用户可以在创建图表之前在图表工具组选择不同的图表类型工具，也可以在图表创建好后在“图表类型”对话框的“类型”选项组中单击不同类型的按钮进行更换。

选择的图表类型不同，所得到的图表效果也会有所不同，图 3－112 所示为不同类型图表的效果比较。下面将不同类型图表的功能进行简单的介绍，以供用户使用时参考。

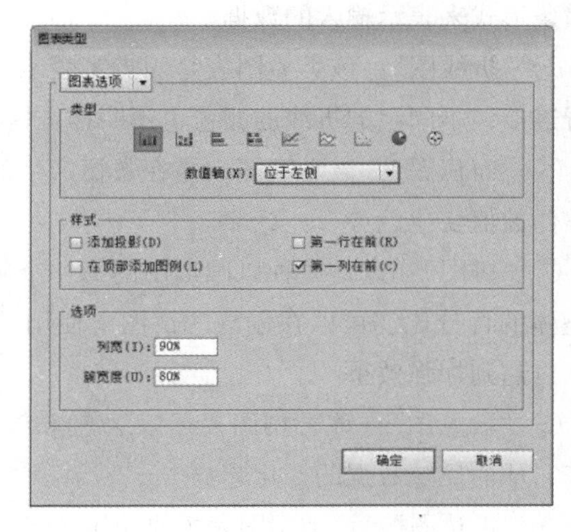

图 3－111

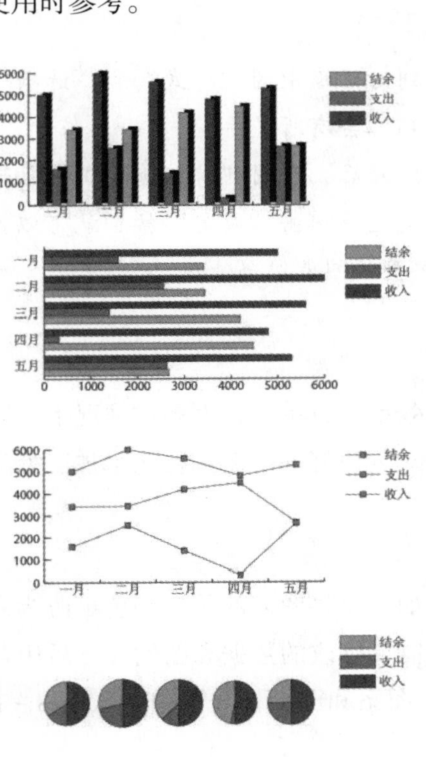

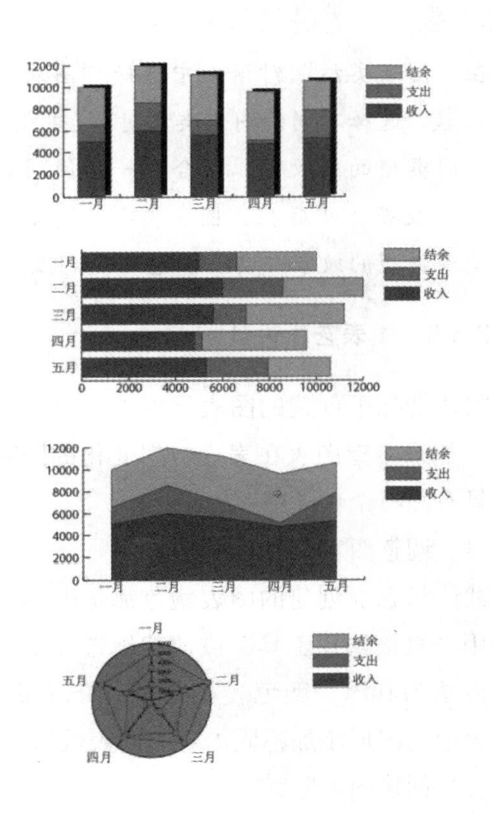

图 3－112

①“柱形图”：柱形图是一种常用的图表类型，这种类型的图表是以坐标的方式逐栏显示输入的数据，柱的高度代表所比较的数值，可以在图表上直接读出不同形式的统计数值。

②“堆积柱形图”：该类型的图表以比较数值的柱形叠加的形式来表示输入的数据，它不是并放在一起的。此类图表反映的是局部与整体的关系。

③“条形图”：“条形图”与“柱形图”有些类似，不同的是该类型图表是在水平坐标轴上进行数据比较，它是用横条的长度代表数值的大小。

④“堆积条形图”：“堆积条形图”与“堆积柱形图”类似，不同的是它是以比较数值的横向叠加的横条形式来表示输入的数据。

⑤“折线图”：该类型图表是用点来表示一组或者多组数据，并用折线将代表同一组数据的所有点进行连接，不同组的折线的颜色也不一样。这种类型的图表很适合表现数据的变化趋势。

⑥“面积图”：该类型图表是在数据产生的折线和水平坐标相接的区域填充不同的颜色，从而体现出整体数值变化趋势。

⑦“饼图”：这是一种以圆形图的每一个扇形来表示数据的图表类型，该类型图表用来表示数据所占整体的百分比。可以在创建的饼图上使用“选择工具”选择其中的一组数据，将其拖动出一定的距离，以达到加强效果。

⑧“散点图”：该类型图表是以 X 轴和 Y 轴为坐标，用直线将两组数据交汇处形成的坐标点连接起来，从而反映数据的变化趋势。

⑨“雷达图”：该类型图表主要使用环形显示各组比较的数据，一般很少使用。

技巧提示

在“图表类型”对话框中选择“图表选项”时，可以看到对话框中的“样式”和“选项”组中的选项内容。选择不同的图表类型时，“样式”和“选项”中的内容会有所差异。

不同类型的图表可以混合在一起使用。在页面中创建好图表后，利用“编组选择工具”选择图表中的一组数据，然后在“图表类型”对话框中选择另外一种类型，单击“确定”按钮就可以产生混合应用图表类型的效果。需要注意的是“散点图”不能和其他类型的图表组合使用。

3.6.5 图表艺术设计

默认情况下创建的图表是以黑、白、灰的方式表现的，效果比较单一，大多数情况下都不能满足需求。如果希望图表在表现数据变化的同时显得美观，可以对创建好的图表进行艺术加工处理，从而产生具有独特个性的图表效果。

（1）调整图表颜色

默认状态下创建的图表颜色都是由黑、白、灰组成的，如果要将图表的单一颜色更改为彩色，可以使用“直接选择工具”或“编组选择工具”在图表中选择需要修改的数据和图例，然后用各种颜色填充方法为其添加颜色。在图表中可以添加单色、渐变色、图案和图形样式等内容。图 3－113 所示为图表中的图形添加不同内容的图表效果。

（2）创建图表图案

在 Illustrator CS6 中，图表实际上是由路径、文字和图形编组而成的，编组中的每一个对象都是一个图表元素。为了使图表更形象化，可以通过创建和应用图表设计图案来标记图表中的数据。

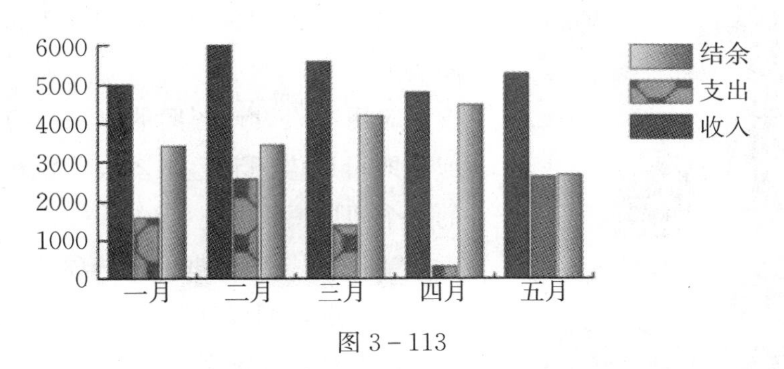

图 3－113

用户可以自己绘制用来代表数据资料的图案图形，也可以将 Illustrator CS6 提供的色板、画笔和符号等内容转换成普通图形，再将其定义成需要的图表设计图案。选中图表设计图案后，选择“对象”→“图表”→“设计”命令，弹出“图表设计”对话框，如图 3－114 所示。在该对话框中单击“新建设计”按钮，就可以将选中的对象创建成新的图表图案。图表设计对话框中各选项的功能如下。

①“重命名”：单击该按钮可以在弹出的“重命名”对话框中更改当前选择的图表设计的名称。

②“新建设计”：单击该按钮可将当前选择的图案定义成新的图表设计。

③“删除设计”：单击该按钮可以删除对话框中当前选择的设计。

④“粘贴设计”：单击该按钮可以将当前选择的设计图形粘贴到窗口区域的中心位置。

⑤“选择未使用的设计”：单击该按钮可在对话框中选择当前设计以外的所有设计图形。

在绘制图案时，如果希望在应用到图表设计后图案之间保留一定间隔，使图表看起来不那么拥挤，则需在图案的外侧绘制一个填充色和描边颜色都为无的矩形框，然后将该矩形框放置到图案的最下层，如图 3－114 所示。将图案和矩形框全部选中后，选择“对象”→“图表”→“设计”命令，将其定义成图表设计图案即可。

图 3－114

(3) 应用图表设计

创建好图表设计图案后，就需要将其应用到图表中。选中图表对象，选择“对象”→“图表”→“柱形图”命令，弹出“图表列”对话框，如图 3－115 所示。

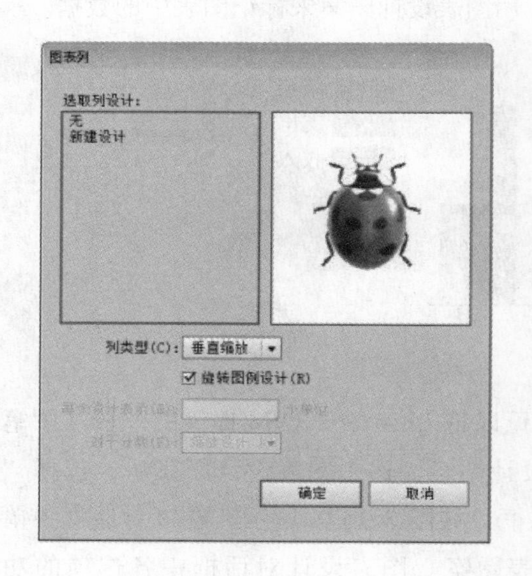

图 3－115

在该对话框中选择要应用的图表设计图案并设置好参数后，单击“确定”按钮即可将图表设计图案应用到图表上。

应用图表设计图案的方法与应用图表类型的方法相似，既可以应用到整个图表，也可以应用到图表中选中的某个图形图例。

“图表列”对话框中各选项的功能如下。

①“选取列设计”：在该列表框中可以选择创建的需要使用的列设计图案。

②“列类型”：该下拉列表中包括 4 种图表设计图案在图表中的显示形态。

③“垂直缩放”表示图表设计会根据图表数据在垂直方向上产生缩放效果，如图 3－116a 所示。

④“一致缩放”表示图表设计会根据图表数据在保持原形状的情况下进行等比例缩放，如图 3－116b 所示。

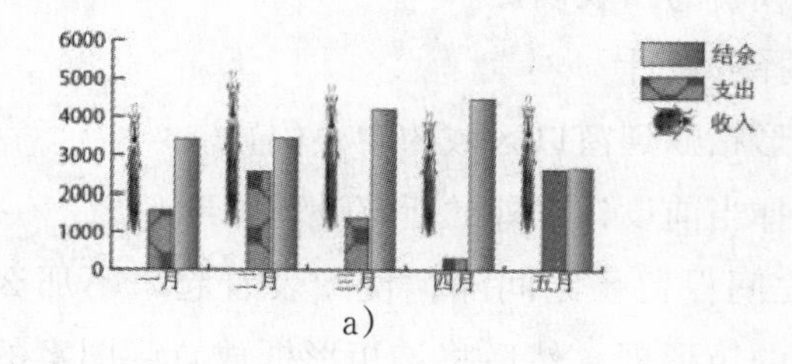

a）

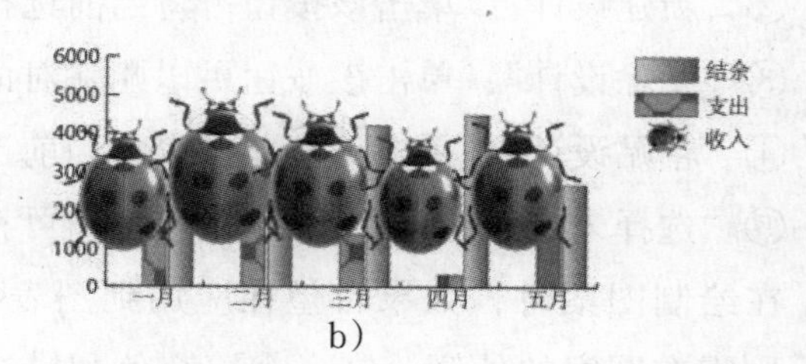

b）

图 3－116

⑤“局部缩放”表示图表设计在图表中产生局部拉伸的缩放效果，如图 3－117a 所示。

⑥“重复堆叠”表示图表设计在垂直方向上堆放多个图表设计图形，如图 3－117b 所示。此时每个“设计表示”和“对于分数”两个选项处于可设置状态。

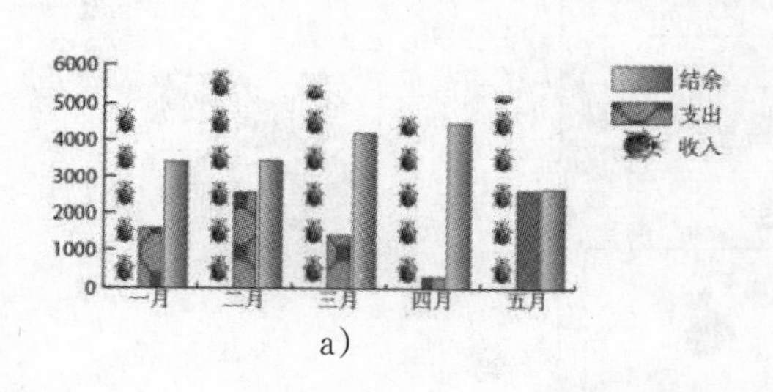

a）

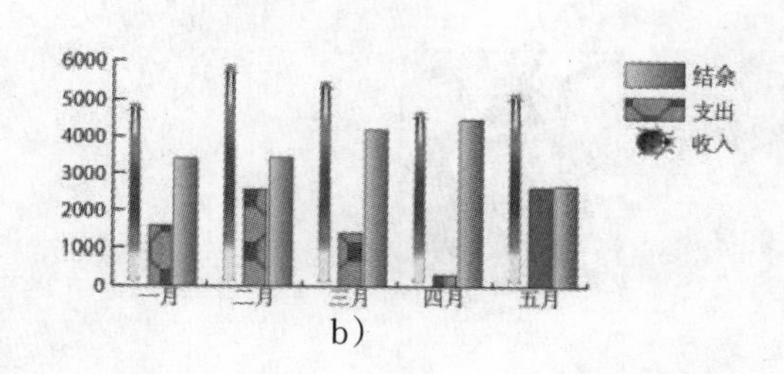

b）

图 3－117

⑦“旋转图例设计”：选中此复选框可以将图表中的图例旋转 90°；若取消选中此复选框，则图表中的图例将保持原来的方向。

⑧“每个设计表示”：用于设置使用“重复堆叠”类型时每个图表设计图案所代表的数据的单位。可以在该文本框中输入数值，数值不同产生的图表效果也会不同。

⑨“对于分数”：当图表的数据不是“每个设计表示”中设置的值的整数倍时，也就是图表设计图案所代表的数据值不足一个图表设计图案时，可以利用该下拉列表对数据进行处理。在该下拉列表中

可以选择两种方式，其中选择“截断设计”选项表示图表设计所代表的图表数据不足一个图表设计图形时由图形中的一部分来表示，其余部分被截掉；选择“缩放设计”选项则表示数据不足一个图表设计图形时由图表设计图形垂直方向缩小后来表示。图 3－118 为所示两种方式的应用效果对比。

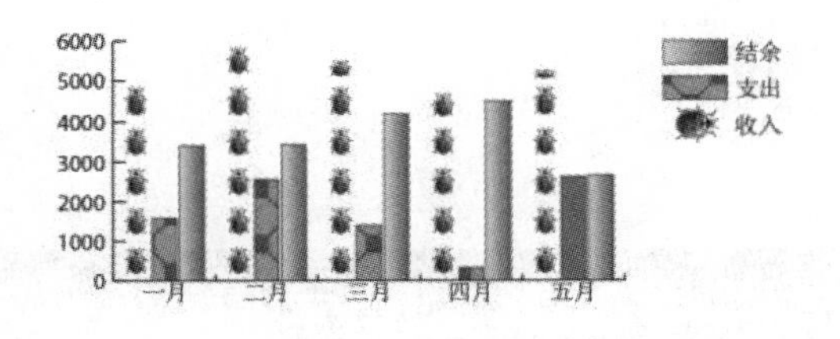

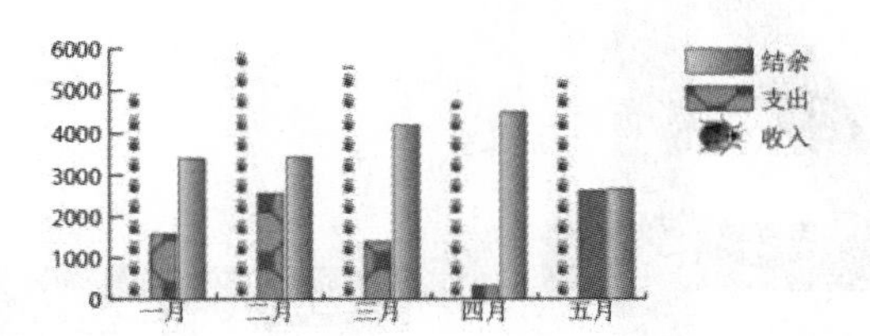

图 3－118

第 4 章　色彩设计：颜色填充与编辑

一幅作品的设计成功，在很大程度上取决于色彩的选择和搭配。色彩是艺术设计中的重要元素之一，也是平面设计中极其重要的组成部分。在 Illustrator CS6 中为用户提供了很多颜色填充和填充类型，本章将详细地介绍这部分内容，用户在使用时可以依照个人的喜好来决定用哪一种方法来填充颜色。当然，不同的颜色填充方法或颜色填充类型会有不同的使用特点，用户可以根据不同的情况选择最有效率的颜色填充方法或类型。(图 4–1)

图 4 – 1

4.1　色彩的基础知识

在开始介绍颜色填充方法和填充类型之前，先介绍一下与色彩相关的基础知识，便于用户理解和学习后续章节的内容。

4.1.1　关于颜色

色彩的构成具有 3 个基本属性，即色相、饱和度和明度。不同的属性值决定色彩呈现出不同的具体效果。

①色相：物体反射的波长或通过物体转变的光的波长。

②饱和度：颜色的强度或纯度。饱和度的高低实际上就是某色彩中含有该色量的饱和程度，灰度成分减少，颜色的饱和度会增高，它的范围是 0%～100%。

③明度：人们在看到颜色后所引起的视觉上明暗程度的感觉，基于颜色的亮度但又不等同于亮度。同一色相可以有相同的饱和度和不同的明度，不同色相更有不同的明度。

4.1.2　颜色模式

在计算机绘图领域，颜色有很多种表示方式。在日常的设计工作中，可能在显示器上看到的图像效果和打印出来的效果有很大差异，这是因为不同的设备显示颜色的范围不同。同时，有些人眼可以分辨的颜色在打印机上却不能打印出来，而且即使是同一种颜色，在不同的设置中其显示效果也是不尽相同的。如果要在不同设备上精确地表现同一种颜色，就需要定义一个相同的色彩标准。

在 Illustrator CS6 中可采用颜色模式和颜色配置文件来解决这个问题。使用颜色模式可以精确地定义颜色，并且在同一种颜色模式中如果所有的参数都相同，那么所定义的颜色也相同，这就使得对颜色的解释有了一个统一的标准。同时为不同的输入设备选择不同的颜色配置文件，也可以保证在屏幕上所见到的颜色和实际输出的颜色一致。

基于定义颜色的方式不同，颜色模式也有很多种。在 Illustrator CS6 中常用的颜色模式主要有 RGB 模式、CMYK 模式、HSB 模式和灰度模式。其中 Illustrator CS6 在新建文件时只能选择 RGB 模式或 CMYK 模式，在进行颜色调整时还可以选择 HSB 模式和灰度模式，下面详细介绍这几种颜色模式。

（1）RGB 颜色模式

在计算机显示器上显示的成千上万种颜色是由 red（红）、green（绿）和 blue（蓝）3 种颜色组合而成的。这 3 种颜色是 RGB（red、green、blue）颜色模式的基本颜色。在 RGB 颜色模式中，所有的颜色都由红、绿、蓝 3 种颜色按照一定的比例组合而成，每一种颜色都由 1 字节（8 位）来表示，取值范围为 0～255。RGB 的值越大，所表示的颜色就越浅，当 RGB 的值都为 255 时，就会表现为白色。RGB 的值越小，所表示的颜色就越深，当 RGB 的值都是 0 时，则表现为黑色。

RGB 颜色模式是通过三原色光叠加来产生颜色的，因此也被称为加色模式。显示器和扫描仪都可以使用加色模式。

图 4－2 所示为 RGB 颜色模式加色原理。

RGB 颜色模式的局限性在于其受设备的影响，也就是说，由不同厂家生产的显示器或者扫描仪所显示的颜色是不同的。不仅如此，即使是同一厂家生产的设备，其颜色显示也会有所区别，而且所有的显示器都会随着时间的推移产生颜色的变化。因此，通常在进行设计工作之前应该校准显示器的颜色。

图 4－2

（2）CMYK 颜色模式

当把显示器上显示的图形输出打印到纸张或者其他材料（如幻灯片）上的时候，颜色将通过颜料来显示。由于不同的颜料吸收的光线不同，因此反射的光线就不同，从而呈现到人眼中的颜色也就不同。比较常用的方法是将青色（cyan）、品红色（magenta）、黄色（yellow）和黑色（black）4种颜料混合起来形成各种颜色。这4种颜色就是CMYK（cyan、magenta、yellow、black）颜色模式的基本颜色。CMYK颜色模式将4种颜色以百分比的形式来表示，每一种颜色所占的百分比越高，颜色越深。

理论上，当青色、品红色和黄色所占的百分比都是100%时，产生的颜色应该是黑色。但是由于彩色油墨本身都会存在微量的杂质，因此在实际混合后产生的颜色并不是纯黑色，而是一种接近黑色的土灰色。同时为了节约成本，印刷原色中添加了黑色作为基本色。

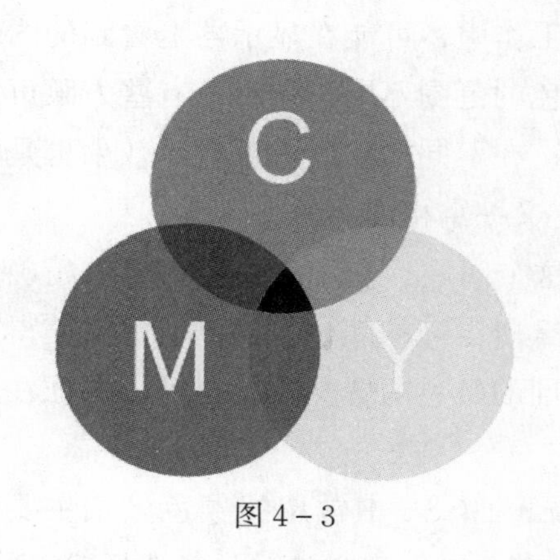

图4-3

由于CMYK颜色模式是通过吸收光线来产生颜色的，因此它被称为减色模式。图4-3所示为CMYK颜色模式减色原理。

（3）HSB颜色模式

HSB颜色模式是一种基于人眼对颜色的感知方式而定义的颜色模式。人们在观察自然界中的颜色时，通过光线感知到周围世界的色彩，因此HSB颜色模式使用色相、饱和度和亮度3个色彩的基本属性来描述颜色。在HSB颜色模式中，色相是指基本的颜色，饱和度是指颜色的鲜明程度或者说颜色的浓度，亮度表示颜色中包含白色的多少。亮度为0时表示黑色，亮度为100时表示白色；饱和度为0时表示灰色。图4-4所示为HSB颜色模式的颜色属性。

在实际应用中HSB颜色模式是很少被用到的，但它却是比较容易描述和了解的颜色表达方式。

（4）灰度模式

灰度模式下的图像是由具有256级灰度的黑白颜色构成的，图像中的色相和饱和度被去掉而产生灰色图像。一幅灰度图像在转换为CMYK模式或RGB模式后可以增加彩色；如果将CMYK模式或RGB模式的彩色图像转变为灰度模式的图像，则颜色会丢失，但会保留很好的图像亮度层次。在使用Illustrator输出时，可以将文件输出成灰度模式的图像。图4-5所示为“颜色”面板中灰度模式下的灰度层次。

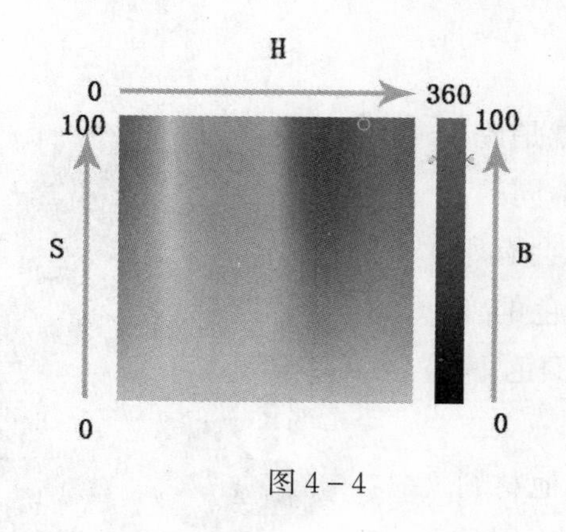

图4-4

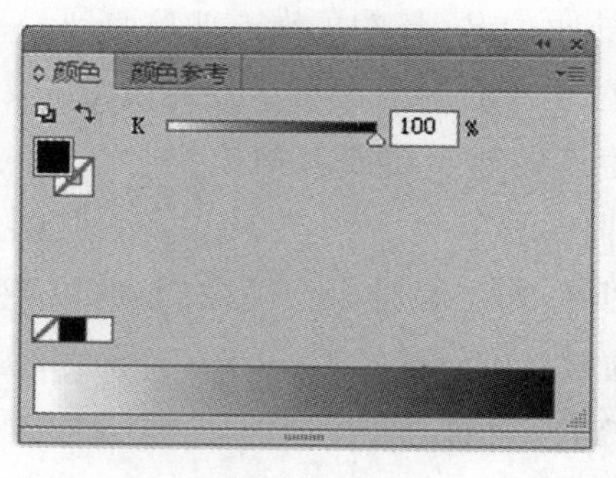

图4-5

4.1.3 印刷色和专色

当用户要将设计的成品印刷在纸上的时候，可以使用的颜色有印刷色和专色。

（1）印刷色

印刷色即 CMYK 颜色，是将青色、品红色、黄色和黑色 4 种颜料通过各种印刷工艺混合起来，最终形成的各种颜色效果。如果在印刷前将制作的颜色模式以 CMYK 的图像送到出片中心，就可以得到青、洋红、黄和黑 4 张菲林片，每一张菲林片都是相应颜色色阶的胶片。通常情况下，大部分出版物都是使用印刷色来实现彩色效果的，这样制作成本相对比较低

（2）专色

在四色印刷的场合中，所有的颜色在最后印刷时都必须以青、洋红、黄和黑四色来分色印刷输出，这是因为印在纸上的色彩都是以油墨打印的，所以每一种用到的颜色都分成青、洋红、黄和黑的色彩成分。虽然印刷色已经能够提供相当多的色彩，但是在某些情况下使用印刷四色并不能满足用户对色彩的需求。例如，某些颜色根本无法通过印刷四色混合而成（如金色和银色），或者在某些情况下需要一种非常精确的颜色，而印刷色的结果通常是不够精确的，这时候就需要使用专色来满足这些方面的要求。

在 Illustrator CS6 中提供了许多已经定义好的专色，可以打开色库直接使用，也可以通过“颜色”面板和“色板”面板自定义专色。

4.1.4　“颜色”面板

使用“颜色”面板来设置颜色是 Illustrator 中常用的设置颜色的方法。该面板不仅可以对操作对象进行内部和轮廓填充，也可以用来创建、编辑和混合颜色，还可以在“色板”面板、对象和颜色库中选择颜色。如果窗口中没有“颜色”面板，可以选择“窗口”→“颜色”命令，打开“颜色”面板，也可以单击工具箱下方的“颜色”按钮或按“F6”键打开“颜色”面板，如图 4－6 所示。

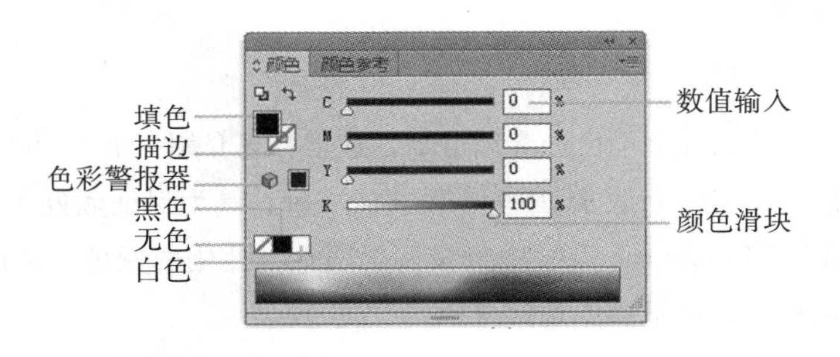

图 4－6

1. “颜色”面板的各项设置

在颜色面板中可以设置所选对象的“填色”和“描边”颜色。在颜色选择上可以在“颜色”面板中设置“黑色”“白色”和“无色”的填充状态，还可以通过数值输入框输入数值，对用户设置的颜色进行检测，如出现问题会通过色彩警报器自动提示，以便于用户及时校正。

如果使用非 CMYK 颜色模式来设置颜色，设置的颜色可能与印刷出来的颜色有很大的差别。当某些颜色不能被 CMYK 颜色所代替时，在“颜色”面板上将会出现“超出色域警告”图标，提示用户目前选择的颜色将不能被打印出来。单击“超出色域警告”图标或者单击该图标右侧的颜色块，就可以将颜色替换为与之相近的 CMYK 颜色模式中的可打印颜色。

如果“颜色”面板上出现“超出 Web 颜色警告”图标，则表示该颜色在网页上将无法正常显示。

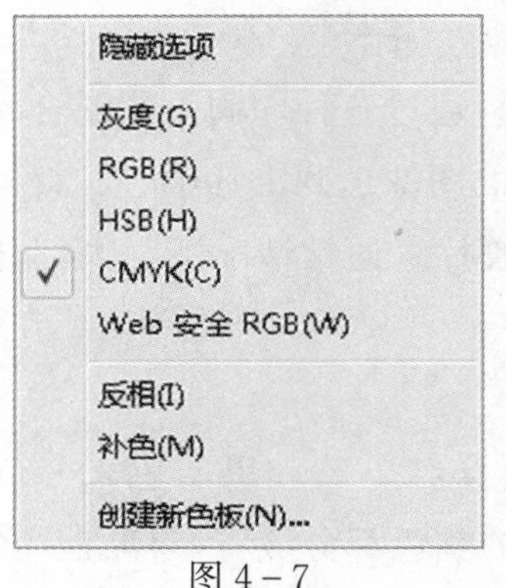

图 4－7

同样单击该图标或者其右侧的颜色块，就可以将颜色转换为与之近的网页可用颜色。

单击“颜色”面板右侧的显示 / 隐藏面板菜单按钮，会打开面板菜单，如图 4－7 所示。面板菜单中有灰度、RGB、HSB、CMYK 和 Web 安全 RGB 5 种颜色模式。用户可以根据需求选择不同的颜色模式，并且可以随时进行切换。在不同的颜色模式下，“颜色”面板的具体参数会有所不同。图 4－8 所示为同一颜色在不同颜色模式中的参数设置。

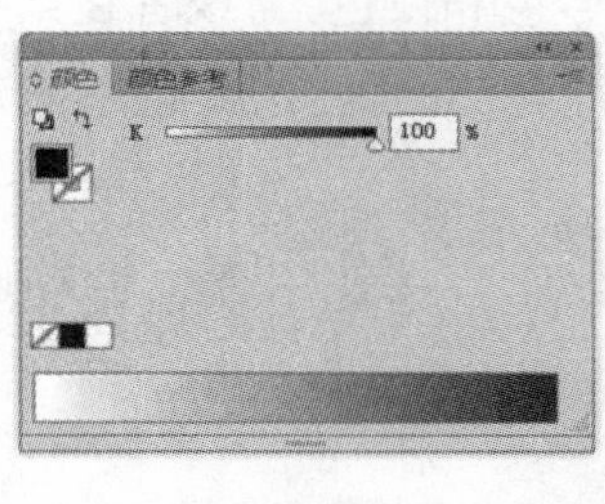

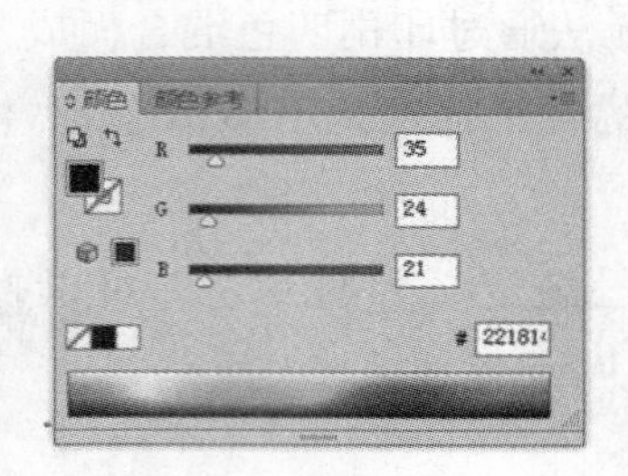

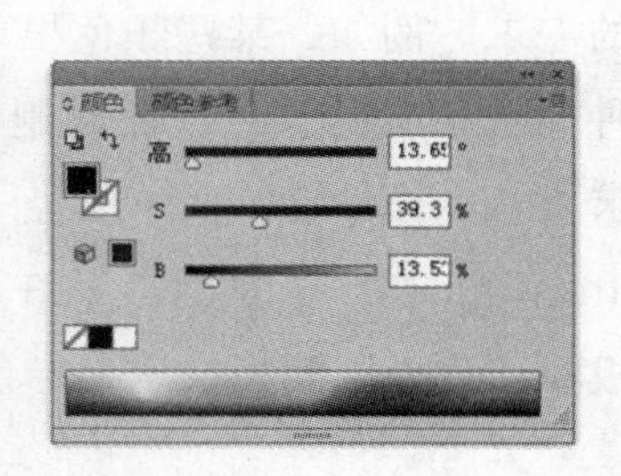

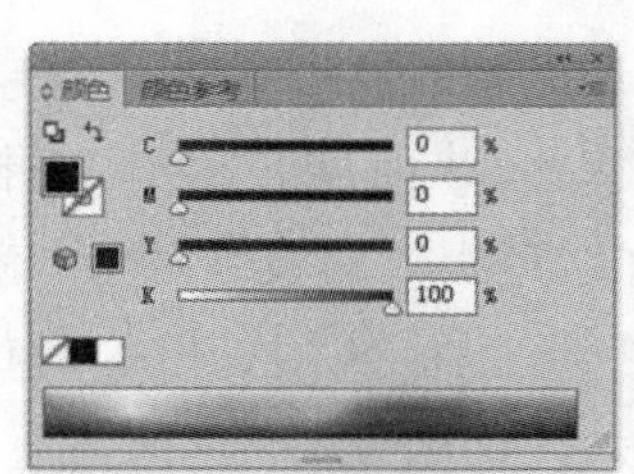

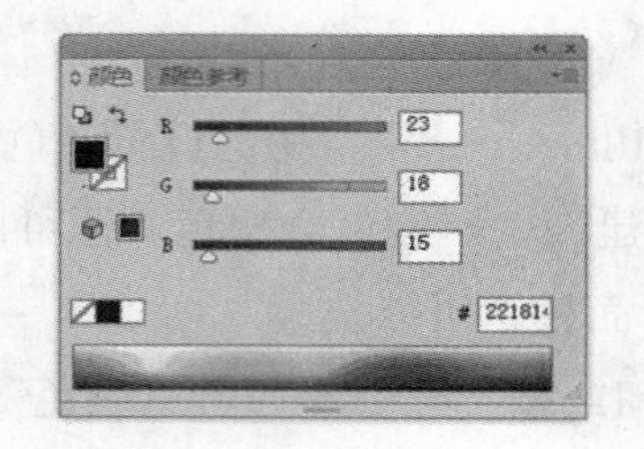

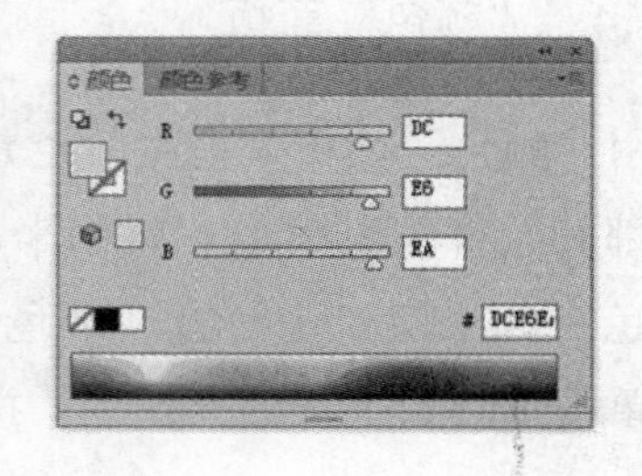

图 4－8

关于颜色模式的概念和定义在前面已经介绍过了，这里补充介绍一下 Web 安全 RGB 颜色模式。

Web 安全 RGB 颜色模式实际上是 RGB 颜色模式的一种，是为保证颜色在网页上能正确显示所定义的。使用这种模式可以在 Illustrator CS6 中直接调配网页上使用的颜色，从而保证制作出的图片既色彩清晰、层次丰富，又可以在浏览器中正常显示。

在“颜色”面板菜单中还可以对颜色进行“反相”或转换成“补色”以及“创建新色板”操作，其具体功能如下。

①“隐藏选项”：选择此选项可以控制当前“颜色选择”“隐藏选项”选项后的面板状态。

②“反相”：选择此选项可以将当前编辑的颜色转换成与其色相相反的颜色。

③“补色”：选择此选项可以将当前编辑的颜色转换成与其相对应的互补色。也可以使用“颜色参考”面板来设置和选择当前颜色的各种互补色和对比色。

④“创建新色板”：选择此选项后会弹出“新建色板”对话框。在该对话框中可以设置“色板名称”“颜色类型”以及选择所使用的“颜色模式”。单击“确定”按钮即可将当前编辑的颜色定义到“色板”面板中。

2. 颜色编辑方法

使用“颜色”面板设置颜色的方法有直接点取法，输入颜色数值法、滑块混色法、设置“拾色器”对话框和设置特殊颜色状态等几种，用户可以根据不同的情况使用不同的方法。下面以 CMYK 颜色模式为例，介绍一下具体的设置颜色的方法。

（1）直接点取法

选择要设置的内容，即设置填充颜色或描边颜色的对象，然后直接将鼠标指针移动到“颜色”面板中的色谱上，在要选取的颜色区域上单击，则当前所选的颜色就会被设置为填充颜色或描边颜色，如图 4－9 所示。

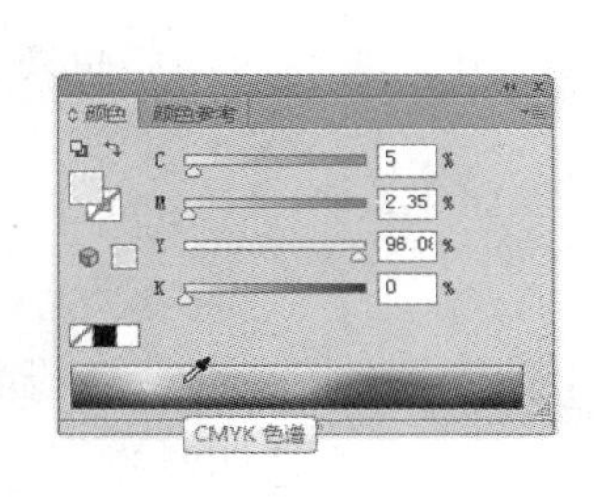

图 4－9

（2）直接输入颜色数值法

选择要设置填充颜色或描边颜色的对象，然后在“颜色”面板的数值输入框中输入具体的颜色数值，当前编辑的颜色就会随之变化。图 4－10 所示为将右图中的原始图形修改颜色后的效果。这种方法非常适用于印刷和网页图形中的颜色设置。

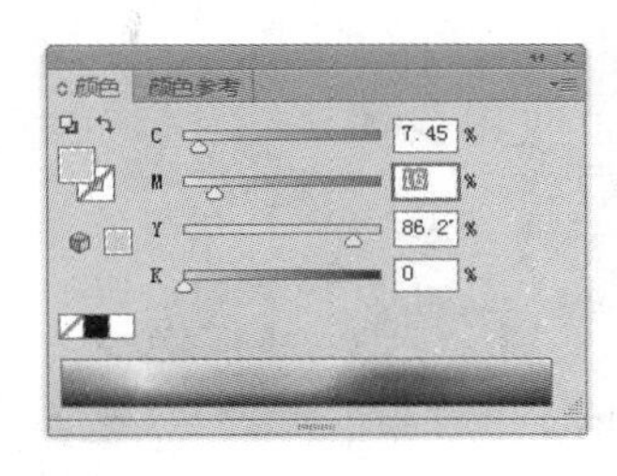

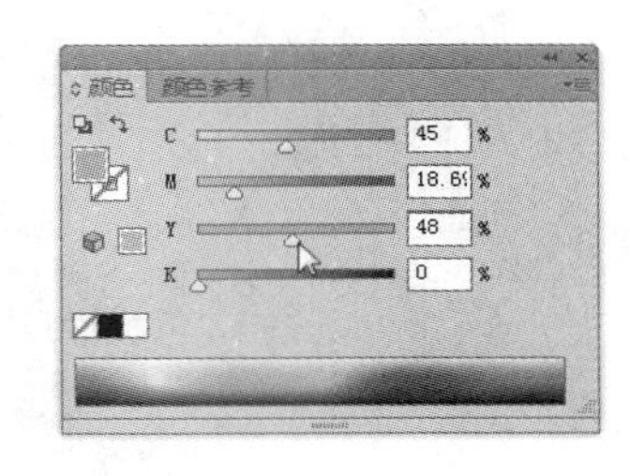

图 4－10

（3）滑块混色法

选择要设置填充颜色或描边颜色的对象，然后在“颜色”面板中拖动不同颜色上的滑块，颜色会随着滑块拖动位置的不同而动态改变，如图 4－11 所示。

（4）设置“拾色器”对话框

在工具箱中双击“填充”或“描边”图标会弹出“拾色器”对话框，如图 4－11 所示。该对话框与 photoshop 软件中的非常相似，都可以在选择不同颜色模式的前提下，通过单击或输入数值的方式来设置颜色。

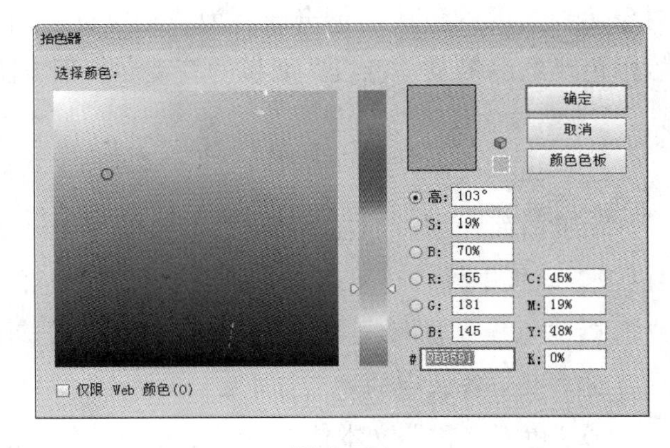

图 4－11

在使用直接输入数值法时，可以事先准备好颜色手册。颜色手册一般将配比好的颜色印刷在纸张上供用户查看选择，用户所看到的颜色和数值就是最终印刷出来的效果，这样可以避免反复试验不同的颜色数值来校准颜色。

另外，如果使用的是 HSB 模式，则有一些特殊的色相值可供用户查阅。例如，红色的色相值是 0°，黄色的色相值是 60°，绿色的色相值是 120°，青色的色相值是 180°，蓝色的色相值是 240°，洋红色的色相值是 300°。

（5）设置特殊拥色状态

可以单击“颜色”面板中的黑色和白色图标，将当前颜色设置成纯黑色或纯白色；也可以单击无色图标，将当前的填充或描边颜色设置成无，即完全透明状态。

4.1.5 “色板”面板应用

在 Illustrator CS6 中，在“颜色”面板中设置好颜色后，可以将其保存到“色板”面板中，从而方便以后重复使用。另外，“色板”面板还为用户提供了很多已经设置好的常用颜色，同时还提供了多种颜色填充方式，包括颜色填充、渐变填充和图案填充等。在工作中使用这些预置的颜色，可以方便、快捷地制作出色彩亮丽丰富、符合设计需求的图形内容。选择“窗口”→“色板”命令，就可以打开“色板”面板，如图 4－12 所示。

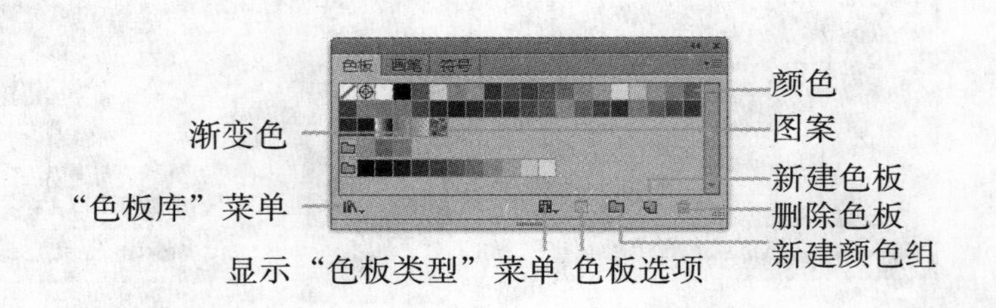

图 4－12

由图 4－12 可以看出，“色板”面板是由多个色板类型块组成的，应用颜色的方法也很简单。选择对象后在需要的色块上单击即可为该对象设置相应的填充颜色或描边颜色。下面详细介绍“色板”面板中色块的编辑及“色板”面板的管理和使用方法。

1. 编辑色板颜色

（1）创建色板

除了前面介绍过的在“颜色”面板菜单中选择“新建色板”选项可以将当前编辑好的颜色保存到“色板”面板中外，还可以选择具有要保存颜色的对象，然后单击“色板”面板中的“新建色板”按钮或选择“色板”面板菜单中的“新建色板”选项，都可以弹出“新建色板”对话框，如图 4－13 所示。对话框中各选项的功能如下。

①“色板名称”文本框：用来重新设定色板的名称，默认为颜色的配比值。

②“颜色类型”下拉列表：用来设置将色板设置为“印刷色”或专色。

③“全局色”复选框：选中此复选框后，色板颜色在“颜色”面板上的调色方式将改变为浓淡百分比的调色方式，如图 4－13 所示。

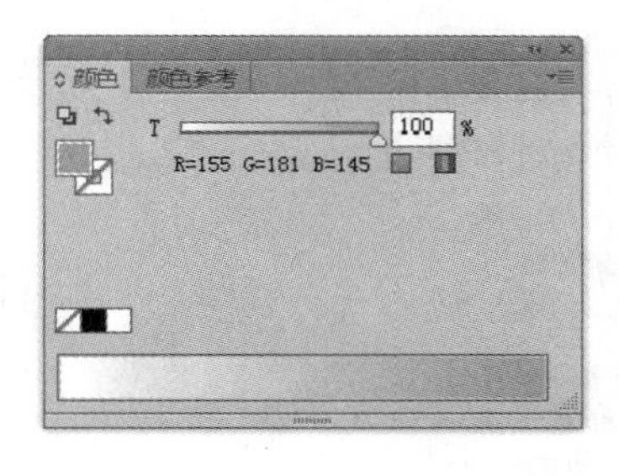

图 4－13

④“颜色模式”下拉列表：在其下拉列表中选择需要的颜色模式，然后拖动其下方的滑块重新调整颜色的值。

（2）修改色板

如果对已经保存的或 Illustrator 提供的色板不满意，可以在现有色板的基础上进行修改，具体操作方法如下：

在“色板”面板中选择要修改的颜色块，然后单击面板中的“色板选项”按钮或选择面板菜单中的“色板选项”，弹出“色板选项”对话框。“色板选项”对话框与“新建色板”对话框中的内容完全相同，唯一不同的是新建色板对话框用来创建新的色板，而“色板选项”对话框是对已有的色板颜色进行修改。

（3）删除色板

对于当前“色板”面板中不需要的颜色可以直接删除。具体方法是：选择要删除的色板，然后单击“删除色板”按钮或选择面板菜单中的“删除色板”选项，选中的色板就会被删除。

如果有多个色板要删除，可以在按住“Shift”键的同时选择连续的色板或者按住“Ctrl”键的同时选择不连续的色板，然后单击“删除色板”按钮。如果选择面板菜单中的“选择所有未使用的色板”选项，则所有在页面上没有应用过的色板都将被选中，此时单击“删除色板”按钮即可将其一次性全部删除。

（4）复制色板

如果要复制一个已经存在于“色板”面板中的色板，首先选择要被复制的色板，然后将其拖动到面板中的“新建色板”按钮上或者选择面板菜单中的“复制色板”选项，则当前选中的色板被复制。

（5）替换色板

如果想替换面板中的某个色板，可按住“Alt”键的同时拖动要替换的色板，被替换掉的色板上，释放鼠标后即可完成替换。

（6）存储色板

如果希望将当前“色板”面板中的内容保存，在其他文件中也可以使用，可以单击“色板库”菜单按钮，然后选择“存储色板”选项或选择面板菜单中的“将色板库存储为 AI”选项，弹出“将色板存储为库”对话框，在对话框中设置好文件名后，单击“保存”按钮即可将当前的色板内容保存成以.ai 为扩展名的文件，并存放到要保存的位置。

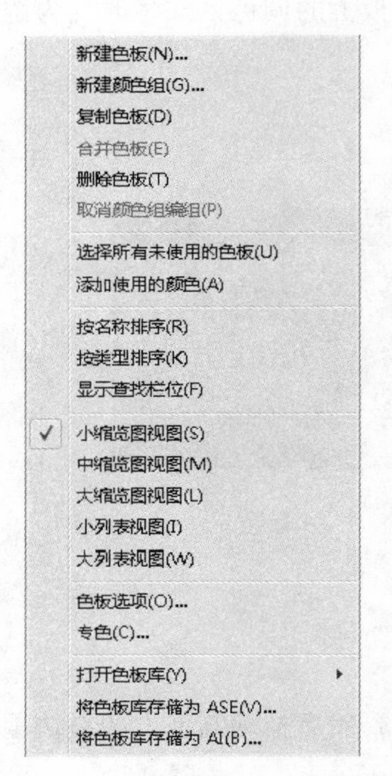

图 4－14

2. 色板管理

除了上述对“色板”面板中的颜色进行编辑操作外，还可以通过面板按钮和面板菜单对“色板”面板进行预览效果、排列状态和颜色组等管理。“色板”面板菜单如图 4－14 所示，其中各选项的具体功能如下。

（1）设置视图方式

在“色板”面板菜单中为用户提供了 5 种视图方式。

①“小缩览图视图”：在这种视图方式下，色板所占的空间较小，可以同时显示多个色板，适合使用大量的色彩时应用。

②“中缩览图视图”：这种视图方式比“小缩览图视图”方式显示得更大一些，可以看到部分颜色的细节。

③“大缩览图视图”：使用这种视图方式能够最大限度地显示，适合在查看颜色较复杂的色板的情况下使用。

④“小列表视图”：在这种视图方式下能够查看到完整的色彩信息。

⑤“大列表视图”：这种视图方式的效果与“小列表视图”的效果相似，只是比“小列表视图”中的色板更大一些。

（2）重新排列色板

色板的排列顺序在原则上是以加入的先后来决定的，若想更改色板的顺序，则选取要重新排列的色板，并将其拖动到两个色板之间的新位置上即可。除了可以用拖动的方式来更改色板的顺序外，还可以在面板菜单中选择不同的排列方式。

①“按名称排序”：使用这种排列方式可以将所有的颜色色板依照名称顺序排序。

②“按类型排序”：使用这种排列方式可以依照颜色类型来排列色板。

（3）使用颜色组管理色板

在 Illustrator CS6 中还提供了一种色板管理方式，即使用颜色组来管理色板。颜色组的使用方法与 photoshop 中的图层组的使用方法相似，可以将不需要的色板按照自己的需求分成不同的组，便于查看和管理，具体操作方法如下：

在页面中选择要保存颜色的对象，然后在“色板”面板中单击“新建颜色组”按钮或者选择面板菜单中的“新建颜色组”选项，会弹出“新建颜色组”对话框，在对话框中设置“名称”和“创建自”选项即可创建新的颜色组，如图 4－15 所示。需要注意的是，如果没有选择对象，则“新建颜色组”对话框中只有“名称”选项，没有其他选项。

可以将当前编辑好的颜色定义到颜色组中，也可以将“色板”面板中的色板直接拖动到颜色组中。当不需要颜色组时，也可以像删除色板一样将颜色组删除，颜色组中的色板也会随之一起删除。

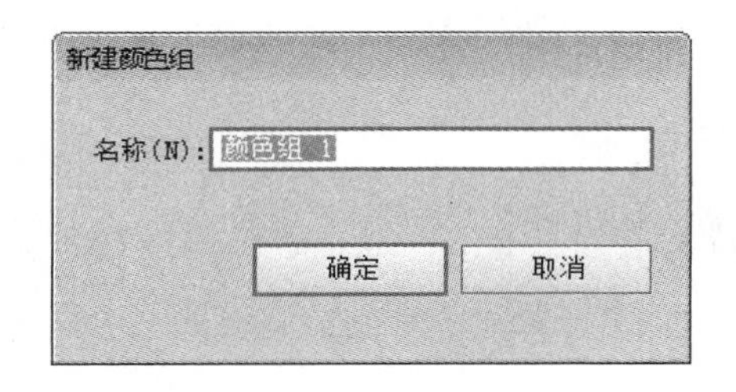

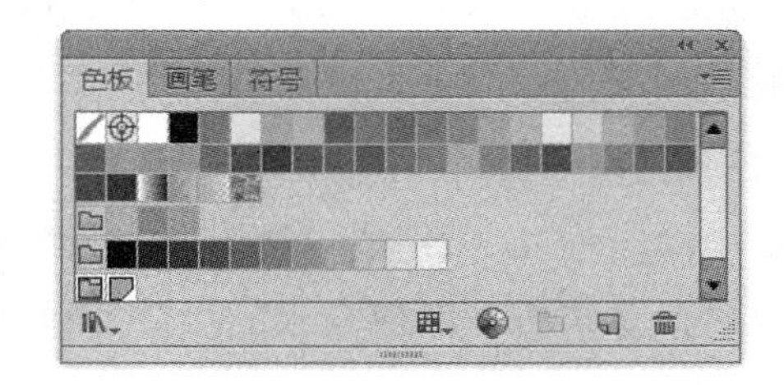

图 4－15

（4）显示不同的色板类型

前面已经介绍过，在“色板”面板中有 3 种色板类型。可以根据具体需求专门显示不同类型的色板。单击“色板”面板中的“显示色板类型”菜单按钮。打开菜单，如图 4－16 所示，共有 5 种显示类型，分别为“显示所有色板”“显示颜色色板”“显示渐变色板”“显示图案色板”和“显示颜色组”。

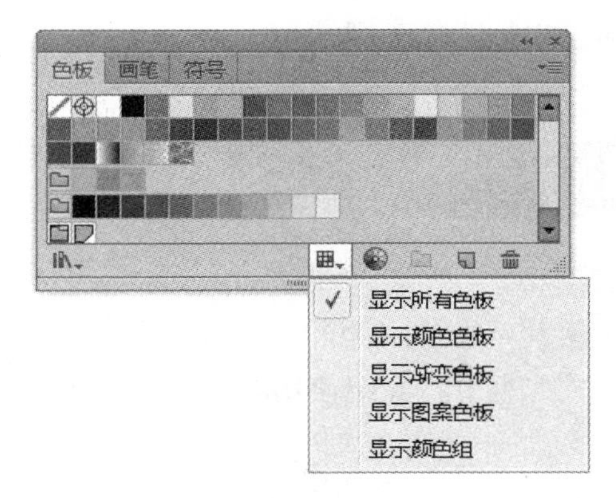

图 4－16

4.1.6　使用色板库

在 Illustrator CS6 中基于不同的颜色模式为用户提供了一些专业色板，这些色板被保存在“色板库”中，包括存储和访问的所有颜色色板、渐变色板、图案色板和颜色组。

默认情况下，新的空白的文件中打开的是 CMYK 颜色模式下的系统默认色板。除此之外，Illustrator CS6 还提供了很多种色板。选择“窗口”→“色板库”命令可查看这些色板库，也可以单击“色板面板”中的“色板库”菜单按钮。在打开的菜单中选择不同的色板库内容。不管使用哪种方式，选择的色板库都会以面板的形式出现在工作界面中，可直接单击色板库中的颜色使用。在应用到对象的同时，在“色板面板”中也会出现相应的色板颜色。

Illustrator CS6 将色板库分成不同的类别以方便选择，包括系统、渐变、图案、网站和色标簿等常用的颜色类型。具体的色板内容可以逐一打开体验，这里不再一一介绍。在这些色板库中，色标簿类别的色板库提供了很多设计领域中常用的专色，下面介绍一下其中比较重要的几种。

（1）DIC 色板库

该色板库中提供了 DIC Process Color Note 中的 2638 种 CMYK 专色。该色板库中的颜色和 Dainippon Ink＆Chemicals 出版的 DIC Color Guide 相匹配。

（2）Focoltone 色板库

该色板库由 736 种 CMYK 印刷颜色组成。使用 Focoltone 颜色来帮助避免预先印刷的陷印和拼版问题。

（3）Pantone 系列色板库

Pantone 系列色板是使用比较多，应用比较广的一种专色系列。该色板库用于打印油墨。每种 Pantone 颜色都有特定的 CMYK 颜色值。要选择一种 Pantone 颜色，首先要确定打印的油墨，这可以通过 Pantone Color Formula Guide 74XR 或者打印机提供的油墨表得到。Pantone 系列色板库可以通过打印机销售商或图形艺术的销售商获得。

（4）Toyo 色板库

该色板库由 1000 多种颜色组成，都是基于比较普通的打印油墨。Toyo 色板库包含了 Toyo 颜色的打印取样，可以通过打印机和图形艺术的供应商得到。

（5）Trumatch 色板库

该色板库提供了预先设置的 2000 多种计算机生成的可归档的颜色。Trumatch 色板库中的颜色覆盖了相等阶数 CMYK 色域中的可见色谱，Trumatch Color Finder 为每种色相显示了最多达 40 种的浓淡变化，每种都是最初在四色印刷中创建的，同时可以在电子图像设备中还原。另外，还包括了使用不同色相的四色灰度。

4.2 颜色填充

在 Illustrator CS6 中使用颜色来表现对象的填充或描边，是一种比较常用也是比较基础的图形上色形式。本节将介绍使用颜色来给对象上色的具体方法以及相关的内容。

4.2.1 填充与描边

在为对象添加颜色时，首先要确定是将颜色应用给对象的填充部分还是描边部分。在工具箱或“颜色”面板中单击填充颜色图标或描边颜色图标后再应用颜色，才能将颜色应用到希望的部分，如图 4－17 所示。如果设置错了，可以通过切换图标将填充颜色和描边颜色进行交换，也可以按“X”键进行填色与描边之间的切换。

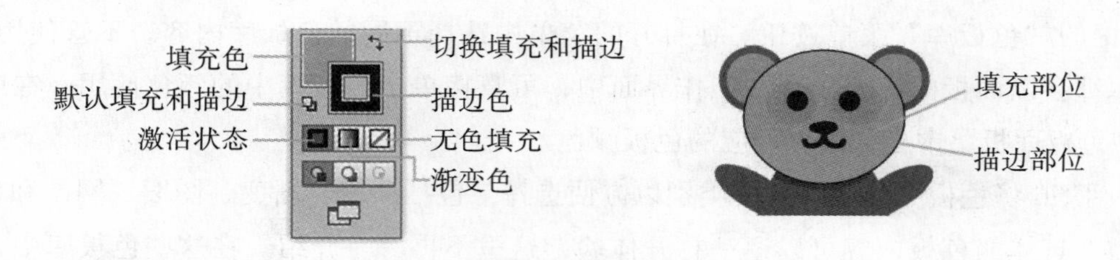

图 4－17

4.2.2 设置填充颜色

下面介绍为对象填充颜色的几种方法。

（1）使用工具箱和“颜色”面板填充颜色

为对象设置填充颜色的方法非常简单，只需在选中对象后单击工具箱中的颜色填充按钮，即可将当前填充图标中的颜色应用到对象填充部分。如果对填充的颜色不满意，可以打开“颜色”面板，对当前颜色进行编辑修改或设置新的颜色，对象的填充部分和工具箱中的填充图标都会随之而变化。

（2）使用“色板”面板填充颜色

如果想为对象填充“色板”面板中已有的颜色，则在打开“色板”面板的情况下直接单击色板颜色，即可将想要的颜色填充到当前选中的对象中。将选中的对象应用“色板”面板中选择的颜色的过程如图 4－18 所示。

如果想使用黑色或白色来填充，则可以直接单击工具箱中的“默认填充和描边”图标这样就可以将当前的填充和描边颜色转换成默认的黑色填充、白色描边状态。使用“颜色”面板或“色板”面板中的黑色或白色图标也可以为对象填充默认的黑色或白色。如果操作时有选择的对象，则被所选对象的填充也会随之改变。

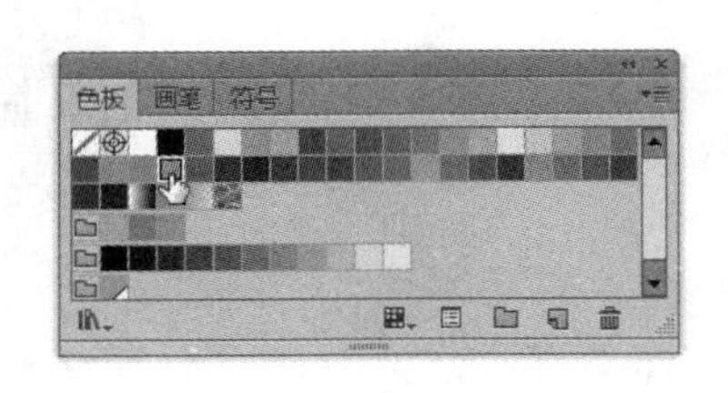

图 4－18

单击“切换填充与描边”图标可以将填充颜色和描边颜色互换，使用这个图标在某些情况下可以为用户提高颜色应用的准确度并节省时间。

如果在使用“颜色”面板或“色板”面板中的颜色前未选择任何对象，则选取的颜色会在创建下一个对象时显现出来。默认情况下，新建的空白文档会将白色作为当前填充颜色，而且在为对象填充颜色时也可以直接从“色板”面板中拖动颜色到对象上，Illustrator 会根据鼠标释放的位置将颜色填充给不同的对象。

若不想在对象的填充部分应用颜色，可以选择对象后单击工具箱“颜色”面板或“色板”面板中的无色填充图标，这样就可以将对象填充部分设置成无色填充效果。所谓无色填充即将对象填充部分设置成完全透明状态，无色填充与填入白色是完全不同的。无色是透明的，可以显示其覆盖的下层对象，若是打印在有颜色的纸张上，则显现出来的是纸张的颜色。若是白色填充，则会遮盖其下层内容，在有颜色的纸张上显现出来的也是白色。

（3）使用吸管工具填充颜色

在 Illustrator CS6 中除了可以使用“颜色”面板、“色板”面板和“色板库”为对象设置颜色填充外，还可以使用工具箱中的“吸管工具”为对象进行颜色填充。“吸管工具”可以吸取颜色，然后再将其保存或应用到选择对象上。使用“吸管工具”为对象填充颜色的具体操作方法如下：

选择工具箱中的“吸管工具”在当前工作界面要吸取颜色的位置上单击，就可以将单击位置的颜色属性吸取到工具箱中的“填充”和“描边”图标上。在吸取颜色前选择了某个对象，则吸取颜色后该对象也会自动应用吸取的颜色，如图 4－19 所示。

双击工具箱中的吸管工具按钮，可以打开“吸管选项”对话框，如图 4－19 所示。在该对话框中可以设置“吸管挑选”和“吸管应用”列表框中的选项。“吸管选项”对话框中各选项的功能如下。

图 4－19

①“吸管挑选”：用于设置“吸管工具”可以吸取的对象的各种属性，包括透明度、填充和描边的颜色，以及描边的精细和连接方式等。可根据需要选中不同的复选框对具体的吸取内容进行设置，如图 4－20 所示。

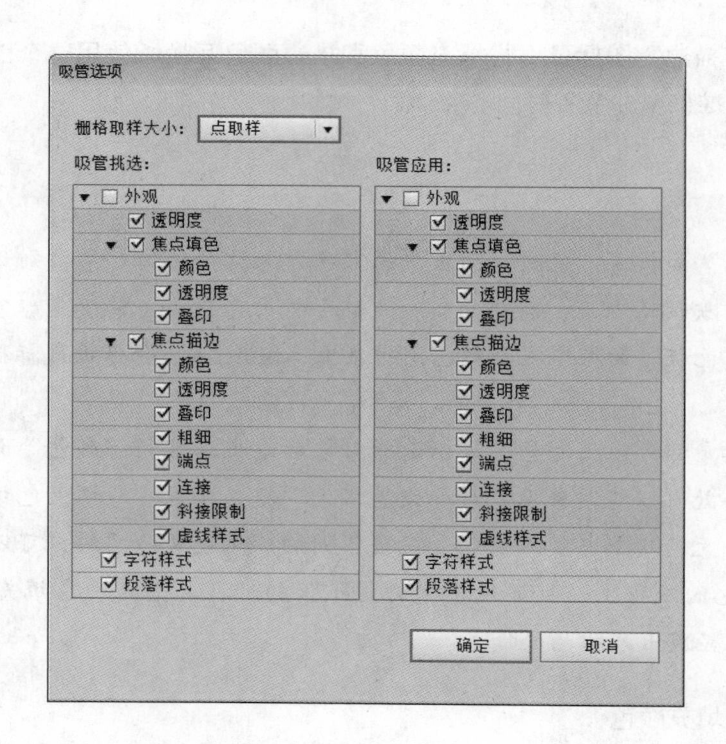

图 4－20

②“吸管应用”：该列表框与“吸管挑选”列表框中的选项内容相同，用于设置“吸管工具”吸取的内容有哪些属性可以应用到选择对象上。

③“栅格取样大小”：用于设置使用“吸管工具”吸取颜色属性时单击取样的范围，有“点取样”“平均 3×3”和“平均 5×5”3 种范围。

技巧提示

使用“吸管工具”不仅可以吸取 Illustrator 工作界面中的颜色，还可以将工作界面以外的其他应用程序的图像颜色吸取到 Illustrator 工具箱中。只需在选择“吸管工具”的情况下，在 Illustrator 的工作界面中按住鼠标左键并拖动至需要吸取颜色的其他应用程序的图像对象上，释放鼠标后即可吸取相应的颜色。

4.2.3　设置描边颜色

为对象设置描边颜色的方法与设置填充颜色的方法相同，也可以使用工具箱“颜色”面板、“色板”面板和“吸管工具”来完成对对象描边颜色的设置。

在为对象的描边设置颜色前，首先要选择对象，然后单击工具箱或“颜色”面板中的描边颜色图标，接下来可以利用工具箱中的颜色填充按钮，或在“颜色”面板中调整设置的颜色，或在“色板”面板中选择已有的颜色，以及使用“吸管工具”吸取颜色，不管使用哪一种方法都可以为对象的描边设置颜色。图 4－21 所示为对象设置描边颜色前后的对比效果。

图 4－21

可以用于描边的颜色与填充颜色相同，可以用默认黑白颜色、无色填充或“色板”面板中的内容，具体的设置方法与填充颜色的设置方法相同，这里不再详细叙述。

4.2.4　“描边”面板应用

虽然通过设置对象的描边颜色可以改变图形的色彩，以达到各种设计效果，但很多时候仅仅修改对象描边的颜色是不够的，用户可能还希望制作出各种类型的描边效果，这时就要使用 Illustrator 中的“描边”面板来进行设置。

使用“描边”面板可以设置描边的各种属性，包括粗细、端点类型、拐角连接、描边对齐方式以及各种虚线效果等。选择“窗口”→“描边”命令，可打开“描边”面板，如图 4－22 所示。该面板中各选项的功能如下。

①“粗细”：用来设置描边的宽度。可以在下拉列表中选择 illustrator CS6 预置的多种描边粗细，或者单击微调按钮调节，也可以直接在其右侧的组合框中输入数值。系统默认状态下的描边粗细为 1pt，如果数值为 0，则会变成无色填充。设置不同的描边粗细，对象的效果会有所不同，如图 4－23 所示。

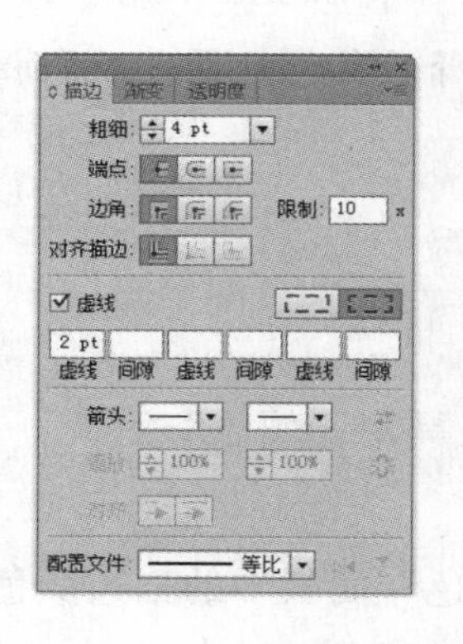

图 4－22

图 4－23

②“端点类型”：端点的形状有 3 种，分别是“平头端点”“圆头端点”和“方头端点”，它们的作用是用来调整路径端点的形状。若需要改变选择对象的端点形状，只要单击端点类型对应的图标就可以了，而且只有开放的路径对象才能看到不同的端点效果。其中，平头端点是与路径的端点对齐，圆头端点和方头端点则会超出路径端点一半的描边宽度的距离。设置不同端点类型的效果对比如图 4－24a 所示。

图 4－24

③“边角”：用于设置路径在拐角处连接两个路径线段的方式，有 3 种拐角连接方式，分别为“斜接连接”“圆角连接”和“斜角连接”。若要改变选择对象的拐角连接方式，只需单击拐角连接方式对应的图标即可。设置的拐角连接方式不同，效果也会有所不同，如图 4－24b 所示。

④“限制”：当绘制的路径为“斜接连接”时，该微调框用来控制斜角的倾斜角度。调整右侧数值框中的数值可以设置斜角限度的大小。当拐角小于斜角限度时，斜接连接自动变成斜角连接。数值越大，斜角容差也就越大。

⑤“对齐描边”：在该选项组中有 3 种描边对齐方式，分别是“使描边居中对齐”“使描边内侧对齐”和“使描边外侧对齐”。设置的描边对齐方式不同，对象效果也会有所不同，如图 4－25 所示。

⑥“虚线”：当用户想要将描边设置成“虚线”效果时，可选中此复选框，该复选框下面的“虚线”和“间隙”文本框变成可输入状态，共有 3 组，可以在其中输入虚线线段的长度和间隙值，配合不同的描边粗细和端点类型设置可得到不同的虚线效果。

a）描边居中

b）描边对齐于内侧

c）描边对齐于外侧

图 4－25

在 Illustrator CS6 中可以在“描边”面板中访问箭头并关联控制来调整大小。默认箭头在“描边”面板的“箭头”下拉列表中提供，如图 4－26 所示。使用“描边”面板还可以轻松切换箭头。

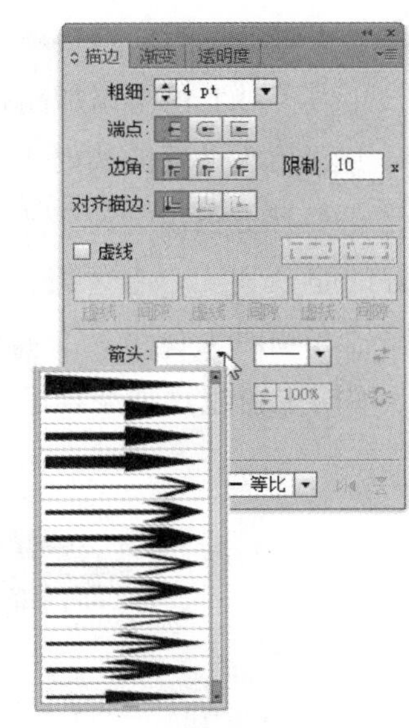

图 4－26

4.2.5　实时上色

实时上色是一种适合绘制彩色图像的比较直观的方法。这种方法既可以使用 Illustrator 的所有矢量绘图工具，又可以将所绘制的路径视为位于同一平面上的对象，这样就可以不考虑路径的上下层次关系。不同描边将平面分割成若干块，每一块都可以上色，不用考虑这些描边是否相互连接等问题。

（1）创建实时上色组

如果想使用“实时上色工具”为选择对象的表面和边缘上色，必须先将该对象创建成一个实时上色组。

选中一个或多个路径对象（可以是复合路径），然后选择“对象”→“实时上色”→“建立”命令或者选择工具箱中的“实时上色工具”，然后在要进行实时上色的对象上单击即可，如图 4－27 所示。

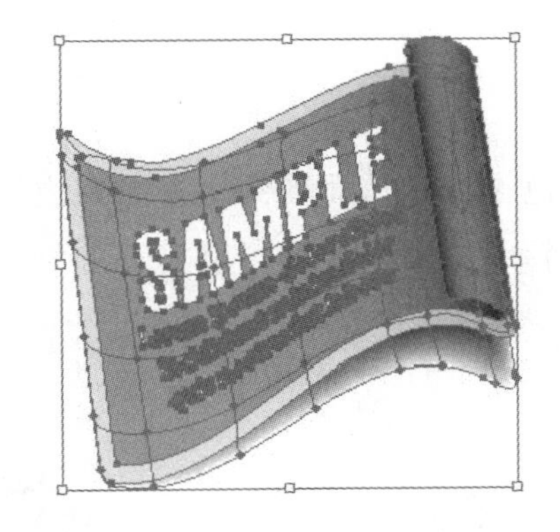

图 4－27

建立实时上色组后，其中的每条路径都可以再编辑。移动或调整路径形状后，已被填充上的颜色会自动重新应用于新编辑的路径形状上。

需要注意的是，不是所有对象都可以直接创建实时上色组。Illustrator 对于一些无法直接建立到实时上色组中的对象，如文字、位图图像和画笔等，需要先把这些对象转换为路径，再将生成的路径转换为实时上色组。

对于文字对象，需要选择“文字”→“创建轮廓”命令，将其转换成路径。关于文字的具体操作可以参阅第 6 章的内容。

对于位图图像，则要选择“对象”→“实时描摹”→“建立”命令，将其转换成路径轮廓状态后，再将其转换为实时上色组。对于其他对象，可以选择“对象”→“扩展”命令，将对象扩展成路径的形式后再创建成实时上色组。

对于使用了“画笔”或“效果”的对象，如果直接选择“对象”→“实时上色”→“建立”命令，在转换过程中会将选择对象的复杂视觉外观丢失。可先选择“对象”→“扩展”命令，然后再将其创建成实时上色组，这样就可以将对象的外观效果保留下来。

（2）为实时上色组添加路径

对于已经建立好的实时上色组，在编辑的过程中可能还需要为其添加一些需要的路径部分，如果重新建立实时上色组会比较浪费时间，这时可以使用两种方法快速地处理这个问题。一种方法是选择绘制好的路径和实时上色组，选择“对象”→“实时上色”→“合并”命令。另一种方法是选择绘制好的路径和实时上色组，在属性栏中单击“合并实时上色”按钮即可将选择的路径添加到实时上色组中。为实时上色组添加路径的效果如图 4－28 所示。

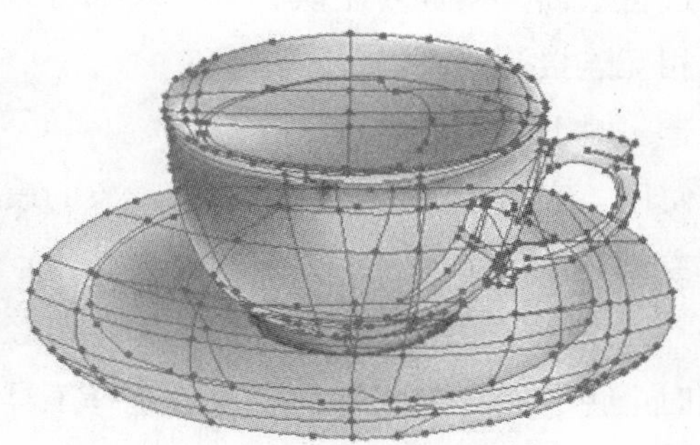

图 4－28

（3）释放实时上色组

在对实时上色组进行上色操作后，如果希望将颜色去掉，从而看到对象的描边轮廓效果，可以选择实时上色组后，选择“对象”→“实时上色”→“释放”命令，即可将实时上色组中的对象变为没有填充色且描边为 0.5pt 的黑色路径轮廓效果，如图 4－29 所示。

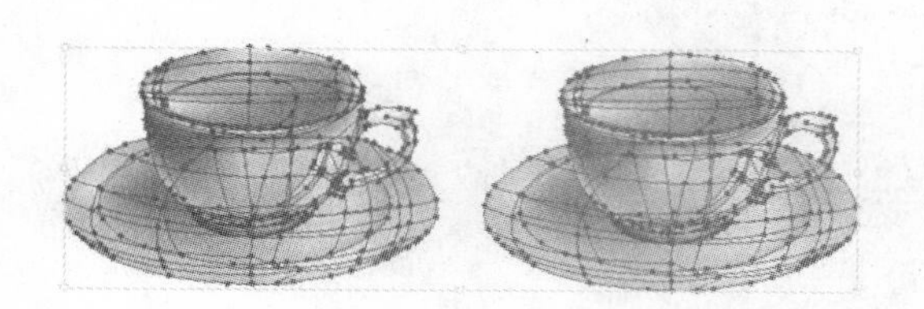
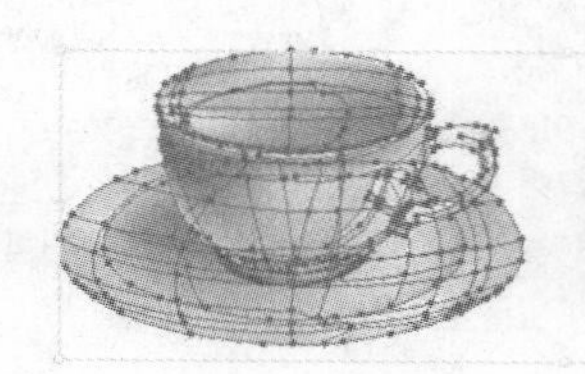
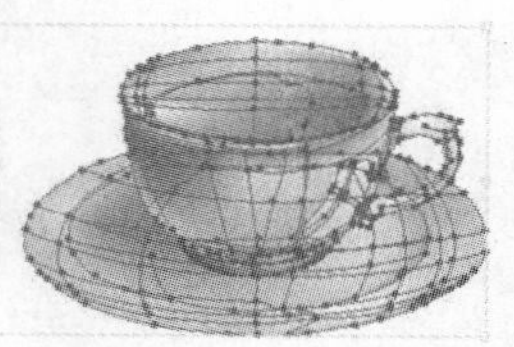

图 4－29

（4）扩展实时上色组

当希望将实时上色组的内容转换成普通的路径对象时，可以选择实时上色组后，选择“对象”→“实时上色”→“扩展”命令或者在属性栏中单击“扩展”按钮，这样就会将选择的实时上色组转换成普通的路径对象，效果如图 4－30 所示。

图 4－30

改变后的对象与实时上色组在视觉上没有什么变化，但实质上对象却是由单独的填充色和描边路径所组成的。这时，可以使用其他工具来选择和编辑这些路径。

（5）为实时上色组上色

创建好一个实时上色组后选择“实时上色工具”，在实时上色组的填充或描边区域单击，默认情况下可以将工具箱中的填充颜色应用到选择的区域，如图 4－31 所示。

图 4－31

如果想对区域的描边进行上色，可以双击“实时上色工具”按钮，在打开的“实时上色工具选项”对话框中选中“描边上色”复选框后，再使用“实时上色工具”单击上色区域的边缘部分，这样便可以为该区域的描边部分上色，并且所应用的颜色是当前工具箱中的描边颜色。

“实时上色工具”选项对话框如图 4－32 所示，对话框中各选项的功能如下。

①“填充上色”：选中此复选框后，使用“实时上色工具”时，可以对实时上色组中的填充区域上色。

②“描边上色”：选中此复选框后，使用“实时上色工具”时，可以对实时上色组中的区域边缘进行描边上色。

③“光标色板预览”：选中此复选框后，使用“实时上色工具”时，在“实时上色工具”鼠标指针上会显示出要上色的颜色块以及在色板中与该颜色相邻的色板颜色，如图 4－32 所示。

④“颜色”：用于设置使用“实时上色工具”时，显示上色区域范围时所用的颜色。可单击下拉列表右侧的下三角按钮，在打开的下拉列表中选择需要的颜色。单击右侧的颜色块，在弹出的“颜色”对话框中可以自行设置颜色。

⑤“宽度”：用于设置使用“实时上色工具”时，显示上色区域范围的边线宽度。

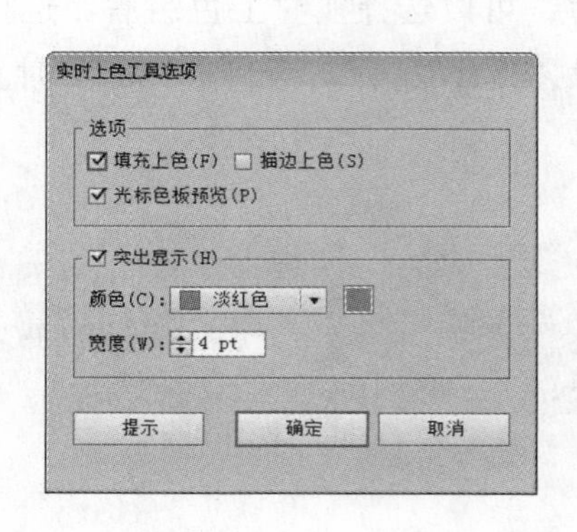

图 4-32

虽然实时上色有很多好处，但是其填色和描边属性是附属在实时上色组的表面和边缘上的，而不属于这些表面和边缘的实际路径，在其他的 Illustrator 对象中也是这样。很多效果都不能在实时上色组上应用，如“透明度”“画笔”“效果”“渐变网格”“图表”和“符号”等，而像“轮廓化描边”“封套扭曲”和“路径查找器”等命令也不能对实时上色组执行。

4.3 渐变填充

渐变色填充是 Illustrator CS6 中非常重要的填充方式。所谓“渐变色”是指从一种颜色平滑过渡到另一种或更多种颜色的颜色变化效果，常用于表现光线变化和物体的质感，在设计过程中被广泛应用。可以使用“渐变工具”配合“渐变”面板来为对象填充和编辑各种渐变色。

4.3.1 关于“渐变”面板

在开始学习使用渐变色填充方式前，为了方便阅读和理解，首先介绍一下“渐变”面板的各部分名称和组成。

选择“窗口”→“渐变”命令，打开“渐变”面板，如图 4-33 所示。升级之后的 Illustrator CS6 的“渐变”面板有了很大的变化，在其中可以设置渐变类型、渐变的颜色和颜色的分布。如果无法看到“类型”选项，可在“渐变”面板菜单中选择“显示选项”来显示全部的面板选项。

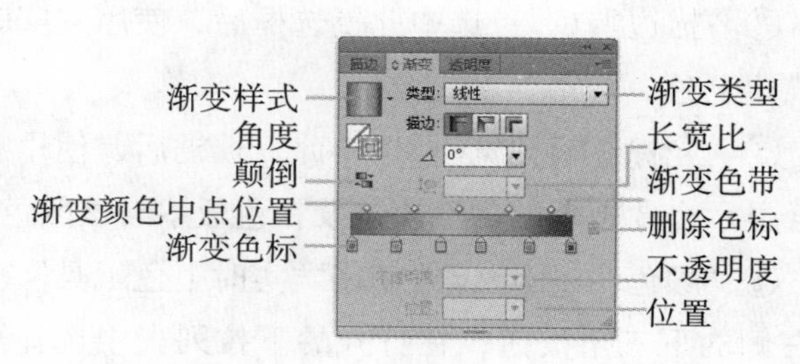

图 4-33

①“渐变填色”：渐变填色主要用来显示当前所设置的渐变色。在“渐变填色”旁边新添加了下

三角按钮，单击此按钮，会打开下拉列表，其中将显示所有保存的渐变填充色，如图 4－34 所示。单击下拉列表左下方的“存储到色板”按钮，可以直接保存所编辑的渐变颜色，方便之后的应用，如图 4－34 所示。

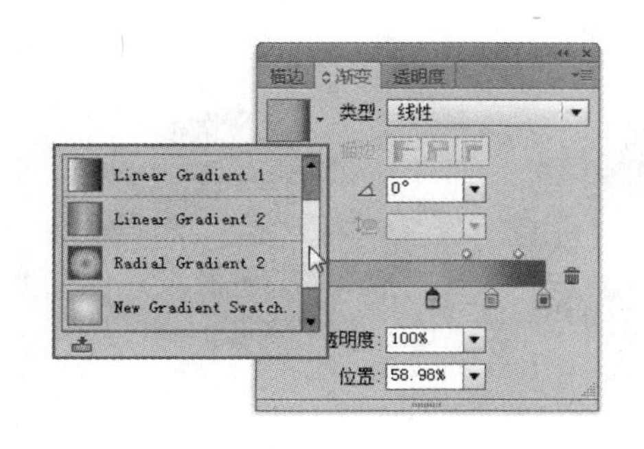

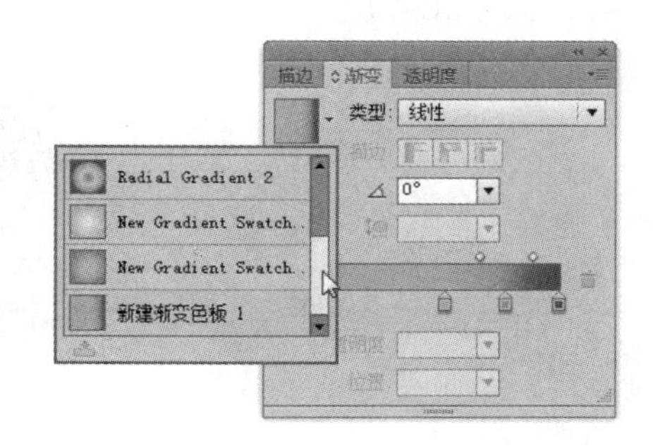

图 4－34

② “类型”：渐变类型分为两种。一种是径向渐变，该类型是以同心圆的方式向外扩散形成颜色逐渐变化的效果。另一种是线性渐变，是使用直线延伸的方式将颜色沿着延伸的方向逐渐变化的效果。图 4－35 所示为选择的对象分别应用径向渐变和线性渐变的效果。

图 4－35

③ “反向渐变”：反向渐变设置可以将设置的渐变颜色的顺序进行反方向的排列，如图 4－36 所示。

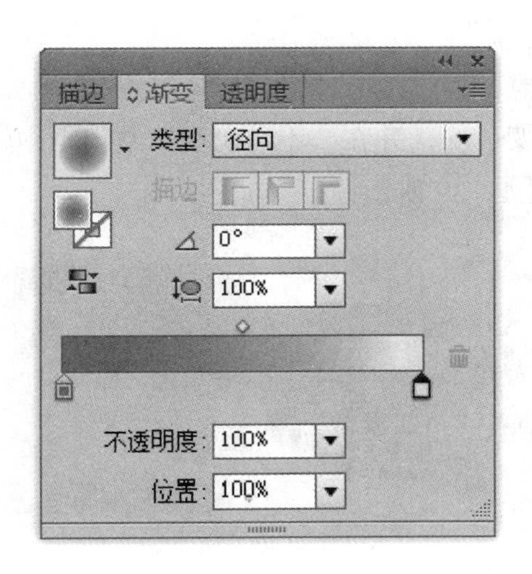

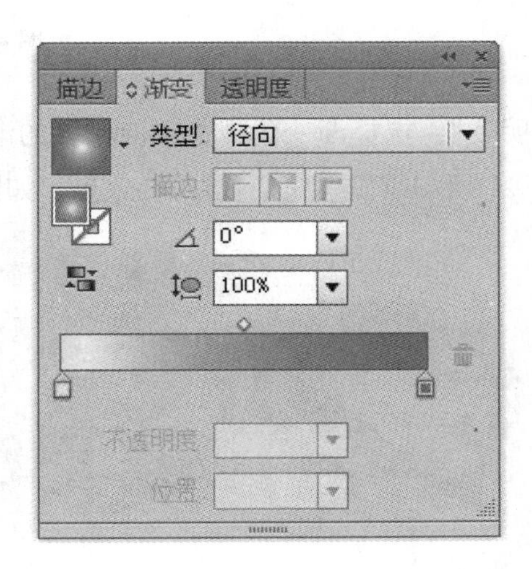

图 4－36

④“渐变角度”：当用户使用线性渐变类型时，可以通过设置“角度”数值框中的数值来精确地确定线性变化与水平的夹角。

⑤长宽比：只有渐变面板中显示不为径向渐变效果时，“长宽比”数值框才会被激活，它与画面显示的渐变批注者的大小相呼应，如图 4－37 所示。

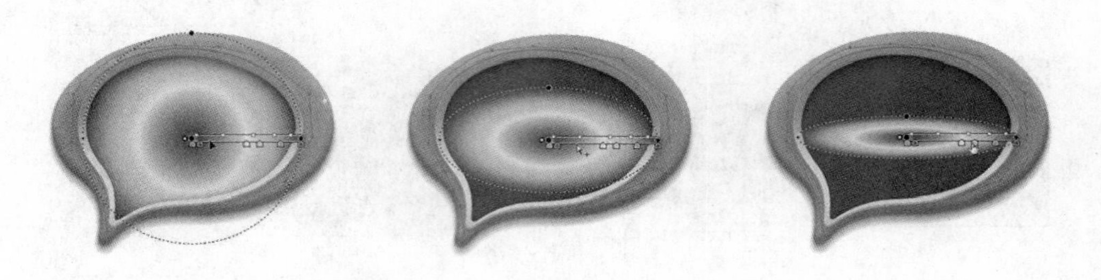

图 4－37

⑥“渐变滑块”：用来设置用于渐变的颜色，可以对其进行添加、删除和移动等操作。一个渐变色至少要由两个以上的“渐变滑块”组成。

⑦“渐变颜色中点”：渐变色带上的菱形滑块所在的位置表示相邻两种颜色在该位置颜色混合的效果，默认状态为 50%，表示两种颜色将均匀地混合渐变。菱形被选中后呈黑色实心状态：没有被选中时，呈空心状态。可以拖动菱形滑块以改变其位置，或在“位置”数值框中直接输入数值，从而控制渐变色的颜色混合状态。

⑧“删除色标”：将选中的渐变滑块删除，同时对应颜色消失，如图 4－38 所示。

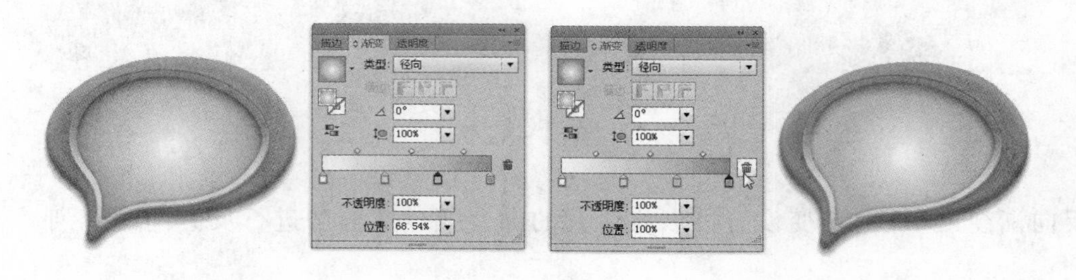

图 4－38

⑨“不透明度”：选择渐变色带上不同位置的渐变滑块，并在“不透明度”数值框中输入不同的参数，可调整渐变图形不同颜色的不透明度效果，如图 4－39 所示。

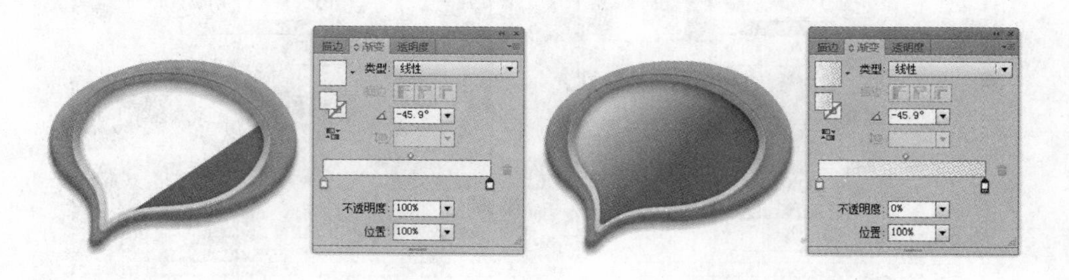

图 4－39

⑩“位置”：选择某个“渐变滑块”或“渐变颜色中点”后，可以在该数值框中设置数值来精确地确定该“渐变滑块”或“渐变颜色中点”在渐变中的位置。

4.3.2　创建渐变色填充

在 Illustrator CS6 中为对象填充渐变色的方法很简单，只需选择要应用渐变色的对象后，选择工具箱中的“渐变工具”或单击“渐变”面板中的“渐变填色”图标，即可为选择的对象填充当前设置的渐变色。默认情况下填充的渐变色是黑白线性渐变，如图 4－40 所示。

在默认情况下的渐变效果并不能满足需求，此时除了设置不同的渐变类型外，还可以使用“渐变工具”对当前的渐变效果进行调整，具体操作方法如下：

选择要应用渐变色的对象，为其添加渐变色填充。然后选择工具箱中的“渐变工具”，在选中的对象上拖动即可。图 4－41 所示为选择“色板”面板中色谱渐变的应用效果。

图 4－40　　　　图 4－41

这里需要提醒用户的是，在使用“渐变工具”调整渐变效果时，要特别注意起点和终点的位置。按下鼠标左键的位置即整个渐变的起点，拖动后释放鼠标的位置即整个渐变的终点。起点对应着整个渐变色中第一种颜色，终点对应的则是整个渐变色中最后一种颜色，如图 4－42 所示。

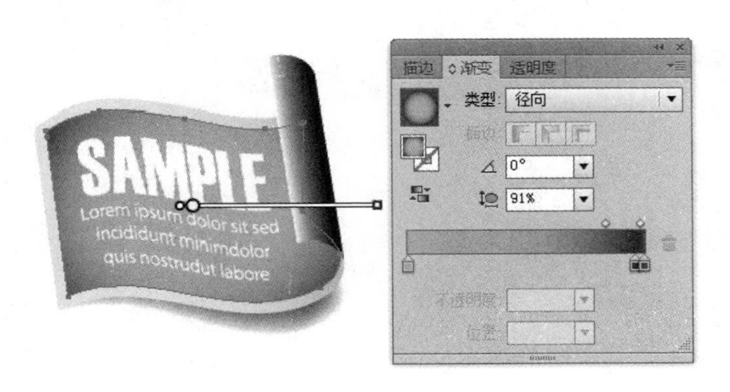

图 4－42

起点和终点之间的距离就是整个渐变颜色变化的过程。距离越短，颜色变化越剧烈；距离越长，颜色变化越平滑。而且对于线性渐变，不同的起点和终点位置还决定了渐变颜色变化的方向，即角度变化。图 4－43 所示为不同距离和角度的线性渐变效果（图中箭头为渐变的起点和终点的角度指示）。

另外，在调整线性渐变的角度时，除了在“渐变”面板的“渐变角度”数值框中输入数值外，还可以在使用“渐变工具”拖动时按住“Shift”键使渐变角度以 45°为增量变化，其中线性渐变的水平和垂直状态在实际工作中经常被使用。

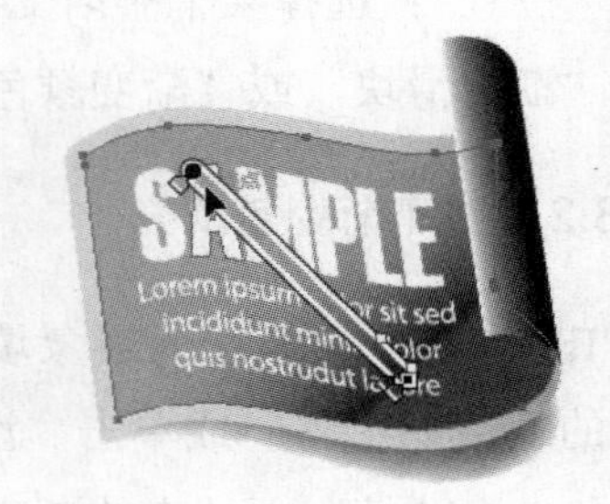

图 4－43

4.3.3　编辑渐变色

在为对象创建渐变色填充时，如果当前使用的渐变效果不能满足要求，可以自行创建或者对已有的渐变色进行编辑修改，以产生新的渐变色效果，这些操作都可以使用“渐变”面板来完成。

打开“渐变”面板后，可以看到上一次编辑的渐变色效果。可以在上次效果的基础上进行调整，也可以在“色板”面板中选择一种渐变色作为调整的基础，这样可以节省设置渐变色的时间。

对于一个渐变色效果，除了受渐变类型的影响外，主要体现在颜色的变化上。在“渐变”面板中可以很方便地对渐变的颜色进行编辑管理，具体操作方法如下。

（1）添加多个“渐变滑块”

Illustrator CS6 允许制作多种颜色的渐变。在渐变色带下方单击，在单击处即可增加一个“渐变滑块”，每单击一次就可增加一个“渐变滑块”，每个“渐变滑块”可以设置不同的颜色，从而可以设置多种颜色的渐变效果，如图 4－44 所示。

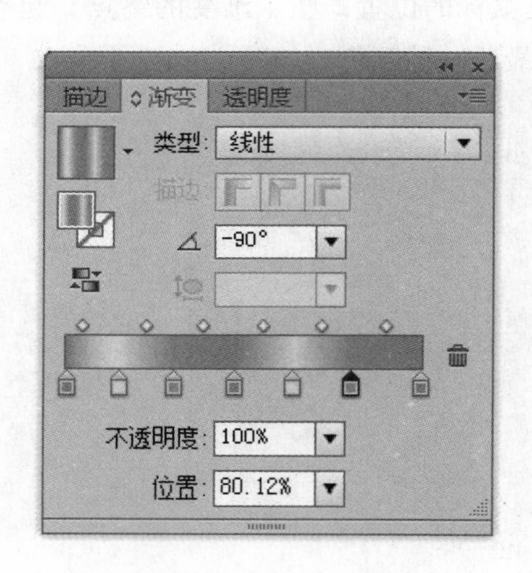

图 4－44

（2）删除“渐变滑块”

如果设置过程中发现某些“渐变滑块”是多余的，可以单击该“渐变滑块”，然后将其向下拖动到“渐变”面板外面，释放鼠标后即可将其删除。需要注意的是，由于一个渐变色至少要由两个以上的“渐变滑块”组成，因此在“渐变”面板上会有两个默认的“渐变滑块”不能被删除，如图 4－45 所示。

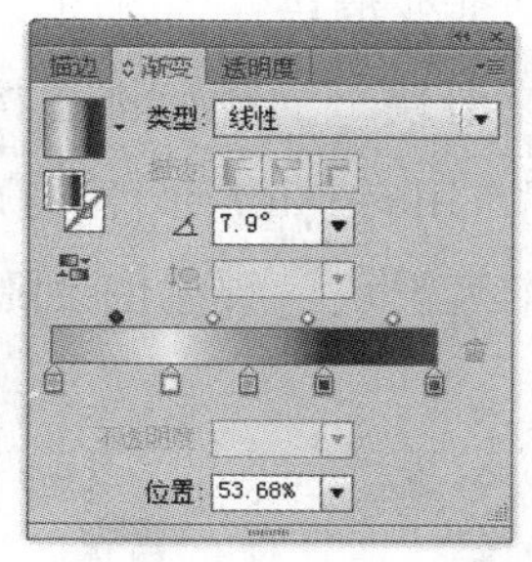

图 4－45

同样也可以在页面中直接删除制作过程中不需要的“渐变滑块”。填充了渐变色的图形，通过观察页面中绘制的渐变批注者可以很方便地调整添加的“渐变滑块”的位置、添加或删除“渐变滑块”。直接选中“渐变滑块”并将其拖离即可将其删除；在画面上方双击即可添加“渐变滑块”，然后在“渐变”面板中双击添加的“渐变滑块”，在弹出的调整颜色面板中设置色块颜色，如图 4－46 所示。

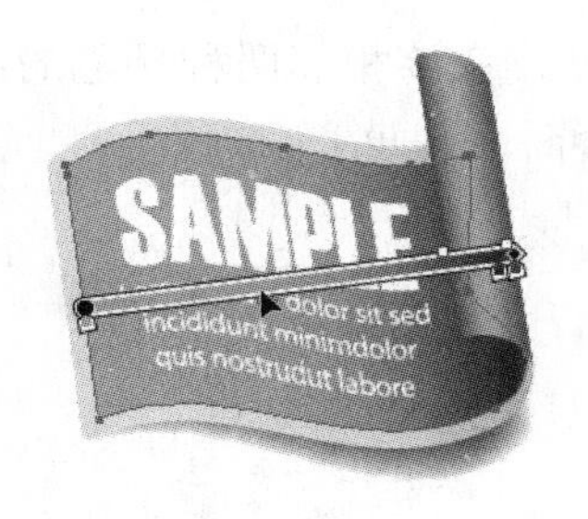

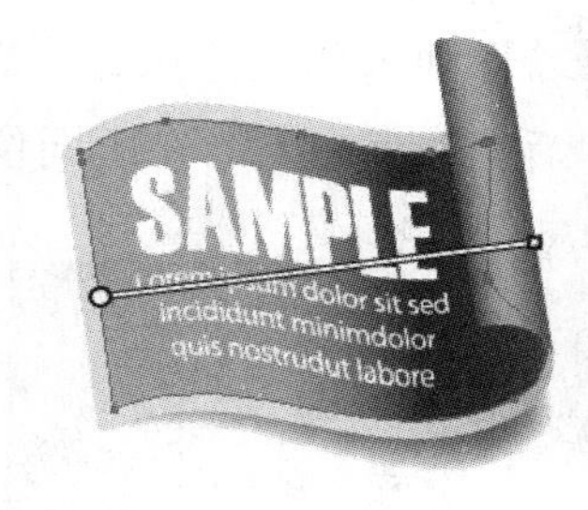

图 4－46

(3) 移动“渐变滑块”

渐变色带上的“渐变滑块”位置是可以随意移动的，选中后直接拖动即可。通过移动“渐变滑块”，可以很好地控制渐变颜色在渐变填充中的位置，从而达到不同的渐变色填充效果，如图 4－47 所示。

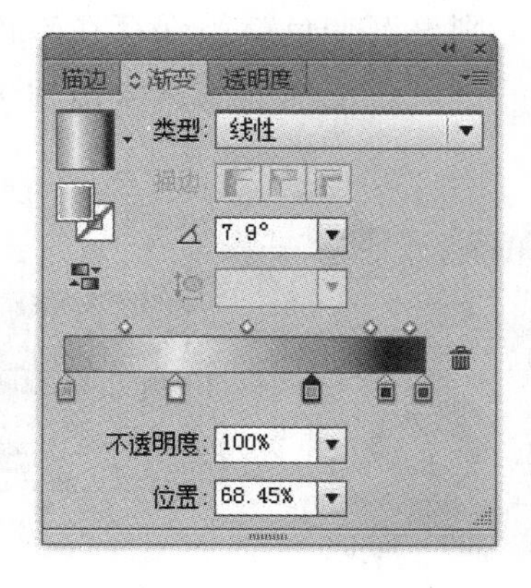

图 4－47

（4）修改“渐变滑块”的颜色

每个“渐变滑块”的颜色都是构成渐变色的一部分，如果希望编辑“渐变滑块”的颜色，可以双击“渐变滑块”，Illustrator 会自动打开调整颜色的面板供修改。当在该面板中编辑颜色时，“渐变”面板中对应的“渐变滑块”颜色也会随之变化。“渐变滑块”颜色的修改过程和效果如图 4－48 所示。

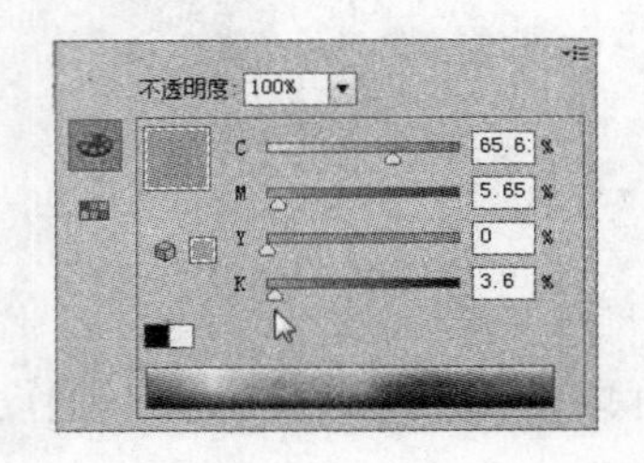

图 4－48

（5）调节“渐变颜色中点”

前面已经介绍过，“渐变颜色中点”是用来控制相邻两种颜色混合效果的位置，默认状态为 50%。可以单击菱形图标将其选中，然后通过拖动来调整其位置，即可改变该相邻两种颜色的混合状态。图 4－49 所示为相同渐变颜色情况下，“渐变颜色中点”在不同位置时的效果。

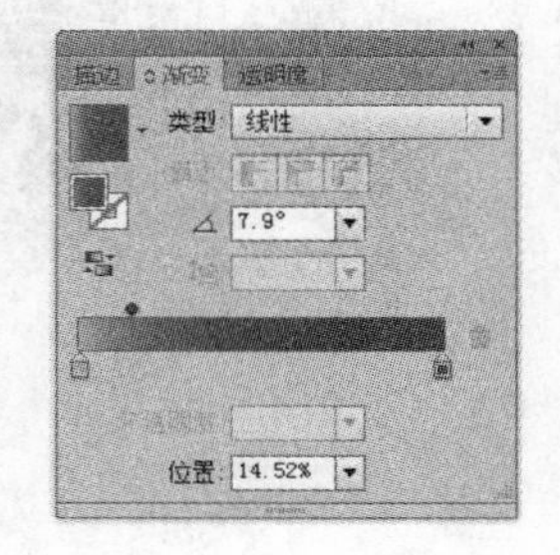

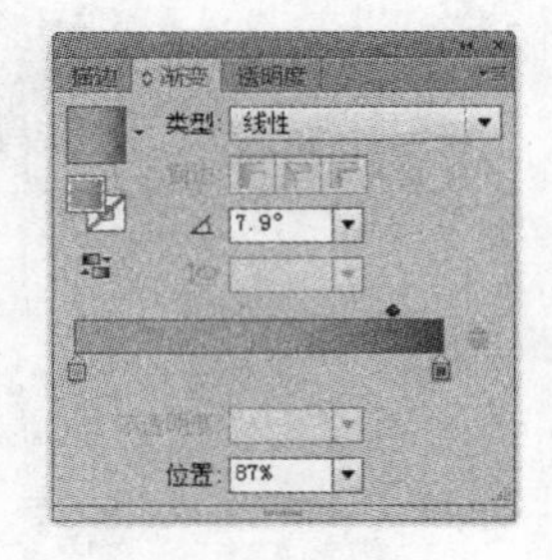

图 4－49

（6）保存编辑好的渐变色

很多时候在编辑好渐变色后，用户希望以后在其他文件中能反复使用这种渐变色，这时可以将该渐变色保存起来。首先将鼠标指针放在“渐变”面板上的“渐变填色”图标处，然后将其拖动到“色板”面板上释放鼠标，则该渐变色就被保存在“色板”面板中了。在下次使用时只需在“色板”面板上单击该渐变颜色，就可以将该渐变颜色应用到选择的对象上了。图 4－50 所示为渐变色的保存过程和结果。

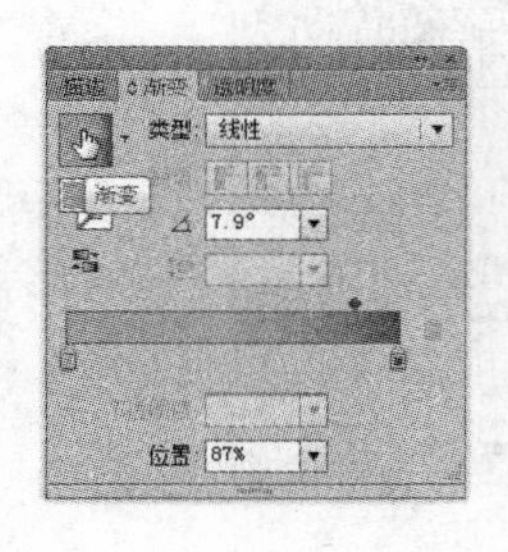

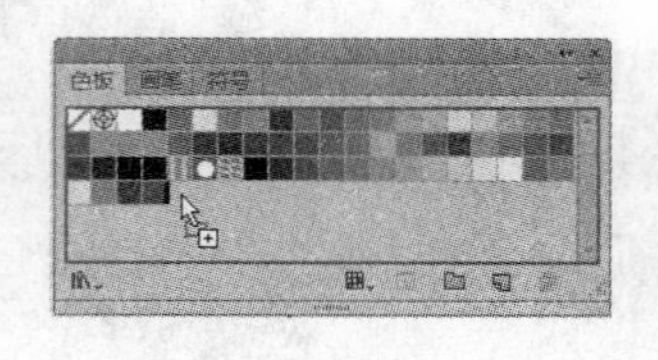

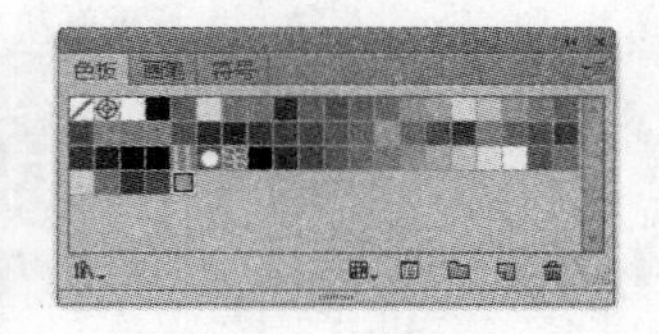

图 4－50

4.3.4　使用渐变色板库

除了使用自己设置的渐变色来制作各颜色渐变效果外，Illustrator CS6 还提供了丰富的渐变色板库。选择“窗口”→“色板库”→“渐变”命令，在打开的子菜单中可以看到各种类型的渐变色板库，用户可以根据需要选择对应的命令，将该渐变色板库以面板的形式显示到当前工作界面中。图 4-51 所示为“金属”面板。

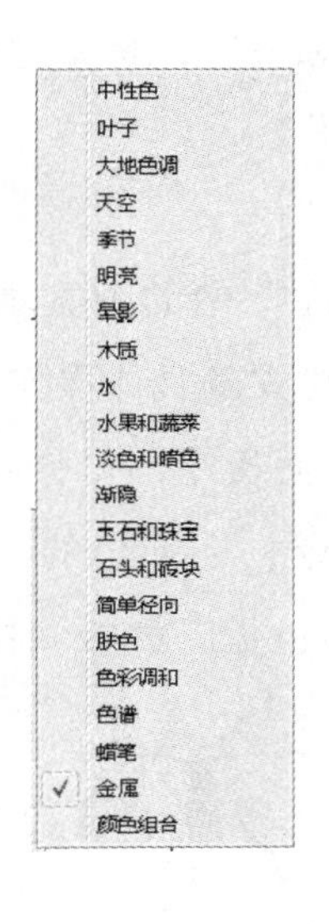

图 4-51

在“金属”面板中单击要填充的渐变色，就可以将其应用到选择的对象上，同时该渐变色也会自动添加至“色板”面板中。图 4-52 所示为“金属”的应用效果。

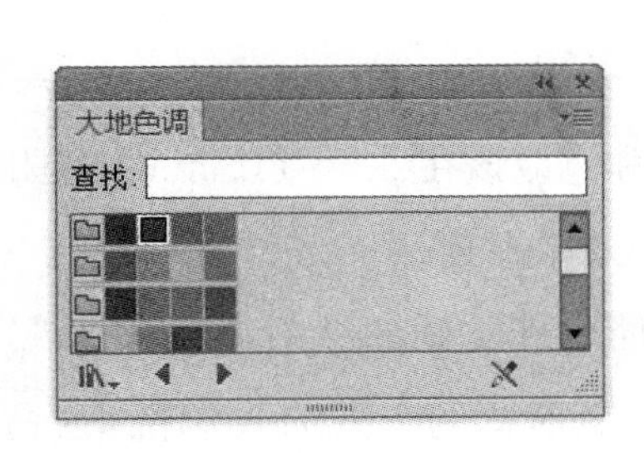

图 4-52

使用渐变色填充可以为对象创建出平滑的颜色过渡效果，但渐变色只能填充到对象的内容上，描边是不能使用渐变填充的。如果希望为描边设置填充效果，可以设置好合适的描边粗细后，选择“对象”→“路径”→“轮廓化描边”命令，将描边转换成图形后进行渐变色填充，以达到需要的设计效果。

4.4 图案填充

在 Illustrator CS6 中除了颜色和渐变这两种填充方式外，还有一种是图案填充。图案是指具有一定形态的图形或组合图形，以一定的间隔重复出现的形态效果。图案被应用到对象中后，会以重复排列的方式出现在对象的内部。而且图案可以填充到对象的填充和描边，是一种比较实用的上色形式。

4.4.1 设置图案

在为对象应用图案填充时，如果“色板”面板和“色板库”中的图案填充样式都不能让用户满意，那么用户可以自己设计新的图案填充样式。设置图案填充样式的具体操作方法如下：

选择全部要定义成图案的对象，然后将其拖动到“色板”面板中即可创建成图案。或者在选择全部要定义成图案的对象后，选择“编辑”→“定义图案”命令，在弹出的“新建色板”对话框中输入图案的名称，然后单击“确定”按钮，也可以将其创建到“色板”面板当中，如图 4－53a 所示。

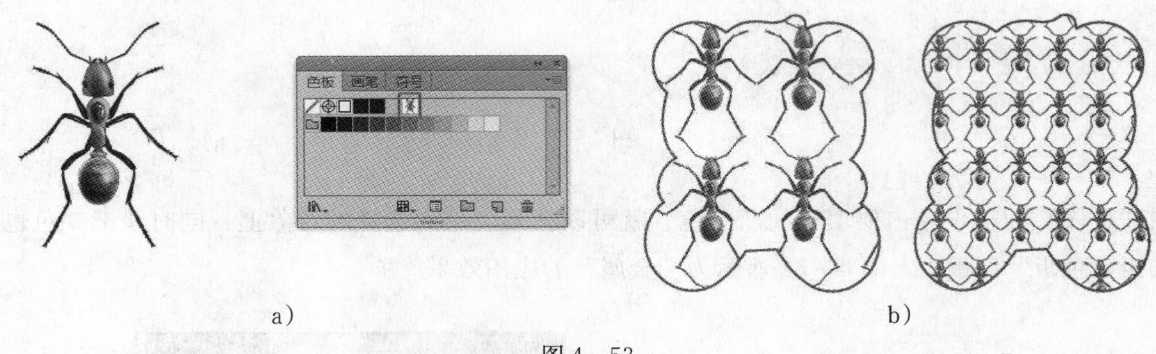

a)　　b)

图 4－53

为了节约图案填充及打印的时间，作为图案的对象的长和宽应该在 0.5～11mm 的范围内。图 4－53b 所示为同一对象在不同大小的状态下被定义成图案后应用的效果对比。

把同一个对象制作成图案时，会因为排列的空白不同而出现不同的结果。默认情况下，图案是以对象的整个外形边缘来作为拼贴时的边界。可以使用添加矩形框的方式来控制图案拼贴时空白的大小，具体操作方法如下：

① 在要定义成图案的对象外围，按照希望留下空白的大小绘制出一个矩形，并设置矩形的填充和描边都为无色。

② 选择矩形框和要定义成图案的对象后，将其拖动到“色板”面板或选择“编辑”→“定义图案”命令，都可以创建出带有空白间隙的图案拼贴效果。图 4－54 所示为同一对象在使用不同的空白大小时图案填充的效果对比。

4.4.2 应用图案

为对象填充图案的方法很简单，具体操作如下：

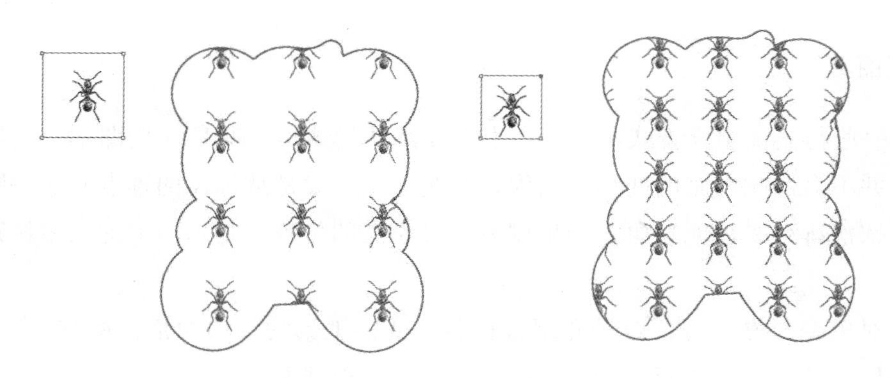

图 4－54

选择要进行图案填充的对象，并将填充位置设置为对象内部填充或者描边填充，然后在“色板”面板或打开的色板库中单击要应用的图案，就可以将图案应用到选择的对象上。如果使用的是色板库中的图案，则该图案会自动添加至“色板”面板中。

在为对象填充图案时，可以填充到选择的对象的内部，也可以填充到选择的对象的描边。在给描边填充图案时需注意，只有当描边具有足够的宽度时才能看到图案的填充效果。图 4－55 所示为分别给对象的内部和描边填充图案的效果。

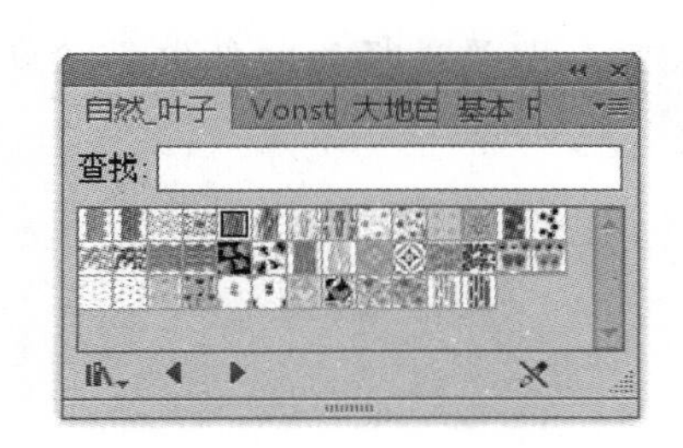

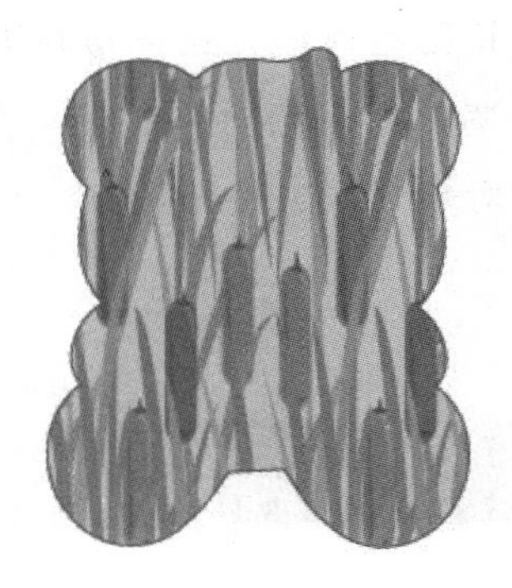

图 4－55

在为对象应用图案填充时，除了使用“色板”面板中预置的图案内容或自己设计的新的图案填充效果外；还可以选择“窗口”→“色板库”→“图案”命令，在打开的子菜单中会看到不同分类的图案色板，可以根据需要选择对应的菜单命令，将该图案色板库显示到当前工作界面中。然后将想要的图案应用到所选对象上，图 4－56 所示为“自然叶子”面板和“叶子图形颜色”的应用效果。

图 4－56

4.4.3 编辑图案

图案填充有一些与其他填充方式不同的特点。在默认模式下，对象应用图案填充后，对对象进行的任何变形操作并不会影响图案的变形。因为在系统当中图案是从标尺的零点开始拼贴的，并且从下至上、从左到右依次排列来填充对象。如果调整标尺原点的位置，则页面中的图案拼贴效果也会随之改变。

在前面介绍对象变形操作时，曾经介绍过在各个变换工具的选项对话框中都有一个“变换图案”复选框，它们是用来控制图案是否随物体一起变形的。这里强调一下，如果对一个具有图案填充属性的对象进行变形操作，对象中的图案和对象本身都可以进行变形操作。只要选中各变换工具选项对话框中的“变换图案”复选框，即可让图案和对象一起进行各种变形操作。例如，对选取的具有填充图案的对象进行旋转变形。

技巧提示

如果希望以普通图形对象而不是图案填充方式来使用“色板”面板中的图案内容，可以从“色板”面板或色板库中将图案内容直接拖动到页面上，这样就可以得到想要的图形对象。

需要注意的是，不是所有的对象都能被创建为图案。如果选择的对象中已经应用了图案或者选择的是图表对象，则该对象不能创建为图案。

4.5 渐变网格填充

在 Illustrator CS6 中，渐变网格是一种非常独特而强大的色彩表现方式。在前面介绍过的渐变填充方式中，渐变所创建的色彩变化是沿着某个特定的方向有规律地变化。如果希望创建颜色变化比较灵活自由的效果，则需要借助多个对象的组合、排列和重叠。而本节将要介绍的渐变网格填充方式则可以使创建和编辑过程变得更加方便、灵活和自由，并且能最大限度地实现用户的想法。对于那些使用 Illustrator CS6 进行艺术绘画创作的用户，使用渐变网格填充方式则可以更好地把握色彩变化的过程，达到与现实中绘画创作同样完美的效果。

4.5.1 渐变网格的构成

在开始使用渐变网格之前，首先需要了解什么是渐变网格以及渐变网格的构成，从而方便学习后面的创建和编辑方法。

使用渐变网格方式填充的对象，称为网格对象。渐变网格是由渐变网格线和渐变网格点组成的，渐变网格线在对象上组成网状，可以通过调整渐变网格点的颜色和位置，将各种颜色变化效果和对象形态自由地应用到对象上，从而制作出各种渐变网格效果。图 4 - 57 所示为 Illustrator CS6 示例艺术作品中展示的利用渐变网格绘制的效果。

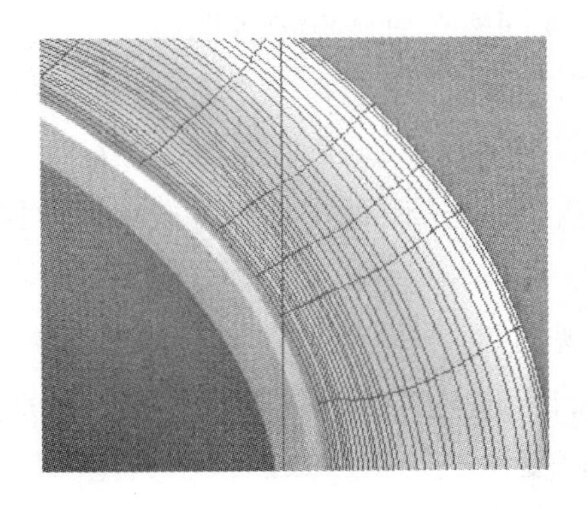

图 4－57

渐变网格中的网格点与路径上的锚点很相似。网格点的形状为菱形方块，被选中时显示为实心状态，未被选中时显示为空心状态。每个网格点都有与普通路径曲线锚点相似的两条方向线，在交叉的网格线中，每个网格点则有 4 条方向线，可以在 4 个方向上设置颜色过渡的方向和距离。当网格点被选中时，四周会出现控制手柄。4 个相邻的网格点围成的区域被称为网格区域。渐变网格的组成结构如图 4－58 所示。

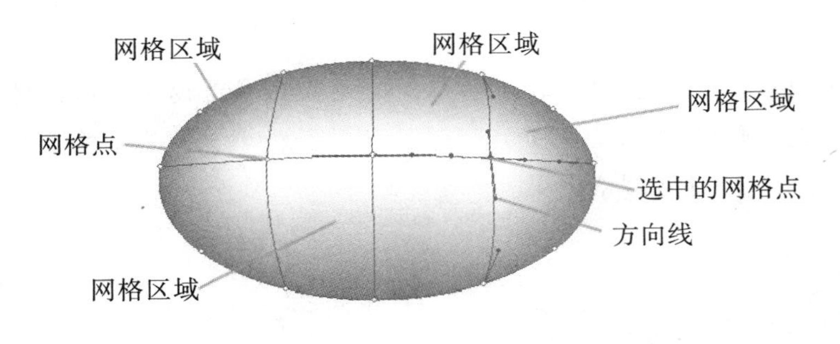

图 4－58

4.5.2　创建渐变网格

在 Illustrator CS6 中可以使用如下几种方法来创建渐变网格。

（1）使用菜单命令创建渐变网格

选择要创建为渐变网格的对象，选择“对象”→“创建渐变网格”命令，在弹出的“创建渐变网格”对话框中设置好网格的行数、列数和外观等参数后，单击“确定”按钮即可。创建效果如图 4－59 所示。使用“对象”→“创建渐变网格”命令创建的渐变网格具有网格，分布比较规则的特点。

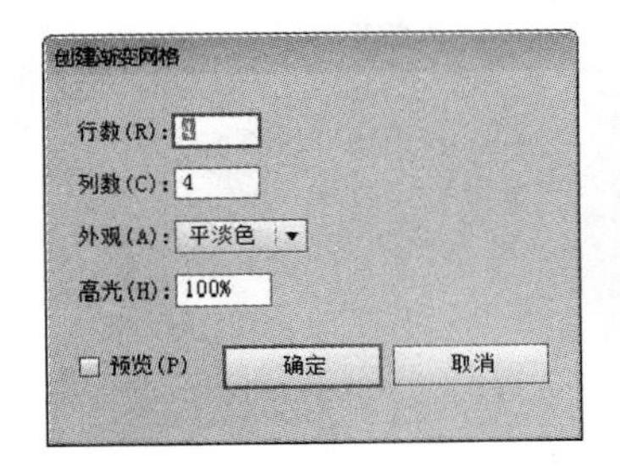

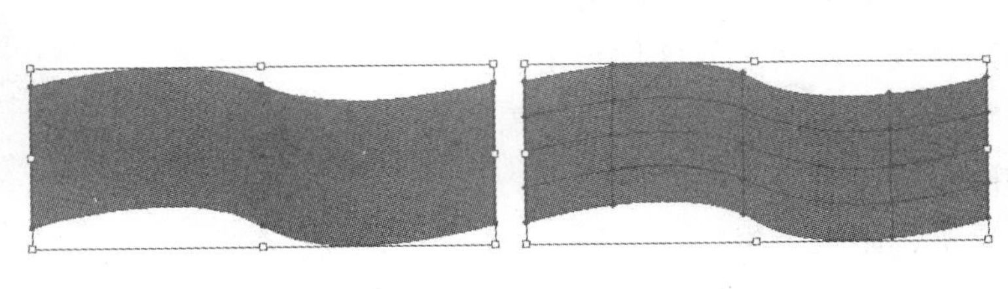

图 4－59

“创建渐变网格”对话框中各选项的功能如下。

①“行数”：用于设置在水平方向上产生网格线的数量，在文本框中直接输入数值即可，数值范围为1～50。

②“列数”：用于设置在垂直方向上产生网格线的数量，在文本框中直接输入数值即可，数值范围为1～50。

③“外观”：用于设置创建渐变网格后对象高光部分的表现方式。单击该下拉列表后的下三角按钮，在打开的下拉列表中包含3个选项，分别为“平淡色”“至中心”和“至边缘”。其中，“平淡色”表示创建的渐变网格是将对象的原始颜色均匀地应用到选择的对象上；“至中心”表示创建一个中心位置有高光效果的渐变网格；“至边缘”表示将高光的位置移到了对象的边缘区域。选择不同选项的对象效果如图4－60所示。

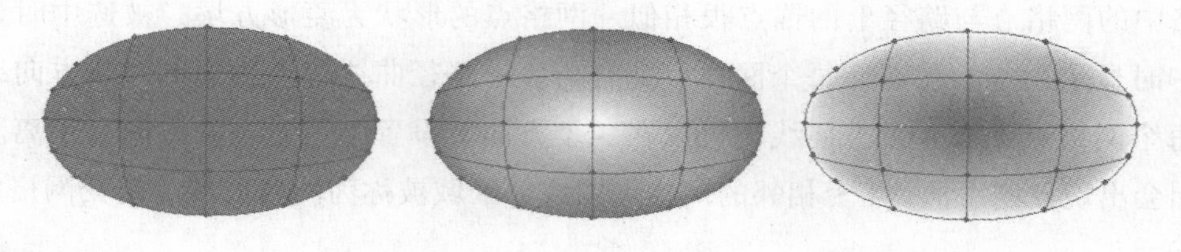

图4－60

④“高光”：用于设置高光的强度。数值越大，高光处的强度越大；数值越小，高光处的强度越小。当值为0时，图形的颜色填充没有高光点，是均匀的颜色填充；当值为100%时，高光点为白色。图4－61所示为不同高光值的渐变网格效果。

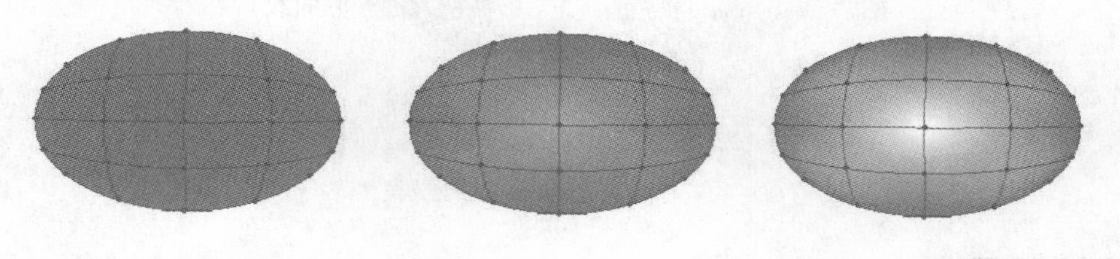

图4－61

（2）使用网格工具创建渐变网格

选择要创建为渐变网格的对象，然后在工具箱中选择“网格工具”，将鼠标指针移动到选择的对象上，当鼠标指针变成形状时单击，这时该对象会被转换成渐变网格，并被加上一组基础的网格线，如果多单击几次会添加更多的网格线和网格点，图4－62所示为使用“网格工具”创建渐变网格的效果。

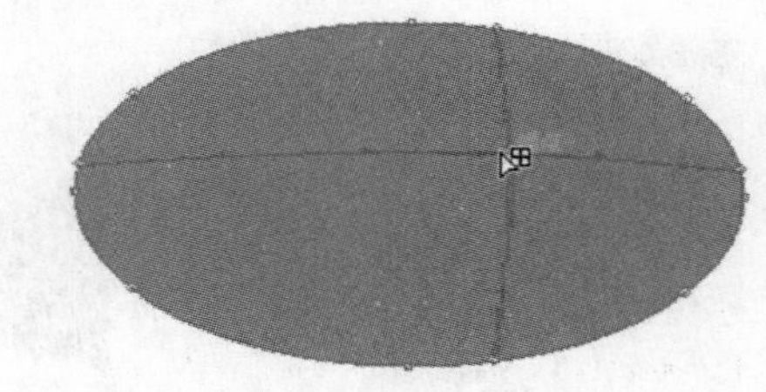

图4－62

使用“网格工具”添加网格线时，如果在对象内部没有网格线和网格点的区域单击，则每次单击都会添加一个网格点和两条贯穿整个对象的网格线，且与已有的网格线交叉产生新的网格点。如果在已有的网格线上单击，则只产生一条网格线和一个网格点，新产生的网格线与单击的网格线相交叉，且贯穿整个对象，并与已有的网格线交叉产生新的网格点。如果在网格点上单击，则不会产生新的网格线和网格点，只能将单击的网格点选中。图 4－63 所示为使用“网格工具”在不同位置添加网格线的效果。

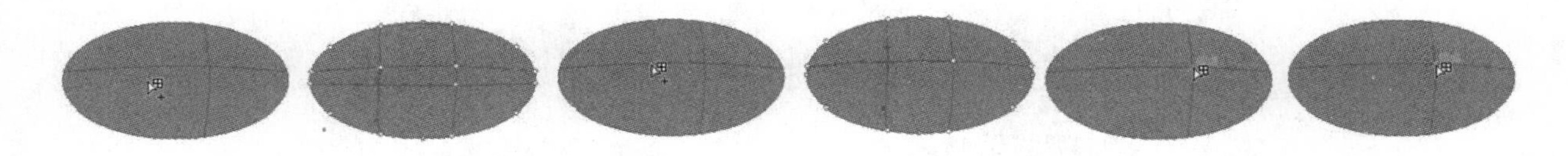

图 4－63

使用“网格工具”创建渐变网格时，创建过程相对灵活且自由，但网格线和网格点的数量以及位置会变得相对不好控制。

需要注意是，使用“网格工具”创建渐变网格时，如果选择对象的填充颜色为无色，则不能直接在对象内单击创建渐变网格，只能在边线上单击来创建渐变网格。

(3) 将渐变填充转换为渐变网格填充

选择要创建为渐变网格的对象，选择“对象”→“扩展”命令。在弹出的“扩展”对话框中选中“渐变网格”单选按钮，单击“确定”按钮就可以将选择的渐变填充对象转换为渐变网格填充对象，如图 4－64 所示。

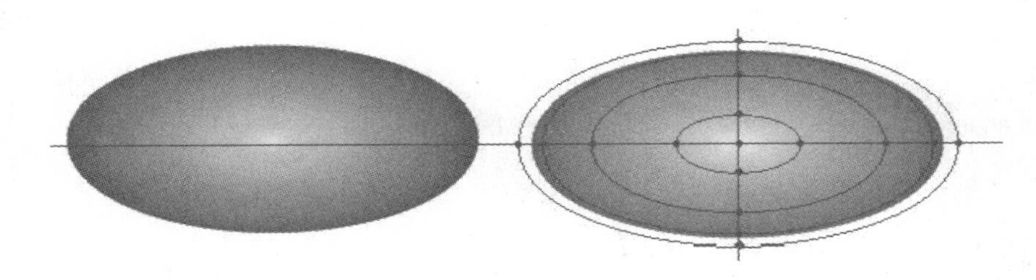

图 4－64

需要注意的是，使用“扩展”命令创建渐变网格时，如果原始图形的外形不是矩形，则会以剪切蒙版的形式控制对象的外形，需要将“扩展”出来的渐变网格进行取消编组和释放剪切蒙版后，才能看到渐变网格的全部内容。

4.5.3 编辑渐变网格

对创建好的渐变网格一般都需要进行进一步的调整，调整的具体内容有以下几个方面。

(1) 调整网格线和网格点数量

① 添加网格线和网格点

使用“网格工具”添加网格线时，只需直接单击就可以添加网格线和网格点。具体方法和情况在前面讲解创建渐变网格时已经介绍过了，这里不再重复。

② 删除网格线和网格点

使用“网格工具”时，按住“Alt”键，鼠标指针变成形状时单击网格线，就可以将该网格线删除，并且所有与该网格线相关的网格点都会被删除。如果按住“Alt”键，鼠标指针变成形状时单击网格点，则可以删除该网格点和与之相连接的所有网格线，效果如图 4－65 所示。

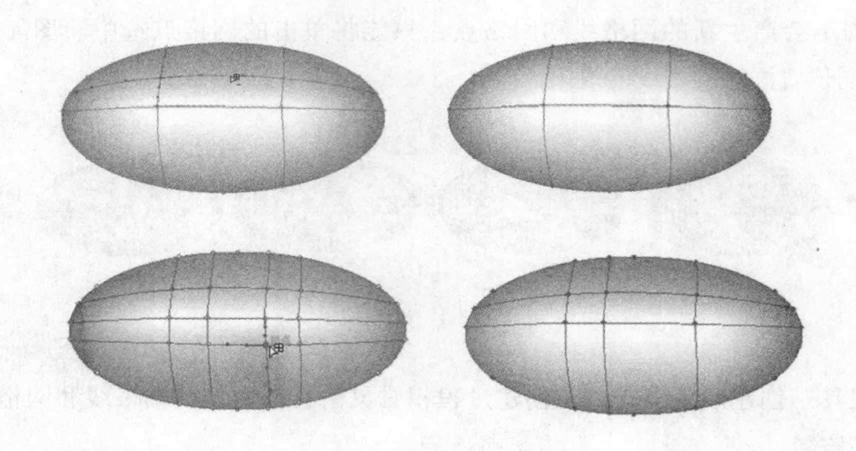

图 4－65

（2）调整网格线、网格点和方向线的位置

调整网格线、网格点和方向线的位置的方法与调整路径的方法相同。在开始调整前，首先要用“直接选择工具”或“套索工具”对网格点进行选择，然后使用“直接选择工具”移动网格点及调整网格点上方向线的长度和角度。也可以使用“转换锚点工具”将方向线断开后进行单独调整，从而控制颜色变化的细节，如图 4－66 所示。

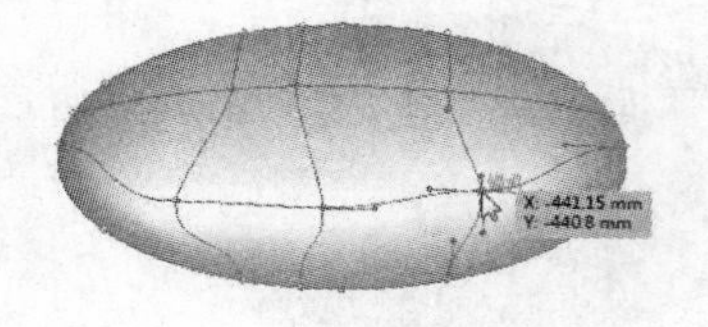

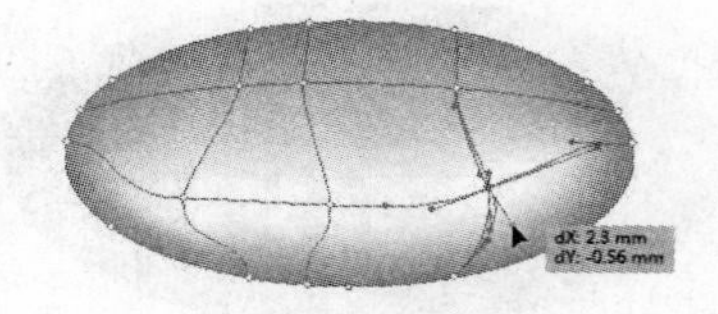

图 4－66

创建好的渐变网格在外形上仍然可以像普通路径一样进行调整，调整方法与调整路径的方法相同。

需要注意的是，使用“网格工具”只可以选择并编辑单个网格点，如果想同时选中多个网格点，则需要使用“直接选择工具”进行选取。当渐变网格非常复杂并且已经填充颜色时，用“网格工具”选取网格点也比较麻烦，容易误操作而增加不需要的网格点。这时，可以使用“直接选择工具”来进行选取，操作起来会比较方便。

（3）调整渐变网格的颜色

渐变网格的颜色是由每个网格点的颜色依据网格路径混合而成的，通过调整网格点的颜色就可以控制渐变网格的颜色。

对渐变网格的颜色进行调整的方法有以下几种。

① 使用“颜色”面板

在渐变网格中选择要修改颜色的网格点后，打开“颜色”面板，并在其中对当前选择的颜色进行修改，随着颜色的调整，对应网格点上的颜色也会随之变化，如图 4－67 所示。

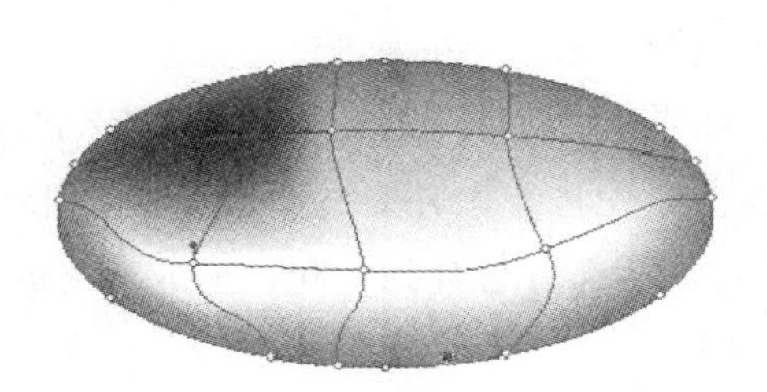

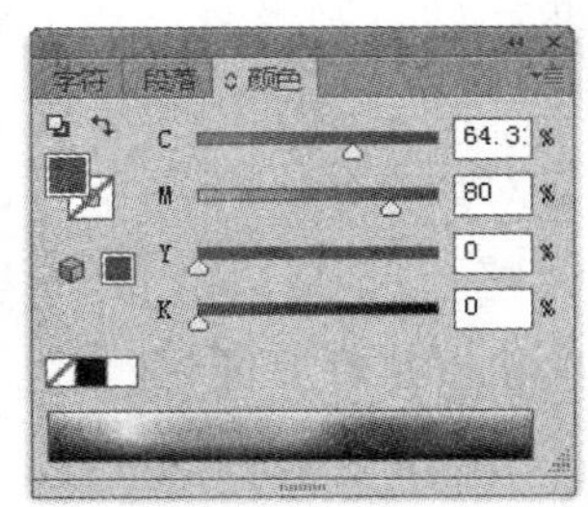

图 4－67

② 使用“色板”面板

在渐变网格中选择要修改颜色的网格点，单击“色板”面板中要应用的颜色，对应网格点的颜色就会发生变化，如图 4－68 所示。

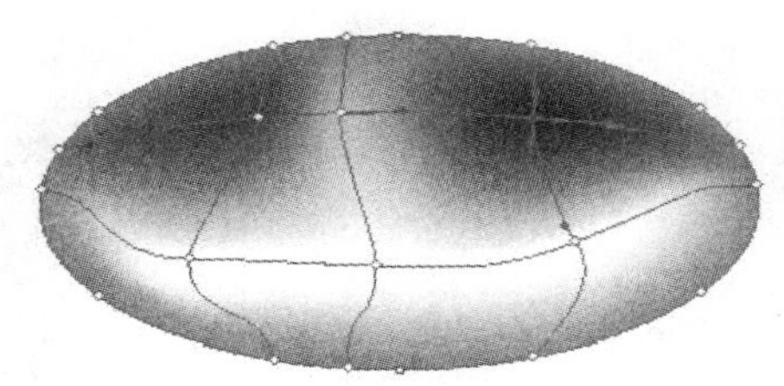

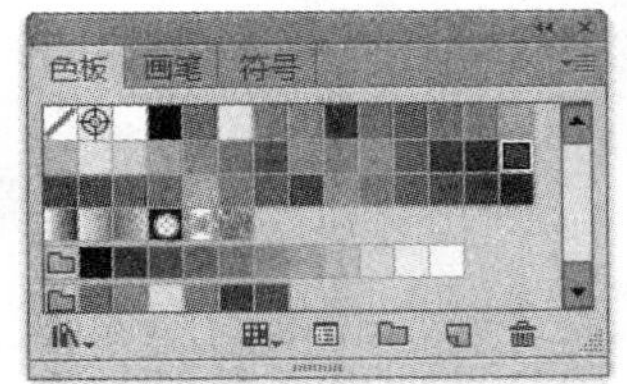

图 4－68

在为渐变网格上色时，可以将“颜色”面板或“色板”面板中的颜色直接拖动到需要填色的网格点或网格区域上，从而达到为渐变网格上色的目的。

③ 使用“吸管工具”

在渐变网格中选择要修改颜色的网格点后，使用“吸管工具”吸取想要的颜色，则对应网格点上的颜色就会变成吸取的颜色，如图 4－69 所示。

④ 使用“编辑”→“编辑颜色”子菜单中的命令

在渐变网格中选择要修改颜色的网格点后，选择“编辑”→“编辑颜色”子菜单中的命令，也可以修改当前选择的网格点的颜色，如图 4－70 所示。

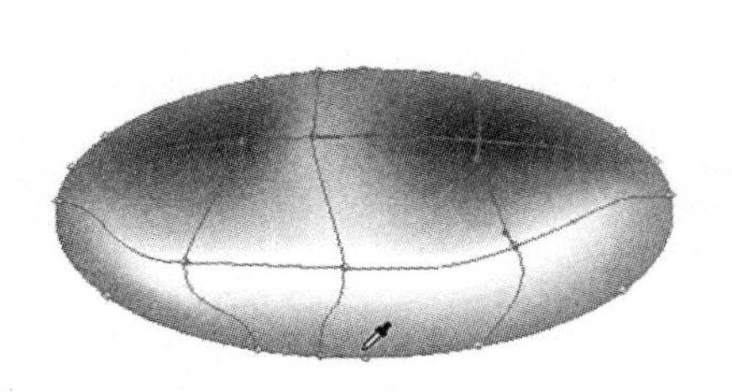

图 4－69

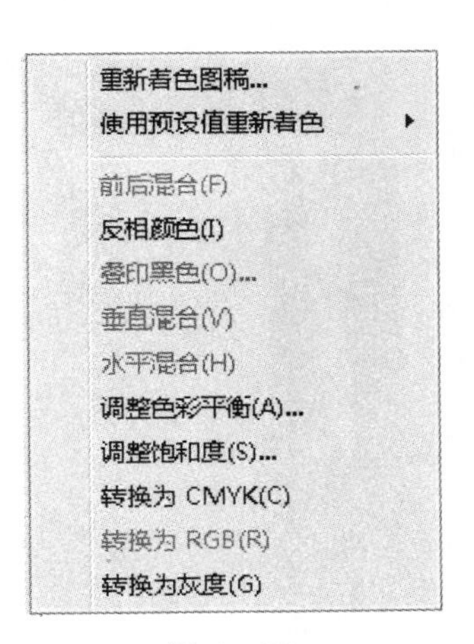

图 4－70

在对渐变网格的颜色进行调整时，如果选择的不是网格点，而是有颜色的部分，即选择的是网格区域，此时，也可以利用上述几种方法来改变网格区域的颜色。

当所要创建的网格对象外形比较复杂时，如果直接对其添加网格线，那么产生的网格线的位置和节点分布可能不利于调整与控制。此时，可以考虑先将复杂外形的对象分解成形状相对简单的几个部分，然后对每个部分单独创建渐变网格，最后将这些部分组合到一起，形成最终的制作效果。

第 5 章　动漫设计：画笔、符号的编辑及运用

在 Illustrator CS6 中，符号和画笔是两组功能强大且极具特色的工具。利用它们，用户可以绘制出丰富多彩的艺术作品，而且 Illustrator CS6 还提供了丰富的画笔样本和符号样本，使用户的艺术创作更加方便、快捷，本章主要学习画笔和符号的应用技巧。（图 5–1）

图 5 – 1

5.1　画笔的编辑及运用

在 Illustrator CS6 中可以使用画笔绘制出丰富多彩的图形效果。通过使用“画笔工具”和“画笔”面板可以很方便地进行自然笔触和笔触变形等路径的转换，以创造出一种近似于手绘的矢量绘图效果，使平面设计领域中的艺术创建更加自由灵活。

5.1.1　使用画笔工具

“画笔工具”与“铅笔工具”的使用方法完全相同，唯一不同之处是“铅笔工具”可以绘制普通的路径图形，而“画笔工具”在绘制路径图形的同时会为路径添加画笔效果。用户可以将画笔视为在普

通路径上增加的一种特殊效果，可以像编辑普通路径一样来编辑“画笔工具”创建的路径图形。

在使用“画笔工具”时，通常要先在“画笔”面板中选择需要的画笔样式，然后再使用“画笔工具”进行绘制。如图 5－2 所示为使用“画笔工具”配合“画笔”面板绘制的几种不同的画笔应用效果。

此外，也可以用其他绘图工具绘制好路径形状后再单击“画笔”面板中的画笔样式来应用不同的画笔效果。

图 5－2

双击工具箱中的“画笔工具”按钮，弹出“画笔工具选项”对话框，如图 5－2 所示，在该对话框中可以对“画笔工具”的参数进行设置。对话框中各选项的功能与“铅笔工具选项”对话框中各选项的功能完全相同，这里不再赘述。

5.1.2 认识“画笔”面板

“画笔”面板提供了大量已经设置好的画笔效果，可以直接使用这些画笔样式来绘制各种艺术效果。默认状态下，“画笔”面板位于工作界面的右侧。如果工作界面中没有显示，可以选择“窗口”→“画笔”命令，将“画笔”面板打开，如图 5－3 所示。

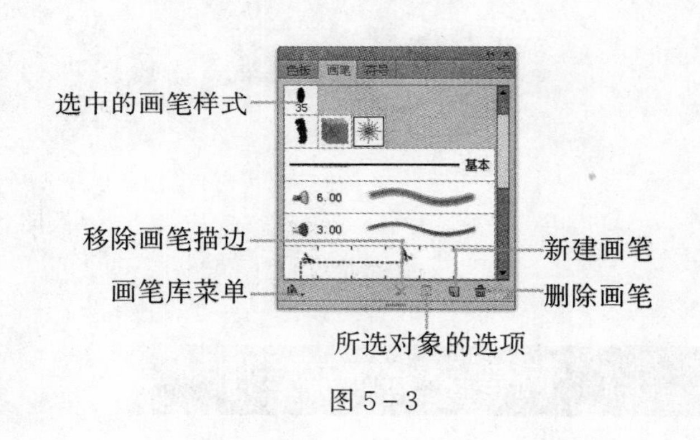

图 5－3

默认情况下，画笔样式是以缩略图表示的，如果要显示出画笔的名称，在“画笔”面板菜单中选择“列表视图”选项即可。

“画笔”面板中包括了新建画笔、删除画笔和移去画笔描边等管理画笔的按钮，以及使用过的画笔样式效果列表等内容。在 Illustrator CS6 中，画笔样式有 5 种类型，分别为书法画笔、散点画笔、毛刷画笔、图案画笔和艺术画笔，每种画笔类型都具有其独特的外观效果和参数选项设置。

5.1.3 书法画笔

书法画笔是一种可以沿着路径中心进行笔触粗细、角度变化的画笔类型，创建的画笔效果类似于现实中的书法效果。

默认情况下所有画笔类型都处于显示状态，可在“画笔”面板菜单中选择除书法画笔外的其他 4 种画笔类型，将其他画笔类型的画笔样式隐藏，在“画笔”面板中就只显示书法画笔类型的画笔样式，方便查看和操作，如图 5－4 所示。

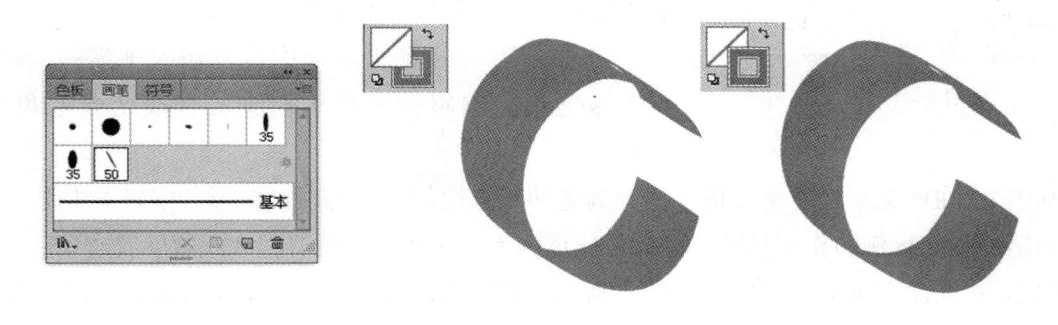

图 5－4

在使用书法画笔类型的画笔样式绘制时，画笔效果的颜色是由路径对象的描边颜色决定的。在选中路径对象的前提下随时进行修改，画笔效果的颜色也会随之变化，如图 5－4 所示。

双击“画笔”面板中的画笔样式或在选中画笔样式后选择面板菜单中的“画笔选项”，弹出“书法画笔选项”对话框，如图 5－5a 所示。在该对话框中可以对选中的画笔样式的参数进行设置，完成后单击“确定”按钮，画笔样式就会被修改。

如果修改的画笔样式已经被应用于页面中的路径对象，那么单击“确定”按钮将会弹出“画笔更改警告”对话框，如图 5－5b 所示。

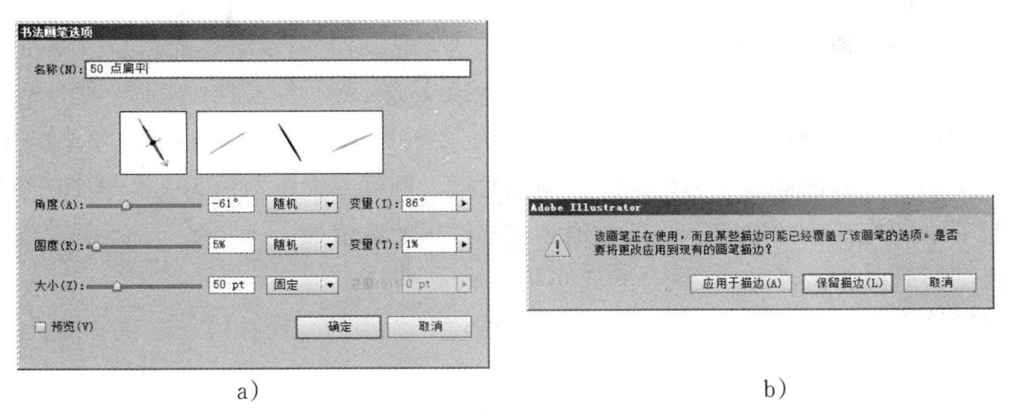

a)　　　　　　　　　　　　　　　　b)

图 5－5

单击“应用于描边”按钮，系统会在修改画笔样式的同时将页面中所有应用了该画笔样式的对象效果进行相应的修改。

单击“保留描边”按钮，系统不会修改页面中应用该画笔样式的对象效果，只修改“画笔”面板中的画笔样式。

“书法画笔选项”对话框中各选项的功能如下。

①“名称”：在此文本框中可设置画笔的名称。

② 画笔形状编辑器：在此处可以拖动椭圆形上的箭头符号来调整书法画笔的角度，拖动椭圆形，其中一个小黑点可以调整笔触的长宽比例，如图 5－6 所示。

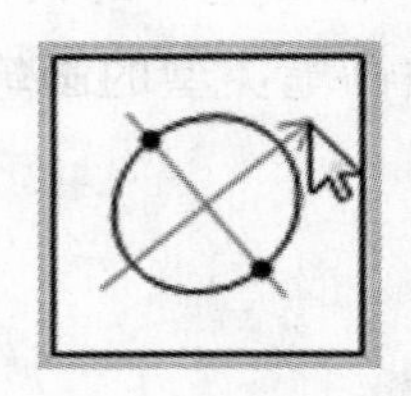

图 5－6

③ 画笔变量预览区：在该预览区中可以预览书法画笔的直径、角度及椭圆长宽比例的变化情况。当设置为随机模式时，中间的画笔是未经变动的画笔，左侧的画笔代表变动画笔的下限，而右侧的画笔则是变动画笔的上限。

④“角度”：在此文本框中可以输入画笔的旋转角度值，与在画笔形状编辑器中拖动箭头符号改变画笔角度的作用相同。

⑤“圆度”：在此文本框中可以输入椭圆画笔的长宽比例值，与在画笔形状编辑器中拖动小黑点符号来改变画笔的长宽比例的作用相同。它的数值范围为 0～100%。数值越大，圆度就越大。

⑥“大小”：在此文本框中可以直接输入画笔的直径值，也可以直接拖动滑块，这两种方法都可以改变画笔的粗细，画笔的最大直径为 1296pt。

在角度、圆度和大小 3 个文本框后面都有相同的下拉列表，其中包含了“固定”“随机”和“压力”等选项。这些选项用来控制画笔的角度、圆度和直径变化的方式，系统默认为“固定”。

“固定”模式是将书法画笔的形状固定以“角度”“圆度”“大小”文本框中的数值。当选择“固定”选项时，画笔使用相关的文本框中的设置。例如，当“直径”值设为 20pt 时，画笔的直径大小将始终保持为 20pt，不会发生变化。

“随机”模式是指在“变量”文本框中指定一个画笔变动的范围，则画笔的角度、圆度以及直径的最大值将为文本框中的数值加上变化值。其中，变化范围中的最小值是文本框中的数值减去“变量”值；变化范围中的最大值是文本框中的数值加上“变量”值。笔触在路径上的效果是在最大值和最小值的范围之间以随机方式进行变化。

例如，当“大小”值为 20pt，而它的“变量”值为 10pt 时，所设笔刷的直径值将在 10pt 至 30pt 之间随机变化。

如果配备有感压式的绘图板，则可以使用“压力”模式，画笔数值将由感压笔触的压力来决定。指定“变量”值后，以轻的画笔压力绘画时，画笔角度、圆度或大小数值为文本框中的数值减去“变量”值；而以重的画笔压力绘画时，画笔数值为文本框中的数值加上“变量”值。该选项只有在配备了感压式的绘图板时可选，否则会变为灰色不可用。

⑦ “变量”：在文本框中可以输入画笔角度、圆度、大小的变动数值，以供“随机”和“压力”模式使用。

5.1.4 散点画笔

散点画笔效果是将一个图形对象复制若干个，并沿着路径进行分布产生一种类似于喷洒的图形排列效果。

将“画笔”面板设置为只显示散点画笔类型的状态，如图 5－7a 所示。双击“画笔”面板中的画笔样式或在选中画笔样式后选择面板菜单中的“画笔选项”选项，弹出“散点画笔选项”对话框，如图 5－7b 所示。

在该对话框中可以对选中画笔样式的参数进行设置，完成后单击“确定”按钮，画笔样式就会被修改。如果修改的画笔样式已经被应用于页面中的路径对象，那么单击“确定”按钮将会弹出“画笔删除警告”对话框，该对话框中的按钮功能与书法画笔中介绍的内容相同，这里不再赘述。

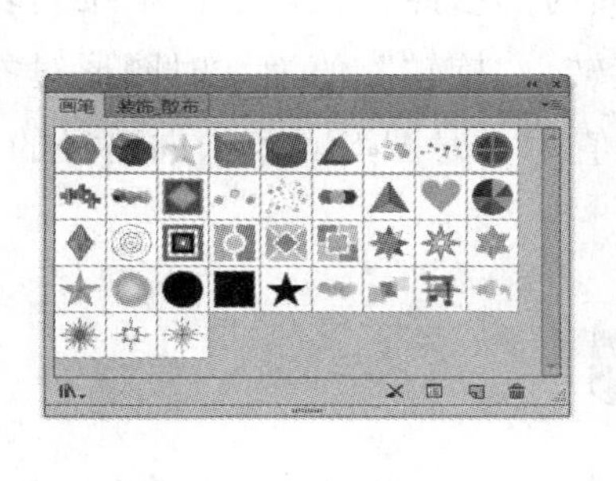

a)

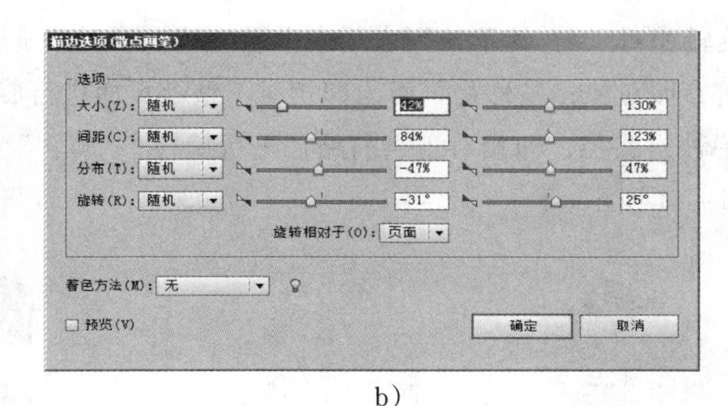

b)

图 5－7

“散点画笔选项”对话框中各选项的功能如下。

①“名称”：此文本框中显示了当前选择的画笔名称，可以在该文本框中输入更改的画笔名称。

②“大小”：此文本框中显示了所选画笔的图形在路径上的大小，移动选项下方的滑块可以对其进行调整，调整范围是 10%～1000%，效果如图 5－8 所示。

③“间距”：该文本框用来设置路径上画笔图形对象之间的距离。百分比值越大，对象间的距离就越大；反之，对象间的距离就越小，如图 5－8 所示。

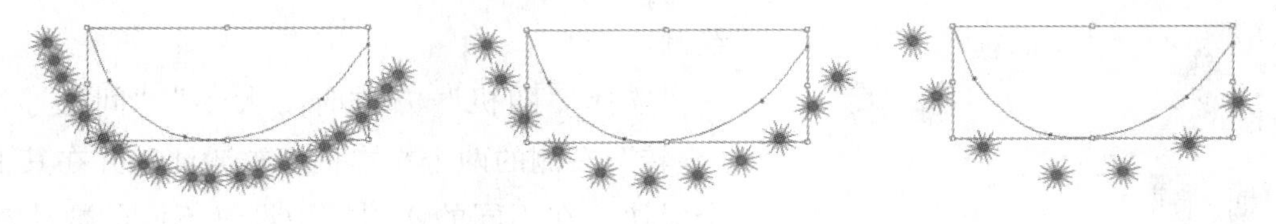

图 5－8

④“分布”：此文本框中输入的数值用来设置散点画笔图形对象路径两侧与路径之间的距离。其设置范围是－1000%～1000%。当数值为 0 时，图形对象沿路径中心位置排列；当数值为正值时，图形对象在路径的外侧；当数值为负值时，图形对象在路径的内侧。所设数值越大，图形对象离路径越远，如图 5－9 所示。

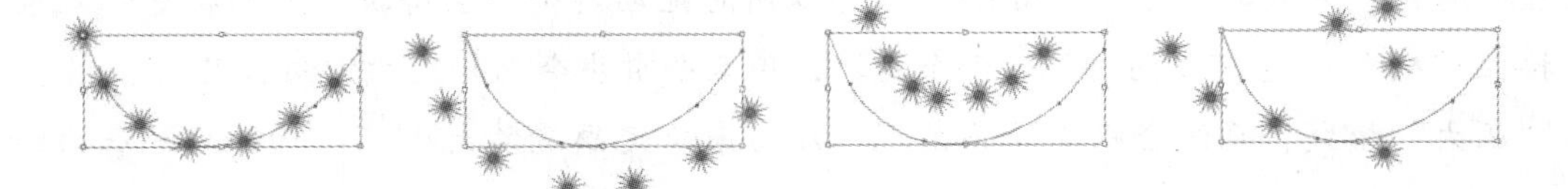

图 5－9

⑤“旋转”：在此文本框中输入百分比值可以控制画笔旋转的角度，其范围是－180°～180°，如图 5－10 所示。

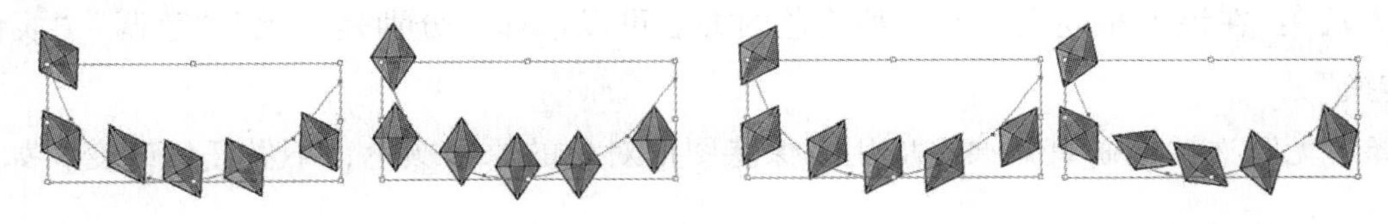

图 5－10

⑥“旋转相对于”：该下拉列表用来设置画笔图形对象旋转时的参照方式。在该下拉列表中有两种方式的旋转参照对象；一种是页面，即相对于整个页面进行旋转，“旋转”值为0°时图形对象指向页面的顶部；一种是路径，即相对于当前路径进行旋转，“旋转”值为0°时图形对象指向路径的切线方向，效果如图 5－11 所示。

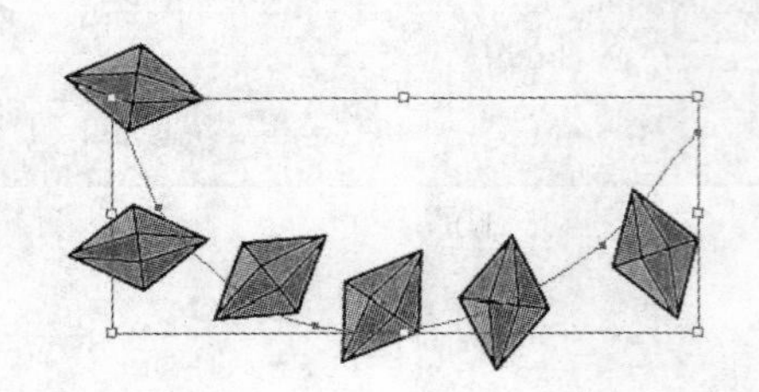
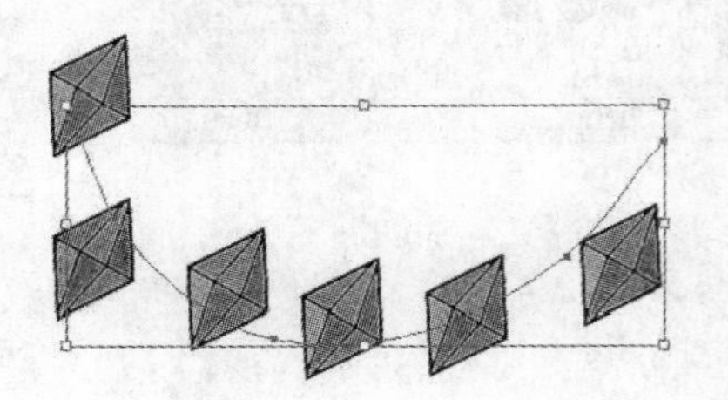

图 5－11

在“大小”“间距”“分布”和“旋转”右侧的下拉列表中都提供了 7 种设置方式，包括“固定”“随机”和“压力”等，与“书法画笔选项”中的设置方式相同。

选择“固定”方式，系统将以设置的图形对象的“大小”“间距”“分布”及“旋转”值进行画笔效果绘制。

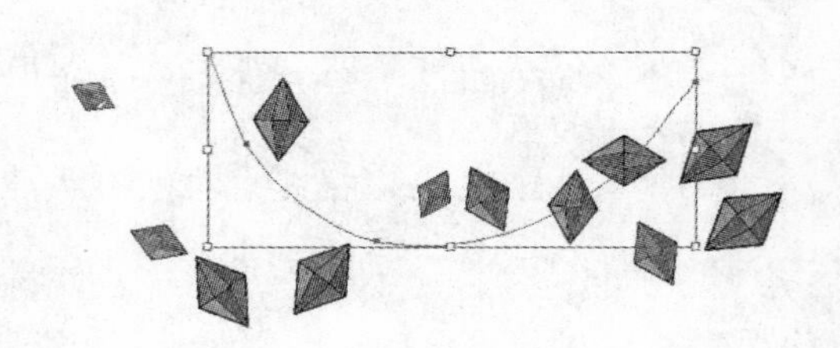

图 5－12

选择“随机”方式时“大小”“间距”“分布”和“旋转”右侧的两个文本框都被激活，并在其下方出现两个滑块。在不同的文本框中设置不同的数值来确定随机变化的范围，系统会根据此范围来对绘制的画笔效果进行随机设置。例如，当“大小”值为 50%～150%时，画笔的大小随机变化效果如图 5－12 所示。

技巧提示

在设置“随机”方式时，按住“Shift”键可以同时拖动两个数值滑块，并保持它们之间的数值范围不变。按住“Alt”键也可以同时拖动两个滑块，但两个滑块会向相反的方向移动。

选择“压力”模式，系统会根据绘画画笔的压力来决定画笔的大小。以轻的画笔压力绘画时，使用左侧的文本框中输入的变动最小值；以重的画笔压力绘画时，则使用右侧的文本框中的变动最大值。

默认情况下，散点画笔的颜色与定义画笔时原始图形对象的颜色相同。如果希望能够对散点画笔的颜色用描边颜色来控制，可以在“着色”选项组中对颜色处理方法进行设置。“着色”选项组中包含“方法”“主色”和“提示”3 项内容。

（1）“方法”：在该下拉列表中有 4 种着色的方法可以选择，分别是“无”“色调”“淡色和暗色”和“色相转换”。

① 选择“无”选项，画笔效果在应用时保持图形对象的原来颜色，不做任何改变，如图 5－13a 所示。

② 选择“色调”选项，画笔效果在应用时保持单一色调，具体颜色与路径的描边颜色相同，如图

5－13b 所示。

③ 选择“淡色和暗色”选项，画笔效果在应用时将以不同饱和度的颜色和阴影显示画笔在对象上的颜色，保持黑色和白色不变，具体颜色与路径的描边颜色相同，如图 5－13c 所示。

④ 选择“色相转换”选项，画笔效果在应用时画笔图形对象的色相将发生变化，从而得到不同色调的效果，具体颜色与路径的描边颜色相同，如图 5－13d 所示。

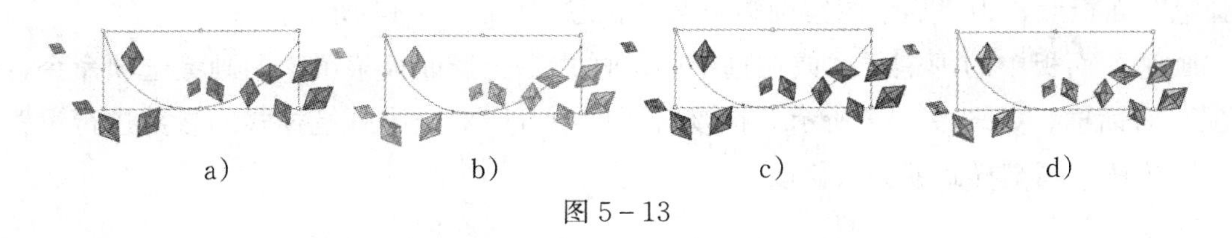

a)　　b)　　c)　　d)

图 5－13

（2）“主色”：在默认状态下，“主色”是画笔图形对象中比较突出的颜色，可用“吸管工具”选择对话框右下方预览区中对象的颜色来作为色调切换的主色。

（3）“提示”：单击此按钮可以打开“着色提示”的帮助内容。在该对话框中提示用户用什么颜色进行着色，应用在对象的画笔颜色将会有什么样的变化。此按钮只用于提示如何设置，对实际的画笔效果没有影响。

5.1.5　毛刷画笔

使用毛刷画笔可以像真实画笔描边一样通过矢量进行绘画。用户可以像使用天然媒介（如水彩和油画颜料）那样利用矢量的可扩展性和可编辑性来绘制和渲染图稿。毛刷画笔还提供了突破性的绘画控制功能。用户可以设置毛刷的特征，如大小、长度、厚度和硬度，还可以设置毛刷密度、画笔形状和色彩不透明度。

当用户通过图形绘图板使用毛刷画笔时，Illustrator 将对光笔在绘图板上的移动进行交互式的跟踪。它将解释绘制路径的任意一点输入的方向和压力的所有信息。Illustrator 可提供光笔 X 轴位置、Y 轴位置、压力、倾斜、方位和旋转作为模型的输出。

使用绘图板和支持旋转的光笔时，还会显示一个模拟实际画笔笔尖的光标批注者。此批注者在使用其他输入设备（如鼠标）时不会出现，使用精确光标时也禁用该批注者。

使用 6D 美术笔以及 Wacom Intuos3 或更高级的数字绘图板可探索毛刷画笔的全部功能。Illustrator 中可以解释该设备组的某些属性并且提供 6 个自由视角供选择。然而，其他设备（包括 Wacom Grip 钢笔和美术笔）可能无法解释某些属性，如旋转。在生成的画笔描边中，这些无法解释的属性将被视为常数。

使用鼠标时，仅记录 X 轴和 Y 轴移动，其他输入，如倾斜、方位、旋转和压力保持固定，从而产生均匀一致的笔触。

对于毛刷画笔描边，在拖动此工具时会显示反馈，此反馈提供了最终描边的大致视图。

毛刷画笔描边由一些重叠、填充的透明路径组成。这些路径就像 Illustrator 中的其他已填色的路径一样，会与其他对象（包括其他毛刷画笔路径）中的颜色进行混合同，但描边上的填色并不会自行混合。也就是说，分层的单个毛刷画笔描边之间会互相混色，因此色彩会逐渐增强；但来回描绘的单一描边并不会将自身的颜色混合加深。

5.1.6 图案画笔

图案画笔是将一个或多个图案沿着路径有规律地重复显示在路径上，在设置时图案在拐角处和其他部分可以不同。图案画笔中最多可以设置5个部分的内容，包括“边线拼贴”“外角拼贴”“内角拼贴”“起点拼贴”和“终点拼贴”。

将“画笔”面板设置为只显示图案画笔类型的状态，如图5－14所示。

双击“画笔”面板中的画笔样式或在选中画笔样式后选择面板菜单中的画笔选项命令，弹出“图案画笔选项”对话框，如图5－15所示。在该对话框中可以对选中画笔样式的参数进行设置，完成后单击“确定”按钮，画笔样式就会被修改。

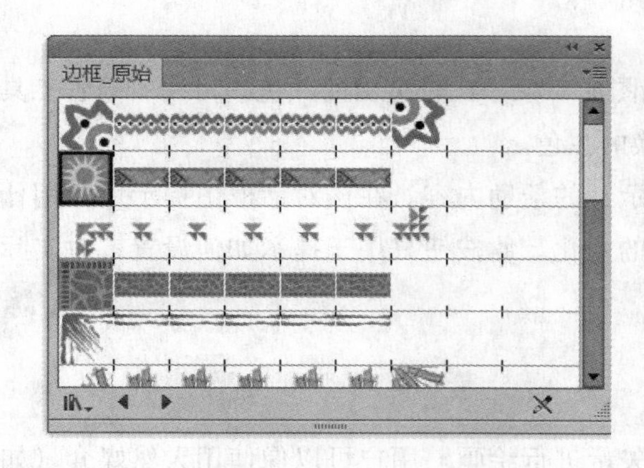

图5－14

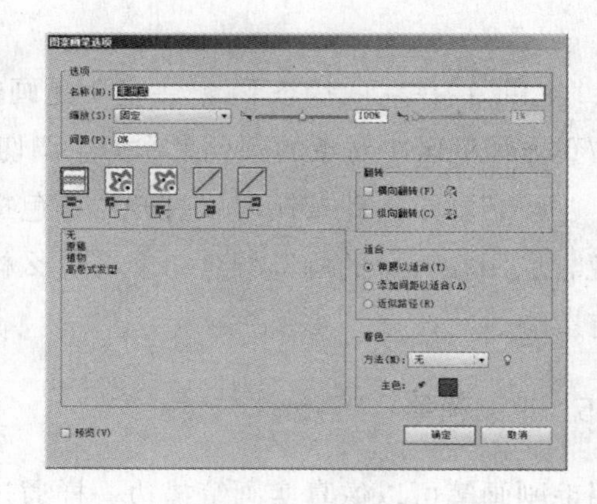

图5－15

如果修改的画笔样式已经被应用于页面中的路径对象，那么单击“确定”按钮，将会弹出“画笔更改警告”对话框。

(1) 单击“应用于描边”按钮，系统会在修改画笔样式的同时将页面中所有应用了该画笔样式的对象效果进行相应的修改。

(2) 单击“保留描边”按钮，系统不会修改页面中应用该画笔样式的对象效果和画笔样式本身，而是将修改后的画笔样式效果保存成一个新的画笔样式，存放在“画笔”面板中。

(3)“图案画笔选项”对话框中各选项的功能如下。

(4)“名称”：在该文本框中可以输入画笔的名称。

(5)“缩放”：设置画笔的拼贴图案在应用路径中的缩放比例，默认为100%，图案的大小与原始图形相同。

(6)“间距”：用于调整图案之间的间隔大小。数值越大，间隔也就越大，0%表示图案与图案之间没有间隔。

“间距”下的5个小方框分别代表5个图案拼贴内容，从左至右依次为“边线拼贴”“外角拼贴”“内角拼贴”“起点拼贴”和“终点拼贴”。在对话框中单击小方块，然后在下方的列表框中选择一个图案，就可以将不同的图案应用于路径的不同部分，如图5－16所示。

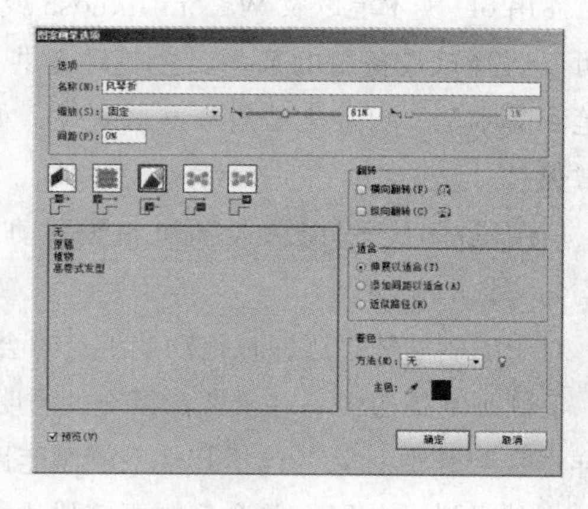

图5－16

①“边线拼贴”用于设置图案画笔效果中作为图案路径的边线的图案拼贴。

②“外角拼贴”用于设置图案画笔效果中作为图案路径的外拐角的图案拼贴。

③“内部拼贴”用于设置图案画笔效果中作为图案路径的内拐角的图案拼贴。

④“起点拼贴”用于设置图案画笔效果中作为图案路径的起点的图案拼贴。

⑤“终点拼贴”用于设置图案画笔效果中作为图案路径的终点的图案拼贴。

在“新建画笔”操作时，如果在页面上选中了图形，则该图形将出现在对话框中的第一个方框内，即成为边线图案。如果未选中图形，则 5 个方框全都显示为空，可以从列表框中选择图案，完成图案画笔的设置。

列表框中的图案与“色板”面板中可见的图案是一致的，可以将这些图案指定为图案画笔中的拼贴图案，如图 5－17 所示。

①“翻转”：该选项组用于控制路径中图案画笔的方向。

②选中“横向翻转”复选框可以使图案拼贴沿路径水平方向翻转。

③选中“纵向翻转”复选框可以使图案拼贴沿路径垂直方向翻转。

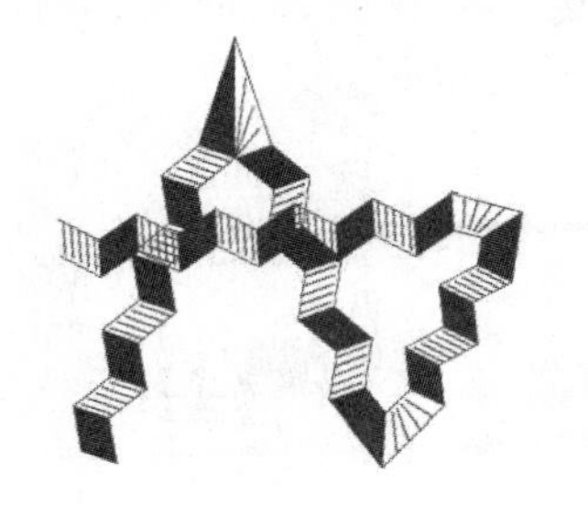

图 5－17

④“适合”：由于图案的尺寸并不一定能匹配路径的长度，因此在某些情况下可以设置图案的自动微调以符合路径长度的要求。

⑤ 选中“伸展以适合”单选按钮可以延长或缩短图案来适合路径，从而产生不均匀的拼贴图案效果。

⑥ 选中“添加间距以适合”单选按钮可以在每个图案拼贴之间添加空白，使用的图案按比例应用于路径。

⑦选中“近似路径”单选按钮可以在不改变拼贴图案的情况下，使拼贴图案产生最近似路径的效果。图案拼贴可能会向适合路径的内侧或外侧偏移，以保持均匀的拼贴效果，该模式适合矩形路径使用。

图 5－18 所示为设置“伸展以适合”“添加间距以适合”和“近似路径”的效果对比。

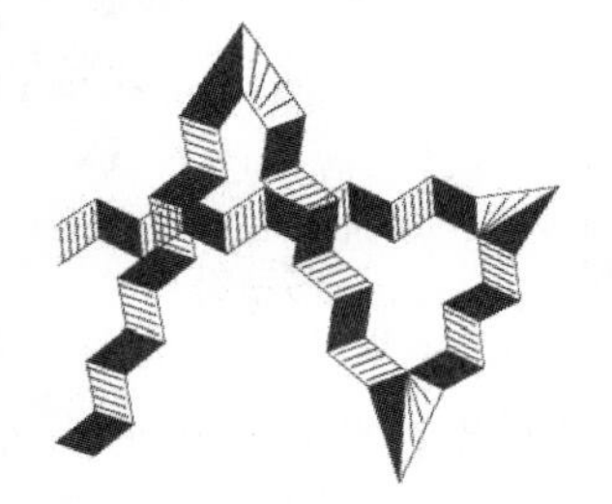
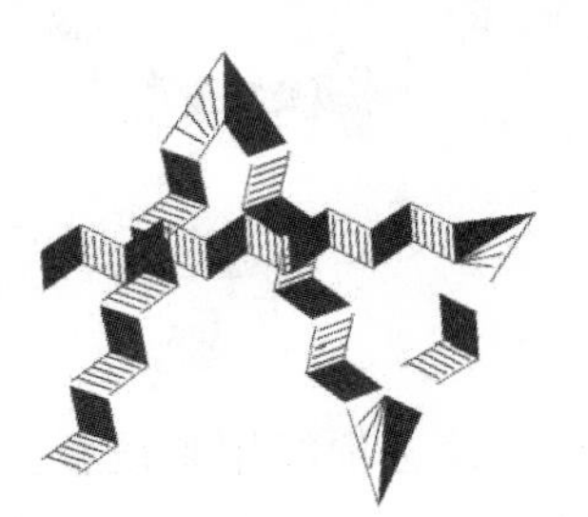

图 5－18

⑧“着色”：该选项组中的参数设置及功能与“散点画笔选项”对话框中的“着色”选项组完全相同。

艺术画笔是指图形对象沿着所绘路径进行伸展，依照路径长度均匀拉伸画笔图形或对象而产生最终的画笔效果。

5.1.7 艺术画笔

将“画笔”面板设置为只显示艺术画笔类型的状态，如图 5－19 所示。双击“画笔”面板中的画笔样式或在选中画笔样式后选择面板菜单中的“画笔选项”，弹出“艺术画笔选项”对话框，如图 5－20 所示。在该对话框中可以对选中的画笔样式的参数进行设置，完成后单击“确定”按钮，画笔样式就会被修改。

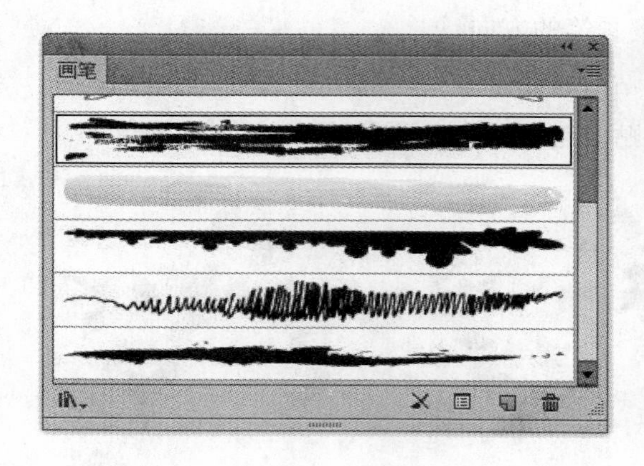

图 5－19

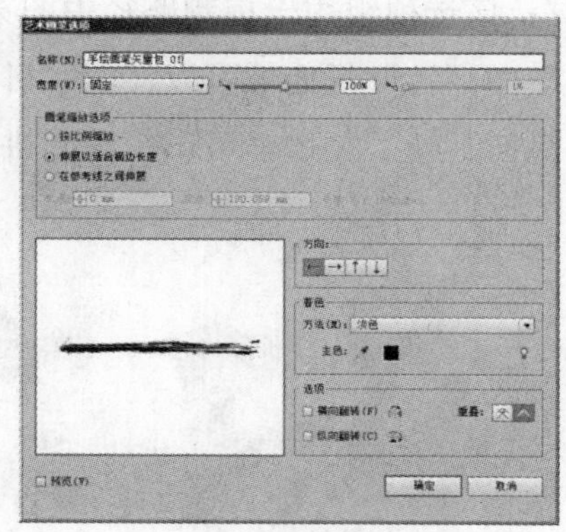

图 5－20

如果修改的画笔样式已经被应用于页面中的路径对象，那么单击“确定”按钮，将会弹出“画笔更改警告”对话框，该对话框中的按钮功能，这里不再赘述。“艺术画笔选项”对话框中各选项的功能如下。

①“名称”：在该文本框中可以输入画笔的名称。

②“宽度”：用于设置相对于原始画笔图形宽度的百分比数值，可以控制画笔的大小。默认值为 100%，表示画笔图形的宽度与原始图形的相同。

③“等比”：选中此复选框，画笔的宽度和高度会按比例进行缩放，如图 5－21 所示。

图 5－21

④“方向”：该选项组用来设置图形对象在路径上延伸的方向，共有 4 个方向箭头表示画笔图形与所绘路径之间的关系，箭头所指方向为画笔图形结束的方向。设置不同方向的画笔效果如图 5－22 所示。

图 5－22

⑤ “翻转”：该选项组用于控制路径中艺术画笔的方向。

⑥ 选中“横向翻转”复选框可以使画笔图形沿路径水平方向翻转。

⑦ 选中“纵向翻转”复选框可以使画笔图形沿路径垂直方向翻转。图 5－23 所示为设置“横向翻转”和“纵向翻转”的效果对比。

图 5－23

⑧ 着色：该选项组中的参数设置及功能与“散点画笔”选项中的“着色”选项组完全相同。

5.1.8　新建画笔

虽然 Illustrator 已经提供了很多的画笔样式，但是有些时候并不能完全满足用户的需求，这时可以根据需要创建出具有个性的画笔效果。

选中要作为画笔样式的图形对象，然后单击“新建画笔”按钮或在“画笔”面板菜单中选择“新建画笔”选项，弹出“新建画笔”对话框，如图 5－24a 所示。

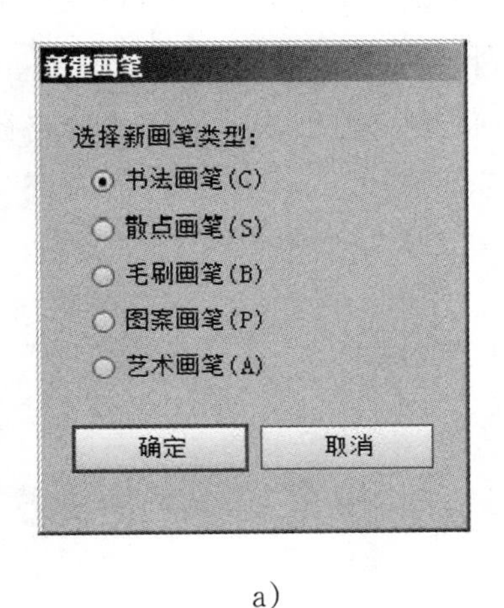

a）

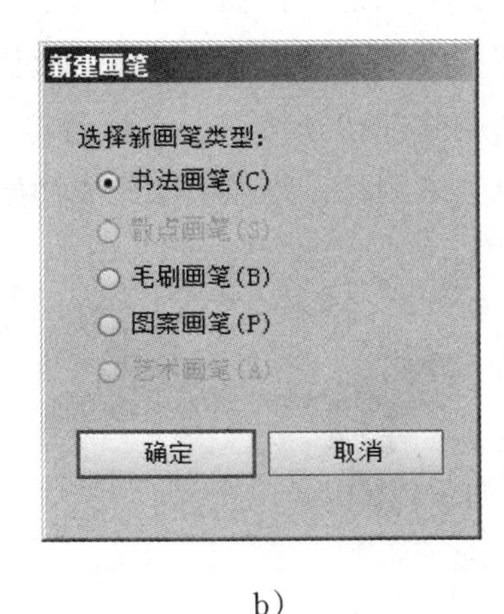

b）

图 5－24

在该对话框中选择一种画笔类型，则会自动弹出该类型画笔的选项对话框。进行设置后，单击“确定”按钮即可将新的画笔效果保存在“画笔”面板中。

“新建画笔”对话框中有 5 种画笔类型，分别为“书法画笔”“散点画笔”“毛刷画笔”“图案画笔”和“艺术画笔”，每种画笔类型都具有其独特的外观效果。

需要注意的是，在创建新画笔时，如果要创建的是散点画笔或者艺术画笔，则需要在新建画笔效果前必须有选中的图形对象，否则这两个选项将显示为灰色，不能被选中，如图 5－24b 所示。并且选中的图形对象中不能包含渐变色和渐变网格等内容，否则 Illustrator CS6 将不允许使用该图形对象作为画笔图形来创建新画笔样式。

5.1.9 复制和删除画笔

1. 复制画笔

在画笔面板中选择一种曲笔样式，然后在面板菜单中选择“复制画笔”选项，就可以将选中的画笔样式复制出一个副本。

2. 删除画笔

在“画笔”面板中选择不需要的画笔样式，单击“删除画笔”按钮或选择面板菜单中的“删除画笔”选项，系统将会弹出对话框让用户确认，单击“是”按钮即可将选中的画笔样式删除。

如果所选择的画笔样式已经应用于页面中的路径对象，那么执行删除操作时将会弹出“删除画笔警告”对话框，如图 5－25 所示。

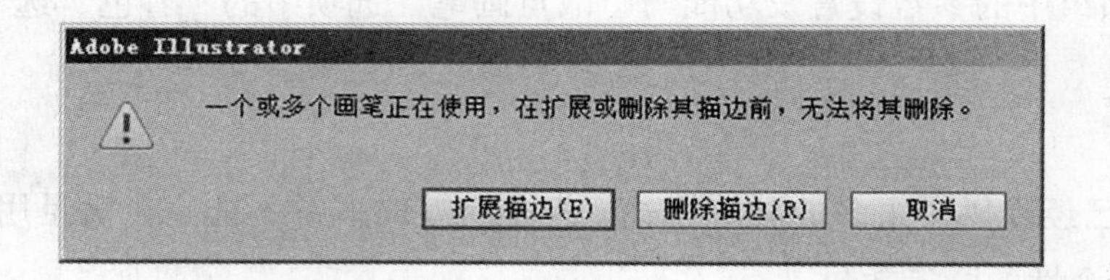

图 5－25

单击“扩展描边”按钮，系统就会在删除画笔样式的同时将应用此画笔样式的对象效果转换成普通图形状态，画笔的属性消失，但图形仍具有与删除前相同的外观效果。

单击“删除描边”按钮，系统会将选中的画笔样式删除，而被应用了该画笔样式的路径对象上的画笔效果也会被删除，路径被还原成初始状态，如图 5－26 所示。

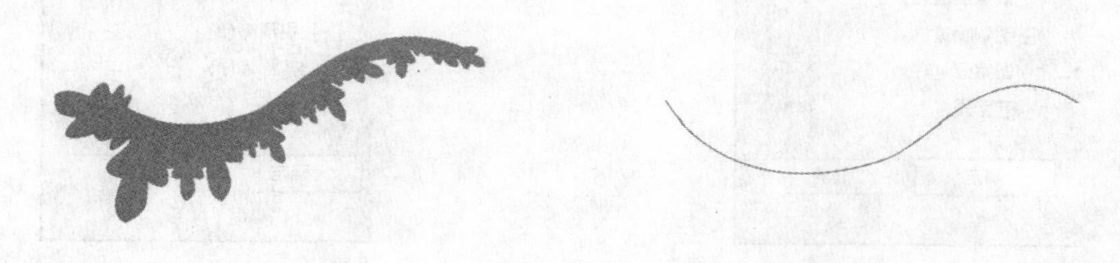

图 5－26

如果要选择连续的几个画笔样式，可以在单击的同时按住“Shift”键；如果要选择不连续的画笔样式，则在单击的同时按住“Ctrl”键。

5.1.10　移去画笔描边

如果想去掉路径上应用的画笔效果，可以选中路径后，在“画笔”面板中单击“移去画笔描边”按钮或者选择“画笔”面板菜单中的“移去画笔描边”选项，在路径上应用的画笔效果就会消失，恢复成原始路径对象状态，如图 5－27 所示。

图 5－27

5.1.11　所选对象的选项

当画笔效果被应用到路径上后，如果对应用的效果不满意，又不想修改画笔样式本身，可以在选中路径后单击“所选对象的选项”按钮或在“画笔”面板菜单中选择“所选对象的选项”，将会弹出相应的画笔类型选项对话框让用户进行修改。修改完成后单击“确定”按钮即可修改当前选中路径应用的画笔效果，而对画笔样式本身没有影响。不同类型的画笔，参数选项内容有所不同。这些参数选项的功能在前面章节中已经介绍过了，只是使用“所选对象选项”按钮打开的对话框与新建和修改画笔样式时的对话框相比，省略掉了画笔预览的部分，其他部分则完全相同，可以参照前面章节内容进行设置，这里不再赘述。

5.1.12　画笔库应用

Illustrator CS6 除了提供了默认的画笔样式外，还提供了丰富的画笔库，用户可以将画笔库中的画笔样式应用到“画笔”面板中并进行使用。

单击“画笔”面板的“画笔库菜单”按钮，在打开的菜单中选择需要的画笔样式类型，在其子菜单中选择一种需要的画笔样式，就会打开相应的画笔库面板。选择“窗口”→“画笔库”命令，在打开的“画笔库”子菜单中进行选择，也会打开相应的画笔库面板。图 5－28 所示为艺术效果类型中的水彩画笔面板。

在画笔库面板中选择一种画笔，该画笔就会被放置在“画笔”面板上。如果选择画笔效果之前在页面中有选中的图形对象，则该图形对象也会被应用该画笔效果。

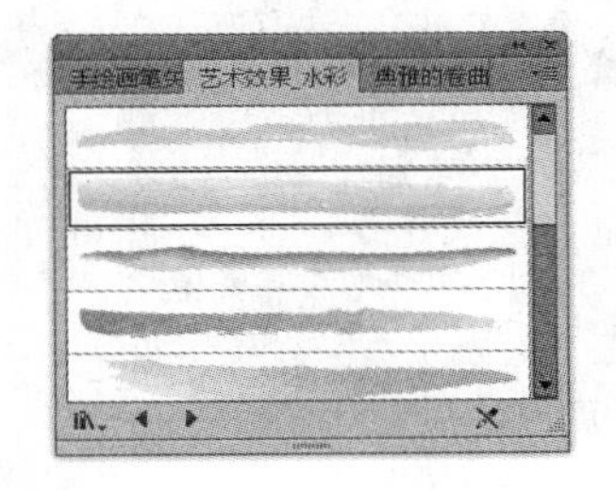

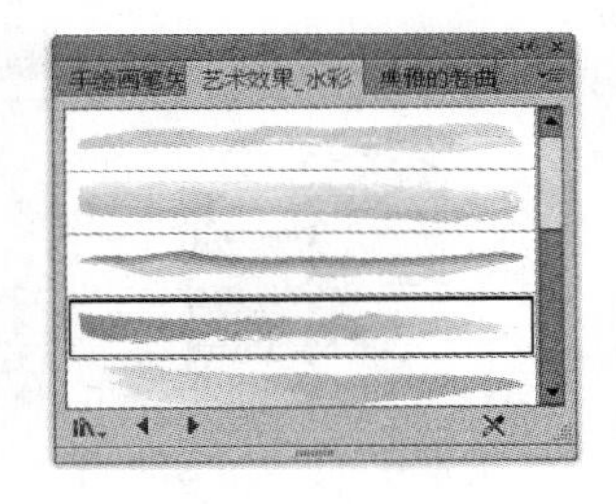

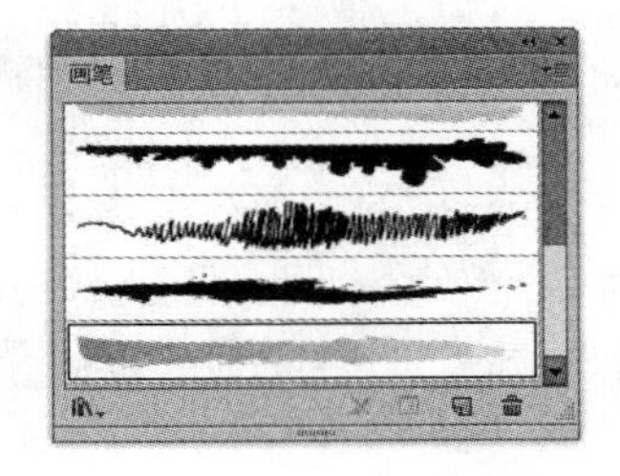

图 5－28

5.2 符号的编辑及运用

符号实例是一种可以重复使用的图形对象，每个符号实例都与“符号”面板或“符号库”中的符号相链接，可以多次添加到图稿中，并且不会增加文件大小。用户可以根据需要来创建和使用不同的符号实例，它可以包含一般的矢量图形、编组对象、文字对象、渐变网格和外观属性对象等在Illustrator中常用的效果制作元素。

符号实例的较大特点是可以方便、快捷地生成很多相似的图形内容，从而节省很多时间。同时它还支持SWF和SVG格式导出，是一种非常实用的功能。Illustrator CS6提供了多种预置的符号样本，使用这些符号样本可以轻松、便捷地创建出许多美观实用的设计作品。

通过工具箱中的符号工具可对生成的符号对象进行快速、灵活的调整和修饰，包括符号对象的大小、距离、色彩和样式等内容。

5.2.1 认识“符号”面板

Illustrator CS6中的符号功能是通过使用“符号”面板和符号工具来实现的。选择“窗口”→“符号”命令，弹出“符号”面板，如图5－29所示。“符号”面板中存储了许多可以调用的符号样本，并且用户可以对符号进行管理，包括符号的放置、新建、替换、中断链接和删除等。

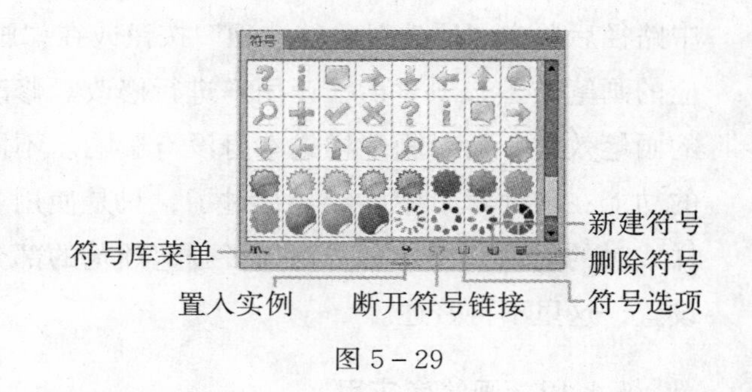

图5－29

5.2.2 创建新符号

在Illustrator CS6中创建一个新的符号实例的操作方法如下：

选中要创建为符号的图形对象，然后单击“符号”面板中的“新建符号”按钮或直接将所选图形拖动至“符号”面板中，将会弹出“符号选项”对话框，如图5－30a所示。在对话框中设置符号实例的“名称”和“类型”后，单击“确定”按钮即可将所选图形创建成一个新的符号，并添加到“符号”面板中，如图5－30b所示。

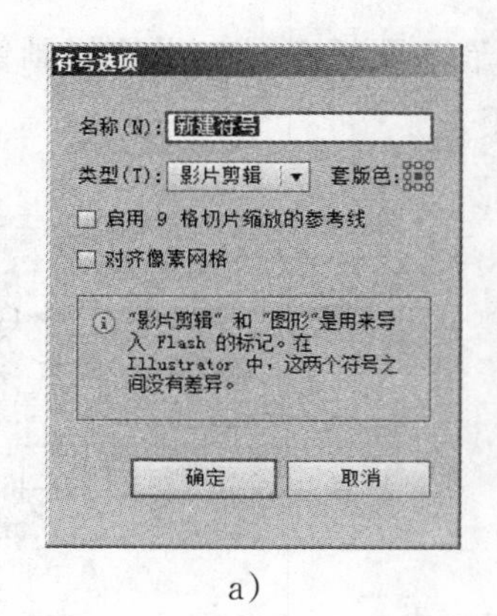

a)

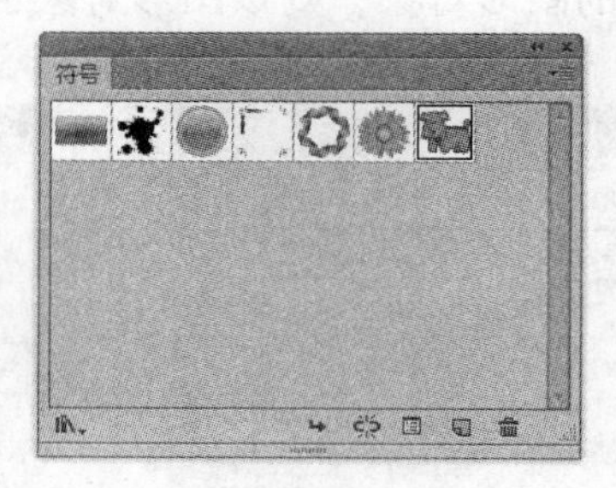

b)

图5－30

除了对一些复杂的编组和非链接的图形对象无法进行符号的创建外，在 Illustrator CS6 中可以对其他任何图形进行符号实例的创建。

“符号选项”对话框中各选项的功能如下。

①“名称”：在该文本框中可以输入符号实例的名称。

②“类型”：该下拉列表用于设置符号实例的类型，有“图形”和“影片剪辑”两种。选择“图形”选项时，创建的符号将被设置为图形对象；若选择“影片剪辑”选项，则创建的符号将被定义为“影片剪辑”类型。在 Illustrator 中可以使用符号为重复对象创建动画效果，该符号实例的命名和属性可以在置入到 Flash CS3 professional 中进一步编辑时被保留。

在“符号”面板中选择一个符号实例后，单击该面板中的“符号选项”按钮或在面板菜单中选择“符号选项”，将弹出“符号选项”对话框，在该对话框中可以重新对符号的属性进行设置。

技巧提示

在页面中选中要创建为符号的图形对象，单击“符号”面板中的“新建符号”按钮的同时按住“Alt”键，会直接将该图形对象创建成新的符号实例，而不弹出“符号选项”对话框，符号的类型将被设置为“影片剪辑”。

当以嵌入方式置入图像文件时，该图像可以被创建成符号实例；当以链接方式置入图像文件时，该图像不能被创建成符号实例。

5.2.3 复制与删除符号

1. 复制符号实例

如果想将已有的符号实例进行复制，可以在“符号”面板中选择要复制的符号实例后，将其拖动到“新建符号”按钮上或者选择面板菜单中的“复制符号”选项，则可以在“符号”面板中创建出一个与选择符号实例相同的符号实例，如图 5－31 所示。

2. 删除符号实例

当不需要某个符号实例时，可以将其删除。选中要删除的符号实例，将其拖动到“删除符号”按钮上或者选择面板菜单中的“删除符号”选项，就可以将该符号删除。如果被删除的符号实例已经应用到页面对象中，则在删除时会弹出“使用中删除警告”对话框，如图 5－32 所示。

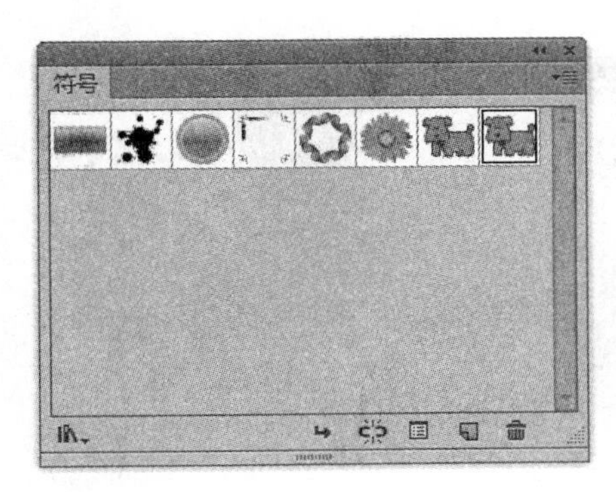

图 5－31

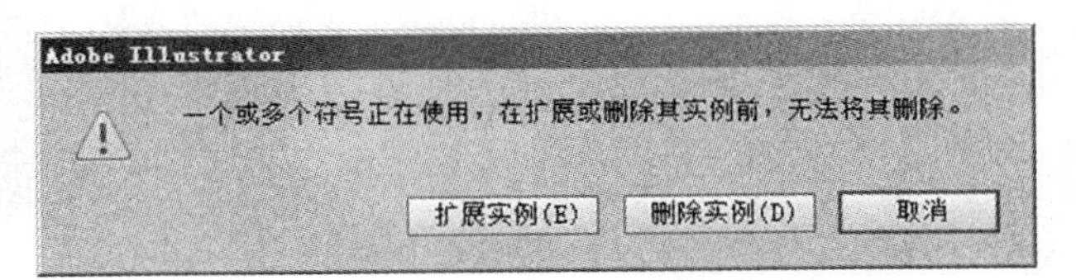

图 5－32

单击“扩展实例”按钮，则在删除“符号”面板中的符号实例的同时，将页面中所有使用该符号创建的符号对象中的符号实例转换成普通图形状态，符号的属性消失，图形对象自动编组。取消编组后，可以对其进行再编辑，如图 5-33 所示。

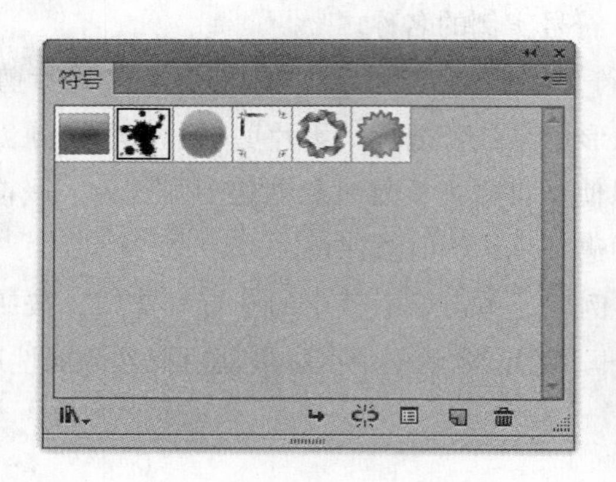

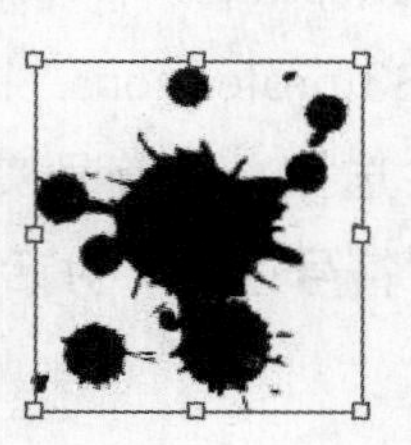

图 5-33

单击“删除实例”按钮，则在删除“符号”面板中的符号实例的同时，将页面中所有使用该符号创建的符号对象一起删除。

5.2.4 置入与替换符号

1. 置入符号

通常情况下，符号实例是通过“符号喷枪工具”绘制到页面中的。如果想直接使用“符号”面板中某个符号实例的单个符号图形，可以在“符号”面板中选择一个符号实例，然后单击“置入符号实例”按钮，系统会自动将选中的符号实例放置到屏幕的工作区域中间。根据需要将选中的符号实例从“符号”面板中直接拖动到页面中的任何位置，也可以达到置入符号的目的。

符号实例被置入到页面中后，仍保持选中状态，符号图形的四周将显示一个矩形的选择框，使用“选择工具”可以对其进行移动，也可以对其进行旋转和缩放等变形操作。

2. 替换符号

在创建符号对象后，可能根据需要更换其中某些符号实例。在页面中选中要更换符号实例的单个或多个符号对象，然后在“符号”面板中选择要更换的符号实例，在面板菜单中选择“替换符号”选项，就可以将“符号”面板中选中的符号实例应用到页面中选择的符号对象上，如图 5-34 所示。

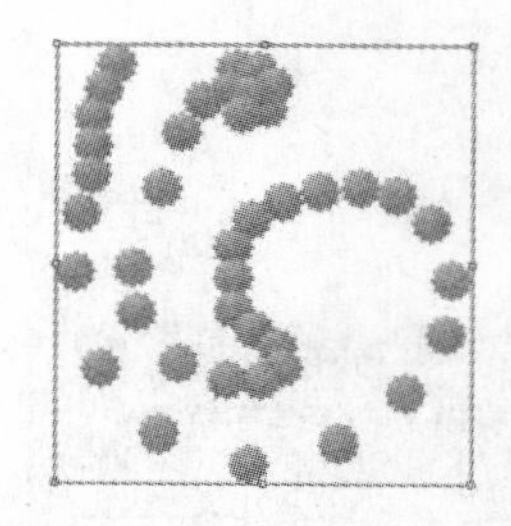

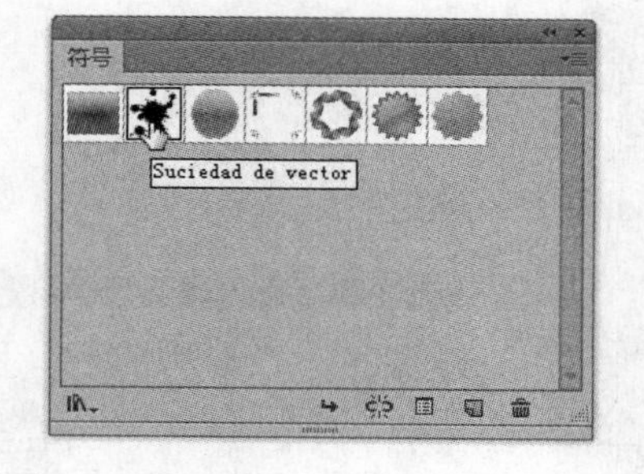

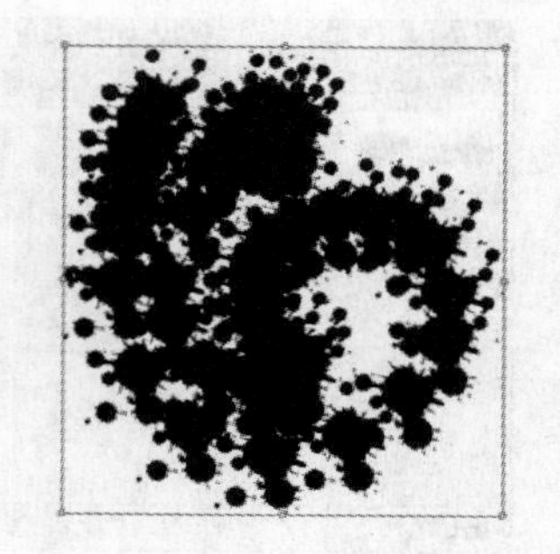

图 5-34

5.2.5　修改并重新定义符号

在 Illustrator CS6 中可以对置入到页面中的符号实例进行各种编辑，如变形、应用特效和调整色彩等，并可以将变化后的符号重新定义为新的符号实例应用给符号对象。

1. 修改符号

在页面中置入符号实例后，选中符号对象并单击“符号”面板中的“断开符号链接”按钮，取消符号对象与“符号”面板中符号实例的链接关系，符号对象将变为可编辑的图形并且自动编组。

产生的符号图形可以使用各种编辑工具和调整色彩功能对其进行修改，效果如图 5－35 所示。

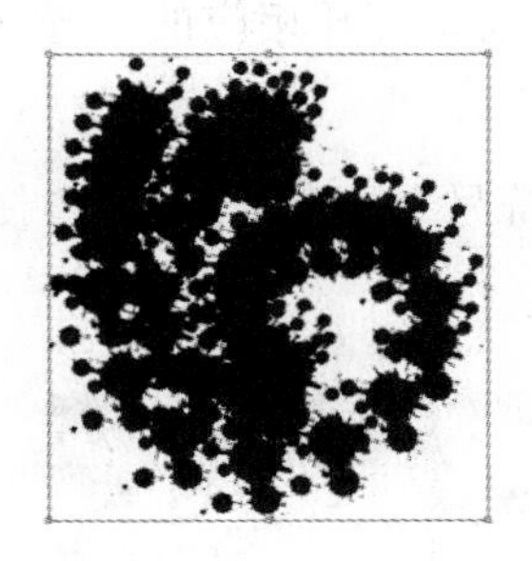

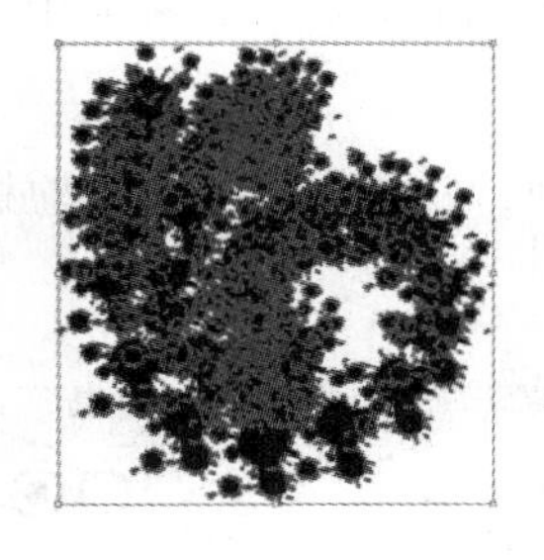

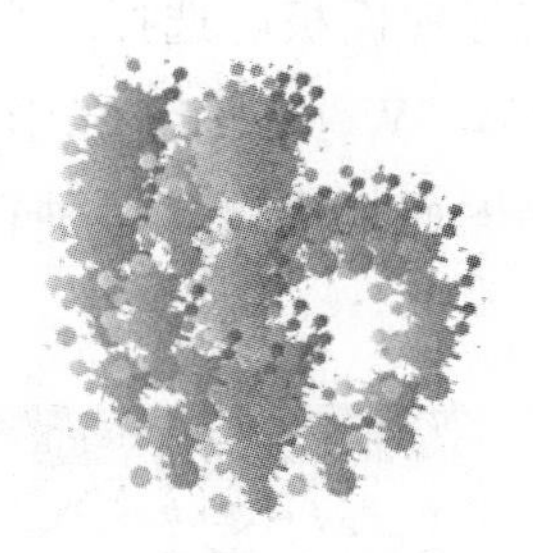

图 5－35

2. 重新定义符号实例

选中修改后的符号图形或其他编辑好的图形对象，在“符号”面板中选择要被重新定义的符号实例，然后选择面板菜单中的“重新定义符号”选项，则“符号”面板中被选中的符号实例将被替换成修改过的符号图形或图形对象。如果重新定义的符号实例已经被应用到页面中的符号对象上，则该符号对象中的符号实例也会同时被修改，如图 5－36 及图 5－37 所示。

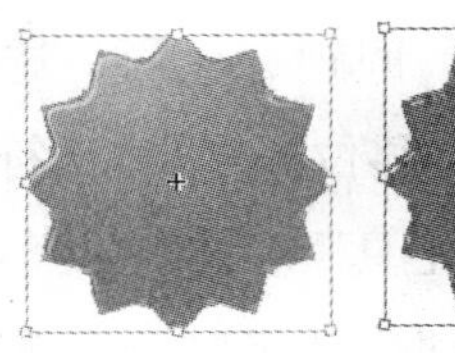

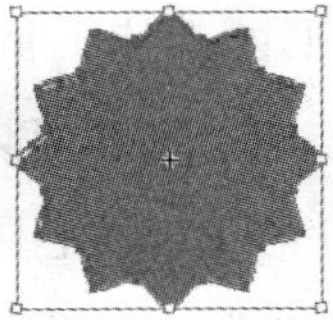

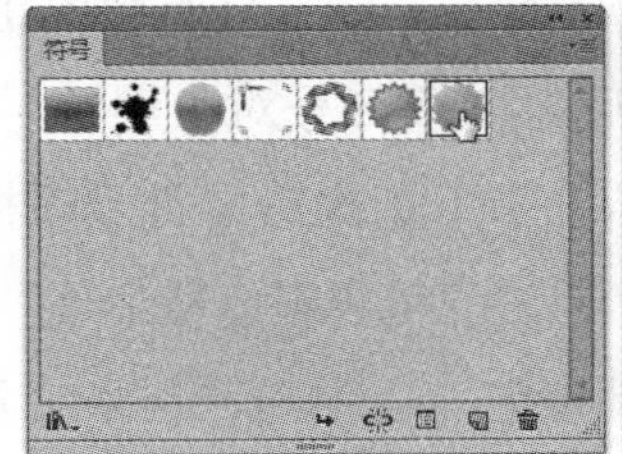

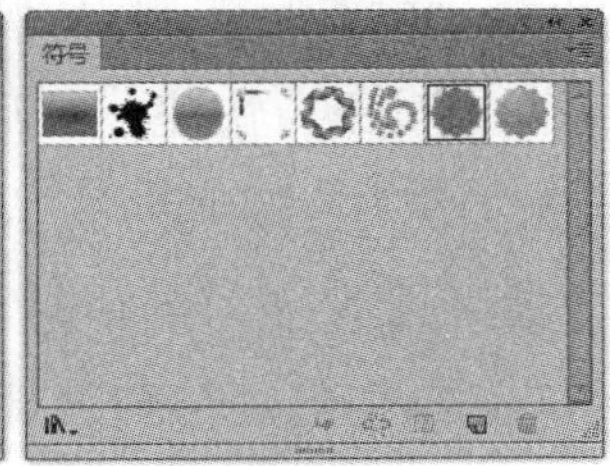

图 5－36

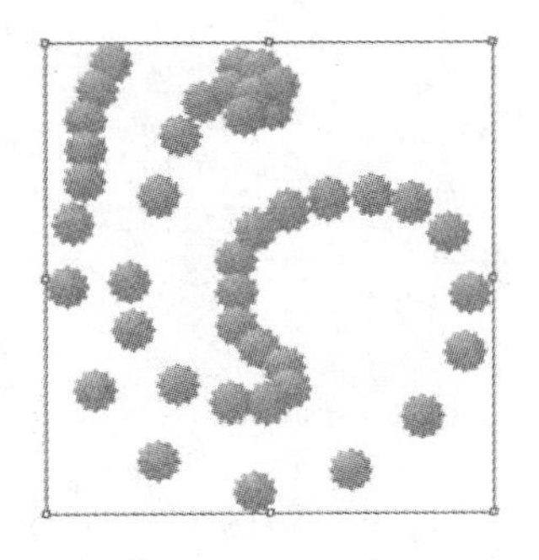

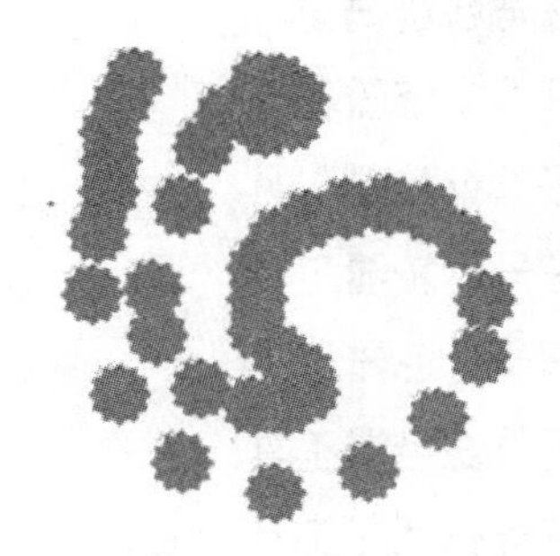

图 5－37

不管是置入的单个符号实例，还是用“符号喷枪工具”创建的符号对象，都可以使用“断开符号链接”功能将其与符号实例断开链接关系。在断开符号链接后符号对象将被转换成普通图形对象，并自动编组，而且可以使用各种编辑工具对其进行编辑处理。

5.2.6 使用符号库

Illustrator CS6 除了默认的符号实例外，还提供了大量实用的符号实例库，用户可以将符号实例库中的符号实例应用到“符号”面板中。

单击“符号”面板中的“符号库菜单”按钮，在打开的菜单中选择需要的符号实例类型，就会打开相应的符号库面板。选择“窗口”→“符号库”子菜单中的命令，也会打开相应的符号库面板。图 5-38 所示为“Web 按钮和条形”面板。

在符号库面板中选择一种符号实例，该符号实例会被放置在“符号”面板上供用户使用，如图 5-38 所示。

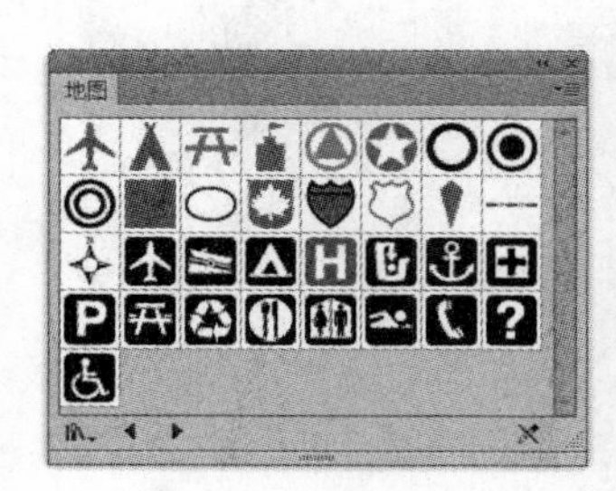

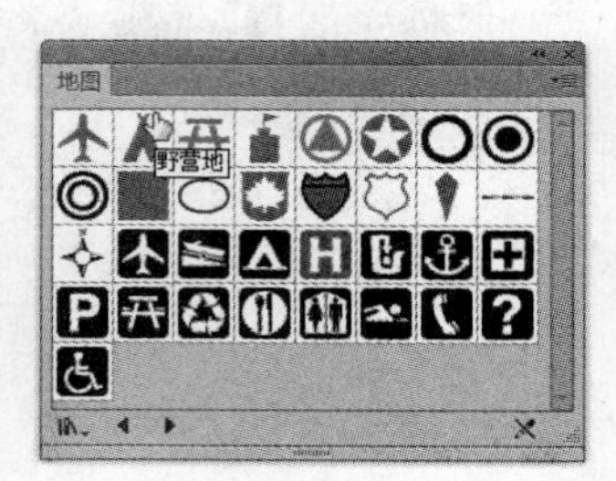

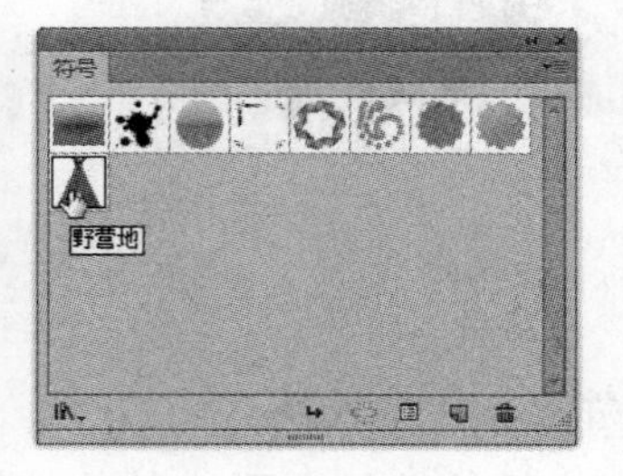

图 5-38

5.2.7 使用符号工具

“符号”面板中的符号实例主要是通过符号工具组中的工具放置到页面中的。使用符号工具组中的工具可以创建符号对象，快速、灵活地调整符号对象中符号图形的大小、间距、色彩、透明度和样式等。符号工具组如图 5-39 所示，从上至下依次为“符号喷枪工具”“符号移位器工具”“符号紧缩器工具”“符号缩放器工具”“符号旋转器工具”“符号着色器工具”“符号滤色器工具”和“符号样式器工具”。

双击符号工具组中的某一个工具按钮，会弹出“符号工具选项”对话框，如图 5-40 所示。

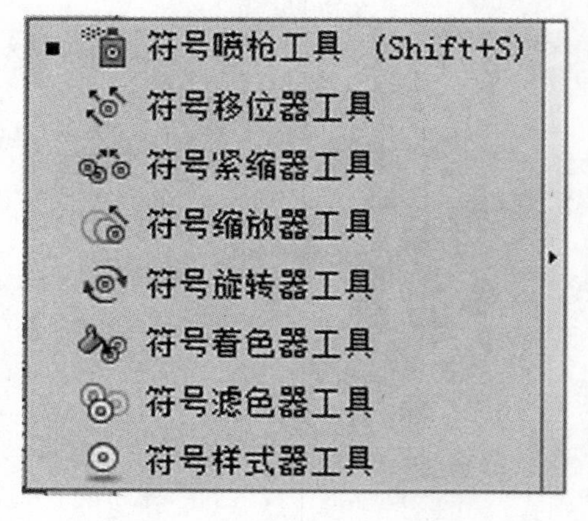

图 5-39

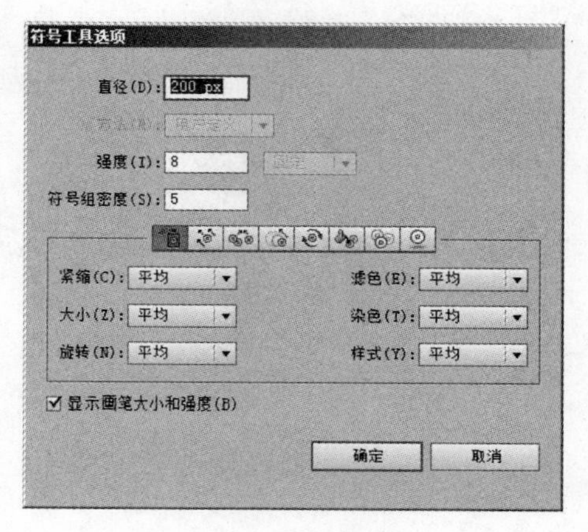

图 5-40

在该对话框中选择不同的符号工具，会显示不同的选项，其中对话框中上半部分的选项是所有符号工具共有的选项，下半部分的选项与选择的符号工具有关。“符号工具选项”对话框中各选项的功能如下。

①“直径”：该选项用于控制符号工具的笔触大小，也就是符号工具的作用范围。可以在组合框中输入数值来设置所使用的符号工具的画笔大小。

②“方法”：在该下拉列表中可以选择符号实例的编辑方法。有“平均”“用户定义”和“随机”3种不同的方法供用户选择。选择“符号紧缩器工具”及其后的工具按钮时，此下拉列表才可用。

③“强度”：该选项用于设置使用符号工具组中的任何工具进行编辑时的变动速度。可以在组合框中输入数值来设置，数值越大变动的强度越剧烈。

④“符号组密度”：该选项用于指定符号实例的密集程度，数值越大符号实例堆积的密度就越大。该选项设置适用于符号对象的调整中，如果选择了符号对象，将更改符号对象中所有符号实例的密度。

⑤“显示画笔大小和强度”：选中此复选框，在使用符号工具组中的工具时可以显示鼠标指针的大小和强度的效果。

选择“符号喷枪工具”时，在对话框下半部分可以看到“紧缩”“大小”“旋转”“滤色”“染色”和“样式”6 个选项。每个选项的下拉列表中都有“平均”和“用户定义”两个选项供用户选择，表示在使用“符号喷枪工具”创建符号对象的过程中，符号实例在不同属性上产生的效果。

当选择“平均”选项时，使用“符号喷枪工具”可以以平均的方式来产生符号对象，是默认的参数设置，即符号不受鼠标指针轨迹和强度的控制。当选择“用户定义”选项时，则可根据鼠标指针的轨迹和强度来控制符号对象产生的效果。

“大小”是使用原始的大小，“旋转”是依据鼠标指针的移动方向来旋转，“滤色”是指使用 100% 的不透明度，而使用目前的填充颜色可以进行“染色”操作，“样式”是使用目前在“样式”面板中选择的样式效果。

技巧提示

在使用符号工具组中的工具操作的过程中按住“[”键可减小符号工具的笔触大小，按住“]”键可增大符号工具的笔触大小。

在使用符号工具操作的过程中按住快捷键“Shift”+“[”可以降低符号工具的强度，按住快捷键“Shift”+“]”可以增加符号工具的强度。数值越大，更改就越快。

第 6 章　字体设计：文字的编辑

在各种设计作品中，文字是必不可少的设计元素之一，文字的美观效果会直接影响画面的整体效果。Illustrator CS6 中提供了非常强大的文本处理功能，用户可以方便地编排文字和设置段落格式，还可以使文本沿着任意形状的路径输入或者在任意的封闭图形中编排文字、创建封套文本、将文本图形化等，从而制作出形态各异的文字效果（图 6–1）。本章主要介绍文字处理功能的使用方法和技巧。

图 6 – 1

6.1　创建文字

在 Illustrator CS6 中使用“文字工具”可以直接在页面中输入文字，也可以在图形内部或者路径上输入文字，从而很轻松地制作出各种形态的文字。本节主要介绍文字的输入方法和技巧。

在 Illustrator CS6 中用于文字输入的工具共有 6 种，如图 6－2 所示。

文字工具 (T)
区域文字工具
路径文字工具
直排文字工具
直排区域文字工具
直排路径文字工具

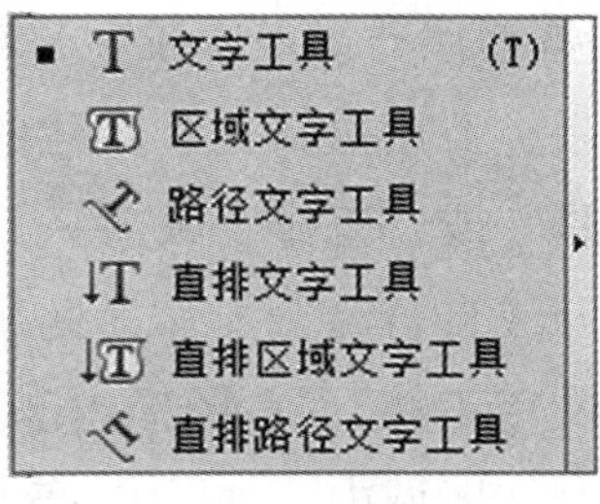

图 6－2

从上向下依次是“文字工具”“区域文字工具”“路径文字工具”“直排文字工具”“直排区域文字工具”和“直排路径文字工具”。其中，“文字工具”“区域文字工具”和“路径文字工具”用于输入水平方向的文字，而“直排文字工具”“直排区域文字工具”和“直排路径文字工具”用于输入垂直方向的文字。

6.1.1　创建点文字

在 Illustrator CS6 中点文字的用途很广泛，经常被用于各种文字特效、标题和装饰元素等内容。使用“文字工具”创建点文字的方法很简单，具体操作步骤如下：

① 选择工具箱中的“文字工具”或“直排文字工具”。

② 在页面中空白区域单击，光标将显示为闪烁状态。

③ 选择合适的输入法输入文字即可，如图 6－3 所示。

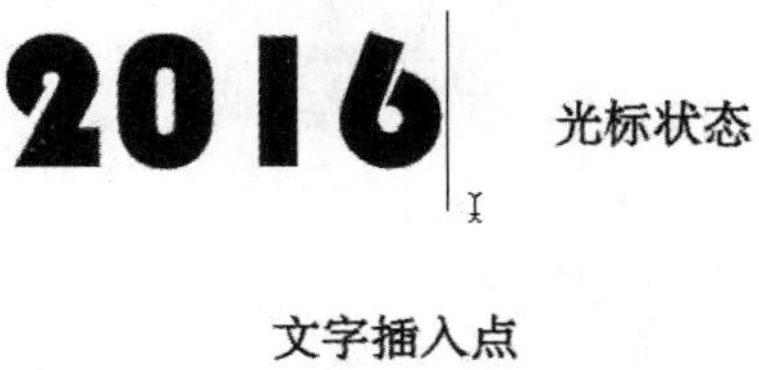

2016
光标状态
文字插入点

图 6－3

如果希望修改文字内容，可以使用“文字工具”在文本内容上单击，在出现闪烁的光标后插入文字或删除文字内容。需要注意的是，在点文字的输入过程中，只有按“Enter”键才能换行，否则输入的文字将会按同一行或同一列排列。

6.1.2　创建区域文字

区域文字是指排列在一定区域内的文字，在区域内输入的文字可以自动换行，并且可以进行各种段落格式设置。在 Illustrator CS6 中创建区域文字有两种方法，分别是直接拖动和在封闭的图形内部输入文字。

1. 直接拖动

选择工具箱中的“文字工具”或“直排文字工具”，在页面中拖动出矩形区域文本框，在该文本框中输入文字即可。输入的文字将被限制在区域内，如图 6－4 所示。

用这种方法创建的区域文字是矩形的，文本框的大小可以根据实际情况随时调整，以保证取得最好的效果。如果输入的文字数量超出了文本框所容纳的范围，在文本框的右侧下方外面将显示出一个红色的加号图标，用来提示用户，如图 6－4 所示。这时可以放大文本框或将文本框中的内容链接到其他空文本框中以显示全部文字内容。

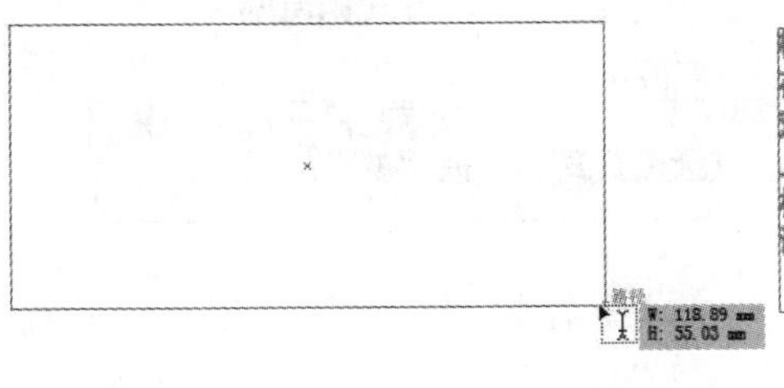

柏拉图开始对“美”的讨论
在西方美学史上，比较早像毕达哥拉斯就对“美”的问题有所论述，但真正在理论上讨论“美”的问题的是从柏拉图开始的柏拉图的《大希庇阿斯篇》是一篇专门讨论“美”的对话录
柏拉图开始对“美”的讨论
在西方美学史上，比较早像毕达哥拉斯就对“美”的问题有所论述，但真正在理论上讨论“美”的问题

图 6－4

2. 在封闭的图形内部输入文字

如果觉得用直接拖动创建的方法过于呆板，希望创建外形比较灵活的区域文字，可以使用“区域文字工具”或“直排区域文字工具”在已有的图形对象中输入文字内容。具体操作方法如下：

打开或自行绘制要作为区域文字外形的封闭路径，然后选择工具箱中的“区域文字工具”或“直排区域文字工具”，在图形内部单击即可创建以该图形为范围的区域文本框，在该文本框中输入的文字将被限制在区域内，如图 6－5 所示。

柏拉图
开始对“美”的讨
论 在西方美学史上，比
较早像毕达哥拉斯就对“
美”的问题有所论述，但
真正在理论上讨论“美
”的问题的是从柏拉
图开始的柏拉图

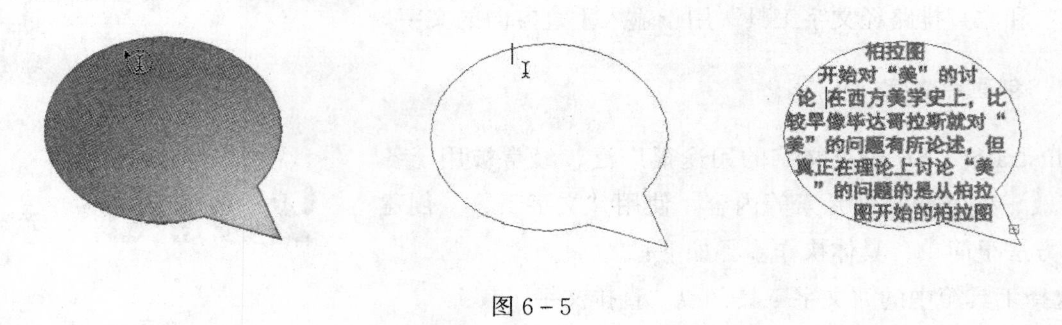

图 6－5

3. 设置区域文字选项

如果想对已有的区域文字进行更加详细的设置，在选中创建好的区域文本后，双击工具箱中的“文字工具”按钮或“区域文字工具”按钮或者选择“文字”→“区域文字选项”命令，弹出“区域文字选项”对话框，如图 6－6 所示，在该对话框中可以对选择的文本框进行设置。“区域文字选项”对话框中各选项的功能如下。

①“高度”和“宽度”：用于设置文本框的高度和宽度。

②“行”和“列”：用于设置内部文字的分栏效果，即将单独的区域文本划分为多个行或者列，从而产生分栏的效果。在排版设计中，多栏文字的排版是经常使用的设计手法，效果如图 6－7 所示。配合不同的“文本排列”设置可以产生不同的分栏效果。

区域文字选项
宽度：75.21 mm
高度：66.77 mm
行
数量：1
跨距：66.77 mm
固定
列
数量：1
跨距：75.21 mm
固定
位移
内边距：0 mm
首行基线：全角字框高度
最小值：0 mm
选项
文本排列：
预览(P)
确定
取消

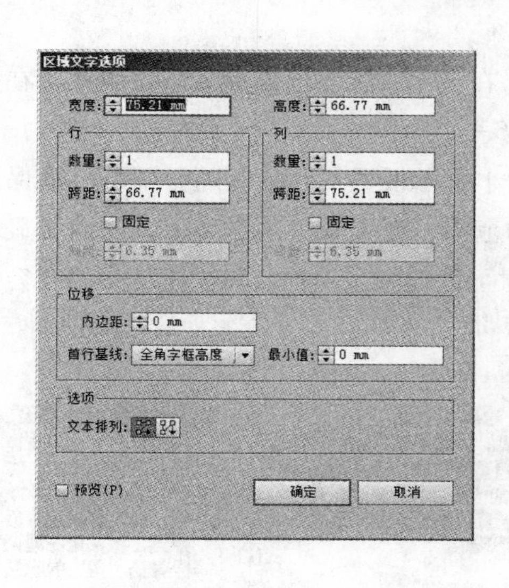

图 6－6

柏拉图开始对“美”的讨论
在西方美学史上，比较早像毕达哥拉斯就
对“美”的问题有所论述，但真正在理论
上讨论“美”的问题的是从柏拉图开始的
柏拉图的《大希庇阿
斯篇》是一篇专门讨论“美”的对话录

图 6－7

③“位移”：可以对“内边距”和“首行基线”进行设置。“内边距”用于确定文字与文本框之间的距离。“首行基线”用于确定文本内容中第一行文字的基线设置方式。

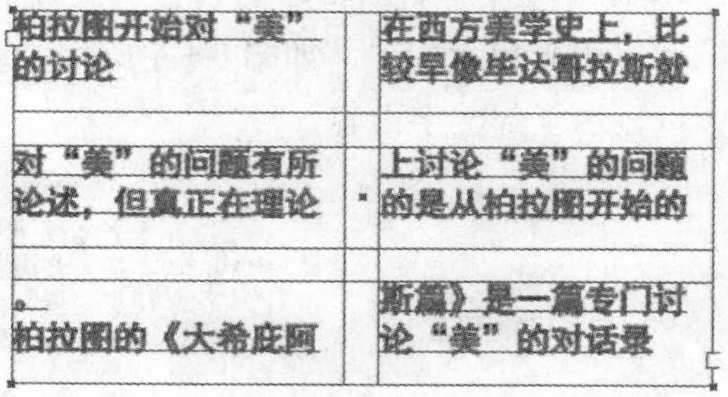

④“选项”：可以调节文本的文字排列方式。

在使用区域输入文字时，除了放大或缩小文本框外，还可以使用“直接选择工具”“转换锚点工具”和“钢笔工具”等调整文本框的外形。文本框变形后，文字将在文本框自动换行排列，如图 6-8 所示。

需要注意的是，只有用“直接选择工具”选中文本框的外形路径时，才能对形状进行编辑修改。如果在文本框的内部单击，将会选中文字部分。

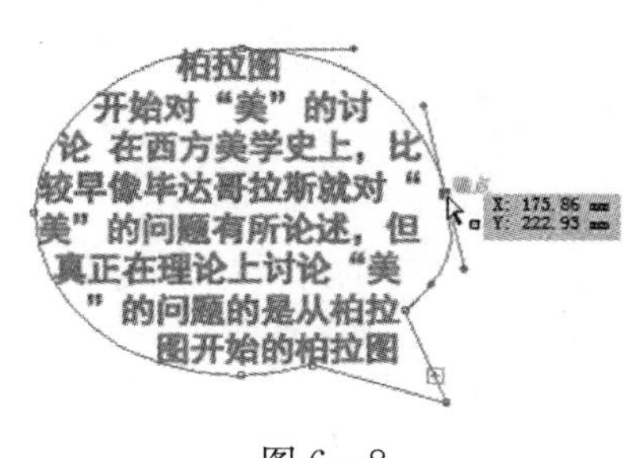

图 6-8

技巧提示

创建图形区域文字时，在图形内部单击后，图形原有的填充颜色和描边颜色均变为无色。如果希望设置文本框的填充颜色和描边颜色，可以用“直接选择工具”选中文本框的外形路径，再对其进行设置。

6.1.3　沿路径输入文字

路径文本是指沿开放路径或闭合路径排列的文字。使用工具箱中的“文字工具”和“路径文字工具”可以创建水平方向的路径文字；使用工具箱中的“直排文字工具”和“直排路径文字工具”可以创建垂直方向的路径文字。路径文字创建好后，可以对其进行编辑修改，并对其应用各种文字排列效果。

1. 创建路径文字

打开或自行绘制要作为路径文字外形的路径对象，然后选择工具箱中的“文字工具”“路径文字工具”“直排文字工具”或“直排路径文字工具”，将鼠标指针移动到路径上单击，出现闪烁的光标后输入文字即可。输入的文字将按照路径的边界排列，效果如图 6-9 所示。

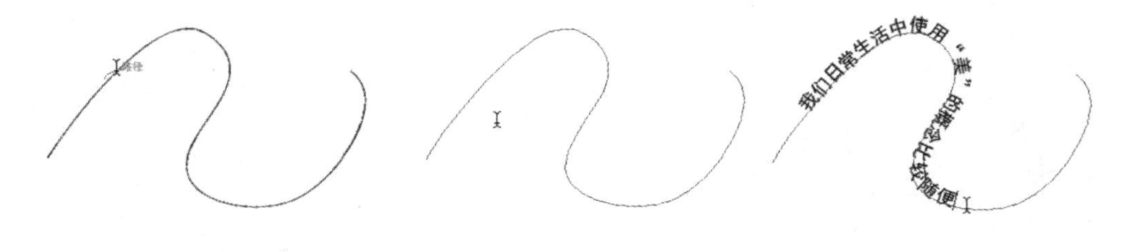

图 6-9

2. 调整路径形状和文字

路径文字创建好后，可以使用“直接选择工具”或“选择工具”对文字的位置及路径的形状进行修改，具体的操作方法如下：

使用“直接选择工具”或“选择工具”将路径文字选中后，会看见 3 个蓝色的直线标志，如图 6-10 所示。

其中一个标志在路径文本的起始位置，一个标志在路径文本的结束位置，这两个位置的直线标志表示文字的起始和结束位置。将鼠标指针移动到起始和结束位置标志上时，沿路径拖动可以改变文字在路径上的起始和结束位置，如图 6-10 所示。

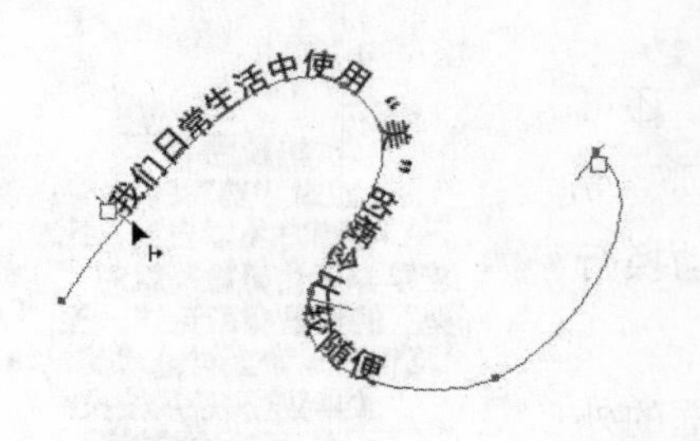

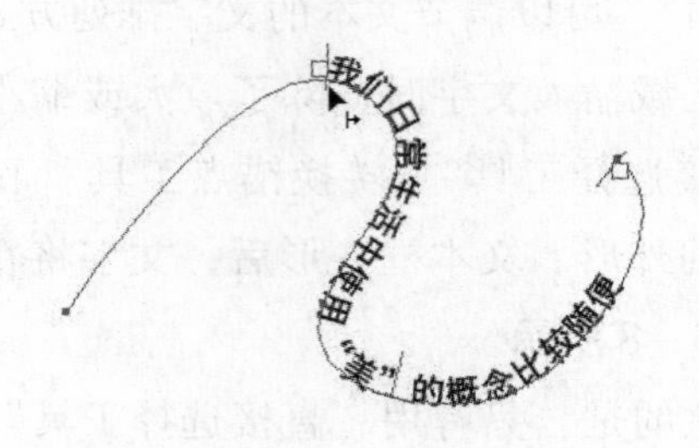

图 6－10

路径文本中间的直线标志用于控制文字在路径上翻转。将鼠标指针移动到中间的直线标志上，此时向路径对称方向拖动可以将文字翻转到路径的另一侧，如图 6－11 所示。沿路径拖动也可以改变文字在路径上的位置。

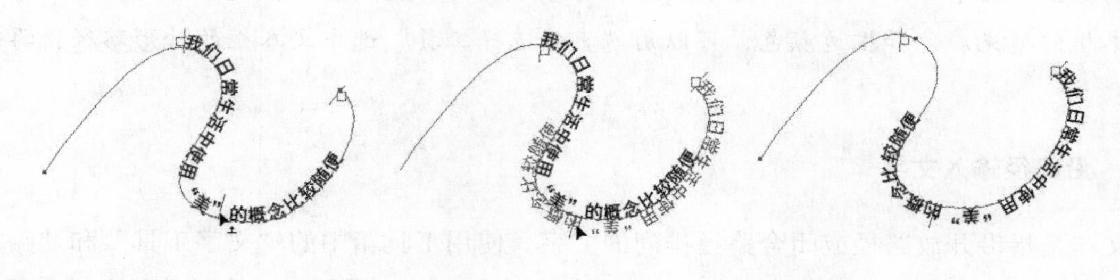

图 6－11

当输入的文字数量超出了路径的长度时，在路径文字的结束点上将会出现一个红色的加号图标，用来提示用户有文字内容无法显示出来。可以修改路径的形状或将路径文字的内容链接到其他空文本框或路径形状中，以显示全部文字内容。

若要改变路径的形状，只需使用“直接选择工具”将路径选中，然后对其进行调整即可。路径上的文本会随着路径形状的改变而自动重新调整，如图 6－12 所示。

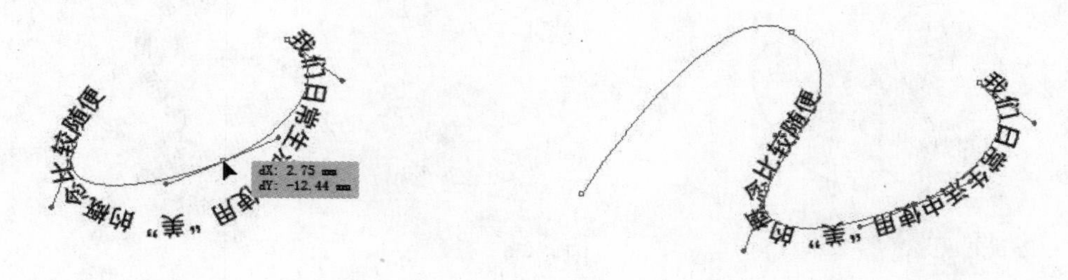

图 6－12

6.1.4　置入文字

在 Illustrator CS6 中除了可以使用文字工具组直接输入文字外，还可以将文件中的文字内容置入或复制到 Illustrator 中，从而节省文字录入的时间，提高工作效率。

1. 置入文字

置入的文件格式可以为 Microsoft Word 文件（*.doc）、RTF 文件或纯文本文件（使用 ANSI、Unicode、Shift JIS、GB2312、Chinese Big 5 或 Cyrillic 编码）。如果置入的文件是 Word 文件或 RTF

文件，则文字被置入到 Illustrator 中后可以保留文字的字体、字符大小和样式效果等属性。如果置入的文件是纯文本文件，则文字被置入到 Illustrator 中后文字的样式属性都将消失，只留下文字部分。

在置入文字之前首先要确定文字的置入位置。选择工具箱中的“文字工具”，在页面中插入文字的位置单击，确定插入点。然后选择“文件”→“置入”命令，在弹出的“置入”对话框中选择要置入的文本，单击“置入”按钮置入文字。

如果置入的文件是 Word 文件或 RTF 文件，将会弹出“Microsoft Word 选项”对话框，如图 6－13a 所示。如果置入的文件是纯文本格式，则会弹出“文本导入选项”对话框，如图 6－13b 所示。在对话框中设置好参数后，单击“确定”按钮即可将文字内容置入到当前光标所在位置。

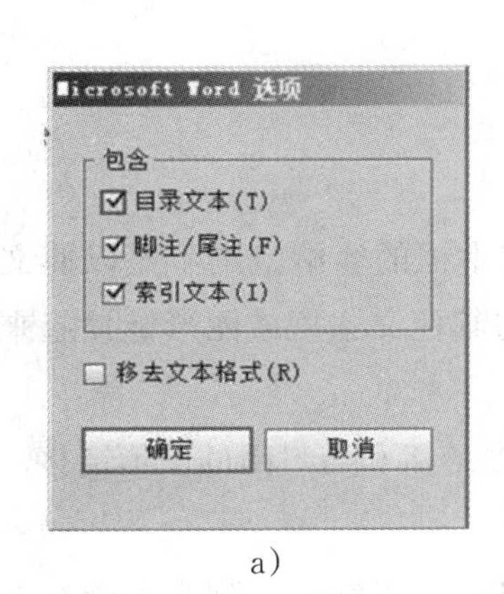

a）

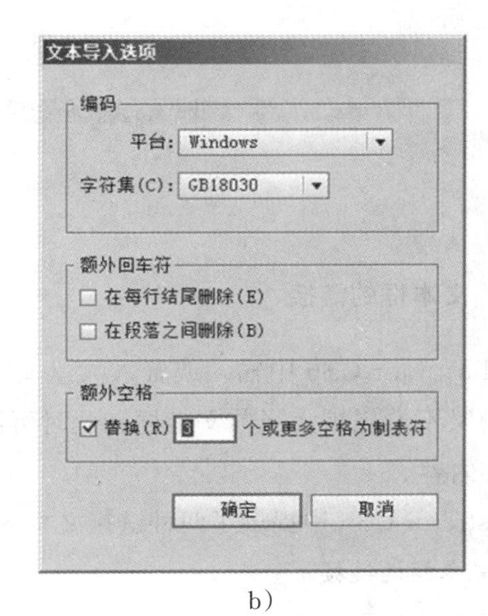

b）

图 6－13

“Microsoft Word 选项”对话框中各选项的功能如下。

①“包含”：此选项组中有“目录文本”“脚注／尾注”和“索引文本”3 个复选框，可以设置置入的文字内容是否包括这些格式属性。

②“移去文本格式”：选中此复选框，会将置入文件中的文字格式属性去掉，只将文字内容置入到 Illustrator CS6 中。

“文本导入选项”对话框中各选项的功能如下。

①“编码”：该选项组中提供了创建文本所用的平台选项和使用的字符集。对于不同的文字，应该选择对应的字符集置入，否则可能会出现乱码现象。

②“额外回车符”：该选项组中提供了处理文件中的回车符的两种模式，即“在每行结尾删除”和“在段落之间删除”。

③“额外空格”选项组：该选项组用于设置被置入后的文件以制表位替代原文本的空格键。默认设定数量为 3，即当文本连续出现 3 个以上的空格时，置入后以制表位代替。

2．复制、剪切和粘贴文本

复制、剪切和粘贴文本不仅可以在 Illustrator CS6 中使用，也可以在其他的软件中复制和剪切文字，再将其粘贴到 Illustrator CS6 的工作页面中。具体的操作方法很简单：只要选中需要的文字并将其复制或剪切，然后在 Illustrator CS6 中使用“文字工具”在页面中确定一个文字插入点，选择“编辑”→“粘贴”命令或按快捷键“Ctrl”+“V”即可将选中的文字粘贴过来，如图 6－14 所示。

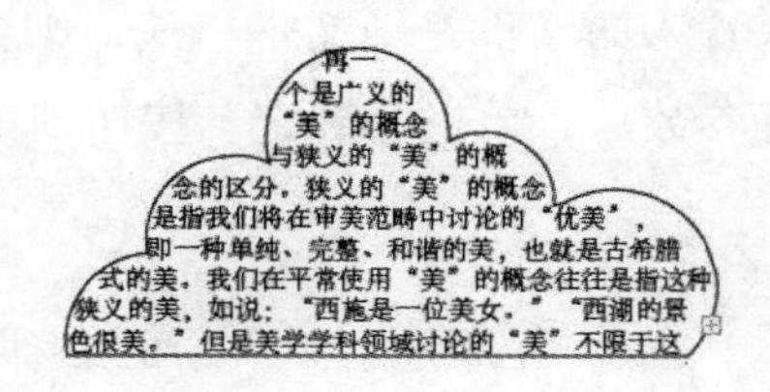

图 6－14

6.1.5 文本框的链接

当在 Illustrator CS6 中输入或置入大量文字时，如果当前文本框的容纳范围不足以使文本全部显示出来，而又不希望扩大当前文本框，此时可以将当前文本框与其他文本框或图形链接起来，以显示剩余的文字内容。

在 Illustrator CS6 中提供了两种链接文本的方法，即与文本框链接和与封闭的图形链接。

1. 与文本框的链接

使用“选择工具”选择一个没有全部显示文字的文本框，将鼠标指针移动到文本框右下角的红色加号处单击，鼠标指针将显示为状态，如图 6－15 所示。

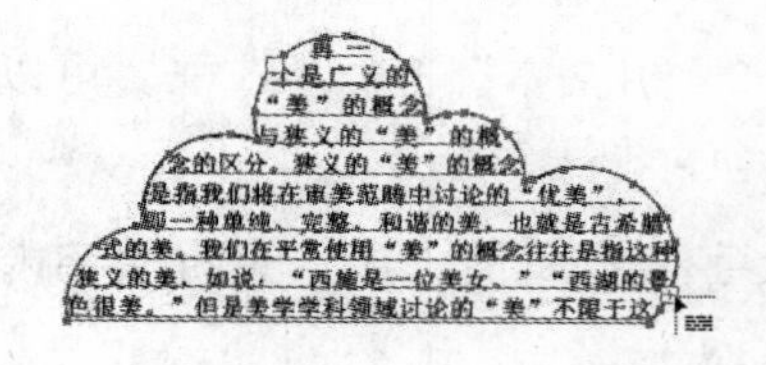

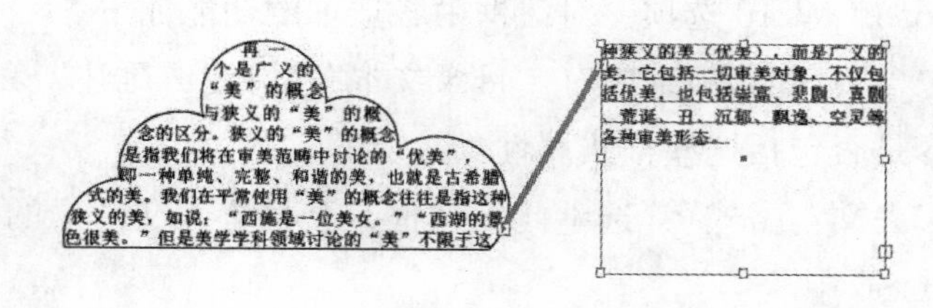

图 6－15

然后在页面合适的位置拖动，绘制一个新的文本框，这时原文本框没有显示出来的文字内容将会在新绘制的文本框中显示出来，两个文本框之间以一条粗线相连，表示两个文本框具有链接关系，如图 6－16 所示。在一个已有的文本框上单击，文字内容将会出现在单击的文本框中。如果文本框原来就有文字内容，则新加入的文字内容会出现在原来的文字内容的前面。

图 6－16

对于具有链接关系的文本框，如果调整其中一个文本框的位置，框内的文本并不受影响。如果删除其中一个文本框，则剩余的文字将被排列到没有删除的文本框中。如果调整一个文本框的大小，另外一个文本框中的内容会随之变化。

2. 与封闭的图形链接

选择一个没有全部显示文字的文本框，将鼠标指针移动到文本框右下角的红色加号处单击，鼠标指针将显示为状态。然后在要链接的图形对象上单击，这时原文本框中没有显示出来的文字内容将会出现在图形对象中，图形对象被转换为文本框，如图 6－17 所示。

图 6－17

在与文本框链接或与封闭的图形链接时，除了使用上述方法，还可以在选中两个文本框或文本框和图形后，选择“文字”→“串接文本”→“创建”命令，则两个文本框或文本框和图形将链接起来。

3. 取消文本框之间的链接

如果要取消文本框之间的链接关系，可以选择其中一个文本框，然后选择“文字”→“串接文本”→“释放所选文字”命令，则所选文本框中的文字将被排列到其余的文本框中，链接关系消失，如图 6－18 所示。

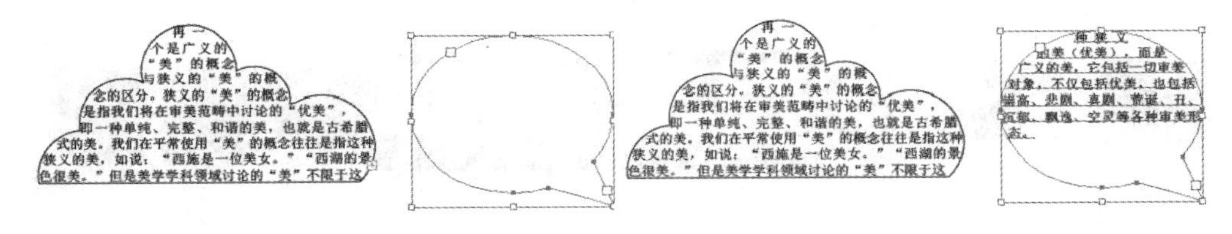

图 6－18

6.1.6　插入特殊符号和字体

在 Illustrator CS6 中使用“字形”面板可以快速地输入各种特殊符号和字符、查看全部的特殊字体、设置所选字体的替代字体等。选择“文字”→“字形”命令或“窗口”→“文字”→“字形”命令，可以打开“字形”面板，如图 6－19 所示。

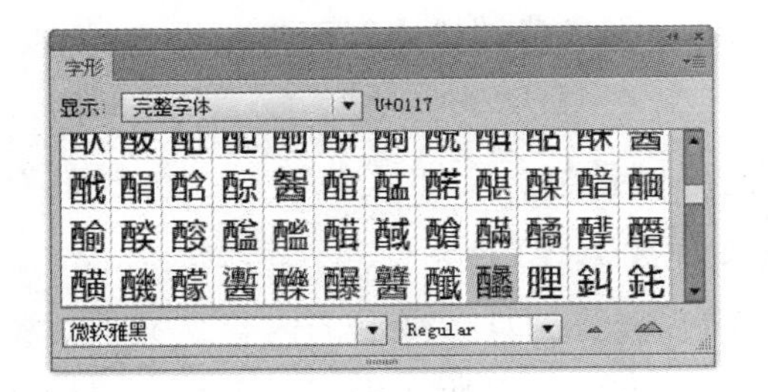

图 6－19

在使用“字形”面板时，首先要选择部分文字内容或者设置文字插入点，然后双击“字形”面板中需要的字符，则所选的字符将替换或插入当前文本内容中。

在选择部分文字内容的前提下，在“字形”面板中设置不同的字体效果，当选择不同的字体时，选中的文字内容也会随之改变。

单击“字形”面板右下角的放大或缩小图标，可以控制“字形”面板中字符显示的大小，方便查看。

6.2 文字的基本格式设置

本节主要讲解对已经创建好的文本如何进行各种基本格式设置。对于创建好的文字，可以设置文字的颜色、字符格式和段落格式，以产生各种文字排版效果。

6.2.1 选取文字

在对文字进行格式设置和编辑之前，要将文字选取后才能操作。利用“文字工具”或者“选择工具”可以选择点文字、区域文字或路径文字中的内容，具体操作方法如下：

① 利用“选择工具”单击点文字、区域文字或路径文字，可以直接选择整个文本内容。

② 利用“文字工具”在文字内容上拖动，可以选择文本对象上的部分文字内容，被选中的文字以反白的高亮方式显示，如图 6－20 所示。

图 6－20

当需要选择部分文字时，如果在文字上双击可以将光标所在位置的一句话选中（以标点符号作为分隔）。如果在文字上快速地单击 3 次，可以将光标所在位置的整段文字选中。如果想选择全部文字内容，则选择“选择”→“全部”命令或按快捷键“Ctrl”＋“A”。

6.2.2 设置文字颜色

在 Illustrator CS6 中，文字与其他图形对象相同，也具有填充颜色和描边颜色的属性。默认状态下，文字填充颜色为黑色，描边为无色。可以像对普通图形那样使用“颜色”面板、“色板”面板和“吸管工具”对文字进行颜色设置，并且文字的描边属性也是通过“描边”面板来设置的。为文本对象填充单色或图案的具体方法如下：

选中已创建好的文字内容，可以是全部文字，也可以是部分文字。然后在“色板”面板或“颜色”面板中为文字的填充和描边设置颜色或图案，效果如图 6－21 所示。

使用“吸管工具”也可以进行颜色设置，但当使用“吸管工具”吸取的内容是文本对象时，会将吸取对象的文字属性复制到选择的文字内容上，利用这种方式可以快速地制作出文字属性和设置相同的文字效果，如图 6－22 所示。

版式设计　版式设计
版式设计　版式设计
版式设计　版式设计
版式设计　版式设计

图 6－21

版式设计

图 6－22

需要注意的是，文本对象只能应用单色和图案填充，不能使用渐变色或者渐变网格等特殊效果填充，但可以对文本对象进行透明度和混合模式设置。如果想为文字内容设置渐变色填充、渐变网格填充或画笔效果等，则需要先将文字转换成路径轮廓再对其进行设置。

6.2.3　设置文字字符属性

大多数情况下，默认状态下输入的文字效果并不能满足需求，通常还要对文字进行各种字符属性和段落属性的设置。

其中，“字符属性”是指文字的字体、大小、行距、字距和基线等属性。利用“字符”面板可以方便地对字符的格式进行设置。选择“窗口”→“文字”→“字符”命令或按快捷键“Ctrl”＋“T”，将打开“字符”面板，如图 6－23 所示。如果无法看到全部的选项内容，可以单击“字符”面板右上角的按钮打开面板菜单，选择“显示选项”即可看到全部的面板选项。

在对文字内容进行字符属性设置前，通常先选中要设置的文字，这样才能产生效果。如果在没有选中任何文字内容的情况下在“字符”面板设置字符属性，则设置好的属性将被应用于新输入的文字内容。下面结合“字符”面板介绍各种字符属性的具体设置方法和效果。

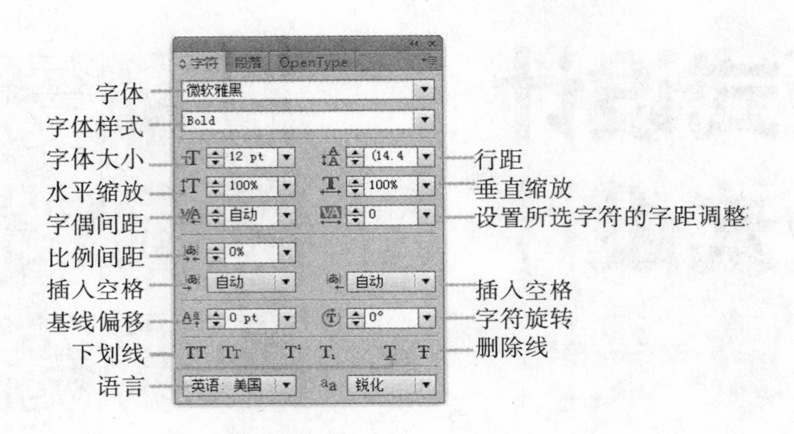

图 6 - 23

1. 设置字体

单击“字体”下拉列表右侧的下三角按钮，可以查看当前系统所安装的全部字体内容。可以在下拉列表中选择需要的字体，即将选择的字体效果应用到当前选中的文字内容上。图 6 - 24 所示为几种不同字体效果的对比。

Illustrator CS6　　字体设计
Illustrator CS6　　字体设计
Illustrator CS6　　字体设计
Illustrator CS6　　字体设计
Illustrator CS6　　字体设计

图 6 - 24

如果希望在选择字体时能预览到字体的应用效果，可以选择“文字”→“字体”子菜单中的字体。图 6 - 25 所示为“字体”子菜单的部分内容。

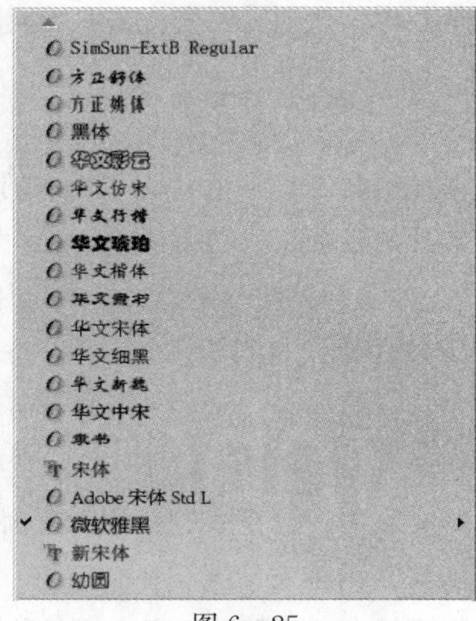

图 6 - 25

“字体样式”下拉列表用来设置同一种字体的不同样式效果，有 Regular（正常）、Italic（斜体）、Bold（加粗）和 BoldItalic（加粗斜体）4 种样式。一般情况下，中文字体没有字体样式，英文字体会根据不同的字体效果具有 4 种字体样式中的全部或某几种。图 6 - 26 所示为 Arial 字体的不同字体样式的应用效果对比。

注：中文字体可以应用给中文和英文文字，而英文字体只能应用给英文文字，对中文文字不起作用。

Illustrator CS6
Narrow
Illustrator CS6
Bold
Illustrator CS6
Regular
Illustrator CS6
Bold Italic
Illustrator CS6
Italic
Illustrator CS6
Black

图 6－26

2. 设置文字的大小

在“字体大小”组合框中可以设置文字的大小尺寸。可以单击下三角按钮，在打开的下拉列表中选择 Illustrator 预置的大小；也可以在组合框中直接输入需要的数值或者使用微调按钮调整文字的大小。数值越大，文字的尺寸就越大；反之文字就越小。图 6－27 所示为 100%显示比例下不同文字大小的对比效果。

10pt　Illustrator CS6

20pt　Illustrator CS6

30pt　Illustrator CS6

40pt　Illustrator CS6

图 6－27

3. 设置文字行距

行距是指每行文字之间的距离，也是相邻两行文字的基线的距离，默认状态下的行距为自动。可以单击“行距”组合框右侧的下三角按钮，在打开的下拉列表中选择 Illustrator 预置的行距：也可以在组合框中直接输入需要的数值或者使用微调按钮调整选中文字的大小。数值越大，文字的行与行之间的间距就越大；反之就越小。图 6－28 所示为字体大小为 16pt 的文字在不同行距下的排版效果对比。

可以使用快捷键对行距进行调整。选中全部文字或部分文字后，按快捷键“Alt” ＋ “↑”可以增大行距，按快捷键“Alt” ＋ “↓”可以减小行距。

美学是哲学主要分支学科之一，主要研究美、艺术和审美经验。《美学原理》作为一门概论性的美学课程，将集中讲解中外美学史上关于美、艺术和审美经验的代表性理论，介绍一些新兴的理论趋势，结合当前审美和艺术现状，提出一些具有时代特色的美学问题进行讨论。比如，大审美与文化产业的问题、现代艺术的美学理解问题、美和美感的社会性问题、自然审美、艺术审美和社会美学问题、审美与人生

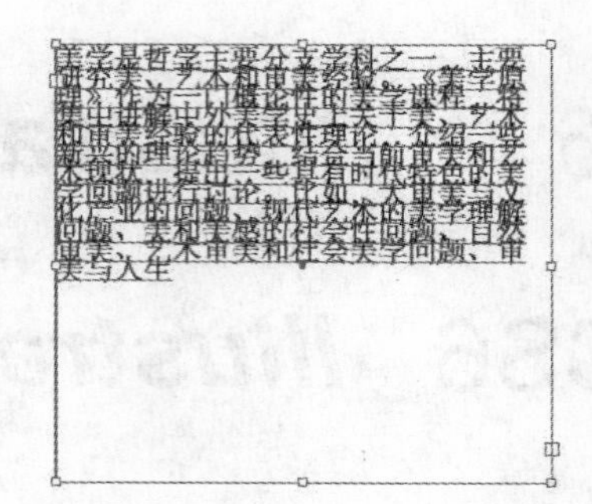

美学是哲学主要分支学科之一，主要研究美、艺术和审美经验。《美学原理》作为一门概论性的美学课程，将集中讲解中外美学史上关于美、艺术和审美经验的代表性理论，介绍一些新兴的理论趋势，结合当前审美和艺术现状，提出一些具有时代特色的美学问题进行讨论。比如，大审美与文化产业的问题、现代艺术的美学理解问题、美和美感的社会性问题、自然审美、艺术审美和社会美学问题、审美与人生

图 6－28

4. 设置文字的水平和垂直缩放

通过“水平缩放”和“垂直缩放”组合框可以调整文本在水平方向和垂直方向上的缩放比例，从而达到改变文字宽度和长度的效果，可以单击“水平缩放”或“垂直缩放”组合框右侧的下三角按钮，在弹出的下拉列表中选择 Illustrator 预置的缩放比例；也可以在文本框中直接输入需要的数值或者使用微调按钮调整文字的缩放比例。该选项数值越大，文字被放大的比例就越大；反之就越小。图 6－29 所示为不同缩放比例下文字的排版效果。

字体设计 字体设计
原始效果 原始效果
字体设计 字体设计
垂直150% 水平150%
字体设计 字体设计
垂直50% 水平50%

图 6－29

5. 设置文字的间距

在 Illustrator CS6 中可以对字符间距进行细微的调整。

(1) 设置字符间距

字符间距组合框用来调整两个字符之间的距离。将光标定位到要调整间距的两个字符之间，在下拉列表中选择预置数值或在组合框中直接输入数值，就可以调整两个字符之间的间距。一般情况下设置为“自动”。当设置的数值为正值时两个字符之间的间距变大，当设置的数值为负值时两个字符之间的间距变小。具体的变化量与数值大小有关。图 6－30 所示为设置不同字符间距的文字排版效果对比。

(2) 调整文字的字符间距

在选中全部或部分文字内容的状态下，调整“设置所选字符的字距调整”的值可以控制文字的间距大小。默认情况下数值设置为 0，具体的变化量与数值大小有关。当设置的数值为正值时字符之间的

间距变大，当设置的数值为负值时字符之间的间距变小。图 6－31 所示为设置不同字符间距值时文字的排版效果对比。

（3）比例间距

通过“比例间距”组合框，可以根据字体的大小设置字符的紧密程度。在选中文字的状态下，可以设置 0～100%的数值，数值越大，字符越紧密。数值为 0 时，字符保持正常的间距；数值为 100%时，字符的间距最紧密。图 6－32 所示为设置不同比例间距值时文字的排版效果对比。

版式设计 0　　版式设计 0　　版式设计 0
版式设计 -100　　版式设计 -100　　版式设计 50
版式 设计 200　　版 式 设 计 200　　版式设计 100

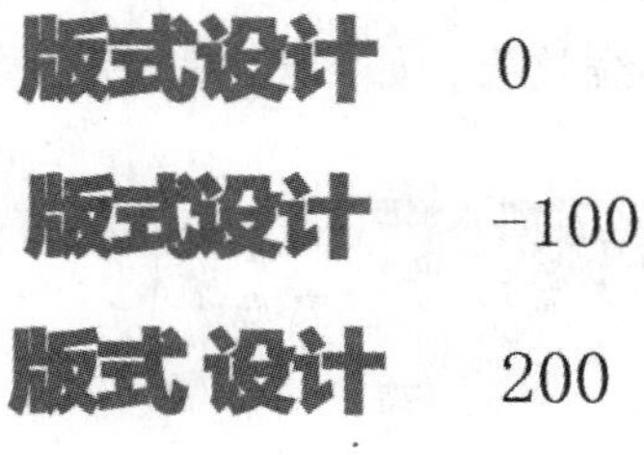

图 6－30 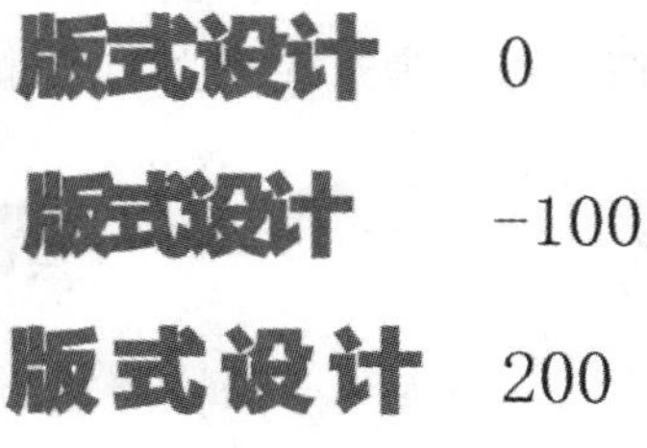　　图 6－31 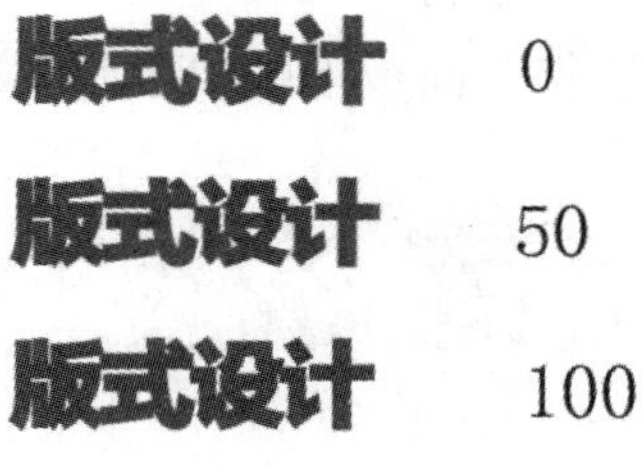　　图 6－32

（4）插入空格

通过设置“插入空格（左）”和“插入空格（右）”下拉列表，可以用不同的空格大小来控制选中文字的间距，使文字产生具有统一间隔的排版效果。“插入空格（左）”和“插入空格（右）”下拉列表中各有 7 个选项供选择，从而可以控制在所选字符的前面或后面插入的空格的大小。图 6－33 所示为设置不同“插入空格”选项时文字的排版效果对比。

商业海报设计 自动　　商 业 海 报设计 1/2
商业海报设计 1/8　　商 业 海 报设计 3/4
商 业 海 报设计 1/4　　商 业 海 报设计 1

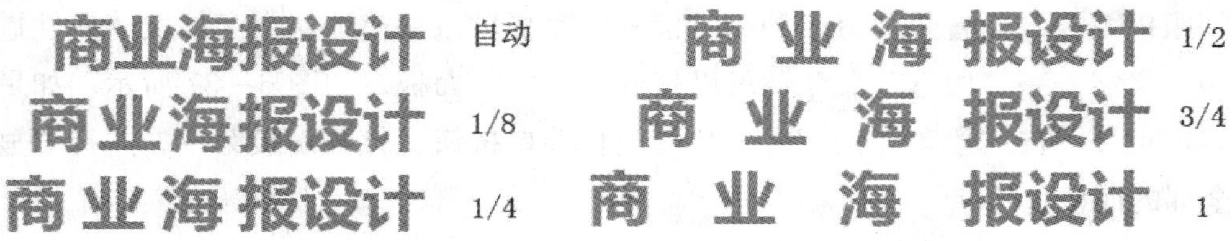

图 6－33

6. 设置文字的基线位置

在 Illustrator CS6 中所有文字都是以直线或者曲线为基准而排列的。通过对“基线偏移”的设置可以使所选文字的基线位置上下移动，从而控制字符的位置。当基线偏移的数值为正值时，文字向上移动；当数值为负值时，文字向下移动；数值为 0 时为默认的基线位置。图 6－34 所示为设置不同“基线偏移”数值时文字的排版效果对比。

商业海报设计 0　　商业海报设计 -12　　商业海报设计 12

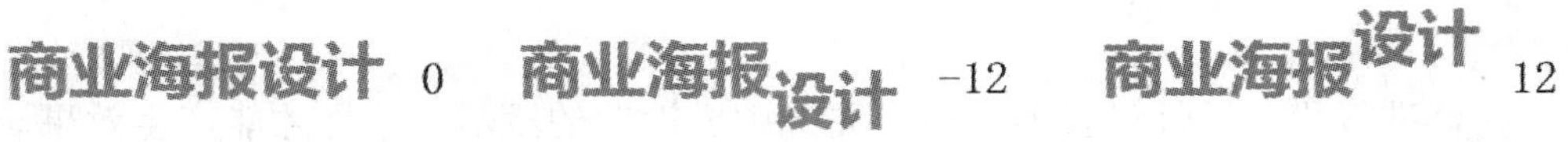

图 6－34

在调整“基线偏移”时，除了在“字符”面板中设置参数外，还可以利用快捷键来调整。按快捷键“Shift”＋“Alt”＋“↑”可以增大“基线偏移”的数值，使文字向上移动；按快捷键“Shift”＋“Alt”＋“↓”可以减小“基线偏移”的数值，使文字向下移动。

7. 设置文字旋转效果

在 Illustrator CS6 中除了对文字进行整体的旋转外，还可以让每个字符单独旋转，从而产生不同的文字效果。

通过“字符旋转”组合框，可以设置字符的旋转角度。当数值为负值时，字符顺时针旋转；当数值为正值时，字符逆时针旋转，如图 6－35 所示。

8. 设置下划线和删除线效果

单击“字符”面板中的“下划线”按钮，可以为选择的文字添加下划线效果，如图 6－36 所示。单击“字符”面板中的“删除线”按钮，可以为选择的文字添加删除线效果，如图 6－36 所示。

商业海报设计　　商业海报设计

商业海报设计　　商业海报设计

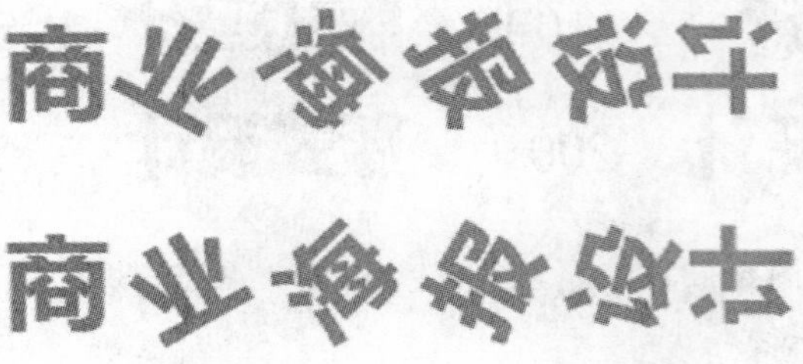

图 6－35 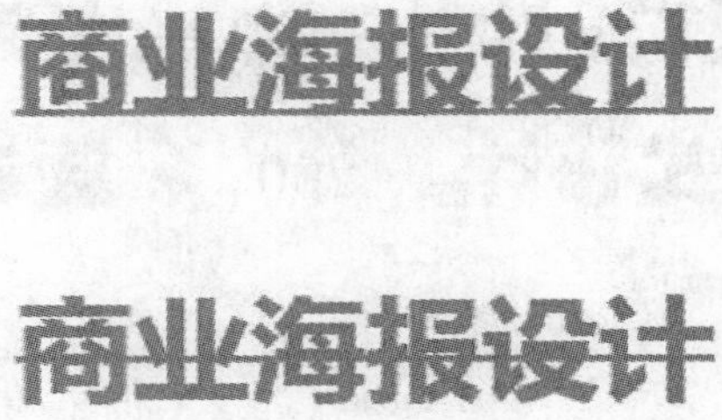　　图 6－36

6.2.4 设置文字段落属性

段落是指在输入文字的过程中按“Enter”键就会生成一个新的段落，而段落属性是指段落的对齐、缩进、间距以及标点设置等内容。利用“段落”面板可以快速地对文字的段落属性进行设置。选择“窗口”→“文字”→“段落”命令，可以打开“段落”面板，如图 6－37 所示。如果无法看到全部的选项内容，可以单击“段落”面板右上角的面板菜单按钮，打开面板菜单，选择“显示选项”选项即可看到全部的面板选项。

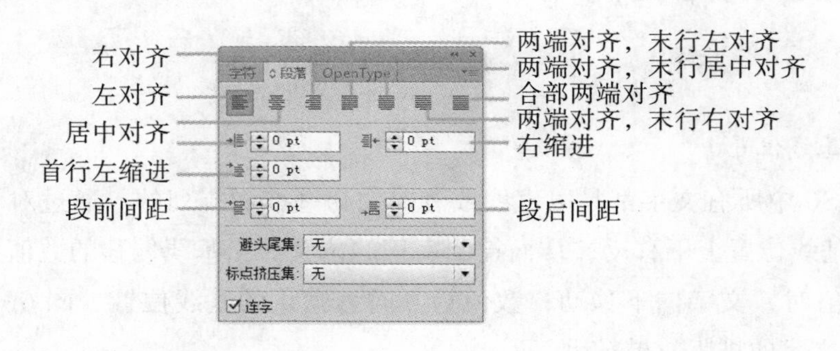

图 6－37

在对文字内容进行段落属性设置前，通常先选中要设置的段落，这样才能产生效果。如果在没有选中任何文字内容的情况下在“段落”面板设置段落属性，则设置好的属性将被应用于新输入的文字内容。下面结合“段落”面板介绍各种段落属性的设置方法和效果。

1. 设置段落对齐方式

在“段落”面板中有 7 个关于段落对齐方式的按钮，其具体功能如下。

①“左对齐”：单击“左对齐”按钮可以使所选段落以文字左边界为基准对齐，如图 6－58 所示。

②“居中对齐”：单击“居中对齐”按钮可以使所选段落以文本每一行的中心线为基准对齐，如图 6－59 所示。

③“右对齐”：单击“右对齐”按钮可以使所选段落以文本右边界为基准对齐，如图 6－38 所示。

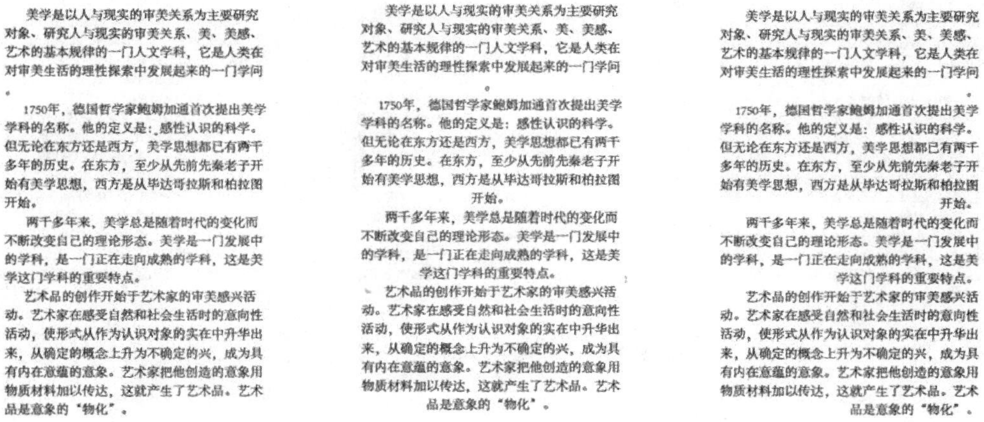

美学是以人与现实的审美关系为主要研究对象、研究人与现实的审美关系、美、美感、艺术的基本规律的一门人文学科，它是人类在对审美生活的理性探索中发展起来的一门学问。

1750年，德国哲学家鲍姆加通首次提出美学学科的名称。他的定义是：感性认识的科学。但无论在东方还是西方，美学思想都已有两千多年的历史。在东方，至少从先前先秦老子开始有美学思想，西方是从毕达哥拉斯和柏拉图开始。

两千多年来，美学总是随着时代的变化而不断改变自己的理论形态。美学是一门发展中的学科，是一门正在走向成熟的学科，这是美学这门学科的重要特点。

艺术品的创作开始于艺术家的审美感兴活动。艺术家在感受自然和社会生活时的意向性活动，使形式从作为认识对象的实在中升华出来，从确定的概念上升为不确定的兴，成为具有内在意蕴的意象。艺术家把他创造的意象用物质材料加以传达，这就产生了艺术品。艺术品是意象的“物化”。

美学是以人与现实的审美关系为主要研究对象、研究人与现实的审美关系、美、美感、艺术的基本规律的一门人文学科，它是人类在对审美生活的理性探索中发展起来的一门学问。

1750年，德国哲学家鲍姆加通首次提出美学学科的名称。他的定义是：感性认识的科学。但无论在东方还是西方，美学思想都已有两千多年的历史。在东方，至少从先前先秦老子开始有美学思想，西方是从毕达哥拉斯和柏拉图开始。

两千多年来，美学总是随着时代的变化而不断改变自己的理论形态。美学是一门发展中的学科，是一门正在走向成熟的学科，这是美学这门学科的重要特点。

艺术品的创作开始于艺术家的审美感兴活动。艺术家在感受自然和社会生活时的意向性活动，使形式从作为认识对象的实在中升华出来，从确定的概念上升为不确定的兴，成为具有内在意蕴的意象。艺术家把他创造的意象用物质材料加以传达，这就产生了艺术品。艺术品是意象的“物化”。

美学是以人与现实的审美关系为主要研究对象、研究人与现实的审美关系、美、美感、艺术的基本规律的一门人文学科，它是人类在对审美生活的理性探索中发展起来的一门学问。

1750年，德国哲学家鲍姆加通首次提出美学学科的名称。他的定义是：感性认识的科学。但无论在东方还是西方，美学思想都已有两千多年的历史。在东方，至少从先前先秦老子开始有美学思想，西方是从毕达哥拉斯和柏拉图开始。

两千多年来，美学总是随着时代的变化而不断改变自己的理论形态。美学是一门发展中的学科，是一门正在走向成熟的学科，这是美学这门学科的重要特点。

艺术品的创作开始于艺术家的审美感兴活动。艺术家在感受自然和社会生活时的意向性活动，使形式从作为认识对象的实在中升华出来，从确定的概念上升为不确定的兴，成为具有内在意蕴的意象。艺术家把他创造的意象用物质材料加以传达，这就产生了艺术品。艺术品是意象的“物化”。

图 6－38

④“两端对齐，末行左对齐”：单击“两端对齐，末行左对齐”按钮可以使所选段落左右两边都对齐，最后一行左对齐。

⑤“两端对齐，末行居中对齐”：单击“两端对齐，末行居中对齐”按钮可以使所选段落左右两边都对齐，最后一行居中对齐。

⑥“两端对齐，末行右对齐”：单击“两端对齐，末行右对齐”按钮可以使所选段落左右两边都对齐，最后一行右对齐。

⑦“全部两端对齐”：单击“全部两端对齐”按钮可以强制所选段落所有行两边对齐，包括最后一行，如图 6－39 所示。

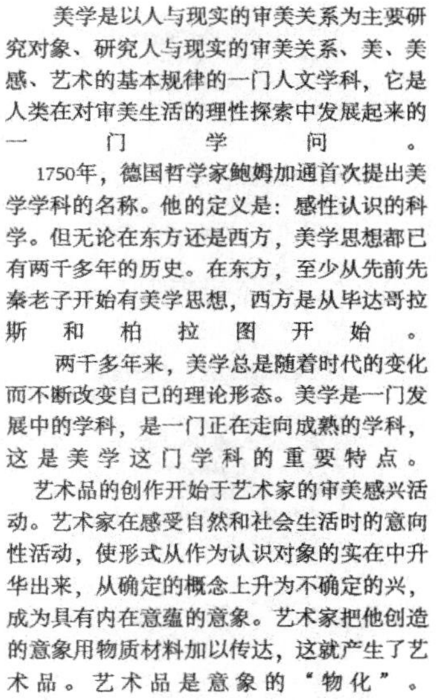

美学是以人与现实的审美关系为主要研究对象、研究人与现实的审美关系、美、美感、艺术的基本规律的一门人文学科，它是人类在对审美生活的理性探索中发展起来的一门学问。

1750年，德国哲学家鲍姆加通首次提出美学学科的名称。他的定义是：感性认识的科学。但无论在东方还是西方，美学思想都已有两千多年的历史。在东方，至少从先前先秦老子开始有美学思想，西方是从毕达哥拉斯和柏拉图开始。

两千多年来，美学总是随着时代的变化而不断改变自己的理论形态。美学是一门发展中的学科，是一门正在走向成熟的学科，这是美学这门学科的重要特点。

艺术品的创作开始于艺术家的审美感兴活动。艺术家在感受自然和社会生活时的意向性活动，使形式从作为认识对象的实在中升华出来，从确定的概念上升为不确定的兴，成为具有内在意蕴的意象。艺术家把他创造的意象用物质材料加以传达，这就产生了艺术品。艺术品是意象的“物化”。

图 6－39

2. 设置段落缩进

段落缩进的方法有“左缩进”“右缩进”和“首行左缩进”3 种，可以在选项的数值框中直接输入数值来确定具体的缩进量。

①“左缩进”：用于设置所选段落以左边界为起点的缩进量。正值表示在左边文本框与文本之间拉开距离；负值则表示缩小左边文本框与文本间的距离，如图 6－40a 所示。

②“右缩进”：用于设置所选段落以右边界为起点的缩进量。正值表示在右边文本框与文本之间拉开距离；负值则表示缩小右边文本框与文本间的距离，如图 6－40b 所示。

③“首行左缩进”：用于设置所选段落第一行以左边界为起点的缩进量。正值时使段落首行文本以左边界为基准，向右侧拉开距离，如图 6－40c 所示；负值时则使段落首行文本以左边界为基准，向左侧拉开距离。

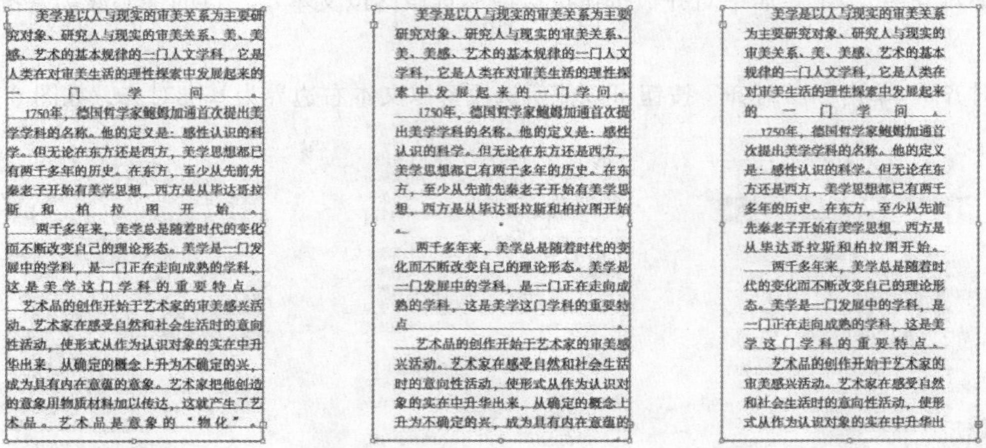

美学是以人与现实的审美关系为主要研究对象、研究人与现实的审美关系、美、美感、艺术的基本规律的一门人文学科，它是人类在对审美生活的理性探索中发展起来的一门学问。

1750年，德国哲学家鲍姆加通首次提出美学学科的名称。他的定义是：感性认识的科学。但无论在东方还是西方，美学思想都已有两千多年的历史。在东方，至少从先前先秦老子开始有美学思想，西方是从毕达哥拉斯和柏拉图开始。

两千多年来，美学总是随着时代的变化而不断改变自己的理论形态。美学是一门发展中的学科，是一门正在走向成熟的学科，这是美学这门学科的重要特点。

艺术品的创作开始于艺术家的审美感兴活动。艺术家在感受自然和社会生活时的意向性活动，使形式从作为认识对象的实在中升华出来，从确定的概念上升为不确定的兴，成为具有内在意蕴的意象。艺术家把他创造的意象用物质材料加以传达，这就产生了艺术品。艺术品是意象的“物化”。

a）

美学是以人与现实的审美关系为主要研究对象、研究人与现实的审美关系、美、美感、艺术的基本规律的一门人文学科，它是人类在对审美生活的理性探索中发展起来的一门学问。

1750年，德国哲学家鲍姆加通首次提出美学学科的名称。他的定义是：感性认识的科学。但无论在东方还是西方，美学思想都已有两千多年的历史。在东方，至少从先前先秦老子开始有美学思想，西方是从毕达哥拉斯和柏拉图开始。

两千多年来，美学总是随着时代的变化而不断改变自己的理论形态。美学是一门发展中的学科，是一门正在走向成熟的学科，这是美学这门学科的重要特点。

艺术品的创作开始于艺术家的审美感兴活动。艺术家在感受自然和社会生活时的意向性活动，使形式从作为认识对象的实在中升华出来，从确定的概念上升为不确定的兴，成为具有内在意蕴的

b）

美学是以人与现实的审美关系为主要研究对象、研究人与现实的审美关系、美、美感、艺术的基本规律的一门人文学科，它是人类在对审美生活的理性探索中发展起来的一门学问。

1750年，德国哲学家鲍姆加通首次提出美学学科的名称。他的定义是：感性认识的科学。但无论在东方还是西方，美学思想都已有两千多年的历史。在东方，至少从先前先秦老子开始有美学思想，西方是从毕达哥拉斯和柏拉图开始。

两千多年来，美学总是随着时代的变化而不断改变自己的理论形态。美学是一门发展中的学科，是一门正在走向成熟的学科，这是美学这门学科的重要特点。

艺术品的创作开始于艺术家的审美感兴活动。艺术家在感受自然和社会生活时的意向性活动，使形式从作为认识对象的实在中升华出

c）

图 6－40

3. 设置段落间距

段落间距是指段落与段落之间的距离，有“段前间距”和“段后间距”两种设置方法，分别用来在所选段落的前面和后面添加间距，效果如图 6－41 所示。

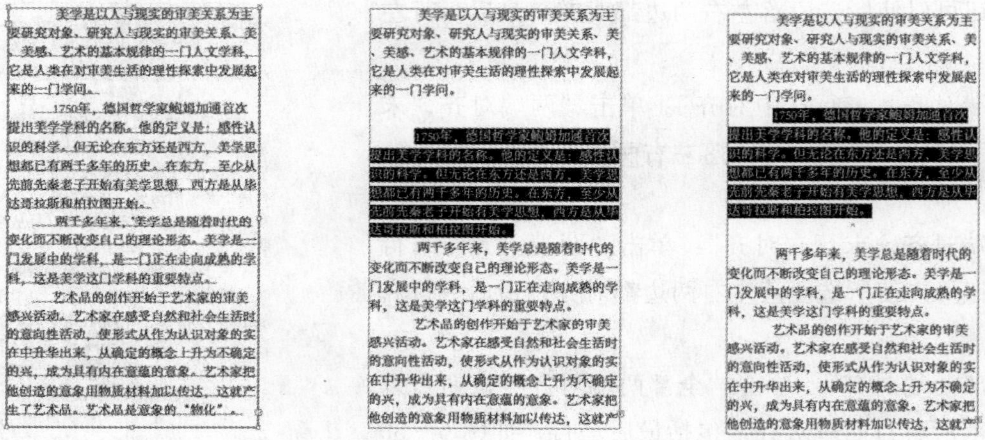

美学是以人与现实的审美关系为主要研究对象、研究人与现实的审美关系、美、美感、艺术的基本规律的一门人文学科，它是人类在对审美生活的理性探索中发展起来的一门学问。

1750年，德国哲学家鲍姆加通首次提出美学学科的名称。他的定义是：感性认识的科学。但无论在东方还是西方，美学思想都已有两千多年的历史。在东方，至少从先前先秦老子开始有美学思想，西方是从毕达哥拉斯和柏拉图开始。

两千多年来，美学总是随着时代的变化而不断改变自己的理论形态。美学是一门发展中的学科，是一门正在走向成熟的学科，这是美学这门学科的重要特点。

艺术品的创作开始于艺术家的审美感兴活动。艺术家在感受自然和社会生活时的意向性活动，使形式从作为认识对象的实在中升华出来，从确定的概念上升为不确定的兴，成为具有内在意蕴的意象。艺术家把他创造的意象用物质材料加以传达，这就产生了艺术品。艺术品是意象的“物化”。

美学是以人与现实的审美关系为主要研究对象、研究人与现实的审美关系、美、美感、艺术的基本规律的一门人文学科，它是人类在对审美生活的理性探索中发展起来的一门学问。

1750年，德国哲学家鲍姆加通首次提出美学学科的名称。他的定义是：感性认识的科学。但无论在东方还是西方，美学思想都已有两千多年的历史。在东方，至少从先前先秦老子开始有美学思想，西方是从毕达哥拉斯和柏拉图开始。

两千多年来，美学总是随着时代的变化而不断改变自己的理论形态。美学是一门发展中的学科，是一门正在走向成熟的学科，这是美学这门学科的重要特点。

艺术品的创作开始于艺术家的审美感兴活动。艺术家在感受自然和社会生活时的意向性活动，使形式从作为认识对象的实在中升华出来，从确定的概念上升为不确定的兴，成为具有内在意蕴的意象。艺术家把他创造的意象用物质材料加以传达，这就产

美学是以人与现实的审美关系为主要研究对象、研究人与现实的审美关系、美、美感、艺术的基本规律的一门人文学科，它是人类在对审美生活的理性探索中发展起来的一门学问。

1750年，德国哲学家鲍姆加通首次提出美学学科的名称。他的定义是：感性认识的科学。但无论在东方还是西方，美学思想都已有两千多年的历史。在东方，至少从先前先秦老子开始有美学思想，西方是从毕达哥拉斯和柏拉图开始。

两千多年来，美学总是随着时代的变化而不断改变自己的理论形态。美学是一门发展中的学科，是一门正在走向成熟的学科，这是美学这门学科的重要特点。

艺术品的创作开始于艺术家的审美感兴活动。艺术家在感受自然和社会生活时的意向性活动，使形式从作为认识对象的实在中升华出来，从确定的概念上升为不确定的兴，成为具有内在意蕴的意象。艺术家把他创造的意象用物质材料加以传达，这就产

图 6－41

4. 设置避头尾集和标点挤压集

“避头尾集”和“标点挤压集”这两个下拉列表都是用来对标点符号在段落文本中排列的效果进行设置的。

（1）设置避头尾集

在“避头尾集”下拉列表中选择不同的选项可以控制标点符号在一行的开始和结束位置出现时的规律。有“无”“严格”“宽松”和“避头尾设置”4 个选项。

默认选项为“无”，即不进行避头尾设置。选择“严格”和“宽松”选项可以控制有哪些标点会受“避头尾集”控制。选择“严格”选项时，所包括的标点数量较多；选择“宽松”选项时，所包括的标点数量相对少一些。如果希望自己设置具体的标点内容，可以选择“避头尾设置”选项，会弹出“避头尾法则设置”对话框，如图 6－42 所示，可以在对话框中自行指定标点内容。

(2) 设置标点挤压集

“标点挤压集”下拉列表用于设置段落文本中的标点在行尾的挤压状态，以及日文标点的全角和半角设置。在“标点挤压集”下拉列表中有一个“标点挤压设置”选项，选择它会弹出“标点挤压设置”对话框，如图 6－43 所示，可以在对话框中自行设置标点挤压的具体参数。

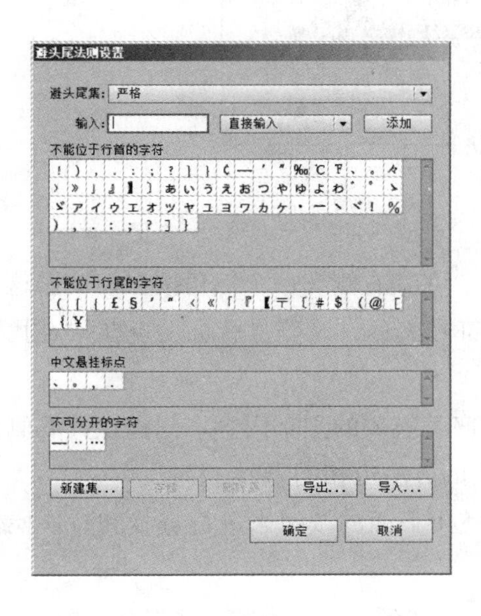

图 6－42

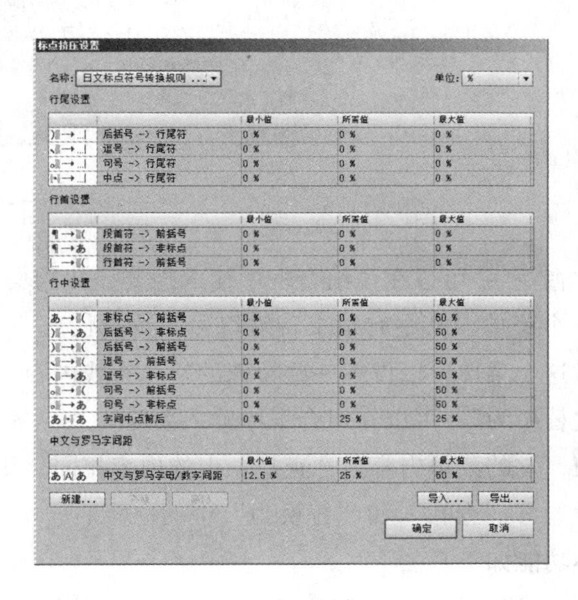

图 6－43

6.3　文字及段落的编辑处理

通过对前面知识的学习，可以对文字进行各种格式设置。除此之外 Illustrator CS6 还为文字的编辑处理提供了专门的命令，通过使用这些命令可以对文字进行查找、替换、拼写检查、查找字体和更改大小写等操作，还可以设置文字的智能标点、转换文字方向、创建文字轮廓等，从而快速、准确地对输入的文字进行编辑处理。

6.3.1　查找和替换文字

使用查找和替换文字功能可以快速地找到需要修改的文字，然后将它替换成要更改的文字，并且仍然可以保留文字的各种属性。这个方法非常适用于针对大量文本内容的文字查找和替换操作，可以提高工作效率。

在对文字进行查找和替换操作前，要先选中需要处理的文字内容，它可以是整个文本框，也可以是部分文字内容。如果没有选择任何文字内容，Illustrator CS6 将默认对当前页面中所有的文字内容进行查找和替换操作。

在选中文字内容后，选择“编辑”→“查找和替换”命令，弹出“查找和替换”对话框，如图 6－44 所示。通过在该对话框中设置不同的参数，可以实现文字内容的各种查找和替换操作。“查找和替换”对话框中各选项的功能如下。

查找和替换
查找(N):
替换为(W):
区分大小写(C)
检查隐藏图层(D)
全字匹配(H)
检查锁定图层(L)
向后搜索(B)
完成

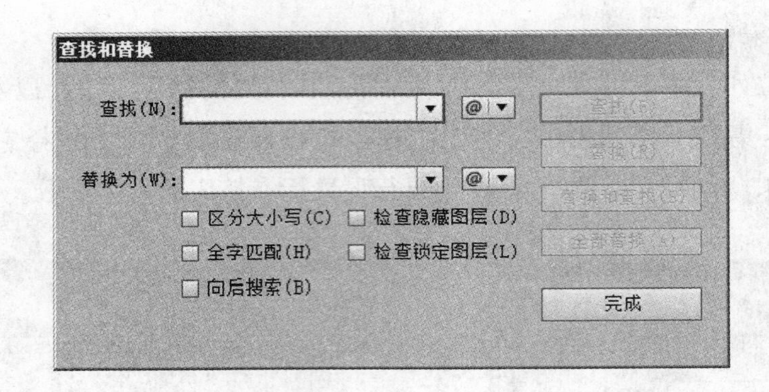

图 6－44

①“查找”：可以在该组合框中输入想要查找的文字。在其右侧有一个三角按钮，单击这个按钮就会打开一个菜单，其中有很多特殊符号，选择任意一个符号名称，该符号就会出现在“查找”组合框中。通过这个菜单可以设置一些特殊的符号查找内容。

②“替换为”：可以在组合框中输入要将查找到的文字替换成的文字内容。同样在其右侧也有一个三角按钮，它的菜单内容与“查找”中的内容相同，使用的方法也相同。

当设置好“查找”和“替换为”中的内容后，可以使用下面的按钮来进行查找和替换操作。各按钮的具体功能如下。

③“查找”：单击该按钮，光标就会跳至文字中第一个查找到的文字内容，并将其选中，如图 6－45 所示。此后“查找”按钮会变成“查找下一个”按钮，表示可以继续进行查找操作。“查找”按钮只能进行查找操作。

④“替换”：单击该按钮可以将查找到的文字内容替换成“替换为”组合框中的内容，如图 6－46a 所示。“替换”按钮只能进行替换操作。

⑤“替换和查找”：单击该按钮可以将查找到的文字内容替换成“替换为”组合框中的内容，然后自动进行“查找下一个”操作。使用该按钮可以一边查找一边替换。

⑥“全部替换”：单击该按钮可以将选中文字中所有查找到的符合条件的文字内容全部替换，如图 6－46b 所示。如果文字内容比较多，希望一次性全部修改，可以使用此按钮。

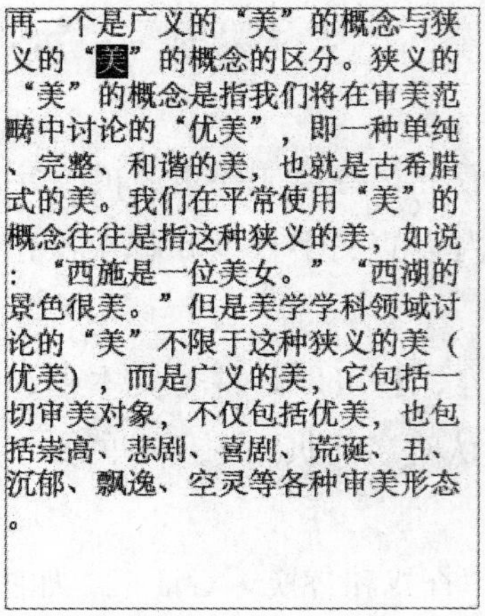

再一个是广义的“美”的概念与狭
义的“美”的概念的区分。狭义的
“美”的概念是指我们将在审美范
畴中讨论的“优美”，即一种单纯
、完整、和谐的美，也就是古希腊
式的美。我们在平常使用“美”的
概念往往是指这种狭义的美，如说
：“西施是一位美女。”“西湖的
景色很美。”但是美学学科领域讨
论的“美”不限于这种狭义的美（
优美），而是广义的美，它包括一
切审美对象，不仅包括优美，也包
括崇高、悲剧、喜剧、荒诞、丑、
沉郁、飘逸、空灵等各种审美形态
。

图 6－45

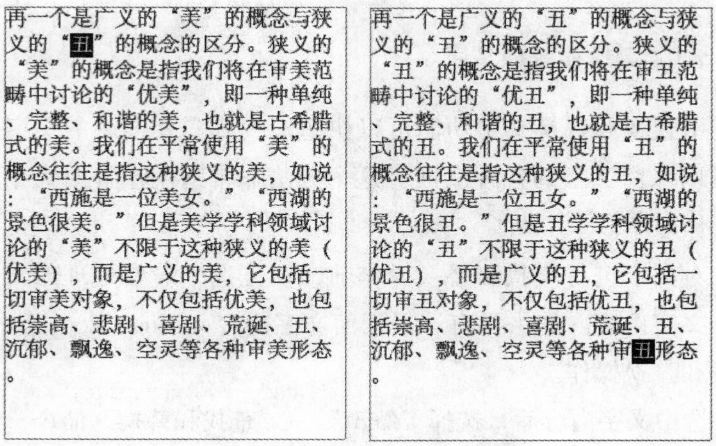

再一个是广义的“美”的概念与狭
义的“丑”的概念的区分。狭义的
“美”的概念是指我们将在审美范
畴中讨论的“优美”，即一种单纯
、完整、和谐的美，也就是古希腊
式的美。我们在平常使用“美”的
概念往往是指这种狭义的美，如说
：“西施是一位美女。”“西湖的
景色很美。”但是美学学科领域讨
论的“美”不限于这种狭义的美（
优美），而是广义的美，它包括一
切审美对象，不仅包括优美，也包
括崇高、悲剧、喜剧、荒诞、丑、
沉郁、飘逸、空灵等各种审美形态
。
再一个是广义的“丑”的概念与狭
义的“丑”的概念的区分。狭义的
“丑”的概念是指我们将在审丑范
畴中讨论的“优丑”，即一种单纯
、完整、和谐的丑，也就是古希腊
式的丑。我们在平常使用“丑”的
概念往往是指这种狭义的丑，如说
：“西施是一位丑女。”“西湖的
景色很丑。”但是丑学学科领域讨
论的“丑”不限于这种狭义的丑（
优丑），而是广义的丑，它包括一
切审丑对象，不仅包括优丑，也包
括崇高、悲剧、喜剧、荒诞、丑、
沉郁、飘逸、空灵等各种审丑形态
。

a) b)

图 6－46

⑦“完成”：单击该按钮即可结束查找和替换操作，对话框也将关闭。

在“查找和替换”对话框中还可以通过各个复选框来控制查找和替换的方式及文字的属性。“查找和替换”对话框中各复选框的功能如下。

①“区分大小写”：当对英文文字进行查找和替换操作时，选中此复选框可以自动搜索与要查找单词大小写完全相同的词汇。

②“检查隐藏图层”：选中此复选框，在查找过程中会将隐藏图层中的内容一起进行查找。

③“全字匹配”：选中此复选框可以用于查找与所查的单词完全相同的词汇。

④“检查锁定图层”：默认情况下锁定的图层是不能进行任何操作的。如果要在查找过程中连同锁定图层中的对象一起查找，则需要选中此复选框。

6.3.2　查找文字字体

如果希望快速地查找并替换文字的字体，可以选择“文字”→“查找字体”命令，在弹出的“查找字体”对话框中进行查找和替换字体的设置。在“查找字体”对话框中可看到文件中已经使用的字体列表，并对要更改的字体进行整体替换，这样可以方便地管理文件中的字体使用情况。

“查找字体”对话框如图 6－47 所示，对话框中各选项的功能如下。

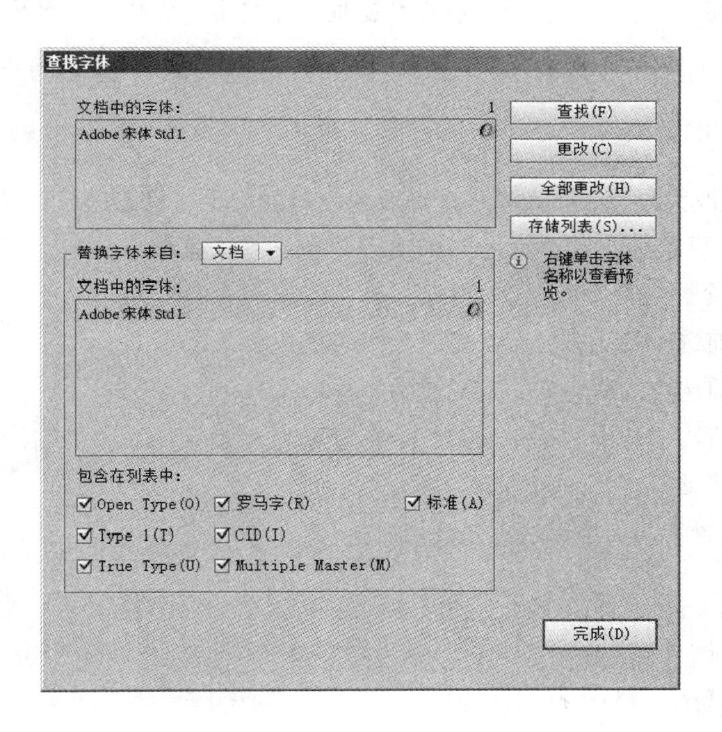

图 6－47

①“文档中的字体”：该列表框中列出了文件中所使用的字体。单击某个字体名称后，Illustrator 会自动将使用该字体的文字选中，并在窗口中显示出来。

②“替换字体来自”：在该选项的下拉列表中有“文档”和“系统”两个关于字体来源的选项。

如果选择“文档”选项，在列表框中会显示出当前文档中使用的字体，与“文档中的字体”列表框中的字体内容相同，此种情况主要用于将文档中不同文字内容的字体更改成一种字体。如果选择“系统”选项，在列表框中会显示出操作系统中安装的全部字体，可以将文档中的字体替换成系统中安装的任何一种字体。

当设置好要查找和替换的字体后，再单击对话框中的按钮即可对字体进行替换操作。各按钮的具体功能如下。

①“查找”：单击该按钮可以在整个文件中搜索要查找的字体。

②“更改”：当查找到字体后，单击该按钮可以将选中文字的字体替换成需要的字体。

③“全部更改”：如果要一次更改完文件中的所有相同字体，单击该按钮即可。

④“存储列表”：单击该按钮会弹出“将字体列表存储为”对话框，在对话框中设置“文件名称”和“保存位置”等就可以将目前文件中所使用的字体名称保存到文件中，方便以后使用。

在“查找字体”对话框中，“包含在列表中”选项组中还列出了一些可以包含在字体列表中的字体复选框，可以根据实际情况进行选择，这里就不再详细介绍了。

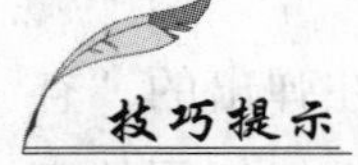

“查找字体”命令与“查找和替换”命令不同，“查找和替换”命令处理的对象是文字的具体内容，而“查找字体”命令处理的对象是文字的字体属性。当用户想要打开一个带有在系统中没有安装过的字体的文件时，Illustrator CS6 将弹出警告对话框，并列出所有缺少的字体，这时可以利用“查找字体”命令对所缺少的字体进行详细查找并更改，以保证文本的正常显示和输出。

6.3.3 文字大小写的替换

下面介绍使用“更改大小写”子菜单中的命令对字母的大小写状态进行更详细设置的方法。

选择“文字”→“更改大小写”命令，弹出子菜单，在子菜单中有“大写”“小写”“词首大写”和“句首大写”4 个命令，各命令的功能如下。

①“大写”：将当前选中的所有文字都更改为大写形式。

②“小写”：将当前选中的所有文字都更改为小写形式。

③“词首大写”：将当前选中的字符的第一个字母更改为大写形式。

④“句首大写”：将整段文字的第一个字母大写。

图 6－48 所示为设置不同大小写状态的效果对比。

ADOBE AFTER EFFECTS

a）大写

Adobe After Effects

c）词首大写

adobe after effects

b）小写

Adobe after effects

d）句首大写

图 6－48

6.3.4 文字绕图排列

在平面设计中，像手册这一类设计内容中经常会出现大量的文字和图片进行混合排版的情况，处理好文字和图片的位置关系可以使版面效果变得更加美观而易于观看。

在 Illustrator CS6 中可以使用“文本绕排”子菜单中的命令来产生文字围绕图像排列的效果，具体的操作方法如下：

打开要进行文本绕排的图像和文字内容，并将图像放置在文字内容的上面。然后选中图像，选择“对象”→“文本绕排”→“建立”命令，就会产生文字围绕图像排列的效果，如图 6－49 所示。需要注意的是，只有区域文字才会产生文字绕图排列的效果，并且可以同时对多个文本框进行“文本绕排”效果处理。

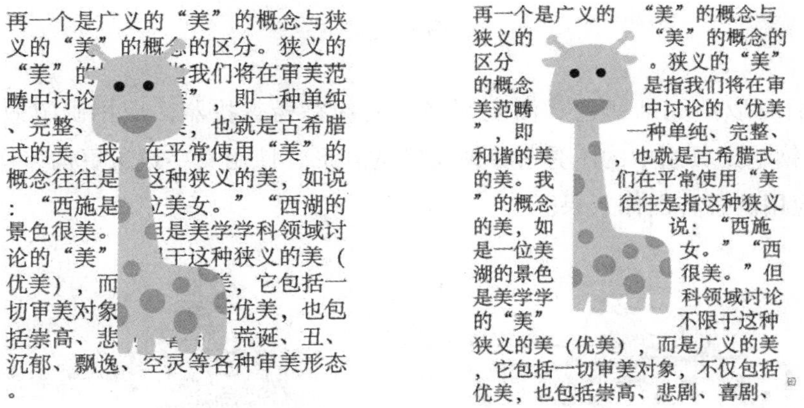

再一个是广义的“美”的概念与狭义的“美”的概念的区分。狭义的“美”的　指我们将在审美范畴中讨论　　　”，即一种单纯、完整、　　美，也就是古希腊式的美。我　在平常使用“美”的概念往往是　这种狭义的美，如说：“西施是　位美女。”“西湖的景色很美。　但是美学学科领域讨论的“美”　于这种狭义的美（优美），而　　美，它包括一切审美对象　　括优美，也包括崇高、悲　　　荒诞、丑、沉郁、飘逸、空灵等各种审美形态。

再一个是广义的　“美”的概念与狭义的　“美”的概念的区分　。狭义的“美”的概念　是指我们将在审美范畴　中讨论的“优美”，即　一种单纯、完整、和谐的美　，也就是古希腊式的美。我　们在平常使用“美”的概念　往往是指这种狭义的美，如　说：“西施是一位美　女。”“西湖的景色　很美。”但是美学学　科领域讨论的“美”　不限于这种狭义的美（优美），而是广义的美，它包括一切审美对象，不仅包括优美，也包括崇高、悲剧、喜剧、

图 6－49

6.3.5　改变文字方向

当创建好文字内容后，可以选择“文字”→“文字方向”→“水平”命令，将垂直排列的文字改为水平排列的文字；选择“文字”→“文字方向”→“垂直”命令，可以将水平排列的文字改为垂直排列的文字，如图 6－50 所示。

再一个是广义的“美”的概念与狭义的“美”的概念的区分。狭义的“美”的概念是指我们将在审美范畴中讨论的“优美”，即一种单纯、完整、和谐的美，也就是古希腊式的美。我们在平常使用“美”的概念往往是指这种狭义的美，如说：“西施是一位美女。”“西湖的景色很美。”但是美学学科领域讨论的“美”不限于这种狭义的美（优美），而是广义的美，它包括一切审美对象，不仅包括优美，也包括崇高、悲剧、喜剧、荒诞、丑、沉郁、飘逸、空灵等各种审美形态。

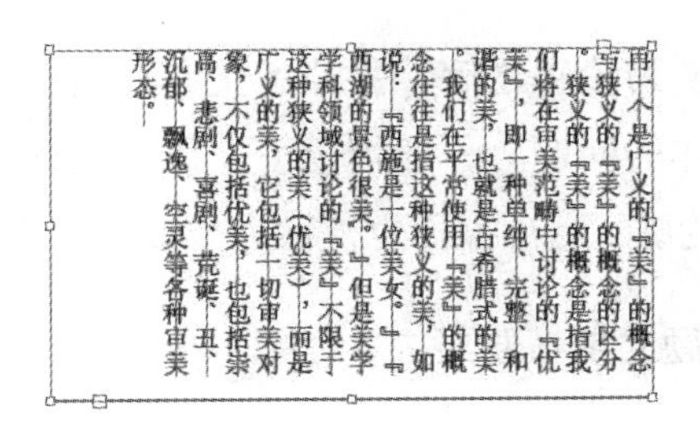

图 6－50

6.3.6　创建轮廓文字

在 Illustrator CS6 中将文字创建轮廓是一个非常实用的功能，它是将文字转换成图形状态。

文字被创建轮廓后，原来的文字属性消失，变成了普通路径对象，可以使用编辑路径的各种操作方法对其进行编辑修改。

选择要轮廓化的文字对象，然后选择“文字”→“创建轮廓”命令，即可将文字转换为图形，如图 6－51 所示。

ADOBE AFTER EFFECTS

ADOBE AFTER EFFECTS

图 6－51

文字被轮廓化后可以填充渐变色、渐变网格，使用路径查找器，应用画笔效果等；还可以使用“直接选择工具”和钢笔工具组中的工具等修改文字的外形，使用文字效果更加多样化。图 6－52 所示为文字被轮廓化后应用的各种图像效果。

图 6－52

将文字转换为轮廓之后，去掉了文字的属性，这样可以防止在其他计算机中输出或用其他软件打开时产生缺少字体的问题。一般情况下，为了保证文件的正常输出，在设计完稿后都会创建副本，并将其中的文字创建轮廓，这项操作也被称为“转曲”。“创建轮廓”命令的快捷键是“Ctrl”＋“Shift”＋“O”。

6.3.7 标题文字强制对齐

在 Illustrator CS6 中可以选择“文字”→“适合标题”命令，将选中的标题文字按照文本框的宽度来强制展开对齐，如图 6－53 所示。

美学原理

再一个是广义的“美”的概念与狭义的“美”的概念的区分。狭义的“美”的概念是指我们将在审美范畴中讨论的“优美”，即一种单纯、完整、和谐的美，也就是古希腊式的美。我们在平常使用“美”的概念往往是指这种狭义的美，如说：“西施是一位美女。”“西湖的景色很美。”但是美学学科领域讨论的“美”不限于这种狭义的美（优美），而是广义的美，它包括一切审美对象，不仅包括优美，也包括崇高、悲剧、喜剧、荒诞、丑、沉郁、飘逸

美 学 原 理

再一个是广义的“美”的概念与狭义的“美”的概念的区分。狭义的“美”的概念是指我们将在审美范畴中讨论的“优美”，即一种单纯、完整、和谐的美，也就是古希腊式的美。我们在平常使用“美”的概念往往是指这种狭义的美，如说：“西施是一位美女。”“西湖的景色很美。”但是美学学科领域讨论的“美”不限于这种狭义的美（优美），而是广义的美，它包括一切审美对象，不仅包括优美，也包括崇高、悲剧、喜剧、荒诞、丑、沉郁、飘逸

图 6－53

6.3.8　拼写检查

在使用英文文字进行文字排版时，由于输入错误或者其他的误操作，都有可能使英文单词出现拼写错误。这时可以使用 Illustrator CS6 中的“拼写检查”命令对当前文件中的英文单词进行拼写检查。

选择“编辑”→“拼写检查”命令，弹出“拼写检查”对话框，如图 6－54a 所示。对话框的使用方法和各选项的功能如下。

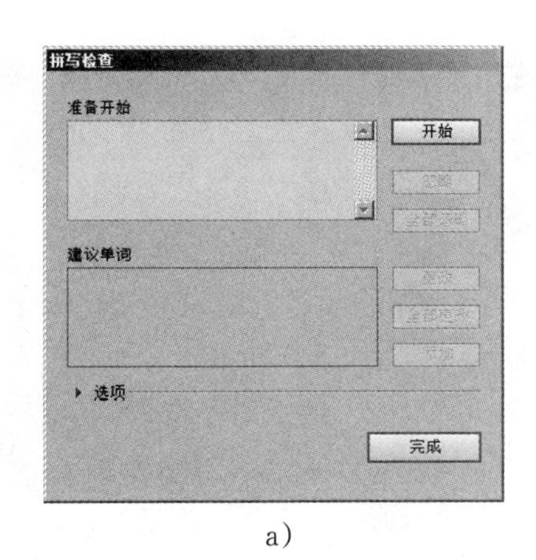

a)

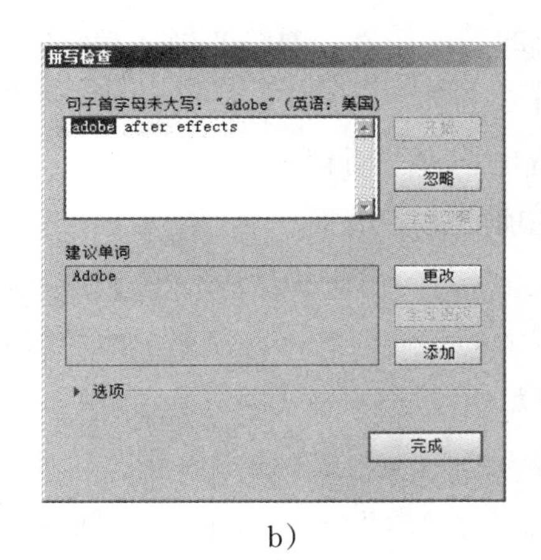

b)

图 6－54

①“开始”：单击“开始”按钮，Illustrator 就会在当前文件中搜索可能有拼写错误的单词，并在对话框的“准备开始”列表框中显示出拼写的内容，而在“建议单词”列表框中显示出系统建议更改为的单词内容，如图 6－54b 所示。

②“忽略”和“更改”：如果不想修改当前找到的单词，可以单击“忽略”按钮，Illustrator 会忽略掉该单词不做修改，并自动显示下一个检查到的错误单词。如果想修改该错误单词，可以在“建议单词”列表框中选择需要改成的单词，然后单击“更改”按钮，就可以将该错误单词修改成需要的单词。

③“全部忽略”：单击该按钮可以忽略文本中所有当前检查到的相同的错误单词。

④“全部更改”：单击该按钮可以一次更改完整个文本中有相同错误的单词。

⑤“添加”：如果检查到的单词是新增加的单词，单击该按钮可以将这个词汇添加到预置字典中，这样可以避免系统在下一次检查时发生错误。

⑥“选项”：单击“选项”前的按钮，可以显示“查找”和“忽略”选项组，如图 6－55 所示。

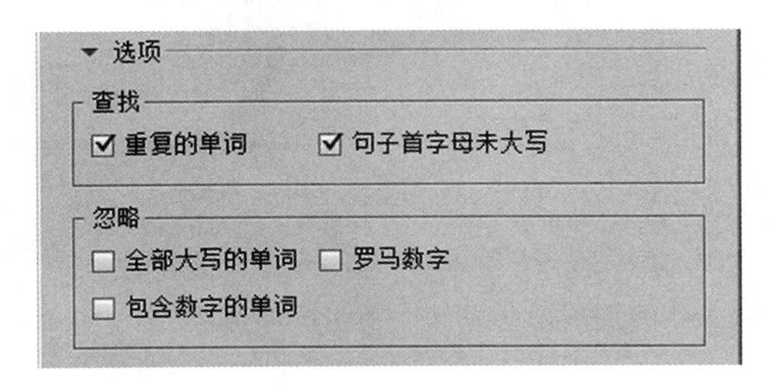

图 6－55

⑦“重复的单词”：选中此复选框可以在进行拼写检查时查找具有相同错误的单词内容。

⑧“句子首字母未大写”：选中此复选框会将句子中第一个字母作为检查的内容。

⑨“忽略”：该选项组中有“全部大写的单词”“罗马数字”和“包含数字的单词”3个复选框，若选中这些复选框，在拼写检查中就会跳过，不检查这些内容中的错误。

6.3.9 智能标点

智能标点的功能是将一般的文字符号改变为印刷用的文字符号。选择“文字”→“智能标点”命令，弹出“智能标点”对话框，如图6-56所示。对话框中各选项的功能如下。

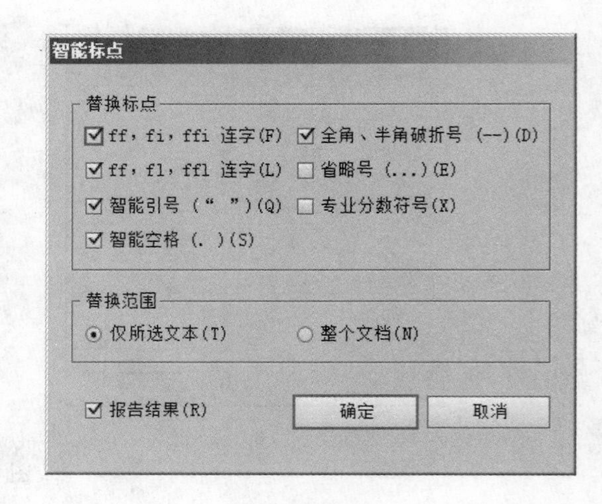

图6-56

①“替换标点”：在该选项组中有7种可以替换标点符号形式的复选框，可以根据具体的需要选中不同的复选框。

②“替换范围”：在该选项组中有“仅所选文本”和“整个文档”两个选择范围。“仅所选文本”表示只会对选择的对象的文本部分中的标点符号进行替换；“整个文档”则表示会对整个文件中文本部分中的标点符号进行替换。

③“报告结果”：选中此复选框，Illustrator将在替换完成后显示一个提示框，向用户报告替换的结果。

6.3.10 使用制表符

在Illustrator CS6中除了可以使用“段落”面板对文字进行操作外，还可以使用“制表符”面板对文字进行缩进和对齐操作，并且可以很方便地制作出类似表格的排版效果。

选择“窗口”→“文字”→“制表符”命令，打开“制表符”面板，如图6-57所示。“制表符”面板主要包括制表符对齐按钮、X（制表符位置）、前导符、缩进滑块和标尺等。

创建一段区域文字内容，并且将要进行对齐处理的文字内容之间用“Tab”键隔开，如图6-58所示，然后就可以在“制表符”面板中进行设置。使用“制表符”面板对文字进行缩进和对齐等操作的具体方法如下：

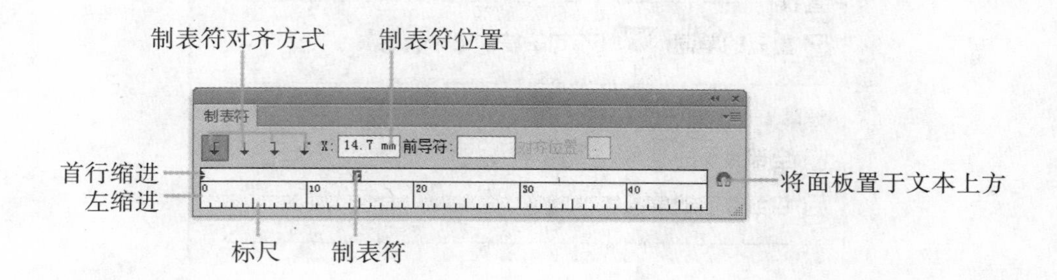

图6-57

①制表符对齐按钮：单击不同的制表符对齐按钮可以设置不同的对齐效果。制表符对齐按钮共有 4 个，从左往右分别是“左对齐制表符”“居中对齐制表符”“右对齐制表符”和“小数点对齐制表符”。单击其中某个按钮，然后在标尺上边单击，就可以在标尺上创建一个具有该对齐方式的制表符。图 6－59 所示为添加制表符及对应文字的效果。

	收入	支出	结余
一月	5600	3800	1800
二月	5400	2000	2400
三月	6500	1000	5500

图 6－58

	收入	支出	结余
一月	5600	3800	1800
二月	5400	2000	2400
三月	6500	1000	5500

图 6－59

在标尺上选中制表符后，单击制表符对齐按钮，也可以修改该制表符的对齐方式。其中小数点对齐方式是将选中的文字以文字中对应位置的小数点作为对齐的标准，这种方式在创建数字列表时效果比较好。

②X（制表符位置）：在该选项右侧的文本框中输入数值可以精确地设定制表符的位置。如果选中某个制表符后设置，则会修改该制表符的位置；如果没有选中制表符，则会自动在标尺上的该数值位置添加制表符。

“前导符”：前导符是一种制表符与后续文本之间的重复字符样式，利用该选项可以制作目录效果，如图 6－60 所示。

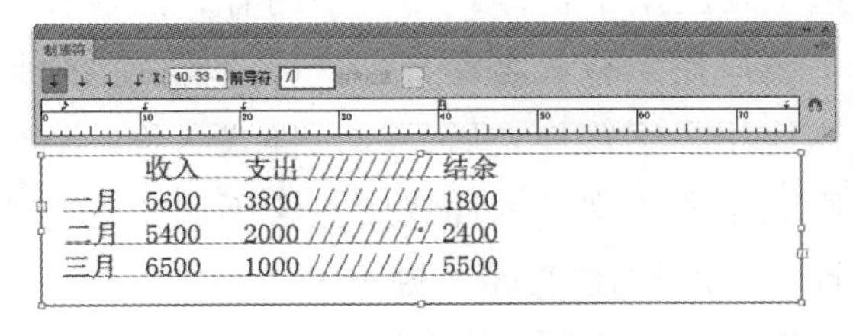

图 6－60

③“将面板置于文本上方”：如果“制表符”面板的位置与文字内容不对齐，不方便查看制表符与文本的对应情况，可以单击该按钮，从而将“制表符”面板的位置自动调整到与所选文字对象对齐的状态。

④“重复制表符”：在制表符位置的文本框中输入数值，然后选择面板菜单中的“重复制表符”选项，就可以按照设置的数值在标尺上重复间隔添加制表符。

⑤“删除制表符”：选择面板菜单中的“删除制表符”选项，可以删除当前选中的制表符。

⑥“清除全部制表符”：选择面板菜单中的“清除全部制表符”选项，可以一次将标尺上所有的制表符都删除掉，标尺恢复成默认的制表符位置。

⑦“对齐单位”：默认情况下，制表符可以放置在标尺的任何位置。若希望将制表符与标尺刻度对齐，可以在选中制表符后，选择面板菜单中的“对齐单位”选项，或按住“Shift”键在标尺上拖动制表符到指定的位置。

使用“制表符”面板还可以实现对选中文字的左缩进和首行左缩进效果。选择要进行缩进设置的文字，然后在“制表符”面板上拖动“左缩进”滑块或“首行左缩进”滑块，即可对选中的文字设置缩进效果。

6.4 文字样式运用

通过本章前面章节内容的学习，已经可以制作排版效果的文字对象。有些版式效果可能会在设计过程中多次使用，如果每次都要重复同样的格式设置，一方面会浪费大量的时间，另一方面也可能在设置过程中出现错误，造成排版效果不统一。为了解决这个问题，Illustrator CS6 提供了样式功能。所谓样式就是文字和段落各种属性的集合，包括字符样式和段落样式。使用字符样式和段落样式可以快速、准确地将各种文字和段落格式效果重复应用给不同的文字内容，从而提高工作效率。

6.4.1 使用字符样式和段落样式

在 Illustrator CS6 中可以为选中的文字和段落应用样式效果。其中字符样式是指影响选定文本外观的各种属性，包括字体和字号等的格式设置，以及填充属性等内容。段落样式是指控制段落文字外观的属性，包括对齐方式、缩进方式和连字符处理等，同时包括字符样式中各种属性的设置。字符样式和段落样式的具体使用方法如下。

1. 使用字符样式

选择“窗口”→“文字”→“字符样式”命令，打开“字符样式”面板，如图 6－61 所示。

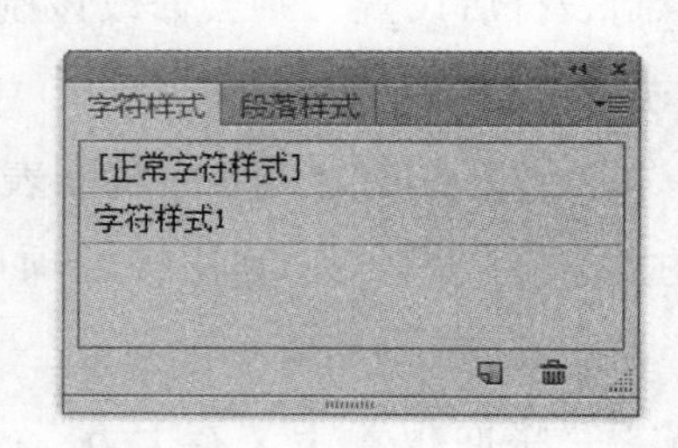

图 6－61

选中要应用字符样式的文字内容，然后在“字符样式”面板中单击要应用的样式名称，即可将该样式的效果应用到选中文字上。当应用了字符样式后，如果样式名称的后面出现一个加号标记，则表示所选文字的样式中包含不属于现在所应用的样式的文字属性，此时按住“Alt”键再单击一次该样式，即可完整地应用样式，样式后面的加号就会消失。

如果想查看当前应用的字符样式的具体属性设置，可以在“字符样式”面板中双击该样式名称或在面板菜单中选择“字符样式选项”，弹出“字符样式选项”对话框，如图 6－62 所示。在该对话框左

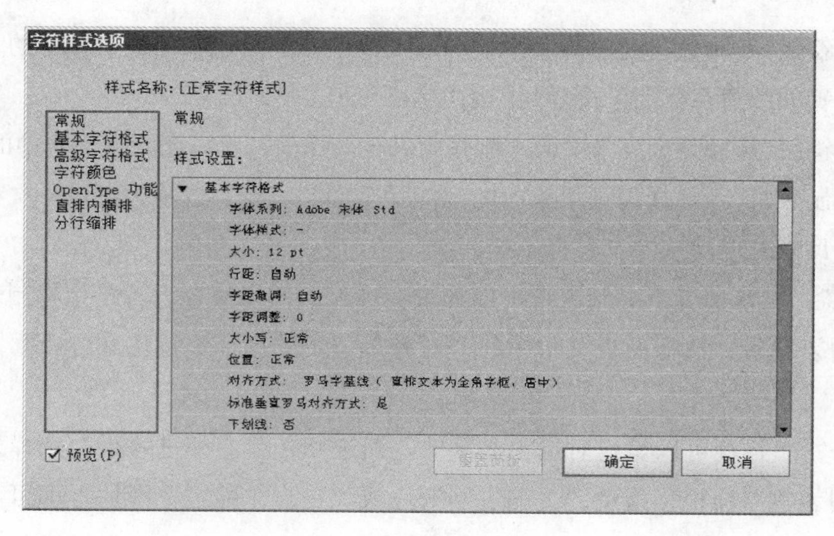

图 6－62

侧的列表框中选择不同的选项，在右侧就会显示出相应的选项内容，对其中的参数设置进行修改就可以得到相应的字符样式效果。

“字符样式选项”对话框中具体的选项功能与前面介绍的文字格式属性内容基本相同，可以参照前面章节进行设置，这里就不再重复叙述了。

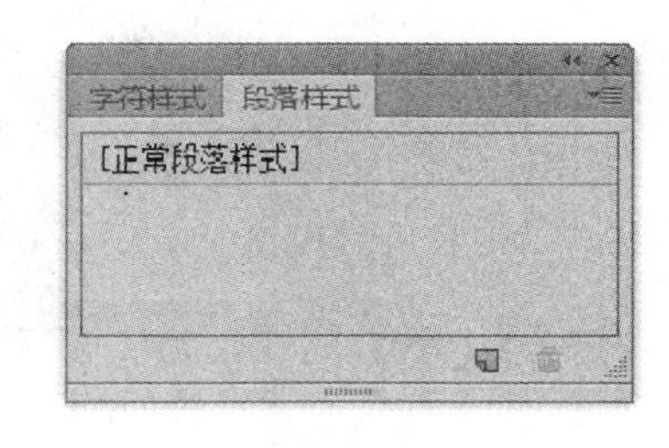

图 6 - 63

2. 使用段落样式

选择“窗口”→“文字”→“段落样式”命令，打开“段落样式”面板，如图 6 - 63 所示。

“段落样式”的使用和修改方法与“字符样式”基本相同。只要选中要应用段落样式的段落文字，然后在“段落样式”面板中单击要应用的样式名称，即可将该样式的效果应用到选中的段落文字上。

在“段落样式”面板中双击样式的名称或在面板菜单中选择“段落样式选项”，弹出“段落样式选项”对话框，如图 6 - 64 所示。在该对话框中可以设置与段落格式相关的参数，同时包括字符格式属性相关的选项内容。

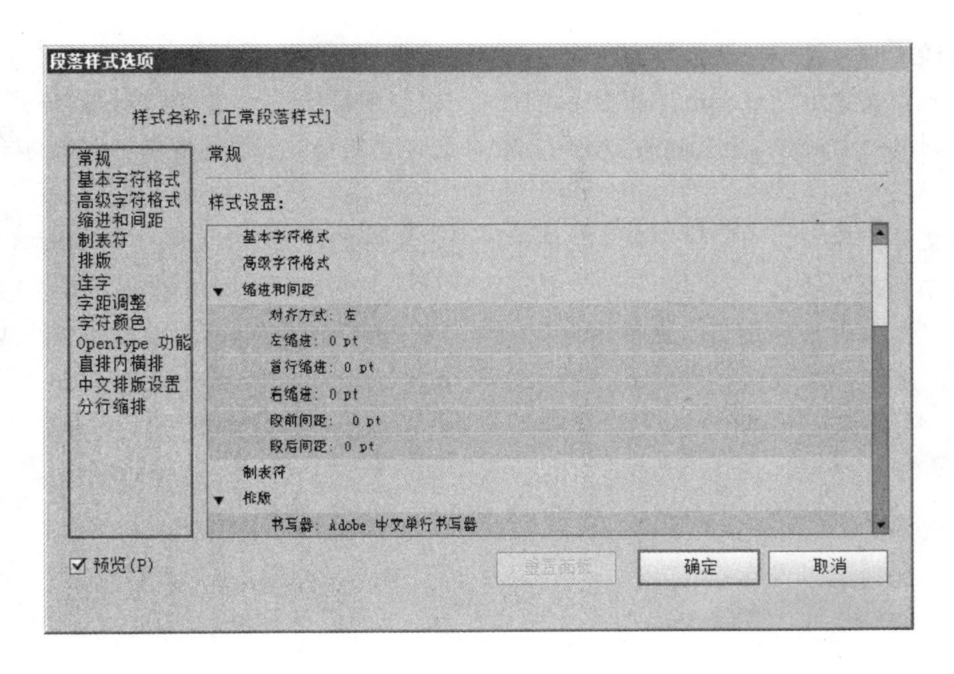

图 6 - 64

6.4.2　创建新的字符样式和段落样式

可以将设置好的字符样式或段落样式保存在相应的样式面板中，以供下次继续使用。

选择设置好文字格式和段落格式的文字，然后分别在“字符样式”和“段落样式”面板中单击“创建新样式”按钮，即可将选中的文字内容的字符格式和段落格式创建成新的样式，如图 6 - 65 所示。

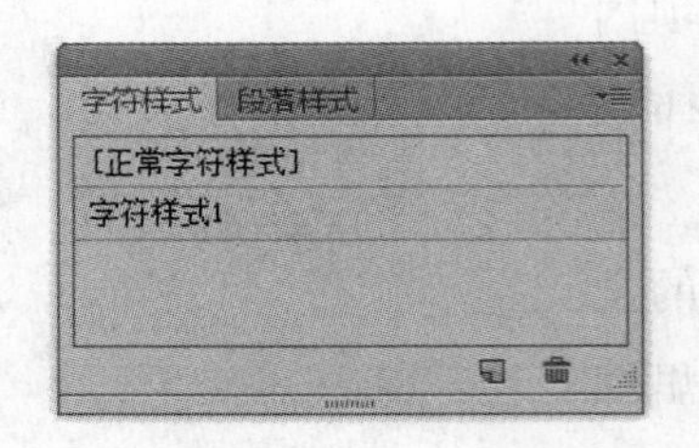

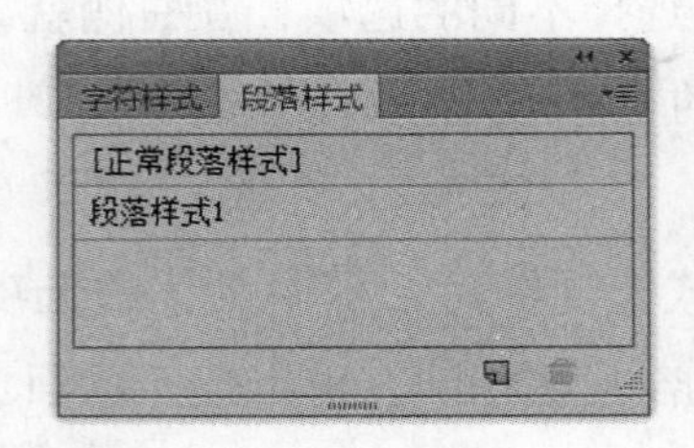

图 6－65

6.4.3 管理字符样式和段落样式

为了更方便地使用样式，可以对样式加以管理。除了新建和修改样式外，还可以对样式进行删除、复制、载入等操作。

1. 删除样式

当要删除样式时，首先在面板列表中选中字符样式或者段落样式名称，然后直接将选取的样式拖到“删除所选样式”按钮上，或者选择面板菜单中的“删除字符样式”或“删除段落样式”选项，即可将所选样式删除。

2. 复制样式

当要复制样式时，首先在面板列表中选中字符样式或者段落样式名称，然后直接将选取的样式拖到“创建新样式”按钮上，或者选择面板菜单中的“复制字符样式”或“复制段落样式”选项，即可将所选样式复制出一个副本。利用这种方法可以在原有样式的基础上快速地调整出新的样式效果。

3. 载入样式

样式是随文件保存的，如果想使用其文件中已经定义好的样式，可以在“字符样式”或“段落样式”面板菜单中选择“载入字符样式”或“载入段落样式”选项，在弹出的对话框中选择要载入样式的文件，单击“打开”按钮即可将文件中保存的样式载入到当前文件的“字符样式”或“段落样式”面板中。

第 7 章　海报招贴设计：图层、动作和蒙版的使用

Illustrator CS6 中除了可以利用命令管理对象外，使用图层也是一个很实用的管理方法，尤其是当设计的内容相对比较复杂、对象较多时，使用图层会显得非常方便。同时本章还将介绍另一个常用的图像控制功能，即剪切蒙版。通过使用剪切蒙版，读者可以自由地显示或屏蔽对象中的某部分内容，使设计的内容产生更多的变化效果。(图 7–1)

图 7 – 1

7.1 图层的使用

Illustrator 中的图层与 Photoshop 中的图层功能基本相似，用户可以通过“图层”面板快速地对图层进行操作。在制作复杂的图形对象时，使用图层将不同的内容分别放置，可以使用户对对象的管理变得十分简洁、方便。

7.1.1 图层面板及其构成

选择“窗口”→“图层”命令，打开“图层”面板，如图 7－2 所示。在“图层”面板中有一个默认的图层，可以创建多个图层，但是每个文件必须至少有一个图层。每个图层上都可以放置很多对象，每个对象都会对应一个子图层。

单击“图层”面板中每个图层缩览图前面的三角标记，可以将图层的内容展开或折叠，从中查看图层中包含的具体内容，在 Illustrator CS6 中有 4 种图层类型。

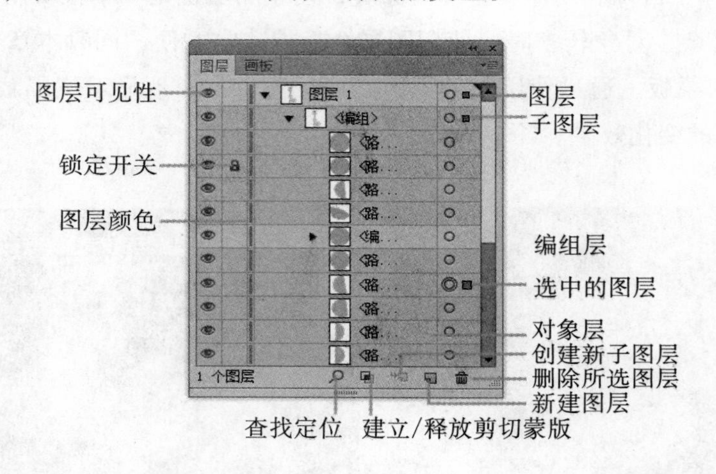

图 7－2

（1）图层

图层是“图层”面板中用于放置对象的主要成分。在一个文件中可以添加多个图层，图层中可以包括子图层、编组层和对象层。

（2）子图层

子图层是位于图层下的分支，它的功能与图层相同，在子图层下还可以再包括子图层、编组层和对象层。

（3）编组层

编组层是指编组对象，在“图层”面板中会形成一个分支的关系，与图层和子图层的关系类似。在编组层下面仍然可以有其他的编组层和对象层。

（4）对象层

对象层是最基本的图层结构，每绘制一个图形对象就会产生一个对象层，也就是所处理的图形，它可以是一般的路径、复合路径、图表和文字等内容。对象层可以被包括在图层、子图层和编组层中。

7.1.2　选择工作图层

当文件中有多个图层、子图层和编组层时，可以通过“图层”面板选择不同的层作为当前编辑的位置。

如果在图层上单击，该层就会呈蓝色显示，且图层的右上角会有一个三角形标记，如图 7－3 所示，表示该图层为正在工作的图层，随后创建的子图层或编组内容将被放置到该图层上。

7.1.3　进入外观属性编辑状态

在“图层”面板中可以快速地选择图层、编组或对象进行外观属性的编辑修改。单击“图层”面板中要修改外观属性的图层上的○图标，当图标变成◎形状时，其图层上的所有对象将全部被选中，然后就可以对所选对象进行外观属性的编辑修改了，如图 7－4 所示。

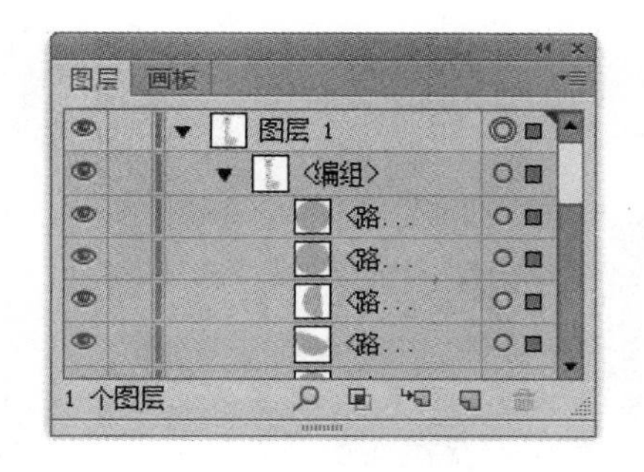

图 7－3

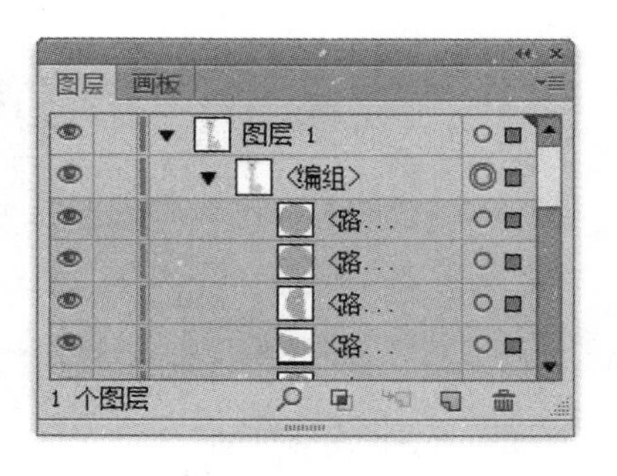

图 7－4

按住“Alt”键后直接单击“图层”面板中图层、编组或对象的名称也可以选择该图层上所有的对象。按住“Shift”键单击图层、编组或对象层可以一次选择多个连续的层。

7.1.4　创建新图层

如果想为文件创建新图层，可以单击“图层”面板中的“创建新图层”按钮，该新图层使用系统默认的名称。选择“图层”面板菜单中的“新建图层”选项，将弹出“图层选项”对话框。在该对话框中设置好名称和颜色后，单击“确定”按钮也可以创建一个新的图层。

如果想在当前工作图层上创建新的子图层，单击“图层”面板中的“创建新子图层”按钮即可，该子图层使用系统默认的名称。选择“图层”面板菜单中的“新建子图层”选项，将弹出“图层选项”对话框。在该对话框中设置好参数后，单击“确定”按钮也可以创建一个新子图层。默认情况下，每创建一个新图形，就会在当前工作图层上添加一个对应的子图层。图 7－5 所示为创建的新图层和新子图层。

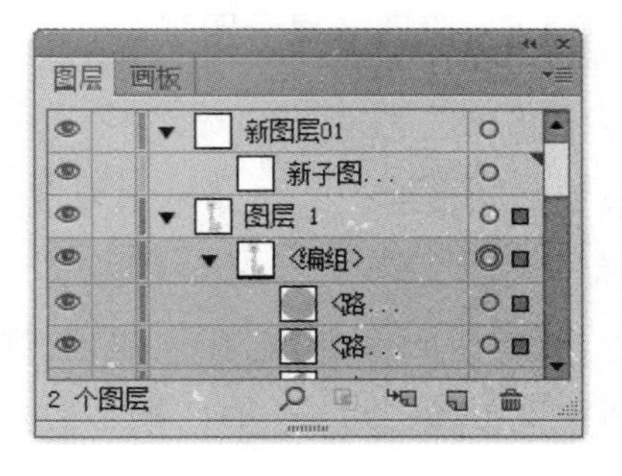

图 7－5

默认情况下，创建的新图层在当前选择的工作图层的上面。如果按住“Ctrl”键的同时单击“图

层”面板中的“创建新图层”按钮，可以在所有图层的上方新建一个图层；而按住快捷键“Ctrl”+“Alt”的同时单击“图层”面板中的“创建新图层”按钮，则可以在所选图层的下方新建一个图层；如果按住“Alt”键的同时单击“图层”面板中的“创建新图层”按钮，会弹出“图层选项”对话框，与使用面板菜单创建的效果相同。

7.1.5 复制、删除图层

1. 复制图层

在“图层”面板中选择需要复制的图层、编组或对象，然后将其直接拖动到“创建新图层”图标上，释放鼠标后就可以得到复制的图层、编组或对象。选中图层后，选择面板菜单中的“复制 XX”选项，也可以得到复制的图层对象，并且复制出来的图层、编组或对象与原来的对象具有相同的属性，如图 7－6 所示。

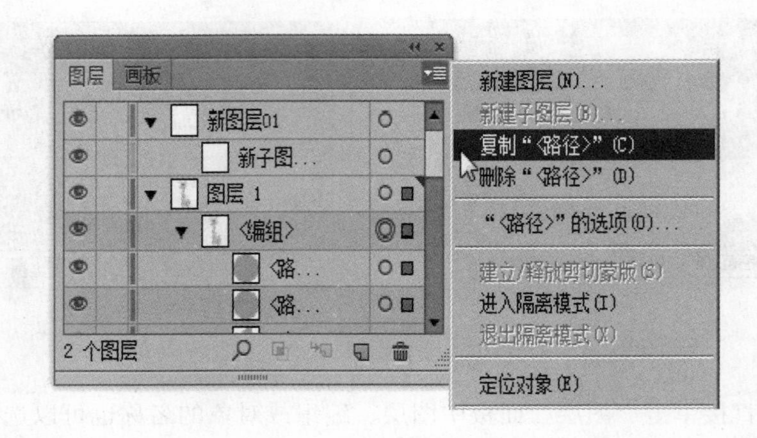

图 7－6

2. 删除图层

如果想删除多余的图层、编组或对象，可以先将其选中，然后单击“图层”面板中的“删除所选图层”按钮。

7.1.6 隐藏／显示图层

如果工作页面中的图形对象较多，则在查看和选择时会互相干扰，给编辑工作带来不便。这时可以根据实际情况，将暂时不需要观看或编辑的图层内容隐藏起来，从而减少画面上的干扰，提高工作效率。

“图层”面板中每个图层的左侧都有一个眼睛图标，表示图层处于显示状态。单击这个图标，图标将变为灰色框，表示该图层处于隐藏状态，页面中该图层上的所有对象将不可见，如图 7－7 所示。

7.1.7 锁定图层

单击“图层”面板中的“切换锁定”图标，可以使图层中的对象处于锁定状态，这样可以保护该图层中的对象不被编辑和删除。再次单击“切换锁定”图标可以解除锁定状态，恢复对图层中对象的编辑操作，如图 7－8 所示。

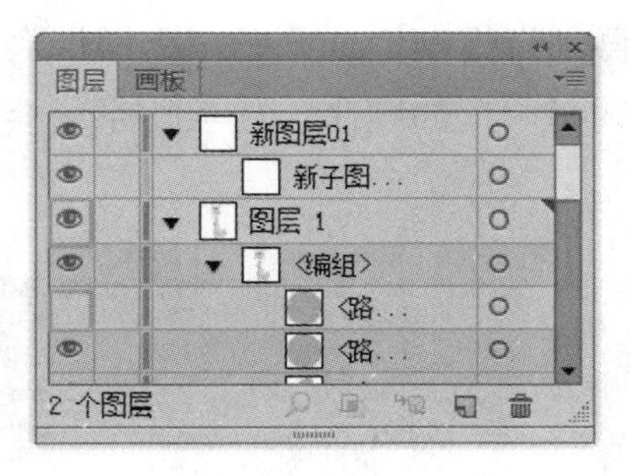

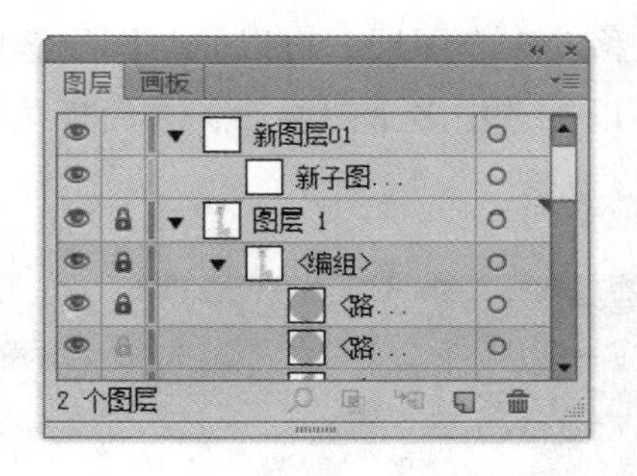

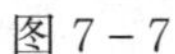
图 7－7　　　　图 7－8

按住“Alt”键的同时单击所选图层的“切换锁定”图标，可以将该图层以外的图层全部锁定；再次按住“Alt”键单击该图标，可以将上次锁定的图层全部解锁。

7.1.8　更改图层顺序

在 Illustrator CS6 中，图层、编组和对象在“图层”面板中是按照一定的顺序叠放在一起的，叠放位置在上面的图层对象会遮盖其下面的图层对象，不同的图层排列顺序可以产生不同的图像效果。直接在“图层”面板中选中图层、编组和对象并拖动其到需要的图层位置的上面或下面，可以改变图层、编组和对象的上下顺序关系，如图 7－9 所示。

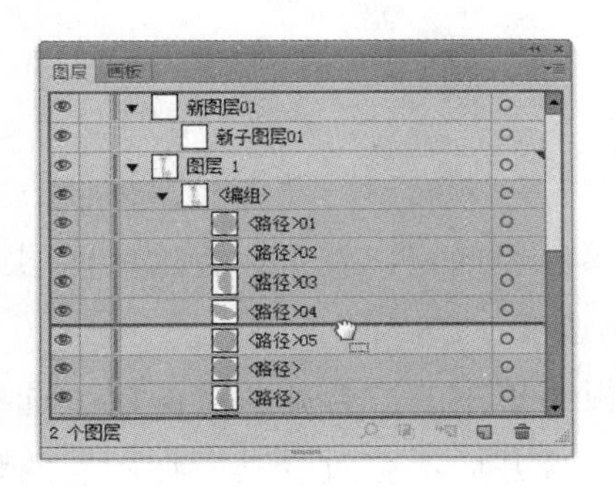

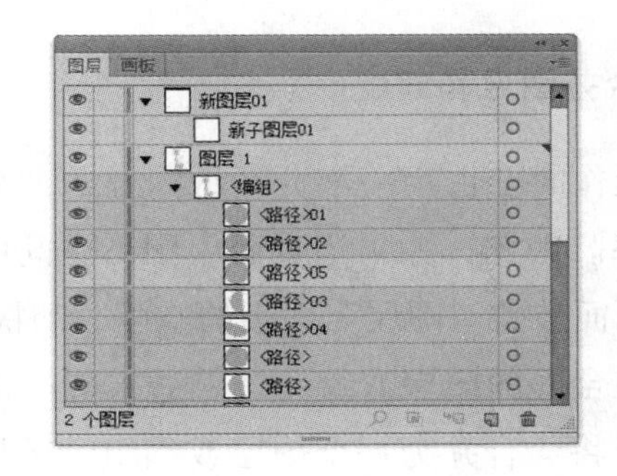

图 7－9

在“图层”面板上拖动图层、编组或对象时，如果拖动到两个图层、编组或对象之间，那么改变的是图层的排列顺序；如果拖动到图层和编组之上，则会将图层、编组和路径加入到这个图层、编组之中，如图 7－10 所示。

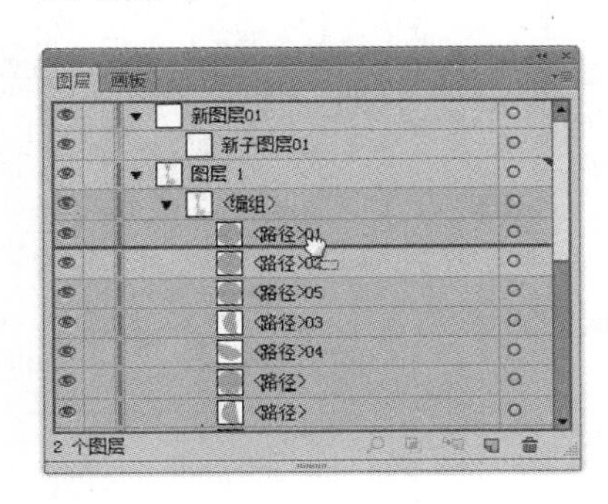

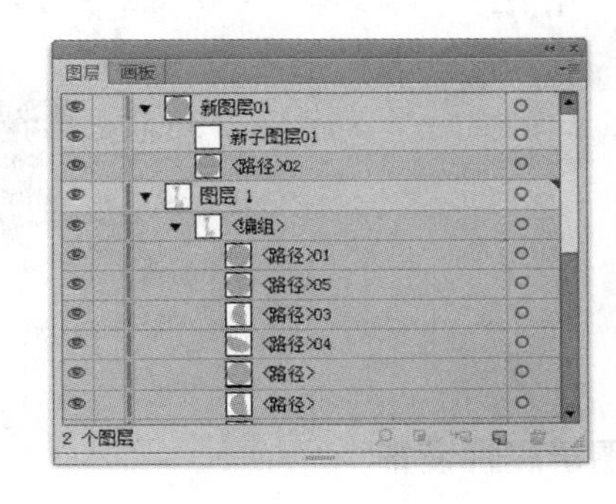

图 7－10

如果要一次移动多个图层，可以先将图层选中，再进行拖动，选中的多个图层会被同时调整到指定的位置。也可以在选中多个图层后，在面板菜单中选择“反向顺序”选项，系统会将所选图层的顺序进行反向排列，如图 7－11 所示。

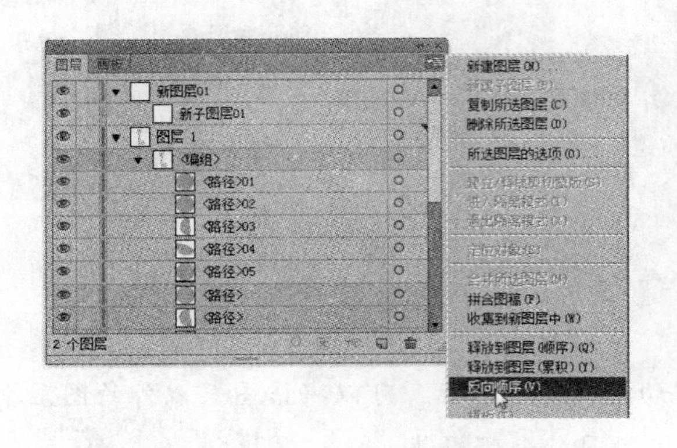

图 7－11

按住“Shift”键的同时单击需要选择的图层名称，可以连续选择多个图层；按住“Ctrl”键的同时单击图层的名称，可以选择不连续的多个图层。若要取消图层的选择状态，直接在“图层”面板的空白处单击即可。

7.1.9 合并图层和编组

图层在操作时会占用一部分系统内存，如果图层太多，一方面不方便查找，另一方面也会降低系统的工作效率。因此，如果当页面中图形之间的位置关系已经确定，就可以将这些图层或者编组内容进行合并，从而节省“图层”面板的空间，加快系统操作速度。

选择需要合并的图层或编组，然后选择“图层”面板菜单中的“合并所选图层”选项，这样选择的图层或编组将会合并为一个图层或编组。图层或编组被合并后不会改变其所在图层的顺序，合并时所选图层中的所有对象都将被合并到位于所选图层中的最上面的图层上，如图 7－12 所示。

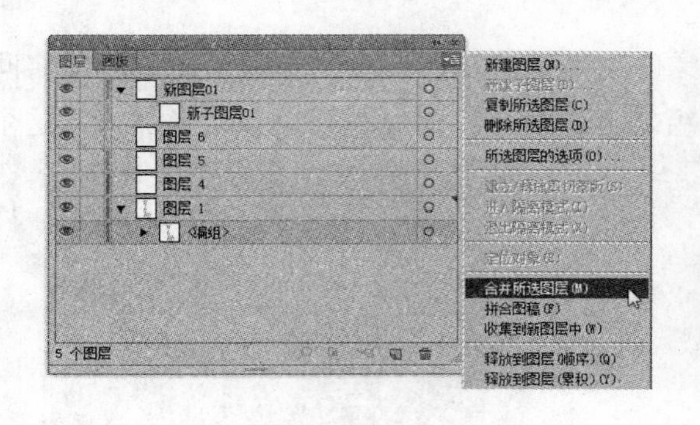

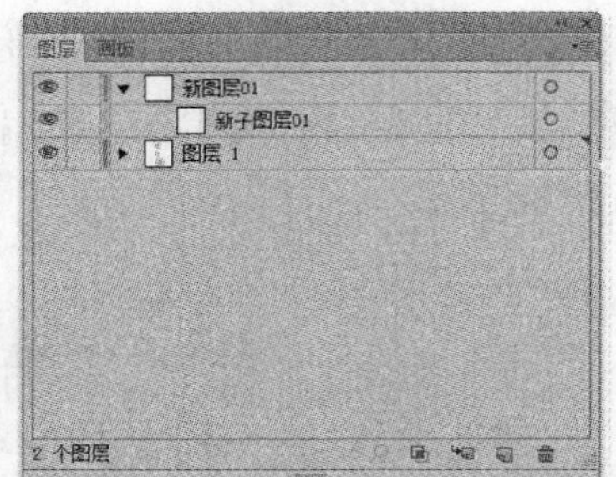

图 7－12

7.1.10 图层属性设置

双击图层或在选中图层后选择“图层”面板菜单中的“图层”的选项，将弹出“图层选项”对话框，如图 7－13 所示。在该对话框中可以对图层的名称、颜色、模板和显示等属性进行设置。对话框中各选项的功能如下。

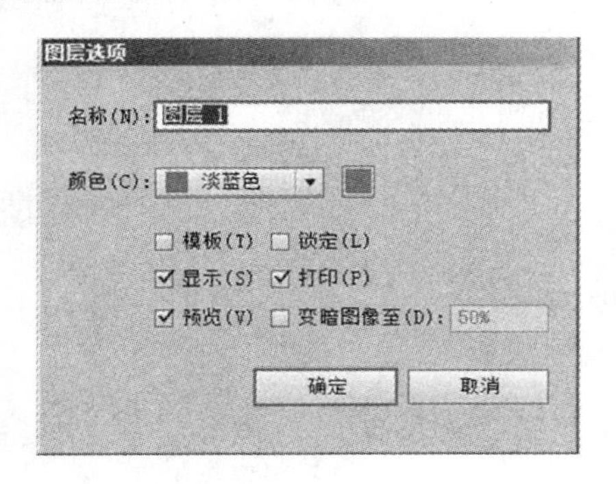

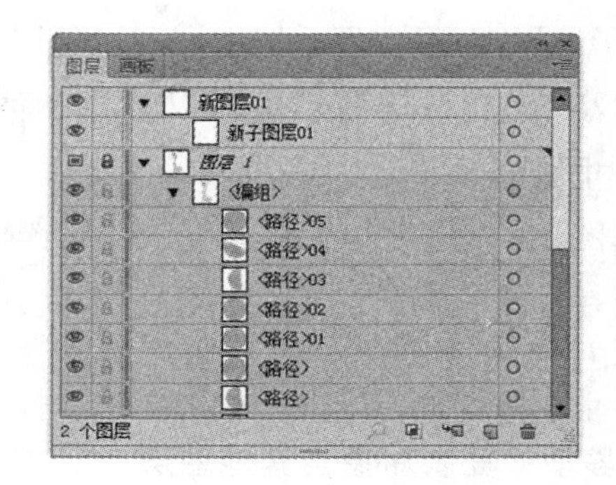

图 7－13

①“名称”：在该文本框中可以设置图层的名称。

②“颜色”：该下拉列表是用来设置图层的代表颜色的，当选中某个图层中的对象时，对象的边缘和定界框会以“颜色”下拉列表中设置的颜色来显示。在“颜色”下拉列表中有多种已经定义好的颜色以供选择，当然也可以双击“颜色”下拉列表右侧的颜色块来自定义颜色。

③“模板”：选中此复选框可以将当前的图层转换为模板图层，同时在“图层”面板上该图层的显示状态也会发生改变，图层同时也被锁定，如图 7－13 所示。

模板图层可以同时应用“模糊处理功能”和“锁定”功能。如果要将一个图像作为底图来使用，使用“模板功能”是非常方便的。选择这个功能后，除“变暗图像至”复选框可用外，其他 4 个复选框将不可用。

④“显示”：选中此复选框，则当前图层的对象将在绘图页面中显示。取消选中该复选框，则当前图层的对象将不会在绘图页面中显示，而且在“图层”面板中该图层左侧的图标也会变成灰色框，与前面介绍的隐藏图层的操作具有相同的效果。

⑤“预览”：选中此复选框，当前图层中的对象在页面中以预览视图方式显示。取消选中该复选框，当前图层的对象在页面中以轮廓视图方式显示。

⑥“锁定”：选中此复选框，当前图层中的对象将被锁定，与前面介绍的锁定图层效果相同。

⑦“打印”：选中此复选框，当前图层中的对象在打印时将被打印。取消选中该复选框，该图层将无法被打印，图层的名称也会以斜体形式突出显示。

⑧“变暗图像至”：选中此复选框可以使当前选择的图层中的对象变淡显示，在其右侧的文本框中输入数值可以设定变淡的程度。需要注意的是，图层中变淡的对象在打印时效果不会发生改变。选中“变暗图像至”复选框可以设置模板图层上的对象的颜色模糊程度，从而使重叠在其上层的图像更好地显示出来，使操作更简便。

对于图层中的编组和对象，也可以设置其属性。双击图层中的编组或对象，会弹出“选项”对话框，在对话框中可以更改选择的编组和对象的名称、显示和锁定等属性。

7.1.11　更改图层显示方式

如果对“图层”面板的显示状态不满意，可以在面板菜单中选择“面板选项”，弹出“图层面板选项”对话框，如图 7－14 所示。在该对话框中可以对面板中的预览框大小和是否显示等属性进行设置。“图层面板选项”对话框中各选项的功能如下。

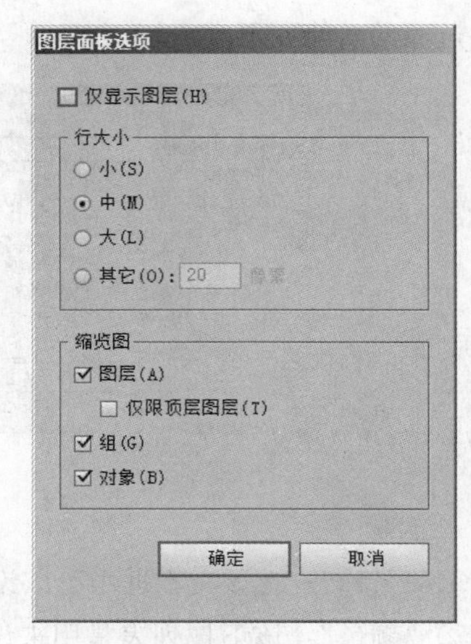

图 7 - 14

①“仅显示图层”：选中此复选框后，“图层”面板上将只显示图层与子图层，而不会显示编组层和对象层。

②“行大小”：在该选项组中可以选择 3 种固定尺寸和 1 种自定义的尺寸预览框大小。

③“缩览图”：该选项组中的参数用来设置图层、编组和对象是否出现在预览框中。选中对应的复选框，则选项内容会出现在预览框中。

7.1.12 移动、复制对象至其他图层

如果要将图层上的编组或路径对象移动到其他图层上，可以先在页面上选中需要移动的对象，然后拖动“图层”面板上编组或路径名称右侧的颜色块，即可将选中内容移动到指定的图层上。

另外，也可以利用“剪切”“复制”和“粘贴”命令或快捷键将选择的对象复制到当前图层。利用“剪切”和“复制”命令复制对象时，如果选择“图层”面板菜单中的“粘贴时记住图层”选项，则被粘贴的对象将被粘贴到它们原来所在的图层中，否则将会被一起粘贴到当前图层中。

在拖动对象的过程中，如果在拖动的同时按住“Alt”键，可以将选择的对象复制到指定的图层中；如果在拖动的同时按住“Ctrl”键，则可以将所选择的对象复制到锁定的图层中。

7.2 动作的使用

动作是指在单个文件或一批文件上执行的一系列任务，如菜单命令、面板选项、工具动作等。例如，可以创建这样一个动作，首先更改图像大小，对图像应用效果，然后按照所需格式存储文件。动作可以包含相应步骤，使您可以执行无法记录的任务（如使用绘画工具等）。动作也可以包含模态控制，使您可以在播放动作时在对话框中输入值。

在 Illustrator 中，动作是快捷批处理的基础，而快捷批处理是一些小的应用程序，可以自动处理拖动到其图标上的所有文件。

Illustrator 附带安装了预定义的动作以帮助您执行常见任务。您可以按原样使用这些预定义的动作，根据自己的需要来自定它们，或者创建新动作。动作将以组的形式存储以帮助您组织它们，可以记录、编辑、自定和批处理动作，也可以使用动作组来管理各组动作。

7.2.1 认识“动作”控制面板

使用“动作”面板（“窗口”→“动作”）可以记录、播放、编辑和删除各个动作。此面板还可以展开和折叠组动作及命令，如图 7 - 15 所示。

在“动作”面板中单击组、动作或命令左侧的三角形。按住 Alt 键并单击该三角形，可展开或折叠一个组中的全部动作或一个动作中的全部命令，如图 7 - 16 所示。

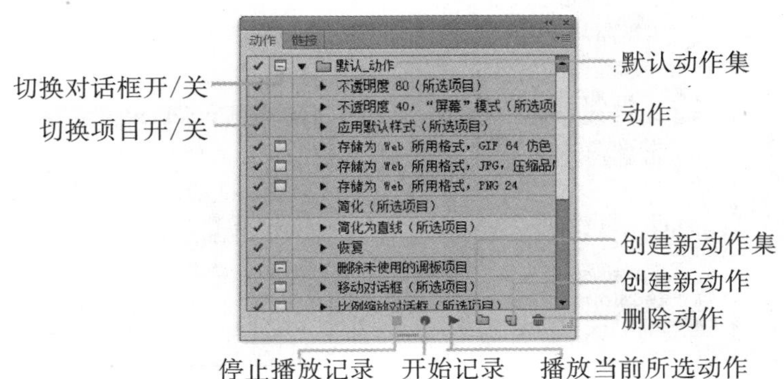

图 7－15

1. 仅按照名称查看动作

从“动作”面板菜单中选择“按钮模式”，再次选取“按钮模式”可返回到列表模式。

注：不能以按钮模式查看个别的命令或组，如图 7－17 所示。

图 7－16

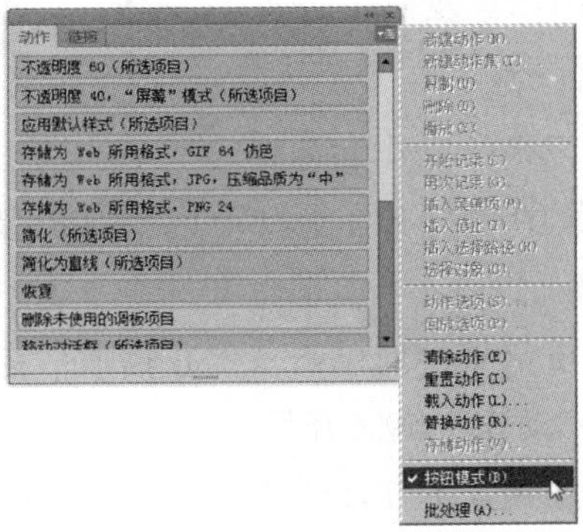

图 7－17

2. 选择动作面板中的动作

单击动作名称。按住 Shift 键并单击动作名称可以选择多个连续的动作，而按住 Ctrl 键，并单击动作名称可以选择多个不连续的动作。面板还可以用来存储和载入动作文件，如图 7－18 所示。

7.2.2　编辑动作

创建新动作时，您所用的命令和工具都将添加到动作中，直到停止记录。

为了防止出错，请在副本中进行操作：在动作开始时，在应用其他命令之前，记录“文件”→“存储副本”命令。

① 打开文件。

② 在“动作”面板中，单击“创建新动作”按钮，或从“动作”面板菜单中选择“新建动作”。

③ 输入一个动作名称，选择一个动作集，如图 7－19 所示，然后设置附加选项。

功能键为该动作指定一个键盘快捷键。您可以选择功能键、Ctrl 键、Shift 键的任意组合（如“Ctrl”＋“Shift”＋“F3”），但有如下例外：在 Windows 中，不能使用 F1 键，也不能将 F4 或 F6 键与 Ctrl 键一起使用。

图 7－18

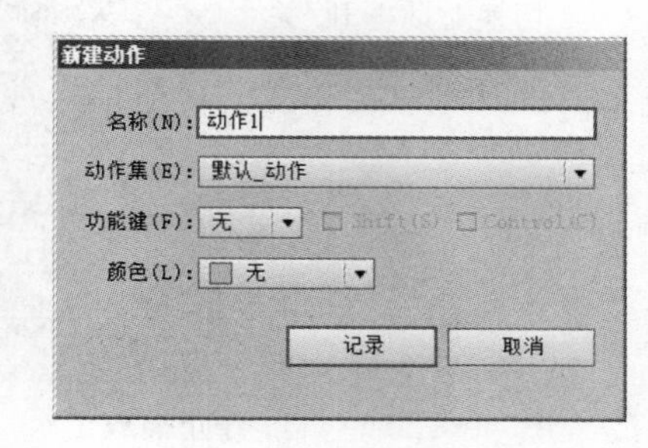

图 7－19

注：如果指定动作与命令使用同样的快捷键，快捷键将适用于动作而不是命令。

颜色为按钮模式显示指定一种颜色。

④ 单击“开始记录”。“动作”面板中的“开始记录”按钮变为红色，如图 7－20 所示。

重要说明：记录“存储为”命令时，不要更改文件名。如果输入新的文件名，每次运行动作时，都会记录和使用该新名称。在存储之前，如果浏览到另一个文件夹，则可以指定另一位置而不必指定文件名。

⑤ 执行要记录的操作和命令。

并不是动作中的所有任务都可以直接记录；不过，可以用“动作”面板菜单中的命令插入大多数无法记录的任务。

⑥ 若要停止记录，请单击“停止播放／记录”按钮，或从“动作”面板菜单中选择“停止记录”。

若要在同一动作中继续开始记录，请从“动作”面板菜单中选择“开始记录”。

1. 在动作中插入不可记录的任务

并非动作中的所有任务都能直接记录。例如，对于“效果”和“视图”菜单中的命令，用于显示或隐含面板的命令，以及使用选择、钢笔、画笔、铅笔、渐变、网格、吸管、实时上色工具和剪刀等工具的情况，则无法记录。

要了解哪些任务无法记录，请查看“动作”面板。如果执行任务后命令或工具的名称不显示，则仍可用“动作”面板菜单中的命令添加任务。

要在创建动作之后插入一个无法记录的任务，请在动作中选择一个要向其后面插入任务的项目。然后从“动作”面板菜单中选择适当的命令，如图 7－21 所示。

图 7－20

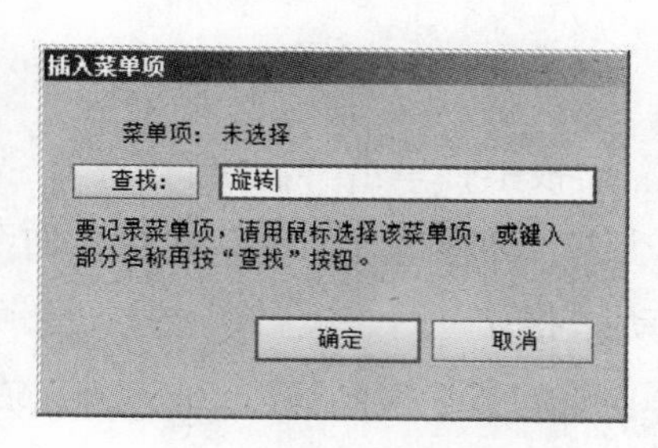

图 7－21

2. 插入不可记录的菜单命令

① 从“动作”面板菜单中选择“插入菜单项目”。

② 从面板菜单中选择命令，或在文本框中开始键入命令名称，然后单击“查找”，再单击“确定”。

3. 插入路径

选择路径，然后从“动作”面板菜单中选择“插入选择路径”，如图 7－22 所示。

4. 插入对象的选区

① 在“属性”面板的“注释”框中输入对象的名称，然后开始记录（从“属性”面板菜单中选择“显示注释”来显示“注释”框），如图 7－23 所示。

图 7－22

图 7－23

② 记录动作时，从“动作”面板菜单中选择“选择对象”，如图 7－24 所示。

③ 输入对象的名称，然后单击“确定”。

5. 插入停止

您可以在动作中包含停止，以便执行无法记录的任务（例如，使用绘图工具）。完成任务后，单击“动作”面板中的“播放”按钮即可完成动作。也可以在动作停止时显示一条简短消息，提醒在继续执行动作之前需要完成的任务。可以在消息框中包含“继续”按钮，以防止万一出现不需要完成其他任务的情况，如图 7－25 所示。

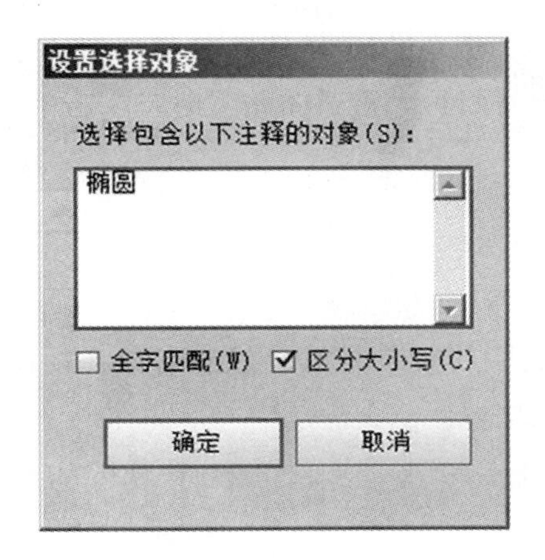

图 7－24

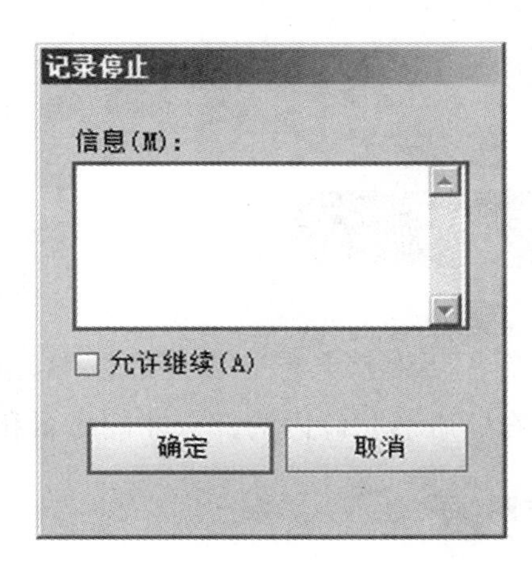

图 7－25

（1）通过执行下列操作之一，选取插入停止的位置：

① 选择一个动作的名称，在该动作的最后插入停止。

② 选择一个命令，在该命令之后插入停止。

（2）从“动作”面板菜单中选择“插入停止”。

（3）键入希望显示的信息。

（4）如果希望该选项继续执行动作而不停止，则选择“允许继续”。

（5）单击“确定”。

6. 管理动作组

您可以创建和组织任务相关的动作组，这些动作组可以存储到磁盘并转移到其他计算机。

注：“动作”面板中自动列出了您创建的所有动作，但为了真正存储动作以防止在删除首选项文件（Illustrator）或“动作”面板文件时丢失，必须将该动作存储为动作组的一部分，如图 7－26 所示。

7. 存储动作组

① 选择一个组。

如果要存储单个动作，请先创建一个动作组，然后将此动作移动到新组。

② 从“动作”面板菜单中选择“存储动作”，如图 7－27 所示。

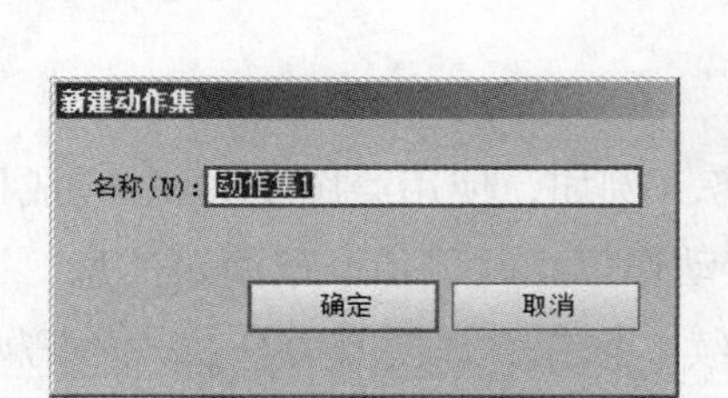

图 7－26

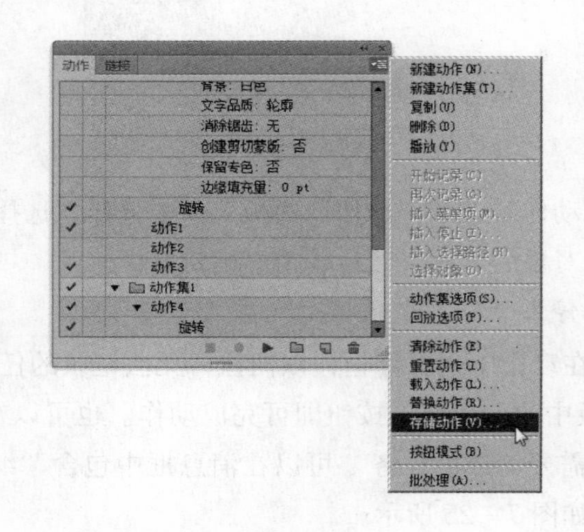

图 7－27

③ 键入组的名称，选择一个位置，并单击“存储”。

7.3 蒙版的使用

所谓蒙版是指用于遮挡其形状以外的图形，而蒙版的效果是可以控制对象在视图中的显示范围，被蒙版对象只有在蒙版形状以内的部分才能显示和打印。

7.3.1 制作图像蒙版

为对象创建蒙版效果的操作比较简单，具体步骤如下：

创建蒙版形状和被蒙版对象，并将蒙版形状放置到被蒙版对象的最上面，如图 7－28 所示。

图 7-28

将蒙版形状和被蒙版对象同时选中，选择“对象”→“剪切蒙版”→“建立”命令，就可以制作出剪切蒙版效果，如图 7-29 所示。

在选中蒙版形状和被蒙版对象后，单击“图层”面板中的“建立/释放剪切蒙版”按钮，也可以为当前选择的图层中的对象创建剪切蒙版。需要注意的是，用这种方法创建的剪切蒙版是针对当前图层中的对象内容的，如果蒙版形状和被蒙版对象并不在同一图层或编组中，则不会产生蒙版效果。

图 7-29

当为不同图层的对象添加剪切蒙版时，蒙版形状必须放在所有被蒙版图层的最上面图层或编组中。而且当蒙版形状是编组对象时，只有其编组中最上面的图形对象才能作为最终剪切蒙版效果产生的显示范围。如果希望制作一些带镂空效果的蒙版形状，可以使用“路径查找器”创建复合路径来作为蒙版的形状，如图 7-29 所示。

7.3.2　编辑图像蒙版

创建剪切蒙版后，蒙版形状和被蒙版对象将自动编组到一起，使用“选择工具”可以选择整个蒙版对象。如果想对蒙版形状和被蒙版对象进行编辑修改，可以在选中被蒙版对象的前提下，选择“对象”→“剪切蒙版”→“编辑内容”命令，可以对被蒙版对象进行编辑修改，如图 7-30a 所示。再次选择该命令时，“编辑内容”会变为“编辑蒙版”，此时可以对蒙版形状进行编辑修改，如图 7-30b 所示。

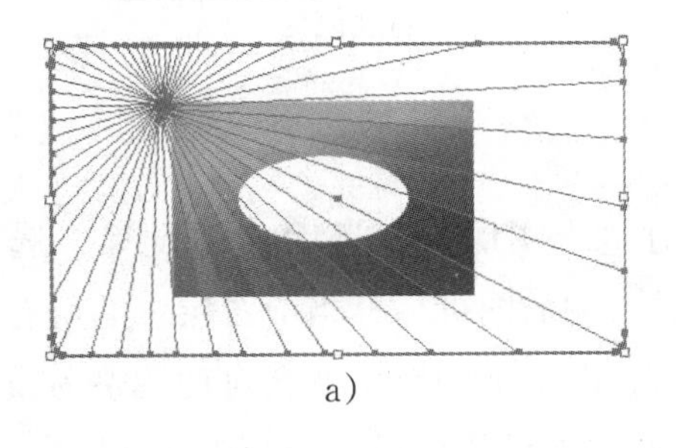

a)

b)

c)

图 7-30

蒙版形状图形在创建剪切蒙版后，对象的填充和描边会变成“无”，不会显示出来。在“编辑蒙版”状态下，可以对蒙版形状进行填充和描边等属性的设置，从而产生不同的剪切蒙版效果，如图 7－30c 所示。

7.3.3 释放图像蒙版

对于创建好的蒙版对象，可以在选中蒙版对象的前提下，选择对象剪切蒙版释放命令，则蒙版效果消失，蒙版的形状和被蒙版的对象恢复到创建剪切蒙版前的状态，如图 7－31 所示。

7.3.4 透明控制面板

透明度是对象外观属性的一种，可以对选择的对象、群组对象或者整个图层进行透明度设置，只要对象具有颜色属性就可以显示出各种透明状态。选择“窗口”→“透明度”命令，打开“透明度”面板，如图 7－32 所示。

图 7－31

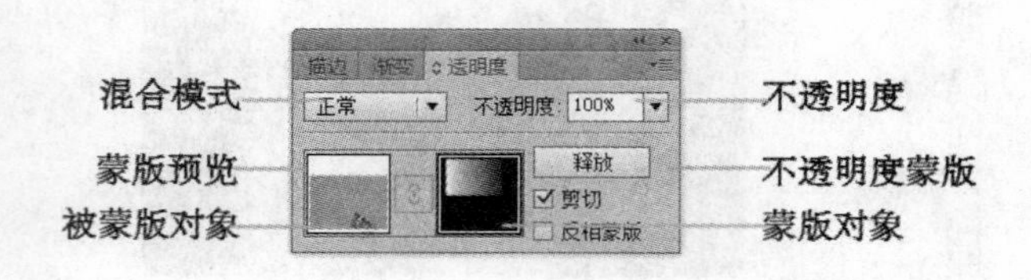

图 7－32

在“透明度”面板中即可对选择的对象进行半透明填充设置，具体操作方法如下：

选择要设置透明度的对象，在“透明度”面板中单击“不透明度”选项右侧的按钮，拖动滑块调整不透明度的数值或者直接在文本框中输入数值。当数值为 0 时表示完全透明，与“无色”填充效果相同；当数值为 100%时为完全不透明，会完全遮盖其下层对象；当数值为 0～100%时会呈现不同的透明效果。数值越大对象越不透明，数值越小对象越透明。图 7－33 所示为设置透明度的值为 100%、80%、30%和 0 时的效果。

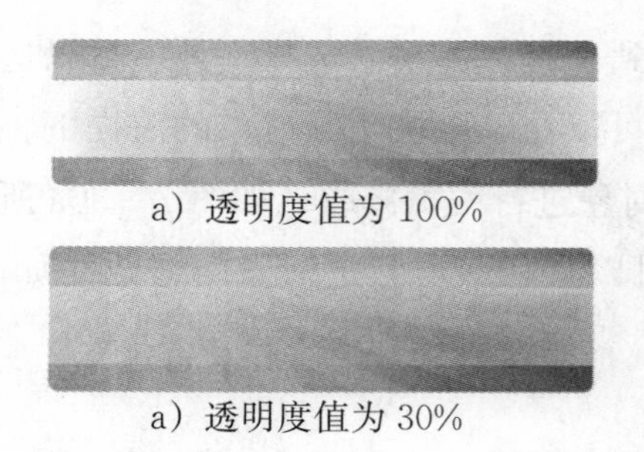

a）透明度值为 100%

b）透明度值为 80%

a）透明度值为 30%

b）透明度值为 0

图 7－33

除了单独对选择的对象进行透明度的设置外，也可以对整个图层进行透明度的设置，选择“窗口”→“图层”命令，打开“图层”面板，在面板中单击图层右侧的图标后，当前图层中的所有对象都会被选中，然后在“透明度”面板中调整“不透明度”的数值，图层上的对象就会自动调整为设置的透明状态，而“图层”面板上的图标也将改变。图 7－34 所示为将选择的图层设置为 50%的透明度的效果。

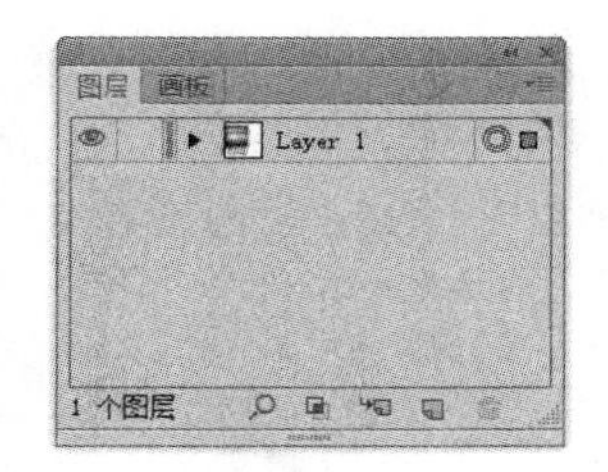

图 7－34

7.3.5 不透明蒙版

在“透明度”面板上除了“不透明度”选项外，还有“不透明蒙版”和“混合模式”两部分选项，通过设置“不透明蒙版”可以使选择的对象产生局部半透明的效果。使用“不透明蒙版”可以很方便地整体控制多个对象的透明度，它与 Photoshop 中的图层蒙版具有相同的效果。

如果用户无法看到“不透明蒙版”选项，可以在“透明度”面板菜单中选择“显示缩略图”选项，即可显示“不透明蒙版”选项。设置和应用不透明蒙版的具体操作方法如下：

（1）打开或自行绘制要作为不透明蒙版的外形且为其填充颜色，并将其放置到要控制透明度的对象的最上层，如图 7－35 所示。

（2）选择包括不透明蒙版外形和要控制透明度的对象在内的所有图形，然后在“透明度”面板菜单中选择“建立不透明蒙版”选项，为对象制作不透明度蒙版。“透明度”面板中的效果和不透明蒙版效果如图 7－35 所示。

图 7－35

如果想编辑被蒙版的对象，可以先单击“透明度”面板中蒙版预览框中的“被蒙版对象”图标，选中被蒙版的对象，然后就可以进行编辑了。默认状态下，被蒙版对象和作为不透明蒙版的对象会被链接在一起，编辑时会同时被修改。可以单击蒙版预览框中的 8 图标，断开链接关系，之后就可以单独对被蒙版对象进行编辑修改了。图 7－36 所示为断开链接关系前后选择被蒙版对象并对其进行放大操作的效果。

如果想编辑蒙版的外形和透明状态，可以单击“透明度面板”中蒙版预览框中的“蒙版对象”图标，选中蒙版对象进行编辑。默认状态下，只显示出不透明蒙版的外形和最终透明效果。可以按住“Alt”键再次单击“蒙版对象”图标，这样便可以将蒙版对象以原始的对象方式显示出来，从而方便进行编辑修改，如图 7－37 所示。

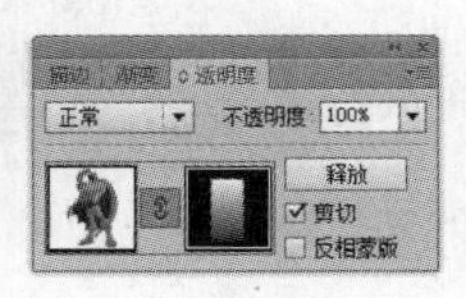

图 7－36

图 7－37

用于蒙版对象的图形可以填充颜色、渐变、图案和渐变网格等内容。当蒙版对象的填充颜色是黑色时，会产生完全透明效果；若为白色时，则会产生完全不透明的效果。当填充的是不同程度的灰色时，则会产生半透明效果，灰度越接近黑色时对象就越透明，越接近白色时就越不透明。如果填充的是彩色，则会根据颜色的灰阶值来确定透明效果。图 7－38 所示为设置不同填充颜色时的不透明蒙版效果。

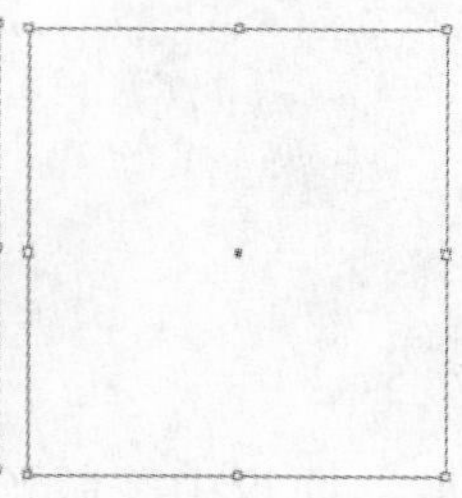

图 7－38

在编辑完成之后，单击蒙版预览框左侧的“被蒙版对象”图标就可以回到正常的图像编辑状态，完成不透明蒙版的编辑。

如果想暂时隐藏当前不透明蒙版的效果，可以在“透明度”面板菜单中选择“停用不透明蒙版”选项，或按住“Shift”键单击蒙版预览框右侧的“蒙版对象”图标，即可将不透明蒙版效果暂时隐藏。再次选择该选项或按住“Shift”键单击“蒙版对象”图标即可将不透明蒙版恢复为显示状态。图 7－39 所示为隐藏不透明蒙版时“透明度”面板的状态。

如果要将不透明蒙版删除，还原对象原来的样子，则只需在“透明度”面板菜单中选择“释放不透明蒙版”选项。

在“透明度”面板上还有两个对不透明蒙版进行控制的选项。

①“剪切”：选中此复选框，则在不透明蒙版对象范围以外的被蒙版对象将全部被裁切掉。如果取消选中此复选框，蒙版对象范围以外的对象将全部被保留。图 7 - 40a 所示为选中和取消选中“剪切”复选框的效果对比。

②“反相蒙版”：选中此复选框，则相当于对蒙版对象的颜色反相后再应用于被蒙版对象。蒙版对象的白色部分将会产生完全透明的效果，黑色部分将会产生完全不透明的效果如图 7 - 40b 所示。

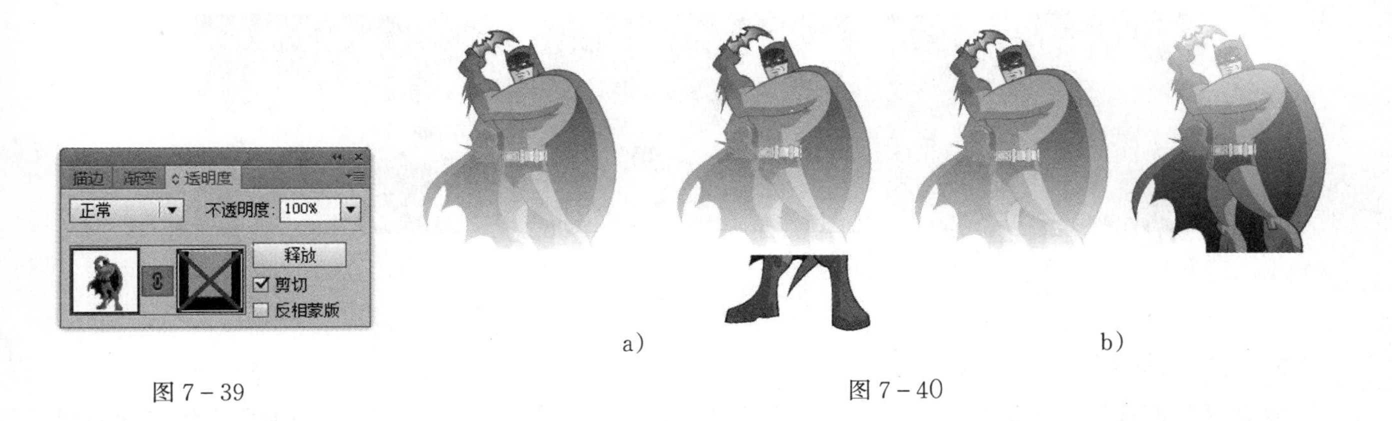

a)　　b)

图 7 - 39　　图 7 - 40

7.3.6　“透明”控制面板中的混合模式

在 Illustrator CS6 中通过设置不同的混合模式，可以使对象之间产生不同的颜色叠加效果。“透明度”面板中的“混合模式”下拉列表中提供了 16 种混合模式，本节将分组介绍不同混合模式的特点和应用效果。

这里需要特别注意的是，混合模式在应用时是通过设置上层对象的不同混合模式来与其下层对象产生颜色混合效果的，修改下层对象的混合模式不能直接影响其与上层对象的颜色混合效果。

1. 正常混合模式

在“正常”混合模式中只以不透明度的值来决定上层与下层对象之间的颜色合成关系，是比较常用的混合模式，也是对象默认的混合模式。图 7 - 41 所示为“正常”混合模式的应用效果。

图 7 - 41

2. 变暗混合模式组

变暗混合模式组中提供 3 种混合模式，可以使对象颜色叠加后产生不同的变暗效果。

“变暗”混合模式是一种比较式的混合模式，它是以上层的混合颜色为基准，下层色彩比上层色彩深的部分会被保留，比上层色彩浅的部分则会被上层色彩替换。图 7－42 所示为“变暗”混合模式的应用效果。

“正片叠底”混合模式会加深对象合成后的颜色，它是将上层和下层对象的颜色相叠加，对象的最终颜色会变得比较深。而且任何颜色与黑色运算的结果都将是黑色，与白色运算的结果则会保持原来的颜色。图 7－42 所示为“正片叠底”混合模式的应用效果。

“颜色加深”混合模式是使下层图像的颜色依据上层图像颜色的灰阶程度变暗，然后与上层对象相融合，最终的效果会降低对象的亮度。图 7－42 所示为“颜色加深”混合模式的应用效果。

图 7－42

3. 变亮混合模式组

变亮混合模式组中的混合效果与变暗混合模式组的相反，它可以使对象颜色叠加后产生不同的变亮效果。

“变亮”混合模式的效果和“变暗”混合模式的效果相反，它是以上层的图像颜色为基准，下层色彩比上层色彩亮的部分会被保留，而比上层色彩暗的部分将被替换。图 7－43 所示为“变亮”混合模式的应用效果。

“滤色”混合模式会使下层图像的颜色依据上层图像颜色的灰阶程度来提升亮度，然后与上层图像进行融合，上层图像越接近白色则下层图像越亮。而且任何颜色与白色运算的结果都将是白色，与黑色运算的结果则会保持原来的颜色。图 7－43 所示为“滤色”混合模式的应用效果。

“颜色减淡”混合模式的效果与“颜色加深”混合模式的效果相反，它是以加亮上层图像颜色来反映混合效果的。图 7－43 所示为“颜色减淡”混合模式的应用效果。

图 7－43

4. 叠加混合模式组

叠加混合模式组中的混合模式主要是根据上层和下层对象的不同状态来确定最终的颜色混合效果的。

“叠加”混合模式的运算方法与“正片叠底”混合模式的运算方法类似，不同的是“正片叠底”混合模式的效果取决于上层对象的颜色，而“叠加”混合模式则会将下层对象的颜色也考虑进去，是将上层和下层颜色互相混合进行运算从而得出最终的混合效果。图 7－44a 所示为“叠加”混合模式的应用效果。

“柔光”混合模式会将上层的颜色与下层的颜色相混合。如果上层颜色的灰阶值超过 50%，则会使下层对象变暗；如果上层颜色的灰阶值低于 50%，则会使下层对象变亮。图 7－44b 所示为“柔光”混合模式的应用效果。

“强光”混合模式是“柔光”混合模式的加强版。如果上层颜色的灰阶值超过 50%，则会让下层图像以“正片叠底”混合模式来变暗；如果上层颜色的灰阶值低于 50%，则会让下层图像以“滤色”混合模式来变亮。图 7－44c 所示为“强光”混合模式的应用效果。

a)

b)

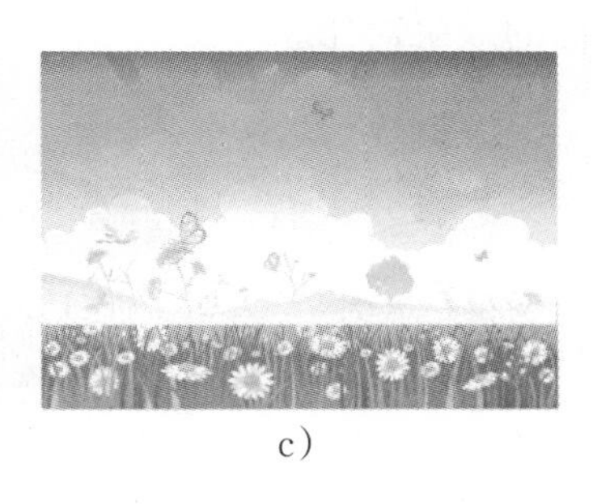
c)

图 7－44

5. 差值混合模式组

差值混合模式组产生的效果类似于照相底片的反相效果。

“差值”混合模式也是一种比较式的混合模式，它会将上层和下层图像的颜色进行比较，亮的图像会减掉暗的图像。图 7－45 所示为“差值”混合模式的应用效果。

“排除”混合模式的效果与“差值”混合模式的效果相近，只是“排除”混合模式产生的效果相对比较温和。图 7－46 所示为“排除”混合模式的应用效果。

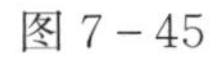
图 7－45

图 7–46

6. 颜色属性混合模式组

颜色属性混合模式组中的混合模式主要是根据上层和下层对象的颜色属性值来决定颜色的混合效果的。

“色相”混合模式是将上层对象的色相与下层对象的饱和度和明度相混合，以产生新的颜色效果。图 7－47 所示为“色相”混合模式的应用效果。

“饱和度”混合模式是将上层对象的饱和度与下层对象的色相和明度相混合，以产生新的颜色效果。图 7 - 47 所示为“饱和度”混合模式的应用效果。

“混色”混合模式是将上层对象的色相和饱和度与下层对象的明度相混合，以产生新的颜色效果。图 7 - 47 所示为“混色”混合模式的应用效果。

“明度”混合模式是将上层对象的明度与下层对象的色相和饱和度相混合，以产生新的颜色效果。图 7 - 47 所示为“明度”混合模式的应用效果。

在为选择的对象应用混合模式时，RGB 和 CMYK 颜色模式下的显示效果可能会有所不同。图 7 - 47 所示为 RGB 和 CMYK 颜色模式下“色相”混合模式的应用效果。

如果在应用混合模式时希望将混合模式的影响局限在某些对象中，可以将要设置混合模式的对象与希望受混合模式影响的对象编组，然后选取整个组，在“透明度”面板中选中“隔离混合”复选框，即可将混合模式的影响局限在这个编组中。图 7 - 47 所示为编组对象选中与取消选中“隔离混合”复选框的效果对比。

图 7 - 47

第8章　包装设计：使用混合效果

在Illustrator CS6中利用“混合工具”和相关命令可以在多个对象之间创建形状和颜色的连续变化效果，也就是说混合功能同时具有复制、变形及色彩调整的效果。

1. 创建混合对象

选择工具箱中的“混合工具”或者选择“对象”→“混合”→“建立”命令，都可以在两个或多个图形之间进行形状和颜色的混合，并且混合对象不仅可以是闭合式路径，也可以是开放式路径。

（1）使用混合工具创建混合对象

使用“混合工具”创建混合对象的方法比较直观也比较灵活。在工具箱中选择“混合工具”，在要制作混合对象的对象上按顺序依次单击即可（图8-1）。

图8-1

（2）使用菜单命令创建混合对象

使用菜单命令可以一次将所选择的图形对象创建成混合对象。只需要在选中图形对象的前提下，选择“对象”→“混合”→“建立”命令，即可将选中的图形对象创建成混合对象。这种方法是按照图形对象默认的顺序关系创建混合对象的，比较适合图形对象较多的情况下使用，如图8-2所示。

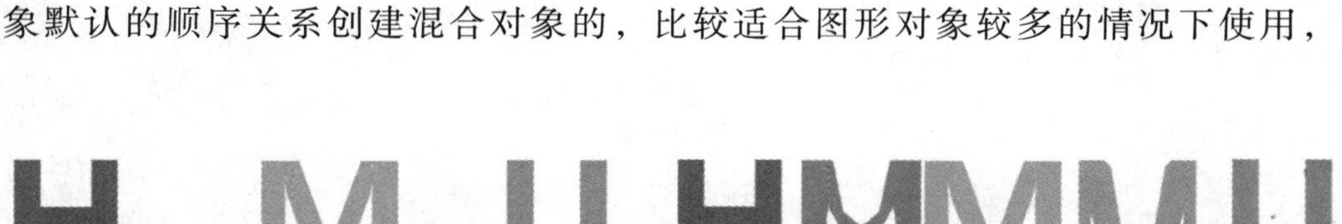

图8-2

需要注意的是，使用“混合工具”创建混合对象时，“混合工具”在对象上单击的位置会对最后的混合效果产生影响。当图形对象有填充色时，在对象填充区域单击会按默认方式创建混合对象。如果在对象路径锚点上单击，则会根据图形对象间锚点的对应关系创建混合对象，可能会产生扭拧的混合效果。

2. 混合的形状

对于创建好的混合对象，默认情况下是以直线方式连接不同的图形对象。在这些图形对象之间会有一条混合路径存在，默认情况下是隐藏的，可以使用“直接选择工具”选中。该路径与前面介绍过的其他路径类似，可以使用钢笔工具组中的工具和“直接选择工具”等进行编辑修改，混合对象会随着混合路径形状的变化而发生变化，如图 8－3 所示。

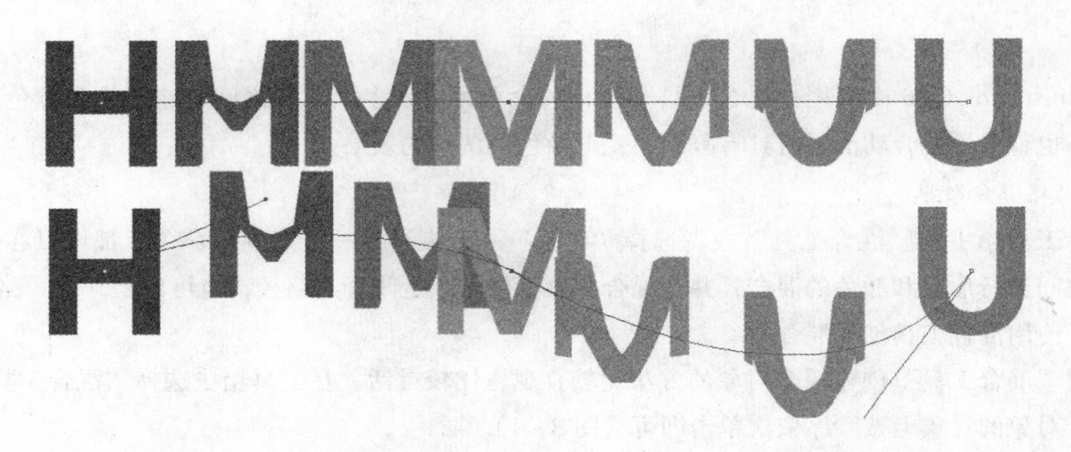

图 8－3

如果已经在页面中绘制出了混合路径的形状，则可以在选中混合对象和该形状路径后，选择“对象”→“混合”→“替换混合轴”命令，将混合路径的形状替换成选中的路径形状，如图 8－4 所示。

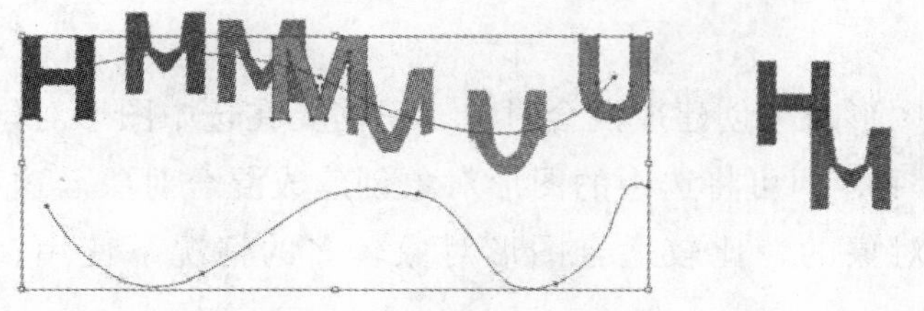

图 8－4

3. 编辑混合路径

无论是使用“混合工具”还是使用菜单命令创建混合对象，该混合对象的各项参数属性都可以进行详细的设置，从而达到需要的混合效果。

双击工具箱中的“混合工具”按钮或选择“对象”→“混合”→“混合选项”命令，弹出“混合选项”对话框，如图 8－5 所示。在该对话框中可以设置 3 种混合间距。

“间距”下拉列表中有“平滑颜色”“指定的步数”和“指定的距离”。

①“平滑颜色”：选择该选项，系统将根据混合图形的颜色和形状自动确定混合步数，如图 8－6 所示。

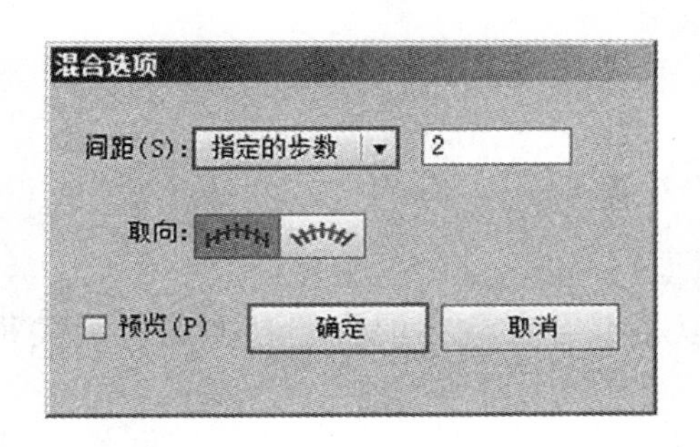

图 8－5

图 8－6

②“指定的步数”：选择该选项可以自行设定创建混合对象时混合图形之间产生的步数，如图 8－7 所示。

图 8－7

③“指定的距离”：选择该选项可以控制每一步混合对象之间的距离，如图 8－7 所示。

4. 操作混合对象

(1) 编辑混合对象排列方向

通过“混合选项”对话框中的“取向”可以设置混合对象中图形的排列方向。单击“对齐页面”按钮可以使混合对象中图形的方向与页面的方向一致，单击“对齐路径”按钮可以使混合对象中图形的方向与混合路径的方向一致，如图 8－8 所示。

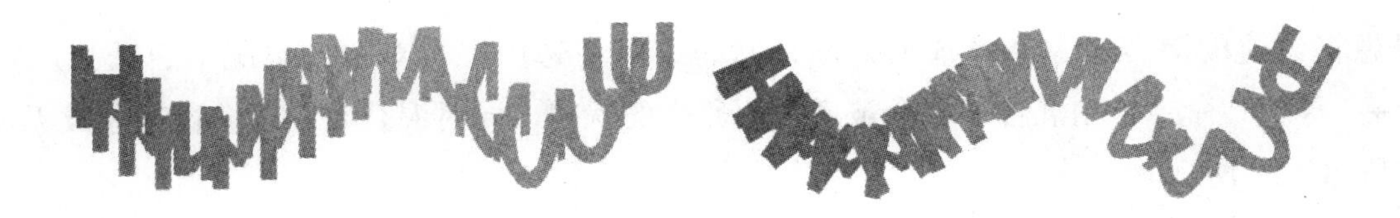

图 8－8

(2) 编辑混合关键对象

除了可以编辑混合对象的路径外，还可以使用钢笔工具组中的工具和“直接选择工具”对混合关键对象的形状、大小和颜色等进行编辑。当混合关键对象被编辑后，混合对象的整个形状也将随之变化。需要注意的是，只能对混合关键对象进行编辑，对混合图形之间用于形状和颜色变化的图形部分是无法编辑的，如图 8－9 所示。

图 8－9

（3）反转混合路径

选择“对象”→“混合”→“反向混合轴”命令，可以将混合对象在混合路径上的位置关系对调，如图 8－10 所示。

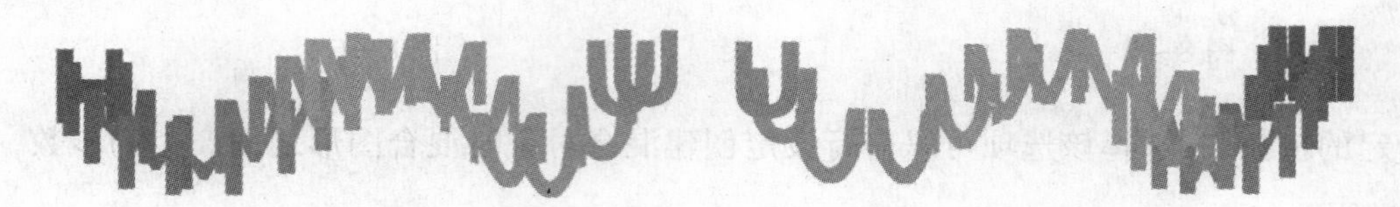

图 8－10

（4）反转混合对象顺序

默认情况下创建的混合对象中图形的前后顺序与原始图形的前后顺序关系相对应，即在前面的图形创建成混合对象后也在前面，在后面的图形创建成混合对象后也在后面。在选中混合对象的情况下，选择“对象”→“混合”→“反向堆叠”命令，可以调整混合对象中图形的前后顺序关系，如图 8－11 所示。

图 8－11

（5）解除混合

如果想将创建的混合对象恢复成原始图形状态，可在选中混合对象的情况下，选择“对象”→“混合”→“释放”命令，则混合对象会被恢复到原来的状态，同时混合路径也会被还原成无填充色的状态，如图 8－12 所示。

图 8－12

（6）将混合对象转换为一般对象

前面已经介绍过，混合对象中用于关键对象之间过渡的图形内容不能直接编辑。如果希望使用或编辑这些图形内容。可以选择“对象”→“混合”→“扩展”命令，将混合对象转换为一般对象，扩展后得到的普通图形自动编组，不再具有混合对象的各项属性，如图 8－13 所示。

图 8－13

第9章 UI设计：样式、外观与效果的使用

9.1 使用图形样式

所谓样式是指被命名的一系列外观属性的集合，如填充、变形、不透明度和效果等。通过样式可以快速地更改对象的外观效果，让用户更快速、简洁地制作出相同的图像效果。图形样式可以直接应用于单独对象、编组对象和图层对象，应用于编组对象或图层对象时，所有对象都将具有图形样式的属性。图形样式还具有链接的功能，如果应用的图形样式被修改，则应用此图形样式的所有对象的外观效果也会随之改变。(图 9–1)

图 9 – 1

在 Illustrator CS6 中系统提供了大量的图形样式样本，这些图形样式都被存放在图形样式库中，可以选择“窗口”→“图形样式”命令，打开“图形样式”面板，如图 9 – 2a 所示，该面板中显示出当前文件保存的图形样式样本。如果希望使用更多系统自带的图形样式，可以在“窗口”→“图形样式库”子菜单中选择需要的类型，系统会打开相应的图形样式库面板供用户使用，如图 9 – 2b 所示。并且应用过的图形样式会自动添加到“图形样式”面板中。

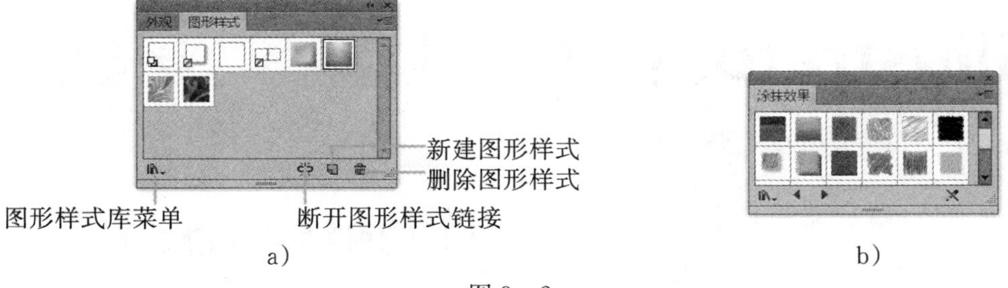

a)　　　　b)

图 9-2

9.1.1　创建图形样式

虽然 Illustrator CS6 提供了很多图形样式，但是在很多时候用户还是会根据自己的实际需要来创建一些独特的图形样式。

创建图形样式的方法很简单，可以选择或绘制一个矢量图形，为图形添加各种需要的效果，然后单击“图形样式”面板中的“新建图形样式”按钮或在面板菜单中选择“新建图形样式”选项，即可将添加的外观属性定义成新的样式，如图 9-3 所示。

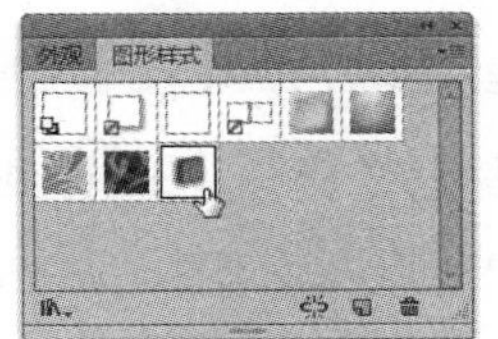

图 9-3

新创建的样式使用的是系统默认的名称，可以在“图形样式”面板中双击该图形样式或者选中图形样式后在面板菜单中选择“图形样式选项”命令，都会弹出“图形样式选项”对话框，在该对话框中输入样式的名称后单击“确定”按钮即可修改图形样式的名称（使用面板菜单中的“新建图形样式”选项创建新图形样式时也会弹出“图形样式选项”对话框）。

在现有图形样式的基础上也可以创建新的图形样式。首先将“图形样式”面板中的图形样式应用到选择的对象上，然后在“外观”面板中对外观属性进行编辑修改，达到满意效果后再将其创建成新的图形样式即可。

9.1.2　使用图形样式

图形样式被创建后，可以反复应用到对象、编组对象和图层对象上。选中需要应用图形样式的对象、编组对象或者指定需要编辑的图层，然后在“图形样式”面板中选择一种图形样式，就可以将选中的图形样式应用到选择的对象上。对于编组对象，也可以用“直接选择工具”选择编组中的某个图形，再对其应用图形样式。图 9-4 所示为对象应用图形样式的效果。

在未选择对象的情况下，在“图形样式”面板中选中一种图形样式并将其拖动到对象上，也可以将图形样式应用到该对象上。如果对象是多个图形编组的对象，则图形样式会被应用到鼠标释放位置的图形上。当为一个已经应用了图形样式的对象再次应用其他图形样式时，新应用的图形样式会替代对象原有的图形样式。

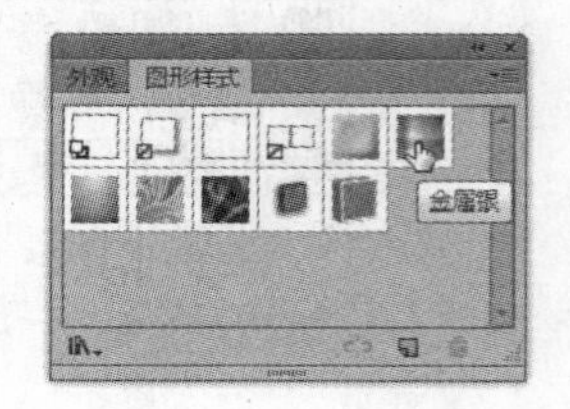

图 9－4

9.1.3　编辑图形样式

在 Illustrator CS6 中可以通过“外观”面板对图形样式进行编辑修改，使其生成新的外观效果。将要修改的图形样式应用给选中对象，然后在“外观”面板中进行编辑修改，编辑完成后选择“外观”面板菜单中的“重新定义图形样式”选项，就可以将原有的图形样式替换成新的图形样式效果，如图 9－5 所示。

当图形样式发生变化后，所有应用该图形样式的对象都会随之发生变化。如果需要应用该图形样式的对象不发生变化，可以在修改图形样式前单击“图形样式”面板中的“断开图形样式链接”按钮，将选择的对象与图形样式之间的链接取消，则在改变该图形样式时选择的对象将不会随之变化。

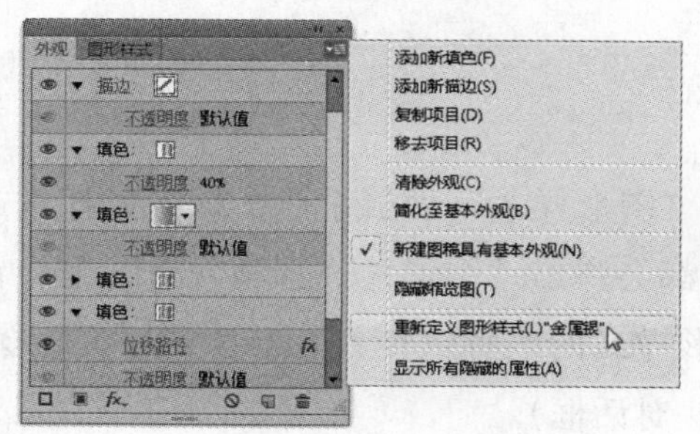

图 9－5

9.1.4　管理图形样式

通过“图形样式”面板可以对图形样式进行管理，包括图形样式的复制、删除、断开图形样式链接以及合并图形样式等操作。

1. 复制图形样式

选中需要复制的图形样式，然后在“图形样式”面板中单击“新建图形样式”图标或者直接将图形样式拖动到“新建图形样式”按钮上，释放鼠标即可复制出图形样式。选择“图形样式”面板菜单中的“复制图形样式”选项也可以复制图形样式，如图 9－6 所示。

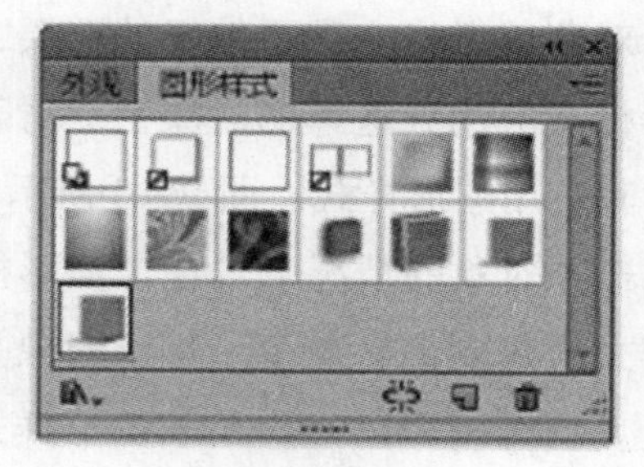

图 9－6

2. 删除图形样式

选中不需要的图形样式，然后单击“图形样式”面板中的“删除图形样式”按钮，弹出确认对话框，单击“是”按钮就可以删除所选择的图形样式。选择面板菜单中的“删除图形样式”选项也可以删除图形样式。

3. 合并图形样式

在对选择的对象应用图形样式时，可能需要使用两种或者更多的图形样式才能得到最终的对象外观效果，这时可以将要应用的图形样式进行合并，产生新的图形样式。

在“图形样式”面板中按住“Ctrl”键的同时选择多个图形样式，然后在面板菜单中选择“合并图形样式”选项，弹出“图形样式选项”对话框，在对话框中设置好图形样式名称后，单击“确定”按钮就可以将选择的样式合并为一个新的图形样式，如图9－7所示。

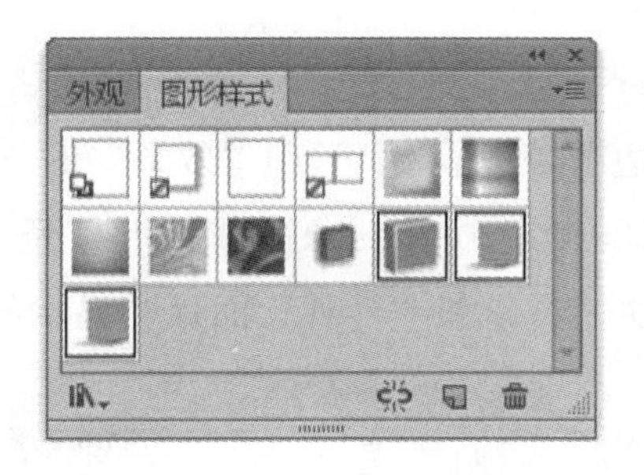

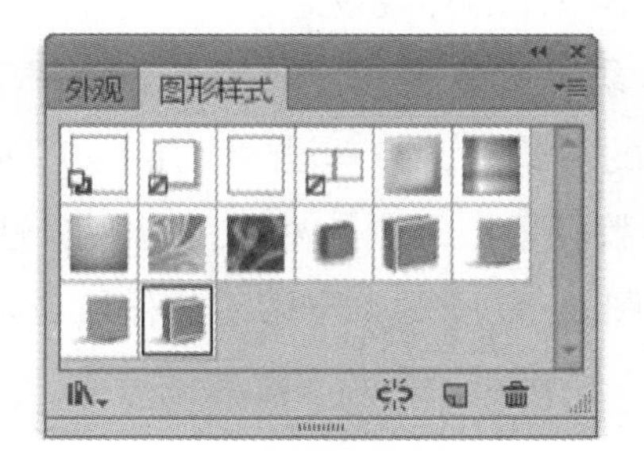

图9－7

9.2 外观面板

外观是指对象的外在表现形式。外观属性是一组不改变对象结构，只影响选择对象外观效果的属性。外观属性中包含了很多内容，有对象的填色、描边、不透明度和效果等，可以通过“外观”面板和相应的命令灵活地编辑修改对象的外观属性。

外观属性是通过“外观”面板来进行管理的，在“外观”面板中可以为所选对象添加效果或者对其他属性进行编辑和修改。选择“窗口”→“外观”命令，将打开“外观”面板，如图9－8所示。

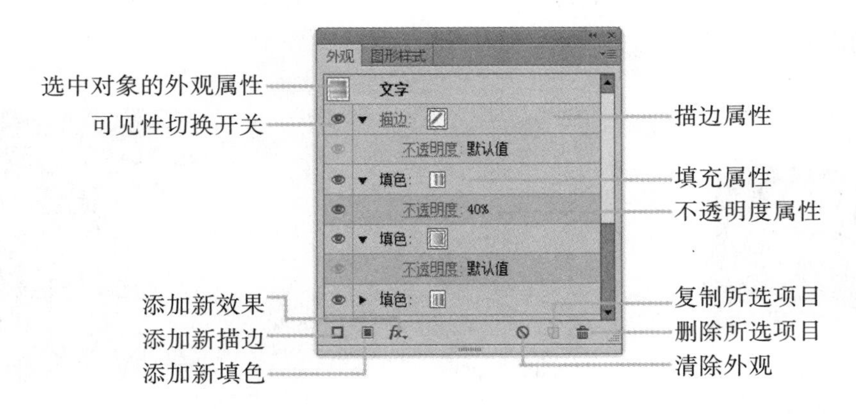

图9－8

“外观”面板有 4 种可以编辑的外观属性，分别是描边、填色、不透明度和应用“效果”菜单产生的效果。在“填色”选项中包含了各种填充属性，有填充类型、颜色、不透明度和效果。在“描边”选项中有描边类型、应用的笔刷效果、颜色、不透明度和效果。在“不透明度”选项中列出了不透明度和混合模式。而在“效果”选项中会列出选择的对象所应用的效果命令。

在“外观”面板中单击对应的选项，该选项会以蓝色反显方式显示，表示为当前选中的属性，双击可以修改。如果该属性选项前有三角按钮，表示该选项有隐藏的子选项，可以单击三角按钮展开或折叠该选项。

9.2.1 记录对象的外观

在为对象设置各种外观属性时，可以根据选择的对象不同，将应用的外观属性记录给不同的对象，从而使其产生不一样的外观效果。

1. 记录单个对象的外观

选择某个单独的对象后，为其设置“填充”“描边”“不透明度”和“效果”时，Illustrator 会自动将这些外观属性参数设置记录到该对象的外观属性中。在选中该对象的前提下打开“外观”面板，就可以查看和修改。图 9－9 所示为应用了各种外观属性的对象和“外观”面板中显示的内容。

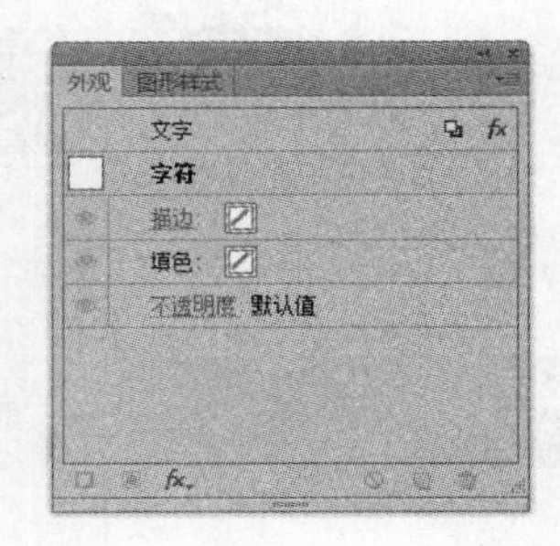

图 9－9

2. 记录编组对象的外观

在设计过程中经常会将多个内容编组以方便操作，编组后的对象也可以进行外观属性设置。Illustrator 会将应用给编组对象的“填充”“描边”“不透明度”和“效果”外观属性记录到该编组对象的外观属性中，可以在“外观”面板中查看和编辑。图 9－10 所示为应用外观效果的编组对象和“外观”面板中显示的内容。

图 9－10

需要注意的是，如果用“直接选择工具”选择了编组对象中某个单独的对象，则在“外观”面板中会同时显示出该选中对象的外观属性，如图 9－10 所示。

3. 记录图层的外观

在 Illustrator CS6 中可以选择整个图层作为添加外观属性的对象。在“图层”面板中选择整个图层，为该图层添加各种外观属性，包括“填充”“描边”“不透明度”和“效果”，这些内容会被记录到“外观”面板中。图 9－11 所示为应用外观效果的图层和“外观”“图层”面板中显示的状态。

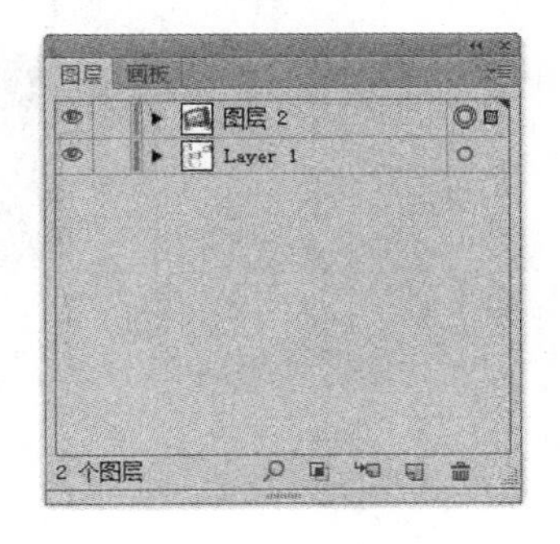

图 9－11

9.2.2 填充外观属性

填充外观属性是对象基本的外观属性，只要为对象添加了填充内容（颜色和渐变等），对象就会自动具有填充外观属性。对于编组对象和图层对象需要手动添加填充外观属性。下面介绍与填充外观属性相关的操作。

1. 新增填充外观属性

对于单独的对象，在设置好填充内容后，在“外观”面板中会自动增加一个“填色”属性选项，用于显示和控制对象的填充内容。对于编组对象和图层对象直接设置填充内容时，“外观”面板中不会增加“填色”属性选项。在“外观”面板菜单中选择“添加新填色”选项，Illustrator 会为选择的对象增加一个新的“填色”选项，如图 9－12 所示。

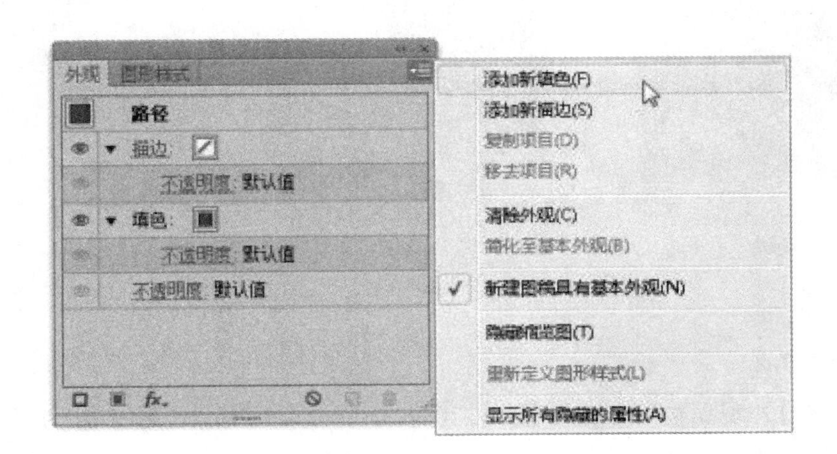

图 9－12

2. 编辑填充外观属性

外观属性的一个优势在于它的可编辑性，为对象添加了填充外观属性后，可以直接在“外观”面板中双击对应图标，进入相应的面板或对话框中重新编辑或修改其外观属性。用来作为填充外观属性的有单色、渐变色和图案，如图 9－13 所示。

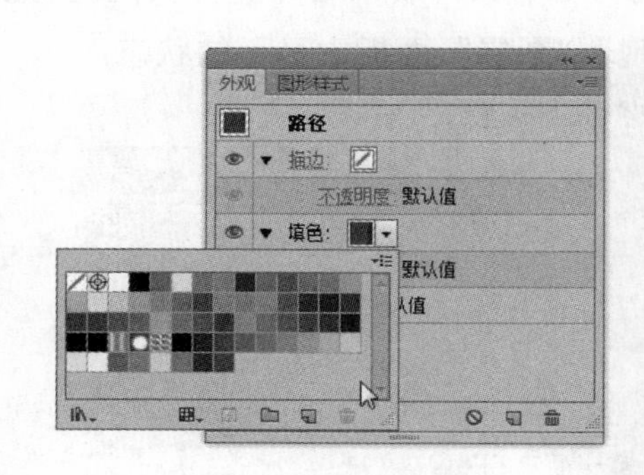

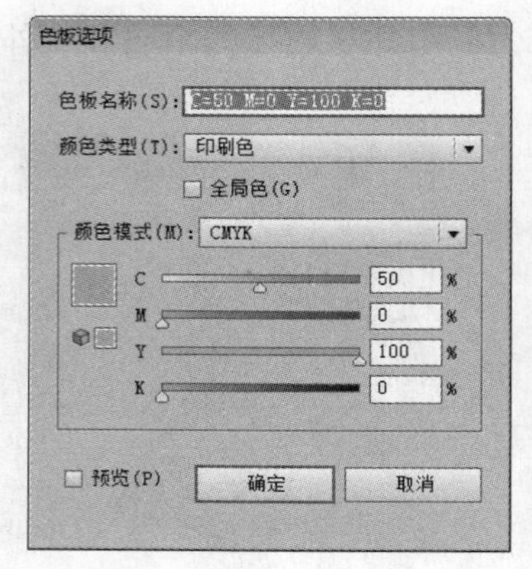

图 9－13

3. 为填充外观属性加入其他属性效果

默认状态下，在为对象添加不透明度和效果时，都是针对整个对象添加的，而实际上 Illustrator 允许针对对象的填充外观属性添加不透明度和效果，对对象的其他外观属性不产生影响，这样就使外观效果在应用上更加灵活多样。为填充外观属性加入其他属性效果的方法很简单，只要在“外观”面板中选中要加入效果的“填色”选项，然后应用需要的不透明度或效果即可。图 9－14 所示为只对“填色”添加和给对象整体添加其他属性的效果对比。

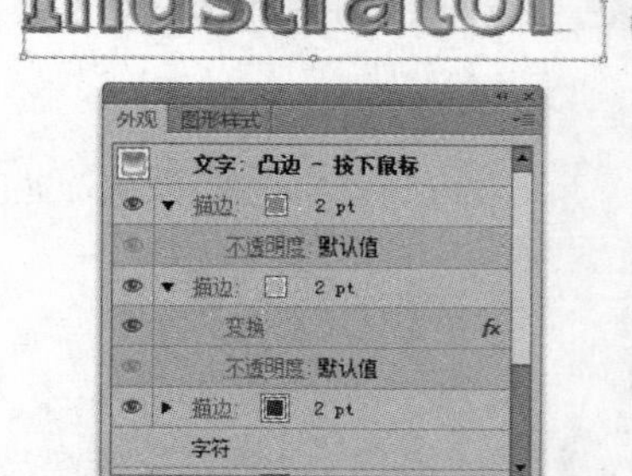

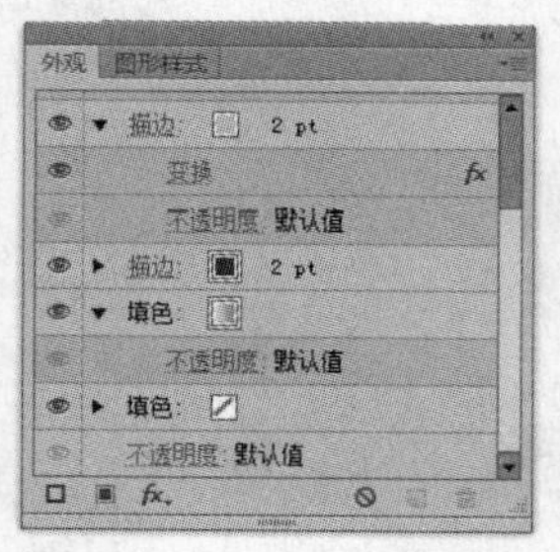

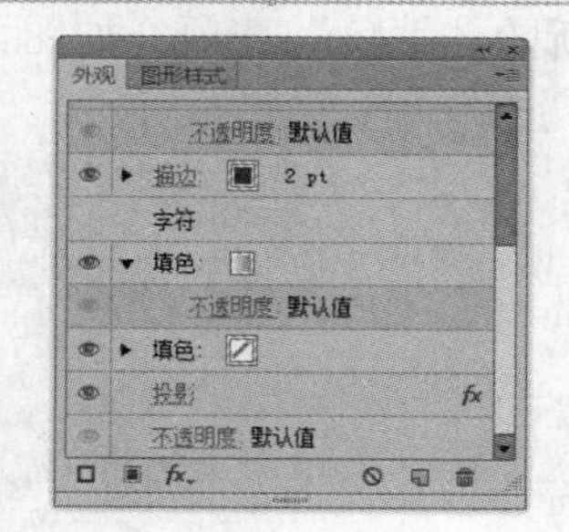

图 9－14

4. 多重填充外观属性

对象的填充和描边外观属性可以是多重的，也就是说可以为对象创建多个“填色”和“描边”选项，从而产生多个填充内容或描边叠加的效果。在“外观”面板菜单中选择“添加新填色”选项，可以添加多个填色选项，使用复制的方法也可以产生多个填色选项。图 9－15 所示为给选择的对象添加多个填色后的效果。

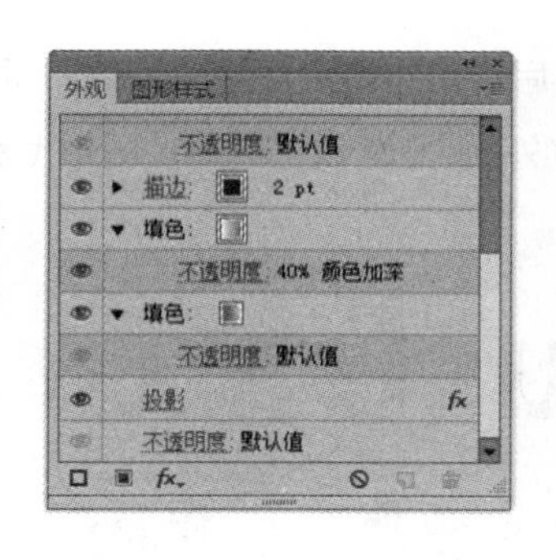

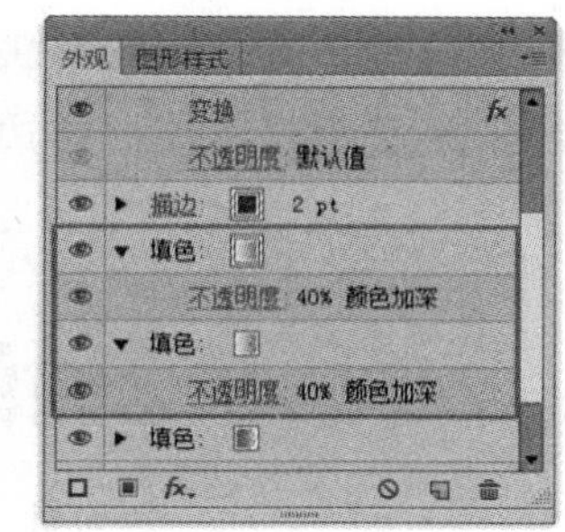

图 9－15

5. 复制填充外观属性

对象的外观属性除了可以直接创建外，还可以通过复制的方法产生。选中要复制的属性选项，然后单击“外观”面板中的“复制所选项目”按钮或在“外观”面板菜单中选择“复制项目”选项，都可以为选中的外观属性选项复制一个相同的选项，如图 9－15 所示。

9.2.3　描边外观属性

描边外观属性与填充外观属性类似，只要为对象添加了描边内容（颜色和画笔等），对象就会自动具有描边外观属性。对于编组对象和图层对象需要手动添加描边外观属性。下面介绍与描边外观属性相关的操作。

1. 新增描边外观属性

对于单独的对象，在设置好描边内容后，在“外观”面板中会自动增加一个“描边”属性选项，用于显示和控制对象的描边内容。对于编组对象和图层对象直接设置描边内容时，“外观”面板中不会增加“描边”属性选项。

在“外观”面板菜单中选择“添加新描边”选项，Illustrator 会为选择的对象增加一个“描边”选项，如图 9－16 所示。

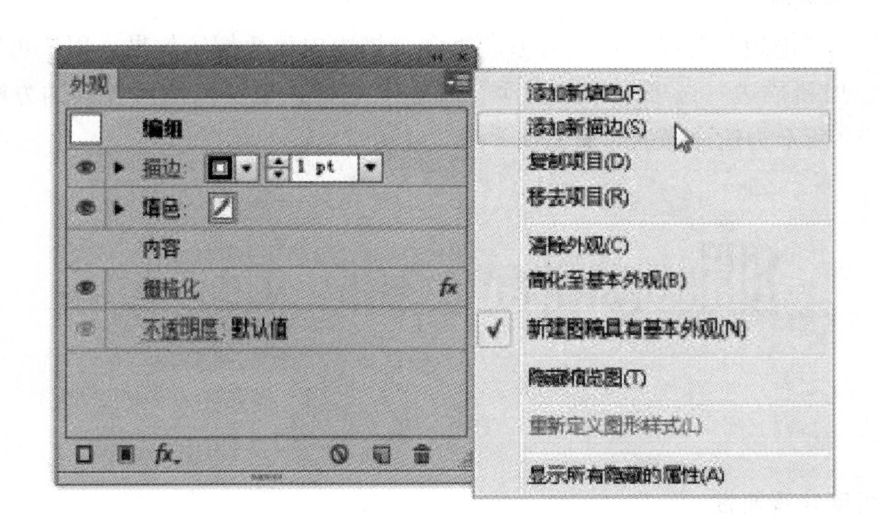

图 9－16

2. 编辑描边外观属性

为对象添加了描边外观属性后，可以直接在“外观”面板中双击对应图标，进入相应的面板或对话框中编辑或修改其属性。描边外观属性包括单色、虚线和画笔等，这些都可以被修改，如图 9－17 所示。

Illustrator
Illustrator

图 9－17

3. 为描边外观属性加入其他属性效果

可以针对对象的描边外观属性添加其他属性效果，添加后对对象的其他外观属性不产生影响。为描边外观属性加入其他属性效果的方法很简单，只要在“外观”面板中选中要加入效果的“描边”选项，然后应用需要的不透明度或效果即可。图 9－18 所示为只对“描边”选项添加和为对象整体添加其他属性的效果对比。

Illustrator
Illustrator
Illustrator

图 9－18

4. 多重描边外观属性

为对象创建多个“描边”选项，可使对象产生多个描边内容叠加的效果。用户可以在“外观”面板菜单中选择“添加新描边”选项来添加多个“描边”选项，也可以使用复制的方法产生多个“描边”选项。图 9－19 所示为给选择的对象添加多个“描边”后的效果。

Illustrator

图 9－19

9.2.4 不透明度外观属性

对象的不透明度外观属性包括不透明度和混合模式两项内容。可以通过“透明度”面板为选中的单独对象、编组对象或图层对象添加不透明度和混合模式外观属性，也可以添加给对象的“填色”或“描边”选项。默认情况下不透明度设置为100%，添加效果如图9－20所示。

图9－20

9.2.5　特性外观属性

在选择对象后，选择“效果”菜单中的某个命令，就会为选中的对象添加该效果的外观属性，同时在“外观”面板可以看到添加的该效果选项。

如果想编辑已应用给对象的效果外观属性，只要在“外观”面板中双击对应效果选项的图标，即可进入相应的效果对话框中重新编辑设置，如图9－21所示。

图9－21

9.2.6　外观属性的管理

在Illustrator CS6中可以根据需要在“外观”面板中方便地对各种外观属性进行管理。

1. 复制外观属性

使用“外观”面板可以将一个对象的外观属性复制到另一个对象上。选择具有外观效果的对象，在“外观”面板中单击缩略图图标，并将其拖动到需要添加外观属性的对象上，释放鼠标后，目标对象就会被应用选中对象的外观属性，如图9－22所示。

Adobe Photoshop

Adobe Photoshop

图9－22

2. 调整外观属性的顺序

如果要在“外观”面板中调整外观属性的顺序，可以先选中需要调整的属性选项，然后向上或向下拖动到所需位置，释放鼠标即可。

3. 新建图稿保持外观

当面板菜单中的“新建图稿具有基本外观”选项处于选择状态时，新创建的对象将会应用之前对象的描边和填色外观属性。如果该选项未处于选择状态，则新建的对象将继承之前对象的外观属性。图9－23所示为两种情况的效果比较。

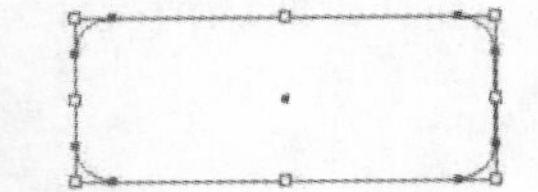

图 9－23

4. 清除外观

单击“清除外观”按钮或在面板菜单中选择“清除外观”选项，可以将选中对象的外观属性完全删除，使对象变成填色和描边都为“无”的状态。

5. 简化至基本外观

在面板菜单中选择“简化至基本外观”选项，可以将选择的对象的外观属性恢复为没有添加效果时的状态，对象只保留描边和填色属性，如图 9－24 所示。

图 9－24

6. 删除外观属性

单击“删除所选项目”按钮或在面板菜单中选择“移去项目”选项，可以删除选中的外观属性选项。

9.3 效果的使用

Illustrator CS6 摒弃了之前版本的软件中所区分的“滤镜”和“效果”两个菜单，而是将其合二为一，为 Illustrator 设计出属于自己的特效，并可以同时为矢量对象和位图对象进行各种特殊效果的处理，使设计过程更加自由、灵活，设计的作品更加美观、实用。本章将着重介绍“效果”菜单的使用方法和应用技巧。

9.3.1 运用在矢量图和位图中的效果

Illustrator CS6 中的效果功能可以应用于所有的矢量图和位图，它在使用方法上产生了更多的便利之处。本节将介绍“效果”菜单在应用给矢量图和位图时，在“外观”面板中所观察到的属性。

虽然在 Illustrator CS6 中效果的功能可以同时应用于位图和矢量图，但由于每个人不同的制作需要，会将矢量图形先转换为位图图像，进而继续制作。

选择矢量图形，选择“对象”→“栅格化”命令，将弹出“栅格化”对话框，如图 9－25 所示。

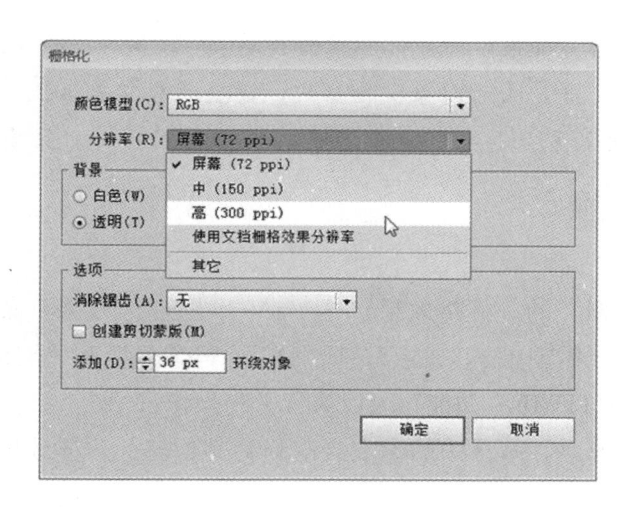

图 9－25

在该对话框中可以对转换后的位图进行参数设置，完成设置后单击“确定”按钮，即可将矢量图形转换为位图图像。“栅格化”对话框中各选项的功能如下。

①“颜色模型”：在该下拉列表中可以选择图像的颜色模式。原文件的颜色模式决定了可能被转换的其他模式类型。如果原文件是 RGB 颜色模式，那么选择的对象可以被转换为 RGB 颜色模式、灰度模式或位图模式。如果原文件为 CMYK 颜色模式，那么选择的对象可以被转换为 CMYK 颜色模式、灰度模式或者位图模式。

②“分辨率”：在该下拉列表中可以使用预置的分辨率或者自定义分辨率。可以设置图形栅格化后的分辨率为“屏幕”“中”“高”“其他”和“使用文档栅格效果分辨率”。选择的分辨率不同，其效果也不同。其中，选中“使用文档栅格效果分辨率”选项可以用来设置全局分辨率。

③“背景”：该选项组中可以设置转换为位图后，图像的背景色是白色还是透明。选中“白色”单选按钮是用白色填充图像中的透明区域，选中“透明”单选按钮可直接保留图形的透明属性。

④“消除锯齿”：设置该选项可以将所选图像的锯齿边缘外观修改得比较平滑柔顺。在其下拉列表中可以选择不同的消除锯齿方式。栅格化矢量对象时，若选择“无”选项，则不会应用消除锯齿效果，而线稿图在栅格化时也将保留其尖锐边缘；选择“优化图稿”选项，可应用适合无文字图稿的消除锯齿效果；选择“优化文字”选项，可应用适合文字的消除锯齿效果。

⑤“创建剪切蒙版”：选中此复选框可以为选择的对象创建一个背景显示为透明的蒙版，并且该蒙版和位图自动编组。如果在前面的“背景”选项组中选中了“透明”单选按钮，则不需要再创建剪切蒙版。

⑥“添加”：可设置栅格化后图像的边缘之外添加空白尺寸的大小。

选择“效果”→“栅格化”命令，也可以将选中的矢量图形转换成位图图像。两种方式的参数设置完全相同，唯一不同的是，利用“效果”→“栅格化”命令操作会产生对象外观属性，并可以在“外观”面板查看和修改；而使用“对象”→“栅格化”命令则会将对象永久性栅格化，不会产生外观属性，也不能反复修改。

无论使用哪种方式将对象"栅格化"后，如果在打印输出时发现丢失了某些细节或出现锯齿状边缘，而在屏幕上观看效果却很好，这都有可能是由于对象被栅格化时设置的分辨率太低，无法满足最终的打印输出要求。因此在使用"栅格化"命令时，一定要注意转换成位图后的对象要用在什么地方，从而根据实际情况来设置适合的分辨率。

1. 关于栅格效果

栅格效果是用来生成像素（非矢量数据）的。栅格效果包括"SVG 滤镜""效果"菜单下部区域的所有效果，以及"效果"→"风格化"子菜单中的"投影""内发光""外发光"和"羽化"效果。

Illustrator CS6 中的分辨率有独立效果（FME）功能，可以执行下列操作：

当文档栅格效果设置中的分辨率被更改时，效果中的参数会解释为其他值，这样效果外观的更改最小或无任何更改。

图 9－26 所示为文档栅格效果设置为 300ppi 的分辨率时"半调图案"的效果。当修改文档栅格效果将分辨率设置为 72ppi 时，"半调图案"效果中的参数也调整为相应的参数，如图 9－27 所示。对于有多个参数的效果，Illustrator 仅重新解释与文档栅格效果分辨率设置相关的参数。

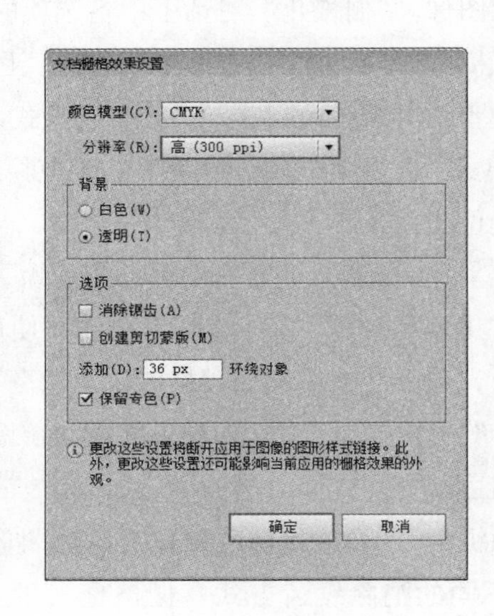

图 9－26

2. 栅格化选项

用户可以为一个文档中的所有栅格效果设置以下选项，栅格化矢量对象时也可以设置这些选项。选择"效果"→"文档栅格效果设置"命令，在弹出的对话框中可以设置文档的栅格化选项，如图 9－28 所示。

①"颜色模型"：用于确定在栅格化过程中所用的颜色模型。用户可以设置生成 RGB 或 CMYK 颜色模式的图像（这取决于文档的颜色模式）、灰度图像或位图（黑白位图或黑色和透明色，这取决于设置的"背景"）。

②"分辨率"：用于确定栅格化图像中的每英寸像素数（ppi）。栅格化矢量对象时，可以选择"使用文档栅格效果分辨率"来使用全局分辨率设置。

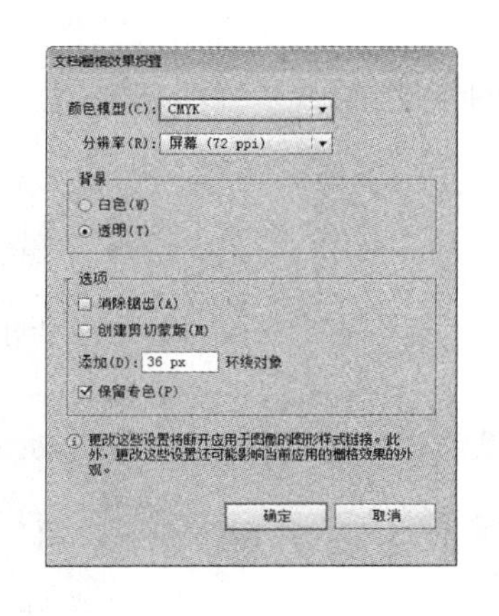

图 9－27

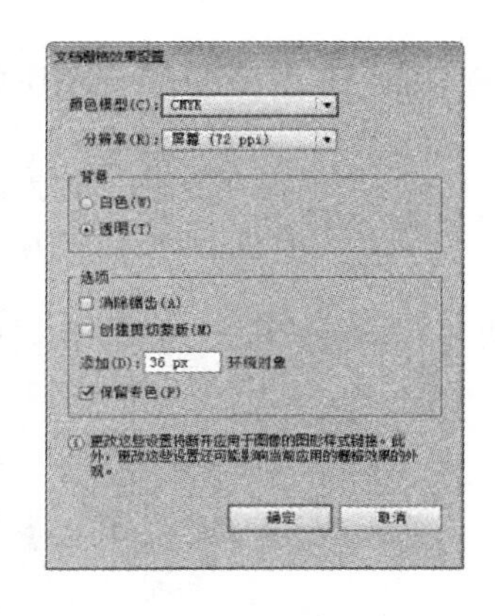

图 9－28

③“背景”：用于确定矢量图形的透明区域如何转换为像素。选中“白色”单选按钮可用白色像素填充透明区域，选中“透明”单选按钮可使背景透明。如果选中“透明”单选按钮，则创建一个 Alpha 通道（适用于除位图以外的所有图像）。如果图稿被导出到 Photoshop 中，则 Alpha 通道将被保留（该选项消除锯齿的效果要比“创建剪切蒙版”选项的效果好）。

④“消除锯齿”：用于消除锯齿效果以改善栅格化图像的锯齿边缘外观。设置文档的栅格化选项时，若取消选中此复选框，则保留细小线条和细小文本的尖锐边缘。

⑤“创建剪切蒙版”：创建一个使栅格化图像的背景显示为透明的蒙版。如果用户已为“背景”选择了“透明”，则不需要再创建剪切蒙版。

⑥“添加”：可以通过指定像素值为栅格化图像添加边缘填充或边框，结果图像的尺寸等于原始尺寸加上“添加”所设置的数值。例如，用户可以使用该设置创建快照效果，方法是为“添加”设置一个值，选中“白色”单选按钮，并取消选中“创建剪切蒙版”复选框，添加到原始对象上的白色边界成为图像上的可见边框。应用“投影”或“外发光”效果，也可以使原始图稿看起来像照片一样。

9.3.2　在“外观”面板中观察和调整图像效果

需要注意的是，升级之后的 Illustrator CS6 版本，当给矢量和位图对象应用效果时，会产生外观属性变化，在“外观”面板中可以查看和修改。图 9－29 所示分别为对矢量图形和位图执行“效果”→“像素化”→“点状化”命令后的“外观”面板和路径状态。

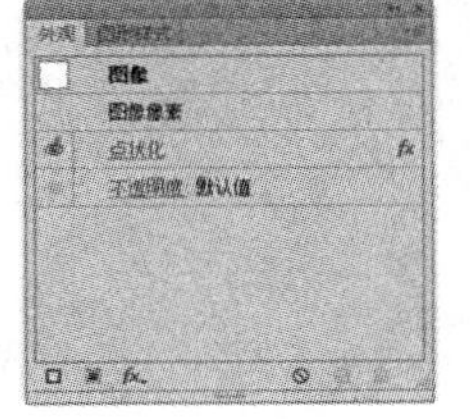

图 9－29

9.3.3 不同分辨率对图像效果制作的影响

在 Illustrator CS6 中对原矢量图形进行栅格化效果处理时，分辨率设置的不同将会影响画面制作的最终效果。图 9－30 所示为对矢量图形对象进行栅格化效果处理时，设置分辨率为 72ppi、150ppi 和 300ppi，选择“效果”→“纹理”→“龟裂缝”命令后，设置完全相同参数所得到的不同画面效果。

图 9－30

9.3.4 运用效果

通过使用“效果”菜单中的命令可以为选择的对象添加 3D、羽化和变形等效果，并且“效果”菜单中还提供了大量可以应用给位图和矢量图的滤镜特效，使用户拥有了更多的创意和设计空间。

1. 了解效果

“效果”菜单中拥有很多的命令，使用“效果”菜单产生的各种效果，不会直接修改对象本身，而是在对象上添加了一种外观属性，该属性会出现在“外观”面板中，并且可以进行反复修改，也可以随时删除，极大地方便了用户的操作。

2. 运用效果

为对象应用效果的方法很简单，只需先选中要应用效果的对象，然后在“效果”菜单中选择需要的效果命令，即可弹出对应的对话框并可在其中进行参数设置，设置好后单击“确定”按钮即可为选择的对象应用效果。

3. 重复使用过的效果

①“应用上一个效果”：选择该命令可以再次使用上一次应用过的效果，适合反复地应用某一个效果。每选择一次该命令，就相当于应用一次刚刚使用过的效果。该命令的快捷键为“Shift”+“Ctrl”+“E”。

②“上次所用效果”：选择该命令可以再次应用上一次应用过的效果命令，并弹出相应的效果对话框，可以重新设置选项和参数。该命令的快捷键为“Alt”+“Shift”+“Ctrl”+“E”。

9.3.5　制作简单的 3D 效果

使用 3D 特效可以将简单的 2D 图像表现为 3D 外观效果。可以利用“3D”命令制作出立体效果文字和立体模型等内容，通过设置高光、阴影、旋转及其他属性还可以更加精确地控制 3D 对象的外观。最重要的是还可以将材质纹理图像贴到 3D 对象中的每一个表面上，从而产生更加逼真的立体效果。在“3D”子菜单中包含了“凸出和斜角”“绕转”和“旋转”3 种产生 3D 效果的命令。

1. “凸出和斜角”效果

“凸出和斜角”是按照图像的外观将对象立体地拉伸并添加斜切的 3D 效果。选中一个二维对象，然后选择“效果”→“3D”→“凸出和斜角”命令，弹出“3D 凸出和斜角选项”对话框，如图 9－31 所示。在该对话框中可以设置具体的参数，单击“确定”按钮即可将选中的对象变成 3D 外观效果，如图 9－32 所示。单击“更多选项”按钮，可以显示更多的选项。

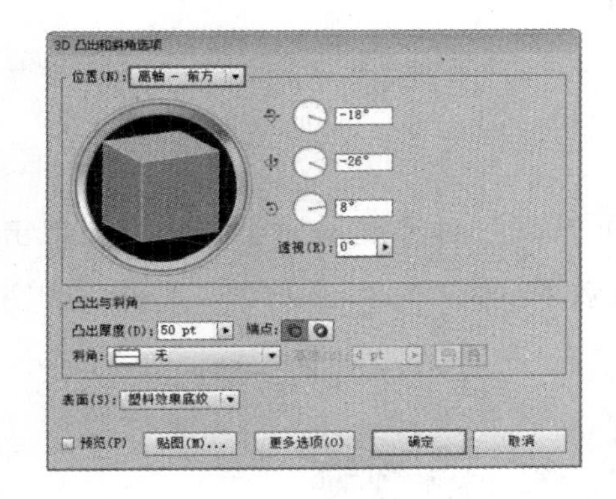

图 9－31

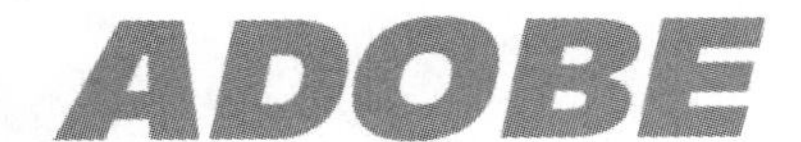

图 9－32

“3D 凸出和斜角选项”对话框中各选项的功能如下。

（1）“位置”：该下拉列表用来设置选择的对象如何旋转以及观看选择的对象的透视角度。若选择“自定旋转”选项，就需要在模拟窗口中拖动模拟的立方体表面或者直接在 X 轴（水平）、Y 轴（垂直）或 Z 轴（深度）右侧的文本框中输入 -180°～180°的旋转角度数值。在模拟窗口中对象的前表面用蓝色表现，对象的上表面和下表面为浅灰色，两侧为中灰色，后表面为深灰色。

“透视”用于设置对象的透视关系，在其组合框中可以输入 0～160 的数值，或者单击右侧的三角箭头，在数值条上拖动滑块进行设置。当透视角度较小时会产生类似长焦镜头的效果，当角度较大时则会产生类似广角镜头的效果；并且当透视角度设置大于 150°时，会使对象延伸超出视觉点，并呈现出扭曲状态的视觉效果。图 9－33 所示为不同透视角度产生的 3D 外观效果。

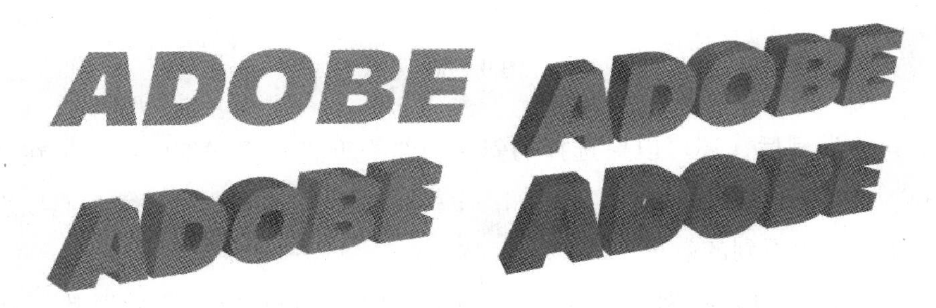

图 9－33

（2）“凸出与斜角”：该选项组用来确定对象的拉伸深度，以及给对象添加或从对象上剪切任意斜角来进行延伸的设置。

“凸出厚度”用来控制对象拉伸的大小，其参数值为 0～2000pt，也可以单击右侧的三角箭头，在数值条上拖动滑块进行参数的设置。图 9－34 所示为设置不同“凸出厚度”值产生的 3D 外观效果对比。

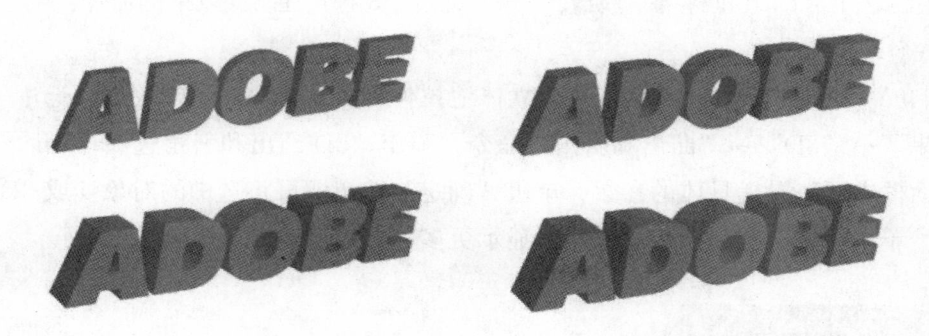

图 9－34

单击“端点”右侧的“开启端点以建立实心外观”按钮，可以设置对象显示为实心外观。单击“关闭端点以建立空心外观”按钮，可以设置对象显示为空心外观效果。图 9－35 所示为实心外观和空心外观的效果对比。

图 9－35

“斜角”用来设置沿对象的深度轴（即 Z 轴）来应用所选类型的斜角边缘效果。在该下拉列表中共有 10 种斜角边缘类型可供选择，如果选择“无”选项，则不产生任何斜角效果。图 9－36 所示为应用不同斜角边缘类型的效果对比。

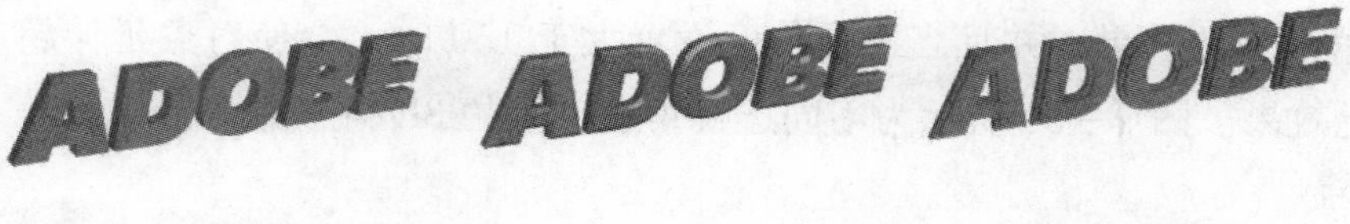

ADOBE ADOBE ADOBE

图 9－36

为对象应用了斜角类型后，还可以对选择的斜角边缘类型进行更详细的设置。在“高度”组合框中可以设置 1～100pt 的斜角高度数值，其效果如图 9－37 所示。如果对象的斜角高度太大，则可能导致对象自身相交，产生意想不到的效果。

单击“斜角外扩”按钮可以将斜角以向外扩展的方式添加到对象的原始形状上。单击“斜角内缩”按钮则是从对象的原始形状上裁切出斜角。其设置效果如图 9－38 所示。

图 9 - 37

图 9 - 38

（3）“表面”：该选项组用于为对象创建各种表面效果，从黯淡、不加底纹的不光滑表面到平滑、光亮、看起来类似塑料的表面效果等。默认的“表面”类型为“塑料效果底纹”。选择不同的“表面”类型，其生成的 3D 效果会有所不同。在单击“更多选项”按钮后，系统会显示“表面”选项组的详细内容如图 9 - 39 所示。

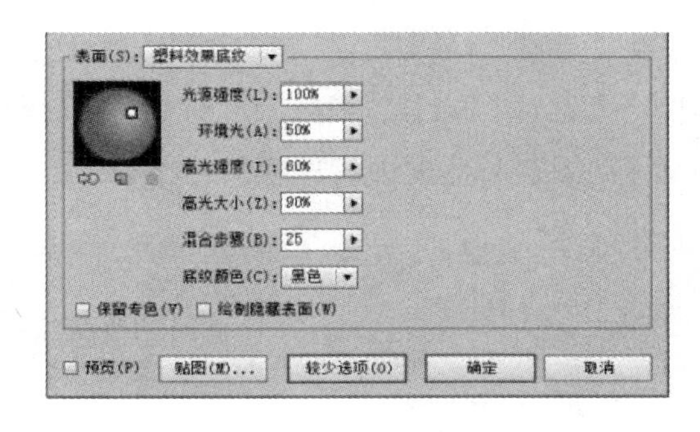

图 9 - 39

“光源强度”可以设置 0～100%的数值来控制光源的强度。

“环境光”用于控制全局的光，可以在其后的组合框中输入数值或在数值条上拖动滑块进行设置，数值的变化将统一改变所有对象的表面亮度。数值越大，物体表面越明亮。

“高光强度”用来控制对象反射光线的多少，参数范围为 0～100%。数值越低，对象表面越暗淡；数值越高，对象表面越光亮。

“高光大小”用来设置对象上高光区域的范围大小，数值范围为 0～100%。

“混合步骤”用来控制对象表面所表现出来的底纹的平滑程度。数值范围为 1～256，数值越大，所产生的底纹越平滑。

“底纹颜色”下拉列表中有“无”“黑色”和“自定”3 个选项可供选择。默认状态下设置为“黑色”。如果选择“自定”选项，则在选项的右侧将出现一个颜色块，单击这个颜色块可以在弹出的“拾色器”对话框中设置需要的颜色。如果选择“无”选项，则不为底纹添加任何颜色，生成的 3D 效果中将没有底纹颜色。

选中“保留专色”复选框，可以保留对象中的专色。如果在“底纹颜色”下拉列表中选择了“自定”选项，就无法保留专色。

选中“绘制隐藏表面”复选框可以显示对象隐藏的背面。当对象处于透明状态或将对象展开时，就能看到对象的背面。

通过对话框中的“光照球”可以调整光源的位置和数量。“光源的位置”可以通过拖动球体上的所需位置进行设置。

单击“将所选光源移到对象后面”按钮可以将所选光源移到对象后面。单击一次后，该按钮将变成“将所选光源移到对象前面”按钮，再次单击此按钮就可以将所选光源移到对象前面。

单击“新建光源”按钮可以添加一个光源。默认情况下，新建的光源出现在球体正前方的中心位置，如图 9－40 所示。

图 9－40

单击“删除光源”按钮可以删除选中的光源。

（4）“贴图”：单击该按钮将弹出“贴图”对话框，如图 9－41 所示。在该对话框中可以为对象的不同部分设置要贴到其表面上的图稿，然后单击“确定”按钮就可以将图稿贴到对象上，如图 9－41 所示。“贴图”对话框中各选项的功能如下。

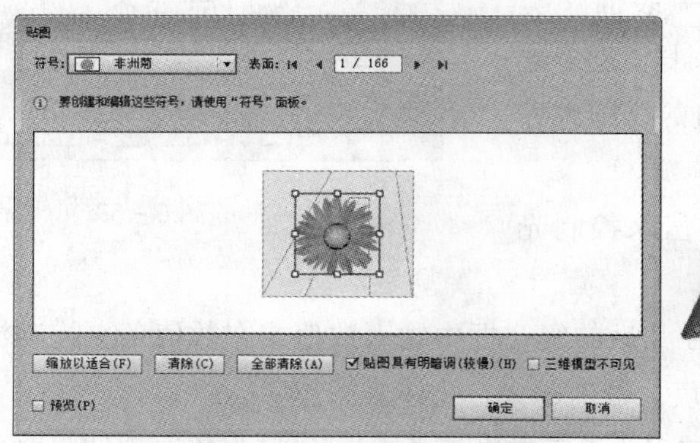

图 9－41

①“符号”：该下拉列表用于设置贴到对象表面上的图稿内容，该下拉列表中的内容与当前“符号”面板中的内容相同。如果想设置某符号内容，需要先将其载入到“符号”面板中，这样该符号才能在“贴图”对话框中出现。

②“表面”：用于选择对象中不同的部分。单击该选项后的第一个表面按钮、上一个表面“按钮”“下一个表面”按钮和“最后一个表面”按钮或在文本框中输入某个表面的编号，就可以选择要进行贴图的对象表面，并且在预览区中会以浅灰色线稿表示目前可见的表面内容。若线为深灰色，表示被对象当前位置隐藏的表面。当用户在对话框中选中了一个表面后，文档中对象的对应表面会以红色轮廓显示，如图 9－41 所示。

为表面设置了符号后，如果想改变符号的位置，只需将鼠标指针放在定界框内部，然后拖动即可。还可以拖动定界框对符号进行缩放和旋转。

③“缩放以适合”：单击该按钮可以将所选表面上的符号图稿缩放到适合所选表面的边界。

④“清除”：单击该按钮可以将所选表面上的符号图稿删除，与“符号”下拉列表中选择“无”选

项的效果相同。

⑤“全部清除”：单击该按钮可以将 3D 对象表面上的所有贴图都删掉。

⑥“贴图具有明暗调（较慢）”：选中此复选框可以为所贴图稿添加底纹或应用对象的光照，以产生明暗变化效果。

⑦“三维模型不可见”：选中此复选框就会显示所贴图稿而不显示 3D 对象的几何形状。

2. “绕转”效果

为对象应用 3D“绕转”效果会使对象围绕其自身的绕转轴绕转，从而产生立体的外观效果。如果是多个对象同时应用“绕转”效果，则每个对象都会围绕自身的绕转轴绕转，不会与其他的 3D 对象发生交叉。如果是编组或图层应用“绕转”效果，会使选择的对象围绕一个单一轴进行绕转。当要绕转的路径带有描边填充时，会增加系统的操作时间，相比没有路径描边的情况，速度会变慢。

选中一个二维对象，然后选择“效果”→“3D”→“绕转”命令，弹出“3D 绕转选项”对话框。在对话框中设置具体的参数选项，然后单击“确定”按钮即可将选中的对象变成 3D 外观效果，如图 9 – 42a 所示。“3D 绕转选项”对话框中各选项的功能与“3D 凸出和斜角选项”对话框中各选项的功能基本相同，这里对不同的部分进行介绍，如图 9 – 42b 所示，其他部分可参照前面内容进行设置。

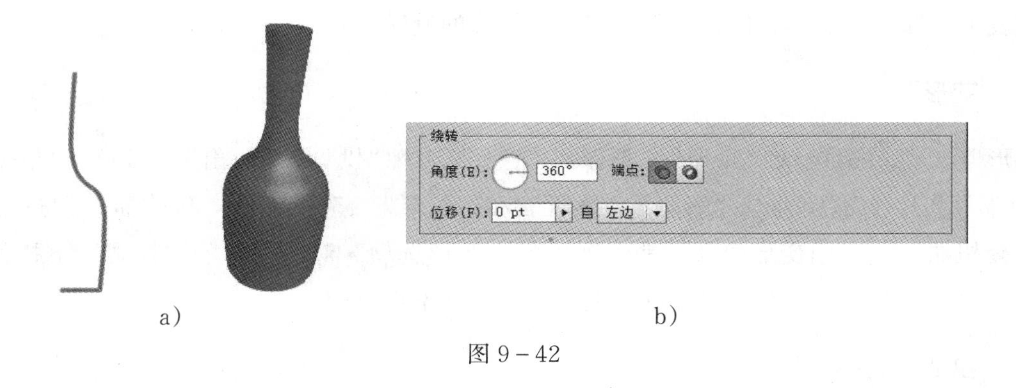

a)　　　　b)

图 9 – 42

“角度”用来设置路径绕转的度数。参数值为 0°～360°，不同的角度会产生不同的绕转效果。

“位移”设置绕转轴与路径之间的距离，参数值为 0～1000pt。图 9 – 43 所示为设置不同“位移”数值的绕转效果。

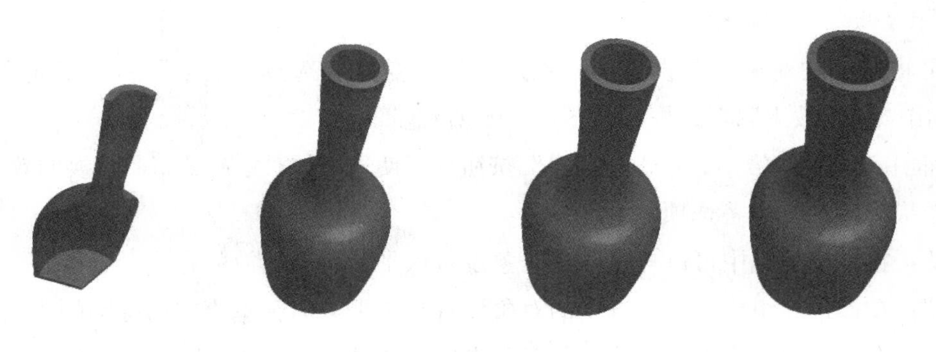

图 9 – 43

在“位移”组合框右侧有一个选项用来设置以对象的哪个边界为轴绕转，分别为自“左边”和自“右边”。图 9 – 44 所示为设置自“左边”和自“右边”的效果对比。

3. “旋转”效果

“旋转”功能可以将图像以多种角度进行旋转。

选中一个二维对象，然后选择“效果”→“3D”→“旋转”命令，弹出“3D旋转选项”对话框。在对话框中设置具体的参数，然后单击“确定”按钮即可将选中的对象变为3D外观效果，如图9－45所示。

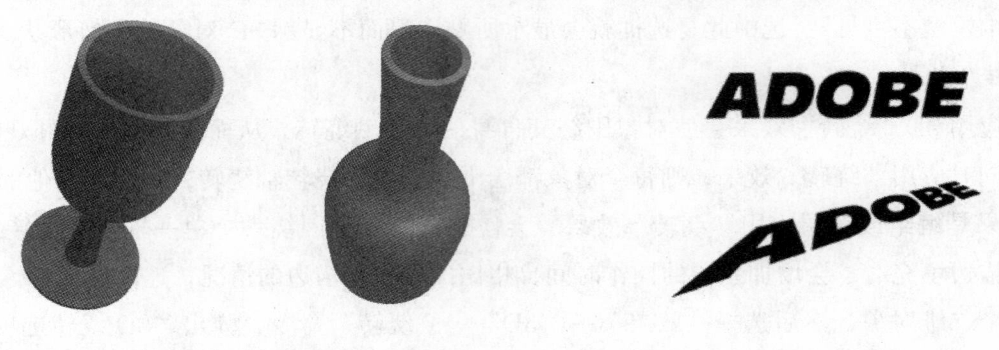

图9－44　　图9－45

“3D旋转选项”对话框中的参数选项相对于“3D凸出和斜角选项”对话框中的参数选项较少，用户可以在对话框中直接输入数值或者在模拟窗口中直接利用鼠标调整图像就可以实现旋转。在“位置”下拉列表中选择预设的旋转位置也可以实现对图像的旋转。

9.3.6 “变形”效果

在“变形”子菜单中包括“弧形”“下弧形”“上弧形”“拱形”“凸出”“凹壳”“凸壳”“旗形”“波形”“鱼形”“上升”“鱼眼”“膨胀”“挤压”和“扭转”15种效果，与前面介绍过的选择“对象”→“封套扭曲”→“用变形建立”命令弹出的“变形选项”对话框中的“样式”下拉列表中的效果完全相同，用户可以参照这部分内容进行设置，这里就不再介绍了。

9.3.7 “扭曲和变换”效果

“扭曲和变换”子菜单中共包含7种变换效果，分别是“变换”“扭拧”“扭转”“收缩和膨胀”“波纹效果”“粗糙化”和“自由扭曲”。通过这些效果命令可以为对象创建各种扭曲效果，用户可以根据需要选择不同的效果。

1. “变换”效果

“变换”可将选择的对象按照设置的参数进行扭曲变换。选择“效果”→“扭曲和变换”→“变换”命令，弹出“变换效果”对话框，如图9－46所示。

在该对话框中设置好参数后，单击“确定”按钮即可使选中的对象产生扭曲变换的效果，如图9－47所示。“变换效果”对话框中各选项的功能如下。

①“缩放”：在该选项组中可以对选中的对象设置水平和垂直缩放的程度。

②“移动”：在该选项组中可以对选中的对象设置在水平方向和垂直方向移动的距离。

③“旋转”：在该选项组中可以对选中的对象设置旋转的角度。

④“副本”：在该文本框中可以输入数值，用于控制“变换”对象时会产生多少个副本来表现变换扭曲的过程。

⑤“预览”：选中此复选框可以边修改参数边在页面中预览修改后的效果。

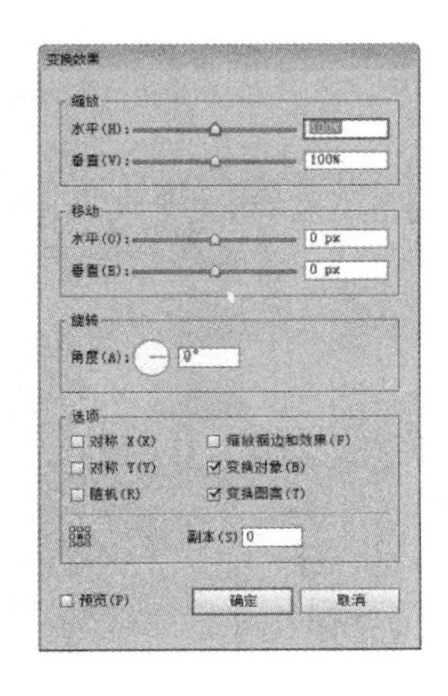

图 9－46

图 9－47

2. “扭拧”效果

“扭拧”可将选择的对象按照设置的参数进行扭曲变形。选择“效果”→“扭曲和变换”→“扭曲”命令，弹出“扭曲”对话框。在该对话框中设置好参数后，单击“确定”按钮会使选中的对象产生随机向内或向外扭曲的效果，如图 9－48 所示。“扭拧”对话框中各选项的功能如下。

①“数量”：该选项组中的“水平”和“垂直”文本框用于设置选择的对象在水平和垂直方向上进行扭拧变形的位移大小。“相对”和“绝对”单选按钮用于设置选择的对象在垂直和水平方向上产生的扭曲效果是使用“绝对”方式还是“相对”方式。

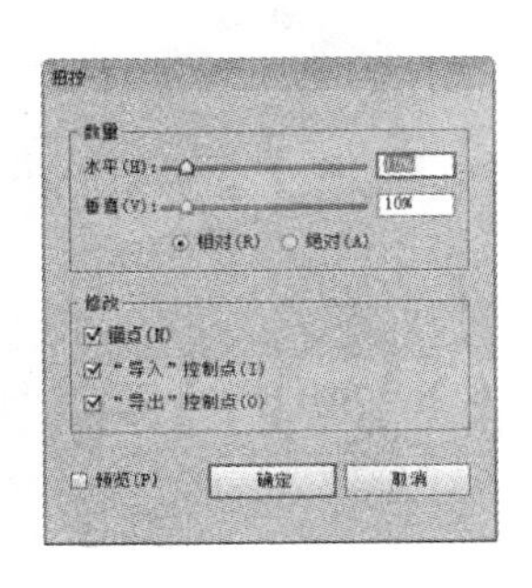

图 9－48

②“修改”：该选项组用于设置在对选择的对象进行扭曲变形时可以修改的对象属性。其中选中“锚点”复选框是指将选择的对象上的锚点进行移动扭曲变形；选中“‘导入’控制点”复选框则是将选择的对象上的控制点向路径上的锚点移动；若选中“‘导出’控制点”复选框则将选择的对象上的控制点向路径上的锚点外移动。

3. “扭转”效果

“扭转”可以将选择的对象进行顺时针或者逆时针扭曲变形，是一种类似于 Photoshop 中的旋转扭曲滤镜效果的变形处理。选择“效果”→“扭曲和变换”→“扭转”命令，弹出“扭转”对话框。在该对话框中设置对象需要旋转扭曲的“角度”，就可以得到以所选对象的几何中心点为基准点，中心部分比外部边缘部分扭转得明显的图像效果，如图 9－49 所示。

图 9－49

4. “收缩和膨胀”效果

“收缩和膨胀”可以使选择的对象以其锚点为编辑点，产生向内凹陷或者向外膨胀变形的效果。选择“效果”→“扭曲和变换”→“收缩和膨胀”命令，弹出“收缩和膨胀”对话框。在对话框中设置正值为膨胀效果，设置负值为收缩效果，如图 9－50 所示。

图 9－50

5. “波纹效果”

“波纹效果”是将选择对象的路径变换为同样大小的尖峰和凹谷，从而形成带有锅齿和波形的图像效果。在应用该效果后，系统会自动在选择的对象上添加一些锚点，使其产生上下位移，形成波纹效果。选择“效果”→“扭曲和变换”→“波纹效果”命令，弹出“波纹效果”对话框。在该对话框中设置好参数选项后，单击“确定”按钮即可使选中的对象产生波纹扭曲效果，如图 9－51 所示。

图 9－51

“波纹效果”对话框中各选项的功能如下。

①“选项”：在该选项组中可以选择以“绝对”或“相对”方式来设置波形效果中尖峰与凹谷之间的长度“大小”，通过“每段的隆起数”可以设置每条路径线段上的隆起数量。

②“点”：该选项组用于设置新增加的锚点以“平滑”或“尖锐”模式来产生波形或者锯齿的效果。

6. “粗糙化”效果

“粗糙化”是将选择的对象的外形进行不规则的变形处理，一般用于将矢量对象的路径线段变形为各种大小的尖峰和凹谷的锯齿效果。选择“效果”→“扭曲和变换”→“粗糙化”命令，弹出“粗糙化”对话框。在该对话框中设置好参数选项后，单击“确定”按钮即可使选中的对象产生粗糙化变形效果，如图9－52所示。“粗糙化”对话框中各选项的功能与“波纹效果”对话框中各选项的功能基本相同，其中“细节”文本框可以控制产生锯齿的数量。

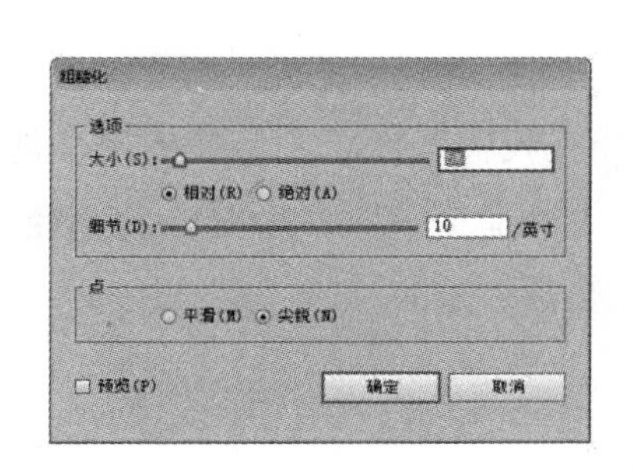

图9－52

7. “自由扭曲”效果

在选中对象后，选择“效果”→“扭曲和变换”→“自由扭曲”命令，将弹出“自由扭曲”对话框。在对话框中可以通过拖动4个角落的控制点来改变矢量对象的形状，从而产生想要的扭曲变形效果。如果选择对象的控制点没有显示在对象的四周，可以单击对话框中的“重置”按钮，控制点会恢复到默认的位置。自由扭曲效果如图9－53所示。

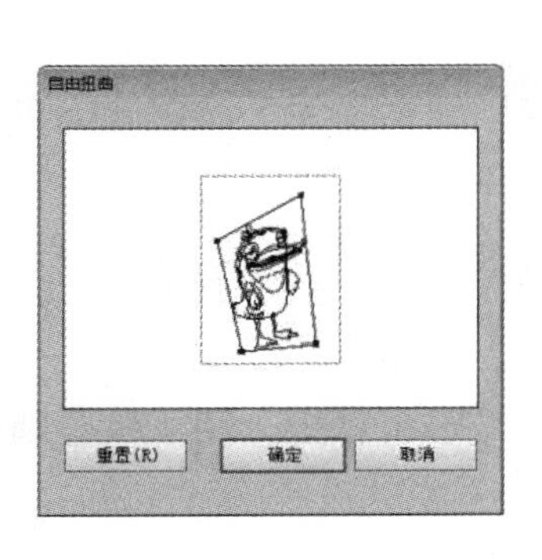

图9－53

9.3.8 “栅格化”效果

“栅格化”命令是将矢量图形转换成位图效果，与选择“对象”→“栅格化”命令产生的效果完全相同。但实际上该命令并不是将矢量图形转换成位图，而是将对象应用了类似“转换成位图”的一种外观效果。

9.3.9 “路径”效果

“路径”子菜单中包括“位移路径”“轮廓化对象”和“轮廓化描边”命令，其中“轮廓化描边”命令的效果与选择“对象”→“路径”→“轮廓化描边”命令的效果相同，而“位移路径”命令的效果则与选择“对象”→“路径”→“偏移路径”命令的效果相同。关于这两个命令的效果和对话框参数这里不再介绍，可以参照“对象”→“路径”子菜单中的内容进行设置。

“轮廓化对象”与“轮廓化描边”命令产生的效果相似，可以使选中的对象产生轮廓效果。

9.3.10 “路径查找器”效果

“路径查找器”子菜单中各命令的功能与前面介绍过的“路径查找器”面板中各按钮的功能相同，用户可以将选中的多个对象编组后，选择“路径查找器”子菜单中的命令即可产生对应的路径编辑效果。用户可以自行设置以实现不同的操作效果，这里不再重复介绍。

9.3.11 “转换为形状”效果

“转换为形状”子菜单中的命令可以将选择的对象转换成矩形、圆角矩形或椭圆形，转换时只是将对象的外观转换成矩形、圆角矩形或椭圆形，而对象本身的路径形状不会发生改变。

图 9-54

选择要转换的对象，选择“效果”→“转换为形状”→“矩形”命令，弹出“形状选项”对话框，如图 9-54 所示。在对话框中进行参数设置，完成后单击“确定”按钮即可将对象转换成需要的形状。

“形状选项”对话框中各选项的功能如下。

①“形状”：该下拉列表中包括矩形、圆角矩形、椭圆 3 种形状可供选择。

②“绝对”：该选项组在与图像大小无关的情况下可以调整形状的大小。

③“相对”：该选项组可以以图像的大小为基准来调整需要扩大图形的宽度和高度。

④“圆角半径”：当“形状”下拉列表中选择“圆角矩形”时，该选项可用，用于调整圆角矩形的圆角程度。

9.3.12 “风格化”效果

使用“风格化”子菜单中的命令可以为对象添加发光、羽化和投影等特效。

1. “内发光”效果

“内发光”可以让选择的图形内部产生光晕的效果。选择“效果”→“风格化”→“内发光”命令，弹出“内发光”对话框。在对话框中进行参数设置，完成后单击“确定”按钮即可为对象添加各种内发光效果，如图 9－55 所示。

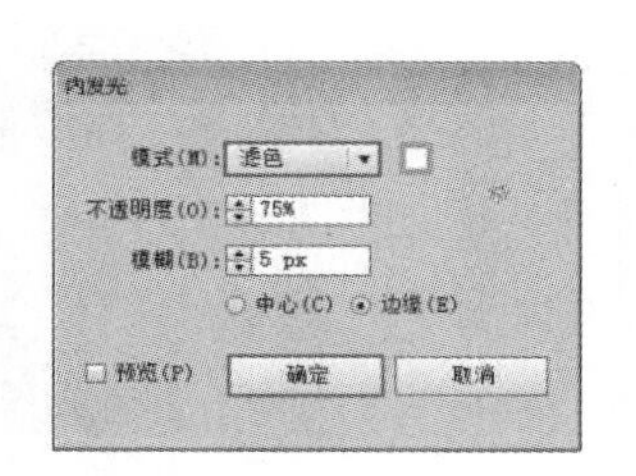

图 9－55

“内发光”对话框中各选项的功能如下。

①“模式”：用于设置内发光效果与选择对象的混合模式，在该下拉列表中可以选择不同的混合模式。单击右侧的颜色块，可以在弹出的“拾色器”对话框中设置要作为发光的颜色。设置发光颜色和混合模式时需要注意搭配，同一种颜色在不同的模式下会产生不一样的效果。默认情况下发光颜色是白色，混合模式为“滤色”。

②“不透明度”：用于设置发光颜色的不透明度，数值越大，发光效果越明显。用户可根据需要进行调整，从而设置出不同程度的发光效果。

③“模糊”：用于设置模糊处理的位置与对象中心或选区边缘的距离，设置“模糊”的数值可以调整发光效果的模糊程度。

④“中心”：选中该单选按钮会产生从对象中心向外发散的发光效果。

⑤“边缘”：选中该单选按钮会产生从对象边缘向内部发散的发光效果。

图 9－56 所示为分别选中“中心”和“边缘”单选按钮时的效果对比。

图 9－56

2. “圆角”效果

“圆角”可以通过在路径上添加锚点以及将对象中的控制点转换为平滑点的方式，将对象变成具有平滑曲线效果的路径，比较适合用于修正不平滑的曲线，如图 9－57a 所示。选择“效果”→“风格化”→“圆角”命令，弹出“圆角”对话框，如图 9－57b 所示。在该对话框中通过设置“半径”的数值，可以确定选择的对象的圆角程度。

3. “外发光” 效果

“外发光”可以让选择的对象的外部产生光晕效果，从而增加对象的质感。选择“效果”→“风格化”→“外发光”命令，弹出“外发光”对话框。该对话框中各选项与“内发光”对话框中的选项类似，只是没有发光位置的选项。图 9－58 所示为对象的“外发光”效果。

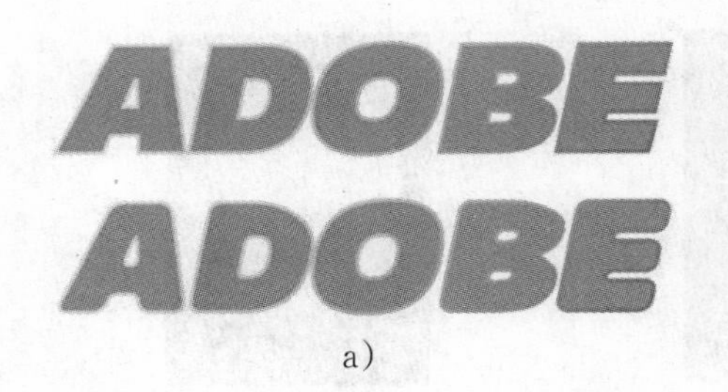

a）

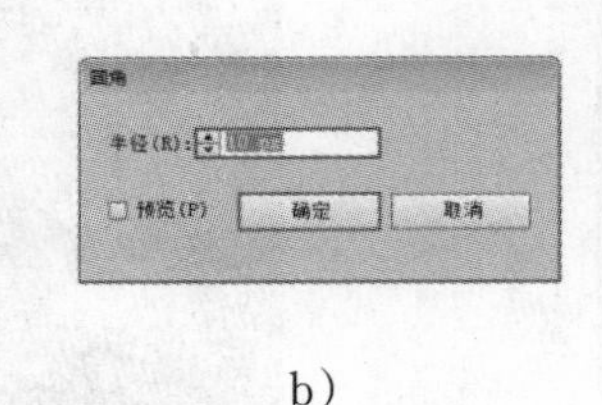

b）

图 9－57

图 9－58

4. 投影

“投影”是为选择的对象添加上投影，使对象产生立体阴影效果。选中要添加投影效果的对象，然后选择“效果”→“风格化”→“投影”命令，弹出“投影”对话框。在该对话框中设置阴影的各项参数，单击“确定”按钮即可为选中的对象添加各种阴影效果，如图 9－59 所示。

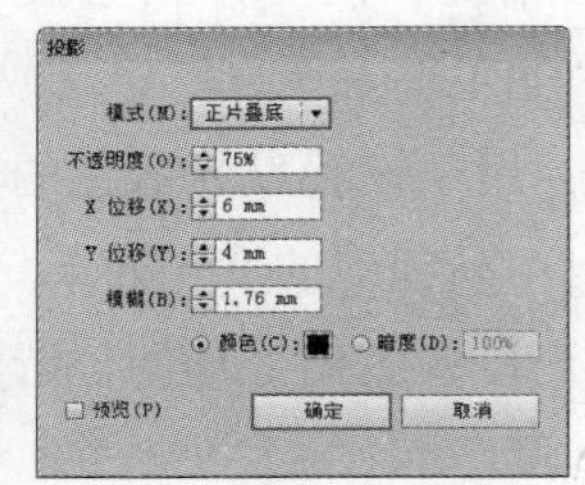

图 9－59

“投影”对话框中各选项的功能如下。

①“模式”：用于设置阴影与对象之间的混合模式。

②“不透明度”：用于设置添加的投影的不透明度。

③“X 位移”：用于设置投影与选择的对象之间在 X 轴上的移动距离。数值越大，投影离选择的对象的距离也就越远。

④“Y 位移”：用于设置投影与选择的对象之间在 Y 轴上的移动距离。数值越小，投影离选择的对象的距离也就越近。

⑤“模糊”：用于设置投影的模糊程度。

⑥“颜色”：用于设置投影的颜色，单击选项旁边的色块可以自定义投影的颜色。

⑦“暗度”：选中此单选按钮，投影颜色则由对象颜色变暗的百分比来决定。

5. “涂抹” 效果

“涂抹”可以使选择的对象产生看上去像手绘素描的效果。选择“效果”→“风格化”→“涂抹”命令，弹出“涂抹选项”对话框。在该对话框中设置涂抹的各项参数后，单击“确定”按钮即可为选中的对象添加“涂抹”效果，如图 9－60 所示。

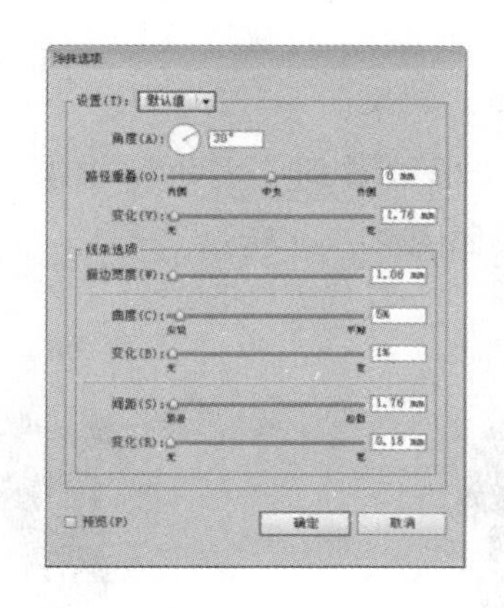

图 9－60

“涂抹选项”对话框中各选项的功能如下。

① “设置”：在该下拉列表中可以选择一种预设的涂抹方式，这些预设方式可以产生不同手法的绘画效果。用户可以选择某种预设的涂抹方式，然后在其对应的选项中进行设置，从而制作出更多的绘画效果。图 9－61 所示为设置不同预设方式时产生的涂抹效果。

图 9－61

② “角度”：用于控制涂抹线条的方向。在其角度图标上的任意位置单击或在文本框中输入数值即可调整角度值。图 9－62 所示为设置不同角度值的图像效果对比。

图 9－62

③ “路径重叠”：用于控制涂抹线条从路径边界到路径边缘的距离。当数值为负值时，涂抹线条将被控制在路径边缘内部；当数值为正值时，则将涂抹线条延伸至路径边缘的外部。

④ “变化”：用于以设定好的路径长度为基础，设置对象内部线条排列的规则性。

⑤ “描边宽度”：用于设置涂抹的线条宽度。

⑥ “曲度”：用于设置涂抹线条的弯曲程度。其下面的“变化”文本框是用来控制曲线和直线相对曲度差异情况的。

⑦ “间距”：用于设置涂抹线条之间的距离。其下面的“变化”文本框是用来调整涂抹线条之间的距离变化量的。

6. “羽化”效果

“羽化”可以使对象边缘产生虚化半透明的效果。选择“效果”→“风格化”→“羽化”命令，弹出“羽化”对话框。设置“半径”后，选中“预览”复选框可看到“羽化”效果，满意后单击“确定”按钮即可。其中，“半径”值越大，虚化效果越强烈，如图 9-63 所示。

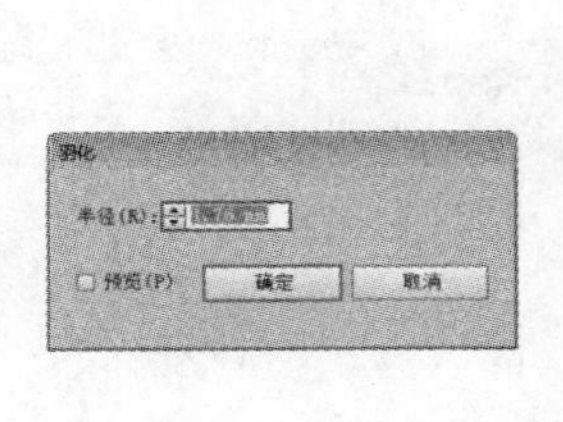

图 9-63

9.3.13 “像素化”效果

“像素化”子菜单中的命令主要用来调整图像中像素的颜色模式和排列方式等属性，以产生明确的轮廓或者某些特殊的视觉效果。

1. “彩色半调”效果

“彩色半调”是将图像进行色彩半调处理，即在图像的每个通道上使用放大的半调网屏，并将图像划分为许多矩形，然后再用与矩形的亮度成比例的圆形替换矩形，最终形成网点的图像效果。选择“效果”→“像素化”→“彩色半调”命令，弹出“彩色半调”对话框，如图 9-64 所示。

对话框中各选项的功能如下。

①“最大半径”：在此文本框中输入数值可控制产生的颜色半调网点的半径大小。

②“网角（度）”：可以设置 4 个不同通道的角度，其通道的使用数量与当前选择对象的颜色模式相关。在“灰度”颜色模式下只有一个通道可以使用。

图 9-65 所示为选择“彩色半调”命令前后图像的效果对比。

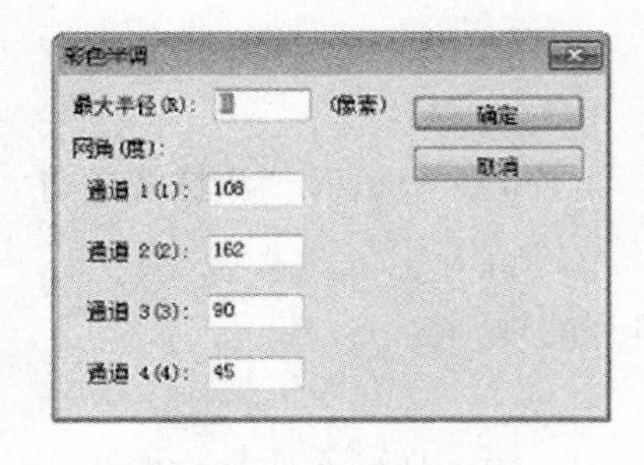

图 9-64

图 9-65

2. “晶格化”效果

“晶格化”是将图像上相同像素的颜色集结成纯色的多边形，从而产生类似于多边形晶体的视觉效果。选择“效果”→“像素化”→“晶格化”命令，弹出“晶格化”对话框，其中“单元格大小”文本框用于设置图像结成的多边形的大小。

图像的晶格化效果如图 9－66 所示。

图 9－66

3. “点状化”效果

“点状化”是将图像中的颜色分解为随机分布的颜色点，产生类似于用点与点组成的图像效果。选择“效果”→“像素化”→“点状化”命令，弹出“点状化”对话框，如图 9－67 所示。

其中“单元格大小”文本框用于设置产生颜色点的大小。

图像“点状化”的效果如图 9－68 所示。

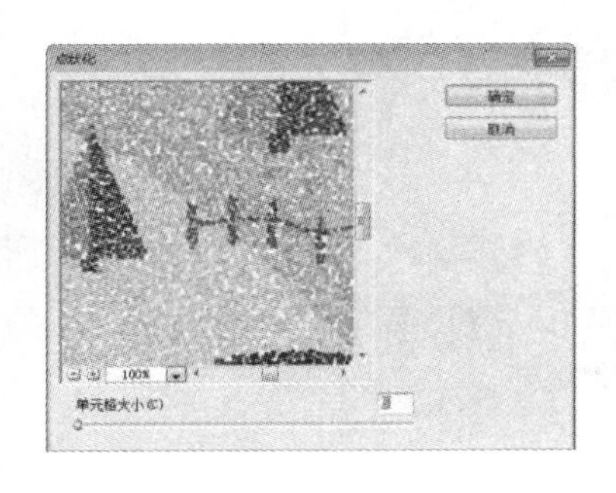

图 9－67

图 9－68

4. “铜版雕刻”效果

“铜版雕刻”是将图像随机转换为由不同形状组成的具有金属印刷质感的图像效果。选择“效果”→“像素化”→“铜版雕刻”命令，弹出“铜版雕刻”对话框，如图 9－69 所示。所示，在“类型”下拉列表中选择不同的铜版雕刻手法，系统会自动进行效果处理。“类型”下拉列表中共有 10 个类型选项供选择，可选择其中一种类型，然后在预览区中查看其效果，如图 9－70 所示。

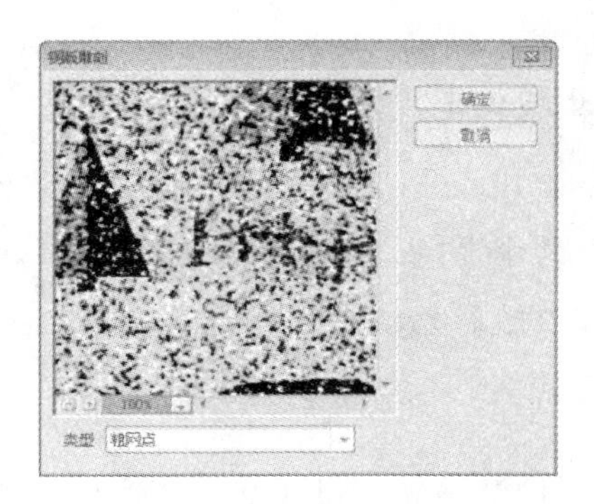

图 9－69

9.3.14 “扭曲”效果

“扭曲”子菜单中的命令可以使图像产生玻璃、海洋波纹和扩散亮光的扭曲效果。

图 9－70

1. “扩散亮光” 效果

“扩散亮光”是使图像产生透过一个柔和的扩散滤镜来观看的效果。这个滤镜将透明的白色添加到图像上，使图像产生从中心向外渐隐变亮的朦胧感觉。选择“效果”→“扭曲”→“扩散亮光”命令，弹出“扩散亮光”对话框，如图 9－71 所示。

图 9－71

技巧提示

在 Illustrator CS6 中，当选择“画笔描边”“素描”“纹理”“风格化”“艺术效果”和“扭曲”子菜单中的命令时，系统都会自动进入效果画廊，在效果画廊中将显示用户选择的不同效果。在效果画廊中可以随时切换到上述 6 个效果组中的任何一种效果应用状态，从而方便用户进行不同效果的对比和应用。

“扩散亮光”对话框中各选项的功能如下。

①“粒度”：用于控制图像中产生的颗粒的大小。

②“发光量”：用于控制图像中白色颗粒的亮度。

③“清除数量”：用于控制图像中白色颗粒保留的程度，数值越大，图像相对越清晰。

选择“扩散亮光”命令前后的图像效果对比如图 9－72 所示。

图 9－72

2. “海洋波纹”效果

“海洋波纹”是将随机分隔的扭曲波纹添加到图像表面，从而使图像产生看起来像是在水中一样的效果。选择“效果”→“扭曲”→“海洋波纹”命令，弹出“海洋波纹”对话框。

“海洋波纹”对话框中各选项的功能如下。

①“波纹大小”：用于设置图像中产生的波纹的大小。

②“波纹幅度”：用于设置图像中需要的波纹的波长。

图 9－73 所示为图像的“海洋波纹”效果。

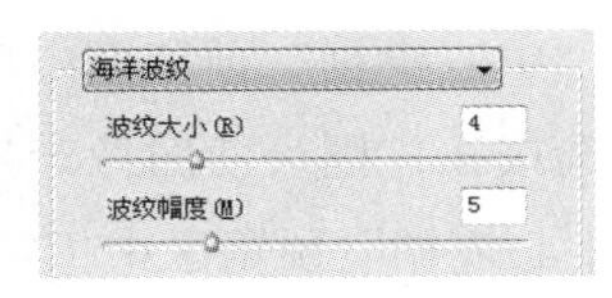

图 9－73

3. “玻璃”效果

“玻璃”是使图像产生一种类似于透过不同类型的玻璃来观看的效果。可以通过选择的不同纹理类型来创建不同的玻璃效果，还可以使用 Illustrator 预设的玻璃纹理。选择“效果”→“扭曲”→“玻璃”命令，弹出“玻璃”对话框，如图 9－74 所示。“玻璃”对话框中各选项的功能如下。

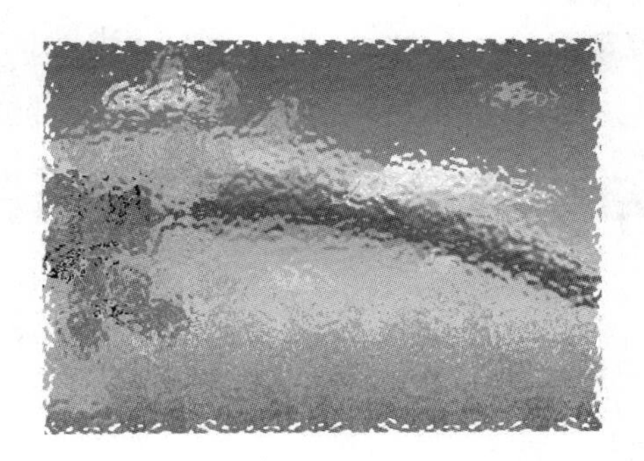

图 9－74

①“扭曲度”：用于设置产生玻璃效果纹理的扭曲程度。

②“平滑度”：用于设置玻璃效果的平滑程度。值越大图像上玻璃纹理的效果越强烈，值越小玻璃纹理的效果越柔和。

③“纹理”：用于设置对图像所使用的纹理形式，该下拉列表中共有“块状”“画布”“磨砂”和“小镜头”4 种纹理样式供选择。也可以单击右侧的按钮，载入自制的纹理样式。

④“缩放”：用于设置纹理在图像中显示的比例。

⑤“反相”：选中该复选框，则所设置的纹理效果会以反转的形式显示。

9.3.15 “模糊”效果

使用“模糊”子菜单中的命令可以降低图像相邻像素之间的对比度，从而使图像的过渡变得更柔和，并且可以适当地去掉图像中的细小缺陷。

1. “径向模糊”效果

“径向模糊”是模拟摄影过程中对照相机进行缩放或旋转而产生的图像模糊效果，从而可以让静止的图像产生动态的特殊模糊效果。选择“效果”→“模糊”→“径向模糊”命令，弹出“径向模糊”对话框，如图 9－75 所示。

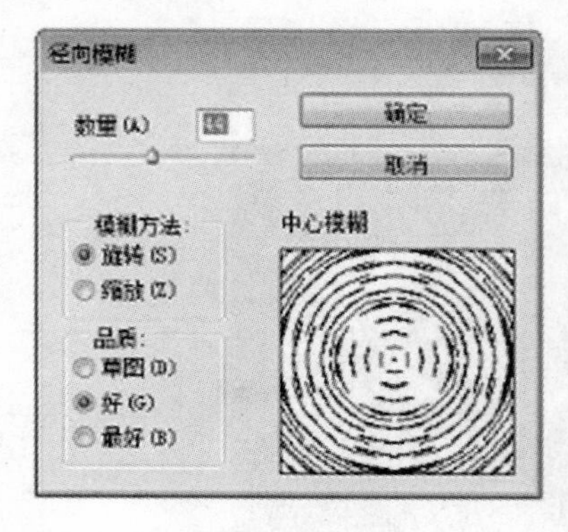

图 9－75

“径向模糊”对话框中各选项的功能如下。

①“数量”：用于设置图像模糊的程度。

②“模糊方法”：该选项组中有两种模糊方法供用户选择。选中“旋转”单选按钮，可以使图像产生沿同心圆环线模糊的效果，并且可以在“中心模糊”预览区中单击指定模糊的原点。选中“缩放”单选按钮，则会使图像产生沿径向线模糊的效果，同样可以在“中心模糊”预览区中指定模糊的原点。

③“品质”：该选项组中包括“草图”“好”和“最好”3 种品质。其中“草图”的处理速度最快，但结果往往会使图像颗粒化；选择“好”和“最好”都可以产生较为平滑的图像效果，但处理的时间较长。如果设置的“数量”数值较小，则后两者之间的效果差别并不明显。

图 9－76 所示为原图与以“旋转”和“缩放”模糊方法处理图像的效果。

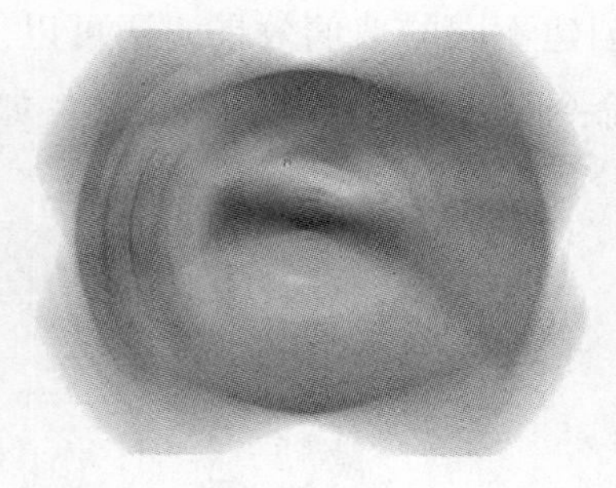

图 9－76

2. “特殊模糊”效果

“特殊模糊”是一种不模糊图像边缘的模糊处理方法，可以有选择地处理图像中的杂点，比较适用于处理人物的皮肤类图像。选择“效果”→“模糊”→“特殊模糊”命令，弹出“特殊模糊”对话框，如图 9－77 所示。

“特殊模糊”对话框中各选项的功能如下。

①“半径”：用于设置模糊效果的范围。数值越大，模糊的范围就越大。

②“阈值”：用于设置产生模糊效果时对图像的影响程度。数值越大，模糊对图像的影响就越大。数值越低，处理速度就越快，生成的图像效果就越不平滑。

③“模式”：该下拉列表中有 3 种模糊模式，分别是“正常”“仅限边缘”和“叠加边缘”。选择的模式不同，所产生的效果也会有所不同。

图 9－78 所示为应用“特殊模糊”前后的图像效果对比。

图 9－77

图 9－78

3. “高斯模糊”效果

“高斯模糊”是对图像进行不确定焦点的柔化处理，可以移去一些图像细节。选择“效果”→“模糊”→“高斯模糊”命令，弹出“高斯模糊”对话框，如图 9－79 所示。在该对话框中可以设置“半径”的数值，数值越大，图像就越模糊，如图 9－79 所示。

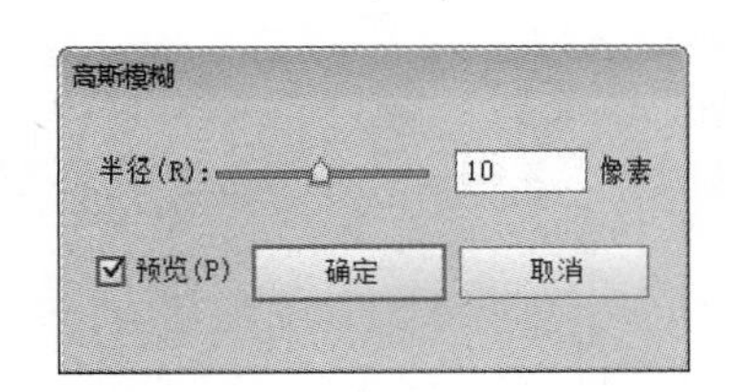

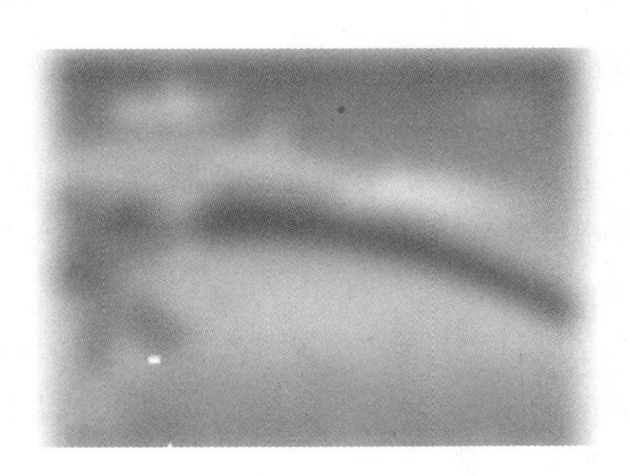

图 9－79

9.3.16 “画笔描边”效果

“画笔描边”子菜单中共包含8个命令，使用这些命令可以对选择的图像进行不同画笔笔触的绘图处理。

1. “喷溅”效果

“喷溅”是一种模拟喷溅喷枪在图像上产生粗糙的水珠喷洒的效果。选择“效果”→“画笔描边→”喷溅命令，弹出“喷溅”对话框，如图9－80所示。

图9－80

“喷溅”对话框中各选项的功能如下。

①“喷色半径”：用于设置喷溅的范围。

②“平滑度”：用于设置喷溅后图像过渡的柔和程度。

③“品质”：该下拉列表中包括“低”“中”和“高”3个选项。同样“品质”越低，处理速度就越快，生成的图像效果就越不平滑。

④“模式”：该下拉列表中有3种模糊模式，分别是“正常”“仅限边缘”和“叠加边缘”。选择的模式不同，所产生的效果也会有所不同。

图9－81所示为应用喷溅命令后的图像效果对比。

图9－81

2. “喷色描边”效果

“喷色描边”是使图像沿着图像颜色的边缘产生带角度的线条，使图像产生晃动的效果。选择“效果”→“画笔描边”→“喷色描边”命令，弹出“喷色描边”对话框，如图9－82所示。

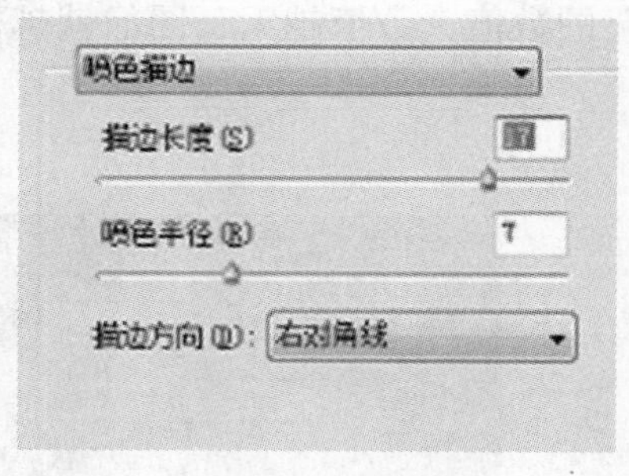

图9－82

“喷色描边”对话框中各选项的功能如下。

①“描边长度”：用于设置对图像进行喷色描边时线条的长度。

②“喷色半径”：用于设置对图像进行喷色时颜色变化的半径值。

③“描边方向”：用于设置喷色描边的方向。在该下拉列表中共有4个方向供用户选择，分别为“右对角线”“水平”“左对角线”和“垂直”。

图9－83所示为图像的“喷色描边”效果。

图 9－83

3. “墨水轮廓”效果

“墨水轮廓”是一种类似于使用钢笔线条在图像的细节上重绘出钢笔画的效果。选择“效果”→“画笔描边”→“墨水轮廓”命令，弹出“墨水轮廓”对话框，如图 9－84 所示。

“墨水轮廓”对话框中各选项的功能如下。

①“描边长度”：用于设置对图像进行钢笔线条描边时线条的长度。

②“深色强度”：用于设置图像中暗色调部分的明暗程度。

③“光照强度”：用于设置图像整体色调的明暗对比。

图像的“墨水轮廓”效果是色块状的，如图 9－85 所示。

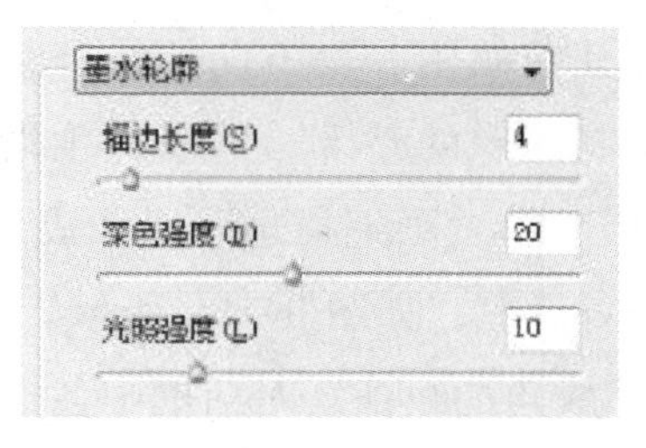

图 9－84

图 9－85

4. “强化的边缘”效果

“强化的边缘”可以利用色彩及其反差变化来对图像进行处理，使图像在色彩边缘处添加强化边缘的线条，从而产生突出图像边缘的效果。选择“效果”→“画笔描边”→“强化的边缘”命令，弹出“强化的边缘”对话框，如图 9－86 所示。

“强化的边缘”对话框中各选项的功能如下。

①“边缘宽度”：用于设置需要强化的边缘的宽度。

②“边缘亮度”：用于设置图像强化后边缘的亮度。数值较大时，其效果类似白色粉笔描摹效果；数值较小时，其效果类似黑色油墨描摹效果。

③“平滑度”：用于设置图像中边缘部分与其他部分的平滑程度，数值越大图像越柔和。

图 9－87 所示为图像的“强化的边缘”效果。

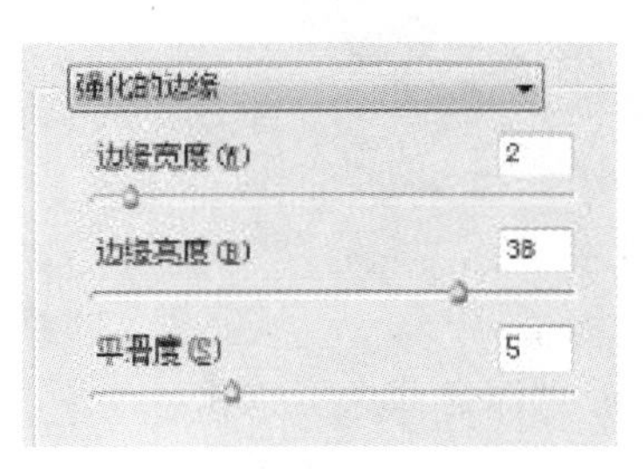

图 9－86

图 9－87

5. “成角的线条” 效果

“成角的线条” 是使用成 45°夹角的线条对图像进行描边处理。其中使用一个方向的线条绘制图像的亮区，用相反方向的线条绘制图像的暗区，从而产生沿一定方向画线的图像效果。选择 “效果” → “画笔描边” → “成角的线条” 命令，弹出 “成角的线条” 对话框，如图 9－88 所示。

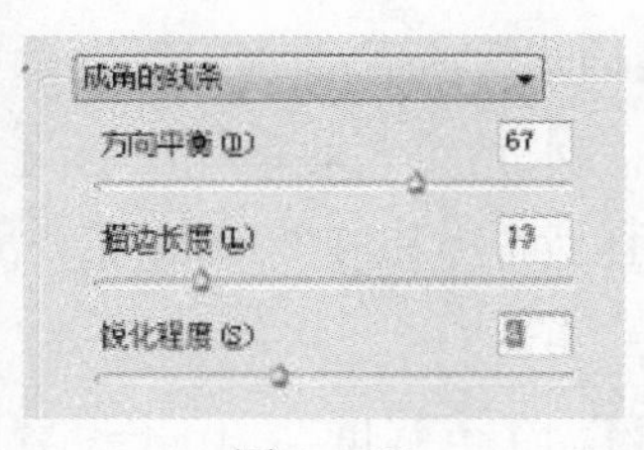

图 9－88

“成角的线条” 对话框中各选项的功能如下。

①“方向平衡”：用于设置成角线条左右方向的比例。

②“描边长度”：用于设置描边线条的长度。

③“锐化程度”：用于设置描边线条的清晰程度。如果想使处理后的图像效果更明显，可以将此选项的数值设置得大些。

图 9－89 所示为图像的 “成角的线条” 效果。

图 9－89

6. “深色线条” 效果

“深色线条” 是用黑色的短线条绘制图像中的暗色区域，用白色的长线条绘制图像中的亮色区域，从而产生黑白对比强烈的图像效果。选择 “效果” → “画笔描边” → “深色线条” 命令，弹出 “深色线条” 对话框，如图 9－90 所示。

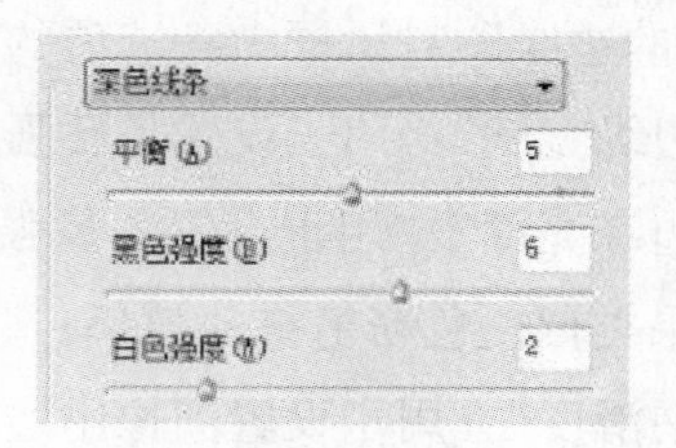

图 9－90

“深色线条”对话框中各选项的功能如下。

①“平衡”：用于设置图像处理时画面中黑色和白色的使用比例。

②“黑色强度”：用于设置黑色在画面中显示的强度。

③“白色强度”：用于设置白色在画面中显示的强度。

图 9－91 所示为图像的“深色线条”效果。

图 9－91

7. “烟灰墨”效果

“烟灰墨”是使图像呈现用蘸满黑色油墨的湿画笔在宣纸上进行绘画的效果，是日本泼墨画的绘画风格。选择“效果”→“画笔描边”→“烟灰墨”命令，弹出“烟灰墨”对话框，如图 9－92 所示。

图 9－92

“烟灰墨”对话框中各选项的功能如下。

①“描边宽度”：用于设置描边线条的宽度。

②“描边压力”：用于设置绘制图像时所使用的描边压力。

③“对比度”：用于设置对图像进行处理时，整个画面中明暗部分的对比效果。

图像的“烟灰墨”效果是黑的、柔化的、模糊的边缘，如图 9－93 所示。

图 9－93

8. “阴影线”效果

“阴影线”是在保留原图像的细节和特征的基础上，使用模拟的铅笔相交阴影线给图像添加纹理，减少图像中的色阶，强调彩色区域的边缘，使图像效果变得粗糙。选择“效果”→“画笔描边”→“阴影线”命令，弹出“阴影线”对话框，如图 9－94 所示。

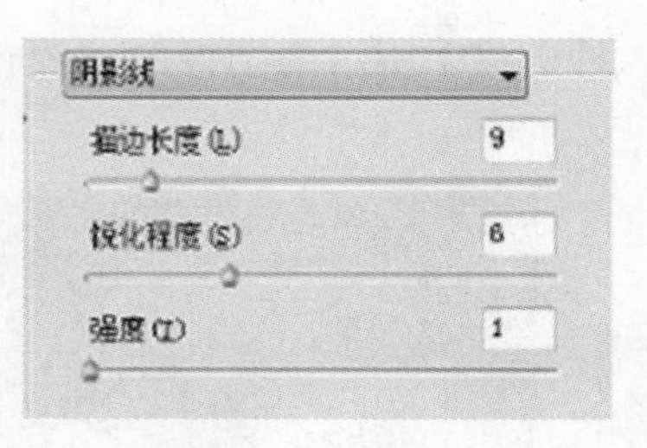

图 9－94

“阴影线”对话框中各选项的功能如下。

①“描边长度”：用于设置描边线条的长度。

②“锐化程度”：用于设置图像处理后画面效果显示的清晰程度。

③“强度”：用来设置阴影线的数目，其数目范围为 1～3，数值越大，产生的线条越多。图 9－95 所示为图像的“阴影线”效果。

图 9－95

9.3.17 “素描”效果

“素描”子菜单中的很多命令都是使用黑白颜色来绘制图像的，可以使图像产生手工素描的视觉效果。

1. “便条纸”效果

“便条纸”可以简化图像并将“颗粒”效果与浮雕外观进行合并，从而产生一种用手工制作纸张的图像效果。选择“效果”→“素描”→“便条纸”命令，弹出“便条纸”对话框，如图 9－96 所示。

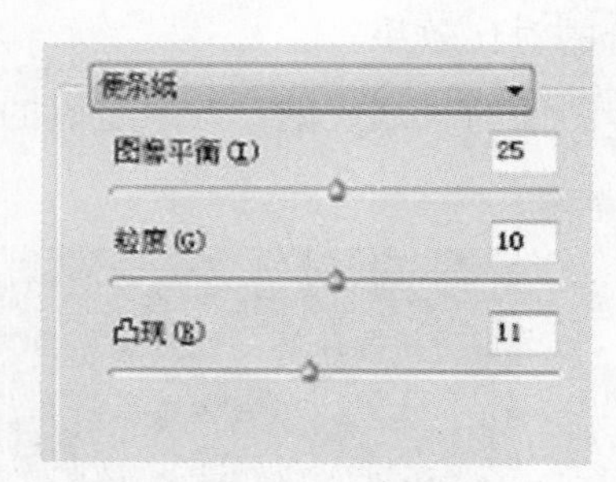

图 9－96

“便条纸”对话框中各选项的功能如下。

①“图像平衡”：用于设置图像处理时外凸或内凹的比例。

②“粒度”：用于设置图像上所产生的颗粒状纹理的多少。数值越小，图像越清晰。

③“凸现”：用于设置图像上凸起部分的突出角度。

图 9－97 所示为选择“便条纸”命令前后的图像效果对比。

2. “半调图案”效果

“半调图案”是一种在保持图像连续色调的同时显示输出印刷时的半调网纹的效果。选择“效果”→“素描”→“半调图案”命令，弹出“半调图案”对话框，如图 9－98 所示。

图 9－97

“半调图案”对话框中各选项的功能如下。

①“大小”：用于设置应用到图像中的半调图案的尺寸。

②“对比度”：用于设置图像中的半调图案的明暗部分对比程度。

③“图案类型”：该下拉列表中有 3 种图案类型供用户选择，分别是“圆形”“网点”和“直线”，用户可以根据实际需要进行选择。

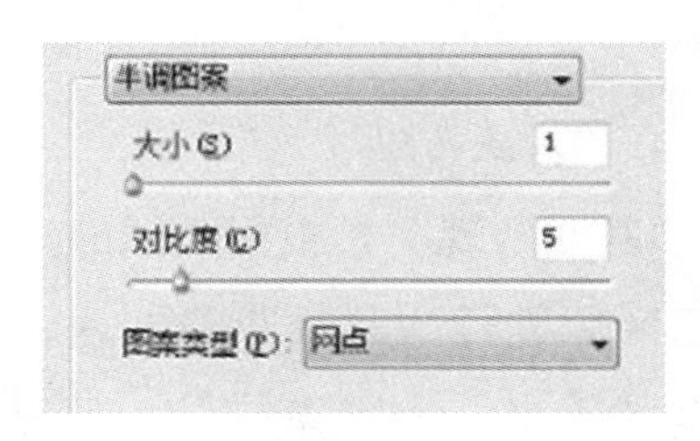

图 9－98

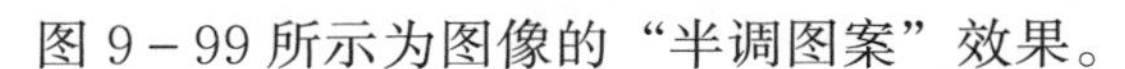

图 9－99 所示为图像的“半调图案”效果。

图 9－99

3. “图章”效果

“图章”是将图像进行简化处理，使之呈现出用橡皮或木制图章盖印的效果。选择“效果”→“素描”→“图章”命令，弹出“图章”对话框，如图 9－100 所示。

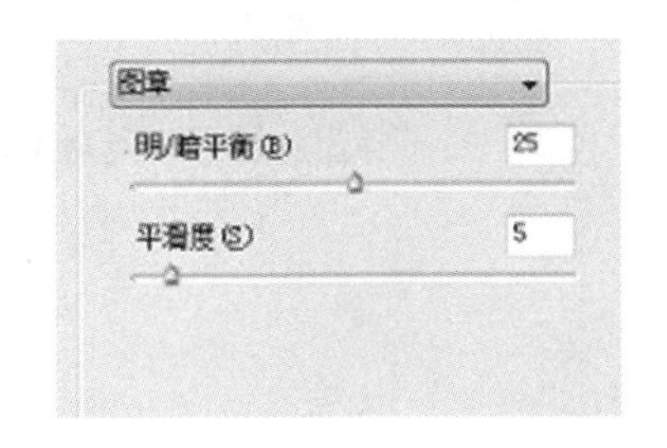

图 9－100

“图章”对话框中各选项的功能如下。

①“明／暗平衡”：用于设置图像处理后画面上黑、白颜色的比例关系。数值越大，整个画面越接近于黑色；数值越小，整个画面越接近于白色。

②“平滑度”：用于设置图像处理后黑、白颜色之间过渡的平滑程度。

图 9－101 所示为图像的“图章”效果。

图 9－101

4. “基底凸现”效果

“基底凸现”是根据不同的光照方向，将图像中的暗色区域和亮色区域进行凸起或凹陷处理，使图像呈现出浮雕的视觉效果。选择“效果”→“素描”→“基底凸现”命令，弹出“基底凸现”对话框，如图 9－102 所示。

基底凸现
细节(D) 13
平滑度(S) 3
光照(L): 下

图 9－102

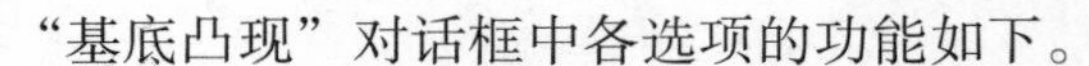

“基底凸现”对话框中各选项的功能如下。

①“细节”：用于设置图像处理后保留原图像细节的多少。

②“平滑度”：用于设置图像处理后的平滑程度。

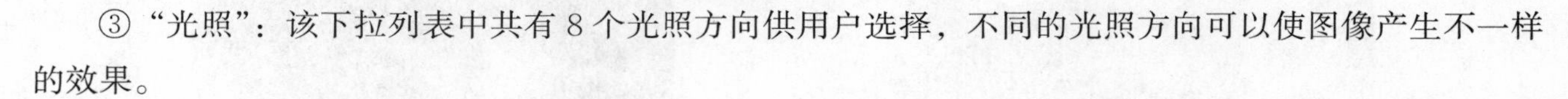

③“光照”：该下拉列表中共有 8 个光照方向供用户选择，不同的光照方向可以使图像产生不一样的效果。

图 9－103 所示为在“基底凸现”对话框中设置“光照”为右上的图像效果。

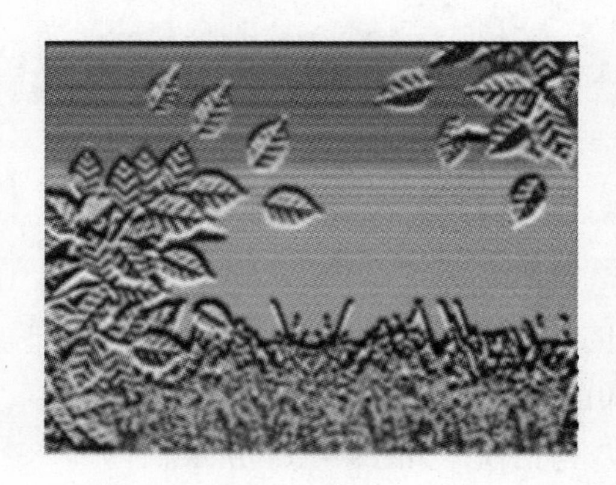

图 9－103

5. “影印”效果

“影印”是使用图像中大面积的暗部区域趋向于只复制其边缘四周，而中间色调被转成纯黑色或纯白色，从而产生一种类似于影印图像的效果。选择“效果”→“素描”→“影印”命令，弹出“影印”对话框，如图 9－104 所示。

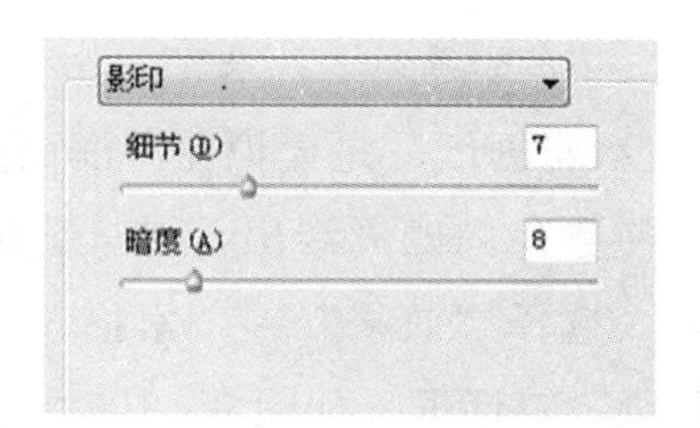

图 9－104

“影印”对话框中各选项的功能如下。

①“细节”：用于设置图像处理后画面中保留原图像细节的多少。

②“暗度”：用于设置图像中暗色部分的明暗程度。

选择“影印”命令后，图像会产生单色底片风格效果，如图 9－105 所示。

图 9－105

6. “撕边”效果

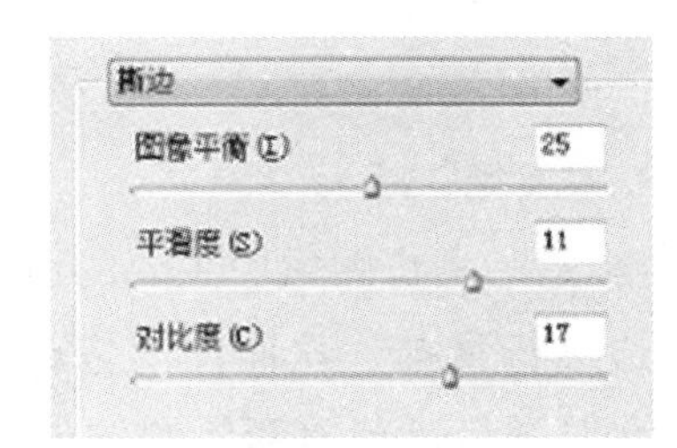

图 9－106

“撕边”是将图像重新组织为粗糙的撕碎纸片拼贴的效果，然后再使用黑色和白色为图像上色。此命令对由文字或明暗对比度较高的对象所组成的图像处理效果特别明显。选择“效果”→“素描”→“撕边”命令，弹出“撕边”对话框，如图 9－106 所示。

“撕边”对话框中各选项的功能如下。

①“图像平衡”：用于设置图像处理后画面上黑、白颜色的比例关系。数值越大，整个画面越接近于黑色；数值越小，整个画面越接近于白色。

②“平滑度”：用于设置图像处理后的平滑程度，数值越大，图像越接近黑白位图效果。

③“对比度”：用于设置图像中拼贴边缘部分的明暗对比强度。

图 9－107 所示为图像的“撕边”效果。

图 9－107

7. “水彩画纸”效果

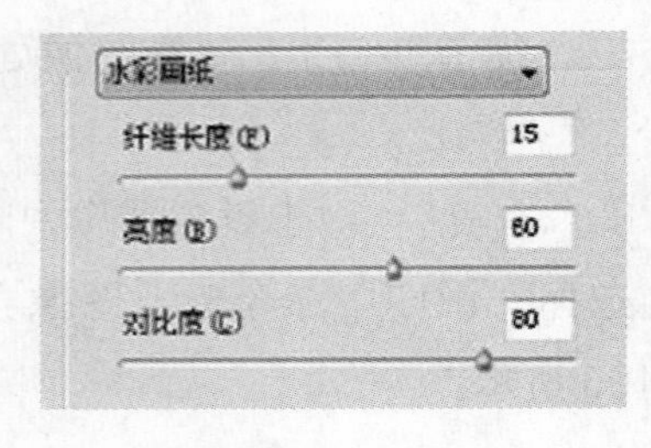

图 9－108

“水彩画纸”是模拟在湿润而有纹理的纸上进行涂抹的绘画方式，使颜色向四周渗出并混合，从而使图像产生水彩绘制的晕散效果。选择“效果”→“素描”→“水彩画纸”命令，弹出“水彩画纸”对话框，如图 9－108 所示。

“水彩画纸”对话框中各选项的功能如下。

①“纤维长度”：用于设置绘图纸张的纤维长度。

②“亮度”：用于设置整个画面的明亮程度。

③“对比度”：用于设置整个画面在颜色色相上的对比度。

图 9－109 所示为图像的“水彩画纸”效果。

图 9－109

8. “炭笔”效果

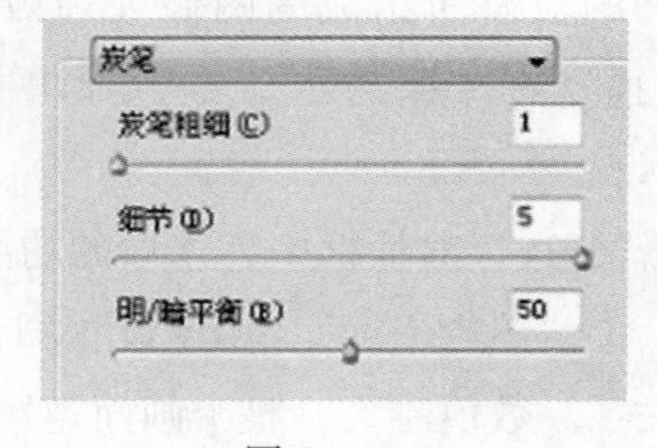

图 9－110

“炭笔”是将图像中主要的边缘以粗线条绘制，中间色调用对角描边进行素描，从而使图像产生色调分离和涂抹的素描效果，并且在对图像进行重新绘制的过程中用炭笔绘制的区域被处理为黑色，而纸张的颜色被设置为白色。选择“效果”→“素描”→“炭笔”命令，弹出“炭笔”对话框，如图 9－110 所示。

“炭笔”对话框中各选项的功能如下。

①“炭笔粗细”：用于设置需要使用的炭笔的尺寸。

②“细节”：用于设置图像处理后保留原图细节部分的细致程度。

③“明／暗平衡”：用于设置图像处理后亮部和暗部的比例关系。

图 9－111 所示为图像的“炭笔”效果。

图 9－111

9. “炭精笔”效果

“炭精笔”是将图像的暗色区域处理成黑色，将亮色区域处理成白色，并在图像上按照设置的纹理进行绘制，从而使图像产生在画布或岩石上绘制图像的素描效果。选择“效果”→“素描”→“炭精笔”命令，弹出“炭精笔”对话框，如图 9－112 所示。

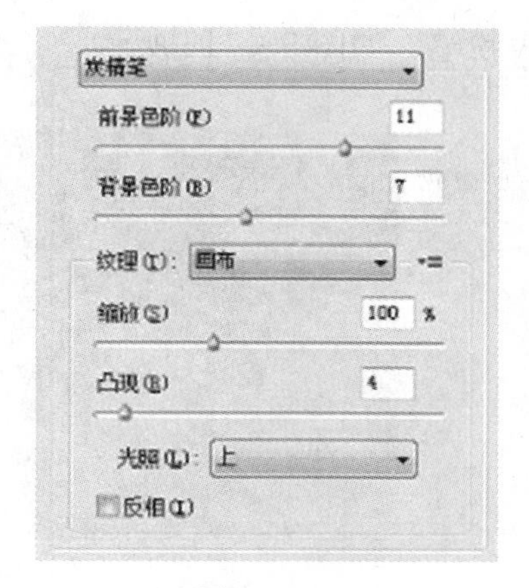

图 9－112

“炭精笔”对话框中各选项的功能如下。

①“前景色阶”：用于设置前景颜色的等级参数，数值越大，暗色部分越接近黑色。

②“背景色阶”：用于设置背景颜色的等级参数，数值越大，亮色部分越接近白色。

③“纹理”：该下拉列表中有 4 种纹理效果，分别为“砖形”“粗麻布”“画布”和“砂岩”。通过单击其右侧的按钮可以载入自己绘制的纹理。

④“缩放”：用于设置所使用的纹理在画面中的比例。

⑤“凸现”：用于设置纹理在画面中所生成的效果的凸出程度。

⑥“光照”：用于设置画面中产生的阴影效果的光照方向。该下拉列表中共有 8 个方向供选择。

⑦“反相”：选中此复选框可以将设置的效果反转显示。

在“炭精笔”对话框中设置“纹理”为“砖形”、“光照”为“左上”，则生成的图像效果如图 9－113 所示。

图 9－113

10. “粉笔和炭笔”效果

“粉笔和炭笔”是将图像的高光和中间调进行重新绘制，其背景部分用粗糙粉笔绘制，而阴影区域则用对角炭笔线条进行替换。选择“效果”→“素描”→“粉笔和炭笔”命令，弹出“粉笔和炭笔”对话框，如图 9－114 所示。

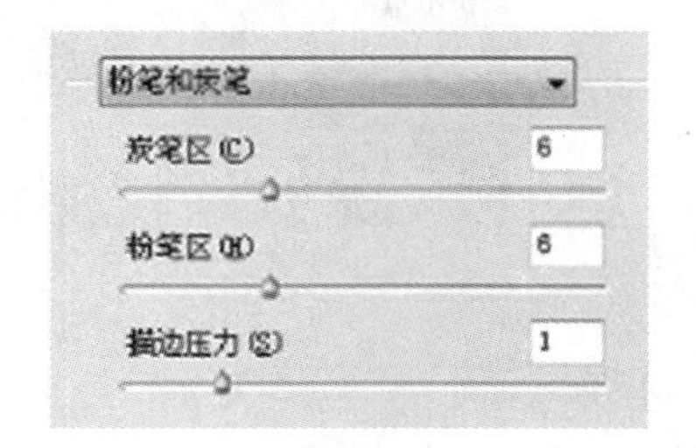

图 9－114

对话框中各选项的功能如下。

①“炭笔区”：用于设置炭笔在图像中绘制效果的强度。

②“粉笔区”：用于设置粉笔在图像中绘制效果的强度。

③“描边压力”：用于设置图像中粉笔和炭笔描边的压力大小，数值越大，黑白对比程度越大。

在“粉笔和炭笔”对话框中设置完后，图像产生黑白素描绘画风格的效果，黑色代表炭笔，白色代表粉笔，如图 9 – 115 所示。

图 9 – 115

11. “绘图笔”效果

“绘图笔”是使用纤细的线性油墨线条绘制出原图像中的细节部分，用黑色代表油墨、用白色代表纸张来替换原始图像中的颜色。选择“效果”→“素描”→“绘图笔”命令，弹出“绘图笔”对话框，如图 9 – 116 所示。

图 9 – 116

“绘图笔”对话框中各选项的功能如下。

①“描边长度”：用于设置对图像进行重新绘制的线条的长度。

②“明／暗平衡”：用于设置图像处理后画面中生成的亮部和暗部的比例关系。

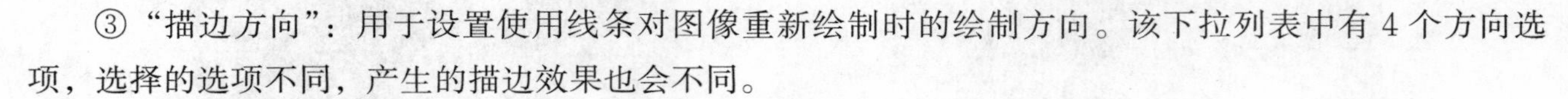

③“描边方向”：用于设置使用线条对图像重新绘制时的绘制方向。该下拉列表中有 4 个方向选项，选择的选项不同，产生的描边效果也会不同。

图 9 – 117 所示为图像的“绘图笔”效果。

图 9 – 117

12. “网状”效果

“网状”是一种利用收缩和扭曲来创建图像的效果，使图像在暗调区域呈结块状，在高光区域呈轻微颗粒化。选择“效果”→“素描”→“网状”命令，弹出“网状”对话框，如图 9 – 118 所示。

“网状”对话框中各选项的功能如下。

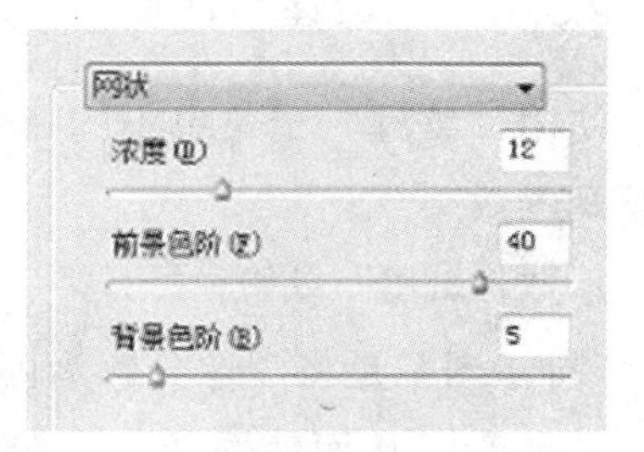

图 9－118

① “浓度”：用于设置所使用的网点在图像中分布的密集程度。

② “前景色阶”：用于设置网点颜色的灰色和黑色等级。

③ “背景色阶”：用于设置图像中亮色部分的明暗程度。

图 9－119 所示为在“网状”对话框设置完成后图像产生的网点风格效果。

图 9－119

13. “铬黄渐变”效果

“铬黄渐变”可以将图像的高亮区域处理成凸现的效果，阴影区域处理成凹陷的效果，视觉上好像是在融化而流动的铬黄材质表面上绘画。选择“效果”→“素描”→“铬黄渐变”命令，弹出“铬黄渐变”对话框，如图 9－120 所示。

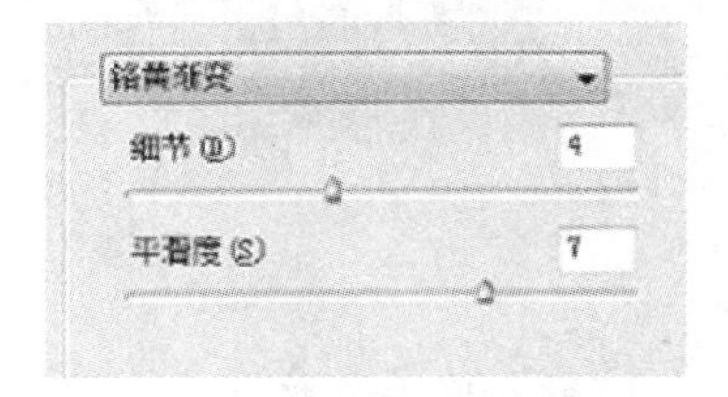

图 9－120

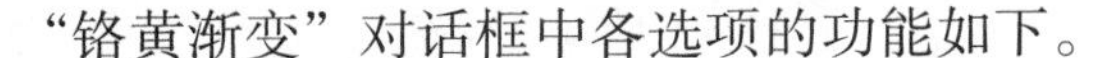

“铬黄渐变”对话框中各选项的功能如下。

① “细节”：用于设置图像处理后保留原图上细节部分的多少。

② “平滑度”：用于设置图像处理后颜色过渡的平滑程度。

图 9－121 所示为图像的“铬黄渐变”效果。

图 9－121

9.3.18 “纹理”效果

使用“纹理”子菜单中的命令可以在选择的图像上添加各种纹理，使图像产生在各种粗糙的表面上绘画的效果。

1. “拼缀图”效果

“拼缀图”是将图像分解为由若干方形图块组成，并对方形图块添加阴影，从而使图像产生砖片堆叠凸起的立体效果，方形的颜色由该区域的主要颜色来决定。选择“效果”→“纹理”→“拼缀图”命令，弹出“拼缀图”对话框，如图 9－122 所示。

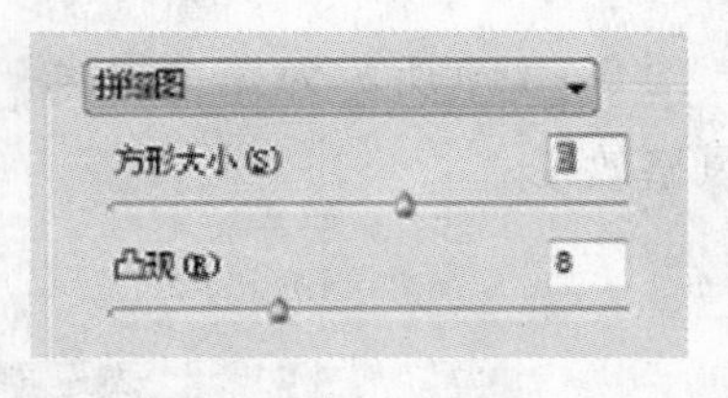

图 9－122

“拼缀图”对话框中各选项的功能如下。

①“方形大小”：用于设置组成图像的方形图块的大小。

②“凸现”：用于设置方形图块的凸起程度。

图 9－123 所示为选择“拼缀图”命令前后的图像效果对比。

图 9－123

2. “染色玻璃”效果

“染色玻璃”是将图像绘制成由许多相邻的小单元格组成的效果，并且为这些单元格填充原图像中的对应区域的主要颜色，从而使图像产生透过各色玻璃观看的效果。选择“效果”→“纹理”→“染色玻璃”命令，弹出“染色玻璃”对话框，如图 9－124 所示。

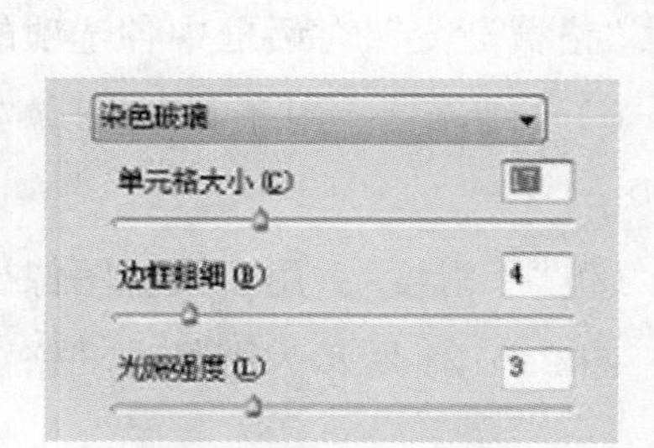

图 9－124

“染色玻璃”对话框中各选项的功能如下。

①“单元格大小”：用于设置组成图像的单元格的尺寸。

②“边框粗细”：用于设置图像中单元格之间边缘部分的厚度。

③“光照强度”：用于设置图像上被灯光照射的强度。

在“染色玻璃”对话框中设置好后，图像将呈现一种类似教堂中玻璃彩色拼贴的效果，如图 9－125 所示。

3. “纹理化”效果

“纹理化”可以让用户将选择或自行创建的某种纹理应用于图像上，从而使图像产生不同的纹理效果。选择“效果”→“纹理”→“纹理化”命令，弹出“纹理化”对话框，如图 9－126 所示。

图 9－125

“纹理化”对话框中各选项的功能如下。

① “纹理”：用于设置对图像所使用的纹理形式。该下拉列表中共有 4 种纹理样式供选择，包括“砖形”“粗麻布”“画布”和“砂岩”。用户也可以单击右侧的按钮载入自己绘制的纹理样式。

② “缩放”：用于设置纹理在图像中显示的比例。

③ “凸现”：用于设置纹理在图像中所生成的效果的凸起程度。

④ “光照”：用于设置图像中所产生的阴影的光照方向。该下拉列表中有 8 个方向供选择。

⑤ “反相”：选中此复选框，图像中设置的纹理效果会反转显示。

图 9－126

图 9－127 所示为在“纹理化”对话框中设置“纹理”为画布方式的图像效果。

图 9－127

4. “颗粒”效果

“颗粒”是通过选择不同种类的颗粒类型，使图像产生被添加上这些类型颗粒的纹理效果。选择“效果”→“纹理”→“颗粒”命令，弹出“颗粒”对话框，如图 9－128 所示。

“颗粒”对话框中各选项的功能如下。

① “强度”：用于设置颗粒在图像上显示的强度。

② “对比度”：用于设置图像上颗粒色调的对比度。

③ “颗粒类型”：在下拉列表中共有 10 种颗粒类型供选择，包括“常规”“柔和”“喷洒”“结块”“强反差”“扩大”“点刻”“水平”“垂直”，图 9－129 所示为在“颗粒”对话框中设置“颗

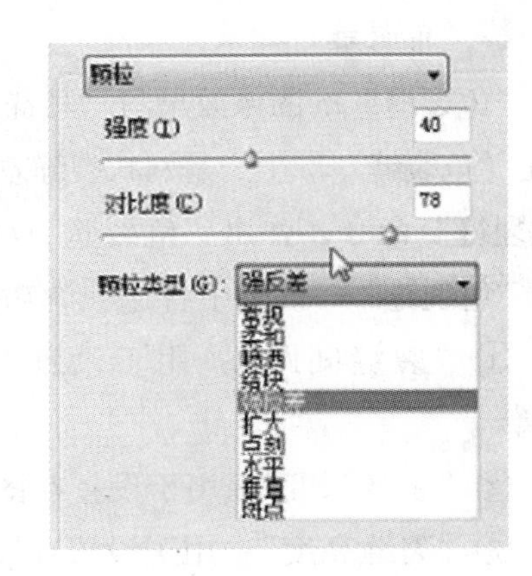

图 9－128

粒类型”为结块的图像效果。

图 9－129

5. “马赛克拼贴”效果

“马赛克拼贴”是将图像绘制成由形状不规则的瓷砖状拼贴而成的效果。选择“效果”→“纹理”→“马赛克拼贴”命令，弹出“马赛克拼贴”对话框，如图 9－130 所示。

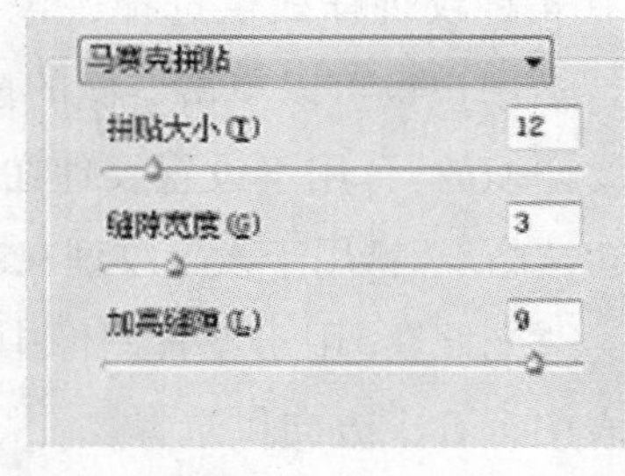

图 9－130

“马赛克拼贴”对话框中各选项的功能如下。

①“拼贴大小”：用于设置拼贴纹理在图像中的大小。

②“缝隙宽度”：用于设置拼贴之间的缝隙大小。

③“加亮缝隙”：用于设置缝隙的明暗程度。

图 9－131 所示为图像的“马赛克拼贴”效果。

图 9－131

6. “龟裂缝”效果

“龟裂缝”的图像效果与“马赛克拼贴”的图像效果相似，不同的是“龟裂缝”产生的是网状裂缝效果。选择“效果”→“纹理”→“龟裂缝”命令，弹出“龟裂缝”对话框，如图 9－132 所示。

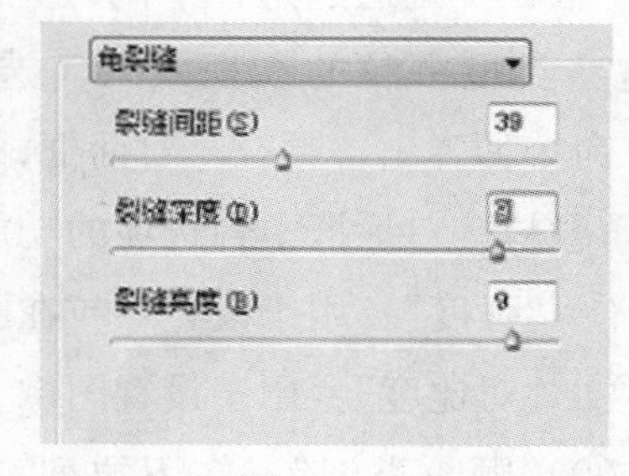

图 9－132

“龟裂缝”对话框中各选项的功能如下。

①“裂缝间距”：用于设置在图像上生成的龟裂缝的间隔距离。

②“裂缝深度”：用于设置在图像上生成的龟裂缝的深度。

③“裂缝亮度”：用于设置在图像上生成的龟裂缝间隔的明暗程度。图 9－133 所示为图像的“龟裂缝”效果。

图 9－133

9.3.19　“艺术效果”

使用“艺术效果”子菜单中的命令可以为选择的图像进行各种艺术化处理，使其产生具有各种艺术画风格的效果。

1．“塑料包装”效果

“塑料包装”是将图像处理成带有塑料包装的艺术效果。选择“效果”→“艺术效果”→“塑料包装”命令，弹出“塑料包装”对话框，如图 9－134 所示。

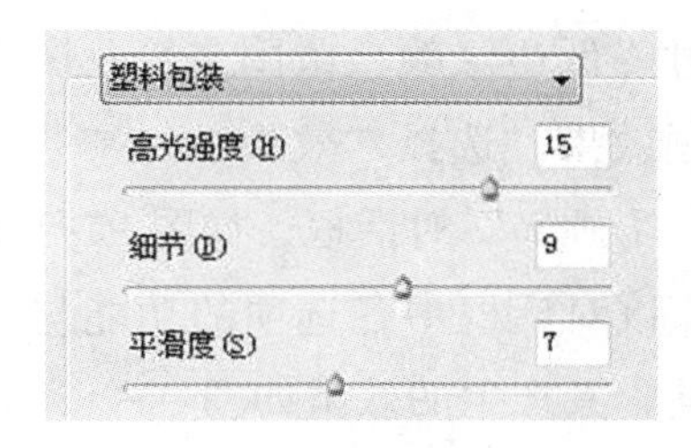

图 9－134

“塑料包装”对话框中各选项的功能如下。

①“高光强度”：用于设置图像在进行处理时的光源亮度。

②“细节”：用于设置处理图像时画面的细致程度。

③“平滑度”：用于设置图像被“塑料包装”处理后画面的柔和程度。

在“塑料包装”对话框中设置好后，图像好像被一层光亮的塑料给包裹上，表面的细节更加突出，效果如图 9－135 所示。

图 9－135

2．“壁画”效果

“壁画”是以一种粗糙的方式，使用短而圆的描边线条来绘制图像，使图像看上去像是草草绘制的。选择“效果”→“艺术效果”→“壁画”命令，弹出“壁画”对话框，如图 9－136 所示。

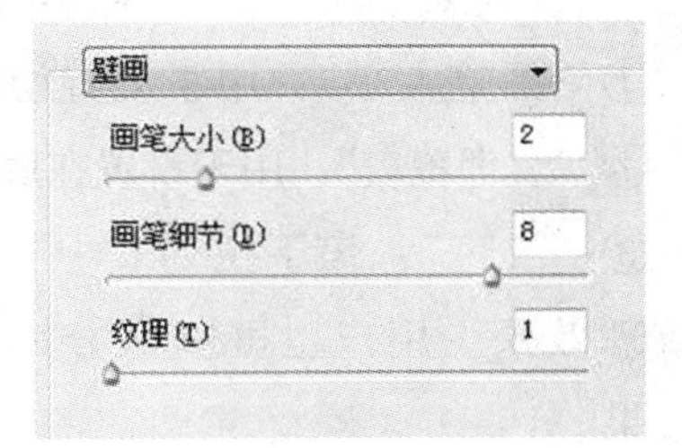

图 9－136

“壁画”对话框中各选项的功能如下。

①“画笔大小”：用于设置绘制壁画效果的画笔线条的大小。

②“画笔细节”：用于设置图像的精细程度，数值越大，图像

绘制得越精细。

③“纹理”：用于设置绘制图像时纹理效果的表现程度，数值越大，纹理越明显。

在“壁画”对话框中设置好后，图像具有一种粗犷的绘画效果，如图 9－137 所示。

图 9－137

3. “干画笔”效果

“干画笔”是使用介于油彩和水彩之间的干画笔绘制图像，再通过降低边缘颜色范围来简化图像，从而使图像产生比较生硬的绘画效果。选择“效果”→“艺术效果”→“干画笔”命令，弹出“干画笔”对话框，如图 9－138 所示。

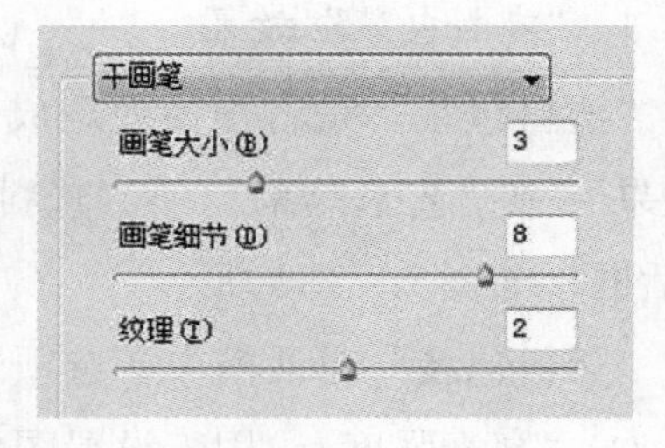

图 9－138

该对话框中各选项的功能与“壁画”对话框中各选项的功能相同，其产生的效果如图 9－139 所示。

图 9－139

4. “底纹效果”效果

“底纹效果”可以产生一种在带有粗糙纹理的平面上绘制图像的效果。选择“效果”→“艺术效果”→“底纹效果”命令，弹出“底纹效果”对话框，如图 9－140 所示。

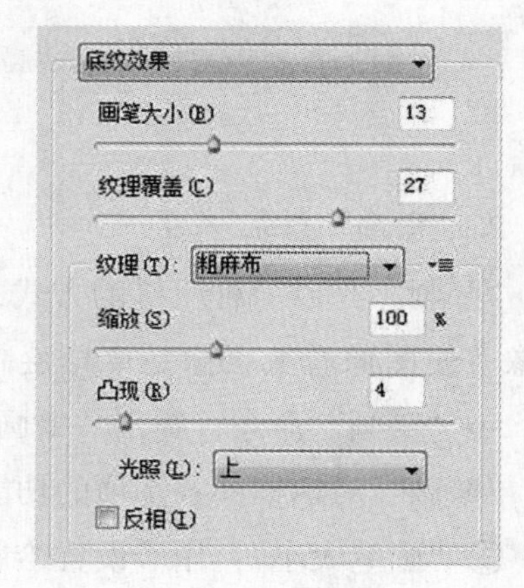

图 9－140

“底纹效果”对话框中各选项的功能如下。

①“画笔大小”：用于设置绘制底纹效果的画笔线条的大小。

②“纹理覆盖”：用于设置在底纹上绘制图像时画笔的细致程度。

③“纹理”：该下拉列表中有 4 种可以供用户选择的绘制图像的纹理效果。用户也可以单击其右侧的按钮，载入自己绘制的纹理效果。

④“缩放”：用于设置纹理在图像中缩放的比例。

⑤“凸现”：用于设置纹理在图像上所生成的凸起部分的强度。

⑥“光照”：用于设置使用“底纹效果”所生成的阴影的光照方向。在其下拉列表中共有8个方向供用户选择。

⑦“反相”：选中此复选框可以使前面设置的纹理效果以相反的方式显示。

图9－141所示为图像的“底纹效果”效果。

图9－141

5．“彩色铅笔”效果

“彩色铅笔”是一种使用彩色铅笔在纯色背景上绘制图像的方法，保留图像的重要边缘，使图像的外观呈粗糙阴影状，而纯色的背景则透过比较平滑的区域显示出来的图像效果。选择“效果”→“艺术效果”→“彩色铅笔”命令，弹出“彩色铅笔”对话框，如图9－142所示。

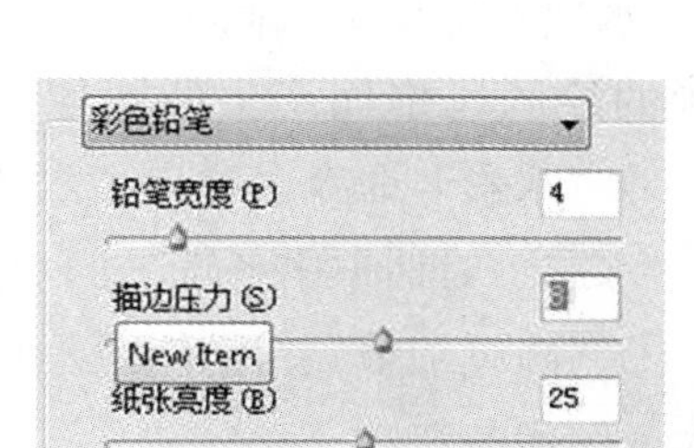

图9－142

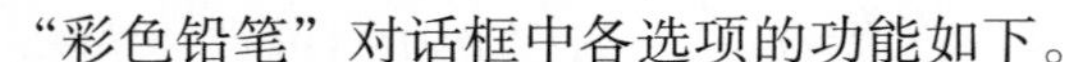

“彩色铅笔”对话框中各选项的功能如下。

①“铅笔宽度”：用于设置铅笔笔触的宽度。

②“描边压力”：用于设置彩色铅笔在进行绘制时所使用的力度。

③“纸张亮度”：用于设置画纸的明亮程度。

图9－143所示为图像的“彩色铅笔”效果。

图9－143

6．“木刻”效果

“木刻”是将图像边缘的颜色描绘成好像是从彩纸上剪下的粗糙的边缘纸片一样，使图像看起来具有剪纸的风格。选择“效果”→“艺术效果”→“木刻”命令，弹出“木刻”对话框，如图9－144所示。

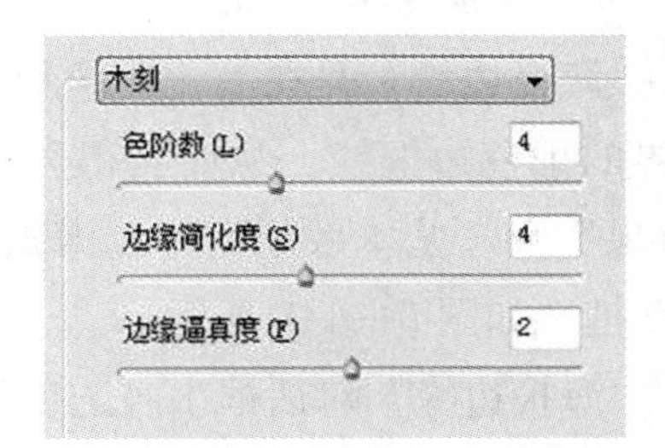

图9－144

“木刻”对话框中各选项的功能如下。

①“色阶数”：用于设置图像所使用的颜色的色阶数量，色阶

数越多，对图像的简化程度越低。

②“边缘简化度”：用于设置图像边缘简化的程度，数值越大，图像被简化的程度越高。

③“边缘逼真度”：用于设置图像简化后的真实程度，数值越大，简化的效果就越不明显。

图 9－145 所示为图像的“木刻”效果。

图 9－145

7. “水彩”效果

“水彩”是模拟绘画手法中用蘸了水和颜色的中号画笔绘制水彩画的绘画风格而产生的图像效果。选择“效果”→“艺术效果”→“水彩”命令，弹出“水彩”对话框，如图 9－146 所示。

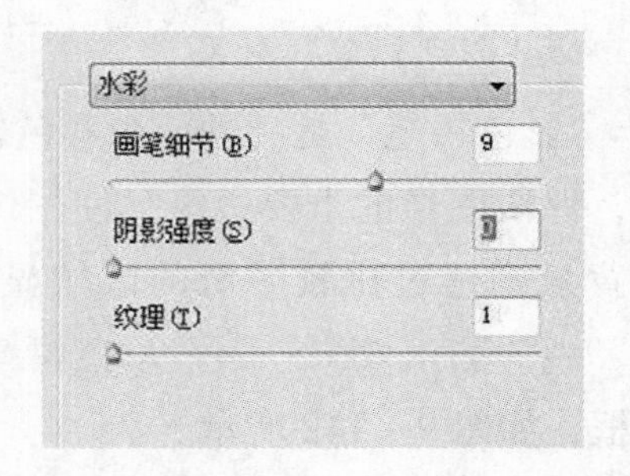

图 9－146

“水彩”对话框中各选项的功能如下。

①“画笔细节”：用于设置处理图像时画面的细致程度，数值越大，图像越清晰。

②“阴影强度”：用于设置图像处理后生成的阴影程度，数值越大，图像中生成的暗色区域越大。

③“纹理”：用于设置绘制图像时纹理效果的表现程度，数值越大，纹理越明显。

图 9－147 所示为图像的“水彩”效果。

图 9－147

8. “海报边缘”效果

“海报边缘”是在简化图像颜色的同时在图像上添加突出颜色边界的黑色边框线，从而获得类似于海报招贴的图像效果。选择“效果”→“艺术效果”→“海报边缘”命令，弹出“海报边缘”对话框，如图 9－148 所示。

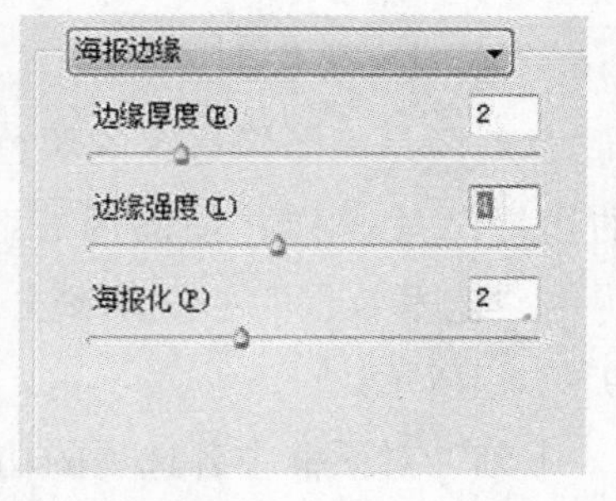

图 9－148

“海报边缘”对话框中各选项的功能如下。

①“边缘厚度”：用于设置图像中颜色边界处的厚度。

②“边缘强度”：用于设置绘制图像效果的笔触的强度。

③“海报化”：用于设置图像处理后与海报绘画效果的相似程度。

图 9－149 所示为图像的“海报边缘”效果。

图 9－149

9. “海绵”效果

“海绵”可以使图像产生一种好像是用湿的海绵擦拭过的效果。选择“效果”→“艺术效果”→“海绵”命令，弹出“海绵”对话框，如图 9－150 所示。

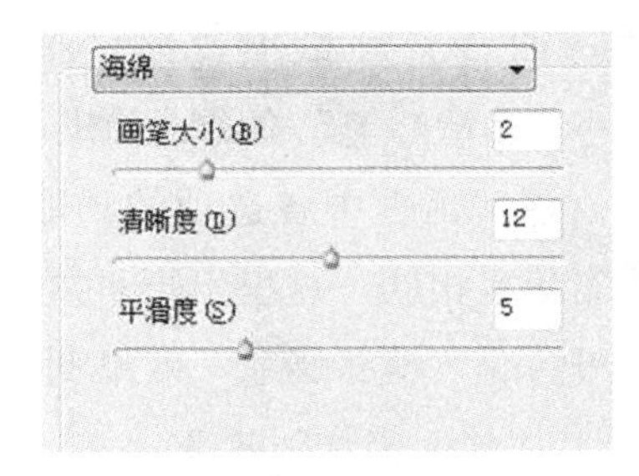

图 9－150

“海绵”对话框中各选项的功能如下。

①“画笔大小”：用于设置绘制图像时画笔的大小。

②“清晰度”：用于设置图像处理后的清晰程度。

③“平滑度”：用于设置图像处理后画面过渡的平滑程度，数值越大，图像越柔和。

图 9－151 所示为图像的“海绵”效果。

图 9－151

10. “涂抹棒”效果

“涂抹棒”是模拟用手指涂抹图像中的暗色区域以使图像产生柔化效果的一种图像处理方式。选择“效果”→“艺术效果”→“涂抹棒”命令，弹出“涂抹棒”对话框，如图 9－152 所示。

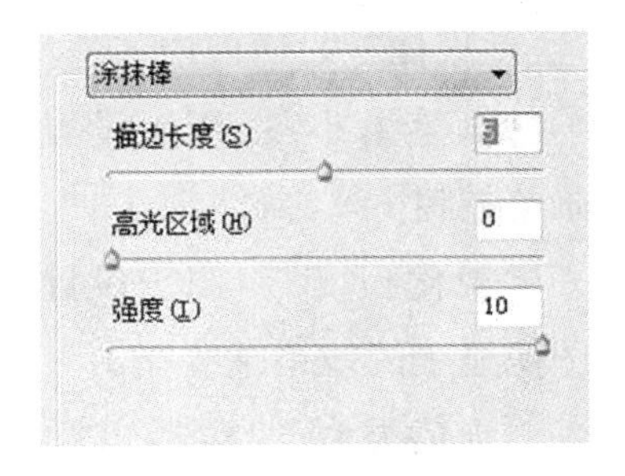

图 9－152

“涂抹棒”对话框中各选项的功能如下。

①“描边长度”：用于设置手指涂抹线条的长度。

②“高光区域”：用于设置图像中高光区域的大小，数值越大，高光部分越大。

③“强度”：用于设置图像被涂抹的程度，数值越大，涂抹的效果越明显。

图 9－153 所示为图像的“涂抹棒”效果。

图 9－153

11. “粗糙蜡笔”效果

“粗糙蜡笔”可以使图像产生看上去像是用彩色蜡笔在具有粗糙纹理的背景画纸上绘制的效果。选择“效果”→“艺术效果”→“粗糙蜡笔”命令，弹出“粗糙蜡笔”对话框，如图 9－154 所示，该对话框中各选项的功能与“底纹效果”对话框中各选项的功能基本相同，这里不再重复介绍了。

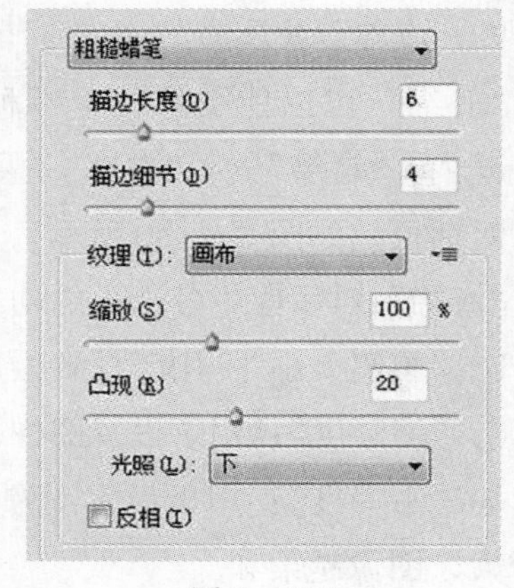

图 9－154

图像的“粗糙蜡笔”效果如图 9－155 所示。

12. “绘画涂抹”效果

“绘画涂抹”是模拟利用各种大小和类型的画笔在画布上涂抹来得到色块图案的图像处理方式。选择“效果”→“艺术效果”→“绘画涂抹”命令，弹出“绘画涂抹”对话框，如图 9－156 所示。

图 9－155

“绘画涂抹”对话框中各选项的功能如下。

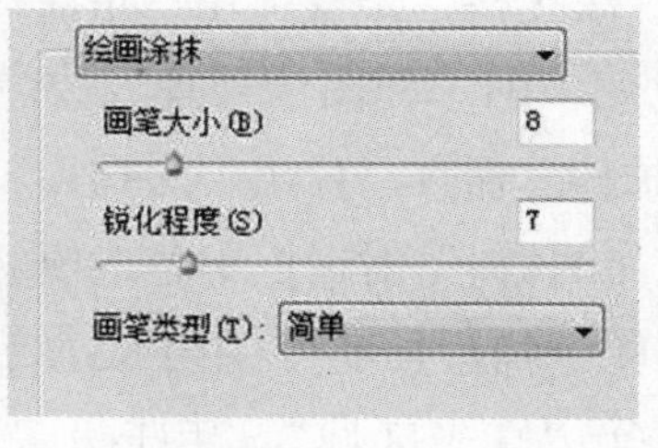

图 9－156

①“画笔大小”：用于设置图像中画笔的粗细程度，数值越大，画笔越粗。

②“锐化程度”：用于设置图像处理后的清晰程度，数值越大，图像显示的效果越明显。

③“画笔类型”：包括“简单”“未处理光照”“未处理深色”“宽锐化”“宽模糊”和“火花”6 种，可以通过选择不同的画笔

类型来得到不同的涂抹效果。

图 9－157 所示为在“绘画涂抹”对话框中设置“画笔类型”为“简单”的图像效果。

图 9－157

13. “胶片颗粒”效果

“胶片颗粒”可以让图像的表面产生粗颗粒状的底片纹理效果，适用于需要消除混合色带及将各种图片素材在视觉上进行统一的图像。选择“效果”→“艺术效果”→“胶片颗粒”命令，弹出“胶片颗粒”对话框，如图 9－158 所示。

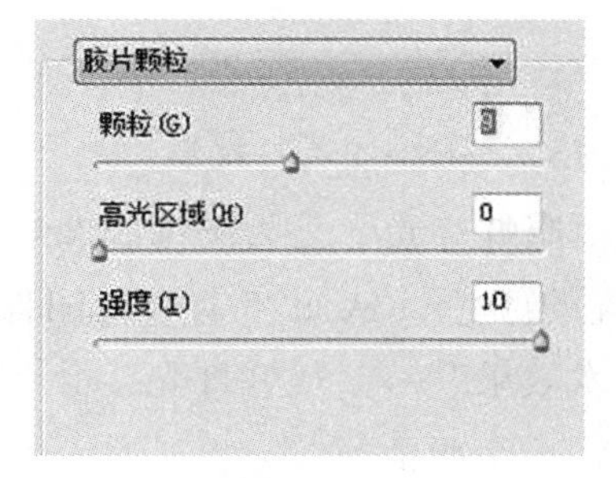

图 9－158

“胶片颗粒”对话框中各选项的功能如下。

①“颗粒”：用于设置图像中添加颗粒的程度，数值越大，图像颗粒效果越明显。

②“高光区域”：用于设置高光区域的大小，数值越大，受高光影响的区域越大。

③“强度”：用于设置颗粒纹理的强度。

图 9－159 所示为“胶片颗粒”效果。

图 9－159

14. “调色刀”效果

“调色刀”可以减少图像中的细节，以达到生成很淡的画布效果，使图像可以显示出其下面的纹理。选择“效果”→“艺术效果”→“调色刀”命令，弹出“调色刀”对话框，如图 9－160 所示。

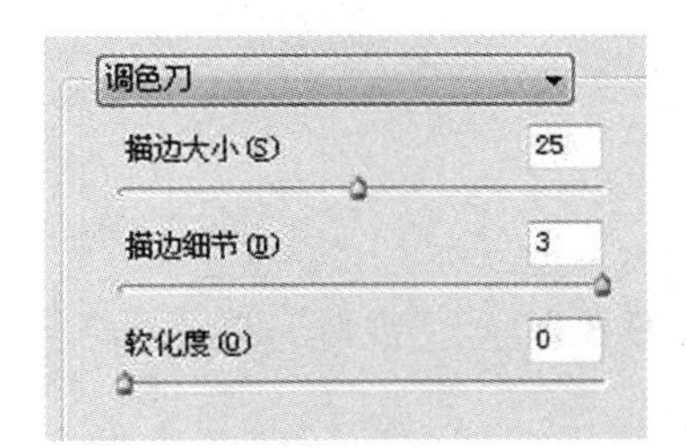

图 9－160

“调色刀”对话框中各选项的功能如下。

①“描边大小”：用于设置图像的描边粗细，数值越大，图像

的描边程度越粗。

②“描边细节”：用于设置图像的细致程度，数值越大，图像的细致程度越高。

③“软化度”：用于设置图像处理后的柔和程度，数值越大，图像越柔和。

图 9－161 所示为图像的“调色刀”效果。

图 9－161

15. “霓虹灯光”效果

“霓虹灯光”是为图像添加灯光效果，使图像的边缘区域带有设置的颜色，从而产生一种图像发光的效果。选择“效果”→“艺术效果”→“霓虹灯光”命令，弹出“霓虹灯光”对话框，如图 9－162 所示。

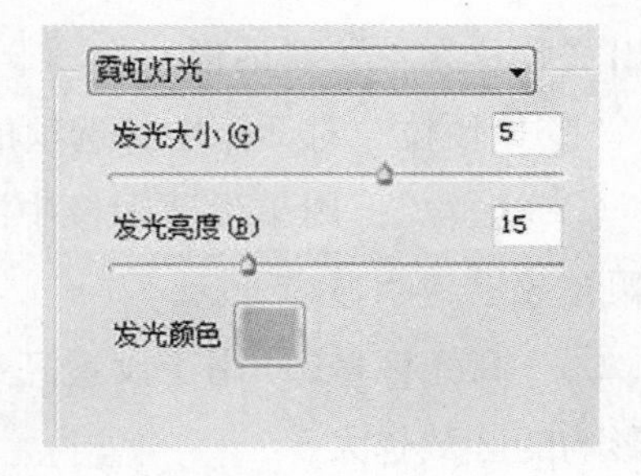

图 9－162

“霓虹灯光”对话框中各选项的功能如下。

①“发光大小”：用于设置发光区域的范围。若设置的数值为负值，则发光部分将出现在图像的暗色区域。

②“发光亮度”：用于设置灯光的明亮程度，数值越大，图像越亮。

③“发光颜色”：单击该颜色块，会弹出“拾取器”对话框，在该对话框中可以设置一种颜色作为灯光的颜色。

图 9－163 所示为图像的“霓虹灯光”效果。

图 9－163

9.3.20 “视频”效果

使用“视频”子菜单中的命令可以为对象应用与视频图像原理相关的处理方式，使图像更适于在电视中播放。

1. “NTSC 颜色”效果

“NTSC 颜色”是将图像的色域限制在 NTSC 电视制式显示的色域范围内，以防止颜色过饱和而渗到电视扫描行中。选择“效果”→“视频”→“NTSC 颜色”命令，图像的效果如图 9－164 所示。

图 9－164

2. “逐行”效果

“逐行”是通过用户有选择地复制或插值来删除视频图像中的奇数行或偶数行，使在视频上捕捉的运动图像变得更平滑。选择“效果”→“视频”→“逐行”命令，弹出“逐行”对话框，如图 9－165 所示。

“逐行”对话框中各选项的功能如下。

①“消除”：在该选项组中可以选择要消除掉的扫描区域，其中“奇数行”是指扫描单数区域，“偶数行”为扫描双数区域。

②“创建新场方式”：该选项组有两种创建新场的方式，一种是以“复制”的方式来填补空白区域，另一种是以“插值”的方式将边缘颜色作为中间值插入到需填补的区域。

图 9－166 所示为图像的“逐行”效果。

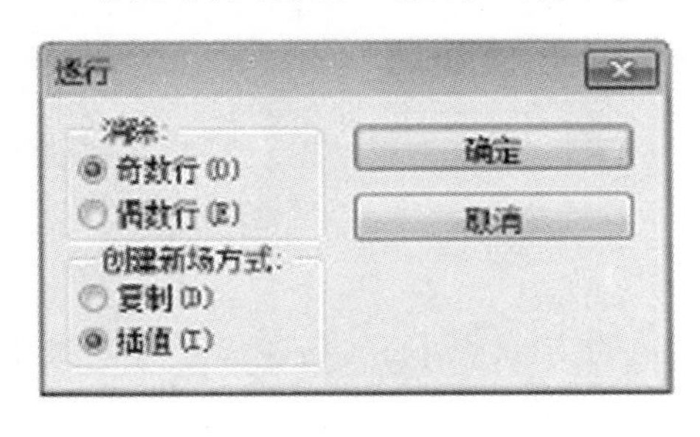

图 9－165

图 9－166

9.3.21　“风格化”效果

该子菜单只有一个“照亮边缘”命令，使用该命令可以将图像的边缘保留下来并使图像产生类似于夜晚霓虹灯的效果。选择“效果”→“风格化”→“照亮边缘”命令，弹出“照亮边缘”对话框，如图 9－167 所示。

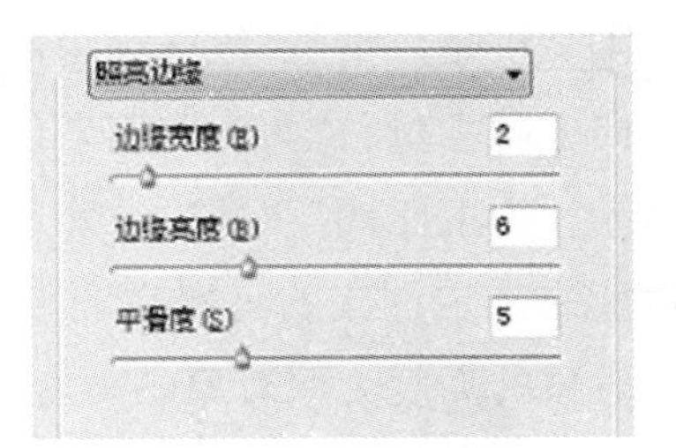

图 9－167

“照亮边缘”对话框中各选项的功能如下。

①“边缘宽度”：用于设置图像中产生霓虹灯光效果的边缘宽度。

②“边缘亮度”：用于设置图像中边缘效果部分的亮度。

③“平滑度”：用于设置图像中颜色过渡的平滑程度。

图 9－168 所示为图像的“照亮边缘”效果。

图 9－168

9.3.22 “马赛克”效果

升级之后的 Illustrator CS6 版本将原有“滤镜”菜单中的“对象马赛克”命令移动到“对象”菜单中。选择“对象”→“创建对象马赛克”命令可以将对象处理成马赛克效果。生成的马赛克图形的颜色是由选中对象的颜色来决定的，该命令功能只适用于位图图像，具体操作方法如下：

选中要处理的对象，选择“对象”→“创建对象马赛克”命令，弹出“创建对象马赛克”对话框，如图 9－169 所示，在对话框中进行参数设置就可得到对象的马赛克效果。

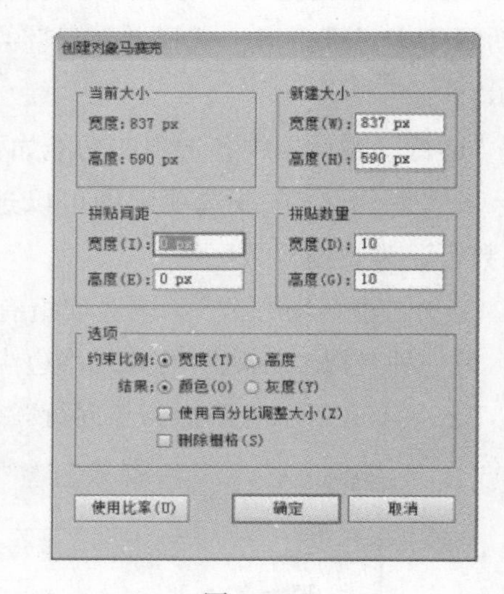

图 9－169

“创建对象马赛克”对话框中各选项的功能如下。

①“当前大小”：在该选项组中显示出当前选择对象的大小。

②“新建大小”：在该选项组中可以在“宽度”和“高度”文本框中输入数值来确定创建的马赛克图形的尺寸。在默认状态下，“新建大小”与选中对象的大小相同。

③“拼贴间距”：该选项组用来设置马赛克图形中的每个颜色块之间的距离，其中“宽度”用来设置每个颜色块之间的宽度，“高度”用来设置每个颜色块之间的高度。数值为 0 时，颜色块之间没有间距。

④“拼贴数量”：该选项组用来设置创建的马赛克图形中颜色块的数量，其中“宽度”用来设置水平方向上的数量，“高度”用来设置垂直方向上的数量。

⑤“约束比例”：选中“宽度”单选按钮表示系统会限制对象的宽度为原对象的宽度值，并根据这个数值来确定创建的马赛克图形在这个宽度中所需要的拼贴数量，选中“高度”单选按钮表示系统会限制对象的高度为原对象的高度值，并根据这个数值来确定马赛克在这个高度中所需要的拼贴数量。

⑥“结果”：选中“彩色”单选按钮表示将对象的颜色以彩色方式显示；选中“灰度”单选按钮则表示将对象的颜色以灰色色调方式处理。

⑦“使用百分比调整大小”：选中此复选框可以使用百分比的形式来调整新建的马赛克图形的尺寸。

⑧“删除栅格”：选中此复选框，在执行“创建对象马赛克”命令后，选择的位图对象被删除，只留下创建的马赛克图形对象。

⑨“使用比率”：单击该按钮可使“拼贴数量”中的“宽度”和“高度”数量保持一致。

图 9－170 所示为选择“创建对象马赛克”命令前后的位图效果比较。

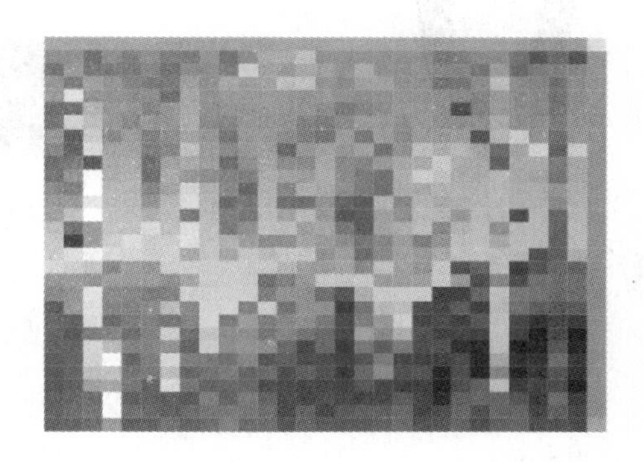

图 9－170

10 第 10 章 网页设计：网页图像的编辑

Illustrator 虽然是一款绘制矢量图形的软件，但是同样能够应用于网络图片，只要相关选项的设置符合网络图片要求即可。无论是用于印刷的矢量图形，还是用于网络的位图对象，均可以在 Illustrator 中进行绘制，只是输出的方式有所不同。

本章主要介绍网络图片在绘制过程中所需要注意的事项以及如何以最优质的效果输出与保存，还介绍如何使用 Illustrator 制作简单的图形动画效果。（图 10–1）

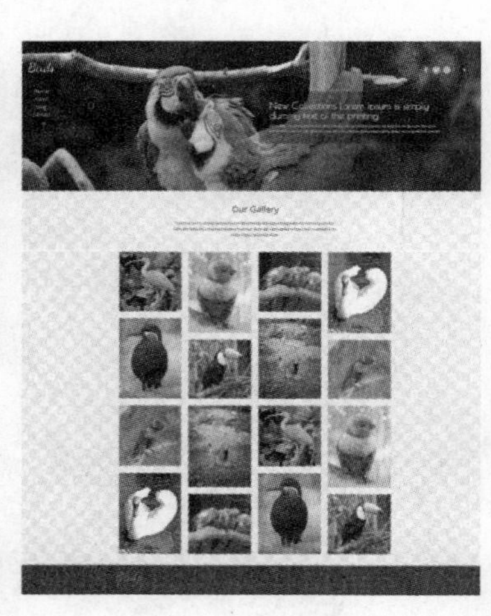

图 10 - 1

10.1 Web 图形

设计 Web 图形时，所要关注的问题与设计印刷图形截然不同。例如，使用 Web 安全颜色、平衡图像品质和文件大小以及为图形选择最佳文件格式。Web 图形可充分利用切片、图像映射的优势，并可使用多种优化选项，同时可以和 Device Central 配合，以确保文件在网页上的显示效果良好。

执行“文件”→“存储为 Web 和设备所用格式”命令或使用快捷键“Shift”+“Ctrl”+“Alt”+“S”，在弹出的“存储为 Web 和设备所用格式”对话框的“预设”下拉列表中可以选择软件预设的压缩选项。通过直接选中相应的选项，可以快速对图像质量进行设置，如图 10-2 所示。

图 10-2

10.1.1　Web 图形输出设置

不同的图形类型需要存储为不同的文件格式，以便以最佳方式显示，并创建适用于 Web 的文件大小。可供选择的 Web 图形的优化格式包括 GIF 格式、JPEG 格式、PNG-8 格式、PNG-24 和 WBMP 格式，如图 10-3 所示。

1. 保存为 GIF 格式

GIF 是用于压缩具有单调颜色和清晰细节的图像的标准格式，它是一种无损的压缩格式。GIF 文件支持 8 位颜色，因此它可以显示多达 256 种颜色。图 10-4 所示是 GIF 格式的设置选项。

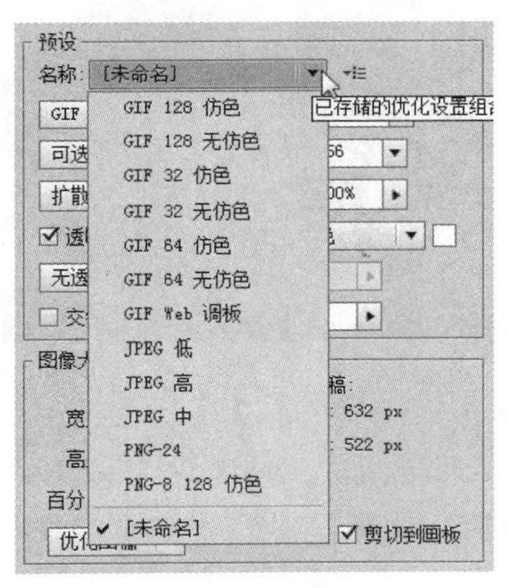

图 10-3

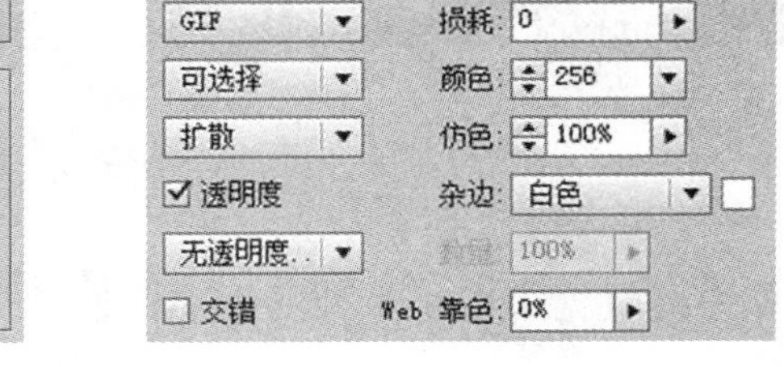

图 10-4

① 设置文件格式：设置优化图像的格式。

② 减低颜色深度算法 / 颜色：设置用于生成颜色查找表的方法，以及在颜色查找表中使用的颜色数量。图 10-5 所示分别是设置“颜色”为 8 和 128 时的优化效果。

图 10－5

③ 仿色算法 / 仿色："仿色"是指通过模拟计算机的颜色来显示系统中未提供的颜色的方法。较大的仿色百分比可以使图像生成更多的颜色和细节，但是会增加文件的大小。

④ 透明度 / 杂边：设置图像中的透明像素的优化方式。选中"透明度"复选框。并设置"杂边"颜色为橘黄色时的图像效果；选中"透明度"复选框，但没有设置"杂边"颜色时的图像效果；取消选中"透明度"复选框，并设置"杂边"颜色为橘黄色时的图像效果。

⑤ 交错：当正在下载图像文件时，在浏览器中显示图像的低分辨率版本。

⑥ Web 靠色：设置将颜色转换为最接近 Web 面板等效颜色的容差级别。数值越大，转换的颜色越多，如图 10－6 所示是设置 Web 靠色分别为 100%和 20%时的图像效果。

图 10－6

⑦ 损耗：扔掉一些数据来减小文件的大小，通常可以将文件减小 5%～40%，设置 5～10 的"损耗"值不会对图像产生太大的影响。如果设置的"损耗"值大于 10，文件虽然会变小，但是图像的质量会下降。图 10－6 所示是设置"损耗"值为 100 与 10 的图像效果。

2. 保存为PNG－8格式

PNG－8 格式与 GIF 格式一样，可以有效地压缩纯色区域，同时保留清晰的细节。PNG－8 格式也支持 8 位颜色，因此它可以显示多达 256 种颜色。图 10－7 所示是 PNG－8 格式的参数选项。

3. 保存为JPEG格式

JPEG 格式是用于压缩连续色调图像的标准格式。将图像优化为 JPEG 格式的过程中，会丢失图像的一些数据，图 10－8 所示是 JPEG 格式的参数选项。

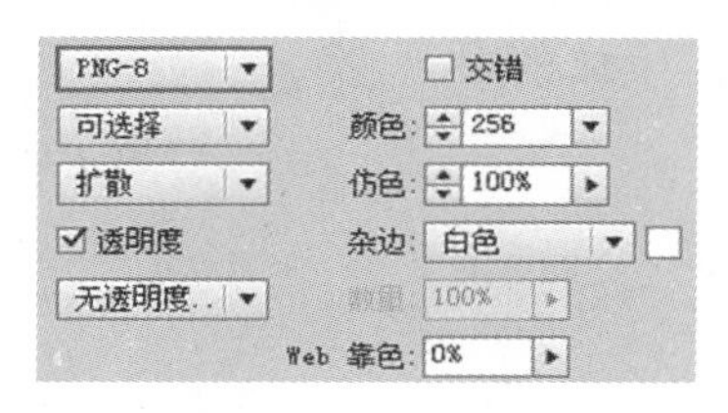

图 10－7

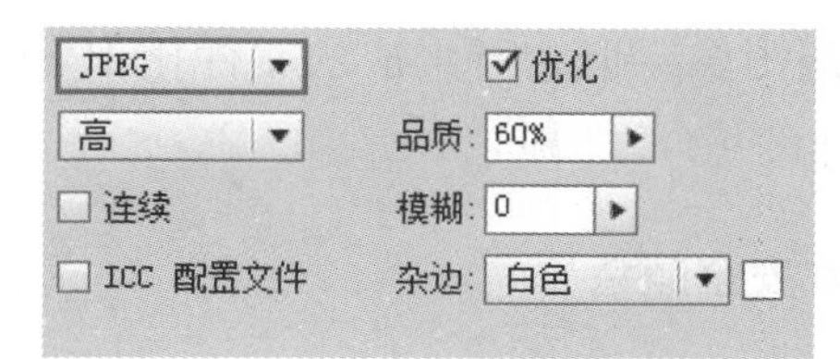

图 10－8

① 压缩方式 / 品质：选择压缩图像的方式。后面的“品质”数值越大，图像的细节越丰富，但文件也越大，图 10－9 所示是设置“品质”数值分别为 0 和 100 时的图像效果。

图 10－9

② 连续：在 Web 浏览器中以渐进的方式显示图像。

③ 优化：创建更小但兼容性更低的文件。

④ 嵌入颜色配置文件：在优化文件中存储颜色配置文件。

⑤ 模糊：创建类似于“高斯模糊”滤镜的图像效果，数值越大，模糊效果越明显，但会减小图像的大小，在实际工作中，“模糊”值最好不要超过 0.5。图 10－10 所示是设置“模糊”为 0.5 和 2 时的图像效果。

图 10－10

⑥ 杂边：为原始图像的透明像素设置一个填充颜色。

4. 保存为PNG－24格式

PNG－24 格式可以在图像中保留多达 256 个透明度级别，适合于压缩连续色调图像，但它所生成的文件比 JPEG 格式生成的文件要大得多，如图 10－11 所示。

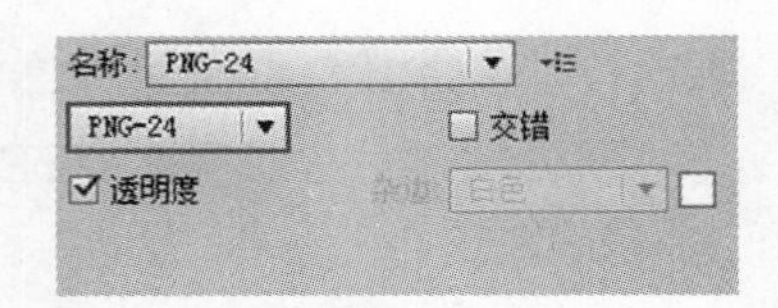

图 10－11

10.1.2 Web 安全颜色

当网页使用了合理且美观的网页配色方案时，网页中的色彩会受到外界因素的影响，而使每个浏览者观看到不同的效果。因为即使是一模一样的颜色。也会由于显示设备、操作系统、显示卡以及浏览器的不同而有不同的显示效果。

216 网页安全颜色是指在不同硬件环境、不同操作系统、不同浏览器中都能够正常显示的颜色集合。这些颜色在任何终端浏览用户显示设备上的显示效果都是相同的，所以使用 216 网页安全颜色进行网页配色可以避免原有的颜色失真问题。

216 网页安全颜色在实现高精度的真彩图像或者照片时会有一定的欠缺，但是用于显示徽标或者二维平面效果时却绰绰有余，所以 216 网页安全颜色和非网页安全颜色应该合理搭配使用。在网页 HTML 语言中对于彩度的定义是采用十六进制的。对于三原色，HTML 分别给予两个十六进制去定义，也就是每个原色可有 256 种彩度。故此三原色可混合成 1600 多万种颜色。

Illustrator 虽然不是制作网页图像的常用软件，但是由于其绘制功能强大，同样能够为网页提供图标、按钮、背景等各种网页元素的矢量效果图像。所以在该软件中提供了用于网络图像的颜色，只要单击“色板”面板底部的“色板库菜单”按钮，选择 Web 命令即可，如图 10－12 所示。

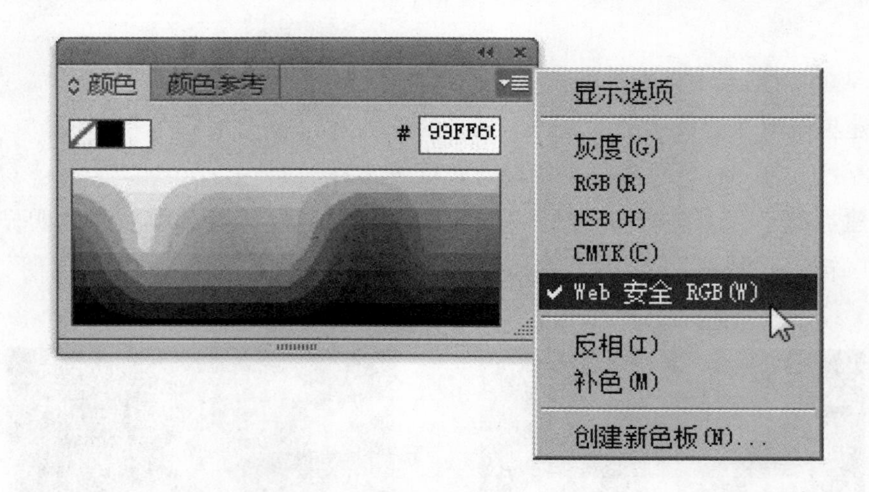

图 10－12

1. 将非安全色转换为安全色

在“拾色器”中选择颜色时，在所选颜色右侧出现警告图标，就说明当前选择的颜色不是 Web 安全色。单击该图标，即可将当前颜色替换为与其最接近的 Web 安全色，如图 10－13 所示。

2. 在安全色状态下工作

① 在“拾色器”中选择颜色时，在选中“只有 Web 颜色”复选框后可以始终在 Wed 安全色下工

作，如图 10－14 所示。

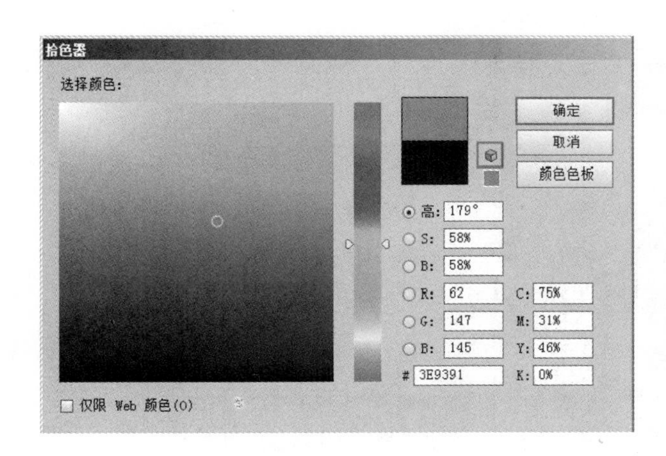

图 10－13

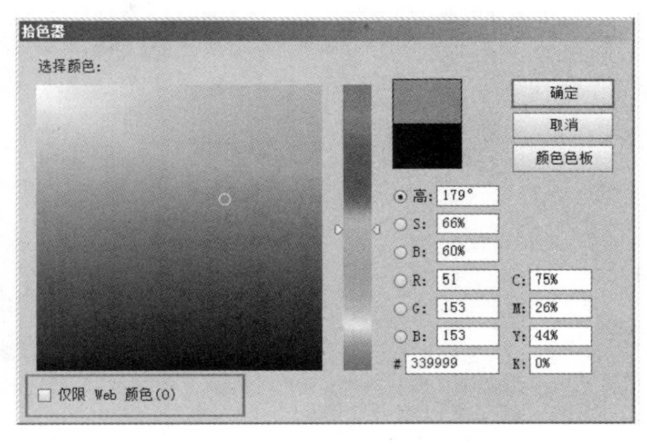

图 10－14

② 在使用“颜色”面板设置颜色时，可以在其菜单中执行“Web 安全 RGB”命令，“颜色”面板会自动切换为“Web 安全 RGB”模式，并且可选颜色数量明显减少，如图 10－15 所示。

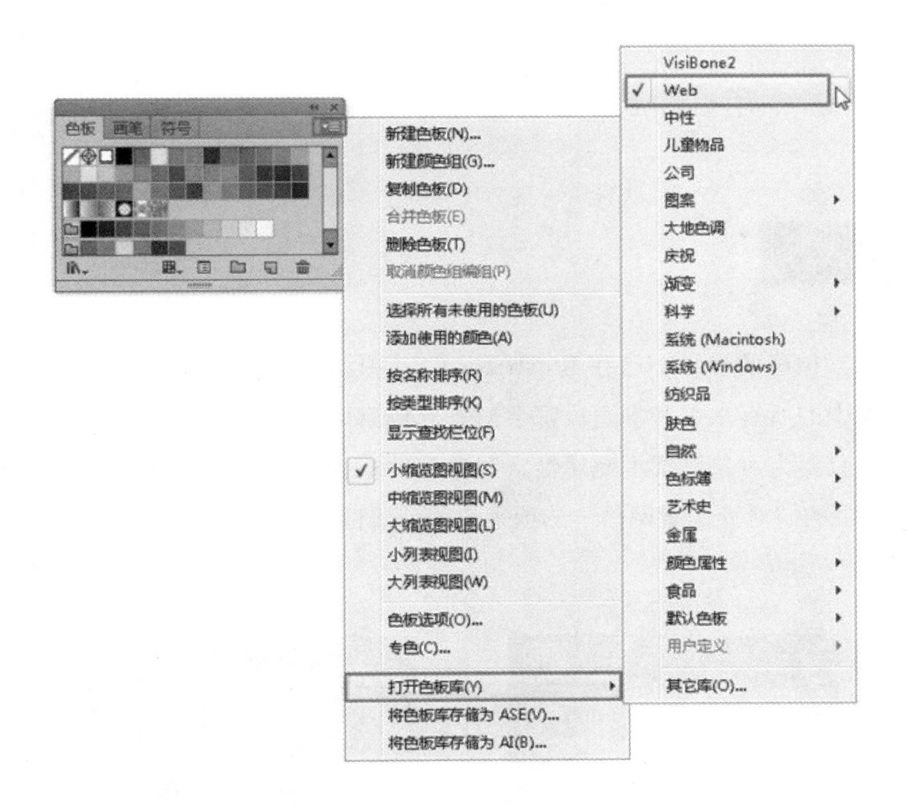

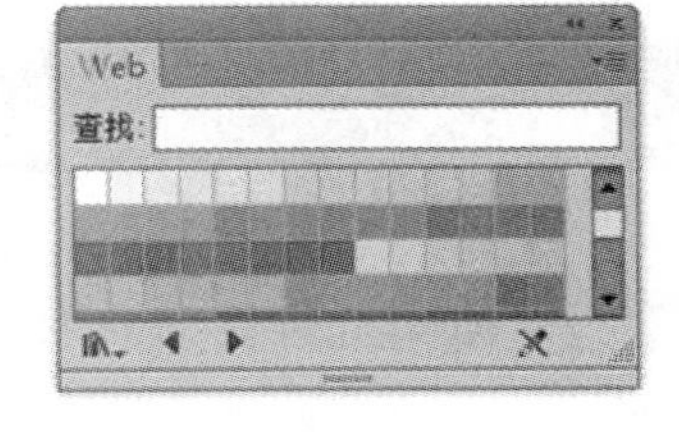

图 10－15

10.1.3　WEB 文件大小与质量

在 Web 上发布图像，创建较小的图形文件非常重要。使用较小的文件，Web 服务器能够更高效地存储和传输图像，而用户能够更快地下载图像。可以在“存储为 Web 和设备所用格式”对话框中查看 Web 图形的大小和估计的下载时间，如图 10－16 所示。

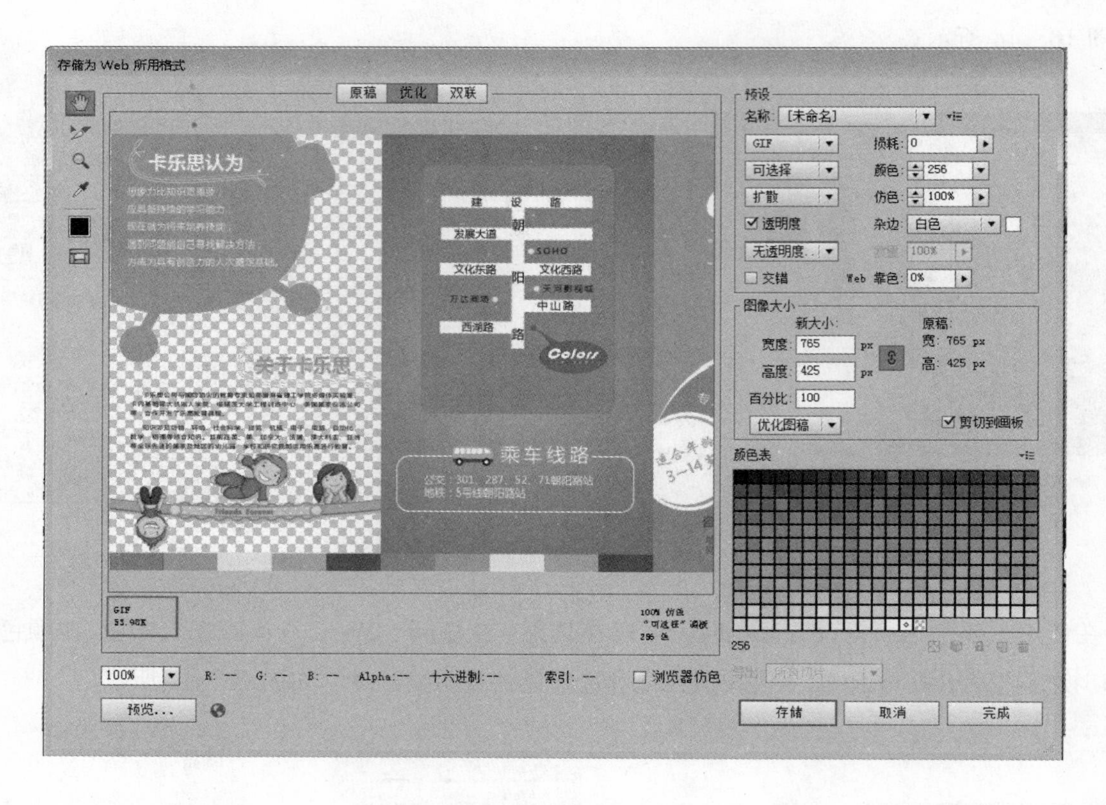

图 10－16

10.2 关于像素预览模式

为了使网页设计师能够创建像素精确的设计，已在 Illustrator CS6 中添加了像素对齐属性。为对象启用像素对齐属性之后，该对象中的所有水平和垂直段都会对齐到像素网格，像素网格可以为描边提供清晰的外观。在任何变换中，只要为对象设置了此属性，对象都会根据新的坐标重新对齐像素网格。您可以通过选择“变换”面板中的“对齐像素网格”选项来启用此属性，图 10－17 所示为两种显示模式下的对比。

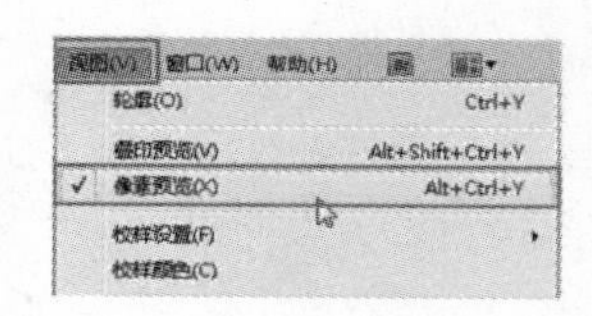

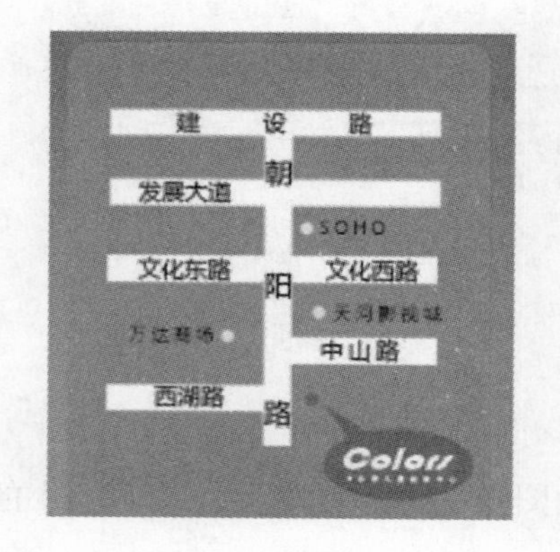

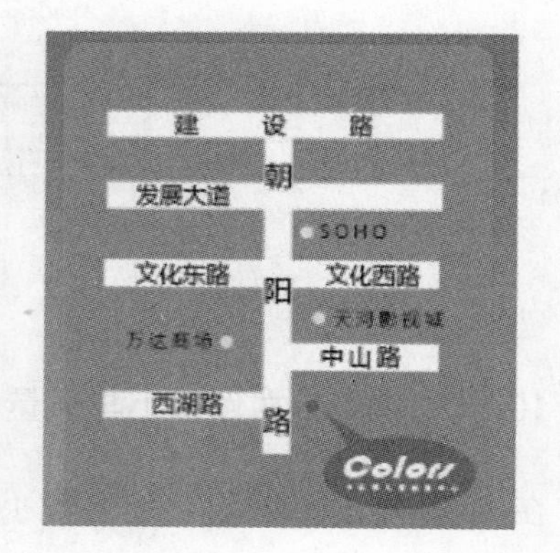

图 10－17

Illustrator CS6 也在文档级别提供了“使新建对象与像素网格对齐”选项，默认情况下已对 Web 文档启用该选项。启用此属性后，默认情况下您绘制的任何新对象都会具有像素对齐属性，如图 10－18 所示。

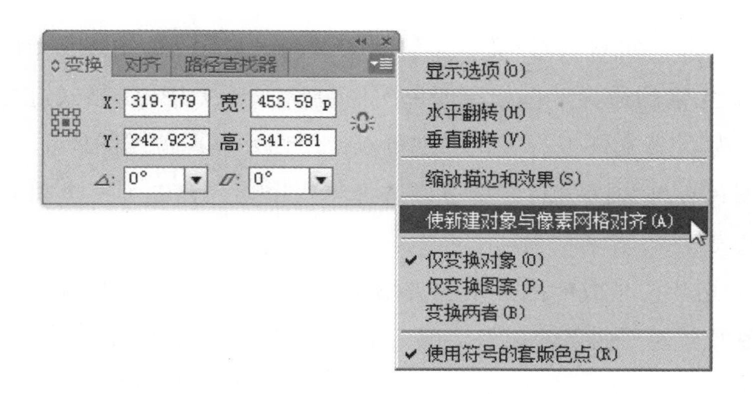

图 10－18

以位图格式（如 JPEG、GIF 或 PNG）保存图稿时，Illustrator 会以每英寸 72 像素来栅格化该图稿。可以通过选择“视图”→“像素预览”来预览栅格化的对象显示情况。如果您要在栅格化图形中控制对象的精确位置、大小和对象的消除锯齿效果时，这个功能尤其有用。

要了解 Illustrator 如何将对象划分为像素，请打开一个包含矢量对象的文件，选择“视图”→“像素预览”，然后放大图稿以便能够看到其单个像素。像素位置由像素网格确定，此网格将 1 磅（1／72 英寸）作为增量来分割画板。当放大到 600%视图时，您就可以查看像素网格。如果移动、添加或变换对象，则对象会自动对齐像素网格。因此，沿对象“对齐”边缘的任何消除锯齿效果（通常在左侧边缘和顶部边缘）都会消失。现在，取消选择“视图”→“对齐像素”命令，然后移动该对象。这样，您将能够在网格线之间放置对象，注意这将如何影响对象的消除锯齿效果。正如您所看到的，非常小的调整都会影响对象的栅格化操作，如图 10－19 所示。

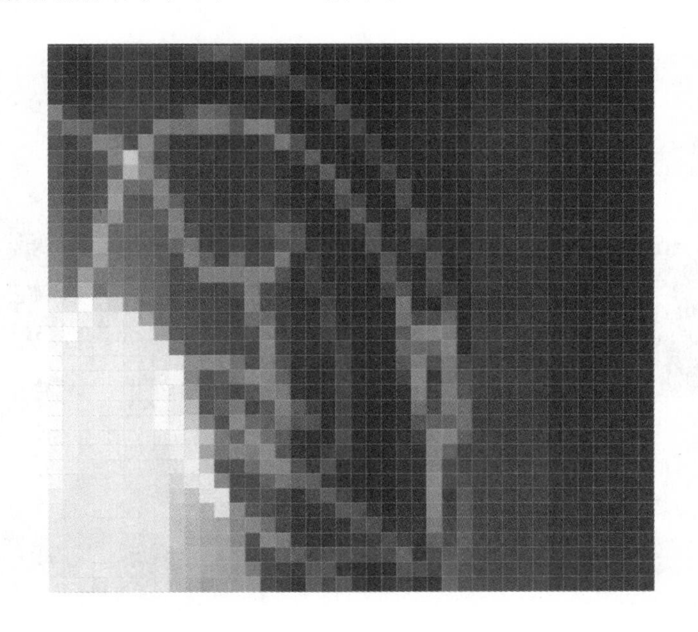

图 10－19

10.3 切片和图像映射

网页可以包含许多元素，如 HTML 文本、位图图像和矢量图等。在 Illustrator 中，可以使用切片来定义图稿中不同 Web 元素的边界。例如，如果图稿包含需要以 JPEG 格式进行优化的位图图像，而图像其他部分更适合作为 GIF 文件进行优化，则可以使用切片隔离位图图像。使用“存储为 Web 和设备所用格式”命令将图稿存储为网页时，您可以选择将每个切片存储为一个独立文件，它具有其自己的格式、设置以及颜色表。

Illustrator 文档中的切片与生成的网页中的表格单元格相对应。默认情况下，切片区域可导出为包含于表格单元格中的图像文件。如果希望表格单元格包含 HTML 文本和背景颜色而不是图像文件，则可以将切片类型更改为“无图像”。如果希望将 Illustrator 文本转换为 HTML 文本，则可以将切片类型更改为“HTML 文本”。

基于对象的切片不需要修改——它们基本上是不用维护的切片。但如果用切片工具绘制切片，就可以使用切片选择工具编辑这些切片，该工具允许移动切片及调整它们的大小。切片选择工具允许选择切片，以便可以应用到它们当中，如图 10－20 所示。

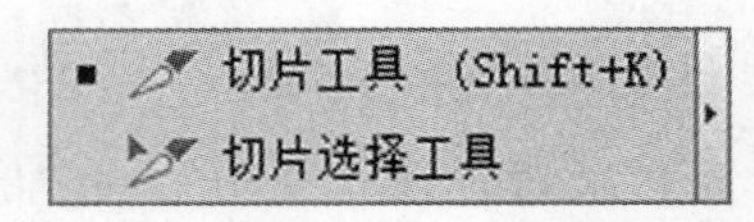

图 10－20

10.3.1 创建切片

(1) 其步骤有如下几种。

① 在画板上选择一个或多个对象，然后选择“对象”→“切片”→“建立”。

② 选择切片工具，并拖到要创建切片的区域上，按住“Shift”并拖移可将切片限制为正方形，如图 10－21 所示。

图 10－21

③ 在画板上选择一个或多个对象，然后选择“对象”→“切片”→“从所选对象创建”。

④ 将参考线放在图稿中要创建切片的位置，然后选择“对象”→“切片”→“从参考线创建”。

⑤ 选择一个现有切片，然后选择“对象”→“切片”→“复制切片”，如图 10-22 所示。

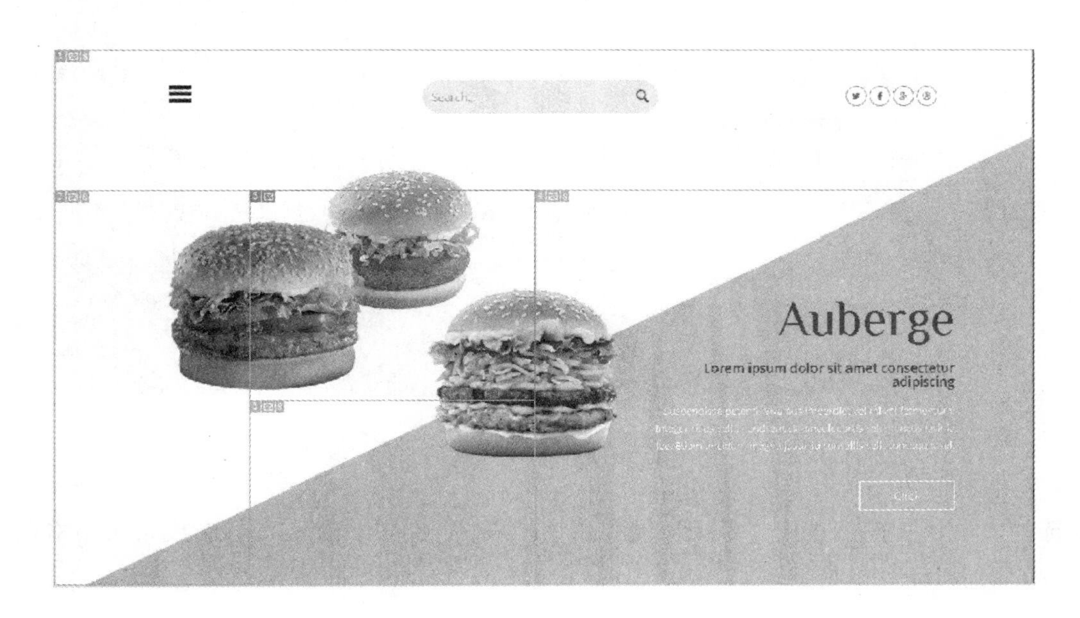

图 10-22

如果希望切片尺寸与图稿中的元素边界匹配，请使用“对象”→“切片”→“建立”命令。如果移动或修改图素，则切片区域会自动调整以包含新图稿。还可以使用此命令创建切片，该切片可从文本对象捕捉文本和基本格式特征。

如果希望切片尺寸与底层图稿无关，请使用切片工具、“从所选对象创建”命令或“从参考线创建”命令。以其中任一方式创建的切片将显示为“图层”面板中的项，可以使用与其他矢量对象相同的方式移动和删除它们以及调整其大小。

(2) 使用切片工具。

单击工具箱中的“切片工具”按钮或使用快捷键“Shift”+“K”，与绘制选区的方法相似，在图像中单击鼠标左键并拖动鼠标，创建一个矩形选框，释放鼠标左键以后就可以创建一个用户切片，而用户切片以外的部分将生成自动切片。

技巧提示

切片工具与矩形选框工具有很多相似之处，例如使用切片工具创建切片时，按住“Shift”键可以创建正方形切片；按住“Alt”键可以从中心向外创建矩形切片；按住“Shift”+“Alt”组合键，可以从中心向外创建正方形切片。

10.3.2 选择切片

可以使用切片选择工具在插图窗口或“存储为 Web 和设备所用格式”对话框中选择切片。

① 要选择一个切片，请单击该切片，如图 10-23 所示。

图 10－23

② 要选择多个切片，请按住“Shift”键并逐个单击。(在“存储为 Web 和设备所用格式”对话框中，也可以按住“Shift”并拖移。)

③ 要在处理重叠切片时选择底层切片，请单击底层切片的可见部分。

此外，还可以通过执行下列操作之一在插图窗口中选择切片：

①要选择使用“对象”→“切片”→“建立”命令创建的切片，请在画板上选择相应的图稿。若将切片捆绑到某个组或图层，请在“图层”面板中选择该组或图层旁边的定位图标。

②要选择使用切片工具、“从所选对象创建”命令或“从参考线创建”命令创建的切片，请在“图层”面板中定位该切片。

③使用选择工具单击切片路径。

④若要选择切片路径线段或切片锚点，请用“直接选择”工具单击任一项目。

注：无法对自动切片进行选择，这些切片为灰显状态。

10.3.3 设置切片选项

切片的选项确定了切片内容如何在生成的网页中显示、如何发挥作用。

(1) 用“切片选择”工具执行下列操作之一。

① 在插图窗口中选择一个切片，然后选择“对象”→“切片”→“切片选项”，如图 10－24 所示。

② 在“存储为 Web 和设备所用格式”对话框中，使用切片选择工具双击某个切片。

(2) 选择切片类型并设置对应的选项。

① 图像：如果希望切片区域在生成的网页中为图像文件，请选择此类型。如果希望图像是 HTML 链接，请输入 URL 和目标框架。还可以指定当鼠标位于图像上时

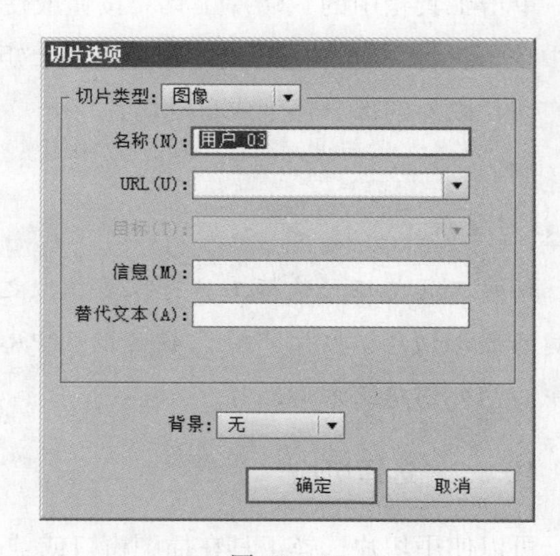

图 10－24

浏览器的状态区域中所显示的信息、未显示图像时所显示的替代文本，以及表单元格的背景颜色。

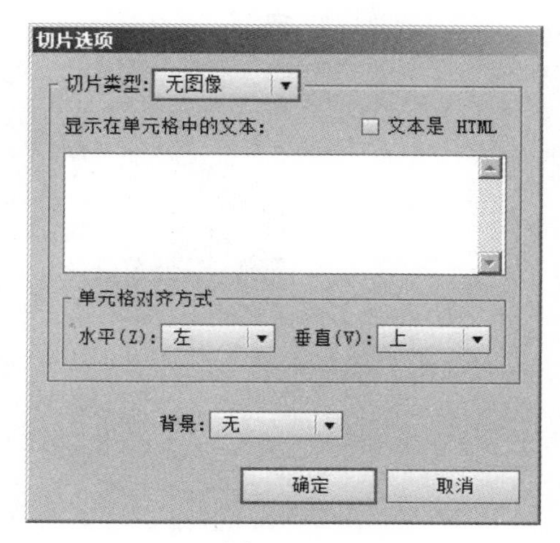

图 10－25

② 无图像：如果希望切片区域在生成的网页中包含 HTML 文本和背景颜色，请选择此类型。在“在单元格中显示的文本”文本框中输入所需文本，并使用标准 HTML 标记设置文本格式。注意输入的文本不要超过切片区域可以显示的长度（如果输入了太多的文本，它将扩展到邻近切片并影响网页的布局。然而，因为您无法在画板上看到文本，所以只有用 Web 浏览器查看网页时，才会变得一目了然）。设置“水平”和“垂直”选项，更改表格单元格中文本的对齐方式，如图 10－25 所示。

③ HTML 文本：仅当选择文本对象并选择“对象”→“切片”→“建立”来创建切片时，才能使用这种类型。可以通过生成的网页中基本的格式属性将 Illustrator 文本转换为 HTML 文本。若要编辑文本，请更新图稿中的文本。设置“水平”和“垂直”选项，更改表格单元格中文本的对齐方式，还可以选择表格单元格的背景颜色。

10.3.4　调整切片边界

如果使用“对象”→“切片”→“建立”命令创建切片，切片的位置和大小将捆绑到它所包含的图稿。因此，如果移动图稿或调整图稿大小，切片边界也会自动进行调整，如图 10－26 及图 10－27 所示。

图 10－26

如果使用切片工具、“从所选对象创建”命令或“从参考线创建”命令创建切片，则可以按下列方式手动调整切片：

① 要移动切片，请使用切片选择工具将切片拖到新位置。按“Shift”键可将移动限制在垂直、水平或 45°对角线方向上，如图 10－28 所示。

图 10－27

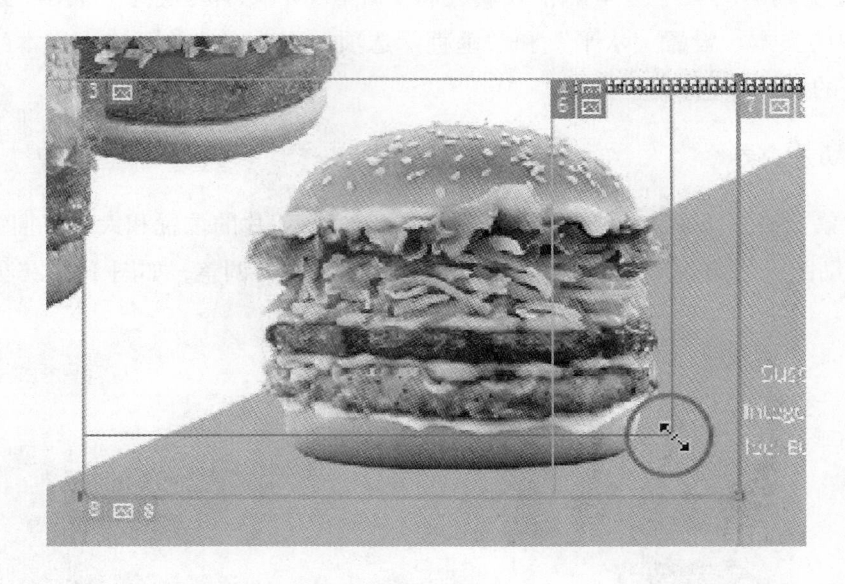

图 10－28

② 要重新调整切片的大小，请使用切片选择工具选择切片，并拖动切片的任一角或边。也可以使用选择工具和“变换”面板来调整切片的大小。

③ 要对齐或分布切片，请使用“对齐”面板。通过对齐切片，可以消除不必要的自动切片以生成较小且更有效的 HTML 文件。

④ 要更改切片的堆叠顺序，请将切片拖到“图层”面板中的新位置，或者选择“对象”→“排列”命令。

⑤ 要划分某个切片，请选择该切片，然后选择“对象”→“切片”→“划分切片”，如图 10－29 所示。

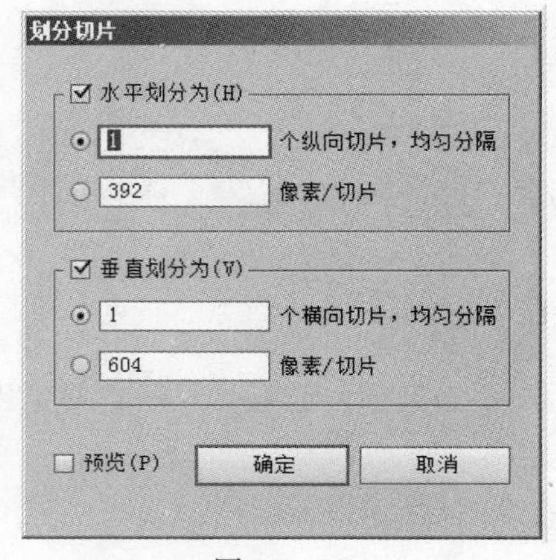

图 10－29

您可以对用任意方法创建的切片进行组合，选择这些切片，然后选择“对象”→“切片”→“组合切片”。将被组合切片的外边缘连接起来所得到的矩形，即构成组合后的切片的尺寸和位置。如果被组合切片不相邻，或者具有不同的比例或对齐方式，则新切片可能与其他切片重叠。要将所有切片的大小调整到画板边界，请选择“对象”→“切片”→“剪切到画板”，超出画板边界的切片会被截断以适合画板大小，画板内部的自动切片会扩展到画板边界，所有图稿保持原样。

10.3.5　删除切片

可以通过从对应图稿删除切片或释放切片来移去这些切片。

① 若要删除切片，请选择该切片，并单击“删除”。如果切片是使用“对象”→“切片”→“建立”命令创建的，则会同时删除相应的图稿。如果要保留对应的图稿，请释放切片而不要删除切片。

② 要删除所有切片，请选择“对象”→“切片”→“全部删除”，将释放使用“对象”→“切片”→“建立”命令创建的切片，而不是将其删除。

③ 要释放某个切片，请选择该切片，然后选择“对象”→“切片”→“释放”。

10.3.6　显示或隐藏切片

① 要在插图窗口中隐藏切片，请选择“视图”→“隐藏切片”。

② 要在“存储为 Web 和设备所用格式”对话框中隐藏切片，请单击“切换切片可视性”按钮。

③ 要想隐藏切片编号并更改切片线条颜色，请选择“编辑”→“首选项”→“智能参考线和切片”（Windows）或“Illustrator”→“首选项”→“智能参考线和切片”。

10.3.7　创建图像映射

图像映射使您能够将图像的一个或多个区域（称为热区）链接到一个 URL。用户单击热区时，Web 浏览器会载入所链接的文件。

使用图像映射与使用切片创建链接的主要区别，在于图稿导出为网页的方式。使用图像映射时，图稿作为单个图像文件保持原样；而使用切片时，图稿被划分为多个单独的文件。图像映射与切片之间的另一个区别是，图像映射使您能够链接图像的多边形或矩形区域，而切片只能链接矩形区域。如果只需要链接矩形区域，使用切片可能比使用图像映射更可取，如图 10－30 所示。

图 10－30

注：为避免出现意外结果，不要在包含 URL 链接的切片中创建图像映射热区；否则，在某些浏览器中，可能会忽略图像映射链接或切片链接。

① 选择要链接到 URL 的对象。

② 在“属性”面板中，从“图像映射”菜单中选择图像映射的形状。

③ 在 URL 文本框中输入一个相关或完整的 URL，或者从可用 URL 列表中选择，可以通过单击“浏览器”按钮来验证 URL 位置。

要在 URL 菜单中增加可见项的数量，请从“属性”面板菜单中选择“面板选项”，输入一个介于

1 和 30 之间的值，以定义要在 URL 列表中显示的 URL 项数。

10.4 SVG

GIF、JPEG、WBMP 和 PNG 等用于 Web 的位图图像格式，都使用像素网格来描述图像。生成的文件有可能很庞大，局限于单一（通常较低）的分辨率，且在 Web 上会占用大量带宽。SVG 是将图像描述为形状、路径、文本和滤镜效果的矢量格式。生成的文件很小，可在 Web、打印甚至资源有限的手持设备上提供较高品质的图像。用户无须牺牲锐利程度、细节或清晰度，即可在屏幕上放大 SVG 图像的视图。此外，SVG 提供对文本和颜色的高级支持，它可以确保用户看到的图像和 Illustrator 画板上所显示的一样。

SVG 格式完全基于 XML，并提供给开发人员和用户许多类似的优点。通过 SVG，您可以使用 XML 和 JavaScript 创建与用户动作对应的 Web 图形，其中可具有突出显示、工具提示、音频和动画等复杂效果，如图 10－31 所示。

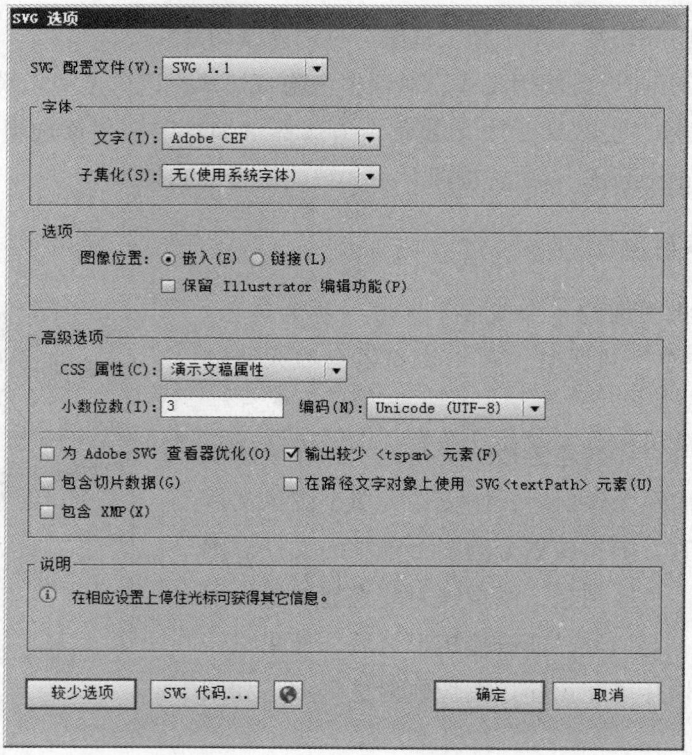

图 10－31

10.4.1 存储为 SVG 格式

可以使用“存储”“存储为”“存储副本”或“存储为 Web 和设备所用格式”命令以 SVG 格式存储图稿。要访问 SVG 导出选项的完整组合，请使用“存储”“存储为”或“存储副本”命令。“存储为 Web 设备所用格式”命令提供了一部分 SVG 导出选项，这些选项可用于面向 Web 的作品。

在 Illustrator 中建立图稿的方式将影响到生成的 SVG 文件。记住下列原则：

① 请使用图层将结构添加到 SVG 文件。将图稿存储为 SVG 格式时，每个图层都被转换为组元素。嵌套图层将成为 SVG 嵌套组，而隐藏的图层会被保留。

② 如果希望不同图层上的对象显示为透明，请调整每个对象（而不是每个图层）的不透明度。如果改变了每个图层级别的不透明度，则生成的 SVG 文件在 Illustrator 中显示时不会显示透明。

③ 栅格数据不能在 SVG 查看器中缩放，并且不能像其他 SVG 元素那样被编辑。如果可能，请避免创建在 SVG 文件中会被栅格化的图稿。以 SVG 格式存储时，使用栅格化、艺术效果、模糊、画笔描边、扭曲、像素化、锐化、素描、风格化、纹理和视频等效果的渐变网格和对象会被栅格化。同样，包含这些效果的图形样式也会产生栅格化情形。请使用 SVG 效果，从而在不导致栅格化的情形下添加图形效果。

④ 在图稿中使用符号并简化路径以提高 SVG 性能。如果性能是优先考虑的因素，还要避免使用生成大量路径数据的画笔，如炭笔、炭灰笔以及卷轴笔。

⑤ 请使用切片、图像映射和脚本将 Web 链接添加到 SVG 文件。

⑥ 脚本语言（如 JavaScript）为 SVG 文件带来了无限的功能。指针移动和键盘移动可以调用脚本功能（如翻转效果）。脚本也可以使用文档对象模型（DOM）来访问和修改 SVG 文件；例如，插入或删除 SVG 元素。

10.4.2　应用 SVG 效果

可以使用 SVG 效果添加图形属性，如添加投影到图稿。因为 SVG 效果基于 XML 并且不依赖于分辨率，所以它与位图效果有所不同。事实上，SVG 效果就是一系列描述各种数学运算的 XML 属性，生成的效果会应用于目标对象而不是原图形。

Illustrator 提供了一组默认的 SVG 效果。您可以用这些效果的默认属性，还可以编辑 XML 代码以生成自定效果，或者写入新的 SVG 效果。

要修改 Illustrator 的默认 SVG 滤镜，请使用文本编辑器来编辑“Documents and Settings / 〈userdir〉 / Application Data / Adobe / Adobe Illustrator CS6 Settings / 〈location〉”文件夹中的 Adobe SVG 滤镜 .svg 文件。可以修改现有的滤镜定义、删除滤镜定义以及添加新的滤镜定义，如图 10－32 所示。

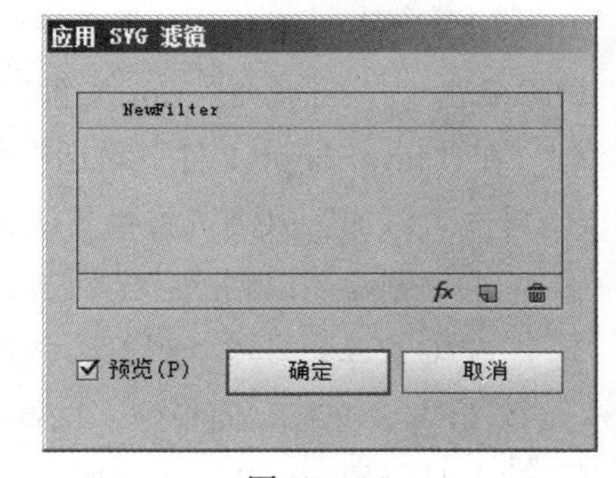

图 10－32

(1) 选择一个对象或组（或在“图层”面板中定位一个图层）。

(2) 执行下列操作之一：

① 要应用具有默认设置的效果，请从“效果”→“SVG 滤镜”子菜单底部选择效果。

② 要应用具有自定设置的效果，请选择“效果”→“SVG 滤镜”→“应用 SVG 滤镜”。在此对话框中，选择该效果，然后单击“编辑 SVG 滤镜”按钮。编辑默认代码，然后单击“确定”。

③ 要创建并应用新效果，请选择“效果”→“SVG 滤镜”→“应用 SVG 滤镜”。在此对话框中，单击“新建 SVG 滤镜”按钮，输入新代码，然后单击“确定”。

应用 SVG 滤镜效果时，Illustrator 会在画板上显示效果的栅格化版本。可以通过修改文档的栅格化分辨率设置来控制此预览图像的分辨率。

如果对象使用多个效果，SVG 效果必须是最后一个效果；换言之，它必须显示在“外观”面板底部（在“透明度”项正上方）。如果 SVG 效果后面还有其他效果，SVG 输出将由栅格对象组成。

从 SVG 文件导入效果步骤如下。

① 选择“效果”→“SVG 滤镜”→“导入 SVG 滤镜”。

② 选择要从中导入效果的 SVG 文件，然后单击“打开”。

10.4.3 SVG 交互面板概述

导出图稿以在 Web 浏览器中查看时，可以使用“SVG 交互”面板（“窗口”→“SVG 交互”）将交互内容添加到图稿中。例如，通过创建一个触发 JavaScript 命令的事件，用户可以在执行动作（如将鼠标光标移动到对象上）时在网页上快速创建移动。也可以使用“SVG 交互”面板，查看与当前文件相关联的所有事件和 JavaScript 文件，如图 10－33 所示。

图 10－33

1. 从SVG交互面板中删除事件

① 要删除一个事件，请选择该事件，然后单击“删除”按钮，或者从面板菜单中选择“删除事件”。

② 要删除所有事件，请从面板菜单中选择“清除事件”。

2. 列出、添加或删除链接到文件上的事件

（1）单击“链接 JavaScript 文件”按钮。

（2）在“JavaScript 文件”对话框中，选择一个 JavaScript 项，然后执行下列操作之一：

① 单击“添加”以浏览查找其他 JavaScript 文件。

② 单击“删除”以删除选定的 JavaScript 项。

3. 将SVG交互内容添加到图稿中

① 在“SVG 交互”面板中，选择一个事件。（请参阅“SVG 事件”。）

② 输入对应的 JavaScript 并按 Enter 键。

4. SVG事件

onfocusin 在元素获得焦点（如通过指针选择）时触发动作。

onfocusout 在元素失去焦点时（通常在另一元素获得焦点时）触发动作。

onactivate 通过鼠标单击或按下键盘来触发动作，取决于 SVG 元素。

onmousedown 在元素上按下鼠标按钮时触发动作。

onmouseup 在元素上释放鼠标按钮时触发动作。

onclick 在元素上单击鼠标时触发动作。

onmouseover 在指针移动到元素上时触发动作。

onmousemove 指针在元素上时触发动作。

onmouseout 指针从元素上移开时触发动作。

onkeydown 在按住某键时触发动作。

onkeypress 在按某键时触发动作。

onkeyup 释放键时触发动作。

onload 在 SVG 文档被浏览器完全解析之后触发动作，使用此事件调用一次性初始化功能。

onerror 在元素无法正确载入或发生另一错误时触发动作。

onabort 在元素尚未完全载入页面及停止载入时触发动作。

onunload 在从窗口或框架移去 SVG 文档时触发动作。

onzoom 在缩放级别根据文档改变时触发动作。

onresize 在调整文档视图大小时触发动作。

onscroll 在滚动或平移文档视图时触发动作。

10.5 创建动画

10.5.1 关于 Flash 图形

Flash（SWF）文件格式是一种基于矢量的图形文件格式，它用于适合 Web 的可缩放小尺寸图形。由于这种文件格式基于矢量，因此，图稿可以在任何分辨率下保持其图像品质，并且非常适于创建动画帧。在 Illustrator 中，可以在图层上创建单独的动画帧，然后将图像图层导出到网站上使用的单独帧中，也可以在 Illustrator 文件中定义符号以减小动画的大小。在导出后，每个符号仅在 SWF 文件中定义一次。

可以使用“导出”命令或“存储为 Web 和设备所用格式”命令将图稿存储为 SWF 文件。这两个命令的优点包括：导出（SWF）命令对动画和位图压缩进行最大程度的控制。

存储为 Web 和设备所用格式命令对在切片布局中混合使用 SWF 和位图格式进行较大程度的控制。与“导出”（SWF）命令相比，该命令提供较少的图像选项，但会使用“导出”命令上次所用的设置。

在准备将存储为 SWF 的图稿时，请牢记以下信息：

① 要在使用符号时尽量减小文件大小，请为“符号”面板中的符号（而不是图稿中的符号实例）应用效果。

② 使用“符号着色器”和“符号样式器”工具会导致 SWF 文件更大，因为 Illustrator 必须创建每个符号实例的副本以保持它们的外观。

③ 具有 8 个以上色标的网格对象和渐变会被栅格化，并将显示为以位图填充的形状。色标少于 8 个的渐变被作为渐变导出。

④ 图案被栅格化为小图像，其大小为图案作品的大小，并被拼贴以填充作品。

⑤ 如果位图对象超出切片边界，那么整个对象包含于导出的文件中。

⑥ SWF 仅支持圆头端点和连接。导出到 SWF 后，斜角或方形端点和连接将变为圆角。

⑦ 图案填充的文本和图案填充的描边将转换为路径，并使用图案进行填充。

⑧ 虽然导出到 SWF 时文本保留了它的很多特性，但会丢失某些信息。将 SWF 文件导入到 Flash 时，不会保留行距、字偶间距和字符间距，而是将文本断开为单独记录以模拟行距外观。随后在 Flash Player 中播放 SWF 文件时，将保留文件中的行距、字偶间距和字符间距的外观。如果希望将文本导出为路径，请在“SWF 选项”对话框中选择“将文本导出为轮廓”，或者在导出到 SWF 之前选择“创建轮廓”命令先将文本转换为轮廓。

10.5.2 创建 Flash 动画

Illustrator 中有许多可用来创建 Flash 动画的方法。最容易的一种是在单独的 Illustrator 图层上放置每个动画帧，并在导出图稿时选择“AI 图层到 SWF 帧”选项。

（1）创建要制成动画的图稿，可以使用符号来减小动画的文件大小，并简化作品。

（2）为动画中的每一帧创建单独的图层。

可以通过将基本图稿粘贴到新图层然后编辑此图稿来完成此操作，或者，可以使用“释放到图层”命令自动生成包含累积建立的对象的图层。

（3）确保图层的顺序与动画帧播放的顺序一致。

（4）执行下列操作之一：

① 选择“文件”→“导出”，选择“Flash（SWF）”作为格式，然后单击“导出”。在“SWF 选项”对话框中，选择“导出为”中的“AI 图层到 SWF 帧”。设置其他动画选项，然后单击“确定”。

② 选择“文件”→“存储为 Web 和设备所用格式”。从“优化的文件格式”菜单中选择“SWF”。从“导出类型”菜单中，选择“AI 图层到 SWF 帧”。设置其他选项，然后单击“存储”。

使用 Illustrator 和 Flash 可以将 Illustrator 图稿移到 Flash 编辑环境中，或者将其直接移到 Flash Player 中。可以复制和粘贴图稿、以 SWF 格式存储文件，或者将图稿直接导出到 Flash。另外，Illustrator 还提供了对 Flash 动态文本和影片剪辑符号的支持。

也可以使用 Device Central 来查看 Illustrator 图稿在各种手持设备上的 Flash Player 中的显示效果。

在 Illustrator 中，可以方便、快速且无缝地创建图形丰富的图稿、复制图稿并将其粘贴到 Flash 中。

将 Illustrator 图稿粘贴到 Flash 时，将保留以下属性：

① 路径和形状。

② 可伸缩性。

③ 描边粗细。

④ 渐变定义。

⑤ 文本（包括 OpenType 字体）。

⑥ 链接的图像。

⑦ 符号。

⑧ 混合模式。

另外，Illustrator 和 Flash 还通过以下方式支持粘贴的图稿：

① 在 Illustrator 图稿中选择整个顶层图层并将其粘贴到 Flash 时，将保留这些图层及其属性（可视性和锁定）。

② 在 Flash 中，非 RGB Illustrator 颜色（CMYK、灰度和自定）将转换为 RGB，RGB 颜色将按预期方式进行粘贴。

③ 导入或粘贴 Illustrator 图稿时，可以使用各种不同的选项将效果（如文本上的投影）保存为 Flash 滤镜。

④ Flash 保留 Illustrator 蒙版。

10.5.3　从 Illustrator 中导出 SWF 文件

从 Illustrator 中，可以导出与从 Flash 导出的 SWF 文件的品质和压缩相匹配的 SWF 文件。

在进行导出时，可以从各种预设中进行选择以确保获得最佳输出，并且可以指定如何处理多个画板、符号、图层、文本以及蒙版。例如，可以指定是将 Illustrator 符号导出为影片剪辑还是图形，或者可以选择通过 Illustrator 图层来创建 SWF 符号。

10.5.4　将 Illustrator 文件导入到 Flash

如果要在 Illustrator 中创建完整的版面，然后使用一个步骤将其导入到 Flash 中，则可以按原有的 Illustrator 格式（AI）存储图稿，并在 Flash 中使用“文件”→“导入到舞台”或“文件”→“导入到库”命令将其导入到 Flash 中（具有较高的保真度）。

如果 Illustrator 文件包含多个画板，在 Flash 的“导入”对话框中选择要导入的画板，并为此画板中各个图层指定设置。所选画板上所有对象导入为 Flash 中的单个图层。如果要从同一 AI 文件中导入另一个画板，此画板上的对象导入为 Flash 中的新图层。

将 Illustrator 图稿作为 AI、EPS 或 PDF 文件导入时，Flash 将保留与粘贴的 Illustrator 图稿相同的属性。另外，如果导入的 Illustrator 文件包含图层，也可以使用以下任何方法来导入它们：

① 将 Illustrator 图层转换为 Flash 图层。

② 将 Illustrator 图层转换为 Flash 帧。

③ 将所有 Illustrator 图层转换为单个 Flash 图层。

10.5.5　符号工作流程

Illustrator 中的符号工作流程类似于 Flash 中的符号工作流程。

符号创建在 Illustrator 中创建符号时，可以使用“符号选项”对话框来命名符号并设置特定于 Flash 的选项：影片剪辑符号类型（Flash 符号的默认类型）、Flash 注册网格位置以及 9 格切片缩放参考线。另外，还可以在 Illustrator 和 Flash 中使用很多相同符号的键盘快捷键（如 F8 键用于创建符号）。

用于符号编辑的隔离模式在 Illustrator 中双击某个符号，在隔离模式下将其打开以便于进行编辑。在隔离模式下，只能编辑符号实例，画板上的所有其他对象将灰显并且无法使用。在退出隔离模式后，将相应地更新“符号”面板中的符号以及该符号的所有实例。在 Flash 中，符号编辑模式与“库”面板的工作方式类似。

符号属性和链接通过使用“符号”面板或“控制”面板，您可以方便地为符号实例指定名称、断开实例与符号之间的链接、与其他符号交换符号实例或创建符号副本。在 Flash 中，“库”面板中的编辑功能具有类似的工作方式。

10.5.6 静态、动态以及输入文本对象

将静态文本从 Illustrator 导入到 Flash 时，Flash 会将该文本转换为轮廓。另外，还可以在 Illustrator 中将文本设置为动态文本。通过使用动态文本，可以在 Flash 中以编程方式编辑文本内容，并且可以方便地管理需要以多种语言本地化的项目。

在 Illustrator 中，可以将各个文本对象指定为静态、动态或输入文本。Illustrator 和 Flash 中的动态文本对象具有类似的属性。例如，它们都使用影响文本块中所有字符而非单个字符的字距微调；它们以相同方式消除文本锯齿；并且它们都可以链接到包含文本的外部 XML 文件。

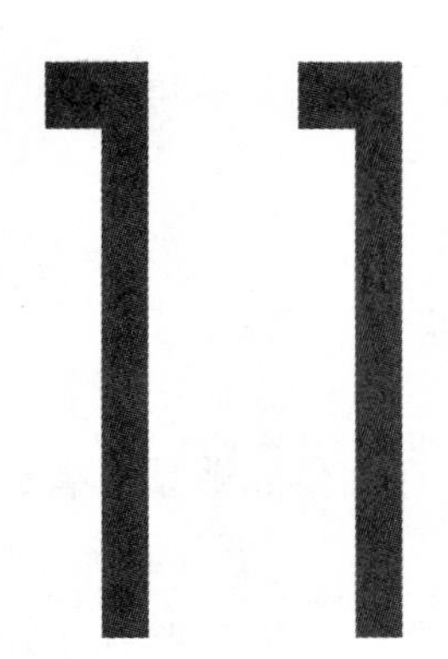

第 11 章　高级商业案例制作

11.1　企业 VI 系统设计

11.1.1　VI 的概念

VI 的全称是 Visual Identity，即视觉识别，是企业形象设计的重要组成部分。进行 VI 设计，就是以标志、标准字、标准色为核心，创建一套完整的、系统的视觉表达体系，将企业理念、企业文化、服务内容、企业规范等抽象概念转换为具体记忆和可识别的形象符号，从而塑造出排他性的企业形象，如图 11－1 所示。

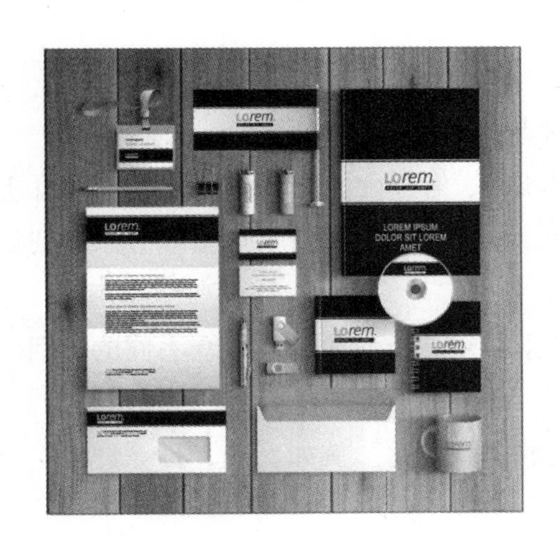

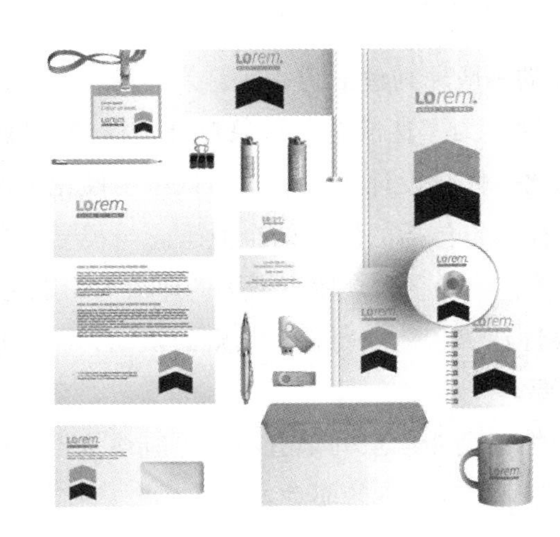

图 11－1

VI 设计的主要内容可以分为基本要素系统和应用系统两大类。

（1）基本要素系统

其中主要包括：

① 标志。

② 标准字。

③ 标准色。

④ 标志和标准字的组合。

（2）应用系统

其中主要包括：

① 办公用品，如信封、信纸、便笺、名片、徽章、工作证、请柬、文件夹、介绍信、账票、备忘录、公文表格等。

② 企业外部建筑环境，如建筑造型、公司旗帜、企业门面、企业招牌、公共标识牌、路标指示牌、广告塔、霓虹灯广告、庭院美化等。

③ 服装服饰，如经理制服、管理人员制服、员工制服、礼仪制服、文化衫、领带、工作帽、纽扣、肩章、胸卡等。

④ 广告媒体，如电视广告、杂志广告、报纸广告、网络广告、路牌广告、招贴广告等。

⑤ 产品包装，如纸盒包装、纸袋包装、木箱包装、玻璃容器包装、塑料袋包装、金属包装、陶瓷包装、包装纸等。

⑥ 公务礼品，如 T 恤、领带、领带夹、打火机、钥匙牌、雨伞、纪念章、礼品袋等。

⑦ 企业内部建筑环境，如企业内部各部门标识牌、楼层标识牌、企业形象牌、旗帜、广告牌、POP 广告、货架标牌等。

⑧ 交通工具，如轿车、面包车、巴士、货车、工具车、油罐车、轮船、飞机等。

⑨ 陈列展示，如橱窗展示、展览展示、货架商品展示、陈列商品展示等。

⑩ 印刷品，如企业简介、商品说明书、产品简介、年历等。

11.1.2 VI 设计的一般原则

VI 设计的一般原则包括统一性、差异性和民族性。

① 统一性：为了达成企业形象对外传播的一致性与一贯性，应该运用统一设计和统一大众传播，用完美的视觉一体化设计，将信息与认识个性化、明晰化、有序化，把各种形式传播媒介上的形象统一，创造可存储与传播的统一的企业理念与视觉形象，这样才能集中与强化企业形象，使信息传播更为迅速、有效，给社会大众留下强烈的印象与影响力。

② 差异性：为了能获得社会大众的认同，企业形象必须是个性化的、与众不同的，因此差异性的原则十分重要。

③ 民族性：企业形象的塑造与传播应该依据不同的民族文化。例如，美、日等许多企业的崛起和成功，民族文化是其根本的驱动力。

11.1.3 案例解析——网络公司 VI 系统

1. 基本版式设计

首先进行基本版式设计，最终效果如图 11－2 所示。

图 11－2

操作步骤

（1）按“Ctrl”＋“N”键，在弹出的“新建文档”对话框中设置“画板数量”为 12，“列数”为 4，“大小”为 A4，“取向”为横向，然后单击“确定”按钮，如图 11－3 所示。

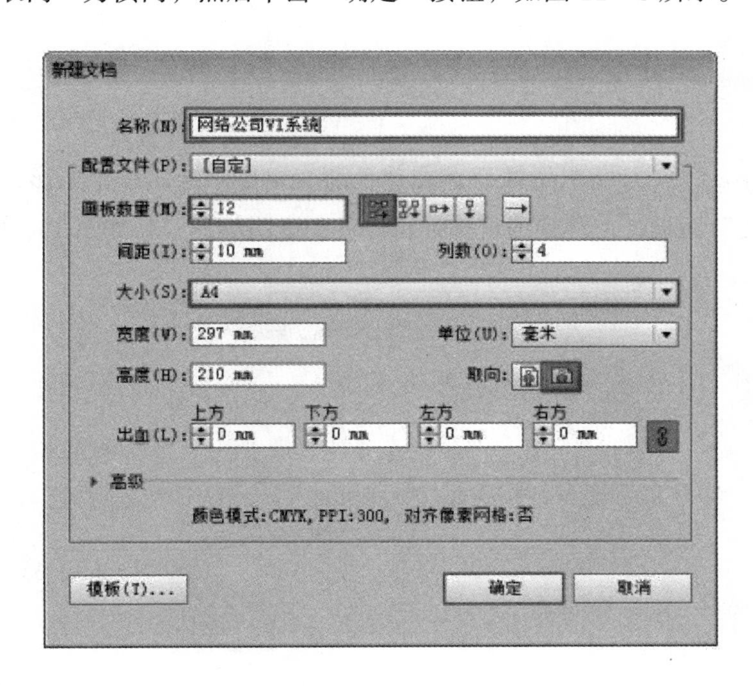

图 11－3

(2) 单击工具箱中的“矩形工具”按钮，在画板的左上方单击并拖动鼠标，绘制一个长条矩形。执行于“窗口”→“渐变”命令，打开“渐变”面板，在其中编辑一种黄色渐变，如图 11-4 及图 11-5 所示。

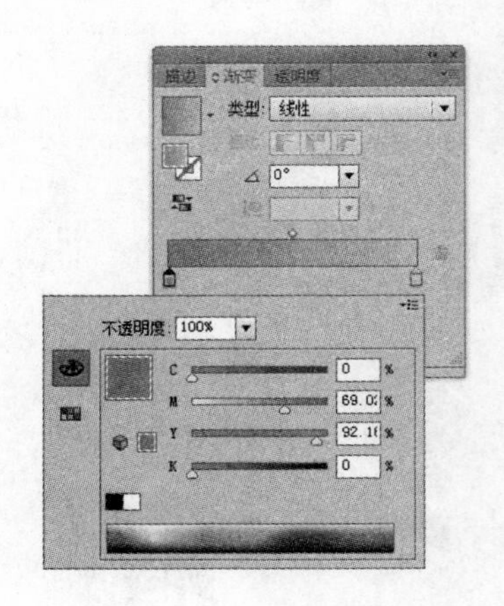
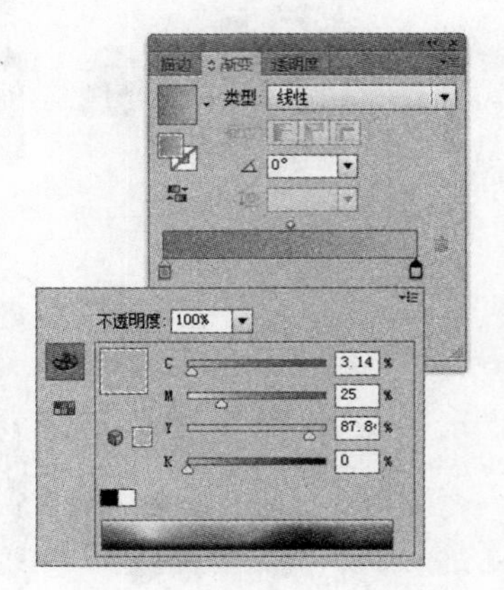

图 11-4

图 11-5

(3) 单击工具箱中的“矩形工具”按钮，在蓝色渐变矩形中绘制一个矩形，执行“窗口”→“渐变”命令，打开“渐变”面板，在其中编辑一种从白色到透明的渐变，如图 11-6 所示。

图 11-6

（4）单击工具箱中的“矩形工具”按钮，在半透明长条矩形左侧绘制一个矩形。执行“窗口”→“颜色”命令，打开“颜色”面板，设置填充色为“白色”。执行“窗口”→“透明度”命令，打开“透明度”面板，设置“不透明度”为 100%，如图 11－7 所示。

图 11－7

（5）单击工具箱中的“文字工具”按钮，在控制栏中设置合适的字体和大小，在半透明长条矩形右侧单击并输入文字。执行“窗口”→“颜色”命令，打开“颜色”面板，设置填充色为白色，如图 11－8a 所示。

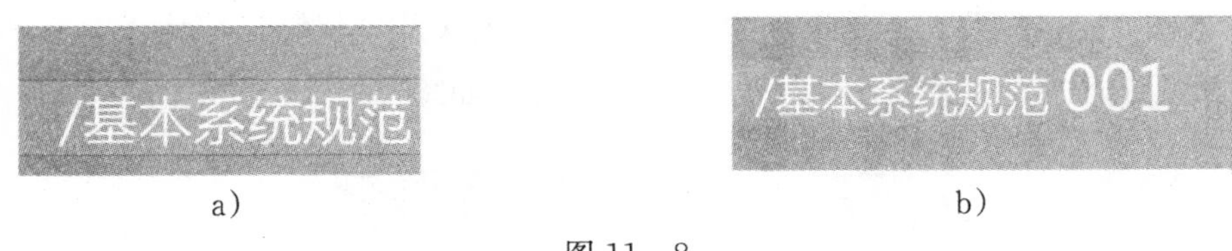

a）　　b）

图 11－8

（6）使用文字工具拖拽选中数字部分，在控制栏中设置另一种字体和大小，如图 11－8b 所示。

（7）单击工具箱中的“椭圆工具”按钮，在页面左上角绘制正圆形。执行“窗口”→“渐变”命令，打开“渐变”面板，在其中编辑一种黄色渐变，如图 11－9 所示。

图 11－9

（8）单击工具箱中的“文字工具”按钮，在控制栏中设置合适的字体和大小，在正圆形右侧单击并输入文字；执行“窗口”→“颜色”命令，打开“颜色”面板，设置填充色为黑色，如图 11－10 所示。

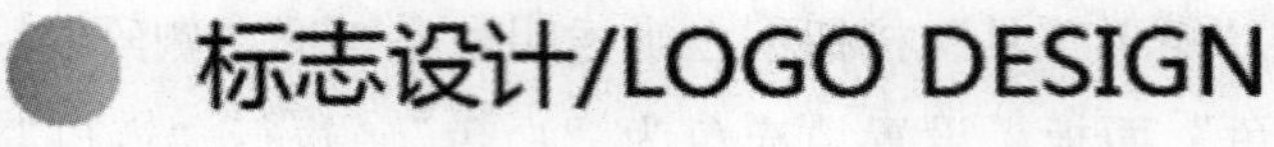

标志设计/LOGO DESIGN

图 11－10

（9）单击工具箱中的“文字工具”按钮，在控制栏中设置合适的字体和大小，在画板右下方通过拖动鼠标创建一个文本框，输入文字并设置填充色为黑色，如图 11－11 所示。

（10）执行“窗口”→“文字”→“段落”命令，打开段落面板，设置段落样式为“右对齐”，如图 11－12 所示。

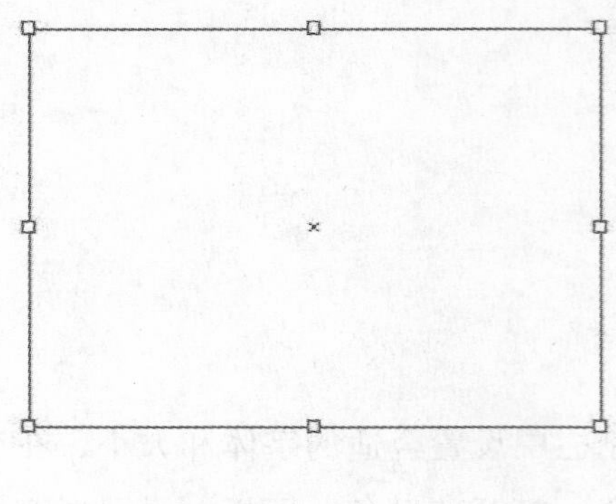

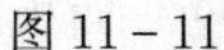
图 11－11

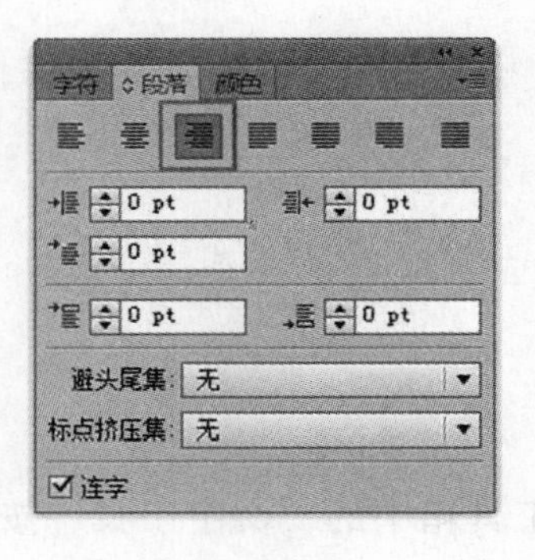

图 11－12

（11）单击工具箱中的“文字工具”按钮，在控制栏中设置合适的字体和大小，在段落文字右侧单击并输入文字，如图 11－13 所示。至此，VI 画册的基本版式部分就制作完成了，在后面每个页面的制作过程中，只需复制该页面并对部分文字进行更改即可，如图 11－13 所示。

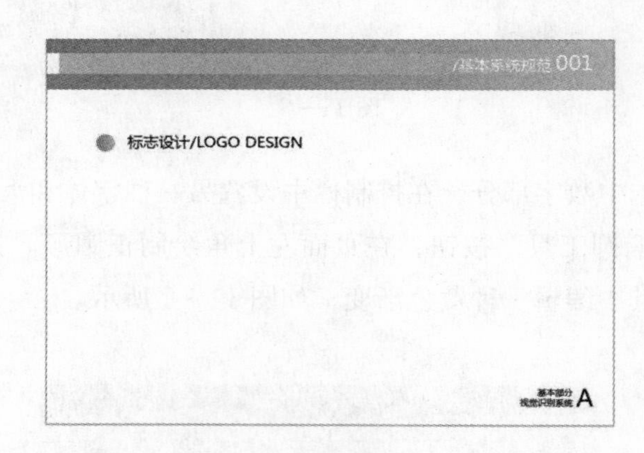

图11－13

2. 画册封面设计

案例效果

下面进行画册封面设计，最终效果如图 11－14 所示。

操作步骤

（1）单击工具箱中的“矩形工具”按钮，在面板的左上方单击并拖动鼠标至画板的右下角，绘制一个矩形，执行“窗口”→“渐变”命令，打开“渐变”面板，在其中编辑一种从深黄色到黄色的渐变，如图 11－15 所示。

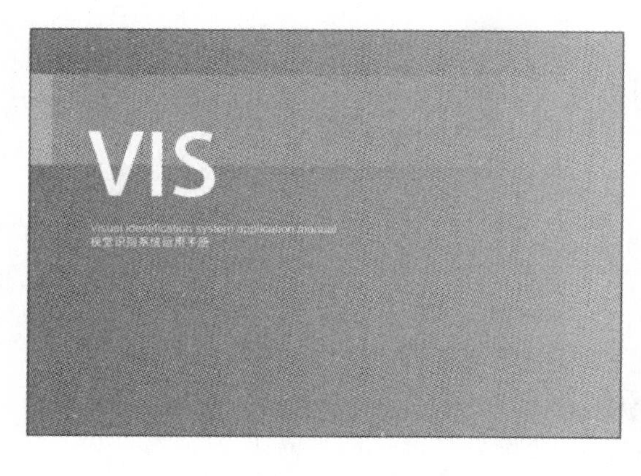

图 11－14

图 11－15

（2）单击工具箱中的“矩形工具”按钮，在上半部分绘制一个矩形。执行“窗口”→“渐变”命令，打开“渐变”面板，在其中编辑一种从白色到透明的渐变，如图 11－16 所示。

（3）使用矩形工具在半透明长条矩形左侧绘制一个矩形；然后执行“窗口”→“颜色”命令，打开“颜色”面板，设置填充色为白色；再执行“窗口”→“透明度”命令，打开“透明度”面板，设置“不透明度”为 50%，如图 11－17 所示。

图 11－16

图 11－17

（4）单击工具箱中的“文字工具”按钮，在半透明长条矩形上单击鼠标左键，在控制栏中设置合适的字体和大小后输入文字。执行“窗口”→“颜色”命令，打开“颜色”面板，设置填充色为白色，如图 11－18 所示。

（5）使用同样的方法在主体文字的下方单击并输入其他文字，如图 11－19。

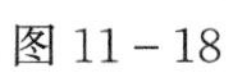

图 11－18

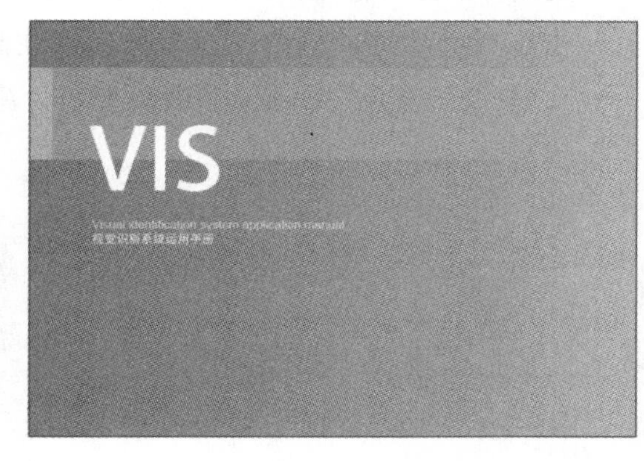

图 11－19

3. 基础部分标志设计

标志设计在整个视觉识别系统中占有至关重要的位置，不仅可以体现企业的名称，更能够主导整个视觉识别系统的色调和风格。

案例效果

本例为设计标志，最终效果如图 11－20 所示。

图 11－20

操作步骤

（1）单击工具箱中的“文字工具”按钮，输入文字并选择合适字体。打开“颜色”面板，设置填充色为黄色，如图 11－21 所示。

图 11－21

（2）使用同样的方法输入另外 3 个字母并选择合适字体，设置填充色为灰色，如图 11－21 所示。

（3）单击工具箱中的“椭圆工具”按钮，在画板中拖出一个合适大小的正圆。执行“窗口”→“颜色”命令，打开“颜色”面板，设置填充色为黄色，如图 11－22 所示。

图 11－22

（4）单击工具箱中的“文字工具”按钮，输入相关文字并选择合适字体。打开“颜色”面板，设置填充色为灰色，如图 11－23 所示。

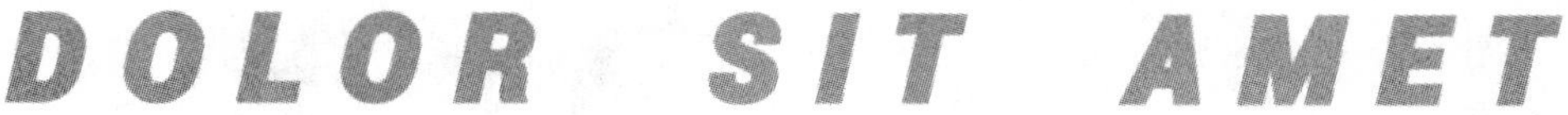

DOLOR SIT AMET

图 11－23

（5）单击工具箱中的“矩形工具”按钮，在画板中拖出一个比文字区域略大的矩形。执行“窗口”→“颜色”命令，打开“颜色”面板，设置填充色为灰色，如图 11－24 所示。

图 11－24

（6）使用工具箱中的“转换点”工具，把矩形的左上角及右下角调整成圆角，注意边线的位置，如图 11－25 所示。

图 11－25

（7）把上图 3 个灰色的英文字符拖动到圆角矩形的中心，并使用对齐工具居中处理，如图 11－26 所示。

DOLOR SIT AMET

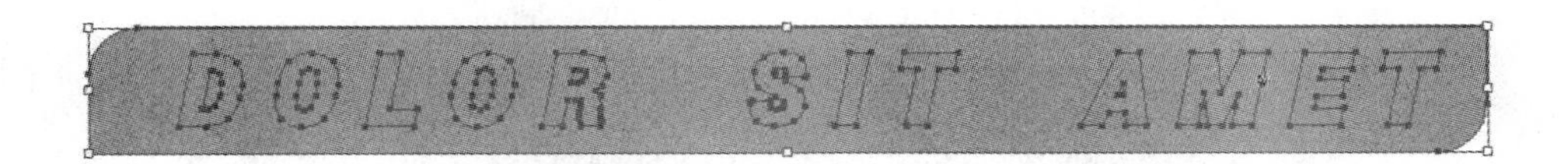

图 11－26

（8）单击工具箱中的“选择工具”，选中所有的文字和图形；然后执行“对象”→“扩展”命令，在弹出的“扩展”对话框中选中“对象”和“填充”复选框，单击“确定”按钮，如图 11－27 所示。

扩展(X)...
扩展外观(E)
栅格化(Z)...

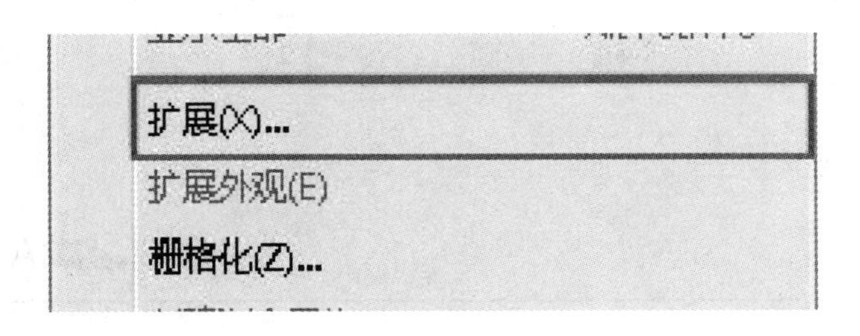

图 11－27

（9）保持所有对象的选中状态，通过右键菜单“建立复合路径”命令，得到镂空字体效果，如图 11－28 所示。

图 11－28

4. 基础部分——组合规范应用

基本要素的组合方式包括横向组合、纵向组合、特殊组合等多种。根据具体媒体的规格与排列方向，可以设计横排、竖排、大小、方向等不同形式的组合方式。此外，还可以对企业标志同其他要素之间的比例尺寸、间距方向、位置关系等进行设计。标志同其他要素的常见组合方式如下：

标志同企业中文名称全称或略称的组合。

标志同品牌名称的组合。

标志同企业英文名称全称或略称的组合。

标志同企业名称或品牌名称及企业类型的组合。

标志同企业名称或品牌名称及企业宣传口号、广告语等的组合。

案例效果

本例按照一定的方式将标志与其他要素进行组合，最终效果如图 11－29 所示。

图 11－29

操作步骤

（1）复制画册基本版式，并将其摆放在下一个画板上，单击工具箱中的“文字工具”按钮，选中页面中需要更改的文字，将其更改为适应当前页面的内容，如图 11－30 所示。

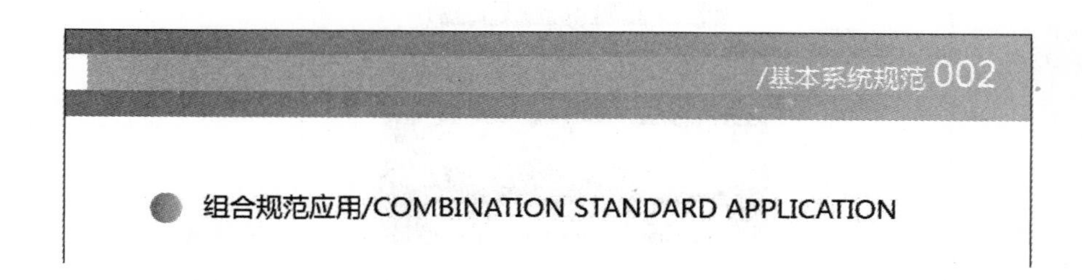

图 11－30

（2）使用选择工具选中标志部分，将其复制到画板中央；然后选择文字部分，同样进行复制并适当缩放，摆放在标志下方。第一个标准组合如图 11－31 所示。

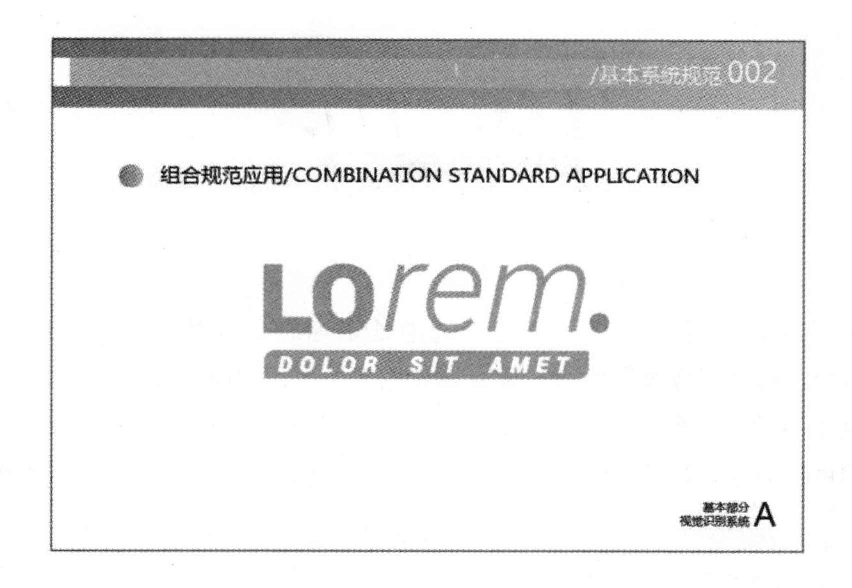

图 11－31

5. 基础部分——墨稿和反白稿

墨稿也就是黑白稿，主体里的线条、色块为黑色，也称为阳图；反白稿是指主体里的线条，色块为白色，也叫阴图。

案例效果

本例制作墨稿和反白稿，最终效果如图 11－32 所示。

操作步骤

（1）复制画册基本版式，并摆放在下一个画板上。单击工具箱中的“文字工具”按钮，选中页面中需要更改的文字，将其更改为适应当前页面的内容，如图 11－33 所示。

图 11－32

图 11－33

（2）单击工具箱中的“选择工具”按钮，选中基本标志，将其复制到当前页面中。执行“窗口”→“颜色”命令，打开“颜色”面板，设置填充色为黑色，如图 11－33 所示。

（3）单击工具箱中的“矩形工具”按钮，在画板的下方单击并拖动鼠标，绘制一个长条矩形。执行“窗口”→“颜色”命令，打开“颜色”面板，设置填充色为黑色，如图 11－34 所示。

图 11－34

(4) 复制标志部分，执行“窗口”→“颜色”命令，在打开的“颜色”面板中，设置填充色为白色，然后将其放置在下方的黑色矩形上，如图 11－35 所示。

图 11－35

6. 基础部分——标准化制图

案例效果

本例将介绍如何进行标准化制图，最终效果如图 11－36 所示。

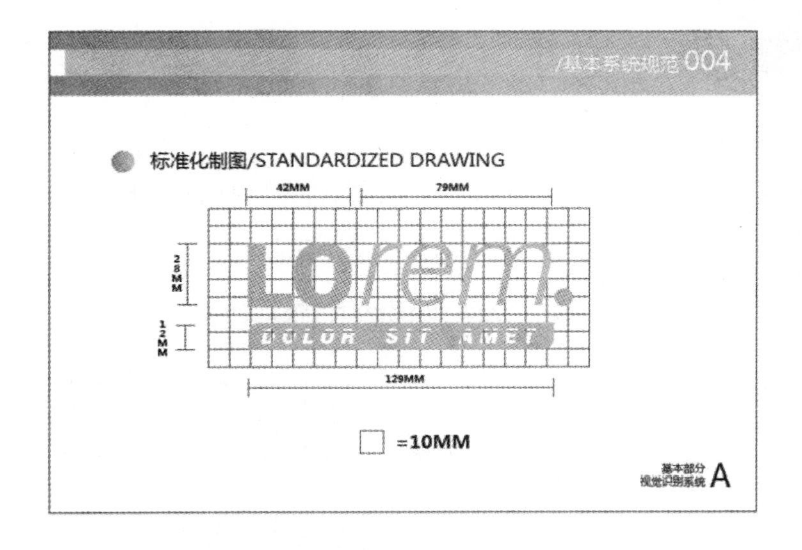

图 11－36

操作步骤

(1) 复制画册基本版式，并摆放在下一个画板上。单击工具箱中的“文字工具”按钮，选中页面中需要更改的文字，将其更改为适应当前页面的内容。复制标志，摆放在当前页面中央，如图 11－37 所示。

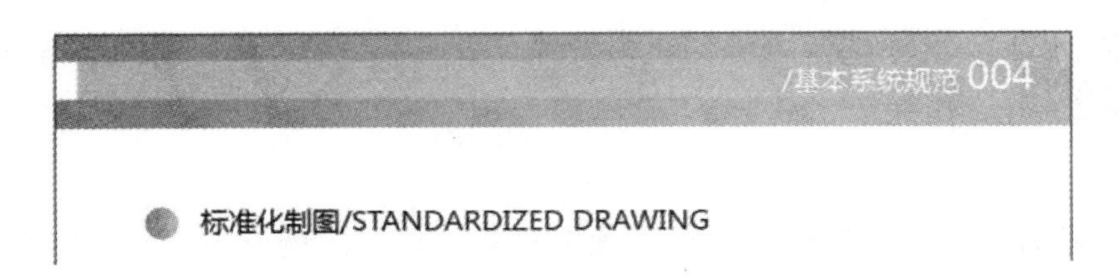

图 11－37

（2）单击工具箱中的“矩形网格工具”按钮，在空白处单击鼠标左键，在弹出的“矩形网格工具”选项对话框中设置“宽度”为 180mm，“高度”为 70mm，“水平分隔线数量”为 8，“垂直分隔线数量”为 17，单击“确定”按钮；然后将创建的网格移动到标志上，如图 11-38 及图 11-39 所示。

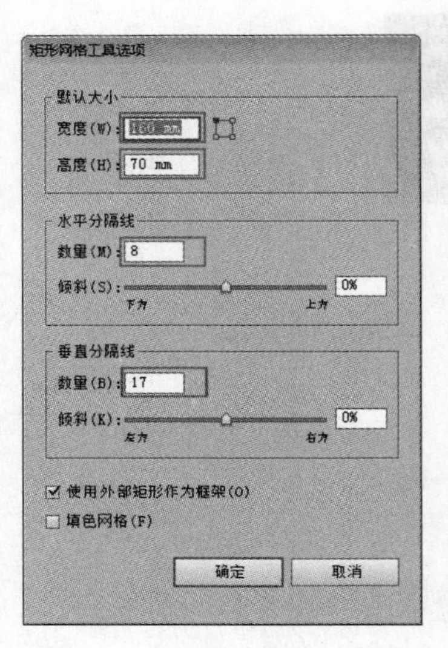

图 11-38

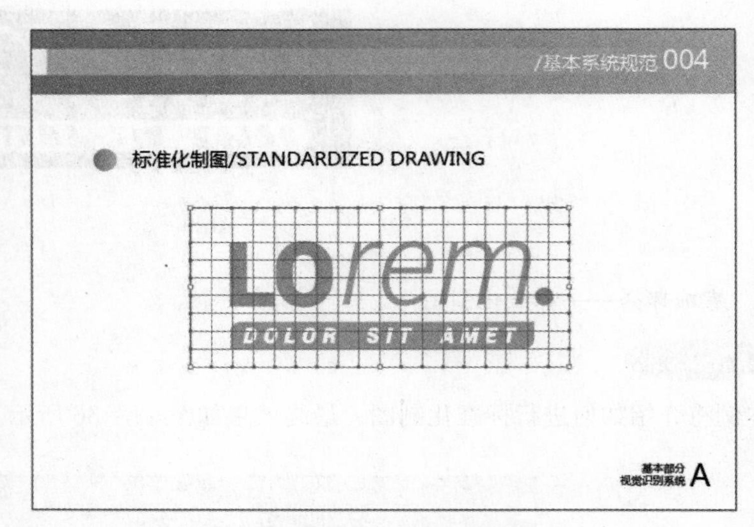

图 11-39

（3）单击工具箱中的“直线段工具”按钮，在网格周边绘制标注线段，然后设置填充色为无，描边色为黑色，“粗细”为 lot，如图 11-40 所示。

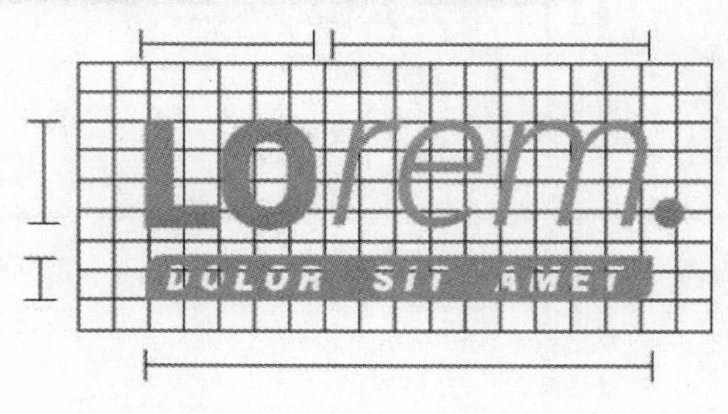

图 11-40

（4）单击工具箱中的“文字工具”按钮，在控制栏中设置合适的字体和大小，在线段上单击并输入注释性文字，如图 11-41 所示。

（5）保持文字工具的选中状态，在控制栏中设置合适的字体和大小，在网格下方单击并输入注释性文字，如图 11-41 所示。

7. 基础部分——标准色

标准色是指企业为塑造独特的企业形象而确定的某一特定的色彩或一组色彩系统，运用在所有的视觉传达媒体上，通过色彩特有的知觉刺激与心理反应，传达企业的经营理念和产品服务的特质。

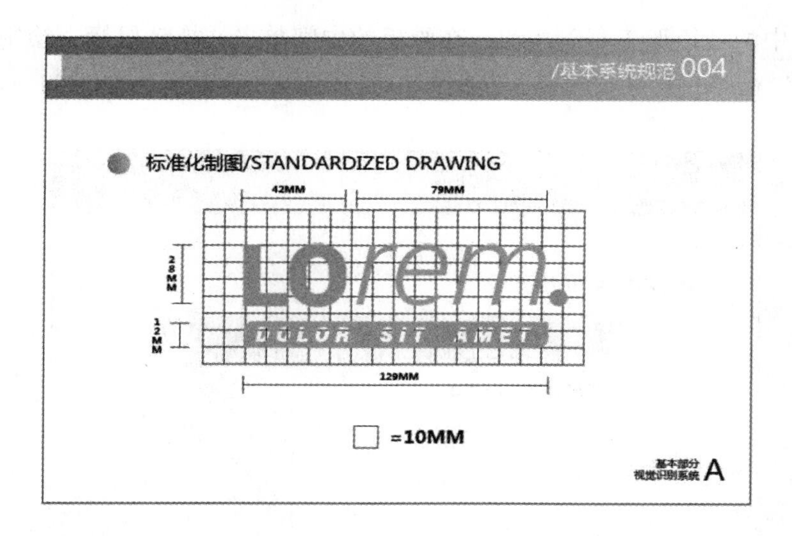

图 11－41

案例效果

本例主要是进行标准色设计，最终效果如图 11－42 所示。

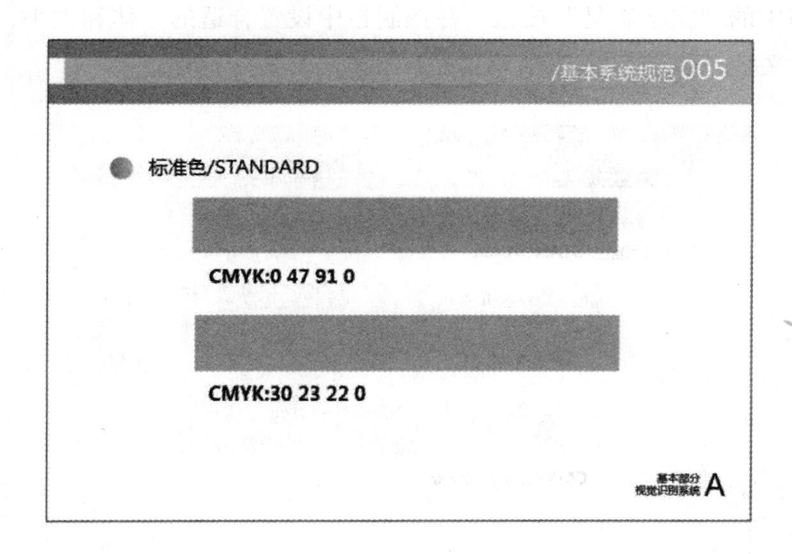

图 11－42

操作步骤

（1）复制画册基本版式，并摆放在下一个画板上。单击工具箱中的“文字工具”按钮，选中页面中需要更改的文字，将其更改为适应当前页面的内容，如图 11－43 所示。

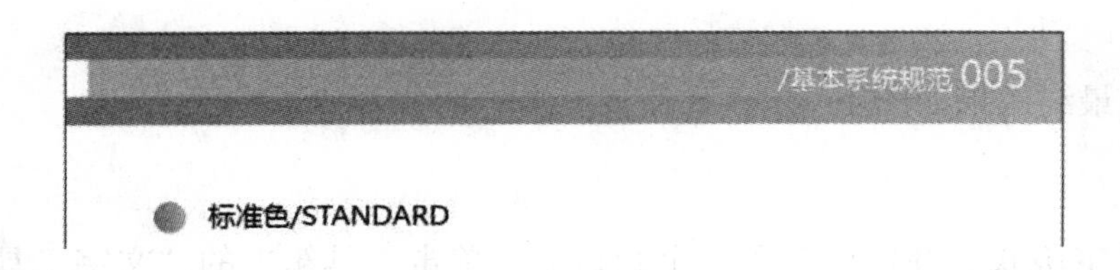

图 11－43

(2) 单击工具箱中的“矩形工真”按钮，在画板的中间单击并拖动鼠标，绘制一个长条矩形，执行“窗口”→“颜色”命令，打开“颜色”面板，在其中编辑一种黄色，如图 11－44 所示。

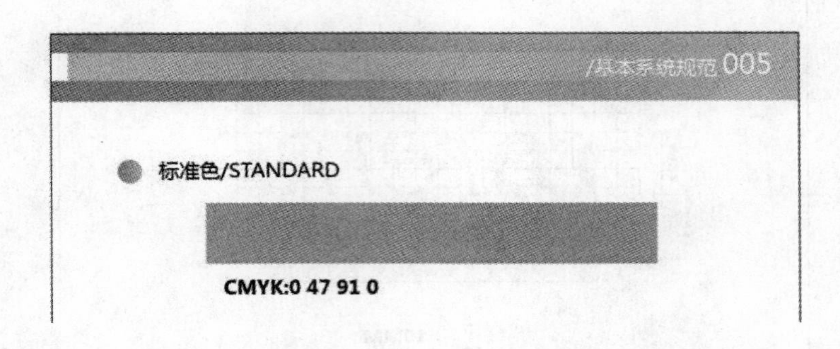

图 11－44

(3) 单击工具箱中的“文字工具”按钮，在控制栏中设置合适的字体和大小，在渐变矩形下方单击并输入注释性文字，如图 11－44 所示。

(4) 使用矩形工具在步骤 (3) 所输入文字的下方绘制一个矩形，然后执行“窗口”→“颜色”命令，打开“颜色”面板，在其中编辑一种灰色，如图 11－45 所示。

(5) 单击工具箱中的“文字工具”按钮，在控制栏中设置合适的字体和大小，在黄色渐变矩形下方单击并输入注释性文字，如图 11－45 所示。

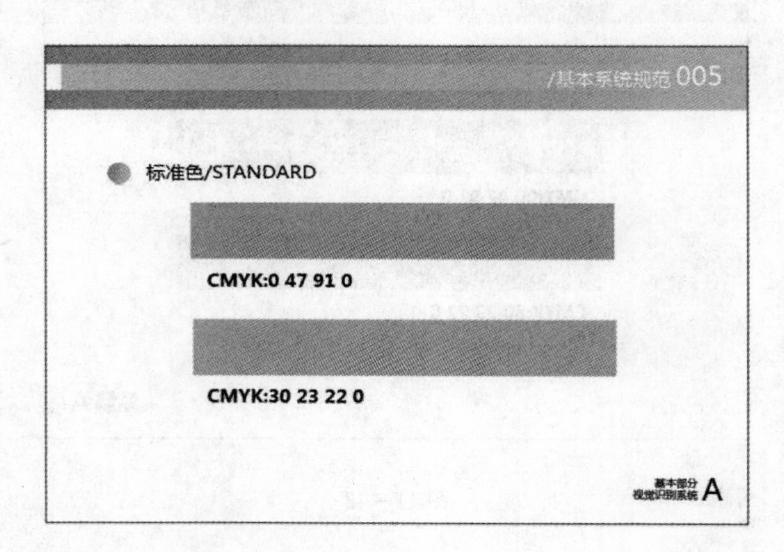

图 11－45

8. 应用部分——名片

案例效果

本例制作名片，最终效果如图 11－46 所示。

操作步骤

(1) 复制画册基本版式，并摆放在下一个画板上。单击工具箱中的“文字工具”按钮，选中页面中需要更改的文字，将其更改为适应当前页面的内容，如图 11－47 所示。

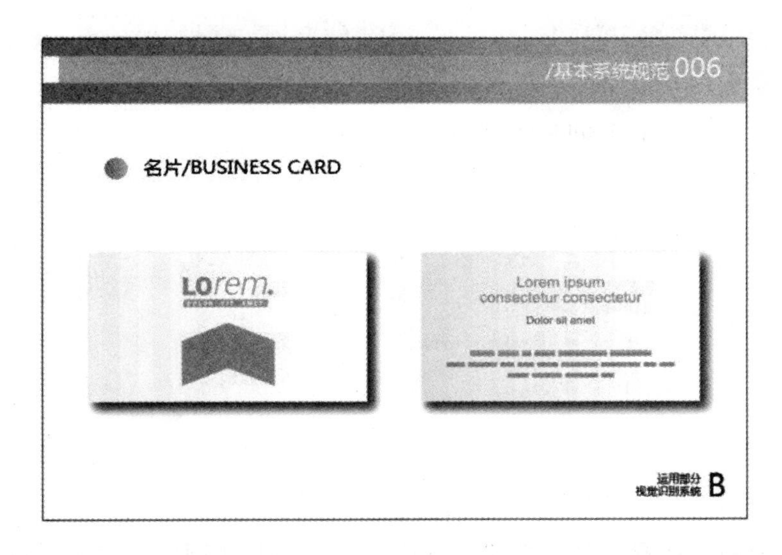

图 11－46

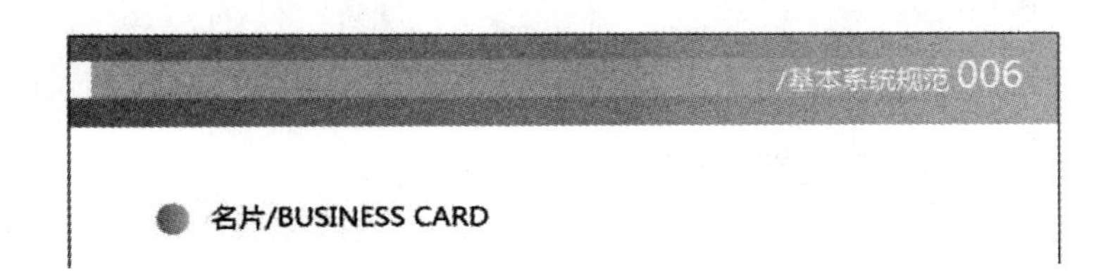

图 11－47

（2）单击工具箱中的“矩形工具”按钮，在画板的中间单击并拖动鼠标，绘制一个矩形，执行“窗口”→“渐变”命令，打开“渐变”面板，在其中编辑一种白色渐变，如图 11－48 所示。

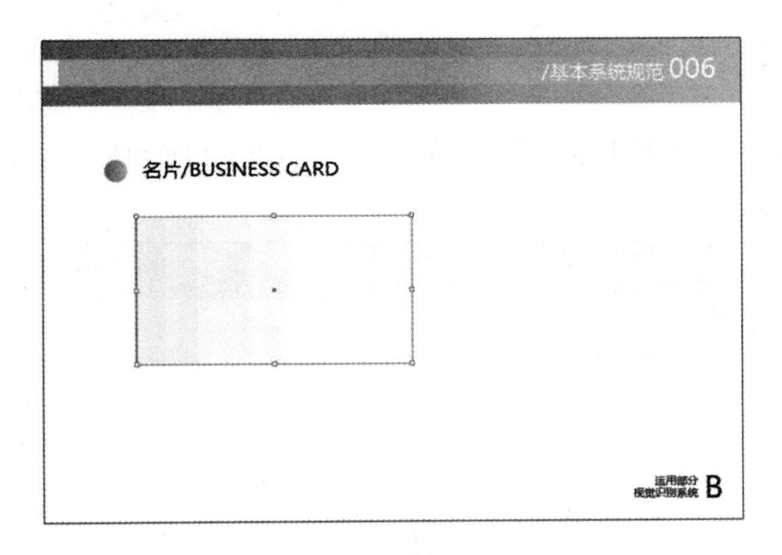

图 11－48

（3）执行“效果”→“风格化”→“投影”命令，在弹出的“投影”对话框中设置相应参数，然后单击“确定”按钮，如图 11－49 所示。

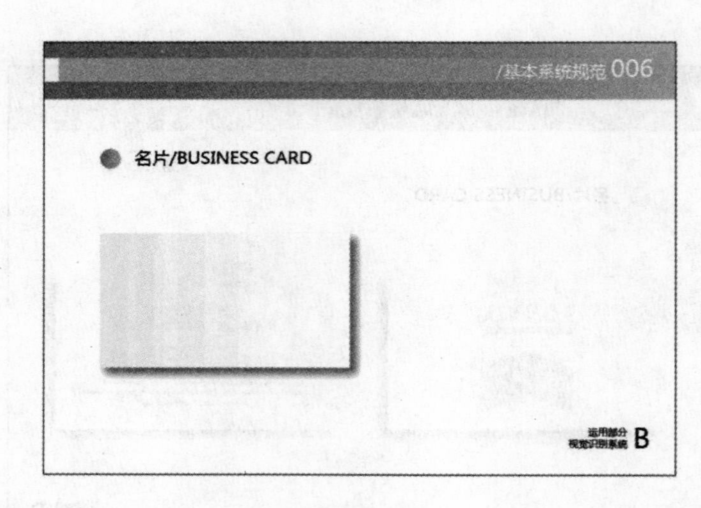

图 11－49

（4）单击工具箱中的“选择工具”按钮，选中标志，将其复制到渐变矩形右上方，并改变大小，使用“钢笔工具”绘制标识下方的图形，如图 11－50 所示。

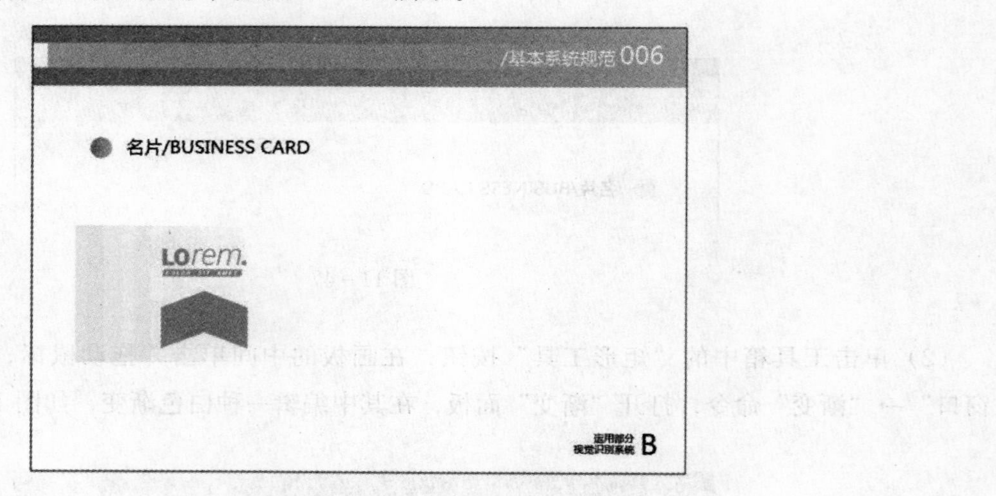

图 11－50

（5）单击工具箱中的“选择工具”按钮，在图中选择并复制白色矩形，放置在右边合适的位置，如图 11－51 所示。

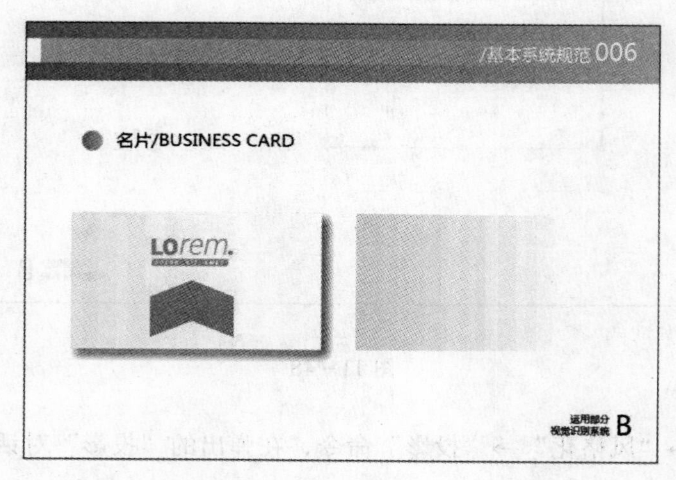

图 11－51

（6）单击工具箱中的“文字工具”按钮，在白色渐变矩形上面输入相关文字，调整文字的颜色，如图 11－52 所示。

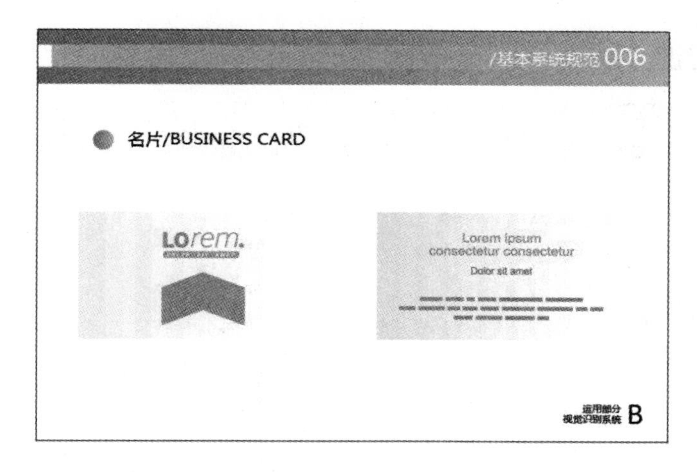

图 11－52

（7）执行“效果”→“风格化”→“投影”命令，在弹出的“投影”对话框中设置相应参数，然后单击“确定”按钮，如图 11－53 所示。

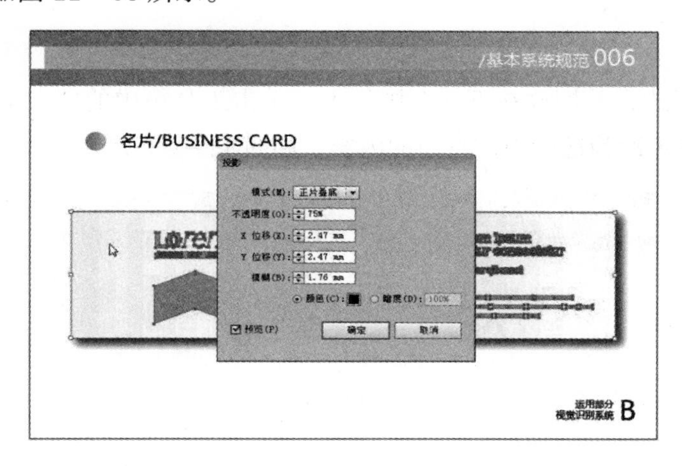

图 11－53

（8）最终效果，如图 11－54 所示。

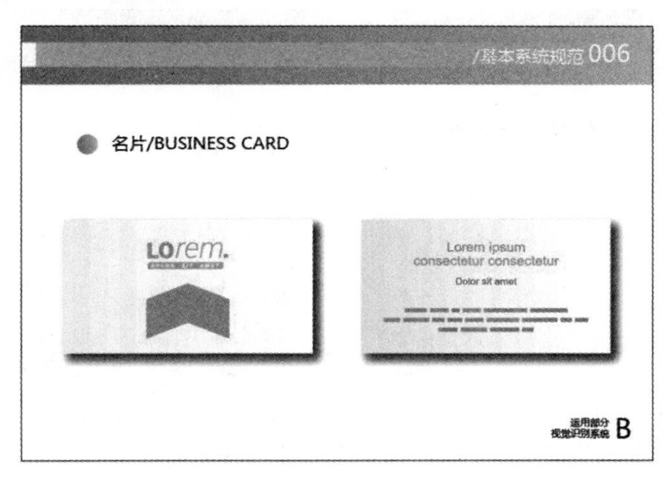

图 11－54

9. 应用部分——传真纸

案例效果

本例将对传真纸进行设计，最终效果如图 11－55 所示。

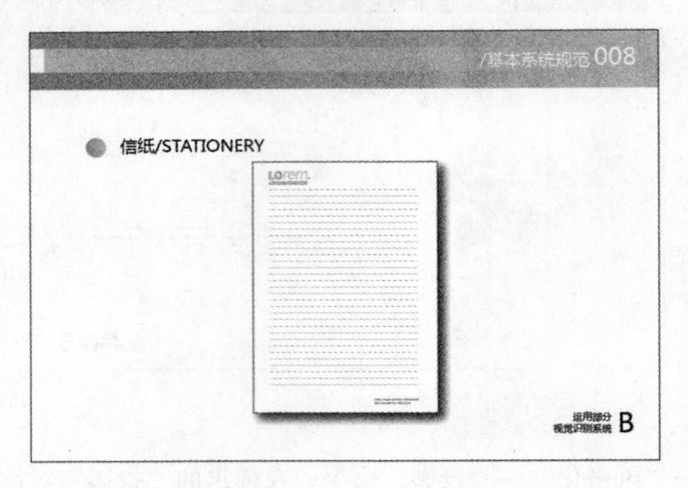

图 11－55

操作步骤

（1）复制画册基本版式，并摆放在下一个画板上。单击工具箱中的“文字工具”按钮，选中页面中需要更改的文字，将其更改为适应当前页面的内容，如图 11－56 所示。

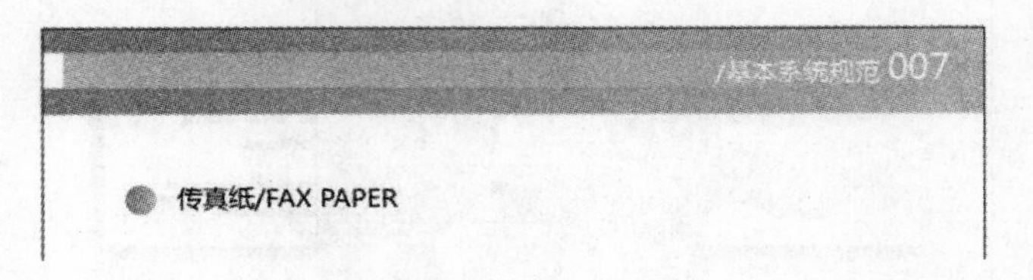

图 11－56

（2）单击工具箱中的“矩形工具”按钮，在画板的中间单击并拖动鼠标，绘制一个矩形；然后设置填充色为白色，描边色为黑色，“粗细”为 0.25pt，效果如图 11－57 所示。

图 11－57

（3）执行“效果”→“风格化”→“投影”命令，在弹出的“投影”对话框中设置相应参数，然后单击“确定”按钮，如图 11－58 所示。

（4）双击工具箱中的“矩形网格工具”按钮，在弹出的对话框中设置“宽度”为 70mm，“高度”为 15mm，“水平分隔线数量”为 5，“垂直分隔线数量”为 1，单击“确定”按钮，创建出网格；然后设置填充色为透明，描边色为黑色，“粗细”为 0.25pt，效果如图 11－59 所示。

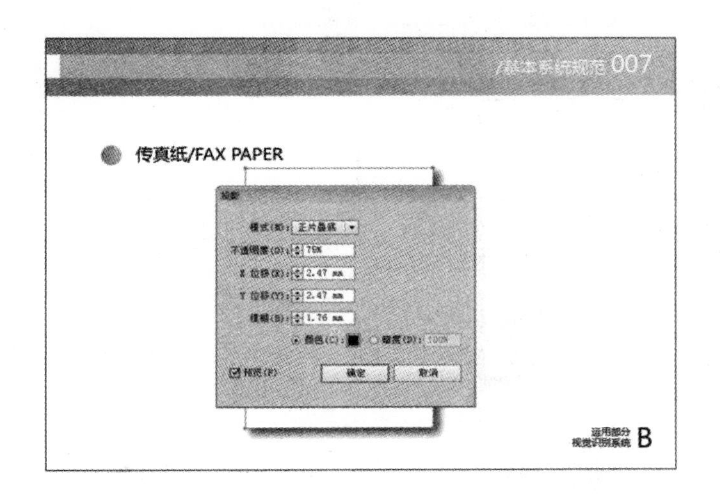

图 11－58

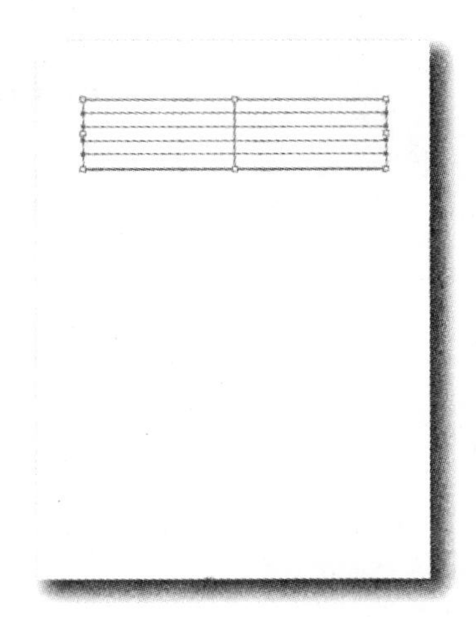

图 11－59

（5）单击工具箱中的“文字工具”按钮，在控制栏中设置合适的字体和大小，在网格中单击并输入文字，如图 11－60 所示。

TO 谨致：	NO 编号：
RE 事项：	PAGE 页　数：
ATTN 收件人：	FROM 发件人：
COPY 抄　送：	COPY 抄　送：
FAX NO 传真号码：	DATE 日　期：

图 11－60

（6）单击工具箱中的“选择工具”按钮，选中标志并复制，放到传真纸的左上角，如图 11－61 所示。

TO 谨致：	NO 编号：
RE 事项：	PAGE 页　数：
ATTN 收件人：	FROM 发件人：
COPY 抄　送：	COPY 抄　送：
FAX NO 传真号码：	DATE 日　期：

图 11－61

（7）单击工具箱中的“直线段工具”按钮，在传真纸周边绘制标注线段，然后设置描边色为黑色，“粗细”为 0.25pt，如图 11－62 所示。

（8）单击工具箱中的“文字工具”按钮，在控制栏中设置合适的字体和大小，在线段上单击并输入注释性文字，如图 11－62 所示。

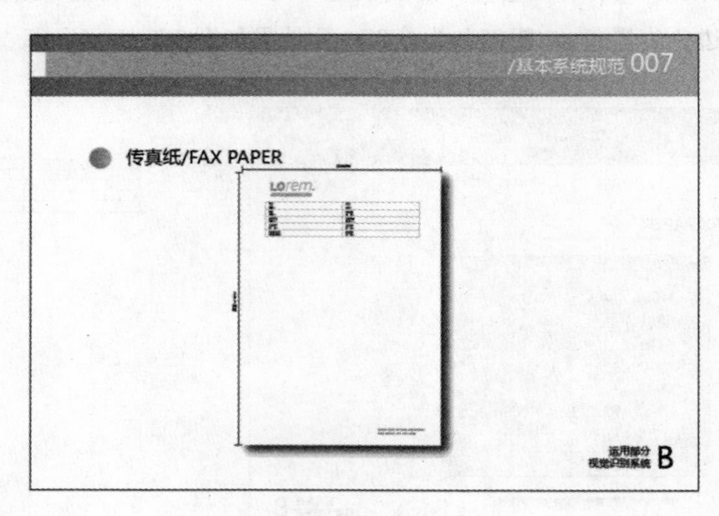

图 11－62

10. 应用部分——信封

案例效果

本例将制作信封，最终效果如图 11－63 所示。

图 11－63

操作步骤

（1）复制画册基本版式，并摆放在下一个画板上。单击工具箱中的“文字工具”按钮，选中页面中需要更改的文字，将其更改为适应当前页面的内容，如图 11－64 所示。

（2）单击工具箱中的“矩形工具”按钮，在画板的中间单击并拖动鼠标，绘制一个矩形；执行“窗口”→“颜色”命令，打开“颜色”面板，设置填充色为白色渐变，如图 11－65 所示。

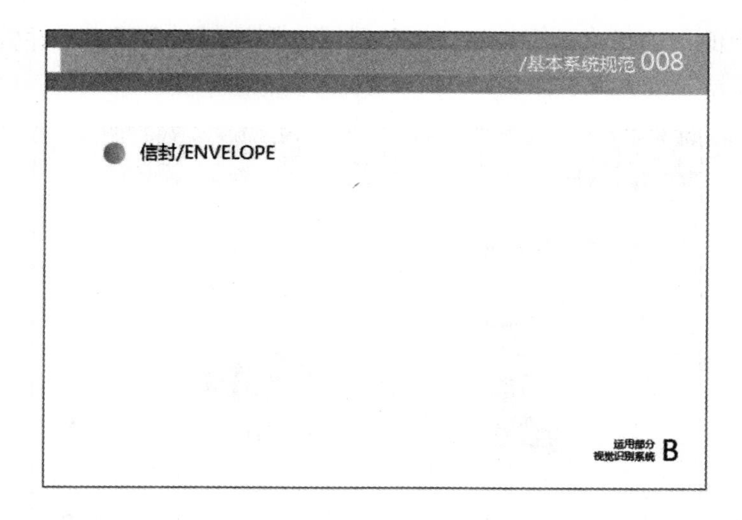

图 11－64

图 11－65

（3）单击工具箱中的“矩形工具”按钮，在白色矩形内部绘制一个圆角矩形。使用渐变工具填充一个白色渐变，调整渐变的角度和方向，如图 11－66 及图 11－67 所示。

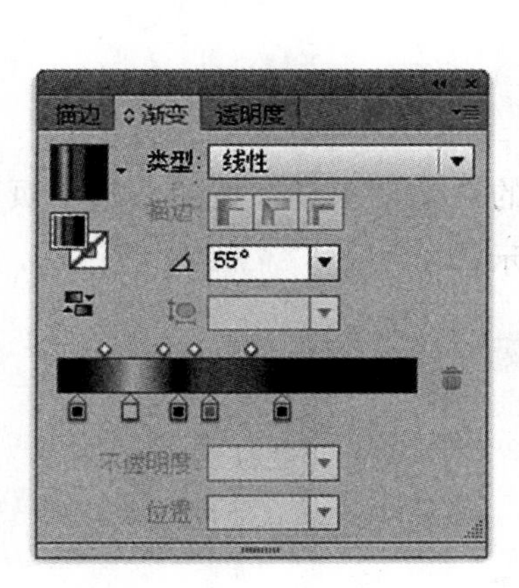

图 11－66

图 11－67

（4）单击工具箱中的“选择工具”按钮，在信封左上方复制标志图形，并输入相关文字信息，如图 11－68 所示。

图 11－68

11．应用部分——信纸

案例效果

本例将对信纸进行设并，最终效果如图 11－69 所示。

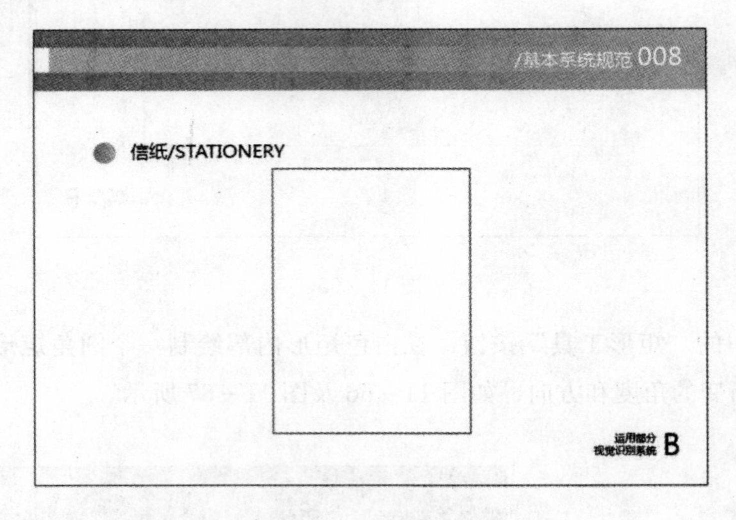

图 11－69

操作步骤

（1）复制画册基本版式，放在下一个画板上。单击工具箱中的“文字工具”按钮，选中页面中需要更改的文字，将其更改为适应当前页面的内容，如图 11－70 所示。

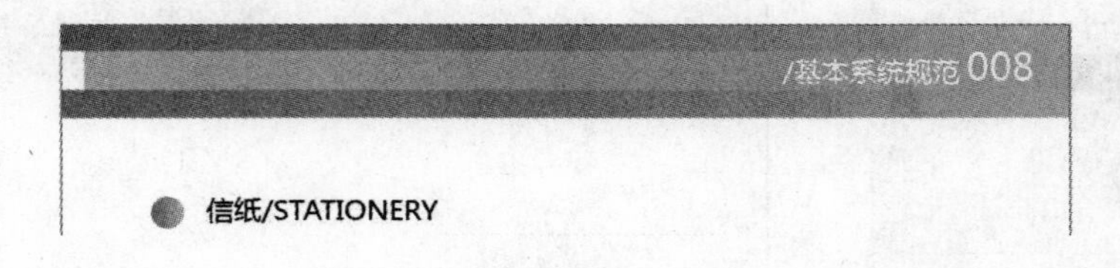

图 11－70

（2）单击工具箱中的“矩形工具”按钮，在画板的中间单击并拖动鼠标绘制一个矩形；然后设置填充色为白色，再执行“效果”→“风格化”→“投影”命令，在弹出的“投影”对话框中设置相应参数，单击“确定”按钮，如图 11－71 及图 11－72 所示。

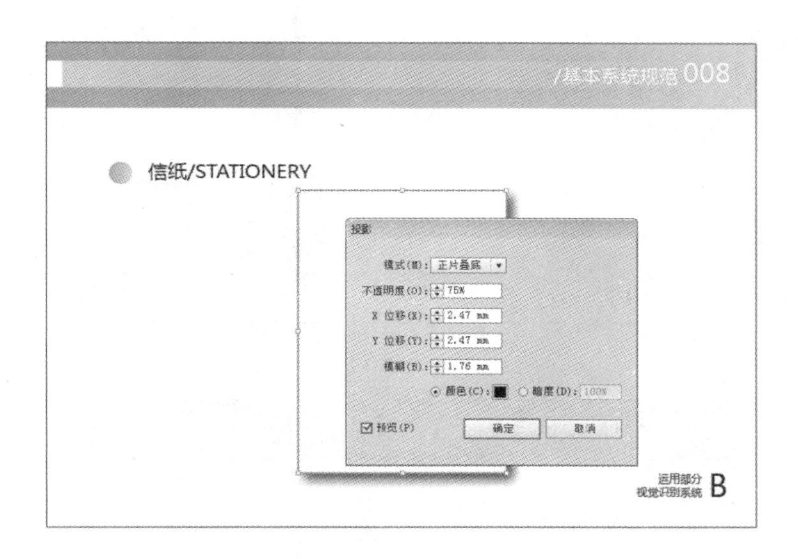

图 11－71

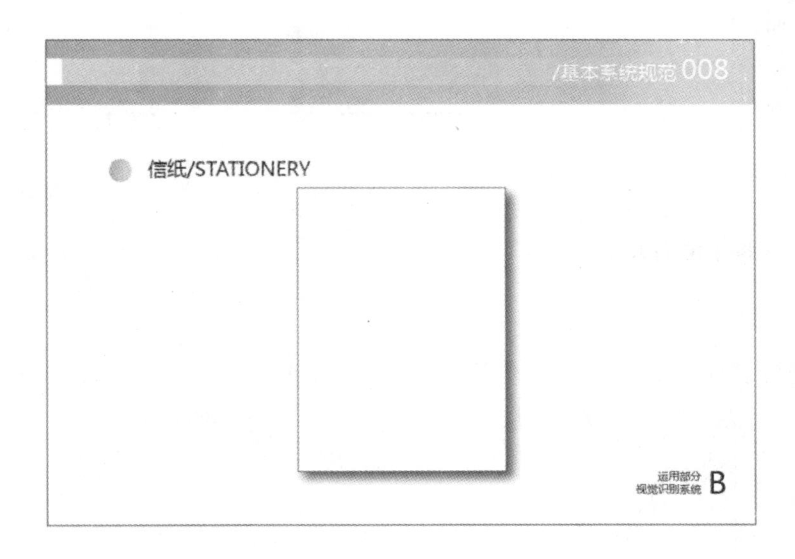

图 11－72

（3）单击工具箱中的“直线段工具”按钮，在白色矩形中间单击鼠标左键，然后按住“Shift”键的同时拖动鼠标，创建多条线段；再设置描边色为黑色，“粗细”为 0.5pt，如图 11－73 所示。

（4）复制一种标志组合到信纸的左上角，并调整到合适大小，单击工具箱中的“文字工具”按钮，在控制栏中设置合适的字体和大小，在标志的右边单击并输入文字，如图 11－74 所示。

（5）单击工具箱中的“选择工具”按钮，选中一种标志组合，复制到信纸的右下角并调整，如图 11－74 所示。

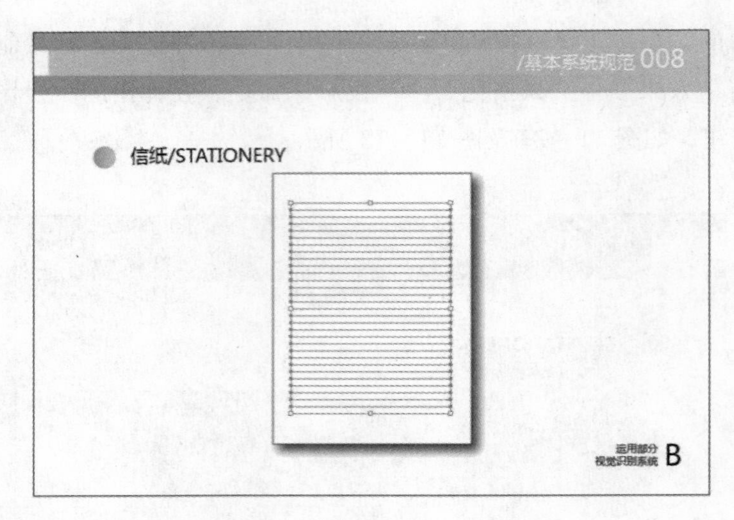

图 11－73

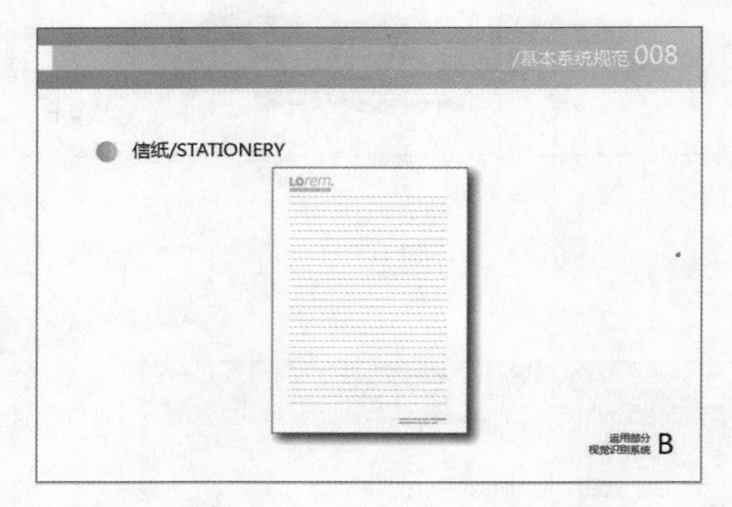

图 11－74

12. 应用部分——水杯案例效果

案例效果

本例将对水杯进行设计，最终效果如图 11－75 所示。

图 11－75

（1）复制画册基本版式，并摆放在下一个画板上，单击工具箱中的“文字工具”按钮，选中页面中需要更改的文字，将其更改为适用于当前页面的内容，如图 11－76 所示。

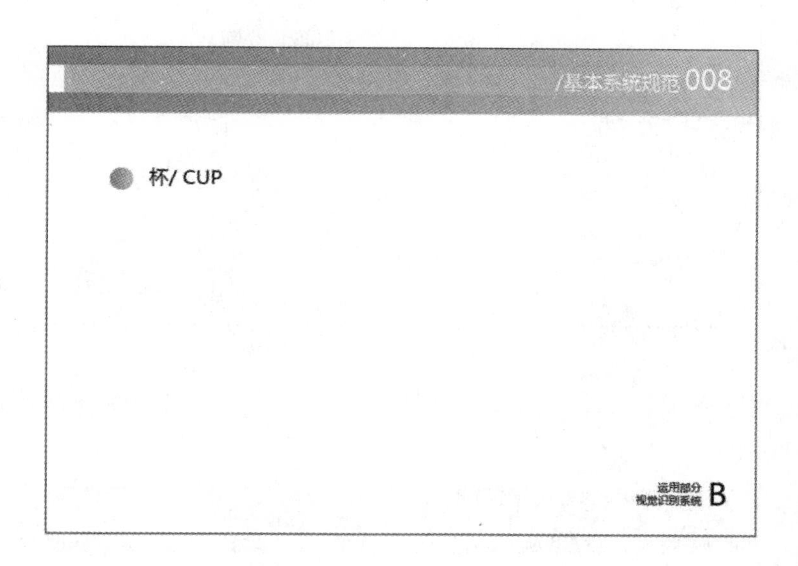

图 11－76

（2）单击工具箱中的“椭圆工具”按钮，在画板中间绘制杯口的形状，如图 11－77 所示。

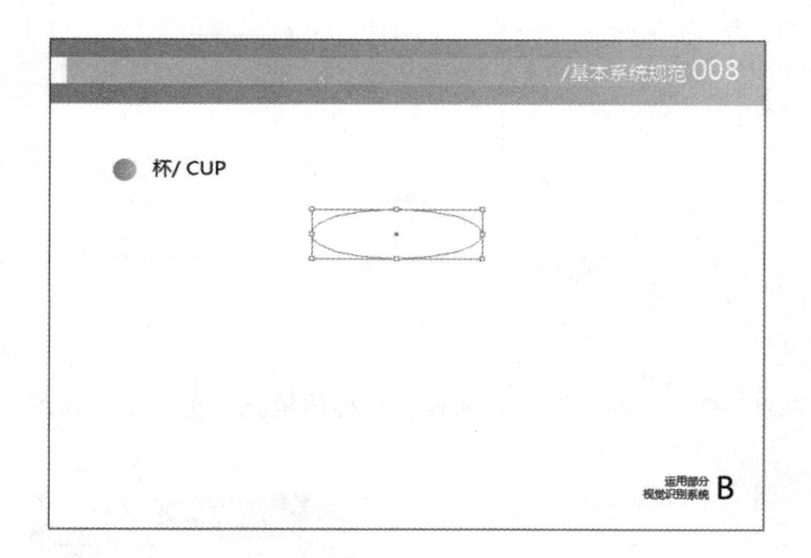

图 11－77

（3）单击工具箱中的“矩形工具”按钮，在画板中间绘制杯体的形状，调整杯体的宽度，保持和杯口一致，如图 11－78 所示。

（4）单击工具箱中的“选择工具”按钮，复制杯口至杯体的下端，并对齐，如图 11－79 所示。

（5）打开“窗口”菜单，选择其中的“路径查找器”面板，选中杯体和下面的椭圆，执行“联集”运算，如图 11－80 所示。

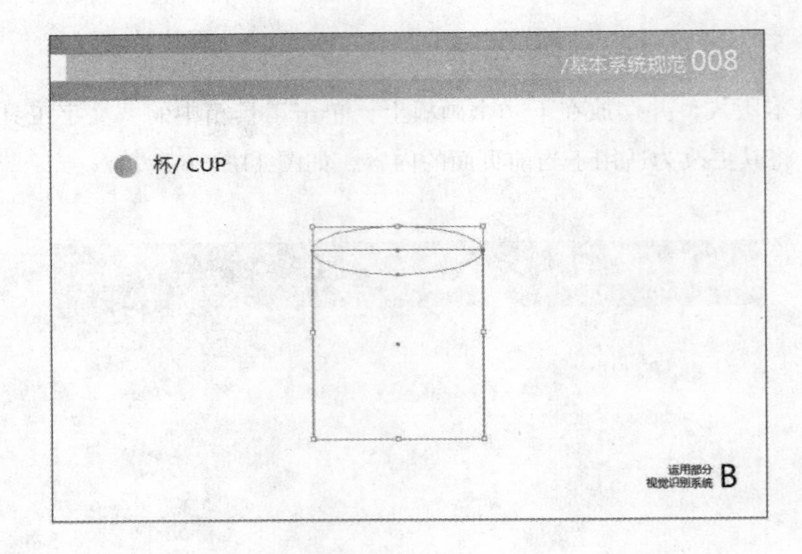

图 11－78

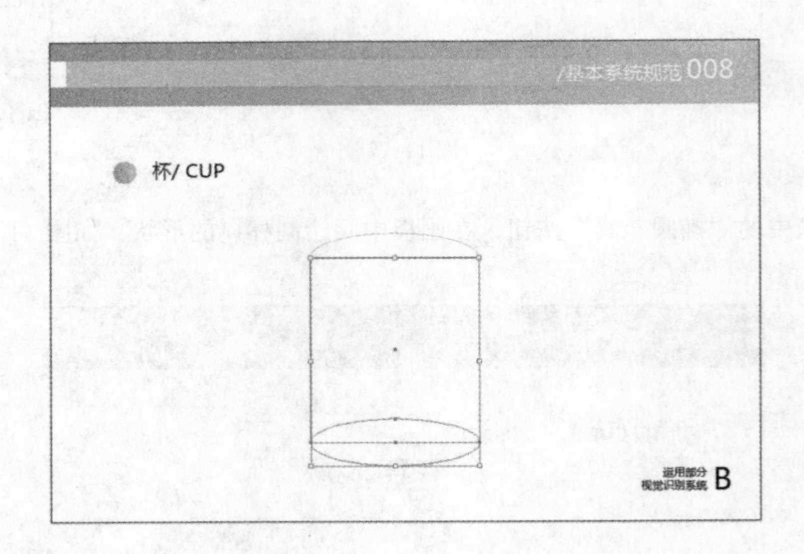

图 11－79

（6）选中杯体部分，打开“渐变”工具面板，对杯体填充灰色渐变，如图 11－81 及图 11－82 所示。

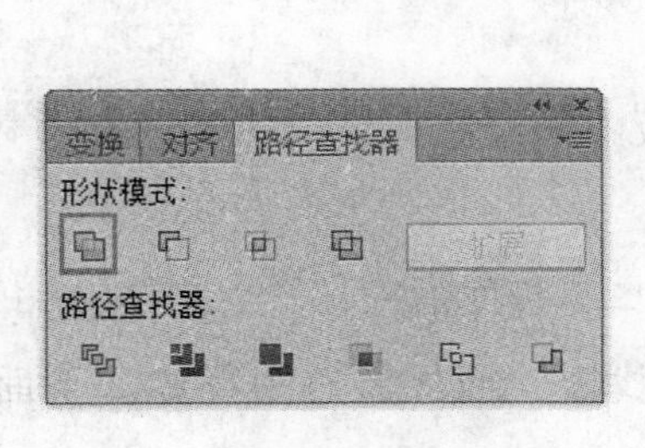

图 11－80

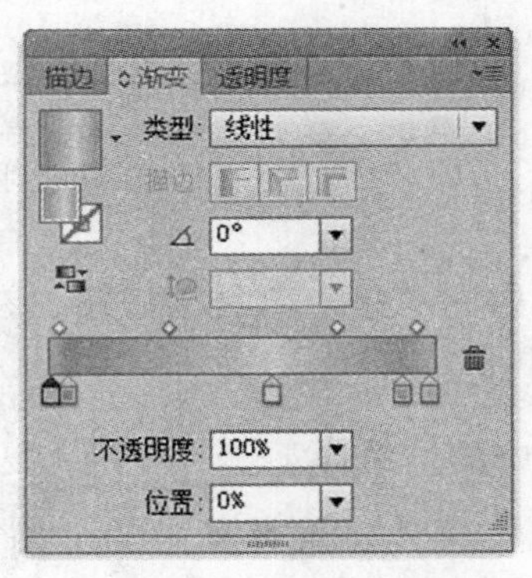

图 11－81

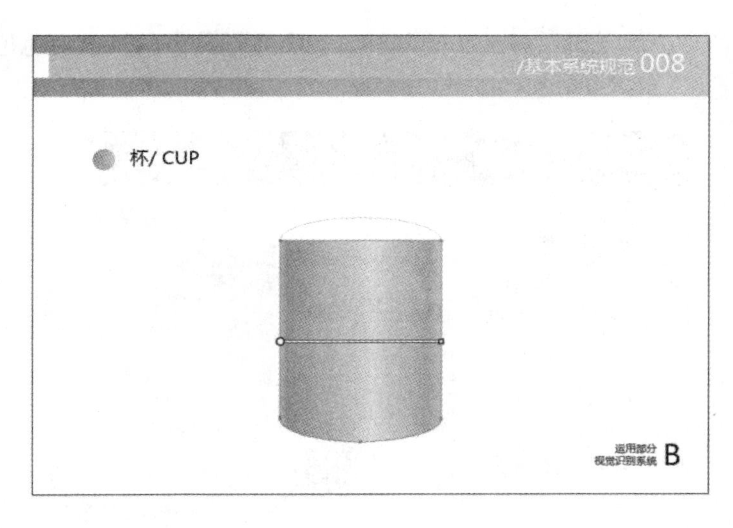

图 11-82

（7）选中杯口部分，打开“渐变”工具面板，对杯体填充黄色渐变，如图 11-83 及图 11-84 所示。

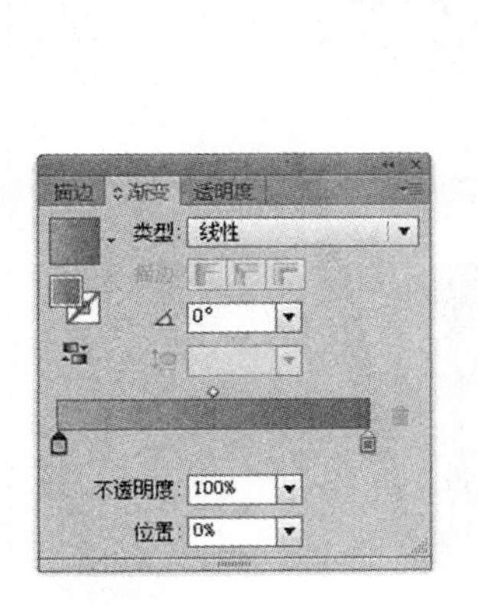

图 11-83

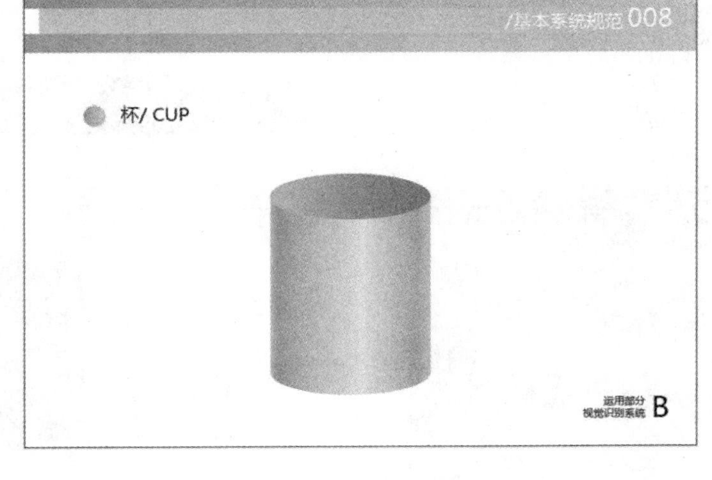

图 11-84

（8）单击工具箱中的“矩形工具”按钮，绘制杯体上的反光部分，并填充透明渐变，如图 11-85 所示。

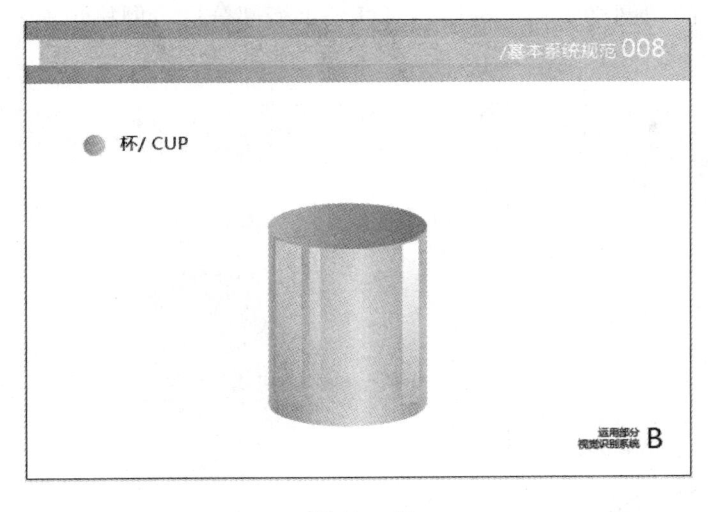

图 11-85

(9) 单击工具箱中的“钢笔工具”按钮，绘制杯口的高光部分，并填充白色透明渐变，如图 11－86 所示。

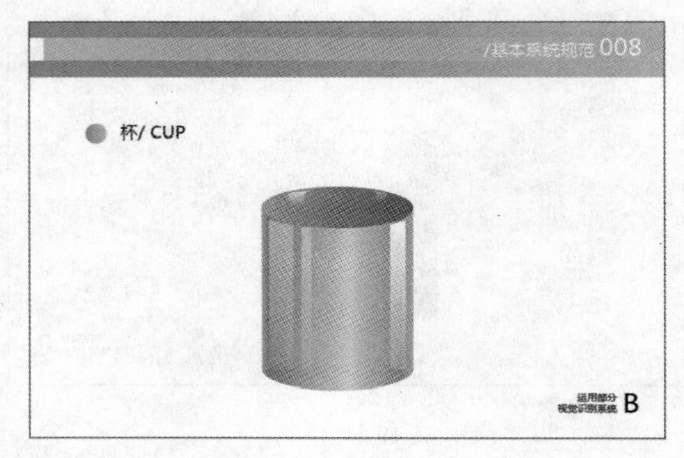

图 11－86

(10) 单击工具箱中的“钢笔工具”按钮，绘制杯子的手柄部分，并填充黑白渐变，如图 11－87 及图 11－88 所示。

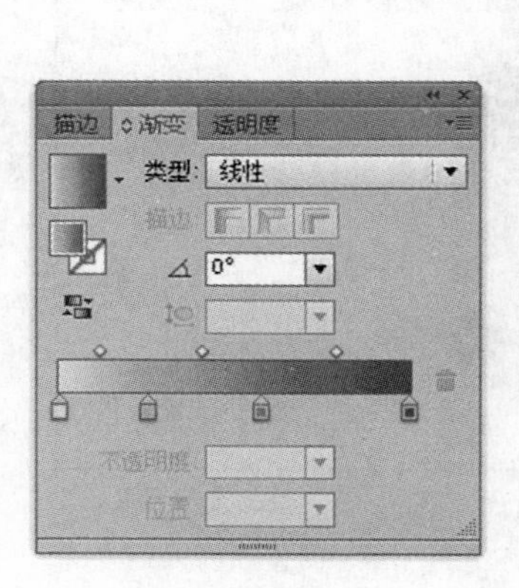

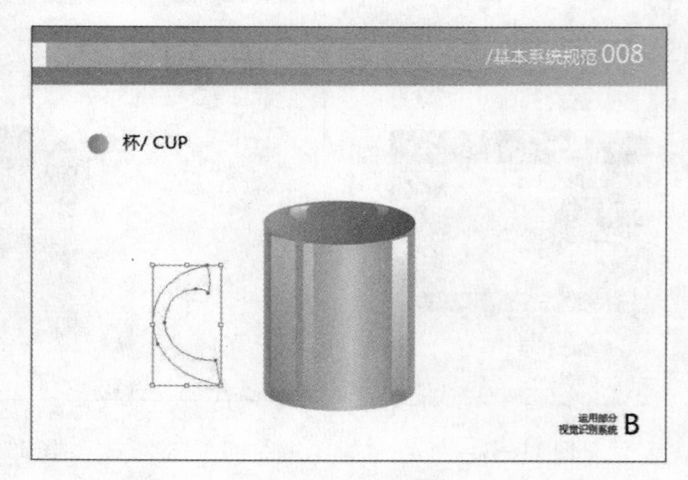

图 11－87　　图 11－88

(11) 单击工具箱中的“网格工具”按钮，对杯子手柄部分进行网格填充，逐步调整渐变效果，注重体积感的表现，如图 11－89 及图 11－90 所示。

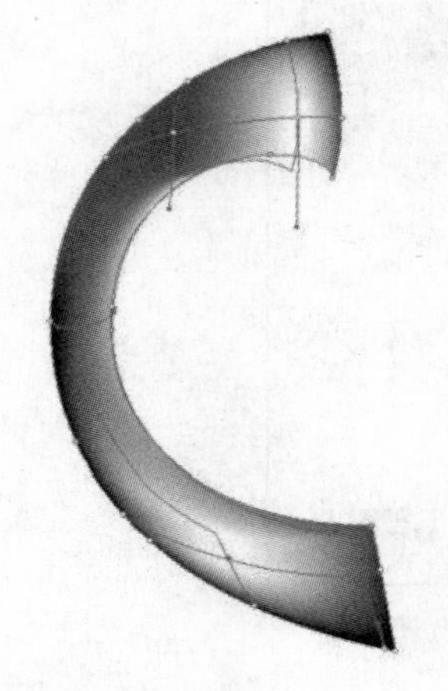

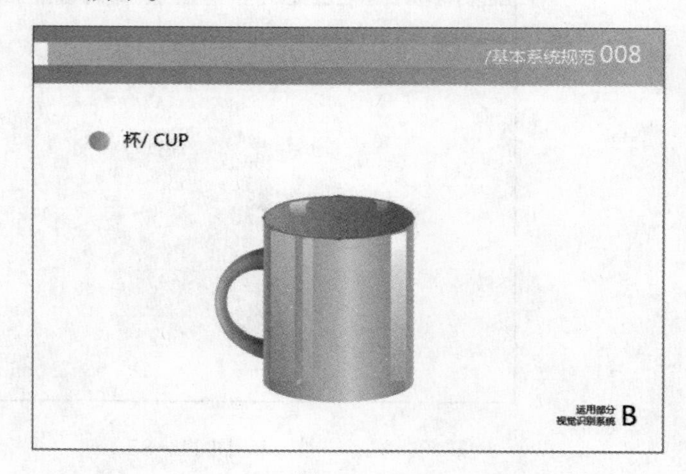

图 11－89　　图 11－90

（12）复制标志图形到杯体上，对局部细节做最后的调整，如图 11－91 所示。

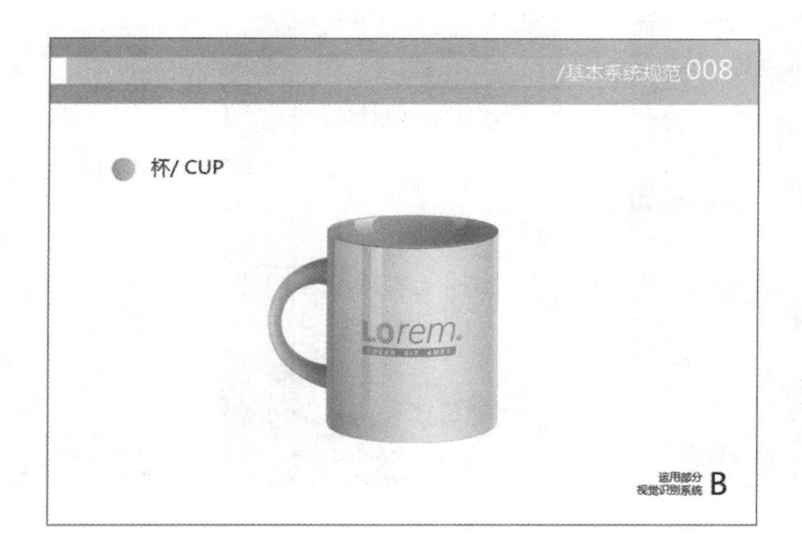

图 11－91

11.2　海报设计

所谓招贴，又名“海报”或宣传画，属于户外广告，是广告艺术中比较大众化的一种体裁，用来完成一定的宣传鼓动任务，主要为报道、广告、劝喻和教育服务，分布于各处街道、影（剧）院、展览会、商业区、机场、码头、车站、公园等公共场所。在广告业飞速发展、新的媒体形式不断涌现的今天，招贴海报这种传统的宣传形式仍无法被取代（图 11—92、图 11—93）。

图 11－92

图 11－93

11.2.1 招贴海报的分类

招贴海报的分类方式很多，通常可以分为非营利性的社会公共招贴、营利性的商业招贴与艺术招贴这三大类。按照招贴海报的应用可将其分为商业海报、公益海报、电影海报、文化海报、体育招贴、活动招贴、艺术招贴、观光招贴和出版招贴等。

（1）商业海报：商业海报是以促销商品、满足消费者需要等内容为题材，如产品宣传、品牌形象宣传、企业形象宣传、产品信息等，如图 11－94 所示。

图 11－94

（2）公益海报：公益海报带有一定思想性，它有特定的公众教育意义，其海报主题包括各种社会公益、道德宣传、政治思想宣传、弘扬爱心奉献以及共同进步精神等，如图 11－95 所示。

（3）电影海报：电影海报是海报的分支，主要起到吸引观众注意力与刺激电影票房收入的作用，与戏剧海报和文化海报有几分类似，如图 11－96 所示。

图 11－95

图 11－96

（4）文化海报：文化海报是指各种社会文化娱乐活动及各类展览的宣传海报。展览的种类多种多样，不同的展览都有它各自的特点，设计师要了解展览活动的内容才能运用恰当的方法来表现其内容和风格，如图 11－97 所示。

（5）艺术招贴：以招贴形式传达纯美术创新观念的艺术品。其设计方式不受限制，如图 11－98 所示。

（6）体育招贴：是体育活动的广告。视觉传达力高，幅面大，内容多表现充满青春、朝气、强劲等元素，如图 11－99 所示。

图 11－97

图 11－98

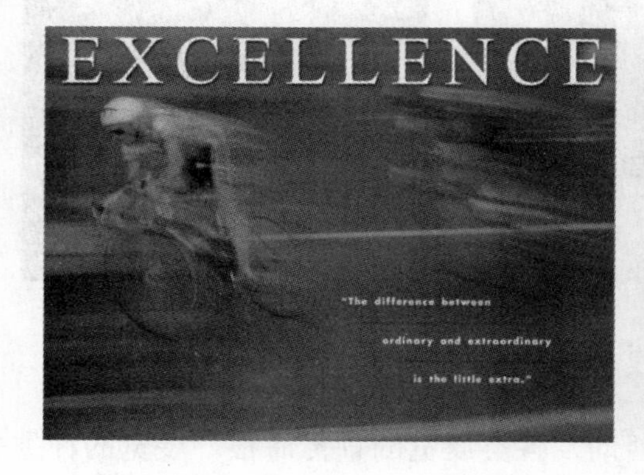

图 11－99

11.2.2 招贴海报设计表现技法

由于招贴海报通常需要张贴于公共场所，为了使来去匆忙的人们加深视觉印象，招贴海报必须具备尺寸大、视觉强、艺术性高 3 个特点。当然，招贴海报设计必须有相当的号召力与艺术感染力，要调动形象、色彩、构图、形式感等因素形成强烈的视觉效果，它的画面应有较强的视觉中心，应力求新颖、单纯，还必须具有独特的艺术风格和设计特点。下面介绍几种招贴海报设计中常用的表现技法。

（1）直接展示法：这是一种最常见的表现手法，主要通过充分利用摄影或绘画等技巧的写实表现能力将主题直接展示在画面中。

（2）突出特征法：通过强调主题本身与众不同的特征，把主题鲜明地表现出来，使观众在接触言辞画面的瞬间即很快感受到，对其产生注意和发生视觉兴趣的目的。

（3）合理夸张法：借助想象，对广告作品中所宣传对象的品质或特性的某个方面进行相当明显的过分夸大，以加深或扩大这些特征的认识。

（4）以小见大法：在广告设计中对立体形象进行强调、取舍、浓缩，以独到的想象抓住一点或一个局部加以集中描写或延伸放大，以更充分地表达主题思想。

（5）对比衬托法：对比是一种趋向于对立冲突的艺术美中最突出的表现手法。它把作品中所描绘的事物的性质和特点放在鲜明的对照和直接对比中来表现，借彼显此，互比互衬，从对比所呈现的差别中，达到集中、简洁、曲折变化的表现。

（6）运用联想法：在审美的过程中通过丰富的联想，能突破时空的界限扩大艺术形象的容量，加深画面的意境。

（7）幽默法：幽默法是指广告作品中巧妙地再现喜剧性特征，抓住生活现象中局部性的东西，通过人们的性格、外貌和举止的某些可笑的特征表现出来。

（8）悬念安排法：悬念手法有相当高的艺术价值，它首先能加深矛盾冲突，吸引观众的兴趣和注意力，造成一种强烈的感受，产生引人入胜的艺术效果。

（9）以情托物法：在表现手法上侧重选择具有感情倾向的内容，以美好的感情来烘托主题，真实而生动地反映这种审美感情就能获得以情动人，发挥艺术感染人的力量，这是现代广告设计的文学侧重和美的意境与情趣的追求。

（10）选择偶像法：这种手法是针对人们的这种心理特点运用的，它抓住人们对名人偶像仰慕的心理，选择观众心目中崇拜的偶像，配合产品信息传达给观众。

11.2.3 电影海报设计

1890 年底，法国卢米埃兄弟放映了《火车到站》等短片，当时那张题为《卢米埃电影》的海报可能是世界上第一张电影海报。

随着电影的普及，电影海报制作技术的进步，电影海报本身也因其画面精美、表现手法独特、文化内涵丰富，成为一种艺术品，具有欣赏和收藏价值。但国外的海报收藏家一般只收藏原版电影海报，当然其头版及前几版更因其数量稀少、升值潜力巨大而备受宠爱。

电影海报及其他电影衍生产品，从功能上可分为两类：第一类是供广告促销用的，主要用作电影公司的广告、影院招贴、观众的赠品，一般不用于销售；第二类是可供销售的，大家看到的电影海报、明信片、钥匙圈、纪念卡、T 恤等都属于电影的衍生产品。电影和电影的衍生产品早已成为一种文化，影响了一代又一代人，走进千千万万人的生活。

当今的电影海报大多画面精美，即使是同一部电影的海报，各国的版本也会有不同的表现手法，突出不同的主题。一部普通的电影海报只有一两个版面，而一部畅销的大片就可能有数十种版面。《泰坦尼克号》电影的海报应该是目前版面最多的海报了。如图 11－100 所示就是该影片的 3 个版本的海报。

11.2.4 电影海报的分类和尺寸

电影海报从版本上可以分为原版电影海报和授权的电影海报两大类。

原版电影海报是由电影发行公司发行的电影海报，对海报发行的数量和质量都有严格规定。原版电影海报又可以分为头版和再版。一般来说，头版海报都采用双面印透的方法，以区别于其他海报，并且所有的原版海报尺寸基本上都是 99cm×69cm，再版海报的尺寸也是 99cm×69cm，但都是单面印刷的。每版海报都是限量印刷的，作为一种收藏品，其价值是不可限估的。

图 11－100

授权的电影海报一般尺寸为 88cm×59cm 和 42cm×30cm，但以 88cm×59cm 尺寸的海报为主流。授权版的海报由于价格较为低廉，发行量又远远大于原版电影海报，所以升值潜力不大，在市场上较为多见。

11.2.5 电影海报的印刷

电影海报一般都是全彩印刷，设计时需要考虑出血值，以供裁切时使用。设计海报用的图像素材分辨率至少为 300ppi，存为 CMYK 模式，图片格式可以是 TIFF 格式。海报一般不需要拼版，而是采用单页形式直接打印或印刷。

电影海报印刷的纸张可选择从 80g 到 200g 的铜版纸较为适宜。需注意，小尺寸的海报不宜用过厚的纸张印刷，否则会给人造成类似卡片的错觉。太薄的纸张不适合印刷较大尺寸的海报，否则不易粘贴。张贴在户外的海报需要用特种油墨印刷，否则时间久了会褪色。

11.2.6 电影海报案例

本小节主要讲解了电影海报的制作方法和操作步骤。

下面进行电影海报设计，最终效果如图 11–101 所示。

图 11－101

操作步骤

（1）打开“文件”→“新建文件”菜单，设置画面宽度为 590mm，高度为 880mm，竖版，如图 11－102 所示。

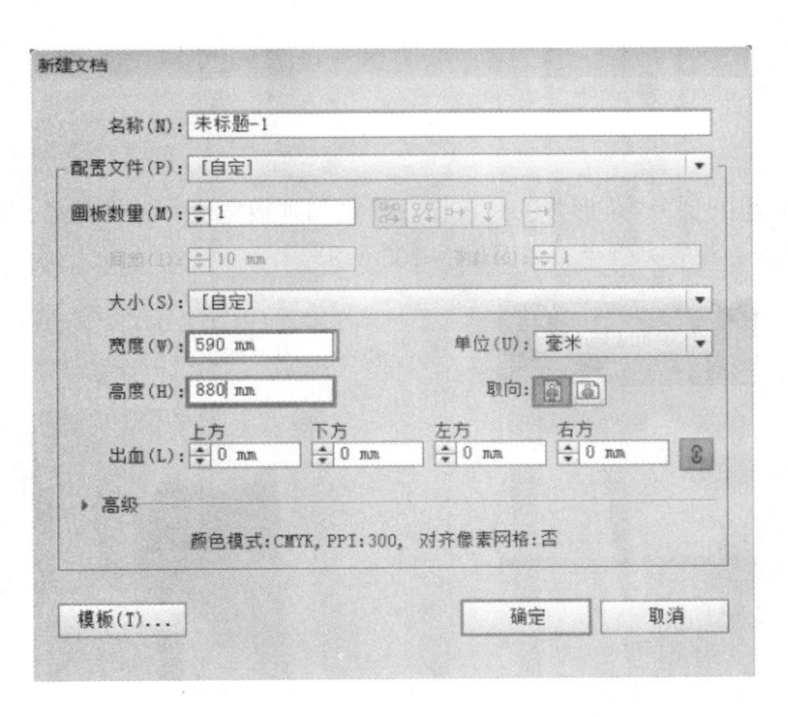

图 11－102

（2）在工具箱中选择“矩形”工具按钮，绘制和画板宽度一致的矩形，调整其高度到合适位置，打开“颜色”面板，设置其颜色，如图 11－103 所示。

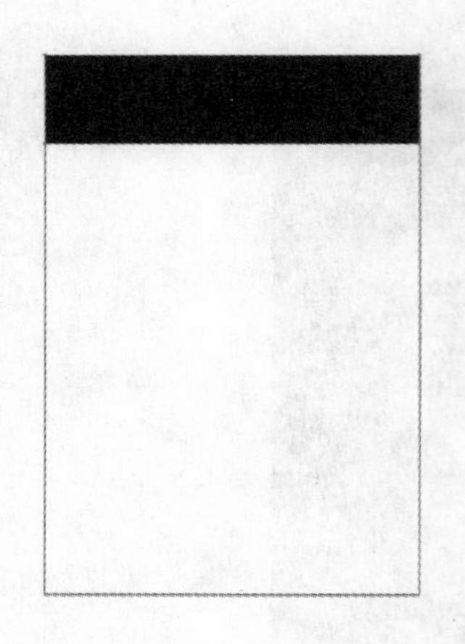
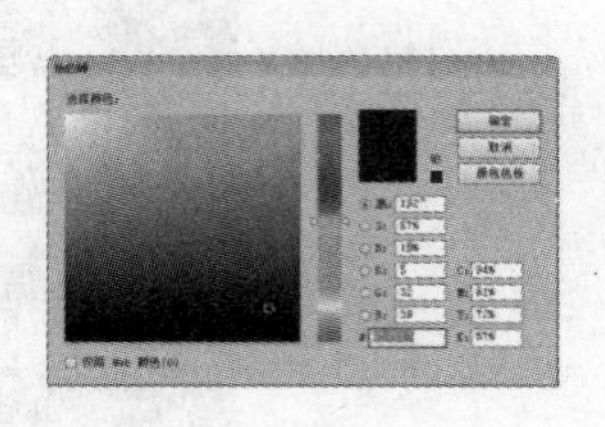

图 11 - 103

(3) 再次在工具箱中选择"矩形"工具按钮，绘制和画板宽度一致的矩形，调整其高度到合适位置，打开"颜色"面板，设置其颜色，如图 11 - 104 所示。

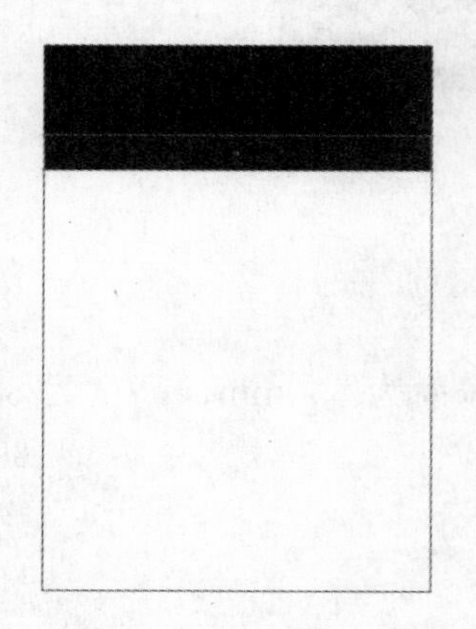
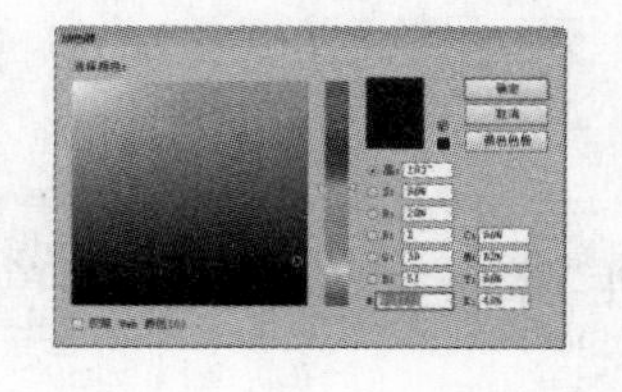

图 11 - 104

(4) 继续在工具箱中选择"矩形"工具按钮，绘制和画板宽度一致的矩形，调整其高度到合适位置，打开"颜色"面板，设置其颜色，如图 11 - 105 所示。

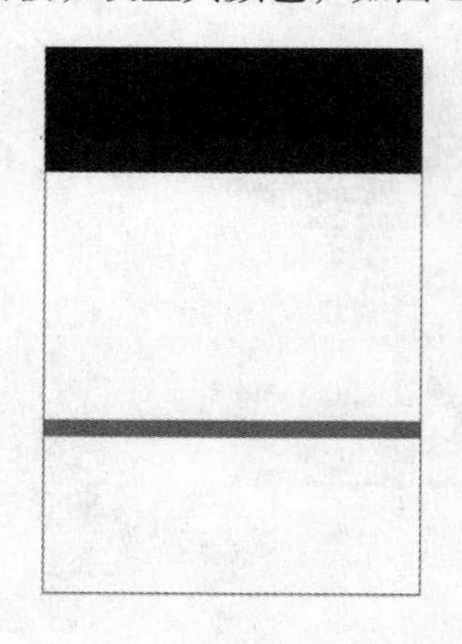
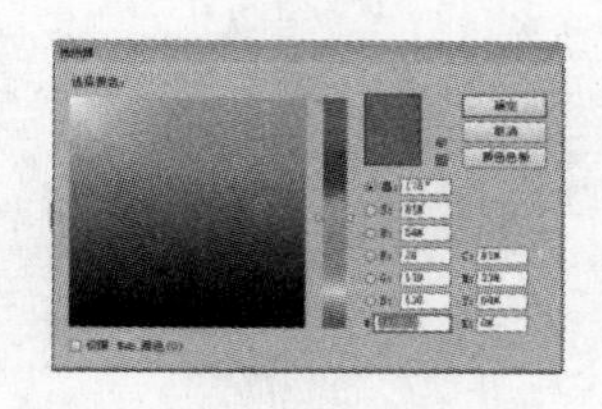

图 11 - 105

(5) 在工具箱中选择"选择"工具按钮，选择刚才所绘制的两个矩形，执行"对象"→"混合选项"命令，间距方式为"指定步数"，步数设置为 13，如图 11 - 106 所示。

（6）选中混合之后的对象，执行“对象→扩展”命令，如图 11－106 所示。

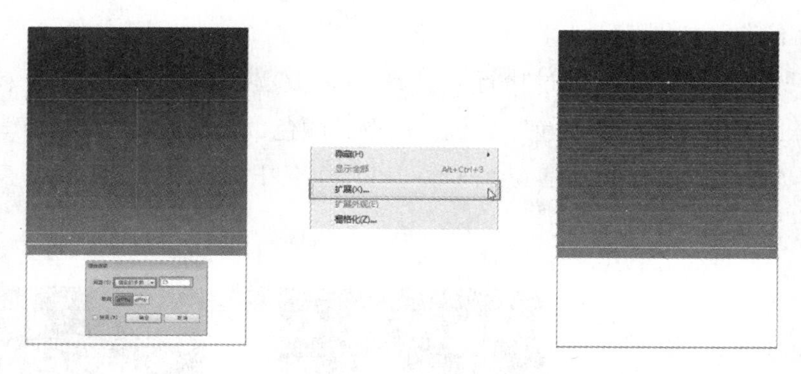

图 11－106

（7）单击鼠标右键，执行“取消编组”命令，调整下方矩形的位置，保证相互之间没有空隙，如图 11－107 所示。

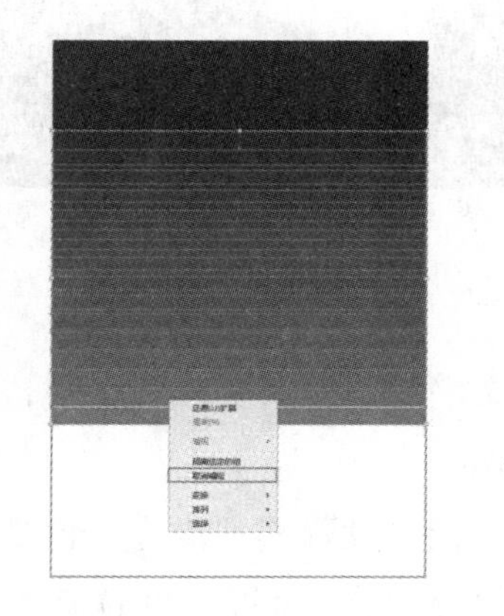

图 11－107

（8）在工具箱中选择“矩形”工具按钮，绘制和画板宽度一致的矩形，调整其高度到合适位置，打开“颜色”面板，设置其颜色为黑色，如图 11－108 所示。

（9）在工具箱中选择“钢笔”工具按钮，绘制城市楼房建筑群剪影效果，注意闭合曲线，调整其高度到合适位置，打开“颜色”面板，设置其颜色为黑色，如图 11－108 所示。

（10）在工具箱中选择“钢笔”工具按钮，绘制另外一种不同样式的城市楼房建筑群剪影效果，注意闭合曲线，调整其高度到合适位置，打开“颜色”面板，设置其颜色，如图 11－108 所示。

图 11－108

（11）选中最后所绘制的对象，执行“对象”→“排列”→“后移一层”命令，让黑色剪影图形位于最上方，调整相互位置，如图 11－109 所示。

（12）选中最后所绘制的对象，通过执行“对象”→“变换”→“对称”命令，进行垂直镜像复制，调整其大小到合适宽度，打开“颜色”面板，设置其颜色，如图 11－109 所示。

（13）执行两次“对象”→“排列”→“后移一层”命令让黑色剪影图形位于最上方，浅色位于最下方，调整相互位置，如图 11－109 所示。

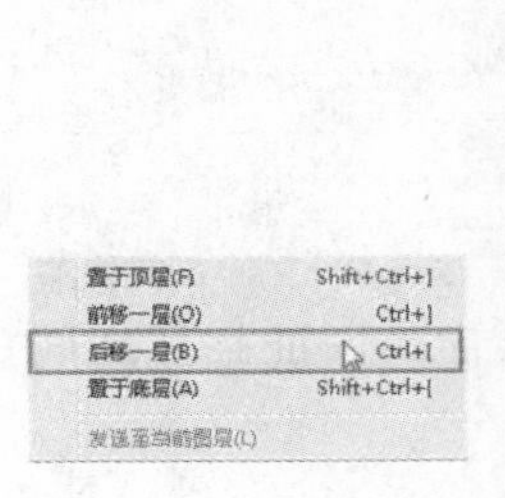

图 11－109

（14）在工具箱中选择“文字”工具按钮，输入相关文字并调整其字体和字号，调整其高度到合适位置，打开“颜色”面板，设置其颜色，如图 11－110 所示。

（15）在工具箱中选择“直线”工具按钮，绘制两条直线，设置其“描边”色为黄色，输入相关文字并调整其字体和字号，调整其高度到合适位置，打开“颜色”面板，设置其颜色，如图 11－110 所示。

图 11－110

（16）在工具箱中选择“文字”工具按钮，输入相关文字并调整其字体和字号，调整其高度到合适位置，打开“颜色”面板，设置其颜色为白色，如图 11－111 所示。

（17）在工具箱中选择“文字”工具按钮，输入剩余文字并调整其字体和字号，调整其高度到合适位置，打开“颜色”面板，设置其颜色，如图 11－111 所示。

图 11 - 111

（18）在工具箱中选择“矩形”工具按钮，绘制一个矩形，设置其填充色为空，描边色为黄色，如图 11 - 112 所示。

（19）最终效果完成如图 11 - 112 所示。

图 11 - 112

海报一般由标题、正文和落款 3 部分组成，但这并不是绝对的，例如外国电影的许多电影海报只是将电影的名称写在海报上，而国内的电影海报通常将电影的名称和剧情介绍以及主要演员写在海报上。

由于海报的尺寸一般比较大，所以海报不需要拼大版的操作。海报一般采用彩色印刷，所以海报的图像模式最好设置为 CMYK 模式。精美的海报的分辨率至少在 300ppi 以上，一般的海报在 150ppi 就可以，如果是校园海报、体育比赛海报等，可以使用 75ppi 的分辨率写真或喷绘。户外的海报一般使用喷绘，户内的海报一般使用写真，如果是大批量的海报，则需要使用印刷机印刷而成，并且需要设置出血线范围。

11.3　DM 折页设计

DM 是英文 Direct Mail Advertising 的简称，译为“直接邮寄广告”，即通过邮寄、赠送等形式，将宣传品送到消费者手中、家里或公司所在地。也有人将其表述为 Direct Magazine Advertising（直投杂志广告），其实二者并没有本质上的区别，都是强调直接投递（邮寄），但一般认为只有通过邮局的广告才可能称为 DM 广告。

国家工商行政管理局于 1995 年出版的全国广告专业技术岗位资格培训教材《广告专业基础知识》中，把 DM 定义为直销广告（Direct Market Advertising）。

DM 除了用邮寄以外，还可以借助于其他媒介，如传真、杂志、电视、电话、电子邮件、手机短信及直销网络、柜台散发、专人送达、来函索取，或者随商品包装发出。DM 与其他媒介的最大区别在于：DM 可以直接将广告信息传送给真正的受众，而其他广告媒体形式只能将广告信息笼统地传递给所有受众，而不管受众是否是广告信息的真正受众。另外，其他广告媒体形式贩卖的是内容，然后再把发行量二次贩卖给广告主，而 DM 则是贩卖直达目标消费者的广告通道。

11.3.1 广告的形式和优点

DM 广告形式有广义和狭义之分，广义上包括广告单页，如大家熟悉的在街头巷尾、商场超市散布的传单，肯德基、麦当劳的优惠券亦包括在其中；狭义的指装订成册的集纳型广告宣传画册，为 20 多页至 200 多页不等。DM 广告在欧美发展迅猛，近几年来在我国已悄然走进千家万户。此类广告是仅次于报纸、电视的第三大媒体，在美国 DM 广告占全国广告总量的 20%左右。

DM 广告可分为印刷品、电子目录和实物 3 大类。具体地说，DM 广告的形式有：信件、海报、图表、产品目录、折页、名片、订货单、日历、挂历、明信片、宣传册、折价券、家庭杂志、传单、请柬、销售手册、公司指南、立体卡片、小包装实物等。

DM 广告作为商业宣传的重要媒介，其优点显而易见。

（1）范围可大可小

DM 广告既可用于小范围的社区、市区广告，也可用于区域性或全国性广告，如连锁店可采用这种方式提前向消费者进行宣传。

（2）时间可长可短

DM 广告既可以作为专门指定在某一时间期限内送到以产生即时效果的短期广告，也可作为经常性、常年性寄送的长期广告。如一些新开办的商店、餐馆等在开业前夕通常都要向社区居民寄送或派发开业请柬，以吸引顾客。

（3）目标可以选择

DM 广告可以有的放矢地寄送到消费者手中，从而提高了 DM 广告的效果，节省费用。

（4）广告费用低

与报纸、杂志、电台、电视等媒体发布广告的高昂费用相比，其成本是相当低廉的。

DM 广告通常由 8 开或 16 开双面铜版纸彩色印刷而成，采取邮寄、定点派发、选择性派送给消费者等多种方式宣传。

DM 广告中所使用的图像分辨率一般要求为 300ppi。由于大部分的 DM 广告是彩色印刷，因此 DM 单的边缘应留有出血范围。

DM 单是否需要拼大版印刷，要根据实际尺寸来决定。如果是 8 开或 16 开的版面，则一般需要拼版成 4 开版面印刷，当然也可以拼版成对开尺寸印刷。如果是 4 开或 4 开以上的尺寸则一般不需要拼大版，直接印刷就可以。

如果设计的 DM 广告要装订成册，则一般使用骑马订方式进行装订。在设计时，要注意页面排序和版式设计的统一、协调。

11.3.2　DM 单的设计

本节以卡乐思儿童创意中心 DM 单为例，讲解 DM 单的制作过程。

案例效果

下面进行卡乐思儿童创意中心 DM 单的设计，最终效果如图 11–113 所示。

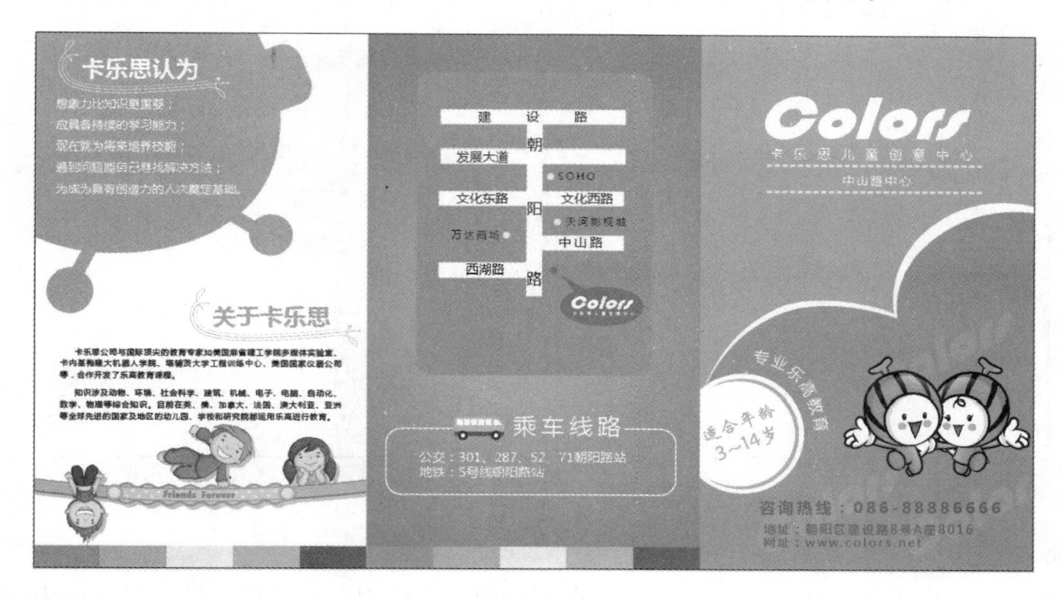

图 11 – 113

操作步骤

1. 版式设计

（1）打开“文件”→“新建文件”菜单，设置画面宽度为 270mm，高度为 150mm，横版，如图 11 – 114 所示。

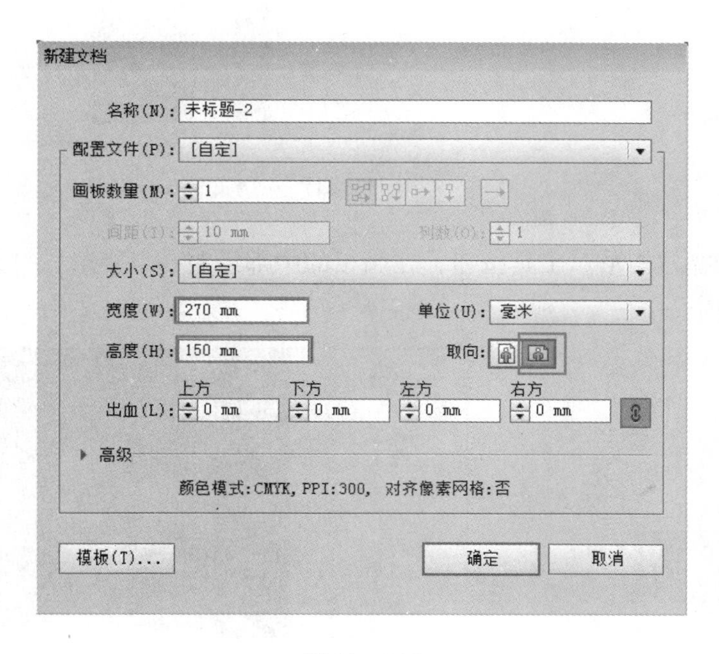

图 11 – 114

(2) 打开“视图”→“标尺”→“显示标尺”菜单，在视图中显示出标尺，分别在宽度标记90mm、180mm处添加参考线，把版面划分为均等3份，如图11-115及图11-116所示。

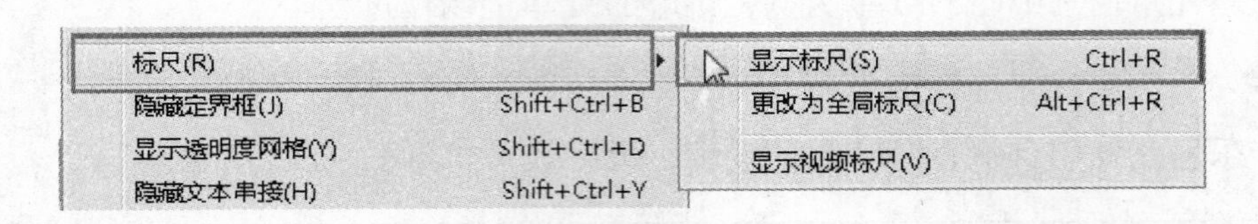

图11-115

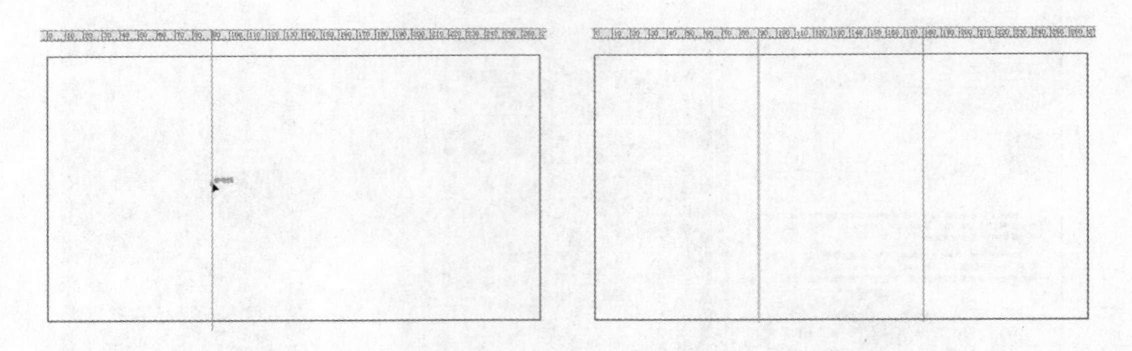

图11-116

(3) 在工具箱中选择“矩形”工具按钮，在画板的右边绘制一个矩形，设置其颜色为浅绿色，如图11-117所示。

图11-117

(4) 在工具箱中选择“矩形”工具按钮，在画板的中部绘制一个矩形，打开“渐变”面板设置渐变色，如图11-118所示。

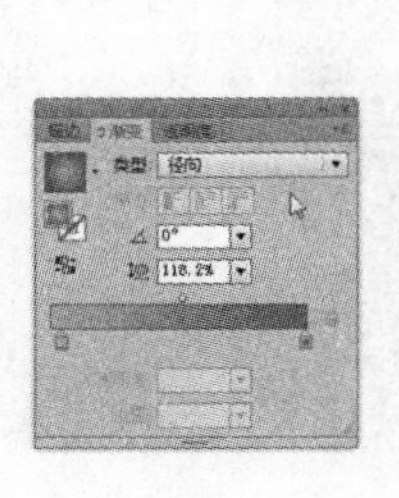

图11-118

（5）在工具箱中选择“文字”工具按钮，输入相关文字并设置合适的字体和大小，如图 11－119 所示。

图 11－119

（6）在工具箱中选择“选择”工具按钮，选中文字，执行“对象”→“变换”→“倾斜”命令，弹出“倾斜”面板，设置参数，如图 11－120 及图 11－121 所示。

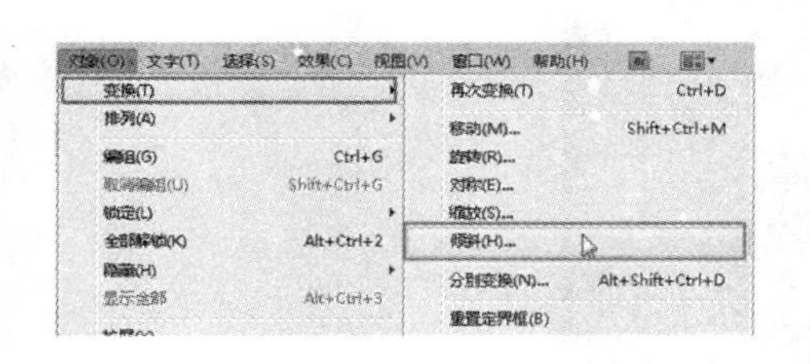

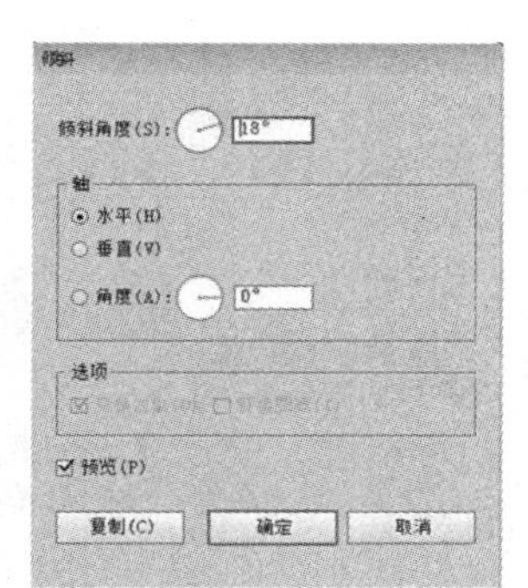

图 11－120

图 11－121

（7）在工具箱中选择“文字”工具按钮，输入相关文字并设置合适的字体和大小，如图 11－122 所示。

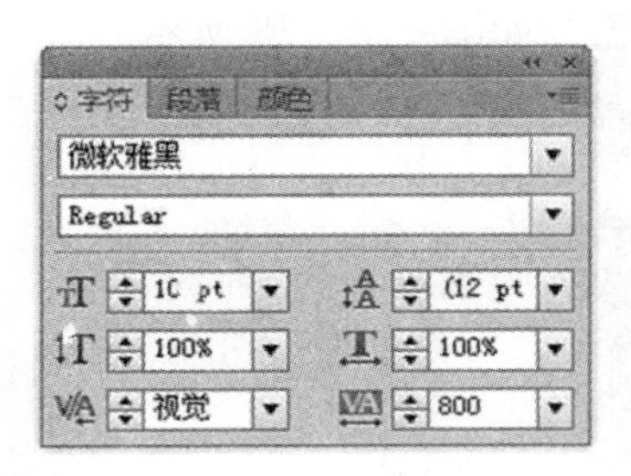

图 11－122

（8）在工具箱中选择“直线”工具按钮，在文字下方画一条宽度一致的直线，设置线型为虚线，颜色为黄色，如图 11－123 所示。

（9）在工具箱中选择“文字”工具按钮，输入相关文字并设置合适的字体和大小，如图 11－124 所示。

图 11－123

图 11－124

(10) 在工具箱中选择“钢笔”工具按钮，在图中绘制形状，并设置其颜色为橙色，如图 11－125 所示。

(11) 复制刚才绘制的橙色图形，使用“直接选择”工具调整其形状，并设置其颜色为白色，调整图层的顺序，使其位于下方，如图 11－126 所示。

图 11－125

图 11－126

(12) 在工具箱中选择“椭圆”工具按钮，在图中绘制一个白色正圆，并调整其位置到合适位置，如图 11－127 所示。

(13) 复制这个白色正圆，等比缩小，并设置其颜色为橙色，如图 11－128 所示。

(14) 再次复制这个橙色正圆，调整其大小和形状，并设置其颜色为白色，如图 11－129 所示。

图 11－127

图 11－128

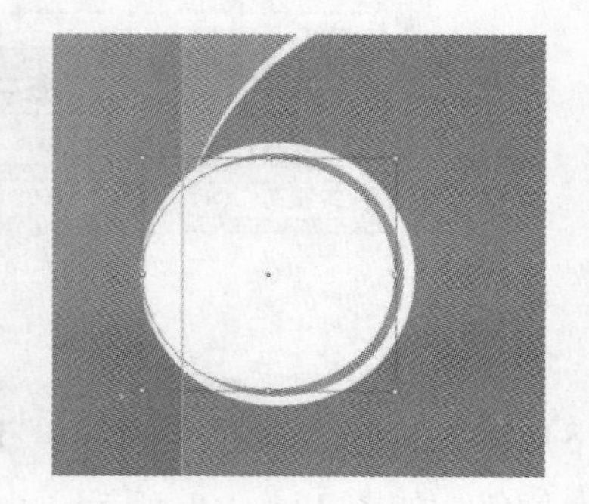

图 11－129

(15) 打开“路径查找器”面板，选中最后绘制的两个圆形，进行相减的运算，如图 11－130 所示。

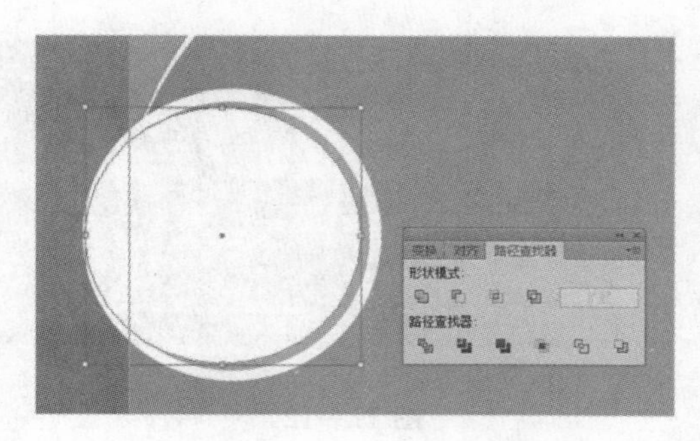

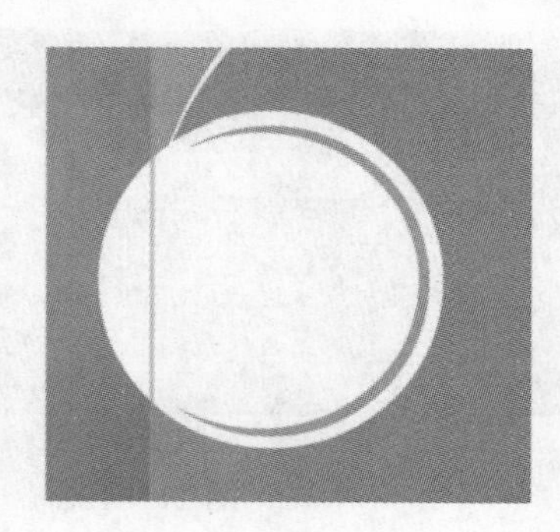

图 11－130

（16）在工具箱中选择“文字”工具按钮，输入相关文字并设置合适的字体和大小，如图 11－131 所示。

（17）在工具箱中选择“钢笔”工具按钮，在图中绘制一条弧线，填充色及描边色均为无，如图 11－132 所示。

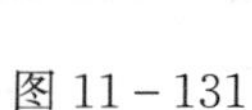

图 11－131

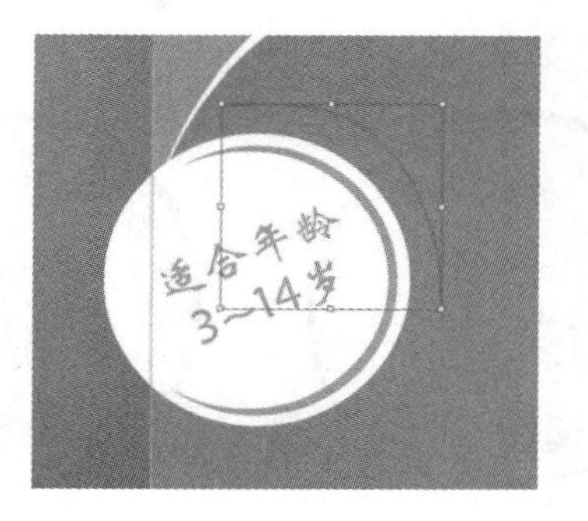

图 11－132

（18）在工具箱中选择“路径文字”工具按钮，在弧线中部单击，输入相关文字并设置合适的字体和大小，如图 11－133 所示。

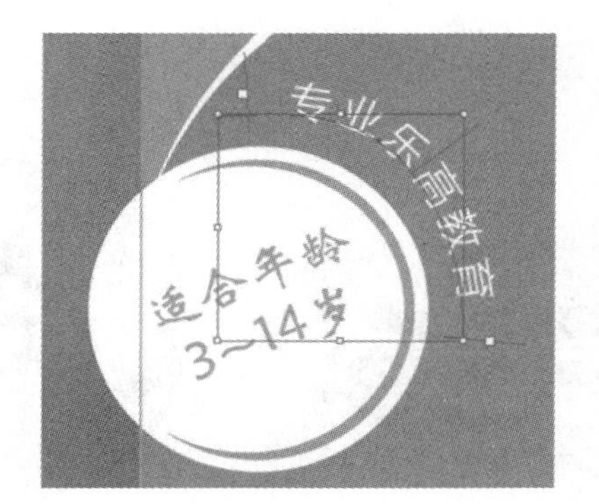

图 11－133

（19）在工具箱中选择“选择”工具按钮，选中英文文字，复制到画面的下端，并旋转其角度，通过“透明度”面板，设置其透明度为 10%，如图 11－134 所示。

（20）再次复制两组文字，分布到画面的其他位置，如图 11－135 所示。

图 11－134

图 11－135

2. 卡通形象

(1) 在工具箱中选择“钢笔”工具按钮，在图中绘制一个圆形，设置其线型为两端细中间粗，描边色颜色为黑色，填充色为绿色，如图 11－136 所示。

(2) 再次在工具箱中选择“钢笔”工具按钮，在图中绘制一个圆形，设置其线型为两端细中间粗，颜色为黑色，如图 11－137 所示。

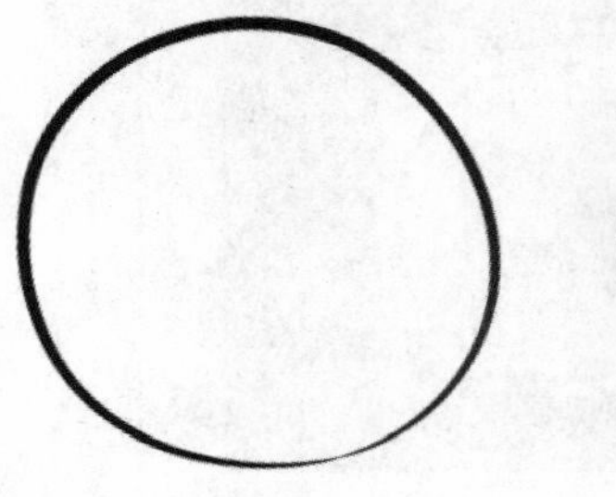
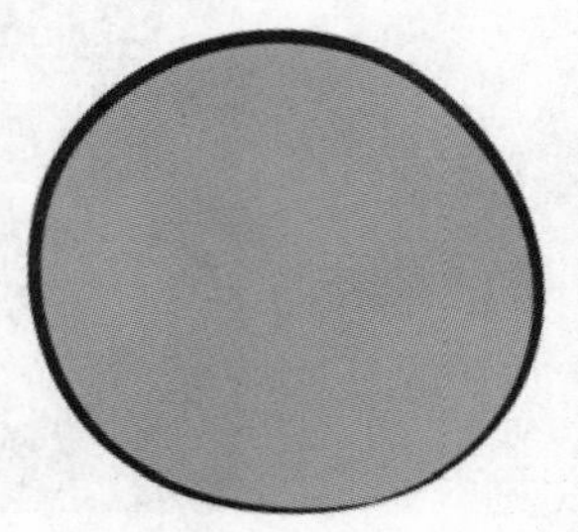

图 11－136

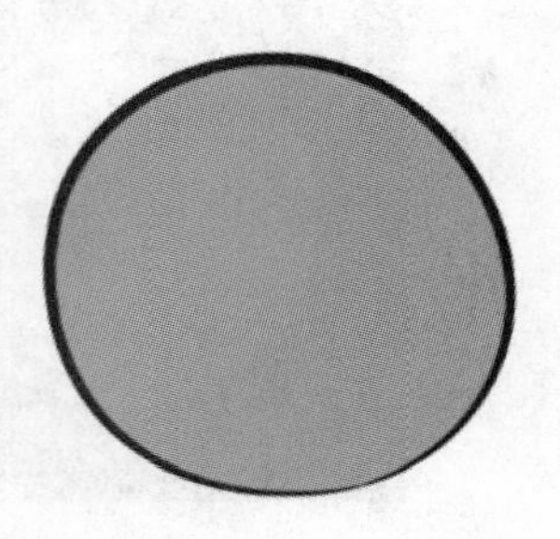

图 11－137

(3) 打开“颓废画笔矢量包”，选择一种画笔尾部较为粗糙的画笔，在图中画弧线，如图 11–138 所示。

(4) 在工具箱中选择“椭圆”工具按钮，在图中绘制一个圆形，设置其填充色为白色，如图 11－139 所示。

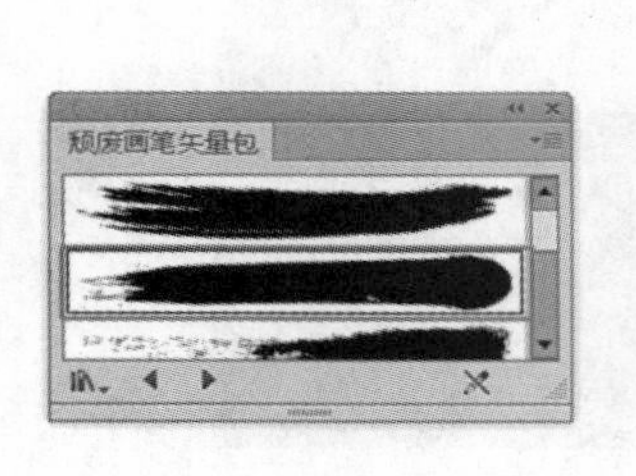

图 11－138

图 11－139

(5) 在工具箱中选择“钢笔”工具按钮，在图中绘制嘴巴的三条弧线，设置其线型为两端细中间粗，颜色为黑色，如图 11－140 所示。

(6) 在工具箱中选择“钢笔”工具按钮，在图中绘制嘴巴内部形状，并分别设置其颜色，如图 11－141 所示。

(7) 在工具箱中选择“椭圆”工具按钮，在图中绘制出卡通形的眼睛和脸部的腮红，如图 11－142 所示。

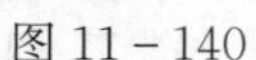
图 11－140

图 11－141

图 11－142

（8）在工具箱中选择“钢笔”工具按钮，在图中绘制西瓜卡通形头部后边的瓜藤，设置其填充色为绿色，如图 11－143 所示。

（9）在工具箱中选择“钢笔”工具按钮，在图中绘制一个月牙形，如图 11－144 所示。

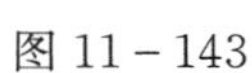

图 11－143

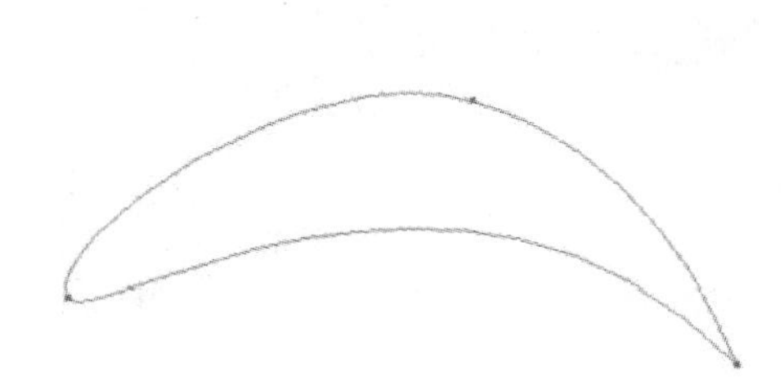

图 11－144

（10）打开“颜色”→“渐变”面板，为月牙形状填充径向渐变，并设置其颜色混合方式为滤色，如图 11－145 所示。

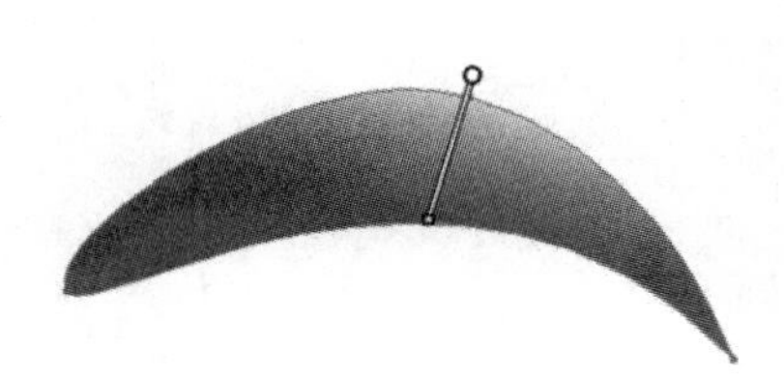

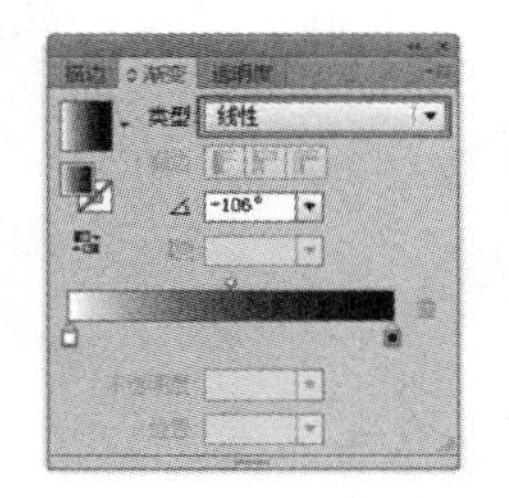

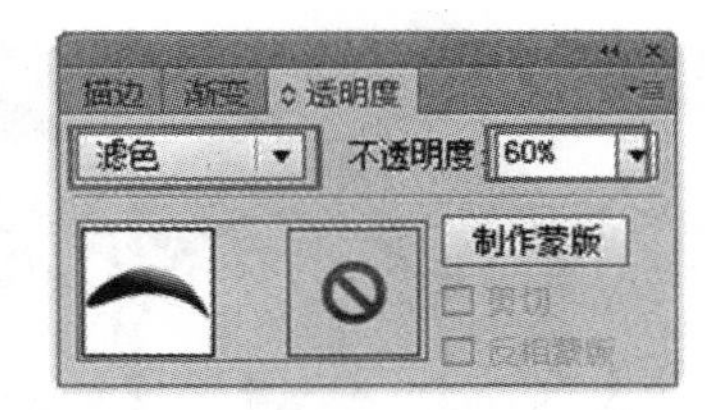

图 11－145

（11）然后把月牙形放置在卡通形的头部合适的位置，如图 11－146 所示。

（12）在工具箱中选择“钢笔”工具按钮，在图中绘制卡通形身体的其他部件，设置其线型为两端细中间粗，颜色为黑色，如图 11－147 所示。

（13）再次使用“钢笔”工具绘制各部件的暗部区域，并分别填充颜色，如图 11－148 所示。

图 11－146

图 11－147

图 11－148

（14）继续使用“钢笔”工具绘制各部件的亮部区域，并分别填充透明渐变颜色，如图 11－149 所示。

（15）打开“对象”→“排列”命令，调整各部件的图层顺序，使整个卡通形看起来比较自然，如图 11－150 所示。

图 11－149

图 11－150

（16）在工具箱中选择“选择”工具按钮，选中整个卡通形，执行“编辑”→“成组”命令，然后通过“镜像复制”命令，复制一个卡通形，使用钢笔工具对复制品做调整，使两者形状上有所差别，如图 11－151 所示。

（17）调整两个卡通形到画板的合适位置，并调整大小，如图 11－152 所示。

图 11－151

图 11－152

（18）在工具箱中选择“文字”工具按钮，输入相关文字并设置合适的字体和大小，如图 11－153 所示。

（19）在工具箱中选择“矩形”工具按钮，绘制一个无填充色和描边色的矩形，大小和整个正面一致，如图 11－154 所示。

图 11－153

图 11－154

（20）在工具箱中选择“选择”工具按钮，选中正面所有图形，执行“对象”→“剪切蒙版”→“建立”命令，如图 11－155 及图 11－156 所示。

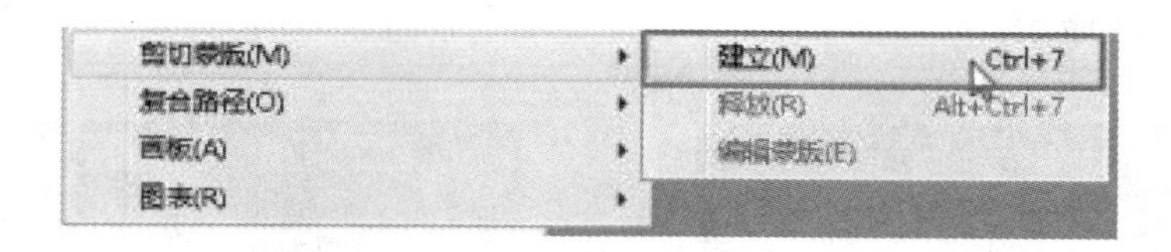

图 11－155

（21）正面的制作已结束，最终效果如图 11－157 所示。

3. 底页

（1）在工具箱中选择“圆角矩形”工具按钮，绘制一个圆角矩形，设置其颜色为橙色，如图 11－158 所示。

图 11－156

图 11－157

图 11－158

（2）在工具箱中选择“矩形”工具按钮，使用矩形工具绘制出街道地图，设置其颜色为白色，如图 11－159 所示。

（3）在工具箱中选择“选择”工具按钮，全选所有的矩形，打开“路径查找器”面板，进行合并的运算，如图 11－160 及图 11－161 所示。

图 11－159

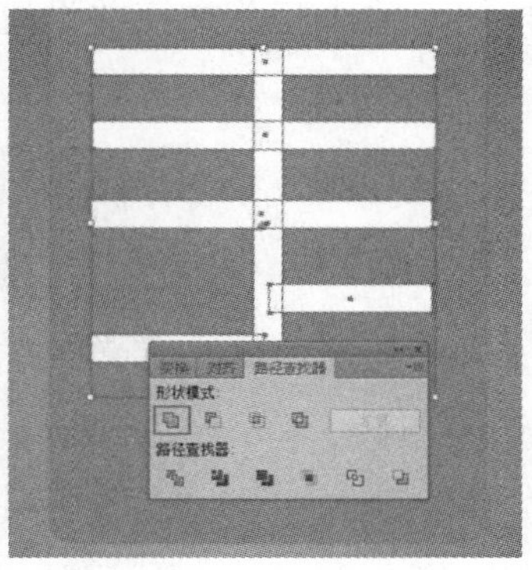

图 11－160

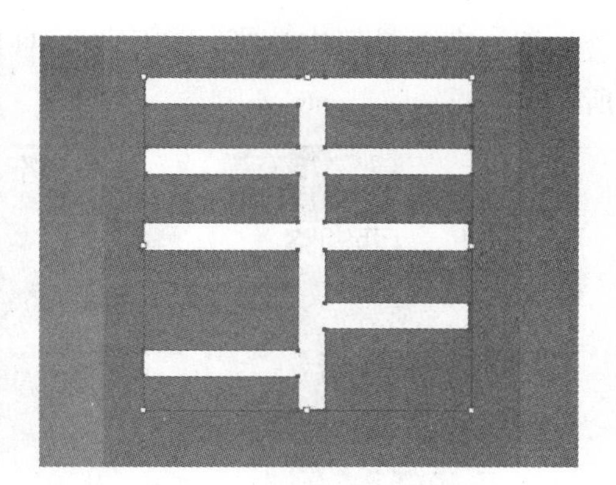

图 11－161

（4）在工具箱中选择“文字”工具按钮，输入相关文字并设置合适的字体和大小，如图 11－162 所示。

（5）在工具箱中选择“椭圆”工具按钮，在图中绘制几个小号正圆，并设置其颜色为黄色，下方的为红色，如图 11－163 所示。

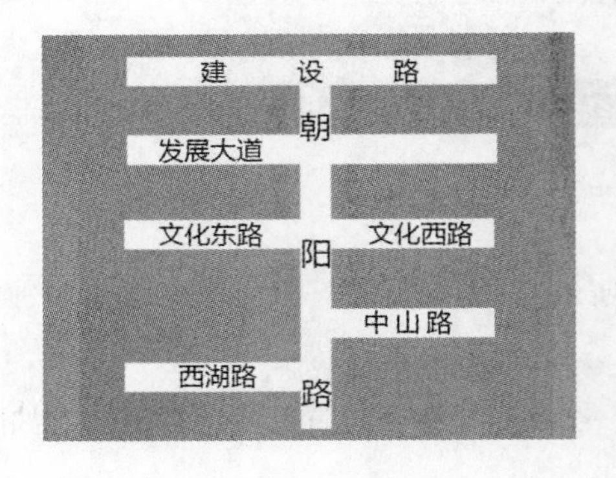

图 11－162

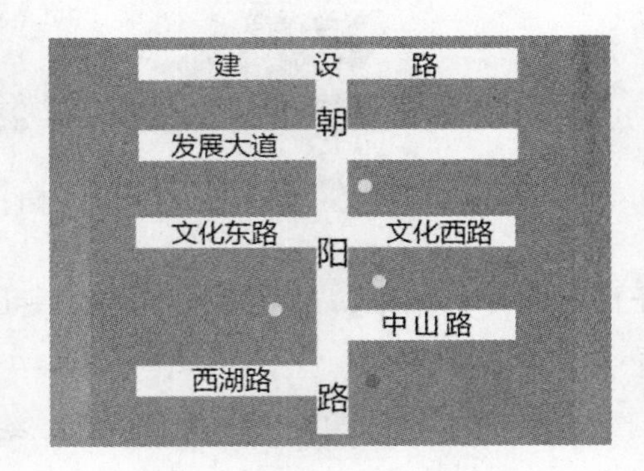

图 11－163

（6）在工具箱中选择“文字”工具按钮，输入相关文字并设置合适的字体和大小，如图 11－164 所示。

（7）在工具箱中选择“椭圆”工具按钮，在图的右下角中绘制中号红色椭圆形，配合“钢笔”工具里的“添加顶点”工具，调出一个三角形，如图 11－165 所示。

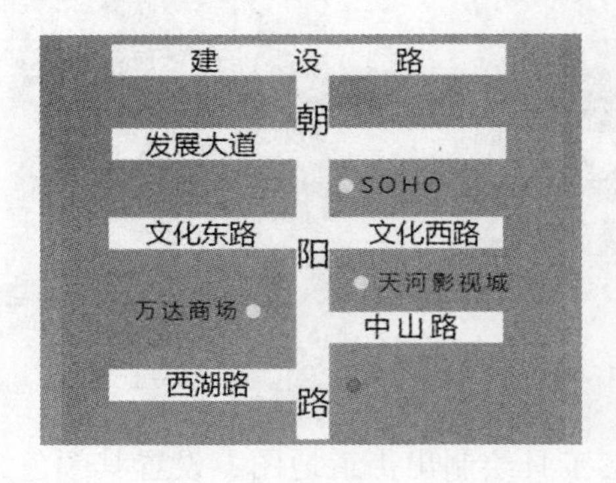

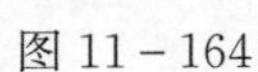
图 11－164

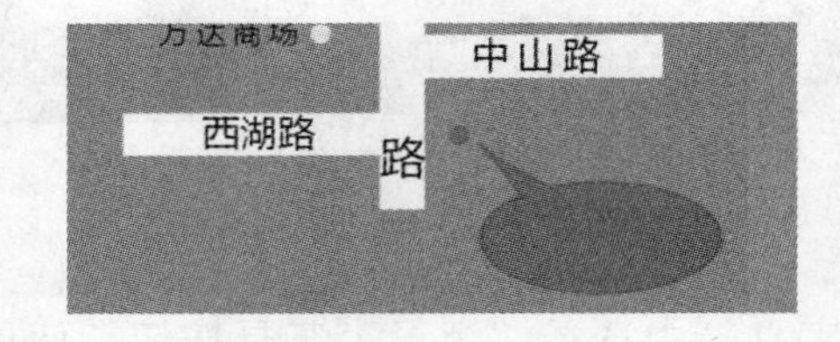

图 11－165

（8）复制正面的公司中英文名字到椭圆形的上方，调整位置和大小，颜色设置为白色，如图 11－166 所示。

（9）在工具箱中选择“文字”工具按钮，输入相关文字并设置合适的字体和大小，如图 11－167 所示。

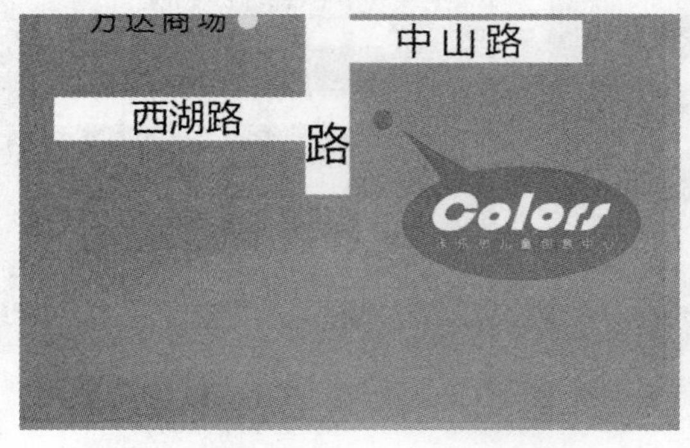

图 11－166

图 11－167

(10) 在工具箱中选择"圆角矩形"工具按钮，绘制一个圆角矩形，设置其描边颜色为白色，并使用"钢笔"工具把中部线段删除一些，如图 11－168 所示。

(11) 使用简单几何形绘制出一辆公交车图形，并设置好颜色，放在空白处，如图 11－169 所示。

图 11－168

图 11－169

(12) 在工具箱中选择"选择"工具按钮，选中英文文字，复制到画面的下端，调整大小和位置，通过"透明度"面板，设置其透明度为 10%，如图 11－170 所示。

图 11－170

4. *左页*

(1) 在工具箱中选择"钢笔"工具按钮，在图中绘制如图 11—171a 所示的图形，打开"路径查找器"面板，选中所有形，进行合并的运算，设置其颜色为绿色，如图 11－171b 所示。

(2) 在工具箱中选择"文字"工具按钮，输入相关文字并设置合适的字体和大小，如图 11－172 所示。

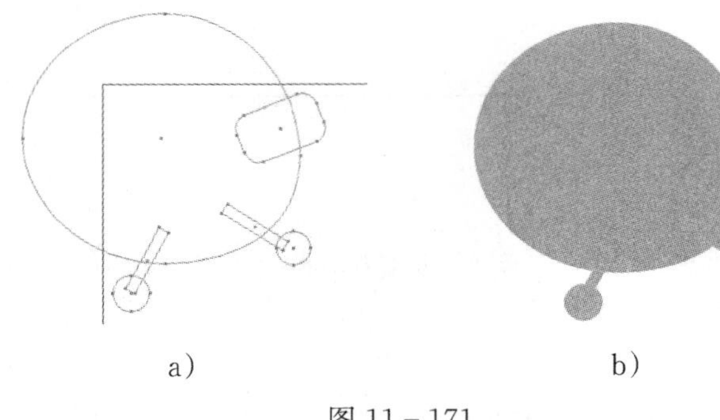

a)　　b)

图 11－171

图 11－172

(3) 在工具箱中选择"钢笔"工具按钮，在标题文字下方绘制一条曲线，并设置其线型颜色为白色，如图 11－173 所示。

(4) 在工具箱中选择"文字"工具按钮，拖拽出一个合适大小的文本框，如图 11－174 所示。

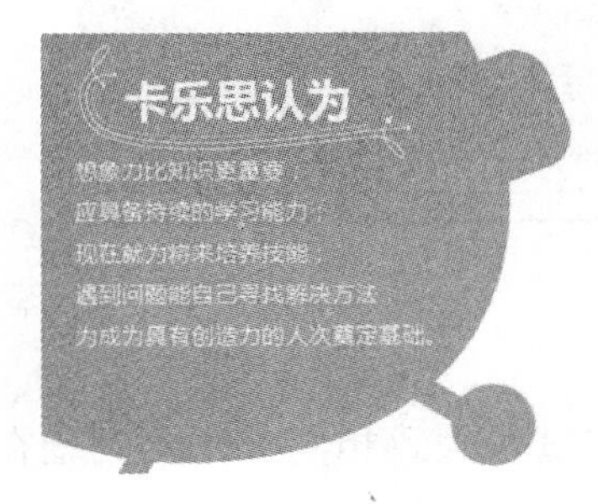

图 11－173

图 11－174

（5）输入相关文字并设置合适的字体和大小，如图 11－175 所示。

（6）复制刚才绘制的曲线形，拖动到图形的右下方，使用“文字”工具按钮输入相关文字，并设置合适的字体和大小，如图 11－176 所示。

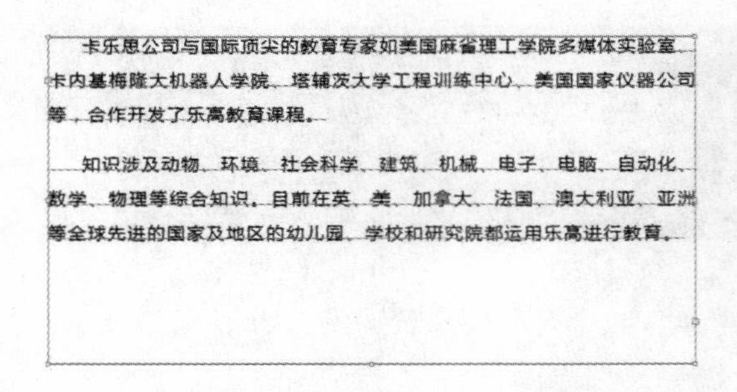

图 11－175

图 11－176

（7）按照正面西瓜卡通形象的绘制方法，绘制图中的三个卡通角色，如图 11－177 所示。

图 11－177

（8）在工具箱中选择“矩形”工具按钮，在页面的下方绘制几个矩形色块作为装饰，并复制到底页下端的合适位置，如图 11－178 所示。

图 11－178

实际上，不管是 DM 广告还是报纸广告，其制作方法和制作过程大致相同，主要问题在于出血值的设置、拼版的设置、边角线等打印信息的设置等。最关键的当属广告创意和版式设计，而要做到这一点，并非一朝一夕的事情，需要平时多注意模仿一些著名的广告作品，并考虑其中的构思方法。另外，还需要补充一些关于美学方面的知识，这对于进行广告创意是非常有帮助的。只有这样，才能设计出具有创意的广告。

11.4　书籍装帧设计

11.4.1　关于书籍封面

封面设计在一本书的整体设计中具有举足轻重的地位。读者对图书的第一个印象就是封面。封面是一本书的脸面，是一位不说话的推销员。好的封面设计不仅能招徕读者，而且耐人寻味，使人爱不释手。封面设计的优劣对书籍的社会形象有着重要的影响。

11.4.2　封面的结构

一般情况下，封面是由正封、封底和书脊 3 项基本元素构成的，如图 11－179 所示。

图 11－179

正封又叫作书皮、封一，通常用于一本书的正面。在正封上主要写有书名、作者名以及出版者名等基本信息。另外，正封上还可以写有一些其他的提示性信息，如“图形动画系列丛书”“国家‘十三五’重点电子出版物规划项目系列丛书”等。

书脊又叫作封脊，位于正封和封底之间，其尺寸代表了书的厚度，所以在创建封面文件之前，一定要计算出该书的书脊宽度，这样才能确定封面的宽度尺寸。

封底又叫作封四、底封。通常位于一本书的背面，该页面主要用于显示书号、条形码和定价，另外还会加入一些对书籍进行介绍的文字。许多杂志的封底也会被用于刊登一些广告或图书的版权信息。

部分装帧比较精美的书籍会在正封和封底切口的边缘增加 50～100mm 宽度的勒口，主要用于写入作者简介等说明性的文字，如图 11－180 所示为带有勒口的书籍封面。

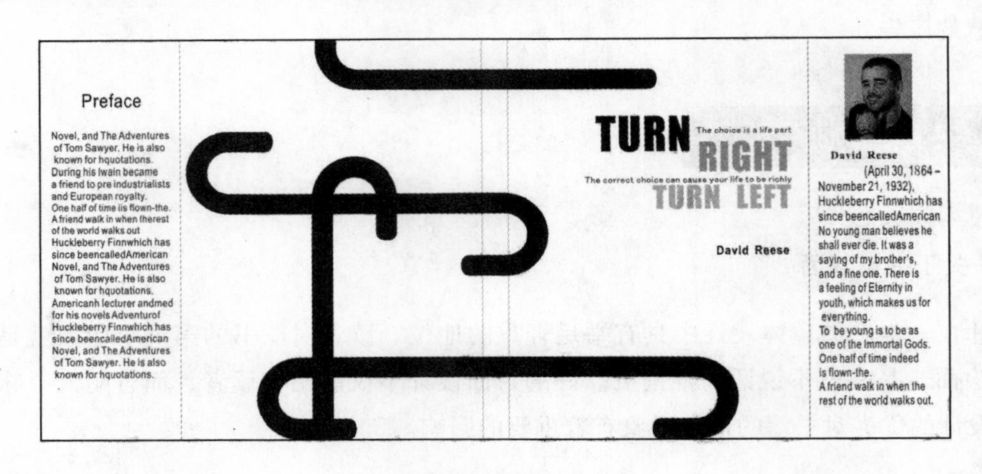

图 11－180

11.4.3 书籍厚度和封面尺寸的计算方法

在整个图书封面制作过程中，计算书脊的厚度是非常重要的，如果不计算出书籍的厚度，则无法正确设置封面的大小，更谈不上得到一个能够印刷的封面。

在图书出版行业中，书脊的厚度计算公式如下：

$$印张\times开本+2\times纸的厚度系数$$

由于印张乘以开本等于全书的页码数，所以上述计算公式也可以写成：

$$全书的页码数+2\times纸的厚度系数$$

纸张的厚度系数根据纸张的类型不同而有所不同，所以在计算书脊厚度时，需要与供纸商进行沟通，以便能得到精确的厚度系数。

以本章要制作的封面为例，其规格为 16 开本（184mm×260mm）的黑白印刷的书籍共有正文 640 页，扉页、版权页、目录页共有 16 页，使用 50g 书定纸（厚度系数为 0.061），则书脊厚度的计算方法如下：

$$(640+16)+2\times0.061=20.008\approx20\ (\text{mm})$$

封面的高度与所选开本对应的高度完全相同，而封面的宽度则需要将正封、书脊和封底三者的宽度尺寸相加，如果还有勒口，则需要将勒口的宽度也计算在内。

例如，本章要制作的封面（没有勒口）宽度计算如下：

$$正封宽度+书脊宽度+封底宽度=184+20+184=388\ (\text{mm})$$

由于封面是全彩印刷，所以在设计封面时，要注意在封面净尺寸的周围要多出约为 3mm 的出血值。而这个出血值在 Illustrator CS6 中一般不需要计算在封面尺寸之内，而是在制作封面时，在封面的周围多出这个出血范围即可。

11.4.4　封面原稿的设计

下面讲解书籍封面设计的方法和操作步骤。

案例效果

下面进行 Illustrator CS6 全面教程的封面设计，最终效果如图 11–181 所示。

图 11 – 181

操作步骤

（1）启动 Adobe Illustrator CS6 中文版软件，按“Ctrl” + “N”组合键或执行“文件”→“新建”命令，在打开的“新建文档”对话框中将文档大小设置成 388mm × 260mm，如图 11 – 182 所示。

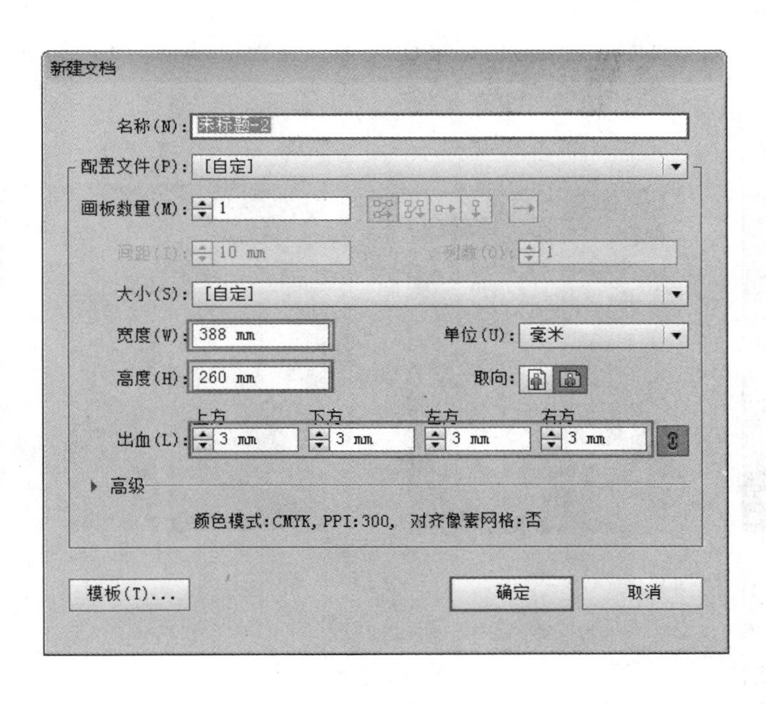

图 11 – 182

（2）执行“视图”→“标尺”→“显示标尺”菜单，在视图中显示标尺，在垂直标尺上拖出两条垂直参考线，在工具栏设置其位置分别设置其 X 坐标为 184mm、204mm，从而划分出封面、书脊、封底的范围，如图 11－183 所示。

（3）在工具箱中选择“矩形”工具，在视图中绘制一个矩形，尺寸比封面稍微大一些，对齐出血线，颜色填充为蓝色。如图 11－184 所示。

（4）在工具箱中选择“网格工具”，在矩形中添加几条网格线，注意间距不要太小，如图 11－184 所示。

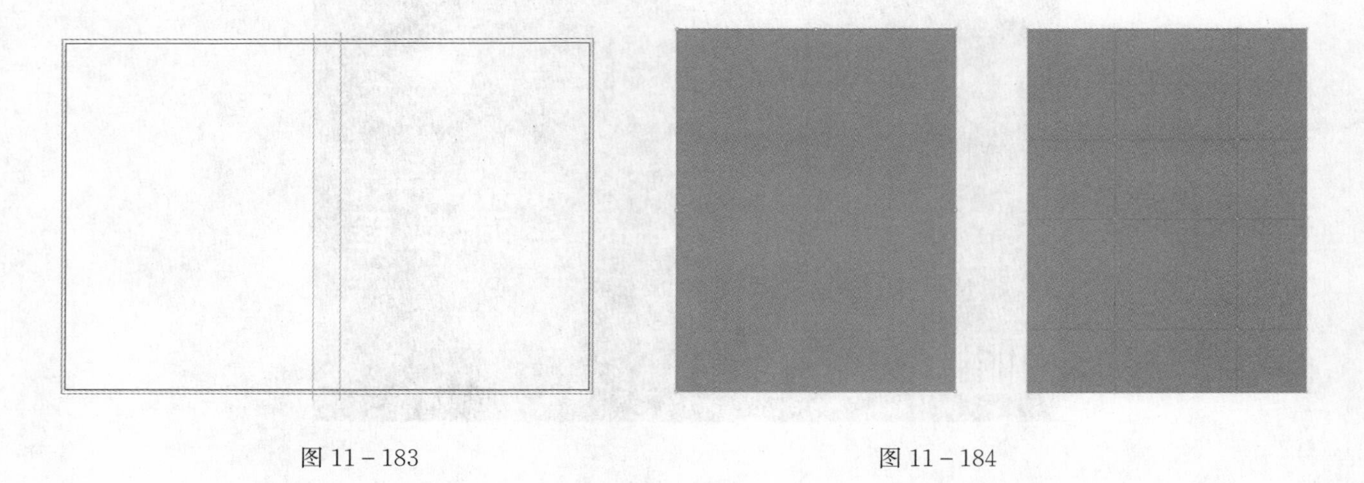

图 11－183　　图 11－184

（5）在工具箱中选择“直接选择工具”，选择矩形中的顶点，通过“色板”面板调整其颜色，如图 11－185 所示。

（6）继续在工具箱中选择“网格工具”，在矩形中新添加几条网格线，并通过使用“直接选择工具”调整其位置，如图 11－186 所示。

（7）使用“直接选择工具”，选择新添加的矩形中的顶点，通过“色板”面板调整其颜色，如图 11－186 所示。

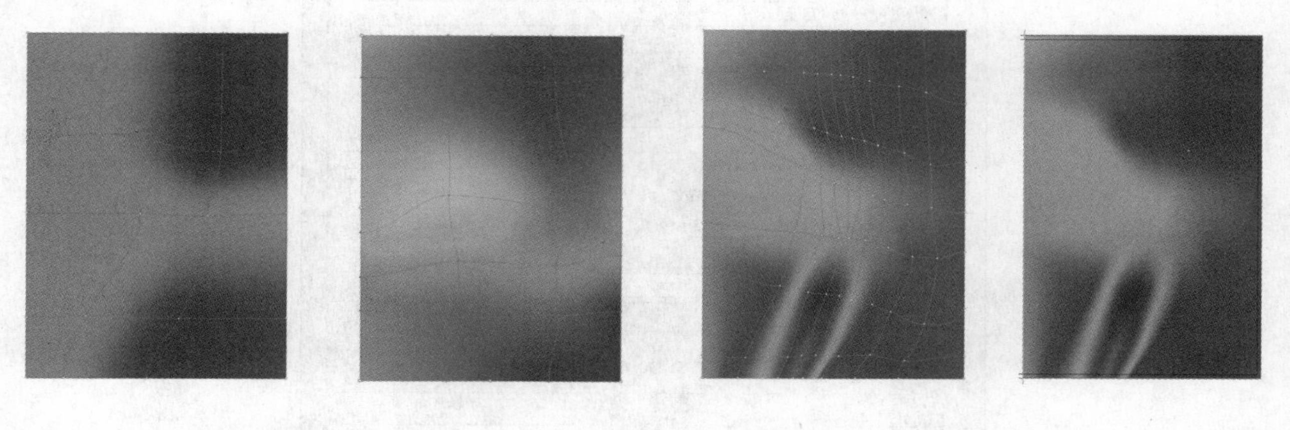

图 11－185　　图 11－186

（8）在工具箱中选择“文字”工具按钮，输入文字“ai”，并设置合适的字体和大小，颜色设置为白色，通过“透明度”面板设置其透明度为 20%，如图 11－187 所示。

（9）在工具箱中选择“文字”工具按钮，输入文字“adobe”，并设置合适的字体和大小，颜色设置为白色，通过“透明度”面板设置其透明度为 20%，如图 11－187 所示。

（10）在工具箱中选择“文字”工具按钮，输入文字“art”，并设置合适的字体和大小，颜色设置为白色，通过“透明度”面板设置其透明度为 20%，如图 11－188 所示。

图 11－187

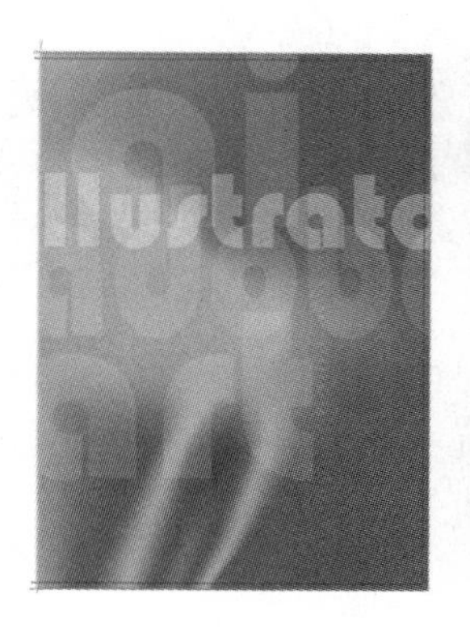

图 11－188

（11）在工具箱中选择“文字”工具按钮，输入标题文字，并设置合适的字体和大小，颜色设置为白色，通过“透明度”面板设置其透明度为 100%，如图 11－188 所示。

（12）在工具箱中选择“文字”工具按钮，输入简介内容，并设置合适的字体和大小，颜色设置为白色，如图 11－189 所示。

（13）在工具箱中选择“矩形”工具，在视图中绘制一个矩形，调整其大小和封面对应，颜色填充为无，描边色为无，如图 11－189 所示。

（14）在工具箱中选择“选择”工具，选中封面中的所有图形和文字，执行右键菜单“建立剪切蒙版”命令，如图 11－190 所示。

图 11－189

图 11－190

（15）在工具箱中选择“选择”工具，选中封面的背景部分，执行菜单“编辑”→“复制”命令，然后执行“编辑”→“粘贴”命令，调整其位置和大小，如图 11－191 所示。

（16）执行菜单“对象”→“变换”→“对称”命令，对当前物体进行左右镜像，如图 11－192 所示。

图 11－191

图 11－192

(17) 在工具箱中选择“文字”工具按钮，输入书脊部分的文字信息，并设置合适的字体和大小，颜色设置为白色，如图 11－193 所示。

(18) 在工具箱中选择“选择”工具，选中封面的背景文字部分，执行菜单“编辑”→“复制”命令，然后执行“编辑”→“粘贴”命令，调整其位置和大小，如图 11－194 所示。

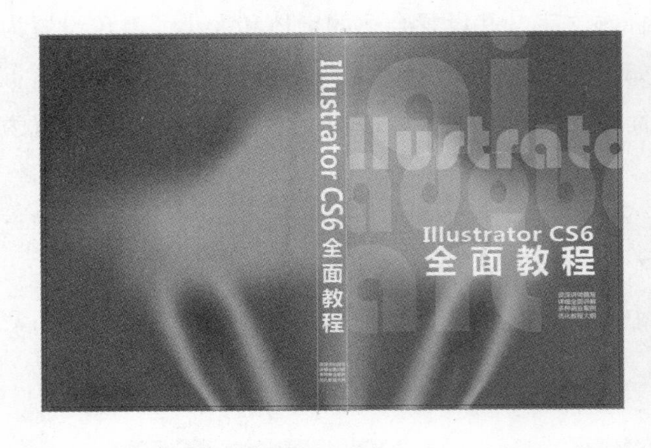

图 11－193

图 11－194

(19) 在工具箱中选择“矩形”工具，在封底中绘制一个矩形，调整其大小和封底对应，颜色填充为无，描边色为无，如图 11－195 所示。

图 11－195

（20）在工具箱中选择“选择”工具，选中封底中的所有图形和文字，执行右键菜单“建立剪切蒙版”命令，如图 11－195 所示。

（21）在工具箱中选择“矩形”工具，在封底中绘制一个矩形，调整其大小和位置，颜色填充为白色，描边色为无，如图 11–196 所示。

（22）在工具箱中选择“文字”工具按钮，输入 ISBN 信息，并设置合适的字体和大小，颜色设置为黑色，如图 11－197 所示。

图 11－196

图 11－197

（23）在白色矩形中制作书籍的条码，如图 11－198 所示。

图 11－198

（24）在工具箱中选择“文字”工具按钮，输入价格信息，并设置合适的字体和大小，颜色设置为白色，如图 11－199 所示。

图 11－199

ISBN 是英文 International Standard Book Number 缩写，即国际标准书号。本例中的条形码是通过在 Illustrator CS6 中安装的第三方插件 BarcodeToolBox 制作完成的，Illustrator CS6 本身并没有制作条形码的命令。当然，也可以从互联网上下载其他专业制作条形码的程序来制作条形码，然后将其置入到 Illustrator。

书籍封面的设计稿设计完成以后。将其文件保存到指定位置，并命名为“封面设计原稿.ai”；接着，为封面实施后期工艺。所谓后期工艺就是指对封面中的某个元素（图形、图像或文字）或整体在印刷过程中增加的一些特殊工艺，例如使用文字凸起、为图像上光等，使封面整体看起来更加美观。

但是也要注意，在封面中添加的后期工艺一般不要超过 3 种。这是因为后期工艺过多会使封面显得过于花哨，而且会大幅度增加图书的成本，导致图书定价过高，最终影响到图书的销售量。

针对本例制作的封面，制作四套方案，分别是：UV 工艺、UV 工艺 + 模切工艺、UV 工艺 + 起鼓工艺和烫金工艺。

那么，如何确认特殊的印刷工艺对象呢？很简单，可以将要附加特殊工艺的对象在出版物文件中设置为黑色（C：0，M：0，Y：0，K：100），而没有附加特殊工艺的区域设置为白色即可。完成对应的工艺版文件后，将其与印刷文件同时交付印刷厂或者出片公司，并说明要附加的工艺类型即可。

【方案 1】　UV 工艺

UV 是英文 Ultra Violet 的简写，就是紫外线的意思。所谓 UV 工艺就是将上光油以涂、喷或者印的方式附加于封面之上，以起到美化及保护封面尽量不受损害的作用。实际上，UV 工艺并非仅用于封面上，对于其他类型的印刷品，例如挂历、宣传册等，同样可以使用这种工艺。下面以刚刚制作完成的封面为例，讲解如何制作 UV 上光的范围。首先确保刚才设计的封面文件已经是终稿，即制作完毕并经审核或确认，无须再进行任何修改的文件。这样做的目的是避免再次修改封面文件后，还要重新制作 UV 版。打开上面设计完成后保存的封面文件“封面设计原稿.ai”，执行“文件”→“存储为”命令，将当前的文件保存为“方案 1 之封面设计 - UV 版.ai”。

在该方案中，要将正封上的书名设置为 UV 上光范围。所以将其留下，而将其他对象全部删除，如图 11 - 200 所示。

按照前面所讲到的，需要将所有 UV 上光范围全部设置成黑色。对于书名文字而言，可以使用“选择”工具选择后，按“F6”键打开“颜色”面板，将 C、M、Y、K 值分别设置为 0、0、0、100，即黑色，如图 11 - 201 所示。

至此，附加 UV 工艺的元素都变成了黑色，保存该文件。然后可以将此 UV 版文件与“封面设计原稿.ai”及其链接的图像文件全部交付给印刷厂或者出片公司即可。

图 11 - 200

图 11 - 201

【方案 2】　模切工艺

所谓模切就是利用模切刀依据封面中欲裁切的图形来调整模切刀的状态，然后在压力的作用下将印刷品切成所需形状和切痕的工艺。

打开“封面设计原稿.ai”文件并将该文件另存为“方案 2 之封面设计 - 模切版.ai”，利用该文件直接制作模切版文件。

将除了“IIlustrator CS6”之外的其他对象全部删除，设置其填充色为无，描边色为黑，宽度为 0.25，黑色的 C、M、Y、K 值分别为 0、0、0、100，套版色的 C、M、Y. K 值分别为 100、100、100、100，套版色主要用于四色印刷中的套准线和裁切标记的制作，如图 11 - 202 及图 11 - 203 所示。

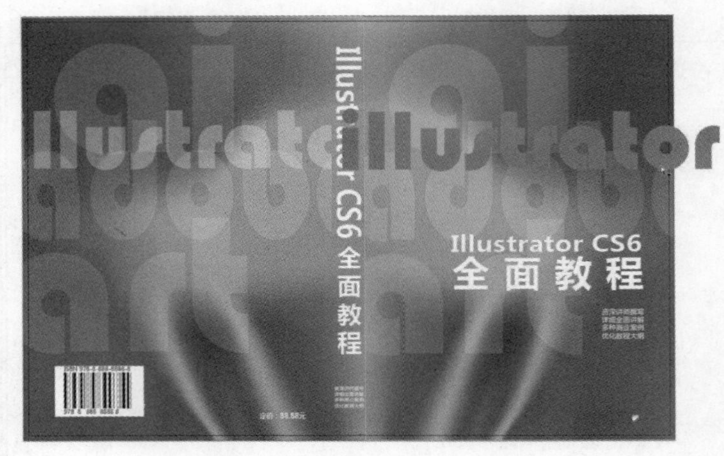

图 11 - 202

图 11 - 203

保存该文件，这样就可以将该文件交付印刷厂，用来确认附加模切工艺的图像范围。为了保证对 3 个六边形的图像区域附加的模切工艺能准确地显示出下面扉页中的风景图像，还需要确认扉页中的图像状态，通常情况下，可以以正封为基础进行修改。

【方案 3】　起鼓工艺

所谓起鼓是指使封面中指定的元素有一定的凸起效果，通常起鼓工艺会和 UV 工艺搭配进行加工，这样除了具有强烈的视觉效果外，更能够给人以特殊的手感，从而提升封面的美观程度以及图书整体的档次。

起鼓版的制作方法与前面 UV 版的做法完全相同。如果将封面附加 UV 工艺后，还要附加起鼓工艺，而且范围和 UV 工艺范围相同，则可以直接将 UV 版文件复制一份，当作起鼓版文件使用即可，如图 11 - 204 所示为起鼓版文件，与前面制作的 UV 版文件完全相同。

【方案 4】　烫金（或烫银）工艺）

所谓烫金（或烫银）是指将具有金黄色（或银白色）的金属附加在封面上，使其具有一定的凹凸感，从而提升书籍的档次。烫金（或烫银）工艺多用于具有收藏价值的图书中。

图 11－204

制作烫金（或烫银）版的操作方法与 UV 版基本相同，只需要将要附加烫金（或烫银）工艺的内容调整为黑色即可。与 UV 版不同的是，烫金（或烫银）版需要用一个矩形框将要附加烫金（或烫银）工艺的对象限制在这个区域内，而且不能改变其位置，再分别标示出该矩形框距离上、下、左、右各边缘的长度值，最后将印刷文件交付给印刷厂或出片公司即可。

下面介绍烫金（或烫银）版制作的方法和步骤。打开前面保存的“封面设计原稿.ai”文件并将其另存为“方案 4 之封面设计－烫金版.ai”，保留书名将其他对象全部删除，沿着正封左侧边缘（即书脊处右边的参考线）绘制一个描边宽度为 0.25 磅、填充色为无色的矩形。绘制时，要使该矩形正好框住书名的范围，如图 11－205 所示。

图 11－205

该矩形范围就是将要制作的烫金版的尺寸，将矩形的描边宽度设置为 0.25 磅，主要是为了将表示尺寸时出现的误差降至最低。另外，由于文字靠页面右侧边缘非常近，所以在绘制矩形时可以直接使用矩形的右边与页面的右边缘对齐。

12 第12章 打印输出

要做出有关打印的最佳决策，就要了解打印的基本原理，包括打印机分辨率或显示器校准和分辨率如何影响图稿的打印效果。Illustrator 的“打印”对话框旨在帮助我们完成打印工作流程。该对话框中的每组选项都是为了指导我们完成打印过程而进行组织的。

12.1 设置打印文档

12.1.1 打印对话框选项

“打印”对话框中的每类选项（从“常规”选项到“小结”选项）都是为了指导我们完成文档的打印过程而设计的。要显示一组选项，请在对话框左侧选择该组的名称。其中的很多选项是由启动文档时选择的启动配置文件预设的，如图 12－1 所示。

① 常规：设置页面大小和方向、指定要打印的页数、缩放图稿、指定拼贴选项以及选择要打印的图层。

② 标记和出血：选择印刷标记与创建出血。

③ 输出：创建分色。

④ 图形：设置路径、字体、PostScript 文件、渐变、网格和混合的打印选项。

⑤ 色彩管理：选择一套打印颜色配置文件和渲染方法。

⑥ 高级：控制打印期间的矢量图稿拼合（或可能栅格化）。

⑦ 小结：查看和存储打印设置小结。

12.1.2 打印复合图稿

复合图是一种单页图稿，与我们在插图窗口中看到的效果一致——换言之，就是直观的打印作业。复合图像还可用于校样整体页面设计、验证图像分辨率以及查找照排机上可能发生的问题（如 PostScript 错误）。

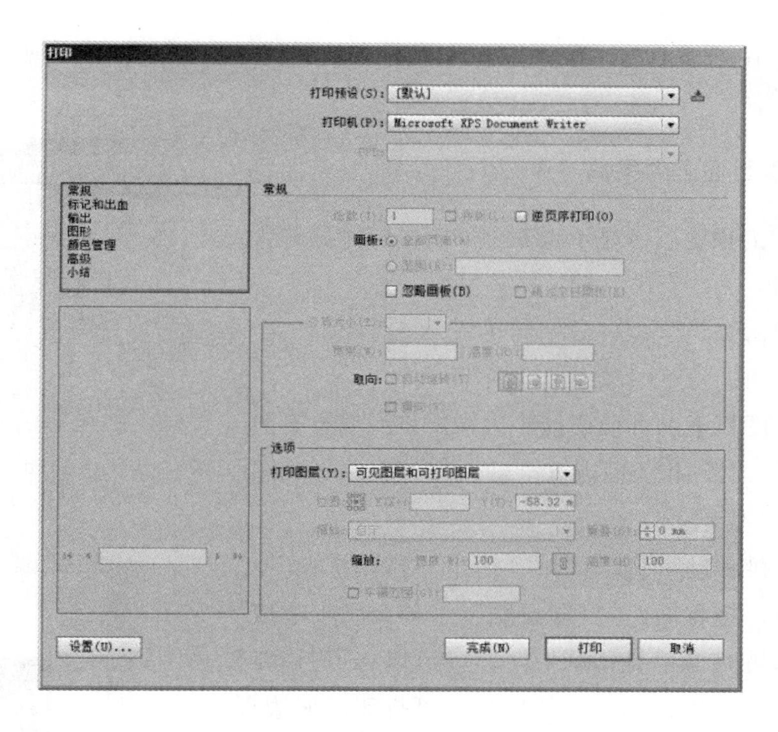

图 12－1

（1）选择“文件”→“打印”。

（2）从“打印机”菜单中选择一种打印机。若要打印到文件而不是打印机，请选择“AdobePostScript®文件”或“AdobePDF”。

（3）选择下列任一画板选项：

① 若要在一页上打印所有内容，请选择“忽略画板”。

② 若要分别打印每个画板，请取消选择“忽略画板”，并指定要打印所有画板（全部），还是打印特定范围（如 1－3），如图 12－2 所示。

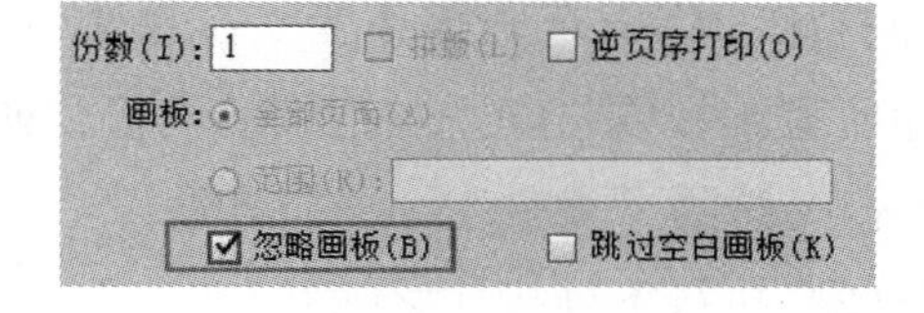

图 12－2

（4）请选择“打印”对话框左侧的“输出”，并确保将“模式”设置为“复合”。

（5）设置其他打印选项。

（6）单击“打印”。

如果文档使用了图层，可以指定要打印哪些图层。选择“文件”→“打印”，然后从“打印图层”菜单中选择一个选项：“可见图层和可打印图层”“可见图层”或“所有图层”。

12.1.3　使图稿不可打印

“图层”面板简化了打印不同图稿版本的过程。例如，为了校样文本，可以选择只打印文档中的文字对象。还可以向图稿中添加不可打印的元素，以记录重要的信息。

① 要禁止在文档窗口中显示、打印和导出图稿，请在“图层”面板中隐藏相应的项。

② 要禁止打印图稿，但允许在画板上显示或导出图稿，请在“图层”面板中双击某个图层的名称。在“图层选项”对话框中，取消选择“打印”选项，然后单击“确定”。“图层”面板中的图层名称将变为斜体。

③ 要创建即便能在画板上显示但不能打印或导出的图稿，请在“图层选项”对话框中选择“模板”，如图 12－3 所示。

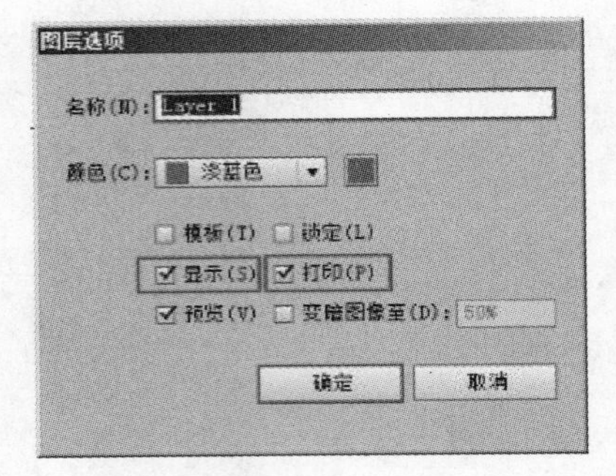

图 12－3

12.1.4 重新定位页面上的图稿

“打印”对话框中的预览图像显示页面中的图稿打印位置。

(1) 选择“文件”→“打印”。

(2) 执行下列操作之一：

① 在对话框左下角的预览图像中拖动图稿。

② 单击“置入”图标上的方块或箭头，指定将图稿与页面对齐的原点。为“原点 X”和“原点 Y”输入数值，以微调图稿的位置，如图 12－4 所示。

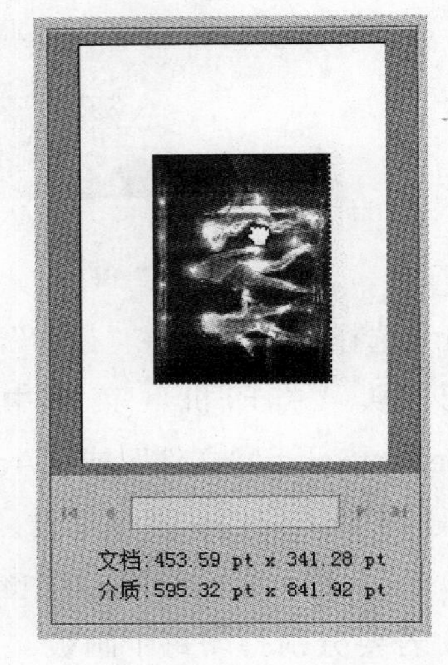

图 12－4

若要在图板中直接移动可打印区域，请用“打印拼贴”工具在插图窗口中拖移。拖移时，“打印拼贴”工具会做出响应，就好像是从左下角位置移动可打印区域一样。可以将可打印区域移动到图板中的任意位置；不过，任何超出可打印区域边界的页面部分都不能打印出来。

12.1.5 打印多个画板

创建具有多个画板的文档时，可以通过多种方式打印该文档。可以忽略画板，在一页上打印所有内容（如果画板超出了页面边界，可能需要拼贴）。也可以将每个画板作为一个单独的页面打印。将每个画板作为一个单独的页面打印时，可以选择打印所有画板或打印一定范围的画板，如图 12－5 所示。

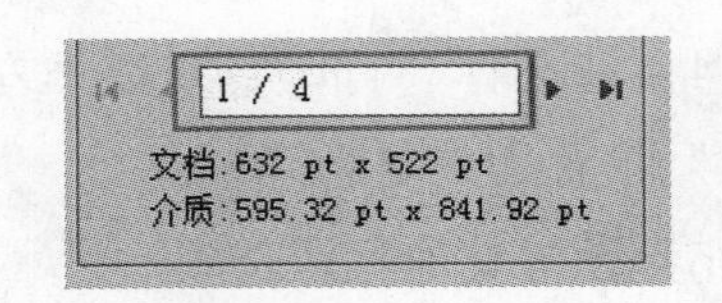

图 12－5

(1) 选择“文件”→“打印”。

(2) 执行下列操作之一：

① 若要将所有画板都作为单独的页面打印，请选择“全部”。可以看到“打印”对话框左下角的预览区域中列出了所有页面。

② 要将画板子集作为单独页打印，请选择“范围”，然后指定要打印的画板。

③ 若要在一页中打印所有画板上的图稿，请选择“忽略画板”。如果图稿超出了页面边界，可以对其进行缩放或拼贴。

(3) 根据需要指定其他打印选项，然后单击“打印”。

12.1.6 更改页面大小和方向

Adobe Illustrator 通常使用所选打印机的 PPD 文件定义的默认页面大小。但可以把介质尺寸改为 PPD 文件中所列的任一尺寸，并且可指定纵向（垂直）还是横向（水平）。可指定的最大页面大小取决于照排机的最大可成像面积。

在“打印”对话框中更改页面大小和方向，只能用于打印目的。若要更改画板的页面大小或方向，请使用“画板选项”对话框或控制面板中的“画板”选项。指定页面大小和取向时请注意以下方面：

① 如果选择不同的介质尺寸（如果从 USLetter 改为 USLegal），则预览窗口中的图稿会重新定位。这是因为预览窗口显示的是所选介质的整个可成像区域；当介质大小发生变化时，预览窗口会自动缩放以包括可成像区域。

注：即使介质尺寸相同（如 USLetter），可成像区域也会因 PPD 文件而异，因为不同的打印机和照排机定义其可成像区域也不同，如图 12－6 所示。

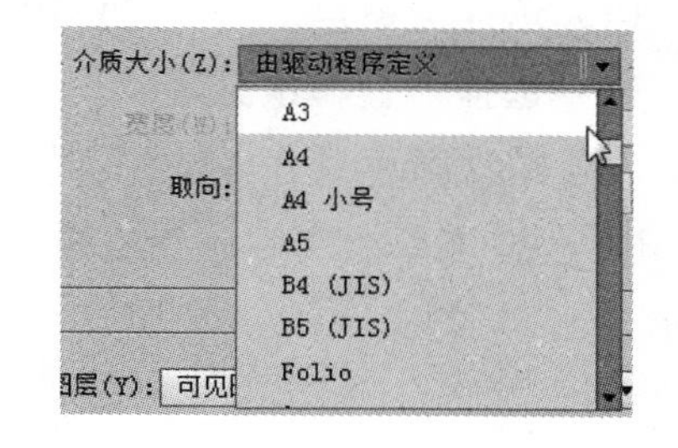

图 12－6

② 页面在胶片或纸张中的默认位置取决于打印页面所用的照排机。

③ 确保介质的大小足以包含图稿以及裁切标记、套准标记以及其他必要的打印信息。不过，若要保存照排机胶片或纸张，请选择可容纳图稿及必要打印信息的最小页面尺寸。

④ 如果照排机能容纳可成像区域的最长边，则可通过使用“横向”打印或改变打印图稿的方向来保存相当数量的胶片或纸张。

（1）选择“文件”→“打印”。

（2）从“大小”菜单中选择一种页面大小，可用大小是由当前打印机和 PPD 文件决定的。如果打印机的 PPD 文件允许，可以选择“自定”以在“宽度”和“高度”文本框中指定一个自定页面大小。

（3）单击一个“取向”按钮以设置页面方向，如图 12－7 所示。

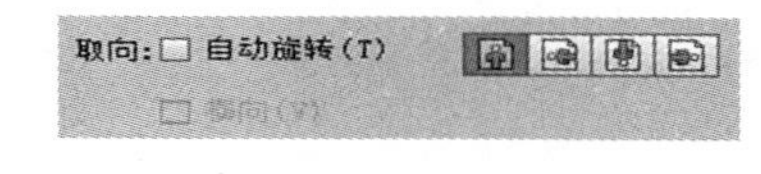

图 12－7

纵向朝上纵向打印，正面朝上。

横向左转横向打印，向左旋转。

纵向朝下纵向打印，正面朝下。

横向右转横向打印，向右旋转。

（4）（可选）选择“横向”，使打印图稿旋转 90°。若要使用此选项，必须使用支持横向打印和自定页面大小的 PPD

12.2　打印分色

为了重现彩色和连续色调图像，印刷商通常将图稿分为四个印版（称为印刷色），分别用于图像的青色、洋红色、黄色和黑色四种原色。还可以包括自定油墨（称为专色）。在这种情况下，要为每种专色分别创建一个印版。当着色恰当并相互套准打印时，这些颜色组合起来就会重现原始图稿。将图像分成两种或多种颜色的过程称为分色；而用来制作印版的胶片则称为分色片。

12.2.1　预览分色

可以使用“分色预览”面板，预览分色和叠印效果。

在显示器上预览分色可预览文档中的专色对象并检查以下各项：

复色黑预览分色可识别打印后为复色黑或为与彩色油墨混合以增加不透明度和复色的印刷黑色（K）油墨的区域。

叠印可以预览混合、透明度和叠印在分色输出中显示的方式。当输出到复合打印设备时，还可以查看叠印效果。

注： Illustrator 中的“分色预览”面板与 InDesign 以及 Acrobat 中的“分色预览”面板略有不同，例如，Illustrator 中的“预览”面板仅用于 CMYK 文档。

（1）选择“窗口”→“分色预览”，如图 12－8 所示。

（2）选择“叠印预览”。

（3）请执行下列任一操作：

① 要在屏幕上隐藏分色油墨，请单击分色名称左侧的眼睛图标。再次单击，查看分色，如图 12－9 所示。

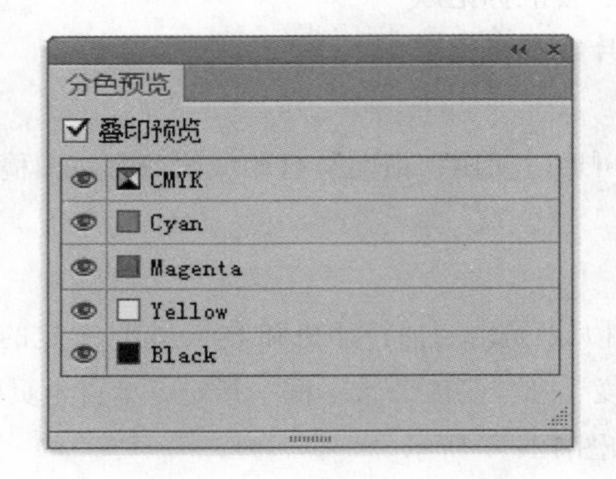

图 12－8

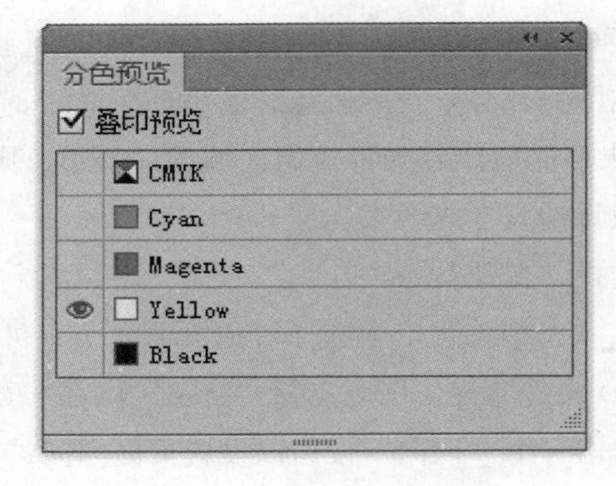

图 12－9

② 要在屏幕上隐藏除一个分色油墨之外的所有分色油墨，请按住“Alt”键单击该分色的眼睛图标。按住 Alt 键再次单击眼睛图标可重新查看所有分色。

③ 要同时查看所有印刷色印版，请单击 CMYK 图标。

（4）要返回到普通视图，请取消选择“叠印预览”。

在显示器上预览分色有助于在不打印分色的情况下检测问题，它不允许预览陷印、药膜选项、印刷标记、半调网屏和分辨率。使用商业打印机验证这些使用完整或叠加校样的设置。在“分色预览”面板中将油墨设置为在屏幕上可见或隐藏，不会影响实际的分色过程，而只会影响预览时它们显示在屏幕上的方式，如图 12－10 所示。

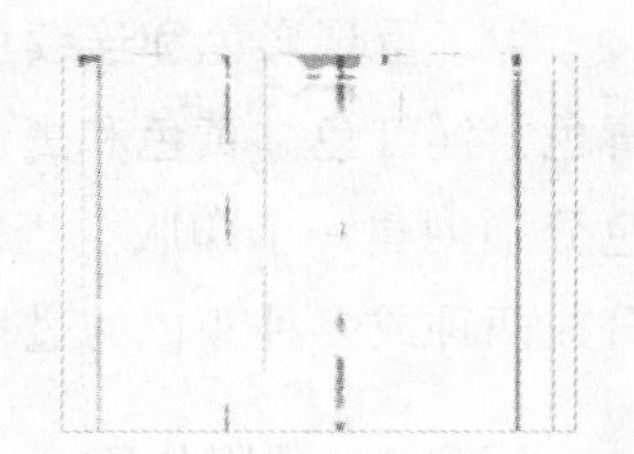

图 12－10

注： 屏幕预览中不包括隐藏图层上的对象。

12.2.2　打印分色

（1）选择“文件”→“打印”。

（2）选择打印机和 PPD 文件。若要打印到文件而不是打印机，请选择“AdobePostScript®文件”或“AdobePDF”。

（3）选择“打印”对话框左侧的“输出”。

（4）对于“模式”，请选择“分色（基于主机）”或“In－RIP 分色”。

（5）为分色指定药膜、图像曝光和打印机分辨率。

（6）为要进行分色的色版设置选项：

① 若要禁止打印某个色版，请单击“文档油墨选项”列表中该颜色旁边的专色图标，再次单击可恢复打印该颜色。

② 若要将所有专色都转换为印刷色，以使其作为印刷色版的一部分而非在某个分色版上打印，请选择“将所有专色转换为印刷色”。

③ 若要将某个别专色转化为印刷色，请单击“文档油墨选项”列表中该颜色旁边的专色图标，将出现四色印刷图标，再次单击可将该颜色恢复为专色。

④ 若要叠印所有黑色油墨，请选择“叠印黑色”。

⑤ 若要更改印版的网频、网线角度和半色调网点形状，请双击油墨名称；也可以单击“文档油墨选项”列表中的现有设置，然后进行修改。但是要注意，默认角度和频率是由所选 PPD 文件决定的。在创建自己的半色调网屏前，请先与您的印刷商定首选频率和角度。

如果图稿中包含多种专色（尤其是两种或多种专色之间相互影响），请为每种专色指定不同的网角。

（7）设置“打印”对话框中的其他选项。

尤其要说明的是，可以指定如何定位、伸缩和裁剪图稿、设置印刷标记和出血，以及为透明图稿选择拼合设置。

（8）单击“打印”。

12.3　印刷标记和出血

为打印准备图稿时，打印设备需要几种标记来精确套准图稿元素并校验正确的颜色。可以在图稿中添加以下几种印刷标记：

① 裁切标记：水平和垂直细（毛细）标线，用来划定对页面进行修边的位置。裁切标记还有助于各分色相互对齐。

② 套准标记：页面范围外的小靶标，用于对齐彩色文档中的各分色。

③ 颜色条：彩色小方块，表示 CMYK 油墨和色调灰度（以 10%增量递增）。服务提供商使用这些标记调整印刷机上的油墨密度。

④ 页面信息：为胶片标上画板编号的名称、输出时间和日期、所用线网数、分色网线角度以及各个版的颜色，这些标签位于图像上方。

12.3.1 添加印刷标记

(1) 选择“文件”→“打印”。

(2) 选择“打印”对话框左侧的“标记和出血”，如图 12-11 所示。

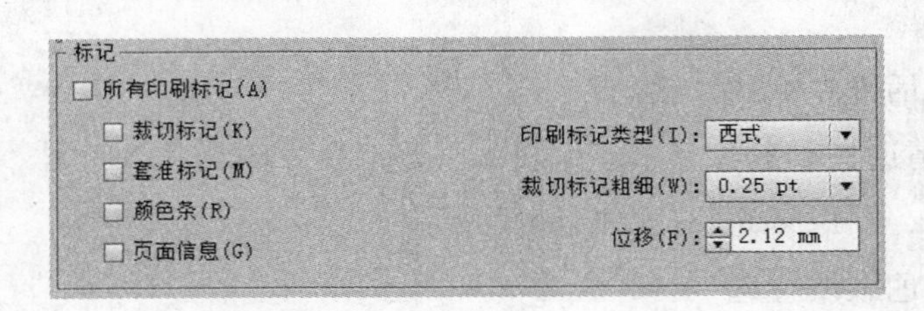

图 12-11

(3) 选择欲添加印刷标记的种类，还可以在西式和日式标记之间选择。

(4)(可选) 如果选择“裁切标记”，请指定裁切标记粗细以及裁切标记相对于图稿的位移。为避免把印刷标记画到出血边上，输入的“位移”值一定要大于“出血”值。

12.3.2 关于出血

出血就是图稿落在印刷边框打印定界框外的或位于裁切标记和裁切标记外的部分。可以把出血作为允差范围包括到图稿中，以保证在页面切边后仍可把油墨打印到页边缘，或者保证把图像放入文档中的准线内。只要创建了扩展入出血边的图稿，即可用 Illustrator 指定出血程度。如果增加出血量，Illustrator 会打印更多位于裁切标记之外的图稿。不过，裁切标记仍会定义同样大小的打印边框，如图 12-12 所示。

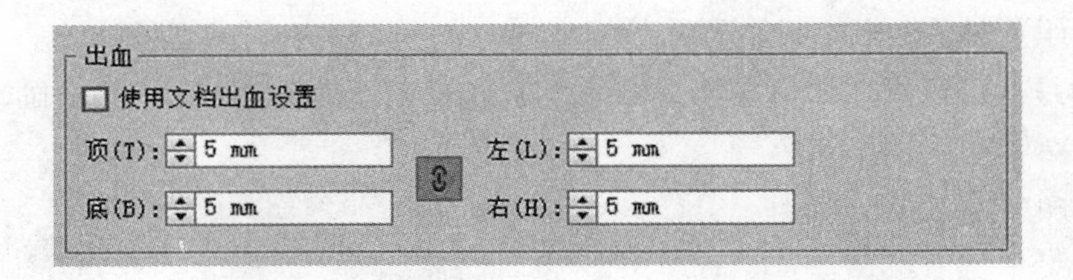

图 12-12

所用出血大小取决于其用途。印刷出血（即溢出印刷页边缘的图像）至少要有 18 磅。如果出血的用途是确保图像适合准线，则不应超过 2 或 3 磅。印刷厂可以就特定作业所需的出血大小提出建议。

添加出血的步骤如下。

(1) 选择“文件”→“打印”。

(2) 选择“打印”对话框左侧的“标记和出血”。

(3) 执行下列操作之一：

① 在“顶”“左”“底”和“右”文本框中输入相应值，以指定出血标记的位置。单击链接图标可使这些值都相同。

② 选择“使用文档出血”可使用在“新文档”对话框中定义的出血设置。

可以设置的最大出血值为 72 点，最小出血值为 0 点。

12.4　用色彩管理打印

当使用色彩管理进行打印时，可以让 Illustrator 来管理色彩，或让打印机来管理色彩。

12.4.1　打印时让应用程序管理颜色

（1）选择“文件”→“打印”。

（2）选择“打印”对话框左侧的“色彩管理”。

（3）对于“颜色处理”，请选择“让 Illustrator 确定颜色”。

（4）对于“打印机配置文件”，请选择与输出设备相应的配置文件。

配置文件对输出设备行为和打印条件（如纸张类型）的描述越精确，色彩管理系统对文档中实际颜色值的转换也就越精确。

（5）（可选）设置“渲染方法”选项，以指定应用程序将色彩转换为目标色彩空间的方式。

在大多数情况下，最好使用默认的渲染方法。有关渲染方法的更多信息，请搜索“帮助”文档。

（6）单击“打印”对话框底部的“设置”（Windows）或“打印机”（MacOS）以访问操作系统的打印设置。

（7）访问打印机驱动程序的色彩管理设置。

在 Windows 中，右击所用打印机，并选择“属性”；然后找到打印机驱动程序的色彩管理设置。对于多数打印机驱动程序，色彩管理设置都标为色彩管理或 ICM。

（8）关闭打印机驱动程序的色彩管理。

每种打印机驱动程序都有不同的色彩管理选项。如果不清楚如何关闭色彩管理，请参阅打印机说明文档。

（9）返回到 Illustrator 的“打印”对话框，并单击“打印”。

12.4.2　打印时让打印机管理颜色

（1）选择“文件”→“打印”。

（2）从“打印机”菜单中选择一种 PostScript 打印机。若要打印到文件而不是打印机，请选择“AdobePostScript®文件”或“AdobePDF”。

（3）选择“打印”对话框左侧的“色彩管理”，如图 12－13 所示。

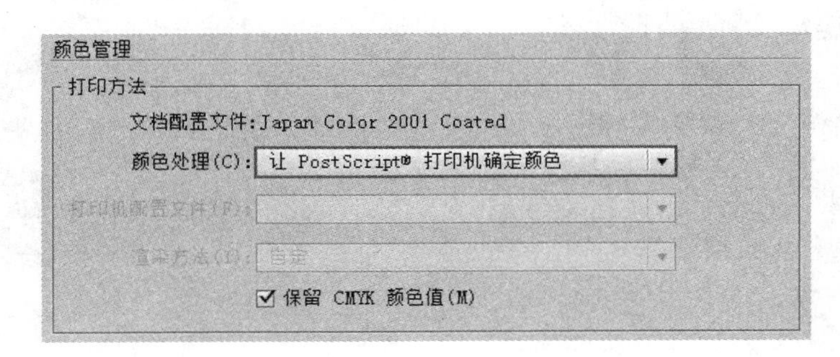

图 12－13

（4）对于“颜色处理”，请选择“让 PostScript®打印机确定颜色”。

（5）（可选）设置下列任一选项。在多数情况下，最好使用默认设置。

渲染方法指定应用程序将颜色转换为目标色彩空间的方式。

保留 RGB 颜色值（适用于 RGB 输出）或保留 CMYK 颜色值（适用于 CMYK 输出）确定 Illustrator 如何处理那些不具有相关联颜色配置文件的颜色（例如，没有嵌入配置文件的导入图像）。当选中此选项时，Illustrator 直接向输出设备发送颜色值。当取消选择此选项时，Illustrator 首先将颜色值转换为输出设备的色彩空间。当遵循安全的 CMYK 工作流程时，建议保留这些颜色值。对于 RGB 文档打印，不建议保留颜色值。

（6）单击“打印”对话框底部的“设置”（Windows）或“打印机”（MacOS）以访问操作系统的打印设置。

（7）访问打印机驱动程序的色彩管理设置。

在 Windows 中，右击所用打印机，并选择“属性”；然后找到打印机驱动程序的色彩管理设置。对于多数打印机驱动程序，色彩管理设置都标为色彩管理或 ICM。

（8）指定色彩管理设置，让打印机驱动程序在打印过程中处理色彩管理。

每种打印机驱动程序都有不同的色彩管理选项。如果不清楚如何设置色彩管理选项，请参阅打印机说明文档。

12.5 打印和存储透明图稿

当以特定格式存储 Illustrator 文件时，原生透明度信息会保留下来。例如，以 Illustrator CS6（或更高版本）EPS 格式存储文件时，文件将包含本机 Illustrator 数据和 EPS 数据。当在 Illustrator 中重新打开该文件时，就会读取原生（未拼合的）数据。当把文件放入另一应用程序时，就会读取 EPS（拼合的）数据。

包含透明度的文档或作品进行输出时，通常需要进行“拼合”处理。拼合将透明作品分割为基于矢量区域和光栅化的区域。作品比较复杂时（混合有图像、矢量、文字、专色、叠印等），拼合及其结果也会比较复杂。当打印或保存或导出为其他不支持透明的格式时，可能需要进行拼合。要在创建 PDF 文件时保留透明度而不进行拼合，请将文件保存为 Adobe PDF 1.4（Acrobat 5.0）或更高版本的格式。可以指定拼合设置然后保存并应用为透明度拼合预设，透明对象会依据所选拼合器预设中的设置进行拼合，如图 12－14 所示。

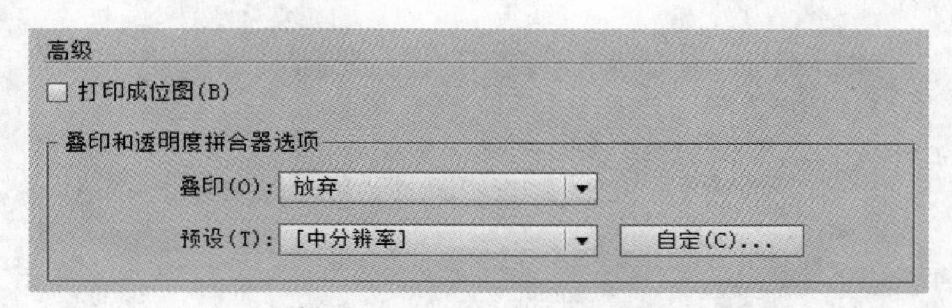

图 12－14

注：透明度拼合在文件保存后无法撤销。

12.5.1　保留透明度的文件格式

当以特定格式存储 Illustrator 文件时，原生透明度信息会保留下来。例如，以 Illustrator CS6（或更高版本）EPS 格式存储文件时，文件将包含本机 Illustrator 数据和 EPS 数据。当在 Illustrator 中重新打开该文件时，就会读取原生（未拼合的）数据。当把文件放入另一应用程序时，就会读取 EPS（拼合的）数据。如果可能，请以保留本机透明度数据的格式保存文件，以便在必要时对其进行编辑。使用以下格式进行存储时，将保留本机透明度数据：

① AI 9 和更高版本。

② AI 9 EPS 和更高版本。

③ PDF 1.4 和更高版本（选择“保留 Illustrator 编辑功能”选项时）。

在执行下列任一操作时，Illustrator 会拼合图稿：

① 打印包含透明度的文件。

② 存储包含传统格式透明度（如自有 Illustrator 8 及先前版本、Illustrator 8 EPS 及先前版本或者 PDF1.3 格式）的文件。

（对于 Illustrator 和 Illustrator EPS 格式，可以选择放弃透明度而不必对其进行拼合。）

③ 将包含透明度的文件导出为不能识别透明度的矢量格式（如 EMF 或 WMF）。

④ 在选中 AICB 和“保留外观”选项（在“首选项”对话框的“文件处理和剪贴板”部分中）的情况下从 Illustrator 向另一应用程序中复制和粘贴透明图稿。

⑤ 在选中“保留 Alpha 透明度”情况下，以 SWF（Flash）格式导出或是使用“拼合透明度”命令。用此命令可预览图稿导出到 SWF 格式后的外观，如图 12－15 所示。

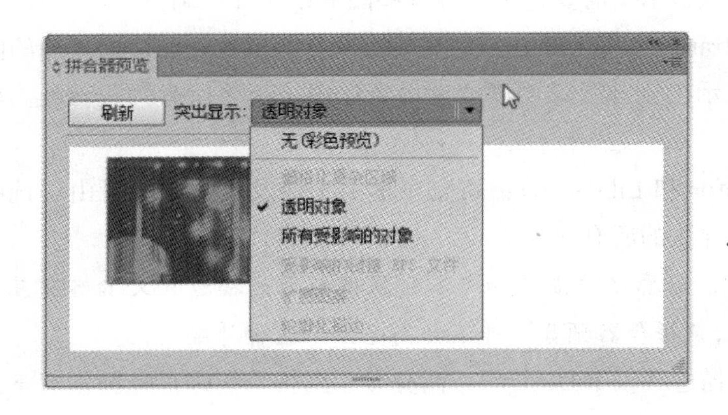

图 12－15

12.5.2　设置打印透明度拼合选项

① 选择“文件”→“打印”。

② 选择“打印”对话框左侧的“高级”。

③ 从“预设”菜单中选择一种拼合预设，或者单击“自定”以设置特定的拼合选项。

④ 如果图稿中含有包含透明度对象的叠印对象，请从“叠印”菜单中选择一个选项，可以保留、模拟或放弃叠印。

(1) 透明度拼合选项

可以在 Illustrator、InDesign 或 Acrobat 中创建、编辑或预览拼合器预设时，设置“透明度拼合”选项，如图 12 - 16 所示。

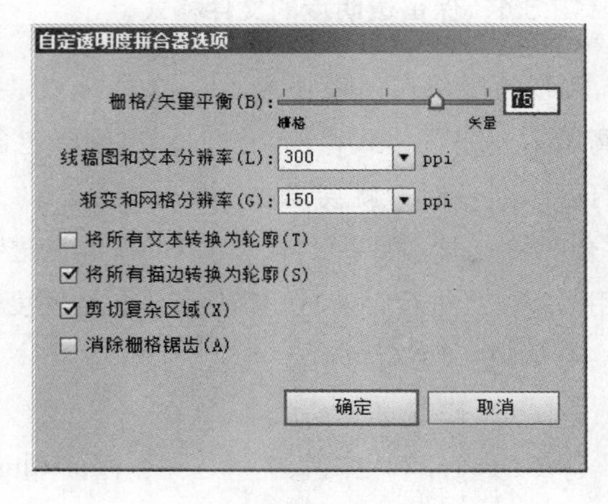

图 12 - 16

(2) 高亮（预览）选项

无（颜色预览）：停用预览。

光栅化复杂区域：高亮显示由于性能原因要光栅化的区域（由栅格 / 矢量滑动条确定）。请注意，高亮显示区域的边界更有可能出现拼缝问题（取决于打印驱动设置和光栅化分辨率）。要尽量减少拼缝问题，请选择“修剪复杂区域”。

透明对象：高亮显示带有透明度的对象，如半透明的对象（包括带有 Alpha 通道的图像）、含有混合模式的对象和含有不透明蒙版的对象。另外，注意样式和效果可能包含透明度，如果叠印对象与透明相关或叠印需要拼合，叠印对象也会作为带透明度的对象处理。

所有受影响的对象：高亮显示涉及透明度的所有对象，包括透明对象以及与透明对象相重叠的对象。高亮显示的对象会受到拼合过程的影响，例如，其描边或图案会扩展，其某些部分可能被光栅化等。

受影响的链接 EPS 文件（仅 Illustrator）：高亮显示受透明度影响的所有链接 EPS 文件。

受影响的图形（仅 InDesign）：高亮显示受透明度或透明效果影响的所有置入内容。本选项对提供商而言，使用该选项可以显示出需要特别留意哪些图形以保证正确打印。

扩展的图案（Illustrator 和 Acrobat）：高亮显示所有因涉及透明度而扩展的图案。

轮廓描边：高亮显示由于涉及透明度或者由于选中了“将所有描边转换为轮廓”选项而将被轮廓化的所有描边。

轮廓文字（Illustrator 和 InDesign）：高亮显示由于涉及透明度或者由于选中了“将所有文本转换为轮廓”选项而将被轮廓化的所有文本。

注：在最终输出中，轮廓化的描边和文本会显得与原始描边和文本略有差异，极细的描边和极小的文本尤其如此。但是，“拼合器预览”并不会高亮显示这种外观变化。

栅格化填充文本和描边（仅 InDesign）：高亮显示因拼合而进行光栅化填充的文本和描边。

所有栅格化区域（Illustrator 和 InDesign）：高亮显示那些由于在 PostScript 中没有其他方式可对其进行表现，或者因其比光栅 / 矢量滑动条所指定的阈值还要复杂而将要光栅化的对象及其重叠对象。例如，即使在光栅 / 矢量值为 100 时，两个透明渐变的重叠部分也始终会光栅化。“所有栅格化区域”选项还可显示与透明度有关的光栅图形（例如 Photoshop 文件）以及光栅效果（例如投影和羽化）。请注意，这一选项的处理时间要比其他选项长。

(3) 透明度拼合器预设选项

名称 / 预设：指定预设的名称。根据不同的对话框，可在“名称”文本框中键入名称或者接受默认值。您可以输入现有预设的名称来编辑该预设。可是，默认预设不可编辑。

光栅 / 矢量平衡：指定被保留的矢量信息的数量。更高的设置会保留更多的矢量对象，较低的设置会光栅化更多的矢量对象；中间的设置会以矢量形式保留简单区域而光栅化复杂区域。选择最低设置会光栅化所有图稿。

注：光栅化的数量取决于页面的复杂程度和重叠对象的类型。

线状图和文本分辨率：光栅化对所有对象，包括图像、矢量作品、文本和渐变，指定分辨率。Acrobat 和 InDesign 允许线状图最大为 9600 像素 / 英寸（ppi）和渐变网格最大为 1200 像素 / 英寸（ppi）。Illustrator 允许线状图和渐变网格最大为 9600 像素 / 英寸（ppi）。拼合时，该分辨率会影响重叠部分的精细程度。线状图和文本分辨率一般应设置为 600 至 1200，以提供较高品质的栅格化，特别是带有衬线的字体或小号字体。

渐变和网格分辨率：为由于拼合而光栅化的渐变和 Illustrator 网格对象指定分辨率，为 72～2400ppi。拼合时，该分辨率会影响重叠部分的精细程度。通常，应将渐变和网格分辨率设置为 150～300ppi，这是由于较高的分辨率并不会提高渐变、投影和羽化的品质，但会增加打印时间和文件大小。

将所有文本转换为轮廓：将所有的文本对象（点类型、区域类型和路径类型）转换为轮廓，并放弃具有透明度的页面上所有类型字形信息。本选项可确保文本宽度在拼合过程中保持一致。请注意启用此选项将造成在 Acrobat 中查看或在低分辨率桌面打印机上打印时，小字体略微变粗。在高分辨率打印机或照排机上打印时，此选项并不会影响文字的品质。

将所有描边转换为轮廓：将具有透明度的页面上所有描边转换为简单的填色路径。本选项可确保描边宽度在拼合过程中保持一致。请注意，使用本选项会造成较细的描边略微变粗，并降低拼合性能。

修剪复杂区域：确保矢量作品和光栅化作品间的边界按照对象路径延伸。当对象的一部分被光栅化而另一部分保留矢量格式时，本选项会减小拼缝问题。但是，选择本选项可能会导致路径过于复杂，使打印机难于处理。

12.6　叠　印

在从单独的印版打印的颜色互相重叠或彼此相连处，印刷套不准会导致最终输出中的各颜色之间出现间隙。为补偿图稿中各颜色之间的潜在间隙，印刷商使用一种称为陷印的技术，在两个相邻颜色之间创建一个小重叠区域（称为陷印）。可用独立的专用陷印程序自动创建陷印，也可以用 Illustrator 手动创建陷印。

在下列情况下可能希望使用叠印：

① 叠印黑色油墨，以帮助对齐。因为黑色油墨不透明（并且通常在最后打印），当叠印在某种颜色上时相对于白色背景不会有很大反差。叠印黑色可防止在图稿的黑色和着色区域间出现间隙。

② 当图稿不能共用通用油墨色但又希望创建陷印或覆盖油墨效果时，请使用叠印。当叠印印刷混合色或不能共用通用油墨色的自定颜色时，叠印色会添加到背景色中。例如，如果把 100%的洋红填色打印到 100%的青色填色上，则叠印的填色呈紫色而非洋红色。

设置叠印选项后，应使用“叠印预览”模式（“视图”→“叠印预览”）来查看叠印颜色的近似打印效果；还应使用整体校样（每种分色对齐显示在一张纸上）或叠加校样（每种分色对齐显示在相互叠置的分立塑料膜上）仔细检查分色图稿上的叠印色。

图 12－17 所示为挖空的（默认）和使用叠印的颜色。

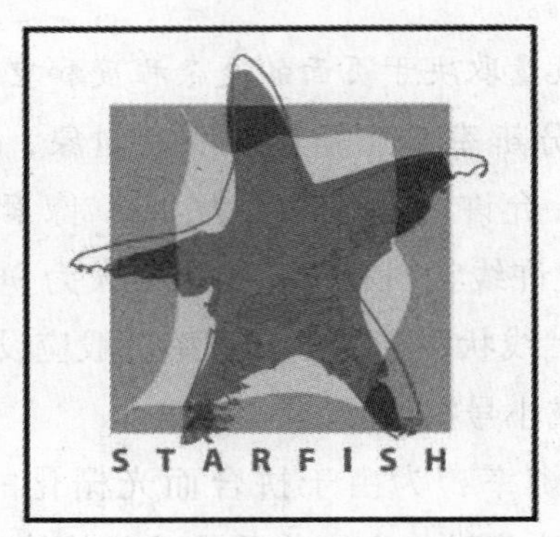

图 12－17

若要叠印图稿中的所有黑色，请在创建分色时选择“打印”对话框中的“叠印黑色”选项。该选项适用于所有经 K 色通道使用了黑色的对象。不过，这个选项对于因其透明度设置或图形样式而显示黑色的对象不起作用。

也可以使用“叠印黑色”命令为包含特定百分比黑色的对象设置叠印。要使用“叠印黑色”命令，请执行以下操作：

① 选择要叠印的所有对象。

② 选择“编辑”→“编辑颜色”→“叠印黑色”。

③ 输入要叠印的黑色百分数，具有指定百分比的所有对象都会叠印。

④ 请选择“填色”“描边”或二者皆选，以指定使用叠印的方式。

⑤ 若要叠印包含青色、洋红色或黄色以及指定百分比黑色的印刷色，请选择“包括黑色和 CMY”。

⑥ 若要叠印其等价印刷色中包含指定百分比黑色的专色，请选择“包括专色黑”。如果要叠印包含印刷色以及指定百分比黑色的专色，请同时选择“包括黑色和 CMY”以及“包括专色黑”两选项。

12.7 陷　印

在从单独的印版打印的颜色互相重叠或彼此相连处，印刷套不准会导致最终输出中的各颜色之间出现间隙。为补偿图稿中各颜色之间的潜在间隙，印刷商使用一种称为陷印的技术，在两个相邻颜色之间创建一个小重叠区域（称为陷印）。可用独立的专用陷印程序自动创建陷印，也可以用 Illustrator 手动创建陷印。

陷印有两种：一种是外扩陷印，其中较浅色的对象重叠较深色的背景，看起来像是扩展到背景中；另一种是内缩陷印，其中较浅色的背景重叠陷入背景中的较深色的对象，看起来像是挤压或缩小该对象。

图 12－18 所示为外扩陷印（对象重叠背景）和内缩陷印（背景重叠对象）的对比图。

图 12－18

当重叠的绘制对象共用一种颜色时，如果两个对象的共用颜色可以创建自动陷印，则不一定要使用陷印功能。例如，如果两个重叠对象都包含青色作为其 CMYK 颜色值的一部分，则二者之间的任何间隙都会被下方对象的青色成分所覆盖。

陷印文字可能会出现一些特殊的问题。请不要在磅值很小的文字上应用混合印刷色或印刷色的色调，因为任何对齐不良都会使文字难以辨读。同样，陷印磅值很小的文字也会致使文字难以辨读。对于色调减淡，请在陷印这种文字之前与印刷商确认。例如，如果在彩色背景上打印黑色文字，可能仅在背景上叠印文字就足够了。

1. 创建陷印

“陷印”命令通过识别较浅色的图稿（无论是对象还是背景），并将其叠印（陷印）到较深色的图稿中，为简单对象创建陷印。可以从“路径查找器”面板中应用“陷印”命令，或者将其作为效果进行应用。使用“陷印”效果的好处是可以随时修改陷印设置，如图 12－19 所示。

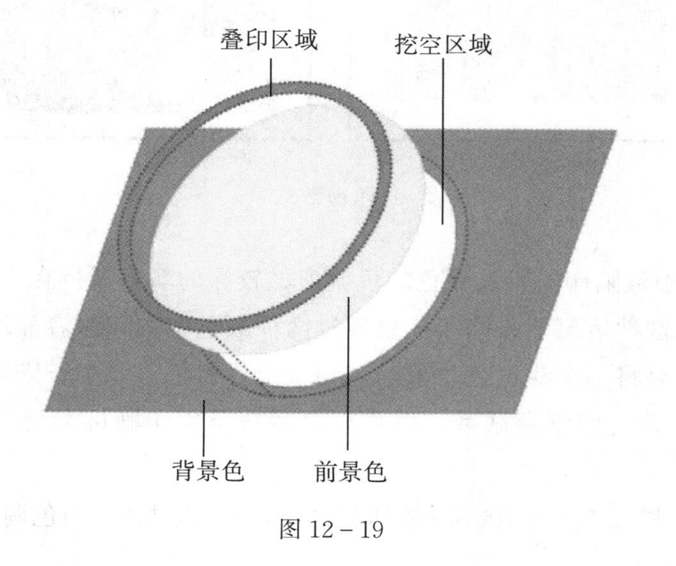

图 12－19

2. “陷印”命令的功能

有些情况下，上下方对象可能具有相似的颜色密度，因而一种颜色并不明显深于另一种。在这种情况下，“陷印”命令可根据颜色的微小差异来确定陷印；如果“陷印”对话框指定的陷印不合要求，可以使用“反向陷印”选项来切换“陷印”命令对两个对象的陷印方式。

（1）如果文档为 RGB 模式，请选择“文件”→“文档颜色模式”→“CMYK 颜色”，以将其转换为 CMYK 模式。

（2）选择两个或两个以上对象。

（3）执行下列操作之一：

① 若要将命令直接应用于对象，请选择“窗口”→“路径查找器”，并从面板菜单中选择“陷印”。

② 要将该命令作为效果进行应用，请选择“效果”→“路径查找器”→“陷印”。如果要预览效果，请选择“预览”。

（4）设置陷印选项，然后单击“确定”。

3. 陷印选项

（1）粗细：指定一个介于 0.01 和 5000 磅之间的描边宽度值。请与印刷商确认决定应使用的数值。

（2）高度 / 宽度：把水平线上的陷印指定为垂直线上陷印的一个百分数。通过指定不同的水平和垂直陷印值，可以补偿印刷过程中出现的异常情况，如纸张的延展。请联系印刷商，让其帮助确定此值。默认值 100%使水平线和垂直线上的陷印宽度相同。若要增加水平线上的陷印粗细而不更改垂直陷印，请将“高度 / 宽度”值设置为大于 100%。要减小水平线上的陷印粗细而不更改垂直陷印，请将“高度 / 宽度”值设置为小于 100%。

如图 12－20 所示为“高度 / 宽度”分别设为 50%（左图）与设为 200%（右图）的对比图。

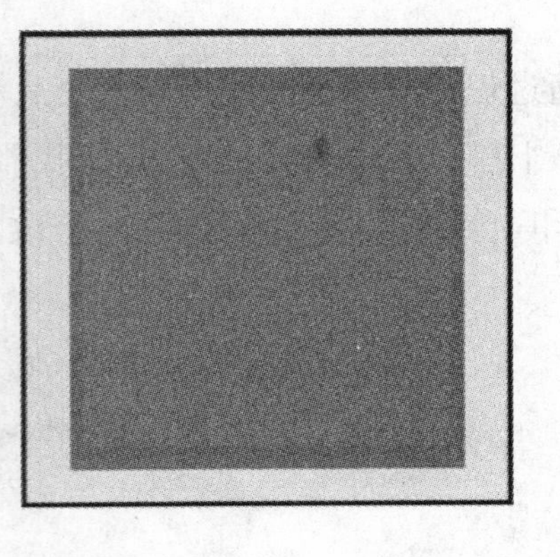

图 12－20

（3）色调减淡：减小被陷印的较浅颜色的色调值；较深的颜色保持在 100%。这个选项在陷印两个浅色对象时很有用，这种情况下，陷印线会透过两种颜色中的较深者显示出来，形成一个不美观的深色边框。例如，如果将一个浅黄色对象陷印到一个浅蓝色对象中，则可以在创建陷印的位置看到一个浅绿色的边框。请与印刷商联系，以找出最适合所用印刷机类型、油墨、纸料等的色调百分数。

图 12－21 所示为色调减淡值为 100%（陷印包含 100%较浅颜色）与色调减淡值为 50%（陷印包含 50%较浅颜色）的效果对比。

（4）印刷色陷印：将专色陷印转换为等价的印刷色。此选项创建专色中较浅者的一个对象，然后对其进行叠印。

图 12－21

（5）反向陷印：将较深的颜色陷印到较浅的颜色中，此选项不能处理复色黑（即含有其他 CMY 油墨的黑色）。

（6）精度（仅作为效果）：影响对象路径的计算精度。计算越精确，绘图就越准确，生成结果路径所需的时间就越长。

（7）删除冗余点（仅作为效果）：删除不必要的点。

4. 创建外扩或内缩陷印

若要更精确地控制陷印和陷印复杂的对象，可以用给对象描边然后将该描边设置为叠印的方法来创建陷印效果。

（1）在一定需要彼此陷印的两个对象中，选择最上方的对象。

（2）在“工具”面板或“颜色”面板的“描边”框中，执行以下操作之一：

① 为“描边”输入与“填充”框中所显示的颜色值相同的值以创建外扩陷印。选择描边，然后在“颜色”面板中调整其颜色值，这种方法通过用与对象的填充颜色相同的颜色为对象的边界描边来放大对象，如图 12－22 所示。

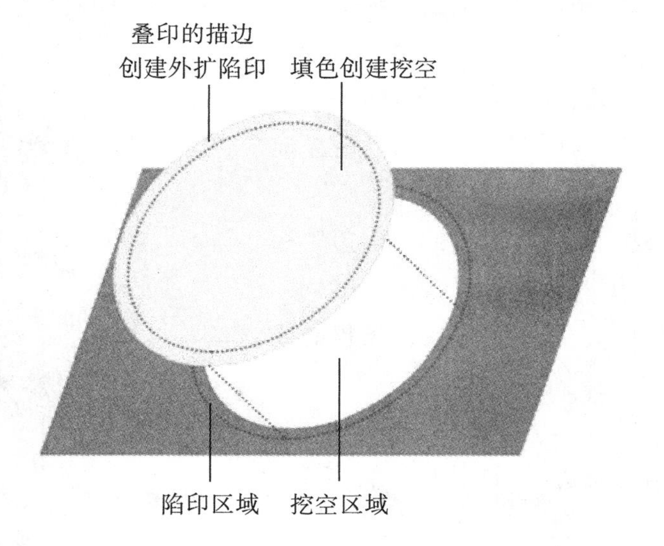

图 12－22

② 若要创建内缩陷印，请为描边输入较浅背景中显示的颜色值；描边和填色值将有所不同。这种方法通过用较浅色背景的颜色为对象的边界描边来缩小较深色的对象。选取“窗口”→“描边”，如图 12－23 所示。

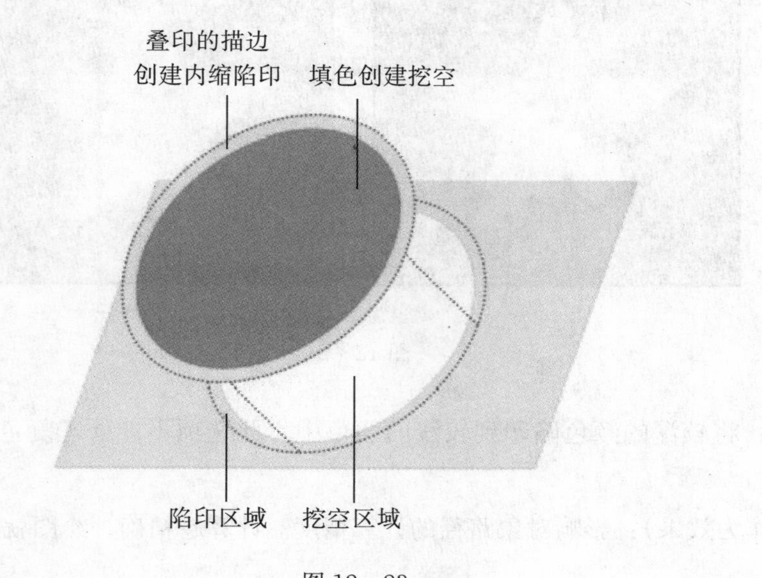

图 12－23

（3）在“粗细”文本框中输入一个介于 0.01 与 1000 磅之间的描边宽度值。请与印刷商确认决定应使用的数值。

例如，宽度为 0.6 磅的描边粗细可创建 0.3 磅的陷印；宽度为 2.0 磅的描边粗细可创建 1.0 磅的陷印。

（4）选取“窗口”→“属性”。

（5）选择“叠印描边”。

5. 陷印线条

（1）选择要陷印的线条。

（2）在“工具”面板或“颜色”面板的“描边”框中，为描边指定白色。

（3）在“描边”面板中，选择所需的线条粗细。

（4）复制该线条，然后选择“编辑”→“贴在前面”，该副本用于创建陷印。

（5）在“工具”面板或“颜色”面板的“描边”框中，使用所需颜色为副本描边。

（6）在“描边”面板中，选择一种比底线条粗的线条粗细。

（7）选取“窗口”→“属性”。

（8）为顶线条选择“叠印描边”，如图 12－24 所示。

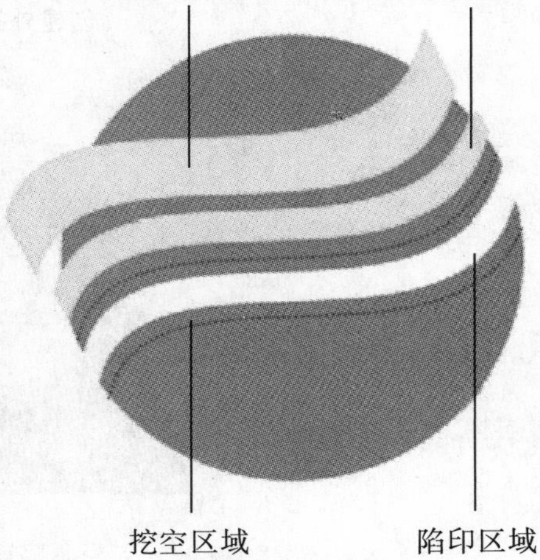

图 12－24

6. 陷印部分对象

（1）沿着要陷印的边缘绘制一条线。如果对象很复杂，请使用“直接选择”工具来选择要陷印的边缘，并复制这些边缘，然后选择“编辑”→“贴在前面”将副本直接复制到原稿之上。

图 12－25 所示为带陷印的投影（左图）是基于在对象与其投影交汇处绘出的线（右图）。

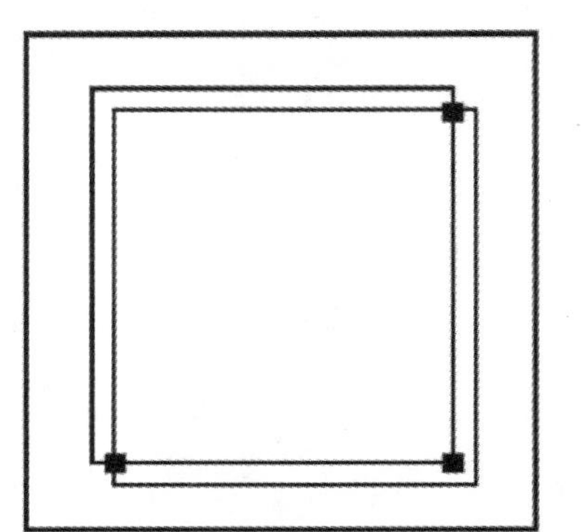

图 12－25

（2）在“工具”面板或“颜色”面板的“描边”框中，为“描边”选择一个颜色值以创建外扩或内缩陷印。

（3）选取“窗口”→“属性”。

（4）选择“叠印描边”。